普通高等教育“十二五”规划教材

碳一化工

黄风林　主编

中国石化出版社

内 容 提 要

本书以石油、天然气、煤、生物质等含碳化合物原料中碳、氢元素的变化为主线，以一氧化碳、氢气的生产为源头，以碳、氢元素及其化合物的化学反应为核心，系统介绍了能源与碳一化工、碳一化工原料、合成气与氢气生产、合成氨和尿素、甲醇系列产品、乙酸系列产品、低碳醇、燃料及燃料添加剂、烯烃芳烃生产等原料气、碳一化工产品的生产方法、生产原理、工艺条件、催化剂和反应器特点、技术经济指标和能量有效利用等内容。

本书可作为高等学校化工、能源类相关专业的教材，也可供以煤、石油、天然气、生物质为原料从事化工、能源类生产、管理等工程技术人员参考。

图书在版编目(CIP)数据

碳一化工／黄风林主编．—北京：中国石化出版社，2015.1(2018.7重印)
普通高等教育“十二五”规划教材
ISBN 978-7-5114-3082-3

Ⅰ.①碳… Ⅱ.①黄… Ⅲ.①碳-化工产品-生产工艺-高等学校-教材 Ⅳ.①TQ2

中国版本图书馆CIP数据核字(2014)第252175号

中国石化出版社出版发行
地址：北京市朝阳区吉市口路9号
邮编：100020　电话：(010)59964500
发行部电话：(010)59964526
http://www.sinopec-press.com
E-mail:press@sinopec.com
北京科信印刷有限公司印刷
全国各地新华书店经销
*
787×1092毫米 16开本 25.5印张 610千字
2015年1月第1版　2018年7月第2次印刷
定价：58.00元

前言

PREFACE

随着世界经济的快速发展以及人类对矿物燃料类能源及产品的需求不断增加，传统石油资源的供求矛盾日益尖锐，石油的安全供应和有效利用已成为影响国家政治安全的战略问题。在有效利用石油资源的基础上，拓展煤、甲烷等优势资源和生物质等再生资源在乙烯、芳烃等基本有机化工原料、燃料生产中的份额，倡导原子经济和绿色化工成为能源化工发展的重要方向。随着碳一化工系列产品生产技术的突破和应用领域的拓宽，碳一化工在能源化工中的地位不断凸显，碳一化工技术、生产的发展对促进国民经济建设、缓解石油供求矛盾的作用不断加强。

为适应国内外能源结构的变化趋势，结合我国“少油有气多煤”的资源储量状况以及化学工程与工艺、能源化学工程类人才培养目标对本科教学的需求，本书以石油、天然气、煤、生物质等含碳化合物原料中碳、氢元素的变化为主线，以一氧化碳、氢气的生产和利用为源头，以引入不同化学性质载体官能团——羟基、羰基、酯基、双键、芳环的费-托(F-T)合成、羰基化、氢甲酰化、加氢、氧化等化学反应为核心，介绍了碳一化工原料由传统的煤、天然气转化为生物质、非常规油气资源等一切含碳资源的演化推动力；阐述了一氧化碳、氢气、甲醇等初级原料的生产净化方法、生产原理、工艺条件、催化剂和反应器特点、技术经济指标和能量有效利用等；结合不同反应的热力学、动力学规律，分析、探讨原料性质及相态、工艺条件、催化剂、反应器类型对醇、醚、烯烃、芳烃、燃料等碳一化工产品生产的影响规律。以元素、官能团、化学反应、反应器、产品为立足点对碳一化工产品进行关联分析，淡化了传统的煤化工、天然气化工、生物质化工、石油化工中涉及的原料、方法、产品界限，突出生物质原料在合成气、液体燃料生产中循环利用的优势。以一氧化碳、氢气、甲醇为原料借助现代化工催化新技术、新工艺便可大规模工业生产烯烃、芳烃、燃料等基本有机化工原料及产品，充分展示了化学反应在能源化工领域的无限魅力，使无论何种原料，只要含碳、氢元素，即可生产一切有机物成为“可能”。这一技术为缓解我国石油供应矛盾，提高煤炭、生物质在基本有机化工原料、燃料生产中的地位具有重要意义。

本书由西安石油大学黄风林主编(编写第一章、第六章，并对全书进行统稿)，唐璇(第三章、第四章)、王进(第二章、第五章)、卢素红(第七章、第八章)、宋绍富(第九章)等参与了编写工作。在本书的编写过程中，屈端、罗雄威等做了部分图、表、文字的录入工作，在此表示感谢。

由于编者水平有限，书中难免有不妥之处，敬请读者批评指正。

目录 CONTENTS

第一章　能源与碳一化工

第一节　概　　述

能源是人类赖以生存发展的重要物质基础，是一个国家安全与发展的命脉所在，也是当今国际政治、经济、军事关注的焦点，可持续发展的经济社会离不开稳定、持续、有效的能源保障。

纵观人类能源发展史，人类对能源开发的利用早已从过去以薪材、煤炭为主的固体燃料时代转向当今以石油、烃类等为主的液体燃料时代，目前正逐渐向以天然气、氢气等气体燃料为主的方向转变。以传统煤、石油等化石燃料为能源的现代工业对大气和环境造成的污染，已对生态系统、人类生存环境造成严重的损害。燃烧过程中产生二氧化碳导致全球变暖，气候异常，冰川融化，海平面上升，酷热、严寒、洪水、海啸肆虐地球，开发与利用可再生能源或低碳燃料来替代传统化石燃料已迫在眉睫。

21世纪以来，世界对二氧化碳排放与全球变暖给予了高度关注，随着全球能源消耗的增长及存量的萎缩，各个国家都将能源战略视为国家发展战略极为重要的组成部分，在燃料更替进化过程中，燃料的相对分子质量、碳氢元素比依次降低，过程演变的趋势必将导致气体燃料、氢燃料主导未来的能源市场。世界能源发展在第三次能源变革中，可再生能源和新能源发展势头迅猛，在整个能源当中占据主导地位。

“碳一化学”一词源于Monsanto公司，原指由甲醇合成醋酸工艺，即从合成气制得甲醇，再通过羰基合成生产醋酸的工艺。广义上讲，凡含一个碳原子的化合物，如CH_4、CO、CO_2、HCN、甲醇等参与的反应化学，都可定义为碳一化学。碳一化工是以含有一个碳原子的物质(如CO、CO_2、CH_4、CH_3OH、HCHO等)为原料合成有机化工产品或液体燃料的有机化工工艺。20世纪80年代，日本催化学会碳一化学委员会将碳一化工技术定义为由制造CO、H_2或者CO/H(合成气)的技术和利用CO及合成气制造化学品、燃料技术两部分组成。碳一化工是以合成气(天然气、煤层气、煤、重质油、生物质等转化)和甲烷(来自天然气或煤层气等)等含碳原子数为1的碳质化合物为原料转化或合成碳数为2或2以上化合物的化学工艺。

碳一化学品是指由含有一个碳原子的化合物经化学加工合成含有两个或两个以上碳原子的有机化工产品类。碳一化学品由富含CO、H_2的合成气制备，碳一化工的主要原料，如煤炭、天然气、轻烃、重油等均为主要的含能体能源且为不可再生性资源。由于原油价格持续走高，能量资源供求紧张，导致以轻烃、重油为原料的碳一化工产品原料路线纷纷改为以煤炭和天然气为原料。循环经济理念的导入，更需要利用生物质等可再生资源来发展碳一化工产品。随着能源结构多元化的发展趋势和合成气化学的发展、甲醇系列产品生产技术的突破和甲烷直接利用技术的研究开发，碳一化工原料随含能体能源类别的变化而变化，碳一化工与能源间的关系日益密切。针对我国“少油有气多煤”的资源构成特点和农业大国的资源优势，结合国内能源结构的供求矛盾和战略调整需要，以富有的煤炭资源，富甲烷的天然气、煤层气、页岩气和可再生的生物质为原料，大力发展煤洁净转化技术、甲烷转化技术和生物质高效利用等碳一化工技术，制备碳一化工产品，对缓解能源需求、提高能源利用率、降低CO_2排放具有重要的积极意义。

碳一化工的原料可以是煤、石油、天然气、农副产品甚至城市垃圾等一切含碳资源，中间产品是简单的合成气、甲醇等，最终产品可以是一切有机物。今日的碳一化工，充分利用了碳资源，体现了碳一化工原料路线多元化、产品结构多样化、资源利用高效化的发展优势。碳一化工工艺技术可划分为三个不同工业化层次，当今的碳一化工技术进步主要体现在第二、第三层次，并处在完善第二层次、发展第三层次的阶段(图1-1)。近年来，随着甲醇制烯烃(MTO、MTP、DMTO)和天然气制合成油(GTL)技术、合成天然气(SNG)等工艺技术的工业化运行和甲醇制芳烃(MTA)、生物质制合成气/氢气等技术的不断完善和推广，碳一化工发展速度极为迅猛。

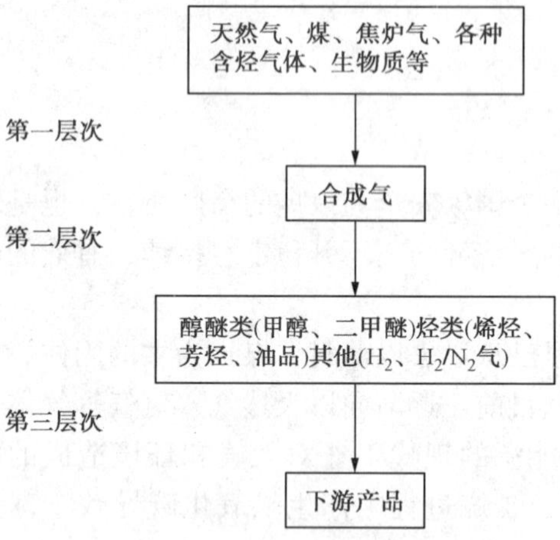

图1-1　碳一化工层次分布

此阶段的迅速发展可能会摒弃烯烃、芳烃必须来源于石油的传统定式，以煤、天然气等一切含碳资源为原料，也可满足“石油化工”的原料需求，并且可长期、稳定、经济地生产烯烃、芳烃、氢气及其衍生物，为化学工业的发展提供强大的物质基础。

煤炭已成为生产碳一化工产品的廉价原料。煤气化技术是煤化工的基础技术，煤气化装置作为煤化工产业链中的龙头装置，具有投入大、可靠性要求高等特点，也是整个产业链关键技术的所在。原煤通过气化生产的煤气(CO、CO_2和H_2)可生产合成氨、甲醇，同时分离出的高纯CO和H_2可用作羰基合成化学品(乙酸、丁辛醇等)和加氢化学品的重要原料；通过液化(GTL)可生产清洁燃料；通过焦化可生产焦炭、煤焦油、芳烃和沥青等化学品，焦炉气可用于制甲醇和作为合成氨的辅助原料。

天然气是生产碳一化工产品的清洁原料。在发达国家和天然气资源丰富的地区，天然气路线生产的碳一化工产品已经占90%~100%。天然气经转化加工后，生成的合成气主要用于生产合成氨、尿素和甲醇。此外，天然气还少量用于生产乙炔、氢氰酸和二硫化碳等化学品。

碳一化工与能源、能源化工、石油化工相互渗透，关系日益密切，借助于煤化工、天然气化工、合成气化工、甲醇化工、生物质合成燃料等化工工艺的核心关键技术，耦合发展的新型碳一化工为传统碳一化工的工艺开发、技术发展、市场拓展等赋予了新的生命，其在化学工业、能源工业、煤炭工业等行业中的重要性日益彰显。

第二节　能源与消耗趋势

一、能源分类

能量资源即能源，可根据不同目的采取不同的分类方法。从自然界获取未经任何改变或转换的能源为一次能源，如自地球以外天体的能量，主要是太阳能；地球本身蕴藏的能量、海洋和陆地内储存的燃料(天然气、原油、原煤、油页岩、煤层气、核能)、地球的热能等；地球与天体相互作用产生的能量，如潮汐能等。一次能源经加工或转化为人类所需要形态的能源为二次能源，如汽油、柴油、液化气等各种燃料、电力、煤气、蒸汽、焦炭、酒精等。天然气、原油、原煤为化石燃料，也称为非再生能源或常规能源。太阳能、生物质能、潮汐能、地热、核裂变、核聚变、风力能、水利能、天然气水合物、氢能等则为可再生能源或新能源。按使用性质可分为(煤炭、石油、石油产品等)含能体能源和过程能源(太阳能、电能等)。按环境保护的要求，能源可分为清洁能源(又称绿色能源，如太阳能、氢能、风能、潮汐能等)和非清洁能源。非再生能源会随着人类社会活动而逐渐减少，可再生能源则不会由于人类活动而变化。

新能源与常规能源是一个相对的概念，随着时代的发展，新能源的内涵不断变化和更新。目前新能源主要包括太阳能、氢能、核能、化学能、生物质能、风能、地热能和海洋能等。新能源的开发和利用是解决能源危机和环保问题的关键。

太阳能是人类最主要的可再生能源。太阳每年输出的总能量为 3.75×10^{20} MW，其中约有二十二亿分之一即 1.73×10^{11} MW 到达地球范围内，辐射到地球陆地的能量大约 8.5×10^{10} MW，相当于 1.7×10^{18} t 标准煤，远大于人类目前消耗的能量总和。

氢能是未来最理想的二次能源，氢以化合物的形式储存于地球上最广泛的物种水中，其所含氢的总能量是地球现有化石燃料的 9000 倍。

核能是原子核结构发生变化时放出的能量，核能释放包括核裂变和核聚变。核聚变使用的氘仅用 560t 即可满足全世界一年能量需求，海洋中的氘储量可供人类使用几十亿年，是人类取之不尽、用之不竭的清洁能源。

生物质能目前占世界能源中消耗量的 14%，地球每年植物光合作用固定的碳达到 2×10^{12} t，含能量 3×10^{18} kJ，地球上植物每年生产的能量是目前人类消耗矿物能的 20 倍。现代生物能源是可再生能源的重要组成部分，2011 年全球生物能源销售额达到 827 亿美元，预计 2021 年将达到 1850 亿美元。气体、液体生物燃料是车用汽、柴油的良好替代品，预计 2050 年生物燃料占交通运输燃料消耗总量的份额将从 2011 年的 4%提高到 27%，每年减少 CO_2 排放 21×10^8 t，现代生物燃料的研究、产业化成为研究重点。

风能是大气流动的动能，是来源于太阳的可再生能源。估计全球风能储量约 10^{14} MW，其中约 10^6 MW 为可利用风能，与目前全球电能总需求量相当，是水利资源可利用量的 10 倍。

地热能是来自地球深处的可再生热能。全世界地热资源总量约 1.45×10^{23} kJ，相当于全球煤热能的 1.7 亿倍，是分布广、洁净、热流密度大、使用方便的新能源。

海洋能是依附在海水中的可再生能源，包括潮汐、潮流、海流、波浪、海水温差和海水盐差能。全世界海洋能的理论可再生量约为 7.6×10^6 MW。

“过程性能源”和“含能体能源”等二次能源是联系一次能源和用户的中间纽带。电能是当前应用最广的“过程性能源”，目前“过程性能源”尚不能大量地直接储存，汽车等交通运输工具还只能采用汽油、柴油这一类“含能体能源”，造成严重的大气污染。随着常规能源危机的出现，在开发新的一次能源(如可燃冰)的同时，人们将目光也投向寻求新的“含能体能源”，氢能正是一种值得期待的新型二次能源。可再生能源是能源发展的必然趋势，在可再生能源的应用过程中需要一种不损害可再生能源清洁度的绿色能源载体，氢便是最理想的可再生能源载体。与传统化石燃料相比，氢具有资源丰富、可再生、环保高效等优点，可以满足环境资源与社会经济可持续发展的需要。作为未来重要的二次能源与绿色能源，世界各国都投入大量的人力和物力对氢能的开发与应用进行研究，氢能在各个领域的应用也变得越来越广泛。在能源史上，氢能可能会逐渐取代化石燃料而引领人类进入氢能-绿色能源时代。特别是通过燃料电池，能将氢能极方便地转化成电和热，具有较高的能源效率，可实现低污染排放甚至零污染排放，如车用燃料使用20% H_2 +80% CH_4(体积)，尾气中 CO_x 降低20%、NO_x 降低40%。因此氢能将有可能在人类社会由化石燃料顺利过渡到最终不依赖化石燃料的可持续发展进程中发挥重要的作用。

能源仍旧是人类可持续发展面临的重要问题，在人类能源发展史上很长一个阶段内或人类现代化进程中很长一段时间内，人类还不得不依赖化石燃料。即便是在发展未来理想能源——氢能的道路上还需依靠化石燃料来实现，至少是氢能规模化利用之前相当长的一段时间里，氢能的主要来源仍是化石燃料。随着石油的日益枯竭与其作为燃料的利用过程中产生的污染不断受到重视，以甲烷(CH_4)为主要成分，储量丰富的天然气、煤层气、页岩气、生物沼气和甲烷水合物等由于其较低的含碳量与燃烧过程的高清洁度而备受关注，已被认为是最具希望的替代能源之一。地球上天然气储量丰富，天然气的利用与开发将成为人类从化石能源时代进入氢能时代的桥梁。据估计，地球上以甲烷水合物形式存在的碳总量约是现已知地球上所有化石能源的2倍，未来它将成为世界经济中能源与化工原料的主要支柱。因此，21世纪被誉为继煤炭时代、石油时代之后的天然气时代。

二、能源消费状况

人类日常生产、生活消耗的能源即为能源消费。人均占有能源消费量是衡量国家与地区经济发展与人类生活水平的主要标志。国民消耗的能源越多，其所在国家的国民生产总值就越大，国民生活水平就越高，所支配的能源多，相对富裕。在工业化、现代化过程中，能源消费的强度与结构从侧面反映国家的发展水平。

人类社会发展史伴随着能源发展史，不同的能源消费代表着不同的发展时代。人类的能源消费过程可以分为四个阶段：薪材、煤炭、石油及新能源。进入19世纪中期以来，煤炭、石油与天然气成为能源的主要结构形式，核能与氢能也逐渐进入能源行列。受世界经济发展与人口增长的双重影响，世界能源消耗量不断增加，2005年全球能源消耗量中的各类能源资源已增长至1965年的2倍以上(图1-2)。作为主要的新能源，天然气的消费随时间的增长速度较石油与煤炭增长得快，未来可能超过石油或煤炭而占据主要能源份额。

全球能源消费存在持续增长的态势，不同国家与地区间的发展模式与能源结构显著不同。经济、科技、社会相对发达的欧美国家及地区已步入后工业化进程，其经济逐渐向低能耗、高附加值产业结构调整，经济持续发展的同时能源消耗增长速度十分缓慢甚至降低。发展中、落后国家的工业、技术水平偏低，高能耗、高污染产业仍然占国家经济的主体，随着经济总量的增加，能源消费量增长速度很快，煤炭消费量占其能源消耗比值较高，与此相反发达国家石油特别是天然气、新能源在能源结构中占据大部分。

1. 未来能源发展趋势

未来能源发展趋势主要体现在两个方面：一是成本继续上涨，这主要是以石油为代表的主要能源的开发成本及其使用过程中环境成本不断增加；二是新能源与清洁能源开发利用技术不断涌现，由于传统化石燃料的成本不断增长及其污染愈加严重，寻找与开发清洁替代能

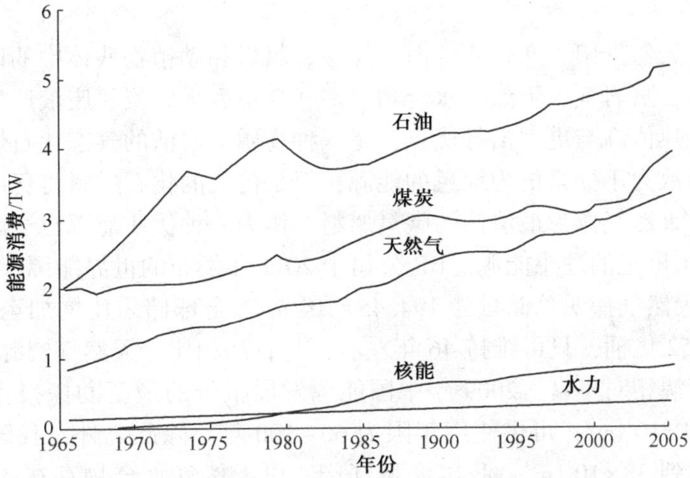

图 1-2　1965~2005 年世界能源消费状况

源可缓解经济与环境的双重压力。

图 1-3 为世界能源平衡图。通过各种能源随时间的推移在世界能源消费量中占份额可以看出，煤炭与石油消费量在逐渐下降，预计在 2050 年左右天然气或天然气水合物将成为主要能源资源。

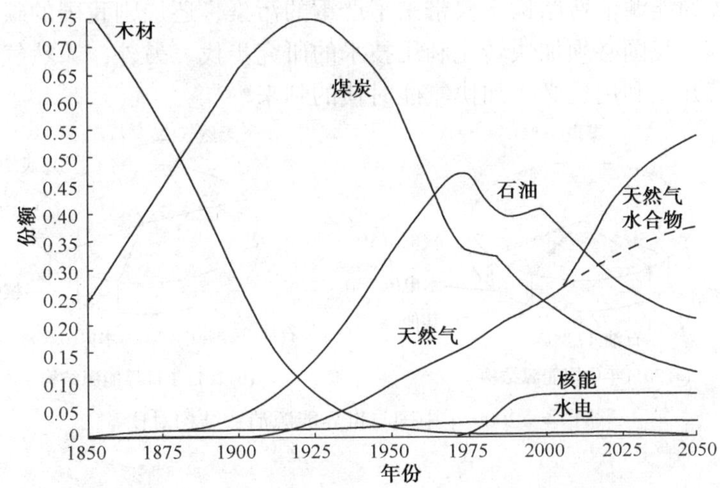

图 1-3　世界能源平衡图

随着工业化进程的推进我国已经逐渐成为世界能源消费大国，对能源需求不断提高。由于我国现在工业条件与能源模式，在未来一段时间内煤炭仍旧是能源主体。国际制造业转移趋势决定了我国承担了很大一部分的全球碳排放责任。鉴于世界能源形势与环境保护的要求，使用优质能源、开发高效能源新技术与开发低碳经济将成为我国经济持续发展的重要目标。低碳经济的关键在于三个方面：一是新能源与可再生能源的开发与利用；二是提高现有能源如煤炭与石油的使用效率；三是针对传统化石燃料的使用，开发其环境保护技术。在未来相当长的一段时间内，天然气资源及其氢能技术的开发与利用将在一定程度上推进新能源的应用，加快煤炭、石油的替代进程。

2. 甲烷资源

存在于油田、天然气田、寒带或深海、煤层、页岩和动植物残体中的以甲烷为主要成分的天然气、煤层气、页岩气、天然气水合物、沼气燃烧后无废渣、废液产生，较煤炭、石油能源具有更安全、热值高与更清洁等优点，是一种优质、清洁的气态化石燃料。

虽然我们一直致力于探索更为绿色的能源，但是传统的化石燃料将仍旧是未来几十年内的主要能源之一。天然气作为最清洁的碳氢燃料，作为一种优质能源也逐渐成为能源主要组成部分，并称做21世纪的理想能源。BP公司于2011年发布的世界能源年度统计报告显示，截止2010年全球天然气探明总储量为$194.45\times10^{12}m^3$，全球储采比增加至64.2年，而石油的探明储量为13752亿桶，只可维持46年左右，与石油相比，天然气资源更加丰富。

我国天然气资源相对丰富，2009年中国能源发展报告的最新勘探报告表明：我国天然气的远景储量为$61\times10^{12}m^3$，可供使用年限为60～100年。除此之外，我国陆上煤层气储量也是相对丰富，达到$38\times10^{12}m^3$。我国海域辽阔，以天然气水合物存在的甲烷资源潜力巨大，天然气水合物初步探明储量为824×10^8t，相当于我国已探明石油总量的50%。随着国家对天然气水合物的开发与利用，愈加丰富的天然气资源必将在我国经济发展中起到重要的作用。

作为目前最为清洁的碳氢燃料，天然气具有的优势与潜力在我国却未得到充分发挥。图1-4所示，世界能源消费结构中天然气所占比例为23.8%，而我国这一比例仅为3.9%。以煤炭为主要能源的能源消费结构不仅带来了严重的污染，还加剧我国的碳排放压力。面对丰富的天然气资源，我国必须加快转化利用技术的研究步伐。另外，天然气还被誉为通往氢能时代的桥梁，其开发利用也必将加快氢能时代的到来。

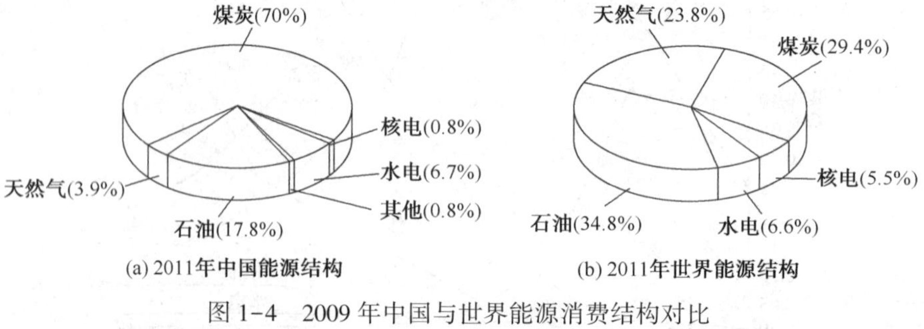

图1-4　2009年中国与世界能源消费结构对比

三、我国能源发展导向

未来20年我国能源发展将向清洁性、独立性、科学性和多元性等方向发展。清洁性，即注重能源对于生态环境的影响。中国过去20年的粗放式经济增长模式，以牺牲环境为代价是不可持续的。因此，坚持能源的节约发展、清洁发展、安全发展，从而实现能源的可持续发展显得尤为重要；独立性，即着力降低持续增高的能源对外依存度。截至2010年上半年，中国石油对外依存度已经高达55.1%，同比增长4.2%。如此高的对外依赖程度是中国石油安全稳定供给的巨大隐患。因此，坚定不移地实施石油替代战略，努力缓解石油供求矛盾将是中国未来能源战略中的重要课题。科学性，即提高项目的准入门槛，提升项目运营的规范程度，从而使能源的发展更符合人类生活和经济发展需求；多元性，即多样化能源供给构成，有保有压，做好天然气、煤化工等项目的示范工程，最终达到多种能源有效结合使用的目的。未来天然气尤其是非常规天然气及煤、生物质在中国能源化工发展中的地位将取得快速提升。

第三节　碳一化工发展及产品

碳一化工最重要的起始原料——甲烷的转化利用途径有直接转化、间接转化两类。由于甲烷分子非常稳定，C—H 键键能达 435kJ/mol，生产需在高温、高压、高能耗的苛刻条件下进行，限制了甲烷直接转化利用的发展，甲烷直接转化生产乙炔、炭黑、氯甲烷、氢氰酸、硝基甲烷、二硫化碳等化工产品的规模小、污染较严重，难以继续发展。目前工业大规模应用主要集中在甲烷间接转化，将甲烷首先转化为合成气($CO+H_2$)，然后将其转化为氨、甲醇、二甲醚、低碳混合醇、低碳烯烃等重要基础化工原料或合成液体燃料等，是目前和将来研究甲烷转化利用最主要的课题。无氧及有氧条件甲烷直接合成芳烃、甲烷氧化偶联生产甲醇及烯烃等能耗低、环保，碳、氢利用率高的工艺路线成为甲烷直接利用的研究重点。

一、碳一化工发展

以合成气为基础原料的碳一化工产品分布主要集中在含氧化合物、含氮化合物、液体燃料及烯烃、芳烃等基本有机化工原料四类。含氧化合物产品主要有甲醛、甲酸、甲醇、二甲醚、乙醇、乙二醇、乙酸、甲酸甲酯、低碳混合醇、碳酸二甲酯以及各种高级羰基合成醇等。这些产品主要采用合成气或甲醇作为基础原料，通过羰基合成、氢甲酰化、烯烃氢甲酰化等反应实现。利用碳一化工合成路线制取含氧化合物，同传统的石油及煤化工路线相比，具有明显的技术经济优势。碳一化学的产品链中，甲醇是最重要的中间产品之一，在整个世界化工基础有机原料中，甲醇的消费量仅次于乙烯、丙烯、苯。甲醇装置的大型化、国产催化剂、反应器、工艺软件包是提升我国甲醇产业的技术核心。

在液体燃料领域，碳一化工体系的主要产品有经甲醇及直接利用合成气制备的各种液体燃料(汽油、柴油、煤油及润滑油基础油等)，主要路线有 MTG(甲醇直接制汽油)，GTL(合成气制液体燃料)等，碳一化工体系还可以生产的另一大类产品是合成烯烃、芳烃等，主要生产路线有甲醇制烯烃(MTO、DMTO)、甲醇制丙烯(MTP)、合成气直接制烯烃(GTO)甲醇制芳烃(MTA)等。在石油资源日益枯竭的今天，深度、高效、科学开发利用我国富有的煤炭资源，发展相关技术，有望在未来延续现有传统的石油化工产业链。

碳一化工与传统的石油化工相比，是将过去的“重变轻”过程转变为“轻变重”过程，但变化的过程均是设定目标物种的可控过程，催化剂的性能和不同反应、分离过程的耦合及反应器的优化配置是提高反应可控性的关键。碳一化工发展的重点在于改进现有合成气生产技术，发展合成气路线合成液体燃料，开发以合成气为基础、可能与现有生产路线相竞争的基础化学品生产路线，探索甲烷直接合成利用途径等。

1. 合成气生产技术

合成气作为碳一化工最重要的原料，最早的生产源于煤炭、重油，但随着能源化工行业的兴起，合成气的生产原料转向轻烃，富含甲烷的天然气、煤层气、页岩气等和生物质。目前，全世界仅化工行业利用的合成气生产能力就达到 2.4×10^8t/a。合成气生产工艺技术主要有 6 种，分别为甲烷-水蒸气重整转化技术(SRM)、非催化部分氧化(POX)、自热转化技术(ATR)、联合转化技术(CRM)，催化部分氧化工艺(CPO)、CO_2重整技术。其中，SRM、

CRM、CPO、CO_2重整技术已经工业化，而 POX、ATR 目前正处于开发阶段。甲烷-水蒸气重整转化技术(SRM)最为成熟，整个过程不需要氧气(或空气)，能耗高，氢碳比过高，能量利用率及回收率低，节能降耗是该过程的发展趋势。非催化部分氧化由于使用富氧空气或氧气作为氧化剂，增加了制氧投资；联合转化技术将吸热的水蒸气重整和放热的催化部分氧化反应在两个反应器中分别进行，实现了能量的合理利用；CO_2重整技术与水蒸气重整技术类似，但过程更易积炭。合成气生产技术发展重点在于改进现有联合重整工艺，提高过程的能量利用率，优化流程，开发能适应低水碳比的催化剂体系。

2. 合成液体燃料

随着环保要求的日益严格和世界原油供求矛盾的不断尖锐，借助 GTL 在解决能源需求与能源结构之间矛盾的积极作用，以 F-T 合成为核心技术的合成油生产工艺成为煤化工、石油炼制与化工等能源化工企业竞相开发的热点。

F-T 合成过程包括合成气生产、合成烃及产品后处理等过程，制备合成气的固定投资占到整个过程投资的60%左右，合成气的生产成本占到产品成本的65%左右，改进现有合成气生产技术，会大大促进合成油生产技术的进步。提高合成烃过程催化剂体系的合成气转化率、链增长控制能力及选择性，维持反应过程催化剂良好的热稳定性、结构稳定性等物理性能，降低催化剂的使用成本已成为新型 F-T 合成催化剂的研究、开发重点。

3. 合成基本有机原料

碳一化学新技术的研究、开发和碳一化工新工艺的试验、应用，对传统的基本有机化工原料生产可能造成革命性的挑战。目前，由石油烯烃生产的基本有机原料品种中的α-烯烃、乙二醇、乙酸、醋酐、醋酸乙烯、乙醇、碳酸二甲酯(DMC)和由石脑油生产芳烃及其衍生物的工艺技术、市场等均可能受到非石油基(煤、天然气、生物质)化工产品的竞争。

乙烯、丙烯等小分子是重要的基本有机化工原料，与之相关的衍生物已完全深入人们的衣食住行。随国民经济的发展，我国对乙烯的需求量不断增加，2010 年、2013 年乙烯当量消费量分别为2980×10^4t 和4320×10^4t，消费增量主要为聚乙烯、环氧乙烷的增长，预计至 2025 年我国乙烯消费年增平均速度不低于 3.9%。2013 年我国乙烯产量为1625×10^4t，进口乙烯及乙烯基产品2152×10^4t，受国内裂解原料偏重等因素限制，石油基乙烯产量难以大幅增加。煤制烯烃(MTO、MTP、DMTO 等)工艺技术是对煤炭进一步源清洁利用的核心技术，包括煤气化、甲醇合成、甲醇制烯烃三个阶段，甲醇制烯烃是该工艺技术的关键，催化剂、反应器是本工段的技术精华，我国已开发了适应固定床、流化床的催化剂。世界首套百万吨级神华包头 MTO 项目以 DMTO 技术为主，2010 年开车试验、2011 年投入商业化运行，甲醇转化率 100%，乙烯、丙烯、丁烯三烯选择性高达 90%，经济效益显著。

芳烃特别是轻质芳烃(苯、甲苯、二甲苯)作为重要的基础有机化工原料，需求量与日俱增，在聚酯纤维、医药、农药、染料等多领域具有极其广泛的用途。目前，工业上芳烃主要来源包括炼油厂重整过程、乙烯裂解副产、煤炼焦时副产芳烃，但煤化工副产芳烃因含硫，化工再利用价值不大。我国每年芳烃消费量超过2300×10^4t，但 97%来源于石油原料，受我国石油资源的限制，价格常年偏高。由于资源有限，寻求新的合成方法和工艺路线具有非常重要的意义。合成气制甲醇现已工业化，延长甲醇的加工利用产业链，对提高资源利用效率意义重大。中科院山西煤化所开发的固定床甲醇芳构化工艺，催化剂以 MoHZSM-5 为主，在 0.1~0.15MPa、380~420℃、*LHSV* 1~1.5h^{-1}条件下反应，甲醇转化率大于 99%，液相产物选择性大于33%，气相产物选择性小于10%，液相产物中芳烃含量大于60%。清华大学开发的流化床甲醇芳构化工艺，甲醇转化率大于99.99%，液相产物选择性大于33%，气相产物选择性小于10%，液相产物中甲基苯(甲苯、二甲苯、三甲苯)的含量达到90%以上。世界首套百万吨级的MTA工业装置已于2013年5月在陕西榆林开车成功，物耗低，3.07t甲醇可生产1t芳烃，并副产大量氢气，工艺废水不含氨氮，废气不含硫、氮，实现了资源综合利用最大化和大幅减少污染物排放的目标，现已工业试运行。

随国民经济的发展，我国对PTA的需求不断飙升，PTA生产原料PX供不应求，我国是全球PX第一消费大国。我国原油偏重，石脑油馏分产率低，2012年、2013年我国PX净进口609×10^4t和904×10^4t，对外依存度为53%和59%，预计PX未来长期紧缺。甲苯甲醇甲基化合成PX是一条新工艺路线，20×10^4t/a工业装置已于2012年试验运行。与传统的甲苯歧化工艺相比，该工艺技术的最大优势是以甲苯和低成本的煤基甲醇作为原料，生产出高浓度的PX，而仅有少量的副产物苯和碳九。新工艺中，甲醇的引入提高了甲苯利用率，理论上每生产1tPX只需要耗用1t的甲苯，而传统的甲苯歧化工艺，每生产1t需要耗用约2.5t的甲苯，且副产物苯较多。该技术的推广将有效缓解国内甲醇产能过剩、石油基PX供应不足的问题。

中科院大连化学物理研究所开发的甲苯甲醇制对二甲苯(PX)联产低碳烯烃技术(工业示范)，该技术以甲苯、甲醇为原料，采用循环流化床工艺，在一个反应体系和一种催化剂上同时高选择性生产PX和乙烯、丙烯等低碳烯烃，不但实现了石油化工和煤化工有机结合，而且为聚酯生产提供基本原料。该技术开辟了PX生产新的技术路线，可作为现有芳烃联合装置技改技术，增加PX产量，降低装置能耗；也可用于新建芳烃联合装置，与传统的PX生产技术相比，减少了歧化、异构化等单元投资与运行费用；对新建甲苯甲醇制PX联产低碳烯烃装置，通过简单的结晶分离单元替代昂贵的吸附分离单元，大大降低PX生产成本。该技术还可为聚对苯二甲酸乙二酯(PET)生产提供PX、乙烯两种间接原料，提高聚酯产业链经济性。甲苯与甲醇甲基化制对二甲苯联产烯烃工艺技术将煤化工和石油化工相结合，不仅标志着我国又掌握了一项具有独立知识产权的核心技术，而且为今后芳烃装置的增产扩能和芳烃生产原料的多元化，提供了强有力的技术支撑，具有较好的经济效益和重要的战略意义。

传统工艺以石油乙烯为原料，采用环氧乙烷水合法制乙二醇，但在石油价格高位运行的情况下生产成本大幅度提高，导致全球乙二醇市场价格出现大幅度上涨。20世纪70代出现的碳一化工合成路线，采用CO气相催化偶联合制草酸二甲酯，然后草酸二甲酯加氢制乙二醇。此工艺以煤为原料，合成工艺流程简单、能耗小，具有广泛的应用前景。采用煤制草酸二甲酯加氢制乙二醇工艺中，CO气相催化合成草酸二甲酯，路线成熟，催化剂性能好，已经实现工业试验。

乙醇是一种很有应用潜力的传统能源替代品，它可以提供与汽油相当的化学能，但却排放更少的温室气体和其他环境污染物，同时乙醇同样可以作为合成多种化工原料、燃油和聚合物的原料。目前，乙醇生产主要有以下两种途径(图1-5)：由甘蔗或玉米，即糖质作物和淀粉质作物的直接发酵制得；石油裂化得到乙烯，乙烯直接水合制得。由于原油价格不断上涨，使得后者通过石油裂化催化转化制乙醇这一路线不适合大规模生产，因而规模化生产乙醇是由发酵这一成熟的工业化路线完成。目前，采用发酵法制乙醇仍受限于生物质的组成，很多生物质中含有大量的戊糖在发酵过程中不能通过微生物完全代谢成乙醇，利用该法制备燃料级乙醇成本和能耗均很高。通过气化将生物质转化为合成气（CO 和 H_2的混合物），然后催化转化制乙醇是一条新的低能耗、高效率的乙醇合成路线。合成气直接合成乙醇所需原料来源广泛，可从天然气、油田气或煤制气等得到，也可是回收的氢气和一氧化碳，在经济上具有较强的竞争力，生产成本较低。

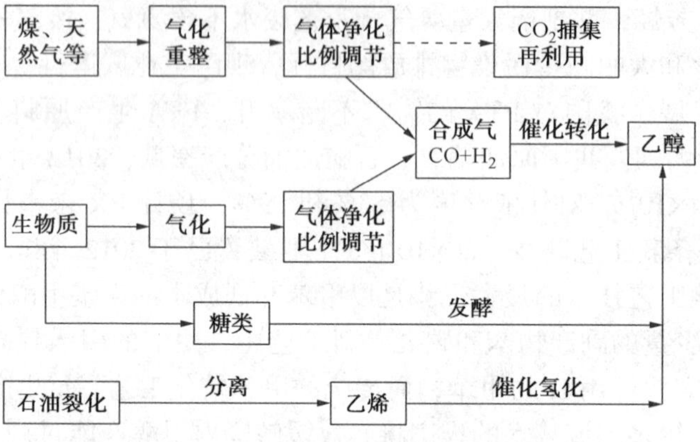

图 1-5　不同含碳原料合成乙醇路线

碳酸二甲酯是近年来受到国内外广泛关注的环保型绿色化工产品。由于其分子中含有 CH_3—、CH_3O—、CH_3O—CO—、—CO—等多种官能团，具有良好的反应活性，作为中间物料可发生多种有机反应。以 DMC 为原料可以开发、制备多种高附加值的精细专用化学品，DMC 被誉为 21 世纪有机合成的一个“新基块”，其发展将对碳一化工起到巨大的推动作用。DMC 在欧洲通过了非毒性化学品（Non toxic substance）的注册登记，属于无毒或微毒化工产品，有望全面替代光气、硫酸二甲酯（DMS）、氯甲烷及氯甲酸甲酯等剧毒或致癌物进行羰基化、甲基化、甲酯化及酯交换等反应生成多种重要化工产品。

4. 甲烷直接合成基础有机化学品

直接利用天然气、煤层气、页岩气、生物沼气中的甲烷不经合成气路线直接生产基础化学品，在经济、技术上存在巨大潜力，随着科学的发展及催化剂活化技术的进步，甲烷直接转化利用的研究和探索得到较快的发展，甲烷直接制甲醇和甲醛、甲烷氧化偶联制乙烯，甲烷无氧芳构化，甲烷无氧低温制乙烷等技术的研究成果层出不穷，为直接利用甲烷提供了广阔的空间。

其中，甲烷制乙烯（OCM）已研究几十年，但乙烯收率很难达到 30%，同时存在深度氧化反应和产物分离的问题，反应选择性差，催化剂寿命短，近期内工业化的可能性小。甲烷直接制甲醇分为催化法和非催化法，非催化氧化法甲烷转化率为 4%～15%，甲醇选择性为 60%～90%，1994 年俄罗斯开发了 CPO（甲烷部分氧化）工艺，完成了 100t/a 规模的中试，1995 年建成了 1×10^4t/a 工业生产装置。甲烷催化氧化制甲醇还没有找到能与传统的两步法工艺相竞争的催化剂，目前仍处于实验室研究阶段。1993 年中科院大连化物所发现的甲烷无氧芳构化过程，从热力学角度讲比甲烷转化为烷烃及烯烃更为有利，在整个无氧过程不会产生 CO 和 CO_2，在一定的反应条件下，芳烃的产率可以达到热力学平衡值的 70%～80%，具有潜在的应用前景。

二、碳一化学品

甲烷分子的活化是甲烷转化利用的基础，无论是何种转化都必须经过甲烷的活化过程。

甲烷作为最简单、最稳定、含氢量最多的烷烃，甲烷活化成为最前沿和最具挑战性的课题。CH_4分子是由4个等价的C—H键通过碳原子的sp^3杂化形成对称性很强的正四面体结构，热力学性质非常稳定，C—H键能大，没有利于进攻的官能团，活化CH_4，实现在温和条件下向高价值产品的转化，成为碳一化工中最富挑战性的课题。

目前，工业利用甲烷生产大宗化学品还需要经过合成气，甲烷直接转化离工业化还较远。甲烷直接转化利用中研究较多的技术是甲烷氧化偶联制乙烯（OCM）、甲烷芳构化、甲烷直接部分氧化制甲醇、甲醛等。

甲烷芳构化反应既可在氧气氛或氧气剂存在下进行，也可以在非氧气氛下进行，即分为氧化芳构化和无氧芳构化。前者由于易深度氧化，苯选择性低，目前国内外研究主要集中在无氧芳构化方面。在甲烷无氧芳构化过程中，许多金属及其氧化物均具备良好的催化活性。其中负载在HZSM-5沸石分子筛上的金属钼氧化物效果最佳，但受反应热力学限制，高温反应导致的催化剂积炭失活及金属组分的流失使催化剂活性、选择性的稳定性较差。克服其高温反应条件的缺陷，是甲烷芳构化反应主要解决的问题。

甲烷的间接转化利用过程中，合成气的制备是其中重要的组成部分，生产过程需要消耗大量的资金和能源，合成气的制备约占总投资的60%和生产成本的65%，合成气制备方面以及与石油化工相比具有优势的产品领域将进一步得到发展。目前已经工业化和正在开发的合成气制备工艺主要包括甲烷-蒸汽转化、甲烷-二氧化碳重整、甲烷部分氧化、联合重整以及自热转化等技术，改进造气工艺、优化过程参数成为降低碳一化学品成本和增加效益的关键。甲烷作为重要的化工原料，可经合成气生产一系列重要的化工产品和液体燃料，合成氨和甲醇是天然气化工中具有优势的大宗化学品领域，全球约有75%的尿素是以天然气为原料生产，以天然气为原料制备的甲醇占其总产量的80%以上，生产工艺非常成熟，研究应用新型高效催化剂和大型反应器进一步降低能耗和节约成本是发展的方向。合成乙醛、乙酸等C_2含氧化合物以及低碳醇化合物，合成二甲醚和F-T合成液体燃料作为石油替代品具有广泛的应用前景。利用甲烷制液体燃料、低碳烯烃、芳烃、低碳混合醇等领域的研究、开发和技术的完善，使得其在技术、经济上都可以和石油化工产品相媲美。在替代我国传统的以石油为基本原料的技术路线上，具有重要的理论和实际意义。

煤、天然气是传统的碳一化工原料，合成氨、甲醇是传统的碳一化工产品。随着合成气化学的发展，农副产品以及城市垃圾等其他含碳资源在碳一化工中的利用价值不断提升。含碳资源首先气化转化为合成气，再合成甲醇，利用合成气、甲醇甚至直接利用CH_4生产甲醇系列产品、低碳烯烃、合成低碳醇、芳烃、醋酸等化工产品和二甲醚、碳酸二甲酯等绿色化工产品是碳一化工发展的方向。图1-6、图1-7为直接利用甲烷系列产品、合成气系列产品。

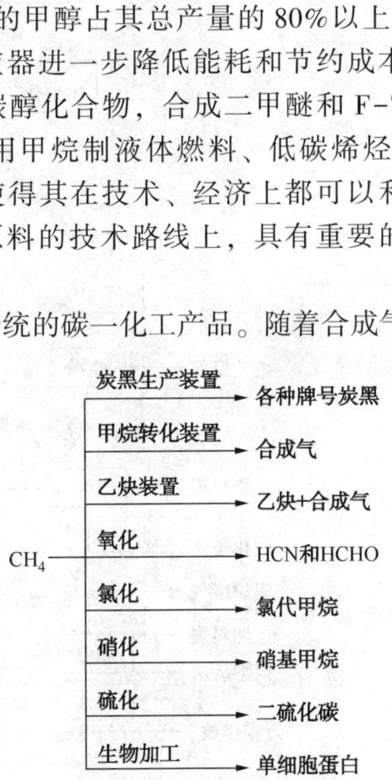

表1-6　直接利用甲烷系列产品

以我国丰富的煤炭资源为原料，实行煤炭分质梯级利用的清洁高效转化工艺技术充分发挥了煤炭在能源化工中的潜质，所生产的碳一化学品几乎涉及所有的有机化学品，当代煤化工产业已发展成为化肥、化工、热电等行业的综合产业，见图1-8。

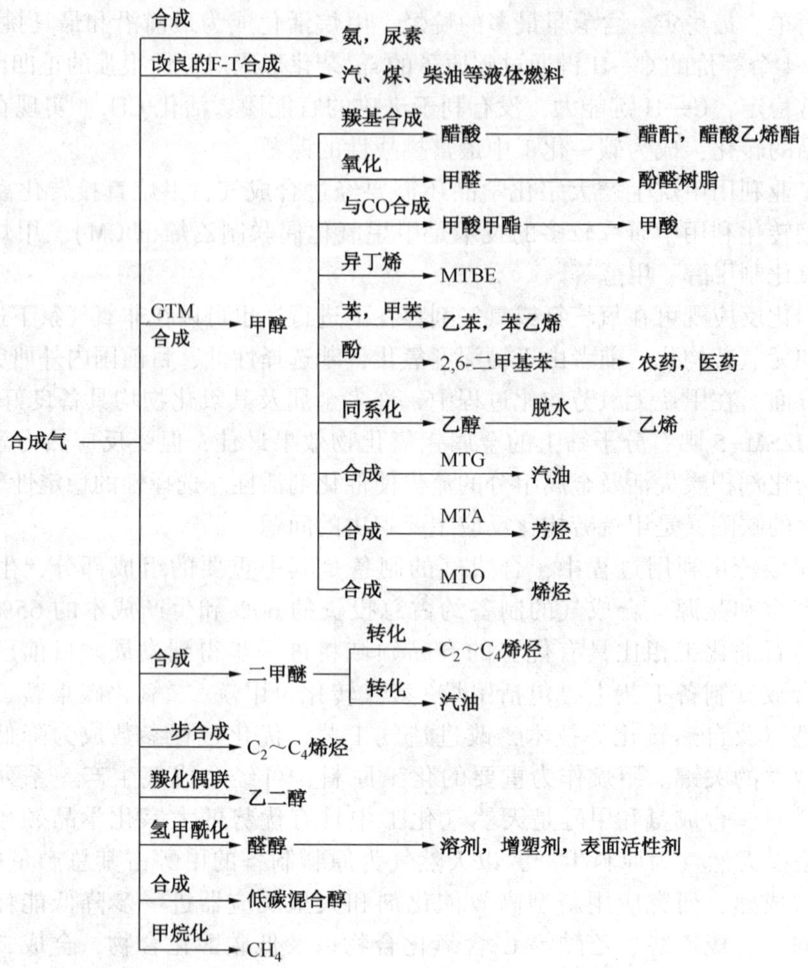

图 1-7　合成气系列产品

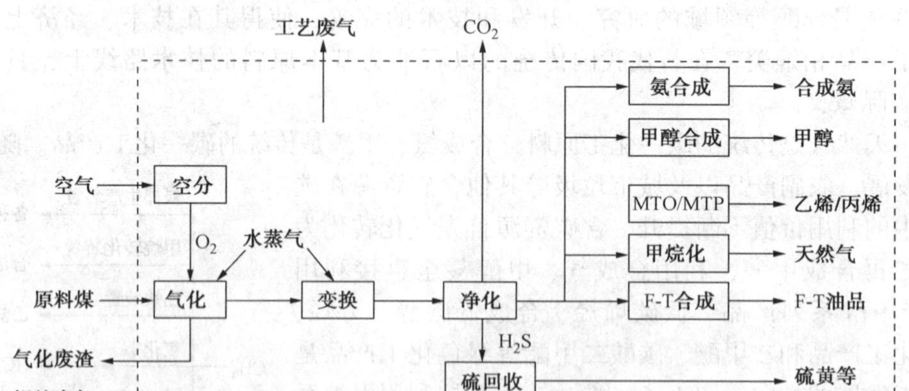

图 1-8　当代煤化工生产过程

第二章　碳一化工原料

第一节　概　　述

碳一化工的传统原料是煤和重油，随着能源结构的供求矛盾和战略调整，煤洁净转化技术和天然气转化技术已成为推动能源化工、碳一化工技术发展的动力。以富有的煤炭资源和大力开发的甲烷资源为原料，遵循循环经济、可持续发展的理念，利用生物质资源发展碳一化工产品已成为碳一化工发展的特点。随着能源结构多元化发展趋势和合成气化学发展、甲醇系列产品生产技术的突破和甲烷直接利用技术的研究、开发，天然气、农副产品甚至城市垃圾等一切含碳资源均可利用，充分利用其中的碳、氢资源，体现了碳一化工原料路线多元化、产品结构多样化、资源利用高效化的发展优势，打破了传统的生物质化工、煤化工、石油化工、天然气化工的界限，拓展、延伸了传统煤化工的产业链，开拓了生物质资源在有机化工领域中的新应用。

碳一化工技术、工艺的研究、工业化运行，特别是以甲醇为原料的化工产业链的发展和MTO、MTP、MTA等工艺的工业化生产，甲烷在有机化工原料中的比例显著提高。碳一化工的原料不仅仅来源于煤、重油、天然气，也可以来源于煤层气、页岩气等非常规石油资源，甚至也可以来源于再生性资源——生物质。认识、了解不同原料元素组成、化学组成、物理化学性质等特点，以期提高碳一化工过程的碳、氢利用率，综合利用能源类物质意义重大。

第二节　煤　　炭

一、煤炭形成

煤由植物残骸演变形成，由有机质和矿物质所组成，有机质是煤中的主要成分，决定煤的性质。少量硅、铝、铁、钙、镁等矿物质在煤的转化利用过程中变成灰渣。

高等植物的残骸在沼泽中经过生物化学作用，形成一种松软的有机物——泥炭。低等植物、浮游生物的残骸在缺氧的条件下，经厌氧分解、聚合和缩合作用形成一种黑褐色的有机物——腐泥。

泥炭或腐泥不断被沉积物所覆盖于一定深度后，在高温、高压作用下发生物理化学过程，泥炭形成腐殖煤，如褐煤、烟煤和无烟煤；腐泥则形成腐泥煤，如腐泥褐煤、腐泥烟煤和腐泥无烟煤。腐殖煤类和腐泥煤类的主要特征如表2-1所示。

自然界中存在最多、分布最广的是褐煤、烟煤、无烟煤等腐殖煤，其形成如下。

表 2-1　腐殖煤类和腐泥煤类的主要特征

特征＼种类	腐殖煤类	腐泥煤类
颜色	褐色和黑色	褐色占多数
光泽	光亮的居多	暗
用火柴燃烧	不燃烧	燃烧，有沥青味
有机物中的氢含量	<6%（质量）	>6%（质量），高达 11.5%（质量）
低温焦油产率	一般<20%（质量）	一般>25%（质量）

1. 泥炭的形成

远古时代，低洼积水的沼泽地带，植物茂盛且生长迅速，死亡后的残骸大量堆积，通过水的浸泡作用，有机纤维素和木质素等物质经生物化学作用形成一种较简单的有机化合物及其残余物。这些物质不断地被其他植物残骸所覆盖，逐渐沉入沼泽深处，在缺氧条件下，有机化合物再经过复杂的化学过程，形成腐殖酸、腐殖酸盐及沥青等。这些物质与未分解或部分分解的植物残骸、泥沙和水中的矿物质混合，形成泥炭。

2. 褐煤的形成

地壳的下沉速度超过泥炭的堆积速度时，大量泥沙将泥炭掩埋形成顶板。泥炭在顶板的温度、压力下，通过脱水、胶体老化等物理化学变化，转化为水分少、密度大、黑褐色的褐煤。褐煤主要是由腐殖酸和沥青组成，存在离地表不深的地层中。

3. 烟煤的形成

褐煤长期受顶板的压力作用，在较高的温度下，大量腐殖酸逐渐经分解、聚合和缩合等变质过程转化为中性腐殖质，逐渐变成烟煤。烟煤的硬度和密度比褐煤大。

烟煤根据其变质程度不同可分为：长焰煤、气煤、肥煤、焦煤和贫煤等。

4. 无烟煤的形成

由于地壳的变迁、岩浆迸发等原因，烟煤层在更高的压力、温度的作用，逐渐转变成为无烟煤。无烟煤的硬度、密度均大于烟煤，通常具有金属光泽。

世界煤的资源十分丰富，占世界可燃矿物资源的第一位。2000 年 1 月 1 日由世界能源机构公布的世界煤炭储量为 1.72×10^{12}t，人均煤炭资源占有量为 342t。中国煤炭资源十分丰富，已探明的煤炭可开采储量约为 1180×10^{8}t，2012 年我国煤炭产量接近 33×10^{8}t，居世界首位。我国所产煤炭主要用作燃料，约占一次能源消费的 76%。随着我国石油、天然气资源的大量开采和国外天然气资源的引进，这一比例虽有所降低，但在 2020 年前仍将保持在 70%左右。

煤炭及其加工副产品作为化工原料使用已有相当长的历史，曾为有机化工的发展做出过巨大的贡献。20 世纪 50 年代前，有机化工产品主要是以煤-电石-乙炔为基础组织生产。50 年代后，原料路线转向开采、运输和加工方便、价廉易得的石油和天然气资源。石油和天然气是由低相对分子质量的有机化合物组成的混合物，可采用简单的物理（如蒸馏和萃取等）和化学（如催化裂化和催化重整等）方法进行分离、反应，制得大量的有机化工产品。而煤是由超高相对分子质量化合物组成的混合物，必须经过深度加工（如焦化、气化和液化等）才能打破原体系的化学键，获得组成极其复杂的低相对分子质量的混合物，欲通过分离制得纯品十分困难。采用从前的乙炔路线生产化工产品，生产成本比以石油和天然气为原料制得的产品要高得多，缺乏市场竞争力，传统煤化工的发展受到限制。随着石油资源的日趋枯竭、供求矛盾的尖锐和现代煤化工技术的快速进步，煤炭作为有机化工原料的成本优势不断凸现，煤炭将继续为有机化学工业的发展积极贡献，未来的有机化学工业的资源将主要来自煤炭资源、甲烷资源。世界各国都在努力开发煤炭、甲烷化工利用的新技术、新工艺，以期在不久的将来，以煤炭和天然气为原料大量生产廉价、优质的有机化学品。

二、煤炭分类分级

煤炭广泛用于动力、化工、制气、冶金等行业。不同来源、成因的煤炭，其化学组成不同，表现出不同的物理、化学性质，不同性质的煤炭，其合适的加工、利用途径、方式各异。不同行业的产品和加工工艺的不同，对煤炭品质的要求也各不相同。了解煤炭的分类和不同类型煤炭的特点对综合利用煤炭资源的意义重大。为有效利用煤炭资源，我国煤炭资源按类、级不同进行划分，以满足煤炭生产、工业原料、民用燃料等需求。

1. 煤炭分类

我国煤炭分类由技术分类(GB 5751—2009)、商业编码(GB/T 16772—1997)和煤层煤分类(GB/T 17607—1998)三个标准组成。前两个属于实用分类，第三个属于科学成因分类。煤炭清洁高效利用主要涉及的技术分类由煤炭分类总表、烟煤分类、无烟煤分类、褐煤分类等组成。

依干燥无灰基挥发分、煤样透光率将煤炭分为无烟煤、烟煤、褐煤三大类，见表2-2。

表2-2 煤炭分类总表

类别	符号	数码	分类指标	
			V_{daf}/%	P_M/%
无烟煤	MY	01，01，03	≤10.0	—
烟煤	YM	11，12，13，14，15，16，21，22，23，24，25，26，31，32，33，34，35，36，41，42，43，44，45，46	>10.0	—
褐煤	HM	51，52	>37.0	≤50

无烟煤(WY)的煤化程度最高，按其干燥无灰基挥发分、干燥无灰基氢含量又分为三小类，见表2-3。

表2-3 无烟煤分类

类别	符号	数码	分类指标	
			V_{daf}/%	H_{daf}/%
无烟煤一号	WY1	01	0~3.5	0~2.0
无烟煤二号	WY2	02	>3.5~6.5	>2.0~3.0
无烟煤三号	WY3	03	>6.5~10.0	>3.0

褐煤(HM)是所有煤种中煤化程度最低的一种，依煤样透光率、恒温无灰基高位发热量分为两小类，见表2-4。

表2-4 褐煤分类

类别	符号	数码	分类指标	
			P_M/%	$Q_{gr,maf}$/(MJ/kg)
褐煤一号	HM1	51	0~30	—
褐煤二号	HM2	52	>30~50	≤24

烟煤(YM)的煤化程度介于褐煤、无烟煤之间，依干燥无灰基挥发分、黏结指数、胶质层最大厚度、奥亚膨胀度将烟煤分为贫煤、贫瘦煤、瘦煤、焦煤、肥煤、1/3焦煤、气肥煤、气煤、1/2中黏煤、弱黏煤、不黏煤、长焰煤等12小类，见表2-5。

表 2-5 烟煤分类

类别	符号	数码	分类指标			
			V_{daf}/%	G	Y/mm	b/%
贫煤	PM	11	>10.0~20.0	≤5		
贫瘦煤	PS	12	>10.0~20.0	>5~20		
瘦煤	SM	13	>10.0~20.0	>20~50		
		14	>10.0~20.0	>50~65		
焦煤	JM	15	>10.0~20.0	>65	≤25.0	(≤150)
		24	>20.0~28.0	>50~65	≤25.0	(≤150)
		25	>20.0~28.0	>65		
肥煤	FM	16	>10.0~20.0	(>85)	≤25.0	(≤150)
		26	>20.0~28.0	(>85)	≤25.0	(≤150)
		36	>28.0~37.0	(>85)	≤25.0	(>220)
1/3 焦煤	1/3JM	35	>28.0~37.0	>65	≤25.0	(≤220)
气肥煤	QF	46	>37.0	(>85)	<25.0	(>220)
气煤	QM	34	>28.0~37.0	>50~65		
		43	>37.0	>35~50		
		44	>37.0	>50~65	≤25.0	(≤220)
		45	>37.0	>65		
1/2 中黏煤	1/2ZN	23	>20.0~28.0	>30~50		
		33	>28.0~37.0	>30~50		
弱黏煤	RN	22	>20.0~28.0	>5~30		
		32	>28.0~37.0	>5~30		
不黏煤	BN	21	>20.0~28.0	≤5		
		31	>28.0~37.0	≤5		
长焰煤	CY	41	>37.0	>5~35		
		42	>37.0			

2. 煤炭分级

为方便煤炭的储运、使用，依煤炭的粒度、质量标准对煤炭进行粒度分级和质量分级。

(1) 粒度分级

烟煤和无烟煤，褐煤分别按粒度分级。长焰煤、不黏煤、弱黏煤、1/2 中黏煤、气煤、气肥煤、焦煤、肥煤、1/3 焦煤、瘦煤、贫瘦煤、贫煤等烟煤和无烟煤根据粒度不同可以划分为 12 类，褐煤根据粒度不同可以划分为 6 类，见表 2-6。

表 2-6 粒度分级(GB/T 17608—2006)

烟煤/无烟煤	粒度名称	粒度/mm	烟煤/无烟煤	粒度名称	粒度/mm	褐煤	粒度名称	粒度/mm
1	特大快	>100	7	混块	>13，>25	1	特大快	>100
2	大块	>50~100	8	混粒煤	>6~25	2	大块	>50~100
3	混大块	>50	9	粒煤	>6~13	3	混大块	>50
4	中块	>25~50，>25~80	10	混煤	<50	4	中块	>25~50，>25~80
5	小块	>13~25	11	末煤	<13，<25	5	小块	>13~25
6	混中块	>13~50，>13~80	12	粉煤	<6	6	末煤	<13，<25

(2)煤炭质量分级

煤炭质量分级标准依煤炭资源评价、动力煤、炼焦精煤、其他精煤和原料用煤、高炉喷吹用煤等用途不同，再结合煤炭灰分(GB/T 15224.1—2010)、煤炭硫分(GB/T 15224.2—2010)、发热量(GB/T 15224.3—2010)进行分级，见表2-7~表2-9。

表2-7 煤炭灰分分级标准[GB/T 15224.1—2010按干燥基灰分(A_d)分级]

序号	级别名称/代号	干燥基灰分(A_d)范围/%		
		煤炭资源评价分级	动力煤分级	炼焦精煤分级
1	特低灰煤/SLA	≤10.00	≤10.00	≤6.00
2	低灰煤/LA	10.01~20.00	10.01~18.00	6.01~8.00
3	中灰煤/MA	20.01~30.00	18.01~25.00	8.01~10.00
4	中高灰煤/MHA	30.01~40.00	25.01~35.00	10.01~12.50
5	高灰煤/HA	40.01~50.00	>35.00	>12.50

注：1. 其他精煤和原料用煤灰分分级与动力煤灰分分级相同；
2. 高炉喷吹用煤灰分分级与炼焦精煤灰分分级相同。

表2-8 煤炭硫分分级标准[GB/T 15224.2—2010按干燥基硫分($S_{t,d}$)分级]

序号	级别名称/代号	干燥基全硫分($S_{t,d}$)范围/%		
		煤炭资源评价分级	动力煤分级	炼焦精煤分级
1	特低硫煤/SLS	≤0.50	≤0.50	≤0.30
2	低硫煤/LS	0.51~1.00	0.51~0.90	0.31~0.75
3	中硫煤/MS	1.01~2.00	0.91~1.50	0.76~1.25
4	中高硫煤/MHS	2.01~3.00	1.51~3.00	1.26~1.75
5	高硫煤/HS	>3.00	>3.00	1.76~2.50

注：其他精煤和原料用煤、高炉喷吹用煤的硫分分级均与炼焦精煤硫分分级相同。

表2-9 发热量分级标准[GB/T 15224.3—2010干燥基高位发热量($Q_{gr,d}$)分级]

序号	级别名称	代号	发热量/(MJ/kg)	序号	级别名称	代号	发热量/(MJ/kg)
1	特高发热量煤	SHQ	>30.90	4	中发热量煤	MQ	21.31~24.30
2	高发热量煤	HQ	27.21~30.90	5	中低发热量煤	MLQ	16.71~21.30
3	中高发热量煤	MHQ	24.31~27.20	6	低发热量煤	LQ	≤16.70

三、煤炭特征用途

不同种类的煤变质程度不同、化学组成不同，其表现出来的物理化学性质差异明显，具有不同的有效利用途径。

1. 煤炭元素化学组成

煤中有机物主要由碳、氢、氧及少量氮、硫和磷等元素构成，碳、氢、氧总和占煤中有机质的95%以上，各种煤主要元素组成见表2-10。

表2-10 煤的元素组成 %(质量)

种类 组成	泥 炭	褐 煤	烟 煤	无烟煤
C	60~70	70~80	80~90	90~98
H	5~6	5~6	4~5	1~3
O	25~35	15~25	5~15	1~3

碳是煤中最重要的成分，随着煤化程度的提高，碳在煤中的含量增加。泥炭含碳量最低约55%~70%(质量)。无烟煤含碳量最高约90%~98%(质量)。

氢也是煤中重要的成分，煤中的氢含量变化很大，随着煤化程度的增加而减少[0.8%~6.6%(质量)]。氢含量高的煤挥发分较多，燃烧时放出的热量较多，氢燃烧时放出的热量比碳多2.5倍。

氧是煤中的主要元素之一，它在煤中含量的变化很大。由1%~2%到27%~34%(质量)，随着煤化程度的增加氧含量减少。

氮是由成煤植物中的蛋白质转化而来，煤中的氮一般以有机氮的形态存在，其中有一些是杂环化合物。以蛋白质形态存在的氮只存在在泥炭和褐煤中，烟煤、无烟煤中几乎没有。煤中的含氮量不高，通常为1%~2%(质量)。

硫是煤中的有害元素，硫以硫酸盐、硫铁矿、有机硫和元素硫等形式存在于煤中。不同产地的煤含硫量差别很大[0.1%~10%(质量)]。

煤中除含有上述五种元素组成的有机质外，还含有无机物。这些无机成分在煤中以无机矿物形式存在或以有机金属化合物或螯合物形式存在，一般归入煤的“矿物质”中。

煤中的矿物质比较复杂，按它们在煤中含量的不同可分为三类：

① 常量元素　煤中含量大于0.5%(质量)的元素，一般包括铝、钙、铁和硅；

② 少量元素　煤中含量约为0.02%~0.5%(质量)的元素，通常包括钾、镁、钠和钛，有时还包括磷、钡、锶、硼等；

③ 微量元素　煤中含量小于0.02%直到10^{-9}级的元素，通常包括除惰性气体元素、铂族金属元素、铂、钷、钫、锕、钋以外的其他所有元素。

煤的分子结构随煤化程度的加深而愈复杂。以芳核结构为主，还具有烷基侧链和含氧、含氮、含硫基团，近似组成为$(C_{135}H_{97}O_9NS)_n$，图2-1显示了某些煤种的基本结构单元。由于煤中含有大量的芳核结构，以它为原料来制取芳烃、稠环和杂环类化合物(如苯类、酚类、喹啉、吡啶、咔唑等)，比石油方便。目前，世界上由煤生产的苯约占苯总产量的

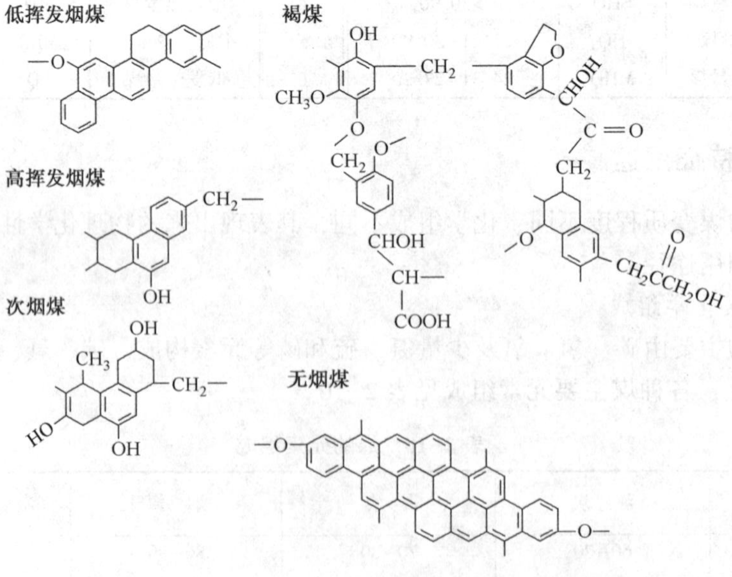

图2-1　不同类型煤的基本结构单元示意图

25%，萘约占萘总产量的85%，蒽、芘、芘占其总产量的90%以上，咔唑、喹啉均占100%，炭黑占炭黑总产量的25%。

2. 煤炭物理性质

腐殖酸煤根据煤化程度的差异又可分为泥炭、褐煤、烟煤及无烟煤等四类，表2-11列出了不同腐殖酸煤的主要特征。

表2-11 各种腐殖酸煤的主要特征

特征	泥炭	褐煤	烟煤	无烟煤
颜色	棕褐色为主	褐色、黑褐色	黑色	灰黑色
光泽	无	大多数暗	有一定光泽	有金属光泽
外部条带	有原始植物残体	不明显	呈条带状	无明显条状
燃烧现象	有烟	有烟	多烟	无烟
水分	多	较多	较少，1%	少，4%
相对密度	—	1.1~1.4	1.2~1.5	1.4~1.8
硬度	很低	低	较高	高

泥炭、褐煤、烟煤、无烟煤的变质程度依次提高，但无烟煤并非是腐殖酸煤煤化程度最深的煤种，它还可转化为石墨。因石墨与煤相比，其元素组成、结构、物理性质上有很大的差别，如有耐高温、高导热和导电性、晶体结构规整等特性，不含氢、氧、氮等杂质，不再用作燃料和生产化工原料气的资源，因此在煤类中不再列入石墨。

3. 特征用途

(1) 褐煤

褐煤(HM)是所有煤种中煤化程度较低的，外观呈褐色或暗褐色，无光泽，相对密度为1.1~1.4，含有较多的内在水分。随煤化程度的加深，褐煤颜色变深、变暗，相对密度增加，紧密度增加，水分减少，孔隙度大，腐殖酸开始增加，外表上已看不到未分解的植物组织残体，含碳量60%~70%(质量)，热值为23~27MJ/kg。挥发分高，无黏结性和热值低，氧含量可达15%~30%，化学反应性强，热稳定性差，加热时容易破碎，在空气中容易风化，灰软化点也较低。褐煤分为两类，可作为一般燃料用于发电，也可作为加压气化制取燃料气、合成气及低温热解的原料。

(2) 无烟煤

无烟煤(WY)俗称白煤或红煤。呈灰黑色，带有金属光泽，是煤化变质程度最高的一种。相对密度为1.4~1.8，挥发分很低，固定碳含量高，含碳量一般在90%(质量)以上，燃点高(400℃左右)，发热量达33.4~33.5MJ/kg，燃烧时无烟，火焰较短，不结焦，无黏结性，硬度大。主要用于民用燃料和制取水煤气和发生炉煤气的原料，低灰、低硫、质软易磨的无烟煤是高炉喷吹和烧结铁矿石的还原剂和燃料。无烟煤分为三类，无烟煤一号可用作制取炭素的原料；无烟煤二号可用作制取合成气的原料；无烟煤三号可用作高炉喷吹的燃料。

(3) 烟煤

烟煤(YM)的煤化程度介于褐煤、无烟煤之间，呈灰黑色至黑色，燃烧时火焰长而多烟，不含腐殖酸。已溶合有更复杂的中性腐殖质，硬度较大，相对密度为1.2~1.45。多数能结焦，含碳量为75%~90%(质量)，热值为27.2~37.2MJ/kg。工业生产中为更合理地利用煤炭资源，根据煤化程度，结合煤的挥发性和黏结性，又将烟煤分为长烟煤、气煤、肥煤、焦煤和瘦煤等 12 小类。

① 长焰煤(CY)是烟煤中煤化变质程度最低的一种煤，燃点低、燃烧时火焰长度较长、黏结性较弱、挥发分高、在空气中容易风化、热值也低、受热时一般不会结焦。是较好的动力和制气原料，主要用于发电和工业窑炉的燃料，也可以用于气化。不宜作为炼焦原料，虽能生成焦炭，但强度很差，粉焦产率较大。

② 不黏煤(BN)是烟煤中煤化变质程度较低直到中等变质程度的一种煤，挥发分较高、无黏结性、水分大、热值不高。用作动力和制气原料用于发电、气化原料和民用燃料。

③ 弱黏煤(RN)是烟煤中变质程度较低直到中等变质程度的一种煤，煤化程度高于不黏结煤。挥发分较高，具有弱黏结性，不宜作为炼焦原料，虽可生成焦炭，但强度很差，粉焦产率很大，多用于制气原料和动力燃料。

④ 1/2 中黏煤(1/2ZN)属于弱黏煤中黏结性较强的一种过渡煤种，煤化程度较低，挥发分的变化范围较大，可作为制气原料和动力燃料。具有中等的黏结性，单独用于炼焦时，焦炭的强度较差，可作为炼焦的配煤，其中黏结性较高的可用作配煤炼焦原料，黏结性较小的可用作动力和制气原料。1/2 中黏煤在我国的储量和产量都不多。

⑤ 气煤(QM)是烟煤中变质程度较低、挥发分较高的一种煤。挥发分较高的，黏结性强弱不等；挥发分较小的，黏结性属于中等。用于炼焦，可产生较多的煤气和焦油，可用于干馏制气、焦油和其他化学产品，可作为煤炭热解的原料。结焦性较强，可单独用于炼焦，但焦炭强度、耐磨性不好。

⑥ 气肥煤(QF)是烟煤中挥发分较高，黏结性较强的一种煤，变质程度与气煤接近，挥发分较高，黏结性强。用于炼焦时，由于产生大量的气体和液体，导致煤炭的强度降低。适于用作干馏制取城市煤气，用于炼焦配煤，也可以单独用来炼焦。

⑦ 1/3 焦煤(1/3JM)属于煤化程度中等、挥发分较高、黏结性较强的烟煤。单独炼焦时可得到熔融性和强度较好的焦炭。焦炭的抗碎强度接近肥煤，耐磨强度又明显高于气煤和肥煤。故既能单独炼焦，也可用于炼焦配煤。

⑧ 肥煤(FM)属于煤化程度中等，挥发分中等或偏高，挥发分范围较宽(一般在 25%~35%之间)，黏结性较强的烟煤。单独炼焦时焦炭的熔融性、强度较好，焦炭的耐磨性好但抗碎强度较差，是单独炼焦、配煤炼焦的重要煤种。

⑨ 焦煤(JM)属于煤化程度中等偏高，挥发分中等(16%~25%)，但黏结性较强的烟煤。用于单独炼焦时，焦炭的裂纹少、抗碎强度高、耐磨性好，块度大，质量较高。但单独炼焦时，膨胀压力大，会引起推焦会困难，是炼焦配煤的好原料。

⑩ 瘦煤(SM)属于煤化程度较高，挥发分较低的烟煤，黏结性中等，黏结性范围较宽的烟煤。单独炼焦时，焦炭的块大、裂纹少、抗碎强度较好但焦炭耐磨性差，可作为炼焦配煤或民用、动力燃料。高硫、高灰的瘦煤只适于做动力燃料。

⑪ 贫瘦煤(PS)属于煤化变质程度较高，挥发分较低的烟煤，挥发分较低，不能用于热解制气，可作为民用和动力燃料。黏结性仅次于典型的瘦煤，单独炼焦产生的焦粉较多。作为配煤，掺入少量的贫瘦煤对焦炭的成块有良好的作用。

⑫ 贫煤(PM)属于煤化变质程度最高，挥发分最低的烟煤，接近无烟煤，也称为半无烟煤。贫煤燃烧时火焰短，燃点一般在 350℃左右，热值较高，呈非黏结或弱黏结性，多作为电厂锅炉的燃料，也可作为工业窑炉的燃料等民用和动力燃料。

烟煤中，凡是无黏结性，挥发分>25%，坩埚膨胀系数<3 的煤种，一般可作为制气的原料。由于煤炭气化工艺和设备的差异，对煤的质量和粒度要求又有不同，如固定床气化要求煤粒度为中块或混中块、流化床气化则要求粉煤、气流床气化要求粒度为<200 目的煤粉。

对煤炭气化用煤，无烟煤可用于制取合成氨原料气，长焰煤、无黏结性煤、弱黏结性煤、1/2 中黏煤、气煤、1/3 焦煤、贫煤、无烟煤等均适于作为常压固定床煤气发生炉的原料。煤炭制取合成氨原料气或一般燃料气，所使用的设备可为常压固定床、流化床等，由于产品气组成、生产工艺的差异不同，用煤标准不同。气流床制气的工艺特点决定了气流床除对煤粒度要求外无其他要求。无烟煤则不适合作为常压固定床两段式煤气发生炉的原料。

四、煤炭利用

1. 资源现状

煤是地球上可获取的最丰富化石燃料。世界煤炭资源非常丰富，煤炭资源的地理分布十分广泛，遍及各大洲，但煤炭资源分布并不均匀，全世界约有 80 个国家和地区拥有煤炭资源，煤炭主要集中在北半球尤其集中在北半球的中温带和亚寒带地区，世界煤炭资源的 70%分布在北纬 30°～70°之间。其中，以亚洲和北美洲最为丰富，分别占全球地质储量的 58%和 30%，欧洲仅占 8%，非洲约占世界的 1.6%，南美洲最少，还不足世界的 0.4%。俄罗斯、美国和中国的煤炭资源比较丰富，合计约占世界煤炭资源总量的 83%以上。2005 年世界煤炭可采储量的 60%集中在美国(25%)、苏联(23%)和中国(12%)，此外，澳大利亚、印度、德国和南非 4 个国家共占 29%。2011 年，上述 7 国的煤炭产量占世界总产量的 80%。

2006 年全球煤炭探明储量 9101.22×10^8t，美国、俄罗斯、中国的探明储量分别以 2446×10^8t、1570×10^8t、1145×10^8t 世界煤炭探明储量的 27.1%、17.3%、12.6%，名列三甲。据英国石油公司(BP)统计，截至 2012 年底，世界煤炭探明储量为 9090.64×10^8t。

2012 年，全球煤炭产量为 78.645×10^8t(折合 3845.3×10^6t 油当量)，全球共有 10 个国家煤炭产量超亿吨，位于前三的中国、美国、印度的产量分别 33.1×10^8t、9.22×10^8t、6.06×10^8t，前十国产量合计为 70.66×10^8t，占全球产量的 91.7%，同比增长 2.0%。2012 年全球煤炭消费量为 3730.1×10^6t 油当量，同比增长 2.5%。中国煤炭生产和消费占全球比重分别为 47.5%和 50.2%，分别比上年下降 2%和上升 0.8%。

我国煤炭消费占能源消费的比率近 3 年来以每年 1%的速度下降，但由于能源消费基数大且仍呈现增加的趋势，煤炭消费仍占一次能源消费的 66.1%，中国煤炭消费增量占世界煤炭消费增量的 30.85%。2013 年我国煤炭消费量为 36.2×10^8t，占世界煤炭消费量的 49.38%，高于全球平均水平的 1 倍以上。

我国是煤炭资源丰富的国家之一，其储量远远大于原油、天然气，我国煤炭资源丰富，种类较全，炼焦用煤占 42%，长焰煤、不黏煤和弱黏煤占 22%，褐煤占 14%，其他煤种占 22%。但资源分布不均匀，已探明储量主要集中在华北、西北、西南。

2. 利用现状

资源开发利用是否合理是一个国家的经济是否持续、稳定、协调、快速发展的重要指标。2011 年我国共生产一次能源 31.8×10^8t 标准煤，消费一次能源 34.8×10^8t 标准煤，其中煤炭、石油、天然气分别为 68.4%、18.6%、5%，水电、核电、风电合计 8%。

我国是一个煤炭大国但距离煤炭强国的目标还很远，主要表现在：

① 煤矿开采回采率较低，平均为 40%。

② 煤炭结构使用不合理，优质煤未得到合理使用。

③ 煤炭转化利用效率低，热效率(30%)仅为先进国家的一半。

④ 伴生矿的利用率低。

煤炭主要消耗在火力发电、居民生活、钢铁、工业锅炉、铁路运输、化肥等行业。煤炭的化工利用主要表现在干馏、气化、电石、合成液体燃料四个方面。受经济形势和能源供求关系的影响，煤干馏中的焦化用煤减少，而中、低温干馏用煤增加，为生产合成液体燃料、基本有机化工原料为目的的气化用煤大幅增加。

2010~2012 年我国化工用煤以每年 11.5%的速度上升，2013 年中国化工行业中煤炭消费占其能源消费的45%，约为 1.25×10^8t，所消费的煤炭中有 57%以上作为原料生产化工产品，有 40%以上用作燃烧动力煤炭。由于受石油、天然气资源、地域发布及运行成本等方面的限制，在今后相当长段时间内中国以煤炭为主要化工原料的局面很难改变。化工企业正在逐步向大型化发展，为减少燃料油的消费量，以石油类为原料的化肥厂将逐步改为以天然气和煤炭为原料。充分利用我国富有的煤炭资源，发展以先进煤气化为源头的大型煤化工，已成为中国化工的发展方向。

煤气化技术主要为化工生产提供原料气，部分用于生产民用煤气。中国化工行业以煤气化为龙头的煤化工约占 50%，以合成氨生产为例，煤炭为原料的占 64%。占中国化肥总产量 71%的中、小型化肥厂[合成氨产量$(10\sim15)\times10^4$t/a，$(1.5\sim6)\times10^4$t/a]中，有 80%左右以煤炭为原料，以传统的的固定床气化炉生产合成气，炉型有 UGI、水煤气两段炉、发生炉两段炉等气化工艺落后、气化强度低、产品单位能耗高的气化技术、与世界先进煤气化技术的差距很大。

中国大型化肥厂(合成氨产量 30t/a)目前主要以气、油为生产原料(煤炭为原料约占 12%)。煤气化技术多为进口先进技术，如以块煤为原料的 Lurgi 加固定床气化炉、以水煤浆为原料的 Texaco 加压气流床气化炉、以干煤粉为原料的 Shell 加压气流床气化炉等。

煤炭不仅是一种重要的能源，而且也是一种重要的有机化工原料和高碳材料的重要原料。利用煤的芳烃结构、高碳含量和多孔性，由煤及煤液体制取高附加值的特殊制品和高碳材料，如芳烃单体、合成芳香工程塑料、高温耐热塑料、液晶高聚物、功能高聚物、碳/碳复合材料、碳纤维及其他碳素材料。这些高性能、高附加值的材料将给煤炭利用带来历史性的转折，将形成煤化学学科的新分支。

五、煤焦油及焦炉煤气

炼焦化学是以煤为原料，经高温干馏(900~1050℃)获得焦炭和荒煤气(或称粗煤气)，并将荒煤气经过冷却、洗涤净化及蒸馏等工艺处理，制取化学产品的工艺技术。生产和经营炼焦化学产品的生产企业即焦化厂。焦炭是冶金钢铁企业炼铁不可缺少的原料，焦炭工业的发展随冶金工业的发展而逐步发展。在我国钢铁联合企业中，焦炭和焦炉煤气是主要能源，占总能耗的 60%以上，焦化是钢铁联合企业的重要组成部分。单独设置或设在化工部门的焦化厂，主要生产民用燃料或化工原料。

石油和天然气的化学加工和合成技术的发展，加剧了炼焦化学产品的市场竞争，但由于石油储量有限，开采量大，价格贵，按目前耗用速度使用年限远短于煤炭的使用年限。世界各国都重视炼焦化学工业的发展，以获得化学工业的原料。一些重要化工原料，主要来自炼焦化学工业，如全世界萘需求量的 90%来自煤焦油，作为染料原料的精蒽也几乎全来自煤焦油；生产炭素电极的电极沥青绝大部分来自煤焦油沥青。近年来，为提高炼焦行业的市场竞争力和加强环境保护，炼焦化学工业在改进生产工艺、生产优质炼焦化学产品、降低生产成本和减少投资等方面均取得了很大进展。我国已从焦炉煤气、粗苯、煤焦油中提取百余种产品，今后在丰富的煤炭资源基础上，煤的综合利用将更加合理、科学、高效、发展。

1. 煤焦油的形成及组成

煤焦油是煤在干馏、气化过程中获得的液体产品。根据干馏温度和工艺方法的不同，可得低温(450~650℃)干馏焦油、低温和中温(600~800℃)发生炉焦油、中温(900~1000℃)立式炉焦油、高温(1000℃以上)炼焦焦油等煤焦油。煤焦油简称焦油，均具有刺激性臭味的黑色或黑褐色的黏稠状液体。

煤焦油是煤热分解的液态产物。煤料在焦炉炭化室进行高温干馏时，煤质发生了一系列不同的物理化学变化。炼焦炉炭化室的热分解由平行于炭化室两侧炉墙呈层状进行，所需热量通过炭化室炉墙传递，当炭化室中心温度与炉墙温度接近时，炼焦过程结束。煤料在200℃以下首先蒸发煤表面水分、析出吸附在煤中的二氧化碳和甲烷等；升至250~300℃时，煤的大分子端含氧化合物开始分解生成二氧化碳、水和酚类等(主要是高级酚)；300~550℃时煤大分子芳香族稠环化合物侧链断裂和分解，产生气体和液体，煤质软化熔融，形成气、固、液三相共存的黏稠状胶质体，生成脂肪烃并释放出氢。在600℃前从胶质层析出和部分从半焦中析出的蒸汽和气体主要含甲烷、二氧化碳、一氧化碳、化合水及煤焦油(简称初焦油)，氢含量很低，称为初次分解产物，初焦油主要含有脂肪族化合物、烷基取代的芳香族化合物及酚类。主要组成见表2-12。

表2-12 初焦油主要组成 %(质量)

链烷烃	烯烃	芳烃	酸性物质	盐基类	树脂状物质	其他
8.0	2.8	58.9	12.1	1.8	14.4	2

初焦油中芳烃主要有甲苯、二甲苯、甲基联苯、菲、蒽及其甲基同系物，酸性化合物多为甲酚和二甲酚，还有少量的三甲酚和甲基吲哚，链烷烃和烯烃皆为$C_5\sim C_{32}$的化合物，盐基类主要是二甲基吡啶、甲基苯胺、甲基喹啉等。

初焦油受高温(800~1000℃)作用发生深度热分解，所得产物为二次裂解产物即高温焦油。通过赤热的焦炭和沿炭化室炉墙向上流动的气体和蒸汽，受高温作用发生环烷烃和烷烃的芳构化过程并析出氢气，从而生成二次热裂解产物。高温焦油实质是初焦油在高温作用下经热化学反应转化形成，热化学转化过程非常复杂，包括热分解、聚合、缩合、歧化和异构化等反应。初焦油和高温焦油组成上有很大差别，高温焦油主要含有稠环芳香族化合物，见表2-13。初焦油的性质与原料的性质有明显的依赖关系，而二次分解产物——高温焦油的性质与原料的性质则无关联。高温焦油的组成和性质主要依赖于煤料在炭化室内的热分解程度。热分解程度取决于炼焦温度和热分解产物在高温下作用的时间。

表2-13 初焦油和高温焦油组成 %(质量)

项　目	初焦油	高温焦油	项　目	初焦油	高温焦油
产率	10.0	3.0	菲和蒽	1.0	6.0
饱和烃	10.0		沥青	35.0	50.0
酚类	25.0	1.5	化合物种类	几百种	近万种
萘	3.0	10.0			

煤焦油的元素分析表明，含碳为 88.8%～91.1%，氢为 5.6%～6.1%，氧为 1.6%～3.6%，氮为 1%～1.3%，硫为 0.4%～0.8%及痕量的金属元素。煤焦油几乎完全是由芳香化合物组成的复杂混合物，单体烃总数极多，从中分离并已认定的单体烃约 500 种，其量约占焦油总量的 55%。在焦油中含量超过 1%和接近 1%的化合物仅有 10 余种，其量约占焦油总量的 30%。

2. 焦炉煤气

炼焦除有 75%左右转化为焦炭外，还有 25%左右生成多种化学产品及煤气。炼焦过程副产荒煤气(或称粗煤气)，经过冷却、洗涤净化及蒸馏等工艺获取化工产品(如焦油、粗苯、硫铵、硫磺)和净焦炉煤气的焦炉煤气处理工艺过程，即煤气净化回收过程，在提高焦化经济效益、降低合成气费用、消除污染等方面占有重要的地位。焦炉煤气是焦炭生产过程中的一种产品，也是一种宝贵的能源。净化后的煤气，既可作为冶金企业的燃料，也可作为民用煤气或化工原料。因此，煤气净化工艺技术是焦炭生产过程中一个不可缺少的工序，随焦化工艺技术的进步而不断发展和提高，现代化大型焦炉配置先进的回收装置，使煤气得到了很好的净化，既回收了宝贵的化工产品，又保护了环境。

煤气净化包含煤气的冷却、煤气的输送、化学产品回收，如：脱硫、制取硫铵、终冷洗苯、粗苯蒸馏等工序，以减少煤气中有害物质。来自焦炉的荒煤气，经冷却和用各种吸收剂处理后，可以提取出焦油、氨、萘、硫化氢、氰化氢及粗苯等化学品，并得到净焦炉煤气。同时，煤气净化对煤气输送过程及回收化学产品的设备正常运行也十分必要。

煤气中所含的乙烯可用于制取乙醇和二氯乙烷，氨可用于制取硫酸铵和无水氨，硫化氢是生产单质硫和元素硫的原料，氰化氢可用于制取黄血盐钠或黄血盐钾。同时，回收硫化氢和氰化氢对减轻大气和水质的污染，加强环境保护以及减少设备腐蚀具有重要意义。

经过回收化学产品的净焦炉煤气具有较高的热值，除满足钢铁生产自身需要外，其余部分经深度脱硫后，可供民用或化工原料。煤气中的主要成分 CO、H_2是碳一化工的基础，经变换、甲烷化、净化等处理可得到氢碳比适宜的合成气、氢气，用于制造合成氨、尿素、甲醇、环己烷等，煤干馏焦炉气的综合利用已成为提高炼焦业的重要经济增长点。

焦炉煤气作为炼焦厂的副产品，H_2、CH_4、CO、CO_2含量分别为 50%～60%、25%～30%、5%～10%、1%～3%，利用率低，除回炉自用、城市煤气、合成氨及甲醇外，尚有富余。利用富氢的焦炉气、合成气等生产清洁燃气——甲烷(SNG)已成为清洁综合利用煤炭资源的有效途径。受甲烷化催化剂的限制，焦炉气需进行精脱硫，其余净化工序不变。SNG 由低温甲烷化、高温甲烷化两步组成，低温甲烷化技术移植于合成气中微量 CO 的脱除。甲烷化反应为放热反应，为保护催化剂、促进化学平衡的正向移动，必须有效控制甲烷化反应器的温度。焦炉气经预处理、精脱硫、甲烷化反应后，CO 转化率高达 100%，CO_2转化率高达 95%以上，产品气中为 CH_4、H_2含量分别为为 75%～80%、20%～25%，、CO、CO_2总量不超过 1%。

粗苯和煤焦油是组成很复杂的半成品，经精制可得到二硫化碳、苯、甲苯、二甲苯、三甲苯、古马隆、甲酚、萘、蒽和吡啶盐基及沥青等产品。这些产品具有极为广泛的用途，是塑料、合成纤维、染料、合成橡胶、医药、农药、耐辐射材料、耐高温材料以及国防工业的重要原料。

煤气组成随着炭化时间、温度的不同而变化。由于焦炉操作的连续性，炼焦炉产生煤气的组成基本均一、稳定。荒煤气组成(净化前)见表 2-14。煤气中只含最简单的碳氢化合物、游离氢、氧、氮及一氧化碳等，是分子结构复杂的煤质分解最终产物。

表 2-14　荒煤气组成(净化前)　　g/m³

名　称	质量浓度	名　称	质量浓度
水蒸气	250~450	硫化氢	6~30
焦油气	80~100	氰化氢	1.0~2.5
苯族烃	30~45	吡啶盐基	0.4~0.6
氨	8~16	其他	2.0~3.0
萘	8~12		

净化、回收化学品后的净焦炉煤气的杂质质量见表 2-15。煤气组成还受生产方式的不同而有所差异，表 2-16 为不同煤气成分组成。

表 2-15　净焦炉煤气中的杂质　　g/m³

名　称	质量浓度	名　称	质量浓度
焦油	0.05	氨	0.05
苯族烃	2~4	硫化氢	0.20
萘	0.2~0.4	氰化氢	0.4~0.2

表 2-16　不同煤气的成分组成

名　称	N_2/%	O_2/%	H_2/%	CO/%	CO_2/%	CH_4/%	C_nH_m/%	密度/(kg/m³)
焦炉煤气	2~5	0.2~0.9	56~64	6~9	1.7~3.0	21~26	2.2~2.6	0.4636
高炉煤气	50~55	0.2~0.9	1.7~2.9	21~24	17~21	0.2~0.5		1.296
转炉煤气	16~18	0.1~1.5	2~2.5	63~65	14~16			1.396
发生炉煤气	46~55		12~15	25~30	2~5	0.5~2.0		

六、大气污染及清洁化利用

受资源、历史原因的影响，我国对煤炭资源过度依赖，煤炭作为主要能源已占一次能源的产量和消费的约 65%以上。煤炭中的 80%左右作为燃料使用，传统的燃煤技术对环境造成严重的污染是我国大气污染的主要来源，燃煤发电排放的二氧化硫、氮氧化物就几乎占总排放量的一半。我国煤炭资源的特点是高硫、高灰，80%的城市粉尘、90%的 SO_x、85%的 CO_2、60%的 NO_x 来自燃煤。CO_2 的过度排放造成的温室效应早已有目共睹，对地球气候的影响已对人类的生活、生存构成威胁。汽车尾气排放、城市建设污染、地形构造等是造成雾霾的因素，但大量能源消费和以煤为主的能源结构是造成雾霾的重要原因。PM2.5 是形成雾霾的直接内因，二氧化硫、氮氧化物及烟尘又是形成 PM2.5 最重要的三大污染物。我国 3/4 的城市空气质量未达到二级标准，颗粒物已成为影响城市空气质量的主要污染物，颗粒物、SO_x、NO_x 等相互作用业已成为雾霾等极端恶劣天气的元凶。因此，既要保障经济的高速发展，又要保持良好的生态环境，就必须重视洁净煤的生产并大力发展清洁、高效、低污染的洁净煤技术。

我国是产煤大国，发展煤化工在我国始终具有重要现实意义，持续、稳定发展经济，就必须跨越经济、技术和环境三大壁垒，必须开发低成本、无污染、大型化的新工艺和新技术，碳一化工在煤炭的转换中发挥着重要作用。

迄今为止所开发的煤转化工艺基本属于热转化工艺，包括煤的燃烧、气化、高温干馏、低温干馏和液化。表2-17比较了不同煤转化工艺所需的设备投资、煤种的局限性、操作条件、转化过程的污染程度和产品情况。

表2-17 典型煤转化工艺技术比较

	燃 烧	气 化	高 温 干 馏	低 温 干 馏	液 化
设备投资	小	较大	较大	较小	大
煤种局限性	小	较小	较大	较小	大
反应温度/℃	750~1100	800~1400	900~1200	550~650	400~450
反应压力	常压或中压	常压或中压	常压	常压	高 压
污染程度	严重	较轻	较严重	较严重	轻
产品	热能、电能	煤气	焦炭、煤气、焦油	半焦、焦油	液体燃料、化学品

燃烧是最简单的煤转化工艺，具有设备投资小和可用煤种广的优点，但燃烧过程中排放的CO、CO_2、SO_x、NO_x和烟尘等造成严重的环境污染，且煤直接燃烧热效率很低。通过燃前(主要是煤的洗选)、燃中(如用石灰石脱硫)和燃后(主要是烟气净化)处理可以减少SO_x、NO_x和烟尘的排放量，但相对于低附加值的热能和电能而言，处理成本较高，难以控制CO和CO_2的排放。

煤的气化即煤在高温下与气化剂(空气、纯O_2、H_2O或H_2)反应使煤中有机质转化为CO、H_2和CH_4的过程。煤气化工艺较燃烧复杂，设备投资较大，对煤种有一定的限制，一般要求使用不黏煤，产生的CO、CH_4、和H_2可作为燃料气和合成气。作为燃料气利用，面临天然气的强有力的竞争，作为合成气利用其本身的附加值并不高，而用于合成高附加值产品往往需要很长的合成路线，经济性是关键。

高温干馏主要产品焦炭是钢铁工业重要原料，一般占原料煤3%~8%的副产物焦油(高温焦油，其中60%左右为焦油沥青)是芳香族化合物特别是稠环芳香族化合物重要乃至主要来源。随着世界范围内钢铁工业的萎缩和高炉喷煤技术的大规模推广使用，焦炭需求量大幅降低，副产物焦油的产量只能随着焦炭产量的减少而减少。同时，高温干馏工艺对环境造成的严重污染也限制了进一步发展。

中、低温干馏可得产率高达10%~20%的焦油(中、低温焦油)中含有较多的芳族烃和酚类，但稠化芳环的环数不高，经加氢即可生产优质的汽油、柴油馏分，加氢产品收率高达85%以上。半焦是低温干馏的主要产品，通过低温干馏的热解反应可使煤中的S以H_2S、COS和CS_2等形式逸出，半焦可作为较洁净的固体燃料利用。清洁的半焦炭和易加氢转化的中、低温焦油为煤的中、低温干馏工艺提供了广阔的发展空间。

煤液化堪称最温和的煤转化工艺，工艺分液相加氢裂解和气相加氢裂解两种，均需要使用高压氢气。液相加氢裂解使用的催化剂难以回收利用，对煤种要求也较苛刻，生产液体燃料油的成本居高不下。煤液化工艺的反应温度约为450℃，目的产物的选择性难以提高且高温下能耗较大，催化剂的回收利用未实现突破，溶剂在催化剂表面的强吸附，用水量大等问题的解决是煤液化产业化发展的关键。先进的煤液化工艺应是在低污染和低消耗(物料消耗和能量消耗)的条件下使煤尽可能多地转化为洁净、高热值的液体燃料和高附加值的化工原料。合成气两段直接合成汽油(Modifild F-T即MFI法)、两段集成直接液化、煤和渣油联合加工是煤液化的发展新工艺。

随着工业技术的发展，对煤炭的综合利用要求也愈来愈高，不仅考虑其经济效益、能量利用，更应考虑环境保护、循环利用的要求。通过不同利用方式、利用工艺的有机集成，做到物尽其用，可以有效提高煤炭资源利用的整体效益。如煤矿—电力—建材—化工、煤矿—电力—城市煤气—化工、钢铁—炼焦—化工—煤气—建材；焦化（或高温快速热解）—气化—液化、热解（或溶剂精制）—气化—发电、气化—合成—燃料、液化（用溶剂精制或气体萃取）—燃料—气化、液化（用气体萃取）—加氢气化。图2-2所示为碎煤加压气化生成城市煤气联产柴油和F-T硬蜡的集成工艺流程，是集成技术在煤综合利用中的具体体现。

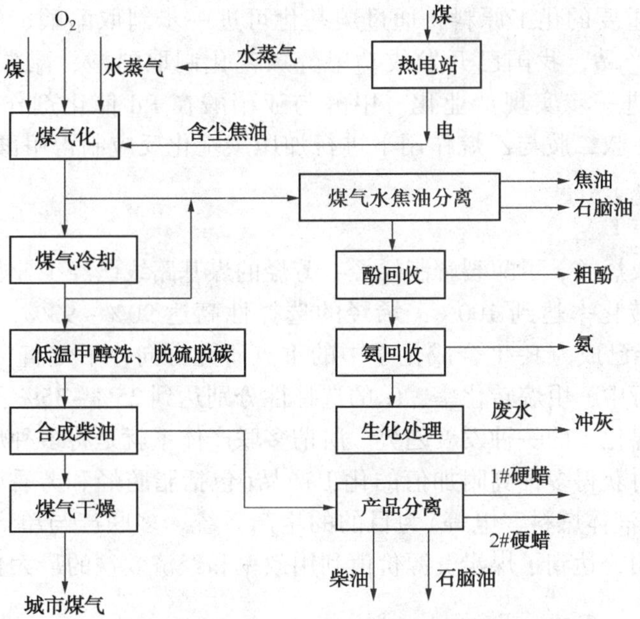

图2-2　碎煤加压气化生成城市煤气联产柴油和F-T硬蜡工艺流程

七、新型煤化工发展

始于18世纪后半叶的以煤为原料经化学加工转化成气体、液体和固体并进一步加工成一系列化工产品的传统煤化工于20世纪30~40年代形成完整的工业体系。传统的煤化工泛指煤的气化、液化、焦化及焦油加工等，也包括煤通过氧化、溶剂处理化学品及以煤为原料制取碳素材料和煤基高分子材料等。随廉价原油、天然气资源的开发利用，石油化工发展迅速，很多以煤为传统原料的化学品生产转移以石油和天然气为原料，传统的煤化工产业受到严重冲击。20世纪70年代以后，尤其是进入90年代后，石油大幅度涨价，煤化工开始以较快的速度由传统向现代转化，在有机化工中的地位不断凸显。

1. 新型洁净煤化工技术

当今的煤化工与传统的煤化工已发生根本的变化。新型洁净煤化工技术是煤炭开发和利用过程中，旨在减少污染和提高效率的煤炭加工、转化和污染控制等一系列分级分质利用新技术的总称，它将煤潜能进行最大限度的利用且将煤释放的污染控制在最低水平，达到高效、洁净利用的目的。目前有下列三种新型煤化工技术路线。

(1) 技术路线一

主要表现为煤化工产业发展最重要的单元技术——煤气化技术。以鲁奇、德士古、壳牌等炉型最为常用，我国先后引进了上述炉型用于生产合成气和化工产品。采用多组分催化剂，可从合成气制含60%异丁醇和40%甲醇的混合物，异丁醇脱水得异丁烯，可完成由合成气直接制取甲基叔丁基醚，是一条很值得重视的以天然气和煤为原料制取高辛烷值添加剂的技术路线。

(2) 技术路线二

以煤为原料生产甲醇及多种化工产品。目前国外甲醇生产主要以天然气为主。我国煤炭储量远大于石油、天然气储量，在很长一段时间内煤炭是我国甲醇生产最重要的原料。甲醇作为一种重要的化工原料，通过羰基化可进一步制取醋酸、醋酸酐、甲酸甲酯、甲酸、草酸等化工产品，我国已开发成功甲醇羰基化制取醋酸、醋酸酐工艺软件包，正在扩展系列产品，进一步实现产业化。甲醇与亚硝酸在Pd催化剂作用下可反应制取草酸、以甲醇和CO在叔二胺与乙烷作用下进行加压羰基化反应制得甲酸甲酯是甲醇利用的新途径。

(3) 技术路线三

以煤为原料合成烃类。甲醇裂解制烯烃、芳烃的煤基路线已经工业化，现已由两步法向一步法过渡，甲醇转化率达到100%，烯烃的选择性高达90%~93%，芳烃的选择性高达95%。合成气制烯烃已成为F-T合成化学中的重点研究方向，甲烷直接氧化脱氢生成乙烯的工作也在积极进行中，甲烷转化率、C_2的选择性分别达到25%~35%、70%~80%。

多联产是新型煤化工的一种发展趋势。所谓多联产体系就是将多种煤炭转化技术通过优化耦合集成，以同时获得多种高附加值的化工产品(包括脂肪烃和芳香烃)和多种洁净的二次能源(气体燃料、液体燃料、电等)为目的的生产系统。多联产与单产相比，实现了煤炭资源价值的梯级利用，达到了煤炭资源价值利用效率和经济效益的最大化，满足了煤炭资源利用的环境友好。

2. 新型煤化工的核心技术

(1) 煤直接液化

煤直接液化是煤化工领域的高新技术。该技术将煤制成油煤浆，于450℃、10~30MPa条件下催化加氢，获得液化油，并进一步加工成汽油、柴油及其他化工产品。该技术开发始于20世纪20年代，但一直无大规模工业化应用实例。我国神华集团在消化、吸收国外技术的基础上，自主创新开发了具有自主知识产权的煤炭直接液化新工艺及专用高效催化剂等关键技术，煤直接液化合成油装置于2008年12月30日一次投料试车成功，生产出合格油品和化工品。我国已掌握了百万吨级煤直接液化关键技术，但增加催化剂寿命、延长装置的开工时间、平稳操作是提高装置效益的关键。

(2) 煤间接液化

煤间接液化是将煤气化并制得合成气(CO、H_2)，然后通过F-T合成生产发动机燃料油和其他化工产品的过程。南非于20世纪50年代开始建设商业化工厂，目前已形成年产700×10^4t产品的生产能力。我国对间接液化技术的开发已有20年的历史，目前正在开发浆态床低温合成工艺及专用催化剂。

(3) 大型先进煤气化技术

煤气化技术是发展新型煤化工的重要单元技术。我国大型先进煤气化技术与国外相比具有一定差距，具有自主知识产权的多喷嘴水煤浆气化、干煤粉气流床气化技术的工业示范开发和放大正在进行。考虑我国煤种、煤质的多样性，亟待研究开发适合灰熔点高、中强黏结性煤种的气化技术。

(4) 一步法合成二甲醚技术

二甲醚可以代替柴油用作发动机燃料，也可以作为民用燃料替代LPG。与以甲醇为原料两步法制取二甲醚相比，以合成气为原料通过一步法合成二甲醚的技术具有能耗低、转化效率高、工艺过程、生产成本低的优点。一步法合成二甲醚的催化剂和反应器成为工艺技术开发的关键。

(5) 煤化工联产系统

煤化工联产系统是新型煤化工发展的重要方向，联产的基本原则是利用不同技术途径的优势和互补性，将不同工艺优化集成，达到资源、能源的综合利用，减少工程建设投资，降低生产成本，减少污染物或废弃物排放。如，F-T合成与甲醇合成联产、煤焦化与直接液化联产等。以煤气化为核心的多联产系统是新型煤化工发展的主要内容，并有多种形式，其要点是以煤(或石油焦、渣油等)为气化原料，生产的煤气作为合成液体燃料、化工品及发电的原料或燃料，通过多种产品生产过程的优化集成，达到减少建设投资和运行费用，实现环境保护的目的。

3. 我国煤化工发展现状

经过近30年的不懈努力，我国的煤化工产业得到大力发展，使我国在煤直接液化、煤(甲醇)制烯烃、煤(甲醇)制芳烃等方面成为唯一掌握大规模工业化技术的国家，在煤间接液化、煤制乙二醇等方面成为少数掌握该技术的国家，已基本掌握了化石能源燃料由石油向煤炭转变的战略主动权。

煤直接液化、间接液化的投资均超过万元/t油品，原料利用率低，煤直接液化、间接液化的综合能源效率分别为45%、42%，耗水量大(分别为7～8t/t、8～10t/t)，CO_2排放是石油炼制过程的10倍左右。

煤气化技术是煤高效利用的核心，切实改善我国煤气化技术的大型化、高效化和环保化以提高煤种适应性是煤气化的重点。当代煤化工的发展应在节能节水、减少污染的基础上适度发展，注重技术、环保，提高资金、技术的安全性，延长生产周期。

第三节 天 然 气

世界上有较丰富的天然气资源，天然气作为一种清洁能源，在世界能源总消耗中仅次于煤和石油居第三位，世界天然气消费量以年均2.76%的速度发展。天然气的消费按用途可分为能源、化工原料，按行业可分为发电、化工原料、工业燃料、民用燃气。世界天然气消费结构中发电占20%～23%、民用燃气占23%～25%、工业燃料占29%～30%、化工原料占6%～8%、自用占14%～17%，化工原料中95%以上用于生产合成氨和甲醇。

我国天然气总资源量约为$53\times10^{12}m^3$，预计可采资源量为$14\times10^{12}m^3$，已累计探明可采储量为$2.8\times10^{12}m^3$。2012年全国天然气产量$1077\times10^8m^3$，同比增长6.5%；天然气进口量(含液化天然气)$425\times10^8m^3$，增长31.1%；表观消费量$1471\times10^8m^3$，增长13.0%。预计2020年、2030年我国天然气产量可超过$2000\times10^8m^3$、$2500\times10^8m^3$，2020年进口天然气将达到$1100\times10^8m^3$，由目前占能源消费结构的4%增加到13%以上。

由于天然气开采、储运、使用方便，清洁、环保，价格便宜，发展以天然气为原料生产基本有机化工产品具有重要的意义。

不同来源的天然气、煤层气、页岩气、致密气等富含甲烷的气体矿石资源的组成并无明显的差异，故统称为广义的天然气。在处理、加工、利用等不同环节中采用的工艺、方法几乎相同，采出的天然气含有 H_2S、CO_2 等酸性气体和水、重质烃蒸气时，则需要进行脱硫、脱水、干燥、压缩冷冻等处理过程将其中 C_2 以上烷烃分离出来并满足烃露点、水露点、腐蚀及硫含量的要求后送入管网使用，这一过程称之为天然气的处理与加工。

一、天然气化工

天然气化工是指以天然气为原料经过化学反应生产其他化学品的过程，是碳一化工的重要组成部分。现阶段以天然气为原料主要生产合成氨-化肥、甲醇及其衍生物、乙炔、氯甲烷、氢氰酸、二硫化碳等下游产品。以天然气为原料生产合成氨和尿素是最经济的原料生产路线，全球75%以上的化肥是以天然气为原料，生产化肥消耗的天然气约占天然气化工利用的90%。我国的化肥只有18%左右是以天然气为原料生产的，而以煤炭、液态烃和其他气态烃为原料生产的分别占67%、13%和2%。天然气化工利用中甲醇生产消耗的天然气仅次于合成氨，世界上采用天然气为原料路线的甲醇装置能力约占甲醇总能力的80%以上，我国以天然气为原料生产甲醇仅占总生产能力的10%左右，甲醇的产量、消费量、单套规模等均处于较低的水平。天然气的化工利用如图 2-3 所示。

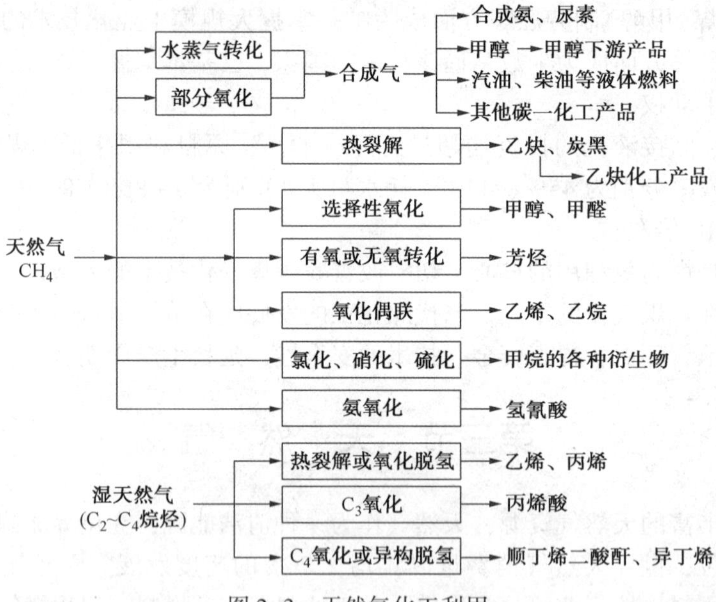

图 2-3　天然气化工利用

世界天然气化工利用在其发展过程中，逐步形成以下几个特点：以天然气为原料的合成氨工业发展最快，许多国家的合成氨原料已大部或全部由煤转为天然气，生产规模越来越大；以天然气为原料制甲醇和乙炔在基本有机化工中的地位愈发重要，其中甲醇发展水平仅次于合成氨，成为天然气化工利用的第二大产品；以天然气为原料通过合成气或甲醇生产低碳烯烃、芳烃、发动机燃料的研究成为缓解石油供应的有效措施，发展速度极快；加强综合利用，从天然气中回收硫、提取氦以及利用工艺过程中产生的各种尾气生产所需产品，如以乙炔尾气制合成氨或甲醇，副产的一氧化碳和二氧化碳分别同甲醇和氨生产醋酸和尿素，由合成氨尾气提取纯氢及氦等稀有气体；重视湿性天然气和油田伴生气的利用，以这些气体中富含的乙烷、丙烷为原料，制取乙烯和丙烯，正在发展中的乙烷一步氧氯化制氯乙烯就是以湿性天然气为原料。

二、常规天然气特性

天然气是指在不同地质条件下生成、运移，并以一定压力储集在地下构造中，以烃类为主并含部分非烃的混合气体。它们埋藏在深度不同的地层中，通过井筒引至地面。大多数气田的天然气是可燃性气体，主要成分是甲烷，还含有乙烷、丙烷、丁烷等烷烃，同时可能含硫化氢、氮、二氧化碳、氢、氦、氩等气体。

天然气可分为常规天然气和非常规天然气。在目前技术经济条件下可以进行工业开采的常规天然气主要指油田伴生气(也称油田气、油藏气)、气藏气和凝析气。非常规天然气指煤层气(煤层甲烷气)、页岩气、致密气及固态水合物气等。其中除煤层气与页岩气外，其他非常规天然气由于目前技术经济条件的限制尚未投入工业开采。

不同类型的天然气，其组成不同，杂质种类与含量不同，相应的处理、加工方法也不同。根据矿藏特点分类，天然气可分为伴生气和非伴生气。伴生气是随原油共生，与原油同时被采出，故一般又称为油田气，其组成如表 2-18、表 2-19 所示。

表 2-18　国外部分油田伴生气的组成　　%(体积)

国　家	CH_4	C_2H_6	C_3H_8	C_4H_{10}	C_5H_{12}	C_6^+	CO_2	N_2	H_2S
印度尼西亚	71.89	5.64	2.57	1.44	2.5	1.09	14.51	0.35	0.01
沙特阿拉伯	51.0	18.5	11.5	4.4	1.2	0.9	9.7	0.5	2.2
科威特	78.2	12.6	5.1	0.6	0.6	0.2	1.6	—	0.1
阿联酋	55.66	16.63	11.65	5.41	2.81	1.0	5.5	0.55	0.79
伊朗	74.9	13.0	7.2	3.1	1.1	0.4	0.3	—	—
利比亚	66.8	19.4	9.1	3.5	1.52	—	—	—	—
卡塔尔	55.49	13.29	9.69	5.63	3.82	1.0	7.02	11.2	2.93
阿尔及利亚	83.44	7.0	2.1	0.87	0.36	—	0.21	5.83	—

表 2-19　我国主要油田伴生气组成　　%(体积)

油　田		CH_4	C_2H_6	C_3H_8	C_4H_{10}	n-C_4H_{10}	C_5H_{12}	n-C_5H_{12}	C_6^+	CO_2	N_2	H_2S
大庆	萨南	76.66	5.93	6.59	3.47		1.54		2.16	0.26	2.28	—
	萨中	85.88	3.34	4.54	2.66		1.16		0.52	0.9	1.0	—
	杏南	68.26	10.58	11.2	5.54		1.91		1.02	0.20	0.55	—
辽河	兴隆台	82.7	7.21	4.16	2.2		0.81		1.04	0.42	1.47	—
	辽中	87.53	6.2	2.74	1.84		0.66		0.67	0.03	0.33	—
华北任丘		59.37	6.48	10.02	9.21		3.81		2.74	4.58	1.79	—
大港		80.94	10.2	4.84	1.93		0.34		—	0.41	0.34	—
胜利		87.85	3.78	3.74	3.12		1.47		0.09	0.53	0.02	—

续表

油田		CH_4	C_2H_6	C_3H_8	C_4H_{10}	$n-C_4H_{10}$	C_5H_{12}	$n-C_5H_{12}$	C_6^+	CO_2	N_2	H_2S
中原		75.3	10.17	6.18	4.05		1.73		1.16	0.34	0.43	0.0003
		79.17	8.29	5.07	3.12		1.04		0.70	1.25	0.65	0.0003
吐哈	丘陵	67.61	13.51	10.69	5.61		1.24		0.25	0.40	0.65	—
	鄯善	65.81	12.85	10.17	6.84		1.83		0.53	1.89	0.03	—
克拉2	E	98.05	0.40	—	—		—		—	0.94	0.60	
	K	98.27	0.53	0.04	0.02		0.01		—	0.55	0.60	
迪那2	N_{1j}	88.41	7.32	1.43	0.59		0.18		—	0.47	1.34	
	E	88.76	7.39	1.44	0.61		0.22		—	0.25	0.86	
英买力7	E	86.38	4.80	2.01	0.73		0.16		—	0.24	5.67	
	K	90.57	4.74	0.09	0.18		0.04		—	0.07	3.73	
牙哈	N_{1j}	84.35	6.99	1.98	0.80		0.29		—	0.26	5.22	
	E	83.81	7.08	2.64	1.09		0.26			0.24	4.86	
	K	81.40	7.76	2.84	1.59		0.81			0.86	4.30	
塔中6	C	85.61	1.55	0.59	0.40		0.14		—	2.16	9.55	—
和田河	C	77.40	0.69	0.09	—		—		—	12.20	9.63	—
	O	78.08	1.81	0.54	0.31		0.15		—	2.39	16.72	—
涩北-1	Q_{1+2}	99.24	0.06	0.02	—		—		—	—	0.68	—
涩北-2	Q_{1+2}	96.95	0.07	0.03	—		—		—	0.68	2.17	—
盐湖	Q_{1+2}	95.17	0.28	0.03	—		—		—	—	3.44	—
长 庆	O	95.6	0.6	0.08	0.03		0.04		—	3.02	0.04	0.0264
大港板桥	O、P	68.55	11.22	6.42	3.66		1.77		6.84	1.00	0.45	—
华北苏桥	O、P	78.58	8.26	3.13	1.98		5.84		2.21			
东海平湖	E_2P	77.76	9.74	3.85	2.33		0.71		2.95	1.39	1.27	—
东方1-1	Nyth	76.41	1.77	0.29	—					1.23	19.73	
崖13-1	E_{31}	84.51	1.29	0.28	0.11		0.04		0.13	13.14	0.50	0.0046

非伴生气包括纯气田天然气和凝析气田天然气，两者在地层中均为单一的气相。

根据天然气中C_3以上烃类、C_5以上重质烃含量的不同又可将天然气分为干气和湿气、富气和贫气。一般每立方米气体(20℃，101.325kPa)中C_5以上重质烃含量按液态计小于$13.5\times10^{-6}m^3$的为干气，高于此值为湿气；含C_3和C_3以上烃类超过$100\times10^{-6}m^3$的为富气，低于此值为贫气。

纯气田天然气为干气。其组成见表2-20、表2-21所示。凝析气田天然气出井口后，经减压降温，分离为气、液两相。气相净化后称凝析井气，液相主要是凝析油，可能还有部分被凝析的水分。凝析油的组成相当于轻石脑油或全沸程石脑油和粗柴油的混合物，相对分子质量不大，富含烷烃，为优异的裂解原料。

油田气和凝析井气均属于湿气。为了便于运输，可通过加压时使其中的丙烷、丁烷以“液化气体”的形式分离出来，这种液化气体称为液化石油气。

表 2-20 我国主要气田和凝析气田的天然气组成 %(体积)

气田名称		甲烷	乙烷	丙烷	异丁烷	正丁烷	异戊烷	正戊烷	C_6^+	C_7^+	CO_2	N_2	H_2S
长庆气田	靖边	93.89	0.62	0.08	0.01	0.01	0.001	0.002			5.14	0.16	0.048
	榆林	94.31	3.41	0.50	0.08	0.07	0.013	0.041			1.20	0.33	
	苏里格	92.54	4.5	0.93	0.124	0.161	0.066	0.027	0.083	0.76	0.775		
中原气田	气田气	94.42	2.12	0.41	0.15	0.18	0.09	0.09	0.26		1.25		
	凝析气	85.14	5.62	3.41	0.75	1.35	0.54	0.59	0.67		0.84		
塔里木气田	克拉-2	98.02	0.51	0.04	0.01	0.01	0	0	0.04	0.01	0.58	0.7	
	牙哈	84.29	7.18	2.09									
海南崖 13-1 气田		83.87	3.83	1.47	0.4	0.38	0.17	0.10	1.11		7.65	1.02	70.7 mg/m^3
青海台南气田		99.2		0.02								0.79	
青海涩北-1 气田		99.9										0.10	
青海涩北-2 气田		99.69	0.08	0.02								0.2	
东海平湖凝析气田		81.30	7.49	4.07	1.02	0.83	0.29	0.19	0.20	0.89	3.87	0.66	
新疆柯克亚凝析气田		82.69	8.14	2.47	0.38	0.84	0.15	0.32	0.2	0.14	0.26	4.44	
华北苏桥凝析气田		78.58	8.26	3.13	1.43		0.55		0.39	5.45	1.41	0.8	

表 2-21 国外气田气组成 %(体积)

国家	气田	CH_4	C_2H_6	C_3H_8	C_4H_{10}	C_5H_{12}	CO	CO_2	N_2	H_2S
美国	Louisiana	92.18	3.33	1.48	0.79	0.25	0.05	0.9	1.02	—
	Texas	57.69	6.24	4.46	2.44	0.56	0.11	6.0	7.5	15
加拿大	Alberta	64.4	1.2	0.7	0.8	0.3	0.7	4.8	0.7	26.3
委内瑞拉	San Joaquin	76.7	9.79	6.69	3.26	0.94	0.72	1.9	—	—
荷兰	Goningen	81.4	2.9	0.37	0.14	0.04	0.05	0.8	—	14.26
英国	Leman	95	2.76	0.49	0.20	0.06	0.15	0.04	1.3	—
法国	Lacq	69.4	2.9	0.9	0.6	0.3	0.4	10	—	15.5
俄罗斯	Давщаское	98.9	0.3	—	—	—	—	0.2	—	—
	Саратовское	94.7	1.8	0.2	0.1	—	—	0.2	—	—
	Щеоелийнское	93.6	4.0	0.6	0.7	0.25	0.15	0.1	0.6	—
	Оренбургское	84.86	3.86	1.52	0.68	0.4	0.18	0.58	6.3	1.65
	Сарачганакское	92.3	5.24	2.07	0.74	0.31	0.13	5.3	0.85	3.07

我国天然气(伴生气)的组分特征：油田伴生气中的乙烷和乙烷以上的烃类含量较高，往往超过15%(体积)；凝析气田天然气中乙烷和乙烷以上的烃类含量比油田伴生气低一些，一般在5%~10%(体积)；气田的天然气组成中乙烷以上的烃类含量较少，即一般称为干气，但也有部分气田的天然气组成中乙烷以上的烃类含量稍高，但一般均小于5%(体积)；在天然气(伴生气)中 N_2、CO_2、H_2S 等的含量参差不齐，无任何规律。

三、非常规天然气

天然气作为一种清洁能源和高氢碳比的化工原料，近 20 年来在世界范围内得到大力推广。随着常规石油资源供求矛盾的日益尖锐，资源研究、开发水平的不断提高，煤层气、页岩气、致密气、天然气水合物等非常规天然气资源的开发利用已经悄然进入人们的日常生活，在未来能源、化工中扮演愈发重要的角色。

1. 煤层气

煤层气(Coalbed methane)俗称“瓦斯”，是煤层本身自生自储式的非常规天然气，以甲烷(CH_4)为主要成分的烃类气体和少量非烃类气体的混合物，储存于煤层中，主要以吸附形式存在于煤基质表面，少量以游离形式存在于煤空隙、裂隙空间或溶解于煤层水中，为煤的伴生矿产资源，是近年来国际上崛起的洁净、优质能源和化工原料。煤层气的开采一般有两种方式：一是地面钻井开采；二是井下瓦斯抽放系统抽采。煤层气与空气接触达到爆炸极限遇明火爆炸是煤矿瓦斯爆炸的根源。在采煤前先开采煤层气，煤矿瓦斯爆炸率将降低70%~85%。煤层气的开发利用具有一举多得的功效。

煤层气以甲烷为主，含量一般在90%以上，多为干气，重烃含量一般较低，还有少量的N_2、CO_2、H_2、CO、SO_2、H_2S以及氦、氖、氩、氪、氙等惰性气体及稀有气体。不同地区煤层气组成受煤层气生成地质条件、构造运动的影响，即与煤岩成分、煤阶和气体运移有关，组成差异较大。但总的来说主要是甲烷(占90%~99%)、二氧化碳和氮气。此外，煤层气里还可能检测到微量乙烷、丙烷、丁烷、戊烷、氢、一氧化碳、二氧化硫、硫化氢以及氦、氖、氩、氪、氙等成分。煤层气的热值与天然气相当，$1m^3$纯煤层气的热值相当于1.13kg汽油或1.21kg标准煤，处理后的商品气具有互换性，可以与天然气混输混用，燃烧洁净，是优质的居民生活、发电燃料和工业、化工原料。煤层气直接排放到大气中，其温室效应约为二氧化碳的21倍，对生态环境破坏性极强。我国主要煤层气田煤层气组成见表2-22。

表2-22　我国主要煤层气田气体组成　　%(体积)

气田名称	甲烷	乙烷	丙烷及以上	CO_2	N_2	H_2S
沁水盆地(樊庄郑庄区块3#煤)	98.180	0.040	0.000	0.430	1.350	0.000
沁水盆(马必区块3#煤)	99.390	0.000	0.000	0.345	0.265	0.000
沁水盆地(马必区块15#煤)	96.892	0.000	0.000	0.986	2.214	0.000
鄂尔多斯东缘盆地(韩城区块3#煤)	99.205	0.037	0.000	0.402	0.356	0.000
鄂尔多斯东缘盆地(韩城区块5#煤)	99.207	0.037	0.000	0.403	0.353	0.000
鄂尔多斯东缘盆地(柳林区块)	98.650	0.050	0.000	0.380	0.910	0.000

注：1. 已开发气田除在马必区块检测出微量硫化物以外，其他地区均未检出硫化物；
2. 表中组成均为井口煤层气的组成。

中国煤层气资源量达$36.8\times10^{12}m^3$，居世界第三位，累计探明煤层气地质储量$1023\times10^{12}m^3$，可采储量约$470\times10^8m^3$。据煤层气资源评价，全球埋深浅于2000m的煤层气资源约为$240\times10^{12}m^3$，是常规天然气探明储量的两倍多。我国埋深2000m以下浅煤层气地质资源量约$36\times10^{12}m^3$，我国95%的煤层气资源分布在晋陕蒙、新疆、冀豫皖和云贵川渝4个含气区，其中晋陕蒙含气区煤层气资源量最大。华北地区、西北地区、南方地区和东北地区储存的煤层气地质资源量分别占全国煤层气地质资源总量的56.3%、28.1%、14.3%和1.3%。我国1000m以内、1000~1500m和1500~2000m的煤层气地质资源量分别占全国煤层气资源地质总量的38.8%、28.8%和32.4%。我国煤层气可采资源总量约$10\times10^{12}m^3$，全国大于

$5000 \times 10^8 m^3$ 的含煤层气盆地(群)共有 14 个，其中含气量在$(5000 \sim 10000) \times 10^8 m^3$ 之间的有川南黔北、豫西、川渝、三塘湖、徐淮等盆地，含气量大于 $10000 \times 10^8 m^3$ 盆地(群)有二连盆地、鄂尔多斯盆地东缘、沁水盆地、准噶尔盆地、滇东黔西盆地群、吐哈盆地、塔里木盆地、天山盆地群、海拉尔盆地等。二连盆地煤层气可采资源量最多，约 $2 \times 10^{12} m^3$；鄂尔多斯盆地东缘、沁水盆地的可采资源量在 $1 \times 10^{12} m^3$ 以上，准噶尔盆地可采资源量约为 $8000 \times 10^8 m^3$。

世界主要产煤国都十分重视煤层气的开发利用，主要采用煤炭开采前抽放和采空区封闭抽放方式抽放煤层气，产业发展较为成熟。1980 年初开始试验应用常规油气井(即地面钻井)开采煤层气并获得突破性进展，标志着煤层气开发进入一个新阶段。2007 年，我国瓦斯抽采 $47.35 \times 10^8 m^3$，地面钻井开采的煤层气 $57 \times 10^8 m^3$，利用 $14.46 \times 10^8 m^3$。

煤层气作为非常规天然气资源，日益受到世界各国的重视，近十多年来煤层气的产量不断增长。美国是世界上煤层气商业化开发最成功的国家，从 1983 年到 1995 年的 12 年间，煤层气年产量从 $1.7 \times 10^8 m^3$ 猛增至 $250 \times 10^8 m^3$，2009 年美国、加拿大和澳大利亚煤层气产量分别为 $493 \times 10^8 m^3$、$84 \times 10^8 m^3$ 和 $40 \times 10^8 m^3$，美国 2011 年煤层气产量达到 $874 \times 10^8 m^3$，而我国 2010 年煤层气产量仅为 $12 \times 10^8 m^3$。

在世界能源结构中，未来能源供应和消费将向多元化、清洁化、高效化方向发展。天然气作为清洁能源，其贡献比例逐年上升，其中，煤层气将作为常规天然气的重要补充，必将发挥积极的作用。随着能源需求不断增加，特别是对环境保护要求的日趋严格，煤层气作为巨大潜在资源，在全球能源结构中将扮演越来越重要的角色。随着各国煤层气勘探开发研究、技术的发展，煤层气的产量将会快速增长。预计 2020～2030 年前后，甲烷类燃气在世界能源结构中的比重将超过煤炭和石油。

煤层气的最佳利用方案随地区不同而变化，取决于气体的数量、质量以及当地的能源市场，就地使用非常适合我国的国情。煤层气作为一种洁净能源代替褐煤、硬煤和焦炉煤气等，不仅环境性能好，而且热效率高。甲烷的热值为 $36.72 kJ/m^3$，大致 $1000 m^3$ 甲烷相当于 1t 标准煤，$1250 m^3$ 甲烷相当于 1t 石油。

2. 页岩气

页岩气(Shale Gas)是赋存于富有机质泥页岩及其夹层中，以吸附和游离状态为主要存在方式的非常规天然气，成分以甲烷为主，与“煤层气”、“致密气”同属一类。页岩气的形成和富集有着自身独特的特点，往往分布在盆地内厚度较大、分布广的页岩烃源岩地层中。页岩气很早就已经被人们所认知，但采集比传统天然气困难，随着资源能源日益匮乏，作为传统天然气的有益补充，人们逐渐意识到页岩气的重要性。

页岩气开发具有开采寿命长、生产周期长的优点。大部分产气页岩分布范围广、厚度大，且普遍含气，使得页岩气井能够长期地稳定产气。但页岩气储集层渗透率低，开采难度较大。随着世界能源消费的不断攀升，包括页岩气在内的非常规能源越来越受到重视，美国和加拿大等国已实现页岩气商业性开发。页岩气开采技术，主要有水平井+多段压裂技术、清水压裂技术和同步压裂技术，先进的技术的采用不断提高着页岩气井的产量。随着技术的进步及探明储量的持续增加，未来页岩气开采将进入高速增长期，成为天然气资源的有效补充。

全世界范围中泥、页岩约占全部沉积岩的 60%，页岩气资源前景巨大，主要分布在北美、中亚和中国、拉美、中东和北非、苏联。加拿大西部地区大约有$(550 \sim 860) \times 10^{12} ft^3$

(1ft=0.3048m)页岩气储量。美国页岩气地质储量约 $28\times10^{12}m^3$。中国主要盆地和地区页岩气资源量约为$(25\sim30)\times10^{12}m^3$，与美国大致相当，经济价值巨大。中国南方海相页岩地层可能是页岩气的主要富集地区。除此之外，松辽、鄂尔多斯、吐哈、准噶尔等陆相沉积盆地的页岩地层也有页岩气富集的基础和条件。

页岩气是一种清洁、高效的能源资源和化工原料，主要用于民用和工业燃料、化工和发电等，具有广阔开发前景，页岩气的开发和利用有利于缓解油气资源短缺，增加清洁能源供应，是常规能源的重要补充。美国是世界能源消费大国，美国政府长期奉行"能源独立"的政策纲领，通过各种手段寻求更多能源供给渠道，改变石油对外依存度高的被动局面。石油禁运、石油短缺、政治动荡和本国油气资源日益减少迫使美国政府进一步落实能源供给分散的策略，加快天然气以及非常规油气的勘探研究步伐。美国的页岩气开采大约有 80 多年历史，美国页岩气产量已由 2007 年的 $366.2\times10^8m^3$ 增至 2010 年的 $1379.2\times10^8m^3$，页岩气产量占美国天然气产量的比重从 1996 年的 1.6%猛增至 2010 年的约 23%，美国在 2009 年超过俄罗斯成为世界第一大天然气生产国和资源国，页岩气资源的大力开发极大改善了美国天然气供应格局，改善了能源安全状况，在未来能源格局中扮演更重要的角色，可望于 2025 年解决美国石油供求矛盾，实现石油资源的自给自足，预计 2035 年美国页岩气产量将占到本国天然气总产量的 45%。加拿大是继美国之后第二个实现页岩气商业化开采的国家，2009 年的产量已达到 $72\times10^8m^3$。我国的页岩气开发较晚，重庆涪陵页岩气现已进入工业开发阶段，累计产气 $7.4\times10^8m^3$，$50\times10^8m^3/a$ 的涪陵页岩气田建设顺利。

页岩气开发过程采用的压裂技术可能造成水体等环境污染和引发地质结构不稳定区域的地质灾害等问题也愈发突出。中国是北美以外唯一一个现有石油服务行业规模较大而且政策、税收、环境较为宽松的地区，加之中国页岩气储量丰富且能源供需严重不平衡，中国已被视为未来除美国之外页岩气开发最快的国家。

3. 致密气

致密气(Tight Gas)是指渗透率小于 0.1md 的砂岩地层天然气。作为重要的非常规天然气资源，已经逐渐成为天然气产量的主要增长点。我国致密气早在 20 世纪 60 年代在四川盆地就已有发现。近几年，我国致密气地质储量年增 $3000\times10^8m^3$，产量年增 $50\times10^8m^3$，呈快速增长态势，致密气开发的技术也有了长足进步。

与美国的页岩气的开发引发天然气革命一样，我国致密气的开采正在改变着我国的天然气生产格局，将成为我国扩大"非常规"天然气生产的主力。2012 年，我国致密气产量突破 $300\times10^8m^3$，几乎占到全国天然气总产量的 1/3，到 2030 年时则有望增至 $1000\times10^8m^3$，抢在页岩气和煤层气之前引领"非常规"燃料的大发展。2020 年我国致密气产量将达到 $800\times10^8m^3$，而届时煤层气产量预计为 $500\times10^8m^3$，页岩气产量为 $200\times10^8m^3$。

四、天然气化工前景

天然气的利用有直接利用和间接利用两种方式。由于 CH_4分子是由 4 个等价的 C—H 键通过碳原子的 sp^3杂化形成的对称性极强的正四面体结构，热力学性质异常稳定，C—H 键键能高达 435kJ/mol。活化 CH_4实现向高价值产品的转化，成为碳一化工的核心。甲烷间接利用过程中，合成气的制备是其中最重要的组成部分，通过合成气可生产合成氨及尿素、甲醇、二甲醚、低碳醇、液体燃料、烯烃、芳烃等。甲烷的直接利用中，甲烷氧化偶联制乙烯(OCM)、甲烷芳构化、甲烷直接部分氧化制甲醇、甲醛成为研究的重点。页岩气、煤层气、致密气等非常规天然气资源的开发，为碳一化工的发展提供了简单、洁净的原料。碳一化工的发展尤其是甲醇制烯烃、甲醇制芳烃工艺的开发成功，为有机化工开拓了极广阔的原料来源。合成气直接制烯烃、芳烃甚至甲烷直接制烯烃、芳烃成为人类追求的目标。

第四节 原 油

原油是由碳、氢等烃类和硫、氧、氮、胶质沥青质、微量元素等非烃类组成的复杂混合物。大部分为暗色，呈暗绿、深褐以至黑色，还有一些石油则呈赤褐、浅黄色。由于含有一些有臭味的硫化合物，许多石油都有浓烈的气味。

不同油田生产的原油因组成不同，往往具有不同的性质。即使同一油田，由于不同层位地质结构的不同，原油性质也有较大的区别。针对不同性质的原油，应采取不同的适宜加工方法，以充分、有效、经济、合理地利用宝贵的石油资源。表 2-23 为我国部分原油性质。

表 2-23 我国部分原油性质

性质 \ 原油	大庆原油	胜利原油	华北原油	辽河原油	新疆原油	中原原油
相对密度	0.8554	0.9005	0.8837	0.9042	0.8538	0.8466
°*API*	33.1	24.9	27.9	24.3	33.4	34.8
运动黏度(50℃)/(mm^2/s)	20.19	83.36	57.1	37.05	18.8	10.32
凝点/℃	30	28	36	17	12	33
含蜡量(吸附法)/%(质量)	26.2	14.6	22.8	9.9	7.2	19.7
沥青质/%(质量)	0	<1	<0.1	0	—	0
硅胶胶质/%(质量)	8.9	19.0	22.0	13.7	0.9	9.5
残炭(电炉法)/%	2.9	6.4	6.7	4.9	2.6	3.8
硫/%(质量)	0.1	0.8	0.38	0.18	0.13	0.17
氮/%(质量)	0.16	0.41	0.38	0.31	0.13	0.17
原油分类	低硫石蜡基	含硫中间基	低硫石蜡基	低硫中间基	低硫中间-石蜡基	含硫石蜡基

一、石油组成及性质

石油的性质由其化学组成决定，借助关键馏分特性分类法可将石油分为石蜡基、石蜡-中间基、中间基-石蜡基、中间基、中间基-环烷基、环烷基-中间基、环烷基七类，可大致反映出石油的不同烃类组成和性质。如石蜡基原油，烷烃含量较高，芳烃含量较低；环烷基原油，环烷烃和芳香烃含量较高，烷烃含量较低；中间基原油，各种烃族的含量介于上两类之间。我国目前探明的石油，大多数属于石蜡基。借助硫含量的高低分为低硫、含硫、高硫原油。借助密度的大小分为轻质、中质、重质、特稠原油等。大庆原油是一种典型的低硫中质石蜡基原油，其中所含的直链烷烃较多，适合于作为蒸汽裂解生产烯烃的原料。

1. 石油的元素组成

石油主要由碳、氢元素组成，其中碳含量占 83%~87%，氢含量占 11%~14%，两者合计 96%~99%。其余为硫、氮、氧，除上述五种主要元素外，石油中还含有微量金属元素和其他非金属元素。金属元素中最主要的是钒、镍、铁、铜、铅，此外还发现有钙、钛、镁、钠、钴、锌等，非金属元素主要有氯、硅、磷、砷等。

2. 石油的烃组成

原油中一般只含有烷烃、环烷烃和芳烃。经过化学加工后的油品含有烯烃。组成石油的烃类物质十分复杂，对于液化气、汽油馏分等较轻的窄馏分可以用单体烃组成来准确表示其中的烃类物质组成。对于较重的煤油、柴油、减压馏分油和更重的常压重油、减压重油等，不可能也没必要用单体烃组成来表示其中的烃类物质，用族组成、结构族组成等来表示不同烃类官能团占平均分子结构的比例，并以此来判断馏分的物理、化学性质。

3. 石油中的非烃化合物

石油中的非烃化合物主要包括硫、氧、氮的化合物及胶状沥青状物质，非烃元素的含量固然不高(1%~4%)，但非烃元素组成的化合物的含量却较高(一般大于15%)，非烃元素和非烃化合物对石油加工过程设备、催化剂和石油产品的使用性能有很大的影响，对生产合成气、变换、甲烷化等过程催化剂的毒性较强，会严重影响石油在碳一化工原料中的应用。

(1) 含硫化合物

不同石油的含硫量相差很大，从万分之几到百分之几。硫化物的存在对石油加工、石油化工过程和石化产品的性质均有不利影响。石油中的硫化物对设备产生腐蚀、催化剂中毒、削弱石油产品添加剂的作用效果、破坏石油产品的使用性能、燃烧造成环境污染等。我国所产的石油大多数属于低硫石油，只有胜利原油、塔里木原油和海洋产原油为含硫石油。进口中东石油一般为含硫或高硫石油。

石油中硫化物除了元素硫、硫化氢、硫醇等活性硫外，还含有硫醚、环硫醚、二硫化物、噻吩及其同系物等非活性硫。石油中的非活性硫化物在加热条件下均可以转化为活性硫化物。石油中的硫化物在加热蒸馏过程中一部分受热易分解为分子较小的硫化物和元素硫。不同石油馏分中的硫化物含量均随馏分的变重而增加，大部分硫化物富集在渣油中。

(2) 含氧化合物

石油中的含氧量一般很少，大约在百分之零点几范围内。氧多以有机含氧化物尤其是酸性化合物的形式存在，对石油的化工利用、产品的使用不利，引起设备的腐蚀。有机含氧化合物有酸性、中性两类含氧化合物。酸性氧化物中有环烷酸、脂肪酸及酚类，总称为石油酸，其中以环烷酸为主且最为重要，它的含量约占酸性氧化物的90%以上。中性氧化物有醛、酮、醇、酯等，它们在石油中的含量极少。还有一部分氧存在于胶状沥青状物质中，其分子结构十分复杂。馏分油中的酸性氧化物含量随馏分的变重而增加到一定值后减少，大部分酸性氧化物富集在300~450℃的馏分中。

(3) 含氮化合物

石油中的含氮量一般在万分之几到千分之几。氮化物的存在会引起催化剂中毒和润滑油的氧化安定性恶化。石油中的氮化物主要是吡啶、喹啉等碱性氮的同系物和吡咯、咔唑和卟啉等非碱性氮的同系物。大部分氮是以胶状沥青状物质存在于渣油中。

(4) 胶状及沥青状物质

胶状及沥青状物质是石油中结构最复杂、分子量最大、极性最强的物质，其组成中除含有碳和氢外，还含有硫、氧、氮等元素。胶状及沥青状物质在石油中的含量约为10%~40%。胶质的分子具有相当多的环状结构，并且多为稠环系，既有芳香烃，也有环烷烃及杂环。沥青质分子由稠环芳烃与氧、硫、氮杂环构成。胶质和沥青质并无本质区别，只不过沥青质较胶质分子量更大、极性更强，它们共同组成石油胶体体系的胶核，影响胶体体系的稳定性。

二、化工利用

原油须经过物理、化学方法加工成各类产品后方可经济、高效使用。原油通过燃料型、润滑油型、化工型加工利用单元转化为燃料（汽油、煤油、柴油等）、润滑剂、石油沥青、石油蜡、石油焦、化工原料等石油产品，再通过蒸汽裂解等乙烯、丙烯、丁二烯、苯、甲苯、二甲苯等基本有机化工原料。

原油资源匮乏，供求矛盾尖锐，直接利用原油作为碳一化工原料的经济性太差。间接利用原油炼制中干气、裂化气、焦化气、焦炭等低价值副产品作为碳一化工原料，生产、利用氢气、CO、CH_4等资源，既可提高原油利用率、降低环境污染，又减少了对煤、天然气等传统碳一化工原料的需求，增长了产业链，可显著提高煤、油、气等综合型能源化工利用的经济性。炼油厂常见气体组成见表 2-24～表 2-26。

表 2-24　催化裂化气体产率及组成

原　　料	大庆馏分油		大庆常压渣油		胜利馏分油	
气体	干气	LPG	干气	LPG	干气	LPG
产率/%（质量）	3.75	11.15	2.6	11.22	3.68	10.29
组成/%（体积）						
H_2	13.2		40.48		14.4	
O_2+N_2	18.5		7.07		20.1	
CO_2	4.1		2.51		4.9	
CO	0.8		2.84		1.3	
C_1	31.6		18.6		21.5	
C_2	26.2	1.0	20.82		22.8	
C_3°	1.0	9.0	0.81	10.95	2.0	16.7
$C_3^{=}$	2.9	30.9	2.45	31.6	6.6	35.2
C_4°	0.7	25.9	2.6	24.22	2.3	25.8
$C_4^{=}$	1.0	30.7	1.6	32.55	1.8	21.9
C_5^{+}		2.5	0.06	0.68	0.1	0.4
H_2S	3148ppm①		0.16		2.2	

注：① $1ppm=10^{-6}$。

表 2-25　延迟焦化气体产率及组成

产率及组成	原　　料	
	大庆 VR	胜利 VR
产率/%（质量）	7.46	10.69
组成/%（体积）		
H_2	6.1	6.2
C_1	31.9	40.56

续表

产率及组成	原　料	
	大庆 VR	胜利 VR
C_2	26.8	18.24
C_3^0	13.1	9.74
$C_3^=$	7.4	5.69
C_4^0	6.0	5.36
$C_4^=$	4.1	4.57
C_5^+	2.1	2.69
H_2S	1.6	3.88
其余	0.9	3.07

表 2-26　催化重整气体产率及组成

产率及组成	原　料	
	大庆石脑油	胜利石脑油
重整气体产率/%(质量)	8.63	9.40
重整气体组成/%(体积)		
H_2	83.62	82.00
C_1	8.55	7.60
C_2^o	3.76	4.74
C_3^o	2.37	3.51
i-C_4^o	0.48	0.97
n-C_4^o	0.68	1.25
C_5^o	0.54	1.03
脱戊烷塔顶气体组成/%(体积)		
H_2	11	12.52
C_1	6.56	7.96
C_2	28.38	22.92
C_3	35.17	28.41
C_4	18.87	25.36
C_5	2.92	2.83

第五节　生　物　质

以农、林、牧等产品及其废弃物(壳、芯、秆、糠)等生物质为原料生产化工产品已有4000多年的历史，如生物质通过化学或生物化学的方法转化为葡萄糖、乳酸、柠檬酸、乙醇、丙酮、糠醛、甘油、高级脂肪酸(月桂酸、硬脂酸、亚油酸)等。在漫长的历史演变过程中，有不少已为煤或石油所代替，但仍有一些产品仍延续至今使用生物质。如美国甘油产量的 45% 从肥皂生产中回收而来，我国淀粉发酵法乙醇年产量为 116×10^4t，占总产量的 9.6%。发酵法生产柠檬酸和植物水解法生产糠醛仍是当前的唯一方法。

随着世界经济的不断发展，对能源的需求不断增加，煤、天然气和石油等不可再生性资源在地球上的储量逐年降低，能源供求矛盾不断尖锐，能源安全有效供给的重要性不断凸现。生物质属再生性资源，来源极为丰富，全球绿色植物光合作用每年可合成约 1800×10^8t 有机物，我国仅农业植物纤维废料的年产量就有 11.3×10^8t。生物化工技术的迅速发展，使以生物质为原料生产有机化工产品具有重要的现实和战略意义。生物质热解气化利用可生产多种能源产品和碳一化学品，生产路线与煤炭转化类似，实现可持续发展和低碳排放。

一、固体生物原料

生物质原料大体分为植物和非植物两大类。植物类原料主要包括林木、农作物、草类等陆生植物和水草、藻类等水生植物，非植物类原料主要有动物粪便、动物尸体、废水中有机成分、垃圾中有机成分等。可供碳一化工应用的主要是植物类原料(木本生物、草本生物、果实类生物、混杂物等)，特别是其中的陆生植物类原料。

生物质承担着维持生命延续、保护生态环境、保持大气碳平衡、提供工业原材料等不可替代的功能。绿色植物是一切生命之源，全球每年通过光合作用产生的新增生物量约为 1800×10^8t，储存的能量约相当于世界燃料消耗量的 10 倍，目前仅有 1% 作为能源利用，开发利用潜力巨大。人类、社会、环境可持续发展已成为人们的共识，在不影响生物质主要功能的前提下，开发生物质能源、化工技术和产业作为能源结构的有效补充是社会发展的必然。生物质原料的面源分布广，收集、运输、储存成本较高，利用原料处理的技术来提高其收集经济性和有效组分富集度是提高生物质原料化工利用价值的基础。

1. 木本生物质

木本生物质是树木地上和地下部分的生物量总和。树木分为乔木和灌木两种。乔木是具有明显直立主干和广阔树冠的木本植物，高度在 3m 以上；灌木是没有明显主干的木本植物，植株比较矮小，一般不会超过 6m。乔木又分为针叶树和阔叶树两种，针叶树包括常绿树和落叶树、耐寒耐旱和喜温喜湿等各种类型，如云杉、冷杉、落叶松和松树等一些耐寒树种，多分布于北方地区。阔叶树则分布在温带、暖温带和亚热带的广阔范围，如杨树、柳树、柞树、桦树等。

木本生物质来自于树木的四个部分，即树根、树干、树枝、树叶。乔木树种的生物量中，树根、树干、树枝、树叶分别占其生物质的 11%～20%、65%～75%、7%～13%、2%～11%。

木材是重要的非矿物质资源，干燥的木材有很好的强度、弹性和韧性，其中的纤维素是优良造纸原料。木本生物质具有很好的燃料特性，高位热值在 16～22MJ/kg，含硫率小于 0.05%，含灰量很低，一般小于 0.5%，是一种十分清洁的燃料。

2. 草本生物质

草本植物是一类植物的总称，但并非植物分类中的一个单元，与草本植物相对应的概念是木本植物。草本植物分布遍及全球，各种气候条件、土壤条件、地形条件均有它们的踪迹。单位面积草本植物的生物量高于木本植物，一些高产植物的干草年产量可达 $50t/hm^2$

($1hm^2 = 1 \times 10^4 m^2$)，同样条件下树木年产量小于 $20t/hm^2$。草本植物是种子植物中最有经济价值的一大类，也是人类粮食和牲畜饲料的主要来源，几乎所有粮食作物都是草本植物，许多草本植物是高价值经济作物。

草本植物和木本植物的最显著区别在于茎的结构。草本植物的茎为“草质茎”，茎中密布很多细小的维管束，充斥维管束之间的是薄壁细胞，最外层是较坚韧的机械组织。草本植物的维管束不具有形成层，不能不断生长。

3. 果实类生物质

果实类生物质包括浆果、有硬核水果和坚果三类。浆果是多汁肉质单果，如葡萄、猕猴桃、草莓、橘子等。有硬核水果品种很多，如苹果、杏、桃等。坚果多为植物种子的子叶或胚乳，如杏仁、腰果、榛子、核桃、松子等树坚果和花生、葵花子、南瓜子、西瓜子等植物种子。

二、固体生物资源

我国是一个传统农业大国，国土辽阔，农、林、牧业发达，生物质资源总量巨大。同时我国又是一个人口大国，可耕土地资源、森林面积等均低于世界平均水平，因此人均生物质资源并不丰富。我国可用作能源化工的生物质资源包括以木本植物和草本植物为主的固体生物燃料和禽畜粪便、有机废水、城市垃圾、废油脂等，其中固体生物燃料数量和可获得量最大，是生物质热解气化技术的主要转化对象。

1. 木本生物质资源

木本生物质资源主要来自于森林。我国地域辽阔，气候类型多样，树种资源丰富，木本植物品种达 8000 余种，占世界的 54%。

森林资源由森林种类、面积、蓄积量和生物量及其分布等指标表示。自 1973 年以来，我国从森林资源数量、质量、结构以及森林生态状况和功能效益等方面实施了 7 次森林资源普查，见表 2-27，反映了森林资源分布现状和发展动态。

表 2-27 全国历次森林资源普查结果

项目	普查时间	活立木蓄积/ $10^8 m^3$	森林面积/ $10^4 hm^2$	森林蓄积/ $10^8 m^3$	森林覆盖率/ %
第一次普查	1973~1976 年	95.32	12186	86.56	12.70
第二次普查	1977~1981 年	102.61	11528	90.28	12.00
第三次普查	1984~1988 年	105.72	12465.28	91.41	12.98
第四次普查	1989~1993 年	117.85	13370.35	101.37	13.92
第五次普查	1994~1998 年	124.88	15894.09	112.67	16.55
第六次普查	1999~2003 年	136.18	17490.92	124.56	18.21
第七次普查	2004~2008 年	149.13	19545.22	137.21	20.36

我国森林资源呈现出持续增长的趋势，森林质量有所改善，林种结构渐趋合理。但我国森林总量低于世界平均水平，森林覆盖率仅相当于世界平均水平的 65%，人均森林面积 $0.15hm^2$，不到世界平均水平的 25%，人均森林蓄积 $10m^3$左右，不到世界平均水平的 16%。我国森林分布不均，东部地区森林覆盖率为 34.27%，中部地区为 27.12%，西部地区只有 12.54%，占国土面积 32.19%的西北 5 省(自治区)森林覆盖率只有 5.86%。根据第七次森林资源普查结果，全国森林面

积 $19545.22\times10^4hm^2$，森林覆盖率 20.36%，活立木总蓄积 $149.13\times10^8m^3$，森林蓄积 $137.21\times10^8m^3$，其中人工林保存面积 $6168.84\times10^4hm^2$，人工林蓄积 $19.61\times10^8m^3$。

2. 草本生物质资源

草本生物质是我国数量最大，比较容易收集利用的生物燃料资源，主要包括农作物秸秆、农产品加工剩余物、竹木加工剩余物等。我国粮食产量居世界第一位，秸秆资源最为丰富，是生物质热解气化的主要原料。

3. 固体生物资源

由于生物质资源尚未纳入正式统计渠道，因此不同文献中对资源量的估算值差别较大。表 2-28 基本反映了我国固体生物燃料资源情况。

我国可能源化工利用的固体生物燃料资源总量为 8.05×10^8t，相当于 4.4×10^8t 标准煤，是一笔数量很大的可再生能源。其中木本生物燃料为 3.28×10^8t，相当于 2.07×10^8t 标准煤，占资源总量的 47%；草本生物燃料为 4.77×10^8t，相当于 2.33×10^8t 标准煤，占资源总量的 53%，与美欧等发达国家的情况有很大不同，他们的生物质能源主要是木本生物质，如瑞典的生物质提供了全国 32% 的能源消费，全部来自于林业剩余物。相比于木本生物质，草本生物质的密度低、灰分高、热值低，给原料收集和能源转换技术带来困难。

表 2-28　中国可能源利用的固体生物资源

种　类		资源量/(Mt/a)	折算系数/(t/tce)	折标准煤/(Mtce/a)
木本生物质	总量	328		206.6
	薪炭林资源	48	0.63	30.2
	林业生产和更新的剩余物	230.5	0.63	145.1
	林木采伐造材剩余物	30.5	0.63	19.1
	灌木林平茬更新剩余物	80	0.63	50.4
	森林抚育间伐剩余物	50	0.63	31.5
	林木修剪剩余物	70	0.63	44.1
	木材加工残余物	9.5	0.63	6.0
	使用过的旧木材	40	0.63	25.3
草本生物质	总量	476.5		233.1
	农作物秸秆(含水率 15%)	338		159.1
	玉米秸	108.3①	0.49	53.1
	稻草	83.6①	0.43	35.9
	麦秸	61.5①	0.50	30.8
	棉秆	11.4①	0.44	5.0
	油料作物秸秆	15.6①	0.52	8.1
	豆类秸秆	11.8①	0.52	6.1
	薯类秸秆	8.9①	0.44	3.9
	其他秸秆	36.9①	0.44	16.2
	农产品加工剩余物	128.5		68.5
	稻壳	52.7	0.52	27.4
	玉米芯	41	0.62	25.4
	甘蔗渣	34.8	0.45	15.7
	竹林采伐和加工剩余物	10	0.55	5.5
总计		804.5		439.7

注：① 按《全国农作物秸秆资源调查与评价报告》中可能源利用秸秆量与可收集量折算。

在目前可获得并作为能源化工利用的固体生物质中，绝大部分是农林残余物，主动营造的薪炭林资源仅为0.48×10^8t，仅占木本生物质的14.6%和生物质资源总量的6.9%，未来生物质能源化工产业的发展必须与能源农业和能源林业的发展紧密结合，才能有效、持续、稳定发挥生物质资源在能源化工发展中的作用。我国尚有1亿多公顷荒山荒地不宜垦为农田，与沙漠治理、退耕还林等重大生态工程结合起来，可大大增加生物质资源的数量和品种。若以有效利用边际土地，创制可高效利用的新型生物质资源为发展思路，我国可用于能源的生物量可能超过20×10^8t标准煤。

三、固体生物资源化学成分

固体生物资源化学成分有三种表达方式，元素成分是资源最基本的构成；工业分析成分是燃料特性的重要指标，对工艺设计有着重要意义；生物化学成分即纤维素、半纤维素、木质素含量，影响热解过程、产物分布。

1. 元素成分

各种生物质都是复杂的高分子有机化合物，其主要元素成分有C、H、O、N、S、灰分(A)和水分(M)。

（1）碳元素

碳是生物质的主要可燃元素。以干燥无灰基计算，固体生物质的含碳量在44%~58%之间，比煤的含碳量要低。含碳量愈高，燃料发热量愈高。碳以两种形式存在于生物质中，与氢、硫、氧、氮等元素组成高分子有机化合物的碳，在受热时以挥发物的形式析出，以单质形式存在的固定碳(挥发分析出剩下的纯碳)，固定碳不易着火燃烧。生物质是低固定碳物质，易着火和燃烧。

（2）氢元素

氢是生物质中另一个重要的可燃成分。氢的燃烧热为同质量碳发热量的4倍，是生物质中发热量最高的元素。氢含量多的燃料，特别是重烃类化合物多的燃料，在燃烧过程中易析出炭黑而冒黑烟。煤的氢含量为2%~5%，且随着碳含量的增多而逐渐减少，液体烃的氢含量约为10%~14%，天然气中含氢最多，固体生物质中氢含量比煤略高，为5%~7%。生物质中氢的一部分与碳等元素结合构成可燃化合物，燃烧时放出大量热量，另一部分则与氧结合以结晶水的形态存在，燃烧时不放出热量。

（3）硫元素

硫也是可燃烧元素。硫的燃烧产物是二氧化硫和三氧化硫气体，对环境、人体、设备的危害较大。生物质中硫可分为有机硫和无机硫两大类，无机硫又分为硫铁矿硫和硫酸盐硫两种。有机硫和硫化铁硫能参加燃烧，放出热量，合称为可燃硫，硫酸盐硫不参加燃烧，也不能放出热量，归入灰分。生物质中硫含量极低，一般少于0.3%，是一种环境友好的燃料。

（4）氧元素

氧是生物质中的不可燃成分，含量在40%以上。氧的存在降低了燃料中可燃成分的含量，氧与燃料中碳、氢的结合，降低可燃烧的碳、氢元素氧化的几率，燃料发热量降低，生物质的发热量比煤炭和石油低。

（5）氮元素

氮是一种不可燃成分，是生物体内重要的营养元素。生物质中含氮量一般在3%以下，以有机氮化物形式存在，热稳定性较差，易于挥发，在热转化过程中，以氮气和氮氧化物的形式析出。氮在高温下与氧气发生反应，生成氮氧化物 NO_x，排入大气后与烃类化合物相互作用，在紫外线照射下形成对人体和植物十分有害的光化学污染。在较低温度(800℃)以下，氮与氧的反应能力很弱，呈现游离状态。

(6) 水分

水分是维持生物生存不可缺少的物质。生物燃料中的水分可分为游离态的外在水分、内在水分和化合态的结晶水三类。

化合态的结晶水只有当温度超过200℃时，才会随有机质的分解而析出，故将其计入挥发水分中。

水分的存在降低了生物质中可燃物质的相对含量，发热量降低。水分含量过大时还会影响正常燃烧，着火困难，不完全燃烧热损失加大。热解气化工艺希望使用水分含量较低的原料以保证热化学操作的稳定，但水分参与反应有时会提高气体产物的质量。

(7) 灰分

灰分是生物质中不可燃烧的杂质。可燃物质完全燃烧以后，其中的矿物质经过一系列分解、化合等复杂反应，变成灰分。灰分来自于原料中的矿物质，但其组成或质量与原料中矿物质不完全相同。灰分可以分为外部杂质和内部杂质，外部杂质是在收获、运输和储存过程中混入的矿物、沙和泥土等，内部杂质是生物质本身所包含的矿物质成分，如硅铝酸盐、二氧化硅和其他金属氧化物等。

2. 生物质工业分析成分

生物质燃料的工业分析成分包括挥发分、固定碳、灰分和水分四项。挥发分和固定碳含量是表征燃烧特性的重要指标。生物质热解实际上就是以挥发分及其衍生物，或者以析出挥发分后的木炭作为目的产品。

(1) 挥发分

干燥的生物质在隔绝空气条件下加热至一定温度析出的气态物称为挥发分，挥发分不包括燃料中游离水分蒸发的水蒸气。挥发分伴随生物质的加热而渐生，由各种有机化合物、氢气、一氧化碳和硫化氢等可燃气体和少量的氧气、氮气和二氧化碳等不可燃气体组成。挥发分含量受燃料中有机质组成、性质密切影响，挥发分高的生物质易着火、燃烧稳定但火焰温度较低。燃料挥发分含量对于热化学转换过程的操作、产品分布有重要影响。

(2) 固定碳

生物质受热，完全析出挥发分后剩余的固体物质称为木炭(或半焦)，木炭中含有的碳元素称为固定碳。木炭质量减去灰分质量，就是固定碳质量。固定碳是相对于挥发分中的碳而言，是燃料中以单质形式存在的碳。固定碳需要在较高温度下才能着火燃烧，固定碳含量越高，越难以燃烧和燃烬。

3. 生物燃料生物化学成分

生物质所含的碳、氢、氧等元素并非以单质形式存在，而是由纤维素、半纤维素、木质素等大分子物质以及少量灰分、提取物等组成。纤维素和半纤维素是碳水化合物，木质素则由碳水化合物通过一系列生物化学反应合成的。较低温度(500℃)下，热化学反应的方向、产品分布显著受原料生物成分热解行为的影响。温度更高的气化和燃烧中，原料中不同生物成分的化学结构完全被打碎，不同生物成分反应性能的差异性均衡，不同生物成分的原料对反应过程的影响减弱。

(1) 纤维素

纤维素是植物细胞壁的主要成分。纤维素是无色、无味的白色丝状物，不溶于水和一般有机溶剂，但溶于浓盐酸和浓硫酸，也可以酸水解降解、氧化降解、碱性降解、微生物降解、热降解和机械降解。纤维素是自然界中数量最大的有机化合物，也是一种最丰富的可再生资源，占植物界碳含量的50%以上。

纤维素是D-葡萄糖以β-1，4-糖苷键组成的大分子多糖，相对分子质量为50000~2500000，相当于300~15000个葡萄糖基，结构式如图2-4所示。

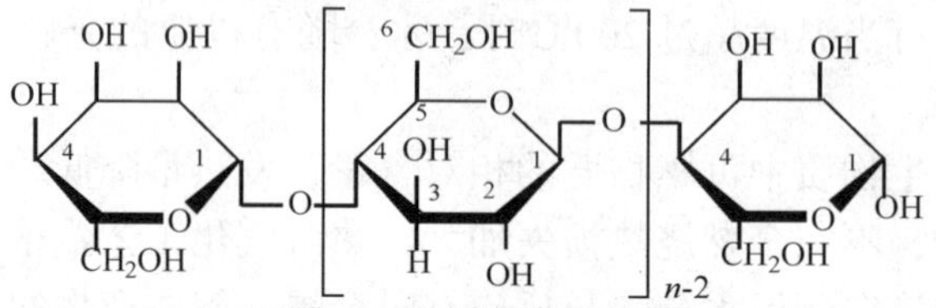

图2-4 纤维素结构

从结构式可知，纤维素除了头尾两个葡萄糖残基外，中间的残基只含有三个游离羟基，即反应活性有区别的一个伯羟基和两个仲羟基。伯羟基不参与分子内氢键的形成，但可在形成相邻分子间的氢键中起作用。

纤维素的分子式可写作$(C_6H_{10}O_5)_n$，其中n为聚合度，其基环相对分子质量为162，自然界中存在的纤维素n在10000左右。纤维素中碳、氢、氧元素的质量分数分别为44.4%、6.2%和49.4%。纤维素经浓酸(40%盐酸或72%硫酸)水解，可获得96.98%理论量的葡萄糖，证明纤维素由葡萄糖缩合而成的均缩已糖。纤维素可被苦杏酶水解得到纤维二糖，证明含有β-糖苷键。

(2) 半纤维素

半纤维素是一群复合聚糖的总称，这些聚糖混合物将植物细胞壁中的纤维素和木质素紧密贯穿在一起。半纤维素相对分子质量小，聚合度通常在200左右。半纤维素中碳、氢、氧元素的质量分数分别为45.5%、6.0%和48.5%。半纤维素绝大部分不溶于水。

半纤维素由D-葡萄糖、D-木糖、D-阿拉伯糖、D-甘露糖、D-半乳糖醛酸、D-葡萄糖醛酸和4-甲氧基-D-葡萄糖醛酸及少量的L-鼠李糖基和各种带有甲氧基、乙酰基和中性糖基组成。根据聚合物主链的组成不同，可将半纤维素分为聚木糖类半纤维素、聚甘露糖类半纤维素和其他半纤维素三类。聚木糖类半纤维素广泛存在于海藻、禾本植物和木本植物；聚甘露糖类半纤维素广泛存在于阔叶林木中，针叶林木中的含量更为丰富，草本生物质中含量甚低。半纤维素不是由一种结构单元构成的均一聚糖，而是由2~4种结构单元构成的不均一聚糖，图2-5为若干典型结构。

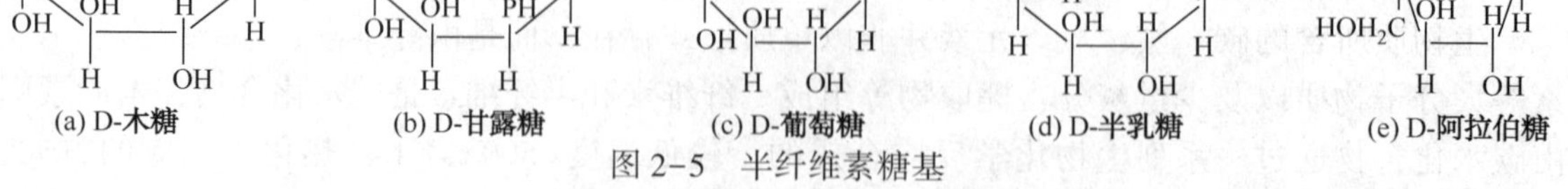

(a) D-木糖 (b) D-甘露糖 (c) D-葡萄糖 (d) D-半乳糖 (e) D-阿拉伯糖

图2-5 半纤维素糖基

(3) 木质素

木质素是一类复杂大分子有机聚合物，含量仅次于纤维素，草本植物中的木质素含量为

15%~25%，木本植物中为 20%~40%。木质素是由相同或类似的结构单元(苯甲烷结构单元)重复连接而成的具有网状结构的无定形芳香族聚合物，其中碳、氢、氧元素的质量分数分别大致为 62.0%、6.1%和 31.9%，含碳量高于纤维素和半纤维素，而氧含量低于它们。愈创木基型、紫丁香基型和对羟苯基型是木质素最主要的三种结构单元，三种结构单元中都含有羟基，只是甲氧基含量不同而已，结构形式如图 2-6 所示。

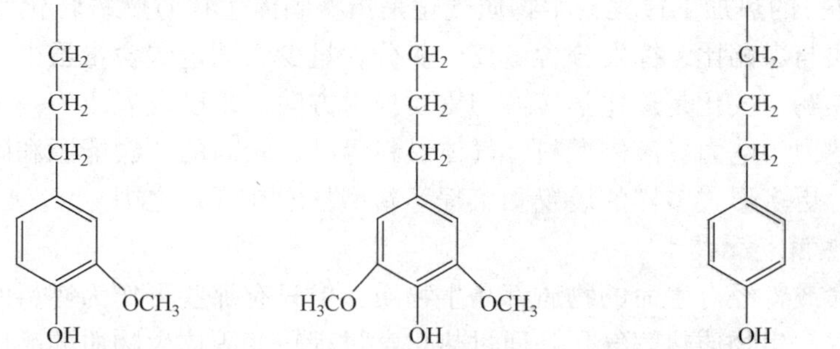

(a) 愈创木基型　(b) 紫丁香基型　(c) 对羟苯基型

图 2-6　木质素的结构单元

木质素、半纤维素填充在细胞壁和微细纤维之间，也存在于细胞间层，把相邻的细胞连接在一起，使植物细胞能够抵抗微生物的侵蚀，增加强度，并提高细胞壁的透水性。木质素在酸中十分稳定，利用这一特性可以将木质素和其他成分分开，分离后的木质素为无定形褐色物质。

生物质原料中可被化工利用的部分主要是纤维素、半纤维素、木质素。按质量估计，纤维素占生物质的 40%~50%，半纤维素占生物质的 20%~40%，木质素占生物质的 10%~25%。表 2-29 为生物质中纤维素、半纤维素、木质素含量的变化范围。典型生物质的密度 400~900kg/m^3，热值为 17600~22600kJ/kg，随着含湿量的增加，生物质的热值线性下降。

表 2-29　生物质中纤维素、半纤维素、木质素的比例　%

生物质	木质素比例	纤维素比例	半纤维素比例
软木	27~30	35~40	25~30
硬木	20~25	45~50	20~25
麦秆	15~20	33~40	20~25
草	5~20	30~50	10~40

四、生物质化工利用

生物质能是绿色植物通过光合作用转换、储存的太阳能，是人类最早主动利用的能源，在推动人类社会文明中发挥了巨大作用。生物质能是一种分布广泛、资源丰富的重要可再生能源，是环境友好的低碳能源，对社会和经济可持续发展具有重要的作用。至今，生物质能仍然是世界上消费量位居第四的一次能源，在我国农村和发展中国家得到广泛应用。

传统生物质能利用方式主要是家用炉灶中的直接燃烧，是自然经济生活方式的延续。现代生物质能技术包括热化学转换和生物化学转换两大类。生物化学转换是利用生物质厌氧发酵生成沼气(一种可燃混合气体，其中CH_4占55%~70%，CO_2占25%~40%)和在微生物作用下生成酒精等能源产品。包括厌氧发酵制取沼气、微生物制取酒精、生物制氢、生物柴油等。热化学转换技术包括直接燃烧、液化、气化、热解等方法，与化石燃料技术有很强的兼容性，在许多方面可以替代化石燃料，实现可持续发展和低碳排放。生物质热解技术是生物质高温加热后，其分子破裂而产生可燃气体(一般为CO、H_2、CH_4等混合气体)、液体(焦油)及固体(木炭)的热加工过程；生物质气化是指将固体生物质燃料转化为气体燃料的热化学过程。生物质与煤相比，挥发分含量高，灰分含量少，固定碳含量虽少但活泼性，易气化利用。生物质热解、气化是热化学转换的重要技术方向，现已发展成为一个丰富多彩的技术门类，生产出热力、电力、液体燃料、气体燃料等品位较高的二次能源和碳一化工的重要原料——合成气，更多形式多样的装置和工程等新型技术在开发之中。

1. 生物质热解气化技术

一切有生命或曾经有生命的物质都是生物质，但只有那些可作为燃料的固体生物质才被用作热化学过程。生物质热解气化是通过热化学过程转变固体生物质的品质、形态，提高应用方便性、高效性、清洁性的工业技术。

形式各异的生物质热解气化技术均由热解、气化两个基本技术演化、耦合组成。借助调节反应过程中氧气的供求关系，以获得含不同化学能的可燃烧产物。

(1) 生物质热解

生物质热解是生物质中的有机物在热作用下发生的分解反应。高温下，构成生物质的大分子有机化合物化学键断开，裂解成为较小分子的可挥发物质，从固体中释放出来。热解初始温度为200~500℃，随温度的升高，更多挥发物质释放出来，并被进一步裂解，最后残留下由碳、灰分组成的固体物质。挥发物质中既含常温下不可凝结的简单气体，如H_2、CO、CO_2、CH_4等，也含常温下可凝结为液体的物质，如水、酸、烃类化合物和含氧化合物等。生物质热解过程得到固体、气体和液体等三种不同形态的产物，产物分布取决于温度、加热速率等工艺参数。

较高的反应温度是所有生物质热化学转换工艺的唯一基本条件。在燃烧(氧化)或者气化(部分氧化)工艺中，温度升高后生物燃料首先发生热解，然后才与氧气接触发生反应，因此不能以是否隔绝空气作为热解的条件。即使是独立的热解工艺，有时也需要加入少量空气。生物燃料的挥发分高达70%~80%，大部分物质可通过热解转变为挥发物质，因此生物质的燃烧和气化过程中，热解发挥着重要作用。由于煤炭的挥发分物质含量较低，故热解反应在煤炭的燃烧、气化过程中的所占份额较小。

生物质热解工艺是以热解为主要反应的工艺，目的是通过有机物质的裂解得到目标产物。为尽量减少因氧化造成的碳、氢损失，热解工艺通常需要隔绝空气。有时仅为减少升高温度的能源消耗，才供应少量空气，但整个过程仍以热解为主。根据加热速率，热解工艺可以分为慢速热解、常速热解和快速热解三种。

生物质慢速热解是一种以生成木炭为目的的热解工艺，也称为炭化或干馏工艺。根据干馏温度不同又可分为低温干馏(500~580℃)、中温干馏(660~750℃)、高温干馏(900~1100℃)。将木材放在干馏窑内，在隔绝空气的情况下加热，或者在初期通入少量空气，使少部分生物燃料燃烧以获得热量，然后密闭发生热解。慢速热解的加热速率在1℃/s以下，整个反应时间可能长达数小时至数天。慢速热解可以得到占原料质量30%~35%的木炭，同时得到木醋液、焦油和少量热解气。在中、低温热解条件下得到的气、液、固三类燃料——

可燃气、生物油、生物炭。生物油、可燃气的组成复杂，分离困难，难以稳定存在，不宜加工再利用。

生物质快速热解是反应速率极快的热解工艺，在隔绝空气；非常高的加热速率，通常在100~200℃/s以上，甚至超过1000℃/s(闪速热解)；严格控制反应温度，一般在500℃左右；急剧冷却，在0.5s内淬冷至350℃以下等条件下进行。快速热解使大分子有机物在隔绝空气的条件下迅速断裂为短链分子，产生大量可凝性挥发分、部分小分子气体和少量焦炭。可凝性挥发分被快速冷却为可流动性液体，称为生物油或热解油，其产率约为原料的40%~70%(质量)。热解油为棕黑色黏稠液体，热值为20~22MJ/kg，既可直接作为燃料使用，也可通过精制成为石油馏分，但其中机械杂质多(难精制)，含氧量高，黏度大，H/C低，氧化安定性差，再加工利用的经济性差。将生物燃料预处理，减少粒径，增加比表面，并采用专门设计的反应器，可以有效提高加热速率，从而改善快速热解的选择性。

生物质常速热解的升温速率介于慢速热解和快速热解之间，一般在1~10℃/s之间，通常并不刻意控制升温速率，通过控制反应温度、停留时间来调控反应。随着反应温度的升高，气体产物比例明显增加而固体和液体产物减少。调节反应温度在450~900℃、反应时间在1~15min，即可满足不同工艺目的的要求，常速热解需要隔绝空气，可得到固体、气体和液体等产物，常速热解得到低位热值为12~18MJ/m^3的燃气，比空气气化的燃气热值高得多，可作为制取高品质燃气的气化方法。常速热解与气化相结合，构成两步法气化工艺，能获得焦油含量极低的燃气。

(2) 生物质气化

生物质气化是以空气、富氧空气、氧气、空气和水蒸气、氧气和水蒸气等作为气化剂，

在高温条件下通过热化学反应将生物质转化为CO、H_2等小分子气体的过程。气化工艺能够将固体生物质转化为使用方便的气体燃料或合成气，使生物质的化学能转移到燃气中，转换效率达到70%~90%，是一种高效的能量转换方式。

生物质遇热后首先发生热解，随后发生热解产物和木炭的燃烧，最后燃烧产物被碳还原，生成以CO、H_2、CH_4为主要可燃成分的生物质气体。生物质气化过程是热解、氧化、还原、变换等许多反应的耦合，反应路线、影响因素复杂。

气化反应体系中，氧化反应提供着其他反应所需要的热量，是推动过程进行的关键。气化时供氧量与完全燃烧需氧量的比值即当量比是气化过程的重要参数，调节当量比在0.2~0.3之间，控制生物质的部分氧化程度，防止生物质的过度燃烧，平衡生物质的燃烧放热和气化吸热过程，以保障整个气化过程成为一个自供热体系。

大多数生物质气化过程以空气为气化剂。由于空气中含有79%(体积)的氮，既不参加反应，还稀释了燃气中的可燃成分，同时吸收了大量氧化过程燃烧热，降低了气化温度。空气气化的燃气中，氮气高达50%(体积)左右，燃气的低位热值较低(5~6MJ/m^3)，大致相当于发生炉煤气。廉价空气的使用，使得空气气化成为最简单易行的气化方式，应用最为普遍。

使用氧气气化，避免了氮的稀释，在同样的当量比下，反应温度提高，反应速率加快，转换效率提高，显著地提高了燃气热值。氧气气化得到的燃气中氮气含量很低，燃气热值可高达12MJ/m^3。

使用氧气、水蒸气的混合气化工艺中，水蒸气与碳发生还原反应，与二氧化碳发生变换反应，氢气含量显著提高，燃气品质明显改善，经过调制后更适合用作碳一化工合成原料

气，以提高燃气使用的经济价值。

生物质气化反应器有固定床、流化床、气流床等。固定床气化器中，沿着燃料移动的方向依次进行热解、氧化和还原反应。流化床气化器提供了一个近乎均相的反应条件，提高了反应强度，更适合于工业化大规模生产。各种规模的固定床和流化床气化器，均有实际运行的装置。高强度的气流床气化器的研究与应用也得到快速发展。

生物质气化技术的应用方式主要有以下四个方面：为民用炊事或工业装置提供燃气；驱动内燃机或燃气轮机发电；燃烧后为终端用户提供热能；燃气调制后用于合成液体燃料或者化学品。

（3）技术路线

生物质热解气化已经发展成一个丰富多彩的技术门类，用于生产多种能源、化工产品，图 2-7 展现了主要的技术路线。

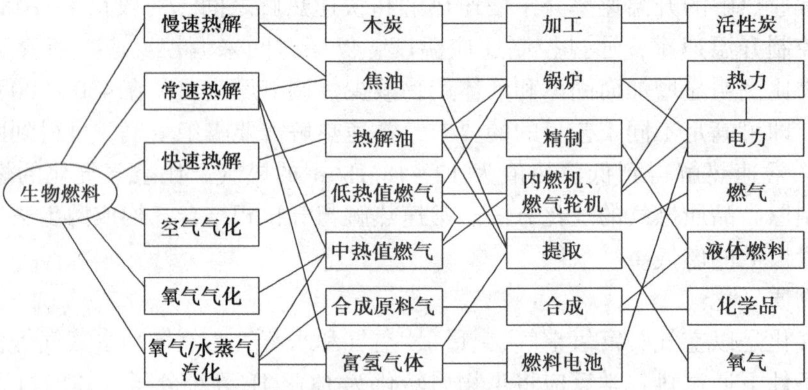

图 2-7　生物质热解气化的主要技术路线

图 2-7 中的多数技术路线与煤炭转化路线类似。古代的生物质埋在地下，经过亿万年地质作用充分碳化后形成煤炭。生物质与煤炭都是以碳、氢元素为主的燃料，只是成分含量不同而已。在生物质热化学转换方面，借鉴煤炭能源化工利用的丰富技术和工程经验可以大大加快有效、经济利用生物质能的步伐。

慢速热解、常速热解和空气气化技术已经有了成功的工程实例，开发了各种类型的设备。快速热解制取液体燃料，先进气化技术制取合成液体燃料、化工产品的技术正在发展之中。

2. 生物质热解气化技术特点

近年来，各个学科相互交叉和渗透，推动了生物质能源化工转换技术的迅速发展。从原料和能源产品两个角度看，生物质热解气化技术仍然是生物质直接燃烧技术、生物转换技术和生物柴油技术等目前发展的主流生物质能源化工技术的核心。

固体生物质是资源量最大的生物质原料，包括林业和农业残余物、加工废弃物的固体生物质是生物质热解气化的主要原料，生物转换和生物柴油技术直接利用这些原料，存在技术障碍。热解气化过程对固体生物质品种、形态无要求，不同原料的反应过程、反应温度、反应速率等也无明显差别，具有良好的原料适应性。

生物质热解气化的产品种类很多，而直接燃烧、生物转换和生物柴油技术分别生产相对单纯的能源产品。热解气化是能源化工工艺的中间平台，只需与下游石油化工、煤化工等成熟技术结合即可生产种类繁多的终端产品，以满足市场需求。

热解气化过程中，生物质中所有可燃物质均发生转化，将化学能迁移到下游产物中，有效利用生物质中的能量。而生物转换只能利用生物质中的部分物质，例如，沼气技术转化了部分纤维素和半纤维素，剩余部分外排，资源转化利用率不高。气化过程的气化效率也由固定床气化器的70%~78%提高到流化床气化器的85%，气流床气化器的95%。是高转化率的能源转换方式。

热解气化工艺的工作温度一般为600℃以上，反应速度快，热解、气化反应瞬间完成，反应器反应强度很高，装置体积很小。

3. 热解气化技术发展

第二次世界大战后，中东地区油田的大规模开发使用使世界经济发展获得了廉价优质的能源，发达国家的能源结构转向以石油为主，生物质气化技术在较长时间内陷于停顿状态。

20世纪70年代的石油危机，使各国政府认识到常规能源的不可再生性和资源分布的局域性，为保障能源安全和经济可持续发展，投入大量资金开展新能源技术的研究，生物质热解气化的研究又重新活跃起来，学科技术的交叉使这一古老技术发展到新高度。近30年来的发展主要集中在以下方面：生物质热解气化技术的大型化和发电技术；生物质快速热解直接制取液体燃料——热解油的技术；生物质气化合成清洁液体燃料技术；生物质制氢技术。

氢是转换效率最高且洁净的二次能源，1981以后，许多学者进行了生物质热解气化制氢的研究。美国能源环境研究中心(EERC)比较了热解和蒸汽气化两个工艺以预测生物质制氢的最好方式，认为热解、蒸汽气化技术是商业化制氢的潜在技术。美国太平洋西北国家实验室研究了生物质气化制氢的SepRx工艺，西班牙Complutense大学和Saragossa大学对生物质催化气化制取氢的过程进行了广泛和细致的研究。美国Brookhaven国家实验室提出了名为Hydrocarb的生物质高温热解制氢工艺，美国可再生能源国家实验室进行了生物油制氢的研究。我国也进行了生物质热解气化制氢方面的探索。中科院广州能源所以流化床为反应器，对生物质空气和水蒸气汽化制取富氢燃气的特性进行了一系列实验研究，探讨了一些主要参数对氢产率的影响。

近30年来的研究拓展了生物质热解气化应用领域，积累了丰富的技术和工程经验，展现了生物质替代化石燃料作燃料、化工原料的发展潜力。生物质气化-合成燃油、生物质中温高压氢热解、生物质气化-二甲醚-汽油、生物质气化-合成天然气技术的近工业化应用，为生物质热解气化技术开拓了广阔的发展空间，尤其是利用生物质的木质纤维素，突破了对生物质原料特性的严格限制，使用资源量极大的木质类和干秸秆类原料。

4. 热解气化技术前景

生物质热解气化技术高效利用了生物质资源，具有良好的原料适应性和产品多样性。发展生物质热解气化技术，对于改善能源，减少温室气体排放，发展绿色低碳经济有着重要意义。生物质资源是分布广泛、数量巨大的可再生资源，又是环境友好的低碳能源，在人类社会发展中具有不可替代的作用。

生物质是植物通过光合作用产生的有机物，而光合作用是地球上最重要、最大规模的太阳能转换和利用过程，只要太阳辐射能存在，绿色植物的光合作用就不会停止，生物质也就生生不息、永不枯竭。100多年的工业化过程过度消耗了化石能源，只有可再生能源才能支持人类的可持续发展，其中包括以绿色植物为来源的生物质能源。生物质能源是人类利用最早、最多和最直接的一种能源，迄今仍有15亿以上的人口以生物质作为主要生活能源。地球上每年生长的生物质总量为(1400~1800)×10^8t 干物质，相当于目前世界总能耗的 10 倍，而作为能源利用的不到其总量的 1%。以科学的方法高效率利用可再生生物质能源，将成为支持可持续发展的重要途径之一。

在能源转化过程中，生物燃料被消耗，同时排放二氧化碳。但是生物质的生长过程又从空气中吸收等量的二氧化碳，使碳返回到土壤，从而保持了大气中二氧化碳的动态平衡。图 2-8 为以绿色植物为纽带的碳循环链，整个过程实现二氧化碳的零排放。

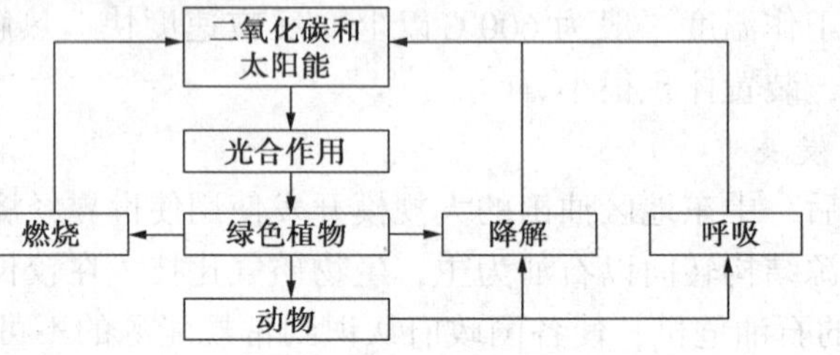

图 2-8　以绿色植物为纽带的碳循环过程

过量使用化石燃料把原先固定于燃料中的碳释放出来，是二氧化碳排放增加的主要原因之一。过去 40 万年前、2000 年、2010 年大气中二氧化碳浓度分别为(180~290)×10^{-6}、370×10^{-6}、450×10^{-6}，人类频繁的经济活动引起的温室气体排放和气候变化严重威胁人类的生存，20 世纪以来全球平均气温升高了 0.6℃，能源活动的碳排放占到总排放的 70%以上。

控制化石燃料的消费增速，大力保护和营造森林，种植绿色植物形成碳阱，用更多的生物质能源来替代化石燃料，则可有效维持甚至降低大气中二氧化碳浓度，同时还可减少化石燃料排放的 SO_2、NO_x 等污染物。

生物质资源分布广泛，较少受地域限制，开发利用生物质能源有利于改善国家的能源安全。生物质可以转化为气体、液体燃料，具有大规模替代石油、天然气的潜在能力，在改善我国能源结构，提高能源安全方面发挥重要作用。

太阳能、风能和水力能是可再生的过程能源，不能转化为液体燃料和化学产品。目前，液体燃料和有机化学品主要来自于石油化工和煤炭化工，是现代经济不可或缺的基础原料。随着化石燃料的消耗，液体燃料和有机化学品短缺将成为困扰人类发展的重大问题。与其他可再生能源相比，生物质是一种含能体能源，是唯一可再生的碳源，可以直接提炼液体燃料，或者通过各种技术途径转化为液体燃料和化学品，实现对化石能源的全面替代。

生物质与化石燃料均属烃类化合物，其物质属性的雷同越来越为人们所重视。通过脂交换生产生物柴油、通过发酵和精制获取燃料乙醇、通过纤维素水解及发酵获得乙醇、通过快速热解直接制备液体燃料、通过气化、合成生产液体燃料和有机化学品等为可再生生物质能源取代化石能源提供了无限的发展潜力。

第三章　合成气及氢气

第一节　概　　述

生物质、煤、石油、天然气化学性质稳定，难以直接进行化工利用。为高效利用有机原料尤其是可再生生物质资源，有选择性地定向生产有机化工产品，提高资源的利用率，以含碳物质为原料，转化为具有一定活性的 CO、H_2，再借助定向化学反应生产相应产品。这已成为碳一化工发展的技术核心。

合成气(Syngas)系指一氧化碳和氢气的混合气，合成气中 H_2与 CO 的比值随原料和生产方法的不同而异，其 H_2/CO(摩尔)在 1/2~3 之间变化。合成气是有机合成的重要原料之一，也是氢气和一氧化碳的来源，H_2在新能源、清洁燃料等方面发挥着举足轻重的作用，综合利用合成气生产清洁液体和气体燃料、甲醇、烯烃、芳烃已成为碳一化工的主体，生产合成气的原料多种多样，许多含碳资源如煤、天然气、石油馏分、农林废料、城市垃圾等均可用来制造合成气。尤其是“生物质资源”、“农林废料”的利用具有巨大的社会效益和经济效益，大大扩展了化工原料来源，对促进社会、环境的可持续发展意义重大。发展合成气、氢气生产技术有利于提高煤、石油、天然气等不可再生资源的利用率和生物质等再生资源的化工利用价值，促进了化学工业原料路线和产品结构多元化发展，有效缓解了能源供求矛盾，是高效利用资源、减少环境污染的基础。

一、合成气生产方法

1. 以烃类为原料

适合生产合成气的烃类原料有气态烃和液态烃两类。主要有催化转化法和部分氧化法。目前工业上多采用水蒸气转化法，该方法制得的合成气中 H_2/CO 比值大，有利于用来制造合成氨或氢气；用来制造其他有机化合物(例如甲醇、醋酸、乙烯、乙二醇等)时需要调整氢碳比。近年来，部分氧化法的工艺因其热效率较高、H_2/CO 比值易于调节，逐渐受到重视和应用，

2. 以煤为原料

高温下以水蒸气和氧气为气化剂，与煤反应生产 CO 与 H_2等气体的过程称为煤的气化。煤气化有间歇和连续操作两种方式。连续式生产效率高，技术较先进。由于煤中氢含量相当低，煤制合成气中 H_2/CO 比值较低，适于合成有机化合物。我国作为煤炭储量丰富的国家，除用煤发电外，应大力发展以煤制合成气路线为基础的煤化工，更应重视发展热电、煤化工、燃料生产的大型联合体。

3. 以重油或渣油为原料

主要用部分氧化法即在反应器中通入适量的氧和水蒸气，使氧与原料油中的部分烃类燃烧，放出热量并产生高温，另一部分烃类则与水蒸气发生吸热反应生产 CO 和 H_2气，调节原料中油、H_2O 与 O_2的相互比例，可达到自然平衡而不需要外部供热。

4. 以生物质为原料

生物质资源为可再生资源，其合成速度远高于资源的消耗。生物质中纤维素、半纤维素、木质素等大分子物质在氧气、热的作用下发生热解、气化等反应生成富含 H_2、CO、CO_2、CH_4等的简单气体混合物，经净化、变换，完全可满足碳一化学品生产的需要。生物质的气化工艺将生物质的化学能转移到气体中，是一种高效的能量转换(效率高达 70%~90%)方式。生产路线与煤炭转化类似，实现可持续发展和低碳排放。

不同用途的合成气对氢碳比的要求不同，如表 3-1 所示，通过变换、补碳等措施，即可实现氢碳比的调节。其他含碳原料(包括各种含碳废料)制合成气在工业上尚未形成大规模生产，随着再生资源的开发、生物质热解气化工艺的广泛利用和环保要求的不断严格，低碳、可循环、环保的生物质热解气化工艺将成为合成气生产的主要发展方向。

表 3-1　不同用途合成气所需的 H_2/CO(摩尔)

产　品	总反应式	H_2/CO
甲醇	$CO+2H_2 = CH_3OH$	2/1
乙烯	$2CO+4H_2 = C_2H_4+2H_2O$	2/1
乙醛	$2CO+3H_2 = CH_3CHO+H_2O$	3/2
乙二醇	$2CO+3H_2 = HOCH_2CH_2OH$	3/2
丙酸	$3CO+4H_2 = CH_3CH_2COOH+H_2O$	4/3
生产氢气	$CO+H_2O = CO_2+H_2$	H_2>95%
甲基丙烯酸	$4CO+5H_2 = CH_2C(CH_3)COOH+2H_2O$	5/4
醋酸乙烯	$4CO+5H_2 = CH_3COOCHCH_2+2H_2O$	5/4
醋酸	$2CO+2H_2 = CH_3COOH$	1/1
醋酐	$4CO+4H_2 = (CH_3CO)_2O+H_2O$	1/1
合成氨	$CO+2H_2+N_2 = CO(NH_2)_2$	2/1
羰基合成高级醇	$nCO+2nH_2 = C_nH_{2n+1}OH+(n-1)H_2O$	2/1

二、合成气利用

1. 工业化生产工艺

(1)合成氨及尿素

含碳原料与水蒸气、空气反应制成含 H_2和 N_2的粗原料气，再经净化、变换、甲烷化反应，得到 $H_2/N_2=3$(体积)的合成氨原料气，在 400~450℃、8~15MPa 及铁催化剂条件下作用的合成氨工艺，开创了工业催化应用的先河，目前，合成氨已成为目前世界上产量最大的化工产品之一，有效解决了全球人类的生存问题。氨与 CO_2合成的尿素极大地促进了农业、经济的发展。

(2)合成甲醇

将合成气中 H_2/CO(摩尔)调整为 2.2 左右，在 260~270℃、5~10MPa 及铜基催化剂作用下可以合成甲醇，进而生产醋酸、醋酐、甲醛、甲酸甲酯、甲基叔丁醚(MTBE)、二甲醚(CH_3OCH_3)等产品。甲醇下游产品的开发利用有力地促进了甲醇的消耗、合成气的生产，甲醇的消耗已成为碳一化工发展的晴雨表，可以用甲醇的产量来衡量一个国家的碳一发展水平。间接利用合成气的甲醇制低碳烯烃(MTO)、甲醇制芳烃(MTA)、甲醇生产汽油(MTG)等过程已完成了百万吨级的工业示范，工业化进程迅速。

(3)合成醋酸

将合成气制成甲醇，再与 CO 合成醋酸的羰基化反应的工业化运行克服了正丁烷氧化法和乙醛氧化法制醋酸经济性差的缺陷，带动了羰基过渡金属配位化合物催化剂作用的基础研究，促进了合成气化学和碳一化工的发展。美国 Monsanto 推出的使用碘化物促进的铑配位化合物的低压法工艺，甲醇羰基化反应在 180℃、3~4MPa 的温和条件下进行，醋酸收率高于 99%，已成为醋酸生产的主流方法。

(4)烯烃的氢甲酰产品

烯烃与合成气(CO/H_2)或一定配比的一氧化碳及氢气在过渡金属配位化合物的催化剂作用下，生成比原料烯烃多一个碳原子醛的加成反应，丰富了有机合成的途径，烯烃在过渡金属羰基配位化合物催化剂作用下发生的氢甲酰化反应生成的醛，催化剂的活性很高，直链醛的选择性极高。

以合成气为原料工业化生产合成天然气、汽油、柴油等工艺也已成熟，合成物中无硫、无氮、无氧，不含芳烃，产品质量远远优于天然石油的质量，为综合利用其他含碳资源，缓解石油供应矛盾，减少环境污染提供了途径。

2. 研究技术

利用合成气直接合成乙烯丙烯等低碳烯烃、二甲醚、低级醇、乙二醇的技术研究取得了长足的进步，加快工业化步伐，是拓展碳一化工发展的基础。

第二节　天然气生产合成气

一、CH_4生产合成气技术进展

天然气中甲烷含量一般大于 90%，其余为少量的乙烷、丙烷等气态烷烃，有些还含有少量氮和硫化物。其他含甲烷等气态烃的气体，如炼厂气、焦炉气、煤层气和页岩气等均可用来制造合成气。

目前，已经工业化和正在开发的天然气制合成气的工艺包括甲烷-水蒸气重整、甲烷部分氧化、甲烷-二氧化碳重整、联合重整及自热重整等。广泛工业应用工艺技术主要有甲烷-水蒸气重整即蒸汽转化法(SRM，Steam Reforming of Methane)和部分氧化法(POM)。蒸汽转化法是在催化剂存在及高温条件下，使甲烷等烃类与水蒸气反应，生产 H_2、CO 等混合气，其主反应为：

$$CH_4+H_2O \rightleftharpoons CO+3H_2 \qquad \Delta H^{\ominus}_{298K}=206kJ/mol$$

$$CH_4+2H_2O \rightleftharpoons CO_2+4H_2 \qquad \Delta H^{\ominus}_{298K}=165kJ/mol$$

反应为强吸热反应，需要外部快速提供大量的热。此法技术成熟，已广泛应用于合成气、纯氢气和合成氨原料气的生产。

部分氧化法是由甲烷等烃类与氧气进行不完全氧化生成合成气：

$$CH_4+1/2O_2 \rightleftharpoons CO+2H_2 \qquad \Delta H^{\ominus}_{298K}=-35.5kJ/mol$$

该过程可自热进行，无需外界供热，热效率较高。但需廉价的氧气。

通过蒸汽转化法每转化 1mol CH_4，可生成 1mol CO 和 3mol H_2，合成气中 H_2/CO 值高达 3，适宜于生产纯氢和合成氨，其中的 CO 可与水蒸气继续反应转化出更多的 H_2，然而，对于合成一系列有机化合物而言，H_2/CO 太高。

部分氧化法得到 H_2/CO 理论值为 2 的合成气。为了提高合成气中 CO 的含量，国内外在研究和开发既节能又灵活调节 H_2/CO 比值的新工艺。自热式催化转化部分氧化法（ATR 工艺）和甲烷-二氧化碳催化转化法（Sparg 工艺）为先进技术的代表。

ATR 工艺由丹麦 Topsφe 公司提出并已完成中试，将 CH_4 的部分氧化和蒸汽转化组合在一个反应器中。进料为天然气、纯氧和水蒸气，其中 O_2/烃 = 0.55~0.6（摩尔），反应器上部为无催化剂的绝热燃烧段，此处 CH_4 按下式进行不完全燃烧，释放出热量。

主反应：　$CH_4+\frac{3}{2}O_2 = CO + 2H_2O$　　$\Delta H^{\ominus}_{298K} = -519kJ/mol$

副反应：

氧化反应：　$CH_4+2O_2 = CO_2+2H_2O$　　$\Delta H^{\ominus}_{298K} = -802kJ/mol$

$CH_4+\frac{3}{2}O_2 = CO+2H_2O$　　$\Delta H^{\ominus}_{298K} = -35.5kJ/mol$

$CH_4+\frac{3}{2}O_2 = CO_2+H_2O+H_2$　　$\Delta H^{\ominus}_{298K} = -561kJ/mol$

$CH_4+O_2 = CO_2+2H_2$　　$\Delta H^{\ominus}_{298K} = -319kJ/mol$

$H_2+\frac{1}{2}O_2 \rightleftharpoons H_2O$　　$\Delta H^{\ominus}_{298K} = -241.8kJ/mol$

$CH_4+O_2 \rightleftharpoons H_2O + CO+H_2$　　$\Delta H^{\ominus}_{298K} = -278kJ/mol$

重整反应：　$CH_4+H_2O \rightleftharpoons CO + 3H_2$　　$\Delta H^{\ominus}_{298K} = 206kJ/mol$

$CH_4+CO_2 \rightleftharpoons 2CO + 2H_2$　　$\Delta H^{\ominus}_{298K} = 247kJ/mol$

变换反应：　$H_2O+CO = CO_2+H_2$　　$\Delta H^{\ominus}_{298K} = -41.2kJ/mol$

析炭和消炭反应：

$CH_4 = C+2H_2$　　$\Delta H^{\ominus}_{298K} = 74.9kJ/mol$

$2CO = CO_2+C$　　$\Delta H^{\ominus}_{298K} = -172.4kJ/mol$

$CO+H_2 = C+H_2O$　　$\Delta H^{\ominus}_{298K} = -131.4kJ/mol$

$CO_2+2H_2 = C+2H_2O$　　$\Delta H^{\ominus}_{298K} = -91kJ/mol$

$C+H_2O = CO+H_2$　　$\Delta H^{\ominus}_{298K} = 131.4kJ/mol$

CO 与 O_2 反应速率较慢，CO 的选择性较高。反应器下部为装催化剂的转化段，利用上部绝热燃烧段反应放出的热量，进行吸热的甲烷-水蒸气转化反应，合理利用了反应热，反应条件为 2.45MPa、950~1030℃，合成气中的 H_2/CO 可在 0.99~2.97 之间灵活调节，反应过程不需外部供热，实现自热平衡，提高了热效率。催化剂为颗粒状镍催化剂，以含氧化铝的尖晶石为载体，活性高和耐高温性能好，可在较高空速反应。

利用 CO_2-CH_4 重整反应是 Sparg 工艺的主要特点。

主反应：　$CH_4+CO_2 \rightleftharpoons 2CO + 2H_2$　　$\Delta H^{\ominus}_{298K} = 247kJ/mol$

副反应：　$CO_2+H_2 = H_2O+CO$　　$\Delta H^{\ominus}_{298K} = 41.2kJ/mol$

$CH_4 = C+2H_2$　　$\Delta H^{\ominus}_{298K} = 74.9kJ/mol$

$2CO = 2CO_2+C$　　$\Delta H^{\ominus}_{298K} = -172.4kJ/mol$

$CO+H_2 = C+H_2O$　　$\Delta H^{\ominus}_{298K} = -131.4kJ/mol$

$CO_2+2H_2 = C+2H_2O$　　$\Delta H^{\ominus}_{298K} = -91kJ/mol$

CO_2-CH_4重整反应的热效应远大于蒸汽转化反应的热效应，为强吸热反应，H_2/CO 理论值为 1。主要副反应为水煤气变换反应的逆反应，对主反应的影响非常大，通常可以导致 H_2和 CO 的摩尔比小于 1。例如，在系统压力为 0.1MPa，CH_4、CO_2、H_2配比为 1∶1∶1.8 时，由于存在水煤气变换反应，CO_2的平衡转化率总是大于 CH_4的平衡转化率；而转化气中 H_2与 CO 的摩尔比总是小于或等于 1，这种合成气非常适合用作羰基合成、二甲醚合成和 F-T 合成的原料气。但 CH_4和 CO_2的析炭反应易在催化剂上结炭，新型抗结炭催化剂研制和反应条件的优化控制成为工艺发展的关键。

二、天然气-水蒸气转化过程化学反应

1. 热力学特征

甲烷的热力学性质稳定，较其他烃类难反应，天然气转化过程时，主要以甲烷与水蒸气的反应为主。

甲烷-水蒸气转化过程的主要反应：

$$CH_4+H_2O \xrightleftharpoons{K_{p_1}} CO+3H_2 \qquad \Delta H^{\ominus}_{298K}=206kJ/mol$$

$$CH_4+2H_2O \rightleftharpoons CO+4H_2 \qquad \Delta H^{\ominus}_{298K}=165kJ/mol$$

$$CH_4+H_2O \xrightleftharpoons{K_{p_2}} CO_2+H_2 \qquad \Delta H^{\ominus}_{298K}=-41.2kJ/mol$$

同时发生以析炭反应为主的副反应：

$$CH_4 \xrightleftharpoons{K_{p_3}} C+2H_2 \qquad \Delta H^{\ominus}_{298K}=74.9kJ/mol$$

$$2CO \xrightleftharpoons{K_{p_4}} C+CO_2 \qquad \Delta H^{\ominus}_{298K}=-172.5kJ/mol$$

$$CO+H_2 \xrightleftharpoons{K_{p_5}} C+H_2O \qquad \Delta H^{\ominus}_{298K}=-131.4kJ/mol$$

$$CO_2+2H_2 \rightleftharpoons C+2H_2O \qquad \Delta H^{\ominus}_{298K}=-91kJ/mol$$

$$C+H_2O \rightleftharpoons CO+H_2 \qquad \Delta H^{\ominus}_{298K}=131.4kJ/mol$$

以上主反应和副反应均是可逆反应。其中甲烷-水蒸气转化主反应和副反应甲烷裂解生炭反应是强吸热反应，其余为放热反应。

甲烷的 C—H 键键能大，甲烷-水蒸气转化反应须在催化剂参与下才具有应用价值。操作不当，析炭反应严重，积炭覆盖在催化剂内外表面，抑制催化剂活性位的吸附，致使催化活性降低，反应速率下降。积炭严重时会堵塞床层，床层压降增加，催化剂毛细孔内的炭会导致催化剂的水热稳定性变差，遇水蒸气会剧烈气化，致使催化剂热崩，影响正常生产。控制反应条件，维持析炭、消炭的平衡，避免积炭，保持催化剂良好的催化性能是甲烷-水蒸气重整反应的核心。

三个主反应中两个是独立，反应达到达平衡时，产物含量、反应物含量均处于稳定状态，产物含量达到最大值，反应物含量达最小值。通过独立反应的化学平衡常数，物料衡算式，联立线性方程并求解，可得甲烷-水蒸气重整反应的平衡组成。

$$K_{p_1}=\frac{[p_{CO}][p_{H_2}]^3}{[p_{CH_4}][p_{H_2O}]} \qquad K_{p_2}=\frac{[p_{CO_2}][p_{H_2}]}{[p_{CO}][p_{H_2O}]}$$

压力不太高时，K_p 仅与温度有关，表 3-2 列出了主反应的平衡常数。

表 3-2　甲烷-水蒸气转化和 CO 变换反应平衡常数

温度/℃	K_{p_1}	K_{p_2}	温度/℃	K_{p_1}	K_{p_2}
200	4.614×10^{-12}	227.9	550	7.741×10^{-2}	3.434
250	8.397×10^{-10}	86.5	650	2.686	1.923
300	6.378×10^{-8}	39.22	700	1.21×10	1.519
350	2.483×10^{-6}	20.34	800	1.664×10^{2}	1.015
400	7.412×10^{-5}	13.51	900	1.440×10^{3}	0.733
450	8.714×10^{-4}	7.31	1000	9.100×10^{3}	0.542

同样，压力不太高时，K_p 仅与温度有关，表 3-3 列出了副反应的平衡常数。

表 3-3　析炭反应平衡常数

温度/K	K_{p_3}	K_{p_4}	K_{p_5}	温度/K	K_{p_3}	K_{p_4}	K_{p_5}
600	0.01	5.35×10^{5}	17370	1000	10.17	0.5264	0.354
700	0.116	3.74×10^{3}	—	1100	27.20	0.082	—
800	0.7087	9.108×10	21.4	1200	62.19	0.0175	0.0224
900	3.077	5.193	—	1300	126.1	0.0048	—

由表 3-3 可知，高温有利于甲烷裂解析炭，不利于一氧化碳的歧化析炭和还原析炭，却有利于碳被水蒸气气化的消炭反应。温度越高、水蒸气比例越大，则越有利于消炭；如果气相中 H_2、CO_2分压很大时，则有利于抑制析炭。900K 以下，CH_4主要转化为 CO_2，900K 以上时，CH_4才转化为 CO，低温下甲烷制合成气主要受热力学控制。

2. 动力学特征

无催化剂时的反应速率常数满足下式：

$$k_1 = 2.3\times10^{9}e^{-65000/RT}$$

使用催化剂后，反应活性能降低，反应速率显著增大，在 700～800℃时具有工业生产价值。催化剂的活性越高，反应速率越快。某种镍催化剂的反应速率常数为：

$$k_2 = 7.8\times10^{9}e^{-22700/RT}$$

甲烷-水蒸气转化的反应机理很复杂，研究者、催化剂、试验条件不同，提出的反应机理和动力学方程也不同，如

$$r = kp(CH_4)$$

$$r = kp(CH_4)p(H_2O)p^{-0.5}(H_2)$$

$$r = kp(CH_4)\left[1-\frac{p(CO)p^3(H_2)}{K_{p_1}p(CH_4)p(H_2O)}\right]$$

式中　r——反应速率；

k——反应速率常数；

K_{p_1}——转化反应的平衡常数；

$p(CH_4)$、$p(H_2O)$、$p(H_2)$和 $p(CO)$——CH_4、H_2O、H_2和 CO 的瞬时分压。

对于一定性能的催化剂而言，影响反应速率的主要因素有温度、压力及组成。

①温度的影响　温度升高，反应速率常数 k 增大，反应速率亦增大。K_{p_1} 也与温度有关，因甲烷-水蒸气转化率为吸热反应，平衡常数随温度的升高而增大，转化反应速率增大。

②压力的影响　总压增高，会使各组分的分压也增高，对反应初期的速率提高很有利。

此外，加压尚可使反应体积减小，提高反应器的生产强度。

③组分的影响　原料的组成由水碳比决定，H_2O/CH_4过高时，虽然水蒸气分压高，但甲烷分压过低，反应速率不一定高；反之，H_2O/CH_4过低时，反应速率也不会高。所以水碳比要适当。反应初期，反应物CH_4和H_2O的浓度高，反应速率高。到反应后期，反应物浓度下降，产物浓度增高，反应速率降低，需要提高温度来补偿。

3. 催化剂

不使用催化剂时甲烷-水蒸气转化的反应速率在1300℃以上才有工业应用价值，在此高温下大量甲烷已裂解生炭，反应的选择性极差。选择高活性的催化剂，降低反应温度，改善水蒸气转化反应的选择性，提高工业应用的价值。

甲烷-水蒸气转化反应在高温、较高氢分压和水蒸气分压、高空速下进行。催化剂活性组分易老化、水热失活、催化剂易磨损、易积炭。选择并正确使用催化剂以保障催化剂的高活性、高机械强度、抗积炭、防老化是延长装置长周期运行的基础。

(1)转化催化剂的组成和外形

①催化剂活性组分　元素周期表第Ⅷ族元素对甲烷-水蒸气转化反应应均有催化活性。从催化性能和经济性考虑，镍是最适合的元素。镍是目前天然气-蒸汽转化催化剂的唯一活性组分。催化剂中的镍以NiO态存在，含量一般为4%~30%(质量)。镍含量提高，催化剂活性相应提高，但镍含量太高，单位镍含量的活性增加有限，经济性变差。制备方法的不同，对镍催化剂的性能和经济性影响显著。如浸渍型转化催化剂含氧化镍10%~14%时的活性相当于沉淀型催化剂含氧化镍30%~35%时的活性。镍系转化催化剂活性既不由催化剂的镍含量决定，也不由催化剂的总表面积决定，而决定与镍的活性表面积。因此，催化剂活性组分镍的分散状况对转化催化剂性能的影响具有重要意义。

②助催化剂　添加铝、镁、钾、钙、钛、镧、铈等金属氧化物可以抑制烧结，防止镍晶粒富集、聚结，维持催化剂稳定的活性，延长使用寿命并提高抗硫抗积炭能力，有助于转化催化剂性能的发挥，对改善机械强度、活性组分分散度、抗水热失活性也有积极作用，起助催化剂的作用。

③载体　为提高在固体催化剂活性表面发生的甲烷与水蒸气反应，催化剂应该具有较大的镍表面。提高镍表面最有效的方法是采用大比表面积的载体，来支承、分散活性组分，并通过载体与活性组分间的强相互作用抑制高温下镍晶粒的烧结。载体还应具有足够机械强度，防止催化剂使用中的压碎、磨损。在载体中添加碱性物质以中和表面酸性，抑制烃类在催化剂表面酸性中心的吸附，避免裂解析炭。

④镍含量　工业转化催化剂有两大类，一类是以高温烧结的$\alpha-Al_2O_3$或$MgAl_2O_4$尖晶石为载体，用浸渍法将含有镍盐和助催化剂的溶液负载到预先成型的载体上，再加热分解和焙烧，称之为负载型催化剂。该类型催化剂活性组分集中于载体表层，镍在催化剂颗粒中的含量可以较低，一般为10%~15%(按NiO计)；另一类转化催化剂以硅铝酸钙水泥作为黏结剂，与用沉淀法制备活性组分细晶混合均匀，用水蒸气成型老化，水泥固化，称之为黏结剂催化剂。活性组分分散在水泥中，并不集中在成型颗粒的表层，镍含量要求高才能保证表层有足够的活性组分，一般为20%~30%(按NiO计)。

⑤外形　转化反应是气固相非均相催化过程，包括内、外扩散和吸附、反应、脱附等步骤，每个步骤对整个过程的总速率影响各异。工业生产中反应器内气流速度较快，可忽略外扩散影响。为减少床层阻力，所用催化剂颗粒较大(>2mm)，故内扩散阻力较大，

催化剂表面利用率较低。催化剂的内表面积对反应速率影响显著。通过减小催化剂的成型颗粒尺寸、改善颗粒外形，如制成环形或车轮形或多孔球形，提高内表面利用率来提高反应速率。

(2)转化催化剂使用和失活

转化催化剂活性组分使用前是氧化态，须将还原成金属镍才有活性。氢气、甲烷或一氧化碳均可作为还原气使用。纯氢还原固然可得到很高的镍表面积，但镍表面积不稳定，遇水蒸气易引起老化。通入水蒸气并升温到500℃以上，再添加一定量的天然气和少量氢气是转化催化剂活性组分工业还原的主要方法。水蒸气的存在虽使镍表面有所下降，但可将催化剂中的微量硫化物转化为硫化氢脱除，同时将催化剂中的石墨(成型润滑剂)气化而除去，维持反应器内温度的均匀和稳定，避免热点的产生。一般控制还原气中 $H_2O/CH_4=4\sim8$，防止水蒸气过多，镍表面降低过多，影响催化剂活性，水氢比小于7。床层入口温度控制在480~520℃，还原终温大约在800℃，操作压力0.5~0.8MPa。

催化剂在使用中，由于经受高温和气流作用，镍粒逐渐烧结、聚集甚至长大，致使表面积降低，导致活性下降，催化剂出现老化，当活性降低到一定程度后，转化率大幅降低，催化剂的使用寿命结束，应更换新催化剂。

硫、砷、氯、溴、铅、钒、铜等的化合物，是转化催化剂的毒物。极少量的硫化物就会使催化剂中毒，活性明显降低至完全失活。硫化物是原料气中经常存在的杂质，催化剂表面吸附硫化氢后反应生成硫化镍，催化剂活性降低。虽为暂时性中毒，但频繁的中毒和再生，镍晶粒也会长大，影响活性。烃类蒸气转化过程要求原料气中总硫的体积分数不得超过 0.5×10^{-6}，长期操作时最好控制在 0.1×10^{-6} 以下。

砷对催化剂的影响更显著，当气体中的砷化物高于 1×10^{-9}(体积)时，就会引起催化剂的不可逆性中毒，由于砷化物极易沉积在反应器壁上，更换催化剂的同时必须清理反应器内壁。卤素也会使镍催化剂烧结而造成永久性失活，原料气中氯含量应该小于 5×10^{-9}(体积)。氯化物往往出现在水蒸气中，故要严格控制和监测工艺蒸汽和锅炉给水中的氯含量。

甲烷的均相热裂解等副反应引起催化剂的积炭结焦；镍和某些助催化剂对烃类深度脱氢析炭和一氧化碳歧化析炭的催化作用均促进了反应体系的积炭，始终保持足够的水碳比，有利于抑制析炭和消除积炭；严格净化原料气，脱除毒物，防止催化剂中毒而活性降低，因活性低时甲烷与水蒸气反应量小，甲烷本身会大量裂解而积炭；选用低温高活性且活性稳定的催化剂和抗积碳性能优良的催化剂；合理控制反应器温度分布。

催化剂活性显著下降可由三个现象来判断：其一是反应器出口气中甲烷含量升高。其二是出口处平衡温距增大。平衡温距为实际出口温度与出口气体实际组成对应的平衡温度之差。催化剂活性下降时，出口甲烷含量升高，一氧化碳和氢含量降低，此组成对应的平衡常数减小，故平衡温度降低，平衡温距增大。催化剂活性越低，平衡温距越大。其三是出现“红管”现象。管外供热状况未变，活性降低导致吸热反应程度降低，热量传递不平衡，热量积累导致温升。

4. 反应影响因素

甲烷-水蒸气转化体系中，水蒸气是一个重要组分，碳与水蒸气之间存在 $H_2O+C \rightleftharpoons CO+H_2$ 等消炭、析炭平衡，通过热力学计算，可求得开始积炭时对应的 H_2O/CH_4(摩尔)，称为热力学最小水碳比。受化学平衡的影响，不同温度、压力下的平衡对应不同的热力学最小水碳比。

甲烷-水蒸气转化过程中，可能有两种极限情况存在：一种是所有的碳都变成 CO、CO_2，同时伴有氢的产生；另一种是转化进行到生成气中没有 H_2生产，也就是没有甲烷的转化。这两种极限情况分别对应于以下两种条件达到平衡：一种是在很高的温度、低压、高水碳比下；另一种是在很低的温度、高压及低水碳比下。影响甲烷-水蒸气转化体系的平衡组成的因素包括水碳比、操作温度和压力。通过操作条件的调整可以改变甲烷-水蒸气转化体系的平衡组成，以满足不同用途合成气的组成要求。

(1)温度

甲烷与水蒸气反应生成 CO 与 H_2是强吸热、可逆反应，高温对平衡有利，H_2及 CO 的平衡产率提高，CH_4平衡含量降低。反应温度每降低 10℃，甲烷的平衡含量可增加 1%～1.3%。在压力为 3.5MPa，水碳比为 3 时，温度从 800℃降到 700℃，甲烷平衡含量大约从 12%增加到 25%。

表 3-4 反映了不同甲烷平衡含量所对应的温度，从降低残余甲烷含量考虑，转化温度应高一些。由表 3-4 看出，在甲烷平衡含量 0.5%以下时，若水碳比为 2，压力为 1～4MPa，反应温度至少要在 950℃以上。由于受反应器管材性质限制，实际操作中不允许如此高的温度。既满足转化气残余甲烷含量低的要求，反应管又不能承受太高的温度，唯一解决方法就是提高水碳比。在实际在合成氨生产流程中还可以采用二段转化的工艺，一段转化炉出口气体中残余甲烷含量控制 10%(干基)左右。第二段炉中改变条件转化反应继续进行，使第二段出口甲烷降至 0.3%。

表 3-4　水碳比为 2 时不同压力下甲烷平衡含量与温度的关系

压力/MPa \ 温度/℃	5.0	2.0	1.0	0.5	0.2
0.1	—	700	—	—	800
1	800	870	910	950	1000
2	870	950	1000	1030	1100
4	940	1020	1080	1130	1200

高温对一氧化碳变换反应的平衡不利，抑制了一氧化碳的转化，降低了碳资源的利用率；高温抑制了一氧化碳歧化和还原析炭的副反应，降低了催化剂失活的可能性。但温度过高，甲烷裂解的优势明显，当高于 700℃时，甲烷均相裂解速率很快，会大量析炭，沉积在催化剂表面、反应器器壁。

(2)水碳比

在一定温度和压力下，高水碳比有利于甲烷蒸气转化反应，甲烷平衡含量降低。在 800℃、2MPa 条件下，水碳比由 3 提高到 4 时，甲烷平衡含量由 8%降至 5%，水碳比对甲烷平衡含量影响显著。当提高温度受限时，工业上一般都采取提高水碳比的办法来提高甲烷的转化率，进而降低残余甲烷含量。此外，水碳比增加对析炭反应有抑制作用。工业蒸气转化过程水碳比约为 2.0～5.0。过大的水碳比，不仅经济上和能量利用率不合理，而且高水碳比有利于水煤气变换反应，导致转化气中的 H_2/CO 增大，不利于甲醇合成等下游化工过程的进行。

(3)压力

甲烷-水蒸气转化反应是体积增大的反应，反应达到平衡时，甲烷平衡浓度与转化压

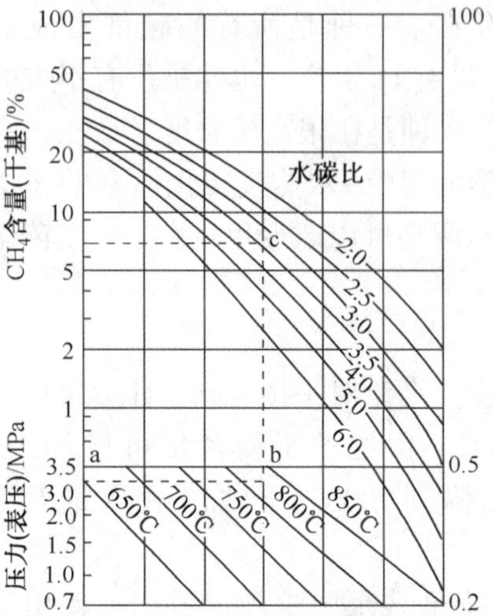

图 3-1 甲烷-水蒸气(100%)转化系统中 CH_4平衡含量

力的平方成正比。增加转化压力，甲烷的平衡含量随之增大，低压有利平衡。当温度800℃、水碳比4时，压力由2MPa降至1MPa时，甲烷平衡含量由5%降至2.5%。低压也可抑制一氧化碳的析炭反应，但是低压对甲烷裂解析炭反应平衡有利，适当加压可抑制甲烷裂解。压力对一氧化碳变换反应平衡无影响。加压较常压转化的经济效益好，操作压力一般约3.0~4.0MPa。

甲烷—水蒸气转化过程中原料气组成、反应温度、反应压力与水碳比确定时，依反应物料衡算式及平衡常数，可以计算出该条件下的平衡组成。如果原料气中只有 CH_4和 H_2O，温度、压力、水碳比下体系平衡组成可通过图解法利用图3-1~图3-3查取，平衡组成误差低于5%。

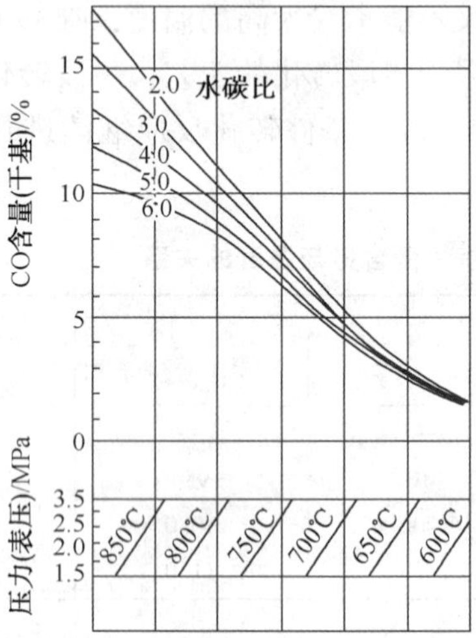

图 3-2 甲烷-水蒸气(100%)转化系统中 CO 平衡含量

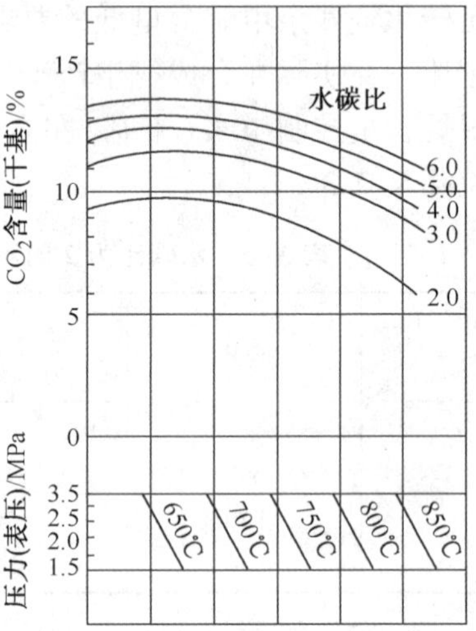

图 3-3 甲烷-水蒸气(100%)转化系统中 CO_2平衡含量

三、天然气-水蒸气转化工艺过程

1. 工艺条件

在天然气-水蒸气转化热力学和动力学分析基础上，结合化学工程原理选择工艺条件，结合技术经济、生产安全等工艺过程进行综合、优化、确定，是提高工艺过程经济效益的关键。影响转化过程的工艺条件主要有压力、温度、水碳比和空速。

(1)压力

低压有利于转化平衡。反应初期增加系统压力，相当于增加反应物分压，反应速率加快。反应后期，反应接近平衡，反应物浓度高，加压反而会降低反应速率，因此压力不宜过高。甲烷转化过程需要外部供热，从工程角度考虑，快速将大量高温热量传入管内对提高甲烷转化率、反应选择性十分关键。适当提高压力可提高介质密度，雷诺数 *Re* 提高，由于床

层给热系数 $\alpha \propto Re^{0.9}$，故加压有利于强化传热。为了增大传热面积，采用多管并联的反应器，提高系统压力可增大床层压降，使气流均分布于各反应管。虽然提高压力会增加能耗，但若合成气是作为高压合成过程(例如，合成氨、甲醇等)的原料时，在制造合成气时将压力提高到一定水平，就能降低后序工段的气体压缩功，使全厂总能耗降低。加压还可以减小设备的体积，提高设备生产强度，加压来有利于蒸汽压力的提高，有利于提高蒸汽回收利用的价值。甲烷-水蒸气转化过程压力一般约 3MPa。

(2)温度

高温下甲烷平衡浓度低，高温下反应速率加快，出口残余甲烷含量低。但加压对平衡的不利影响，需要通过提高温度来弥补。在 3MPa 下，为使残余甲烷含量降至 0.3%(干基)，必须使温度达到 1000℃。此高温下，反应管严重受损，以耐高温的 HK-40 合金为例，在 3MPa 压力下，反应炉管寿命 10 年以上要求管壁温度不得超过 920℃。实际在合成氨生产流程中采用二段转化的工艺，一段转化炉管壁温度不超过 920℃，其管内介质温度相应为 800~820℃左右，出口气体中残余甲烷含量控制 10%(干基)左右。第二段转化反应器为钢制管中内衬耐火材料，可耐 1000℃以上高温，不用外加热方法供热。800℃左右的第一段转化气绝热进入第二段炉，同时补入氧气，转化气中残余甲烷燃烧放热，温度升至 1200~1250℃，甲烷转化反应继续进行，二段炉出口气温度约 950~1000℃，出口甲烷可降至 0.3%。若补入空气则有氮气带入，对于合成氨是必要的，对于合成甲醇或其他产品则不应有氮。

蒸汽转化过程同时进行着传热、传质过程。转化过程中不同阶段的反应体系组成不同、反应不同，需克服的主要矛盾不同。通过控制转化炉的轴向温度分布可实现促进转化、抑制析炭、避免积炭，在保护催化剂的同时改善转化率、选择性的目的。图 3-4、图 3-5 显示了温度、甲烷转化率沿反应管轴向的分布情况。入口端，甲烷含量最高，应着重降低裂解速率，温度可低些，一般不超过 500℃，但催化剂的存在转化反应速率不会太低，析出的少量碳可及时气化消炭不至于积炭。在离入口 1/3 处，温度应严格控制不超过 600℃，未积炭的催化剂活性高，大部分甲烷能转化。在 1/3 处后，氢气已增多，同时水碳比相对变大，裂解析炭趋势大幅降低，温度可高于 650℃，消炭速率大增，更不可能积炭。之后温度继续升高，直到出口处达到 800℃作用，保证了甲烷低残余量。因而，一段转化炉是变温反应器。二段转化炉中温度虽高，但甲烷含量很低，又有氧存在，更不会积炭。

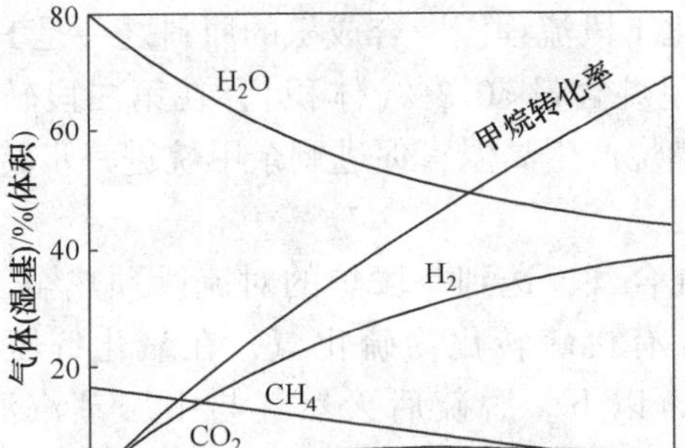

图 3-4　体系组成和甲烷转化率的轴向分布

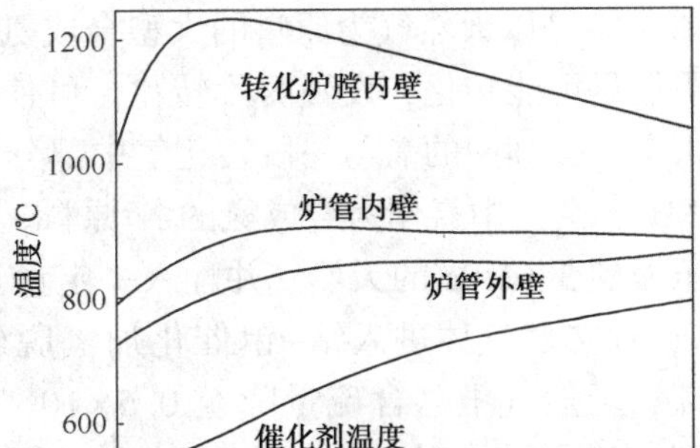

图 3-5　反应器内温度的轴向分布

(3)水碳比

水碳比是最便于调节的一个条件，对一段转化过程影响较大。水碳比高，有利于防止积炭，残余甲烷含量低。为防止积炭的适宜水碳比与温度、原料气组成有关。高氢碳比的烃类不易析炭、积炭。当原料气为饱和烃时，水碳比小于2时400℃以上才会积炭，当水碳比大于2时，要高达1000℃才会积炭；含有较多不饱和烃时，即使水碳比大于2，温度超过400℃就会积炭。为防止积炭，操作中一般控制水碳比在3.5左右。近年来，为节能、节水、降耗，水碳比进一步降低，防止积炭的措施有三个，其一是研、开发新型的高活性、高抗碳污染的低水碳比催化剂；其二是开发新的耐高温炉管材料，提高一段炉出口温度；其三是提高进二段炉的空气量，保证降低水碳比后，一段出口气中较高残余甲烷能在二段炉中耗尽。

(4)空速

反应炉内气体流速高有利于传热，降低炉管外壁温度，延长炉管使用寿命。当催化剂活性足够时，高流速也能强化生产，提高生产能力。但流速不易过高，否则床层阻力过大，能耗增加。

2. 工艺过程

甲烷与水蒸气在催化剂用下生成CO和H_2，产物H_2与CO摩尔比约为3，适于制合成氨和以H_2为目的产物的工艺。在合成氨生产中，由于对甲烷残量有要求，一般采用加压管式转化炉天然气-水蒸气的二段转化工艺。天然气-水蒸气转化制合成气的基本步骤如图3-6所示。

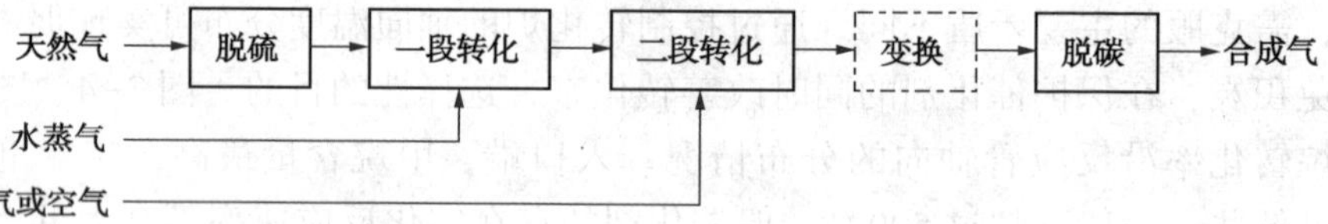

图3-6 天然气-水蒸气转化制合成气过程

脱硫工序是为防止催化剂中毒，脱除天然气中的硫化物等杂质的净化过程。变换工序通过CO、H_2O的反应转化为H_2、CO_2，可增加H_2含量，降低CO含量，变换工序的段数、操作条件需针对合成工序对原料气氢碳比的要求来选择。脱碳工序是脱除CO_2，为进一步回收利用高纯度CO_2的过程。

图3-7是以天然气为原料的大型合成氨厂转化工段流程图。合成氨的原料之一是H_2气，应将甲烷尽可能转化，设置两段转化，可使残余甲烷含量<0.3%(体积)，在第二段转化气中补入空气，其中的氧与一段转化气中部分甲烷燃烧产生高温，促进剩余甲烷进一步转化为CO和H_2，空气中氮作为合成氨的N_2原料。

压缩到3.6MPa的天然气并配入一定量氢氮混合气，送到一段炉的对流段预热至380~400℃，预热后气体进入钴-钼催化加氢脱硫器，有机硫转化为硫化氢，在氧化锌脱硫罐中脱硫，天然气中总含硫量降至0.5×10^{-6}(体积)以下。脱硫后天然气与中压蒸汽混合，再送到对流段加热到500~520℃，分流进入位于一段炉辐射段各转化管，自上而下经过管内催化剂层进行吸热的转化反应，热量由管外燃烧天然气提供。反应管底部出来的转化气温度为800~820℃，甲烷含量约9.5%(干基)，气体汇合于集气管并沿中心管上升，由炉顶送往二段转化炉。在二段炉入口处预热到450℃左右的空气，与一段转化气中的部

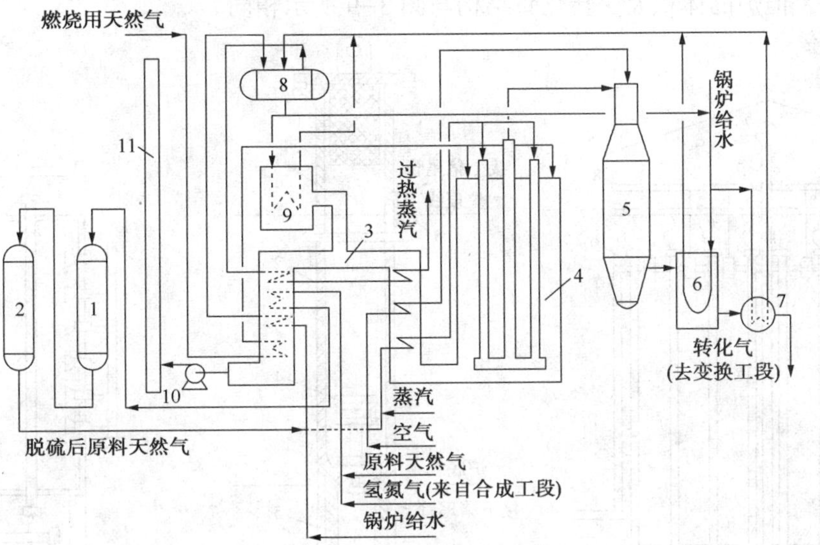

图 3-7 天然气-蒸汽转化流程

1—钴-钼加氢脱硫器；2—氧化锌脱硫罐；3——段炉对流段；4——段辐射段；5—二段转化炉；6—第一废热锅炉；7—第二废热锅炉；8—汽包；9—辅助锅炉；10—排风机；11—烟囱

分甲烷在炉顶部燃烧，温度升至1200℃左右，经过催化剂床层继续转化，离开二段炉的转化气温度约1000℃，压力3.0MPa，残余甲烷低于0.3%(干基)，$(H_2+CO)/N_2=3.1\sim3.2$。从二段转化炉出来的高温转化气经废热锅炉，回收高温气的显热产生蒸汽，蒸汽再经过对流段加热成为高压过热蒸汽，作为工厂动力和工艺蒸汽。转化气降温至370℃左右，送往变换工段。

燃料天然气在一段炉对流段预热后进入到辐射段与增压、预热的助燃空气在烧嘴混合、喷射并在一段炉内燃烧，产生的热量通过反应管壁传递给催化剂和反应气体。离开辐射段的烟道气温度高于1000℃，在对流段内依次流经排列在此段的天然气-水蒸气混合原料气的预热器、二段转化工艺空气的预热器和助燃空气预热器，降至150~200℃，由排风机送至烟囱而排往大气。

3. 转化炉

一段转化炉由辐射段和对流段组成，外壁用钢板制成，炉内壁衬耐火层。转化管垂直排列在辐射段炉膛内，转化管长10~12m、内径约70~120mm，共有300~400根，管内装催化剂。多管型式能提供大的比传热面积，管径小者更有利于横截面上温度均匀，提高反应速率。选择合适的管径、管心距和排间距来排布反应炉管以利于辐射传热的均匀性和工艺期望的温度分布。通过烧嘴的合理布置及热负荷的合理控制，来保证反应炉管的入口温度为500~520℃，出口处为800~820℃。对流段有回收热量的换热管。天然气一段转化炉的炉型主要有两大类，一类是以美国Kellogg为代表所采用的顶烧炉，另一类是以丹麦Topsφe公司为代表所采用的侧烧炉。

顶烧炉见图3-8，其外形呈方箱形。烧嘴安装在炉顶，分布在转化管的两侧，向下喷燃料燃烧放热。转化炉管材质为耐高温的HK-40合金钢(含20% Cr、20% Ni、0.4% C)，转化管结构示于图3-9。侧烧炉见图3-10，其外形呈长方形。烧嘴分成多排，由上至下平均布置在辐射段两侧的炉墙上，火焰呈水平方向。此种炉型的优点是沿转化管轴向的温度易于控制和调节，但炉的体积大。转化管结构与图 3-9 所示相同。

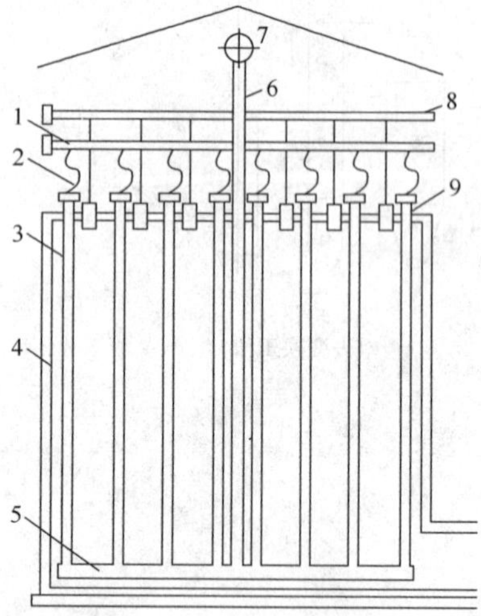

图 3-8　顶烧炉示意图

1—原料气管；2—上猪尾管；3—转化管；4—辐射段；5—下集气管；6—上升管；7—集气总管；8—燃料气管；9—烧嘴

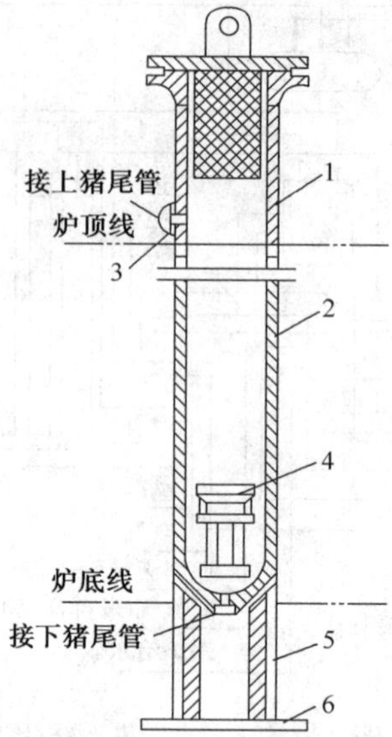

图 3-9　转化管示意图

1—接管；2—转化管；3—加强节；4—催化剂托盘；5—转化管支撑架；6—支撑钢梁

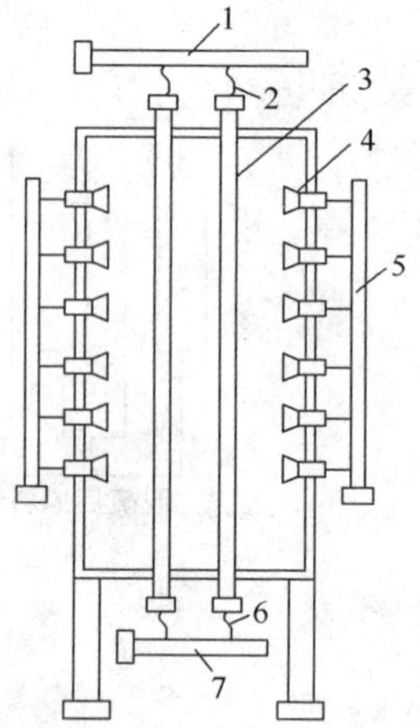

图 3-10　侧烧炉示意图

1—原料气管；2—上猪尾管；3—转化管；4—烧嘴；5—燃料气管；6—下猪尾管；7—下集气管

二段转化炉不需外部供热，氧气与部分甲烷在炉内燃烧放热，使转化反应自热进行，内径为 3m，高为 13m 的圆筒形转化炉，壳体材质为碳钢，内衬无硅耐火材料，与环境无热交换，是一个绝热固定床催化反应器，一段转化气自上而下通过耐高温的铬催化剂、镍催化剂在其中的继续进行转化反应，由炉下部引出二段转化气。典型转化气组成如表 3-5 所示。

表 3-5　典型转化气组成（干基）　　%

转化气	CH_4	CO	CO_2	H_2	N_2
一段炉	9.95	9.95	10.0	69.5	0.6
二段炉	0.33	12.8	7.6	57.0	22.3

第三节　煤生产合成气

煤的气化过程是一热化学过程。它是以煤或焦炭为原料，以氧气(空气、富氧或纯氧)、水蒸气等为气化剂，在高温条件下，通过化学反应把煤或焦炭中的碳、氢转化为气体的过程。气化得到的气体也称为煤气，其有效成分包括一氧化碳、氢气和甲烷等。气化煤气可用作城市煤气、工业燃气、合成气和工业还原气。各种煤转化技术尤其是洁净煤技术中，煤的气化是最有应用前景的技术之一。按供热方式的不同，煤的气化方法可分为五种类型。图 3-11 表示了自热式煤的水蒸气气化原理。自热式即气化过程中没有外界供热，煤与水蒸气进行气化反应所吸收消耗的热量完全由部分煤与氧进行燃烧反应的燃烧热提供，气化炉的类型各异。反应温度在 800~1800℃之间，压力在 0.1~4MPa 之间，制得煤气中除 CO_2 及少量或微

量 CH_4外，主要含 CO 和 H_2。该过程中可用空气代替氧气，这样制得的煤气含有相当数量的氮气。

上述方法使用的工艺氧价格较贵，制得煤气中二氧化碳的含量较高，降低了气化效率。若煤与水蒸气反应，从气化炉外部供给热量，则这种过程称为外热式煤的水蒸气气化，其原理简图如图 3-12 所示。这种工艺形式由于气化炉的热传递效果差，不经济。新发展的流化床和气流床气化工艺，采用较好的热传导方式，同时供给反应所需的热量不一定由煤或焦炭燃烧提供，从而节省了煤炭资源。

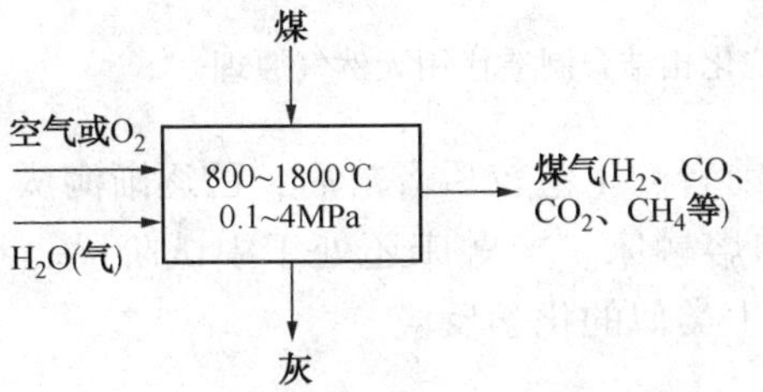

图 3-11 自热式煤水蒸气气化原理

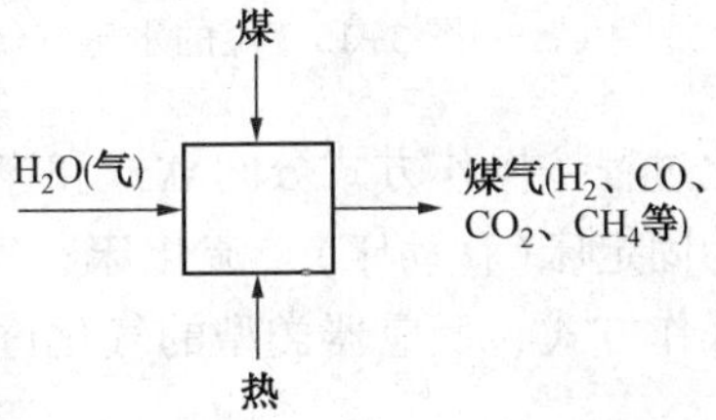

图3-12 外热式煤-水蒸气气化原理

图 3-13 为煤的加氢气化原理。由煤制得主要由 CH_4所组成的煤气，该煤气具有类似天然气的特征，即所谓代用天然气。煤与氢气在 800~1000℃和加压下反应生成 CH_4，该反应为放热反应，增加压力，有利于 CH_4的生成，并可利用更多的反应热。由于煤和氢气的反应性比水蒸气的反应性要差得多，且随碳转化率的上升，煤与氢的反应性会进一步大幅降低。在一定尺寸的气化炉中，装入的碳仅仅少部分转变成甲烷，未起反应的残余焦炭或含碳残渣再与水蒸气进行煤水蒸气气化，如图 3-14 所示。煤首先进行加氢气化，残余的焦炭再与水蒸气进行反应，产生加氢阶段需要的氢，再将氢送入加氢气化装置。

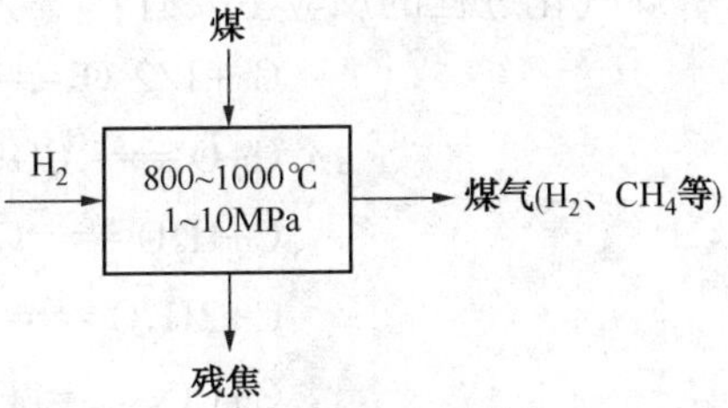

图 3-13 煤的加氢气化原理

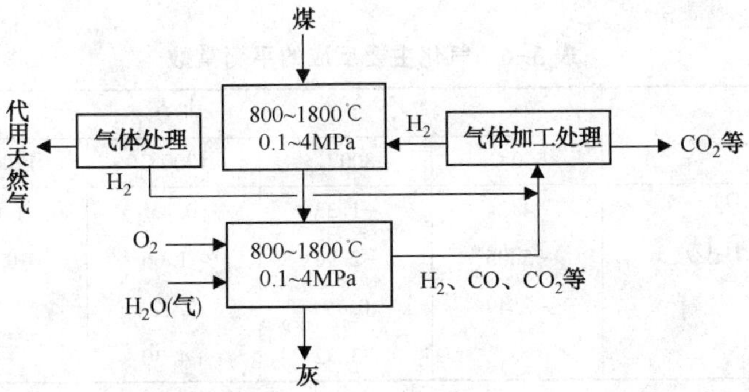

图 3-14 残余焦炭或含碳残渣与水蒸气进行煤的水蒸气气化

制造代用天然气还可采用如图 3-15 所示，由煤的水蒸气气化和甲烷化相结合制造代用天然气的方法。即首先由煤的水蒸气气化反应产生以 CO 和 H_2为主的合成气，然后，合成气在催化剂的作用下生成甲烷。

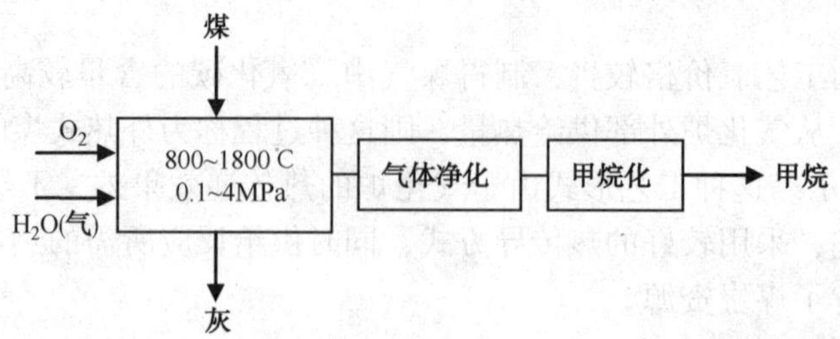

图 3-15　煤的水蒸气气化和甲烷化相结合制造代用天然气原理

气化过程按操作方式分间歇式和连续式，前者的工艺较后者落后，已逐渐淘汰。按反应器可分为固定床(移动床)、流化床、气流床和熔融床。熔融床还处于中试阶段。不同供热方式、操作方式、反应器类型的气化过程均发生类似的化学反应。

一、化学反应

1. 热力学特征

煤气化过程的反应主要有：

$$C+1/2\ O_2 \rightleftharpoons CO \qquad \Delta H^{\ominus}_{298K}=-123kJ/mol$$
$$C+O_2 \rightleftharpoons CO_2 \qquad \Delta H^{\ominus}_{298K}=-406kJ/mol$$
$$C+H_2O \rightleftharpoons CO+H_2 \qquad \Delta H^{\ominus}_{298K}=131kJ/mol$$
$$C+2H_2O \rightleftharpoons CO_2+2H_2 \qquad \Delta H^{\ominus}_{298K}=90.3kJ/mol$$
$$C+CO_2 \rightleftharpoons 2CO \qquad \Delta H^{\ominus}_{298K}=172.6kJ/mol$$
$$C+2H_2 \rightleftharpoons CH_4 \qquad \Delta H^{\ominus}_{298K}=-74.9kJ/mol$$

碳与水蒸气、氧气、二氧化碳的反应是重要的气化反应。碳燃烧反应放出的热量与上述的吸热反应相匹配，对自热式气化过程有重要的作用，加氢气化反应对于制取合成天然气很重要。以上均为可逆反应，总过程为强吸热的。各反应的平衡常数与温度的关系见表 3-6。

表 3-6　气化主要反应的平衡常数　atm①

平衡常数	$\lg K_{p_1}$				
	600℃	800℃	1000℃	1200℃	1400℃
$K_{p_1}=p(CO)p(H_2)/p(H_2O)$	-4.24	-1.33	0.45	1.65	2.50
$K_{p_2}=p(CO_2)p^2(H_2)/p^2(H_2O)$	-5.05	-2.96	-1.66	-0.76	-0.11
$K_{p_3}=p^2(CO)/p(CO_2)$	-2.49	0.79	2.12	3.10	3.84
$K_{p_4}=p(CH_4)/p^2(H_2)$	—	-3.32	-4.30	—	—

注：①1atm=101325Pa。

提高反应温度对煤气化有利，但不利于甲烷的生成。当温度高于 900℃时，CH_4 和 CO_2 的平衡浓度接近零。低压有利于 CO 和 H_2 生成，反之，增大压力有利于 CH_4 生成。

2. 动力学特征

不同煤质与水蒸气气化反应活性不同，泥煤、褐煤、木炭基本相当，优于焦炭、无烟煤。不同气固相反应速率相差很大，煤裂解反应速率相当快，在受热条件下接近瞬时完成。而煤裂解固体产物焦炭的气化反应速率要慢得多。常压下碳与 O_2、H_2O、CO_2和H_2反应速率与反应温度的关系表明，C-O_2比其他三个反应快得多，大约快 10^5倍，C-H_2O 反应比 C-CO_2反应快几倍，而 C-H_2是最慢的，约比 C-CO_2慢百倍。同样压力对反应速率的影响也不同，在较高压力下 C-H_2反应速率增大，和 C-CO_2反应速率相差不多。这是因为 C-CO_2和 C-H_2O 反应在高压下反应对压力来说趋于零级，而 C-H_2反应与压力呈 1~2 级关系。煤中添加碱性物质可提高吸附和脱附速率，提高温度可以加速表面化学反应速率。不同煤质、不同条件的反应控制步骤不同。如泥煤、褐煤在温度<900℃时，为动力学控制区；温度>900℃，为内外扩散控制区。无烟煤在 900~1200℃时为动力学控制区，温度 1200~1500℃为过渡区，温度>1500℃为内、外扩散控制区。

二、工艺过程

1. 反应条件

(1)温度

煤气化是分子数目增大的可逆强吸热反应，温度对煤气化影响最大，至少要在 900℃以上才有满意的气化速率，一般操作温度在 1100℃以上。近年来新工艺采用 1500~1600℃进行气化，生产强度大幅提高。

(2)压力

降低压力有利于提高 CO 和 H_2的平衡浓度，但加压有利于提高反应速率并减小反应体积，目前气化一般为 2.5~3.2MPa，因而 CH_4含量比常压法高些。

(3)水蒸气和氧气的比例

氧的作用是与煤燃烧放热，此热供给水蒸气与煤的气化反应，H_2O/O_2比值对温度和煤气组成有影响。视采用的煤气化生产方法来定。

2. 工艺过程

煤气化过程需要吸热、高温，工业上采用燃烧煤来实现。气化过程按操作方式分间歇式和连续式，前者的工艺较后者落后，已逐渐淘汰。通用的分类方法可分为固定床(移动床)、流化床、气流床和熔融床。熔融床还处于中试阶段，而固定床(移动床)、流化床和气流床三种工业生产化方法最基本的区别示于图 3-16，图中显示了反应物和产物在反应器内流动情况以及床内反应温度分布。此外，不同生产方法对煤质要求不同。

固定床连续式气化由德国鲁奇公司开发，可使用块煤或焦炭，气化炉内连续制气，生产强度高，煤气质量稳定，但一氧化碳较低，碳一化工利用价值不高，仅适合做城市煤气。流化床连续式气化可使用小颗粒碎煤或高灰分褐煤。气流床连续式气化制水煤气工艺煤气的组成易调节，用途广泛。

较早的 K-T 法气流床法由德国 Koppers 公司开发，是一种在常压、高温下，以水蒸气和氧气与粉煤反应的气化法。气化设备为 K-T 炉，气化剂以高速夹带很细的干煤粉喷入气化炉，在 1500~1600℃下进行稀相流化，气固接触面大，细颗粒的内扩散阻力小，温度高，因而扩散速率和反应速率均相当高，生产强度大。灰渣以熔融态排出炉外，炉内必须用耐高温材料作衬里。典型 K-T 气化炉气体组成见表 3-7。

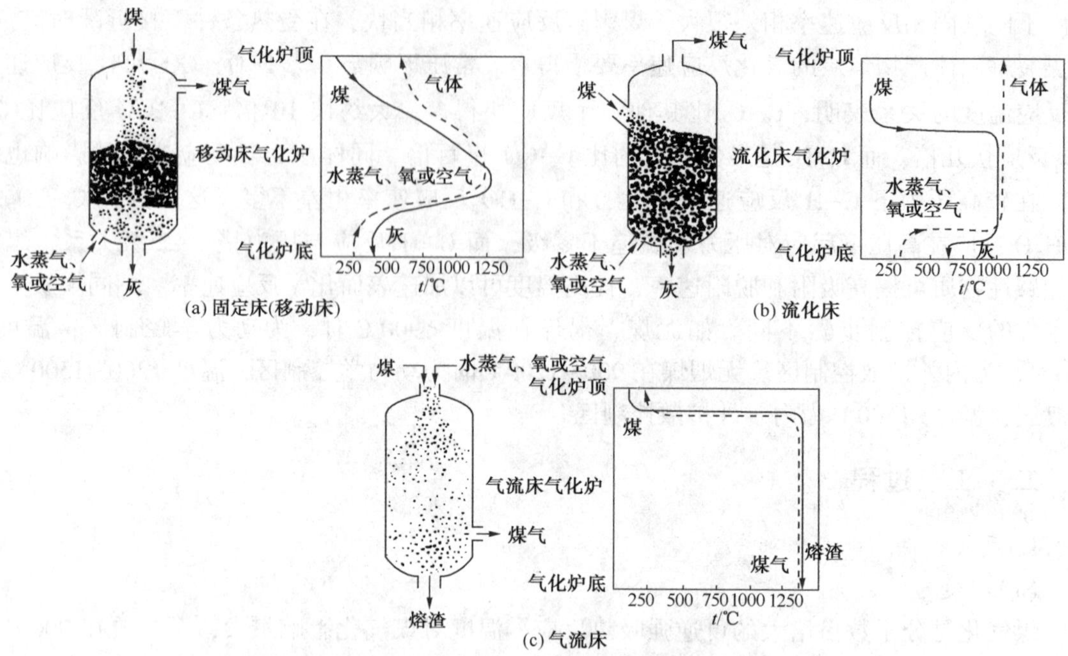

图 3-16　三类煤气化炉及床内温度分布

表 3-7　K-T 气化炉气体组成

项　　目		烟煤	褐煤	重油
原料组成/%(质量)	W	1.0	8.0	0.05
	A	16.2	18.4	—
	C	68.8	49.5	85.0
	H	4.2	3.3	11.4
	O	8.6	16.1	0.40
	N	1.1	1.8	0.15
	S	0.1	2.9	3.0
生成气组成/%(体积)	H_2	33.3	21.2	47.0
	CO	53.0	57.1	46.6
	CH_4	0.2	2	0.1
	CO_2	12.0	11.8	4.4
	O_2	痕迹	痕迹	痕迹
	N_2+Ar	1.5	2.2	1.2
	H_2S	<0.1	1.5	0.7
生成气热值/(MJ/m^3)		10.36	10.22	10.99
产气率/(m^3/kg)		1.87	1.27	1.89

第二代气流床由美国德士古(Texaco)公司于20世纪80年代开发成功。煤粉制成水煤浆泵入气化炉，省去了蒸汽。其工艺流程及气化炉分别见图3-17、图3-18。德士古气化炉的操作压力一般在9.8MPa以下，炉内最高温度约2000℃，出口气温约1400℃。纯氧以亚声速从炉顶的喷嘴喷出，使料浆雾化，并在炉膛中强烈返混合气化，强化了传热和传质，水煤浆在炉中仅停留5~7s。液态排灰。当压力为4MPa时，出口气的体积组成为CO 44%~51%，H_2 35%~36%，CO_2 13%~18%，CH_4 0.1%。碳转化率达97%~99%。回收高温出口气显热的方式有两种：一种为废热锅炉式；另一种为冷激式。合成氨厂常用后者。国内外德士古气化炉的主要参数见表3-8。

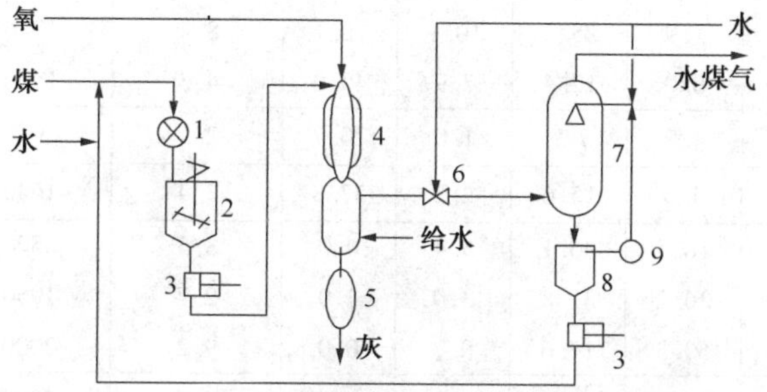

图 3-17　德士古法水煤浆气化示意流程图

1—磨粉机；2—悬浮槽；3—浆液泵；4—气化炉；5—灰斗；6—急冷器；7—冷却洗涤塔；8—沉降槽；9—水泵

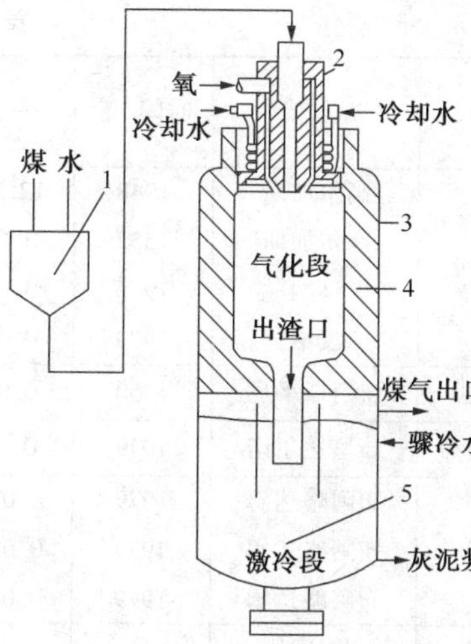

图 3-18　德士古气化流程图

1—煤浆罐；2—燃烧器；3—炉体；4—耐火衬砖；5—急冷室

表 3-8　国内外德士古气化炉的主要参数

项　　目		国外中试	国外中试	宇部工业	中国中试
煤种		伊利诺伊 6 号煤	伊利诺伊 6 号煤	澳洲煤	铜川煤
元素分析/%(质量)	C	65.64	65.64	66.80	69.34
	H	4.72	4.72	5.00	3.92
	N	1.32	1.32	1.70	0.60
	S	3.41	3.41	4.20	1.54
	A	13.01	13.01	15.00	15.17
	O	11.90	11.90	7.30	9.40
煤样高热值/(kJ/kg)		26796	26796	28931	28361
投煤量/(t/h)		0.635	6.35	约 20	1.2
气化压力/MPa(绝压)		2.58	—	3.49	2.56
气体组成/%(体积)	CO	42.2	39.5	41.8	36.1~43.1
	H_2	34.4	37.5	35.7	32.3~42.4
	CO_2	21.7	21.5	20.6	22.1~27.6
碳转化率/%		99.0	95.0	98.5	95~97
冷煤气转化率/%		68.0	69.5	—	65.0~68.0

三、煤炭地下气化

将气化剂直接通入地下煤层，在地层内发生煤炭气化过程的煤炭地下气化（Underground Coal Gasification，简称 UCG）所发生的化学反应与普通煤炭气化并无差异。该过程集建井、采煤、地面气化三大工艺为一体，变传统的物理采煤为化学采煤，省去了庞大的煤炭开采、运输、洗选、气化等工艺的设备，具有安全性好、投资少、效益高、污染少等优点，深受世界各国的重视，被誉为第二代采煤方法。尤其适合甲烷含量较高、灰分较高、煤层较薄等特点的煤炭资源综合利用，有效利用了煤炭资源，环境污染较少。国内外开发状况见表 3-9。

表 3-9　煤炭地下气化开发应用

国家	地点	时间/年	煤气组成/%(体积)						热值/MJ/m³(标)	产量/m³(标)/h
			O_2	CO_2	CO	H_2	CH_4	N_2		
美国	高尔加斯	1948	12.7	6.0	0.5	0.9	0.4	79.5	1.9	1870
	高尔加斯	1552	0.6	11.7	7.1	7.6	2.1	70.9	2.7	2110
	汉纳	1978	0.0	44.0	1.9	25.1	10.1	16.1	8.4	1040
	汉纳	1979	0.0	15.0	8.0	12.4	2.9	49.0	4.3	1500
英国	纽门斯平尼	1950	0.0	15.5	4.9	7.9	1.0	70.7	2.1	300
意大利	布里达尔诺	1979	0.2	19.7	4.5	15.6	2.2	57.8	3.4	1640
比利时	布阿略达姆	1979	0.07	36.1	18.5	36.1	5.4	0.0	8.5	2500
	布阿略达姆	1979	0.08	13.4	36.2	31.8	3.0	2.0	9.7	1950
	布阿略达姆	1979	0.08	19.3	53.3	17.6	0.7	0.0	9.2	2000
法国	哲拉达	1955	0.0	19.5	4.0	15.0	4.5	57.0	4.1	2300
前苏联	顿巴斯	1952	0.2	12.1	15.9	14.8	1.8	54.8	4.2	3080
	莫斯科	1956	0.3	19.5	7.1	14.1	1.5	55.9	3.5	2900
	南阿宾斯库	1964	0.0	5.6	28.7	18.4	2.1	44.9	6.5	3050
中国	大同胡家湾	1958	0.7	15.8	7.3	15.9	1.2	58.1	3.8	1270
	胶河	1958	2.8	8.3	15.0	10.7	0.7	62.6	3.5	820
	鹤岗	1958	1.4	10.3	21.3	16.0	2.8	49.2	5.5	1633
	徐州新河	1994	0.0	15.3	15.7	54.3	10.7	4.1	13.1	3240
	唐山刘庄 9	1996	0.0	13.1	12.1	60.4	12.5	1.9	14.2	3100
	唐山刘庄 12	1996	1.1	8.5	16.9	51.5	14.7	7.2	14.5	4500

第四节　渣油生产合成气

以减压渣油为原料，转化为 CO、H_2等气体的过程称为渣油气化。气化技术有部分氧化法和蓄热炉深度裂解法，目前常用技术是部分氧化法，由美国德士古(Texaco)公司和荷兰谢尔(Shell)公司在 20 世纪 50 年代开发成功，渣油制合成气的加工步骤主要如下。

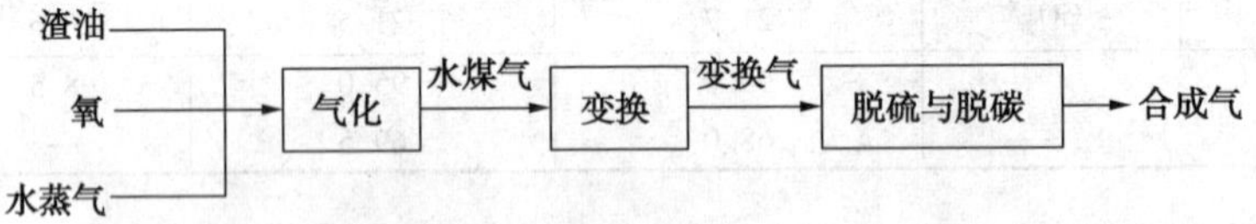

渣油是黏稠、黑色半固体状物，富含芳环，是大分子烃类混合物，沸点高，元素组成为 C 84%~87%，H 11%~12.5%，其余为 S、N、O，以及微量元素 Ni、V 等。

氧气充分时，渣油会完全燃烧生成 CO_2和 H_2O，只有当氧量低于完全氧化理论值时，才发生部分氧化，生成以 CO 和 H_2为主的气体。

渣油分子(C_mH_n)首先吸热升温、气化，气态渣油与氧气均匀混合，与氧反应，如果氧量充足，则会发生完全燃烧反应：

$$C_mH_n + (m+n/4)O_2 \longrightarrow mCO_2 + n/2H_2O \qquad \Delta H^{\ominus}_{298K}<0$$

如果氧量低于完全氧化理论值，则发生部分氧化，放热量少于完全燃烧：

$$C_mH_n + (m/2+n/4)O_2 \longrightarrow mCO + n/2H_2O \qquad \Delta H^{\ominus}_{298K}<0$$

$$C_mH_n + m/2O_2 \longrightarrow mCO_2 + n/2H_2 \qquad \Delta H^{\ominus}_{298K} < 0$$

当油与氧混合不均或油滴过大时，高温油会发生烃类裂解，最终会导致结焦。所以，渣油的部分氧化过程中总有炭黑生成。

为了降低炭黑和甲烷的生成，以提高原料的利用率和合成气产率，一般要向反应系统添加水蒸气，因此，渣油发生部分氧化的同时，还发生烃类水蒸气转化、焦炭的气化，以生成更多的 CO 和 H_2。氧化反应放出的热量正好提供给吸热的转化、气化反应。渣油中含有的硫、氮等有机化合物反应后生成 H_2S、NH_3、HCN、COS 等少量副产物。最终生成的水煤气中四种主组分 CO、H_2O、H_2、CO_2之间存在的平衡关系由变换反应平衡来决定。

$$CO + H_2O \rightleftharpoons CO_2 + H_2$$

第五节 生物质生产合成气

形式各异的生物质热解气化技术均由热解、气化两种基本技术演化、耦合组成，借助调节反应过程中氧气的供求平衡，以期得到不同性质的目的产品。

生物质热解是生物质中有机物在热作用下发生的分解反应，热解过程得到固体、气体和液体等三种不同形态的产物，产物分布取决于温度、加热速率等工艺参数。热解挥发性产物中的不凝结简单气体，如 H_2、CO、CO_2、CH_4等，经净化、变换，可满足碳一化学品生产的需要。

高温条件下，生物质与气化剂反应转化为 CO、H_2等小分子气体的气化过程，将固体生物质转化为使用方便的优质燃气、合成气，气化工艺使生物质的化学能转移到气体中，转换效率达到 70%~90%，是一种高效的能量转换方式。

生物质遇热后首先发生热解，随后发生热解产物和木炭的燃烧，最后燃烧产物被碳还原，生成以 CO、H_2、CH_4为主要成分的生物质气体。生物质气化过程是热解、氧化、还原、变换等许多反应的耦合。

一、生物质热解

生物质热解是在一定温度和隔绝氧气条件下进行的一种简单加热工艺，在不使用氧和水蒸气等介质情况下能够获得品质较高的能源产品。热解工艺适合于生物质燃料高挥发分、低固定碳的特点，生产成本较低。根据热解温升速度的不同，生物质热解分慢速热解、常速热解、快速热解三种，快速热解中升温速率特别高的工艺又称为闪速热解。

生物质热解是在热作用下有机物质发生的分解反应。高温下，复杂大分子化合物断裂成为较小的挥发性物质释放出来，再被进一步裂解为更小的分子，最后残留的固体由碳和灰分组成。气态挥发物质中含有常温下不可凝结的简单气体，也含有常温下凝结为液体的物质。生物质热解反应过程非常复杂，工艺、反应条件的不同会影响木炭、热解气、生物油等产品收率。

1. 热解过程

生物质热解为典型的热化学反应过程，热量从外部传递给生物质颗粒表面，温度升高导致自由水分蒸发和不稳定成分发生热解，分解成炭和挥发分，挥发分逸出进入气相。随着热量传递，热解过程由外至内逐层进行。一次热解反应生成了炭、一次热解油和不可冷凝气体。在多孔燃料颗粒内部，一次热解油等挥发分进一步裂解，形成不可冷凝气体和热稳定好的二次热解油，逸出燃料颗粒的挥发分气体穿越周围的气相组分进一步裂解。挥发分在颗粒内部和气相进行的裂解均称为二次裂解反应，二次反应的热效应会改变颗粒温度，从而影响热解过程进行，温度越高、气态产物的停留时间越长，二次热解反应的影响越显著。生物质热解过程最终形成热解生成油、不可冷凝气体和木炭三种产物。随裂解反应的进行程度的加深，不可冷凝气体愈轻。

生物质中纤维素、半纤维素和木质素的分子结构不同，热稳定不同，发生裂解反应的热解温度不同，但不同分子热解过程的相互影响较弱。纤维素为典型的具有饱和多糖结构的碳水化合物，热稳定差，在较低温度下开始裂解，分子链断裂，聚合度降低，在200~250℃时开始热解，300~375℃的温度范围是纤维素热解的阶段。半纤维素由一系列多糖化合物组成，分子链短且带支链，是生物质中最不稳定的成分，在150℃甚至更低的温度开始热解，在200~300℃区间迅速热解。木质素的单体为邻甲氧基苯丙烷，分子结构稳定，热稳定好，木质素在200~500℃的宽广范围内均能发生热解，在310~420℃区段的热解速率最快。

热解工艺得到固体产物(炭)、液体产物(热解油、水)、气体产物(不凝气)。热解温度、升温速率、停留时间、压力、生物质特性影响热解产物分布和产物组成。纤维素和半纤维素的热解产物主要是挥发性物质，热解过程中生成的大部分炭来自于木质素。三种成分的热解产物分布见表3-10~表3-12。

表3-10　纤维素热解产物(500℃)

产　　物	产品分布/%(质量)	油解油组成	含量/%(质量)
热解油	72.5	果糖	2.0
水	10.8	乙二醛	3.5
炭	5.4	甲基乙二醛	0.8
不凝气	7.8	蚁酸	5.5
热解油组成	含量/%(质量)	乙酸	4.9
羟基乙醛	15.3	乙烯乙二醇	1.7
左旋葡萄糖	7.0	甲醛	1.2
纤维二糖	4.0	丙酮醇	2.2
葡萄糖	1.0		

表3-11　半纤维素热解产物(500℃)

产　　物	产品分布/%(质量)	热解油组成	含量/%(质量)
热解油	64	乙酸	1.5
水	7	呋喃	
炭	10	1-羟基-2丙酮	0.4
不凝气	8	2-糠醛	4.5
热解油组成	含量%(质量)	丙酮丙酸乙醛	0.3
甲醇	1.3	2，3-丁二酮	
乙醛	2.4	3-羟基丁酮	0.6

表 3-12　木质素热解气体产物组成　%(质量)

温度\组成	H_2	CO	CH_4	CO_2	C_2H_4	C_2H_6	C_3H_8	合计
320	0.03	3.99	1.87	21.03				26.92
550	0.11	10.47	3.00	23.21	0.05	0.05		36.89
650	0.15	14.57	5.01	21.96	0.81	0.46	0.03	42.99
700	0.25	17.74	5.85	27.98	1.01	0.42	0.03	53.28
750	0.40	19.01	7.37	27.56	1.56	0.59	0.01	56.50
800	0.77	19.12	7.64	27.33	2.13	1.03	0.05	58.07

2. 热解工艺类型

根据工艺条件，生物质热解工艺可分为慢速热解或称为干馏炭化(Carbonization)、常速热解(Conventional Pyrolysis)、快速热解(Fast Pyrolysis)三种。快速热解中升温速率特别高的工艺又称为闪速热解(flash pyrolysis)。真空热解(vacuum pyrolysis)按升温速率应属常速热解，但产品以热解油为主。表 3-13 列举了生物质热解涉及的主要工艺类型和工艺条件。

表 3-13　生物质热解主要工艺类型

工艺类型	滞留时间	升温速率/(℃/s)	反应温度/℃	主要产物
慢速热解	数小时~数天(固相)	0.01~2	<400	炭
常速热解	5~30min(固相)	<10	400~800	气、油、炭
快速热解	0.5~5s(气相)	100~1000	450~600	油
闪速热解(液体)	<1s(气相)	>1000	450~550	油
闪速热解(气体)	<10s(气相)	>1000	>650	气
真空热解	2~20min(固相)	<10	450~500	油

传统、经典的慢速热解工艺是为制取木炭或进一步生产活性炭，一般采用炉窑形式生产，生产周期长达数小时或数天。慢速热解的加热方式有自热式和外热式两种，前者供给少量空气使部分燃料燃烧，后者利用热解气的燃烧供给热量。

常速热解得到热解气、焦油和炭三种产物。中低温(400~550℃)热解工艺可以作为生物质气化的前置工艺，以降低气化中的焦油含量。当热解温度达到600~800℃后，主要产物是中热值可燃气体，因此也作为制取高品质燃气和合成气的独立工艺。

快速热解的主要产物是热解油或称生物油，工艺要求快速加热、气相产物快速冷却。通过瞬间反应，将60%~70%的生物质转化为生物油。

二、生物质气化

高温下生物质与气化剂(空气、氧气、空气/水蒸气、氧气/水蒸气)发生部分氧化的生物质气化过程将生物质转化为 H_2、CO、CH_4 等小分子气体。气体燃料易于管道输送、燃烧效率高、燃烧过程易于控制、无颗粒物排放、无硫氧化合物、氮氧化合物的排放，是品位较高的清洁燃料。生物质气化的能源转换效率较高，设备和操作简单，是生物质主要转换技术之一。

生物质气化在历史上曾经发挥过重要作用。近30余年来，借鉴煤炭气化的技术，发展了包括固定床、流化床、气流床在内的各种气化装置，出现了气化发电、气化集中供气、气化联合循环发电(BIGCC)等一批成功的工程实例，在制备化工合成气及合成液体燃料、制氢及与燃料电池结合的分布型能源系统等方面取得了一定的进展，为生物质的高效利用开拓了广阔的空间。

1. 气化过程

生物质的气化过程将生物质中化学能尽可能多地转变为气体中的化学能。气化过程生物质大分子有机化合物与气化剂发生一系列反应，转化为含有CO、H_2、CH_4等小分子不凝结气体的燃气。

燃烧和气化都是有机化合物和氧发生的反应，两者的区别在于是否供给充足氧气。燃烧过程提供了充足氧气，使生物质化学能尽可能多地转变为烟气热能并加以利用，燃烧产物是不可再燃烧的烟气。气化过程只提供部分有限氧气，将生物质大部分化学能转移到气体中，在利用气体时再将化学能释放出来，这种有限供氧的热化学过程称为部分氧化过程。气化过程也有热量的释放，释放的热量提供了热解和气化反应的高温条件。

生物质气化是生物质热解、热解产物燃烧、燃烧产物还原等诸多复杂反应的集合。对于不同气化装置、工艺流程、反应条件和气化剂种类，尽管反应过程不尽相同，但宏观上仍可分为干燥、热解、氧化和还原等四个反应阶段。

(1)干燥

生物质进入气化装置之后，受热干燥，化学组成没有发生变化。干燥过程进行得比较缓慢，在表面水分完全脱除之前，体系温度保持基本稳定。

(2)热解

150℃以上，生物质开始发生热解，析出挥发分，温度越高，反应越剧烈。气化过程的热解并非独立热解过程，随温度的升高，生物质的燃烧反应使温度迅速提高，热解反应加速。

(3)氧化(燃烧)反应

热解产物与氧气发生的氧化是一个剧烈放热反应。在四个气化阶段中，干燥、热解和还原都是吸热反应，为维持反应的进行，必须提供足够热量，因此氧化反应是整个气化过程的驱动力，燃烧产物包括水蒸气、CO_2和CO。氧化过程供入有限空气或氧气，是不完全燃烧过程。

(4)还原反应

燃烧产生的水蒸气和CO_2等与碳反应生成H_2和CO，从而完成固体生物质燃料向可燃气体的转变。还原反应是吸热反应，提高温度，有利于还原反应的进行。

四个基本反应的特性区域只在固定床气化炉中有比较明显的区别，在流化床气化炉中无法界定反应分布区域。即使在固定床中，由于热解气相产物的参与，分界面也是模糊。通常把氧化反应和还原反应统称为气化反应，而将原料干燥和热解统称为燃料准备过程。

2. 气化剂

依气化剂的不同，生物质气化可以分为空气气化、氧气气化、水蒸气气化、氢气气化等工艺类型。

空气气化以空气作为气化剂，空气中氧气与生物质中可燃组分发生氧化反应，为干燥、热解和还原提供热量，构成了自供热的气化过程。空气易得、廉价，故大多数气化工艺采用空气为气化介质，但空气中78%的氮气，不但不参与化学反应，还稀释燃气，降低燃气热值，燃气热值仅为5~6MJ/m^3，属于低热值燃气，不适宜长距离输送和大量储存。

氧气气化以纯氧或富氧空气作为气化剂，避免了氮气稀释，燃气热值可提高到10~12MJ/m^3。氧气气化产生的燃气体积小，减少了显热损失，系统热效率提高，但气化成本较高，生产燃气时较少采用，仅用于气化生产合成气。

水蒸气气化以过热水蒸气作为气化介质，反应包括热解反应、水蒸气和碳的还原反应，还有一氧化碳和水蒸气的变换反应、甲烷化反应等，主要反应均为吸热反应。水蒸气气化产生的燃气质量好，氢气含量高，燃气热值可达17~21MJ/m^3，属于中热值燃气。系统需要蒸汽发生器和过热设备、外供热源，系统的独立性差，技术较复杂，运行成本高。

空气(氧气)/水蒸气气化是以空气(氧气)和水蒸气同时作为气化介质的气化过程。空气(氧气)/水蒸气气化比单独使用空气或单独使用水蒸气为气化剂都优越，一方面，它是自供热系统，不需要复杂的外供热源；另一方面，汽化所需要的一部分氧气可由水蒸气提供，减少了空气(氧气)的消耗量，可生成更多的氢气和烃类化合物。空气(氧气)/水蒸气气化获得的燃气热值在10MJ/m^3以上，作为化工合成气使用。

氢气气化以氢气作为气化介质，在高温、高压下氢气与碳和水蒸气生成甲烷的过程，氢气气化所得可燃气体热值较高，可高达22.3~26MJ/m^3，但反应条件苛刻，且外供氢气，工程应用受限。

3. 气化反应

生物质经过热解吸出挥发物后，与气化剂进行氧化、还原反应，产生气化所需热量，完成向可燃气体的转变。气化反应是由多个独立反应组成的复杂反应网络。

(1) 主要反应

气化反应主要指生物质中碳、氢和氧与气化介质氧气、水蒸气以及反应产物之间的反应。一类是气化剂或气态反应产物与固体燃料或木炭的非均相气固反应，另一类是气态反应产物之间或与气化剂的均相反应。一般工程上将气化反应分为碳与氧的反应、碳与水蒸气的反应和甲烷生成反应三类。

① 碳与氧反应

气化炉内碳与气化介质中的氧气发生下列反应：

完全燃烧反应 $$C+O_2 \longrightarrow CO_2 \tag{3-1}$$

不完全燃烧反应 $$2C+O_2 \longrightarrow 2CO \tag{3-2}$$

二氧化碳还原反应 $$C+CO_2 \longrightarrow 2CO \tag{3-3}$$

一氧化碳燃烧反应 $$2CO+O_2 \longrightarrow 2CO_2 \tag{3-4}$$

这四个反应中，式(8-3)为二氧化碳还原反应，是较强的吸热反应，需要在高温下才能进行，其余三个为放热反应。

② 碳与水蒸气反应

在一定温度下，碳与水蒸气之间发生下列反应：

$$C+H_2O \longrightarrow CO+H_2 \tag{3-5}$$

$$C+2H_2O \longrightarrow CO_2+2H_2 \tag{3-6}$$

这两个反应称为水蒸气分解反应，均为吸热反应。水蒸气来自于气化剂以及生物燃料带入的水分和氢元素。反应中生成的一氧化碳可以进一步与水蒸气发生如下反应：

$$CO+H_2O \longrightarrow CO_2+H_2 \tag{3-7}$$

式(3-7)为一氧化碳变换反应，是放热反应。生物质生产合成气时，在气化炉后设置专门的变换反应器，将一氧化碳转变为氢气，调整合成气的 CO、H_2 比例，以满足不同碳一化学品对氢碳比的要求。

③ 甲烷生成反应

燃气中的甲烷，一部分来自生物燃料的热解，另一部分是气化炉中碳与燃气中氢气反应和气体产物间反应的结果。

$$C+2H_2 \longrightarrow CH_4$$

$$CO+3H_2 \longrightarrow CH_4+H_2O$$

$$2CO+2H_2 \longrightarrow CH_4+CO_2$$

$$CO_2+4H_2 \longrightarrow CH_4+2H_2O$$

(2) 化学平衡

生物质气化过程，无论采用单一的空气、氧气或水蒸气、氢气作气化介质，均存在诸多独立的化学反应，复杂反应体系达到化学平衡时，各物质的平衡浓度是唯一的，满足任一个独立反应方程平衡常数的要求。

① 碳与氧反应的化学平衡

900~1500℃条件下，碳完全燃烧反应速率非常快，瞬间即可完成，为不可逆反应，反应速率主要取决于氧的扩散速率、生成物的表面扩散速率。高温下碳的不完全燃烧反应与完全燃烧反应类似，也为不可逆反应，反应速率同样受扩散速率的控制。一氧化碳燃烧属于二次反应，为放热反应，随着温度的升高，平衡常数固然减少，但平衡常数依然很大同样为不可逆反应。气化工艺可能的温度范围内，这三个反应可以被认为是不可逆的，反应平衡组分中几乎都是反应产物。

气化反应中碳与氧反应产生二氧化碳，完成了生物燃料的气化过程，使不可燃组分转变为可燃组分，同时，体系中大量的二氧化碳也影响着燃烧、还原等反应的进行。与碳氧之间直接反应不同，碳与二氧化碳的还原反应速率很小，当反应温度低于800℃时，逆向反应速率相当大。因此，通常情况下，二氧化碳不可能完全转变为一氧化碳，其平衡组成取决于温度和压力。

压力、温度对碳与二氧化碳还原反应体系中各物质的组成影响见表 3-14 和图 3-19、图 3-20。

表 3-14　二氧化碳还原反应平衡组成

反应温度/℃	CO/%	CO_2/%	$K_p=\dfrac{p_{CO}^2}{p_{CO_2}}$
800	86.20	13.80	5.38
850	93.77	6.23	14.11
900	97.88	2.22	43.04
950	98.68	1.32	73.77
1000	99.31	0.69	167.5
1050	99.63	0.37	268.3
1100	99.85	0.15	664.7
1200	99.94	0.06	1665

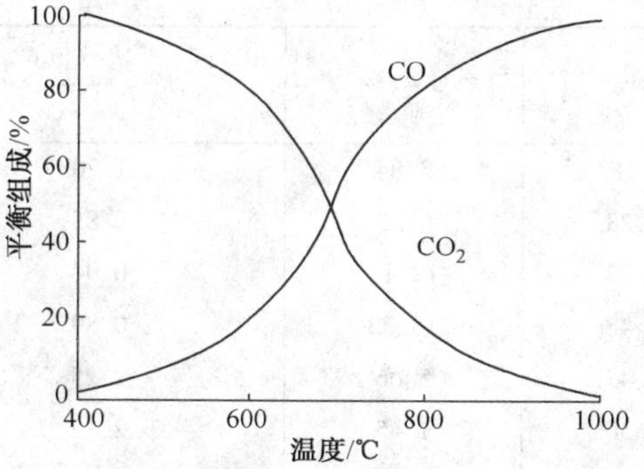

图 3-19　还原反应平衡组成

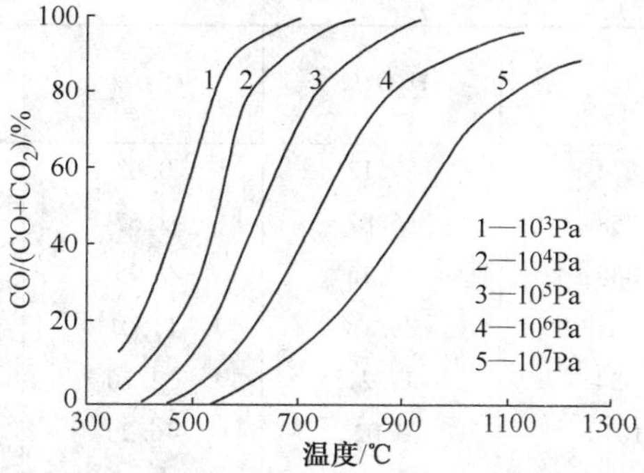

图 3-20　压力对还原反应平衡组成的影响

从图 3-19、表 3-11 可以看出，温度对碳与二氧化碳的还原反应平衡有着重要的影响。随着温度上升，气体混合物中 CO_2浓度迅速降低，而 CO 浓度迅速增加。

碳与二氧化碳还原反应前后体积有着显著的变化。因此，($CO+CO_2$)混合气体总压力的变化势必影响平衡时两者的含量。图 3-20 为反应温度在300~1200℃范围内、($CO+CO_2$)混合气体总压力在 0.01~100atm 之间时，($CO+CO_2$)混合气体中 CO 的平衡含量。相同温度下，压力越大，CO 含量越少，CO_2含量越多。

以空气为气化介质时，由于大量氮气的存在，气化产生的混合气体中约有 50%以上的氮气，CO、CO_2为氮气所稀释，降低了它们的分压，有利于 CO_2的还原，使反应平衡向生成 CO 的方向移动。

② 碳与水蒸气反应的化学平衡

碳与水蒸气反应由水蒸气分解反应、一氧化碳变换反应组成。生物质气化过程的水蒸气来源于气化介质和原料本身。生物质中存在大量的游离水、束缚水，碳与水蒸气的反应是生物质气化过程中重要的反应。

水蒸气分解反应均为强吸热反应，其反应平衡常数与温度的关系见图 3-21。

反应温度升高时，两个反应的平衡常数均升高，温度超过 1000℃时可视作不可逆反应。温度对两个反应的影响程度不同。温度较低(<700℃)时，$C+2H_2O$ 的反应平衡常数比$C+H_2O$ 的大，不利于$C+H_2O \longrightarrow CO+H_2$进行，温度较高时情况相反。提高温度有利于提高 CO 和 H_2的含量，同时降低 H_2O 的含量。

一氧化碳变换反应是一个可逆放热反应，此反应对气化过程和调整燃气中 CO 和 H_2含量具有重要意义，见表 3-15。通过调节变换反应温度可以有效地调节气体中的 H_2/CO 比值，满足不同碳一化工的合成要求。

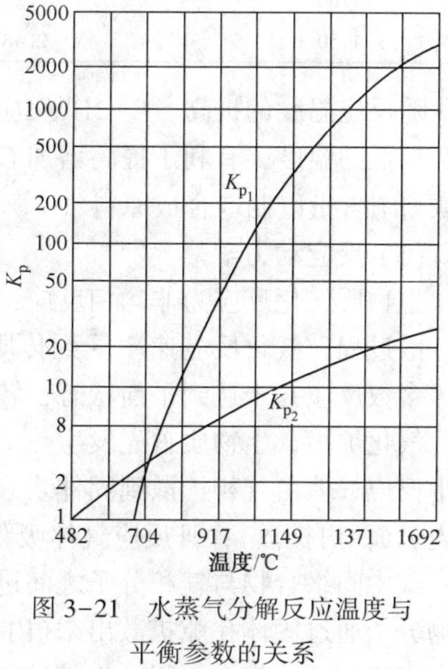

图 3-21　水蒸气分解反应温度与平衡参数的关系

表 3-15　变换反应的平衡常数和组成

温度/℃	H_2O/%	CO/%	H_2/%	CO_2/%	$K_p=\frac{p_{CO}p_{H_2O}}{p_{H_2}p_{CO_2}}$
674	87.12	0.63	8.41	3.84	1.70
758	65.82	2.67	22.28	9.23	0.85
838	47.15	7.95	32.77	12.11	0.94
861	39.18	11.01	36.48	13.33	0.89
954	17.21	32.70	44.43	5.66	2.25
1010	3.02	46.20	47.30	1.45	2.12
1060	3.68	46.31	48.84	1.25	2.78
1125	0.30	48.34	50.73	0.60	0.48

③ 甲烷生成反应的化学平衡

气化过程生成甲烷的非均相气固反应、均相反应生成反应均为放热放热反应，反应体系中的氢来自于生物质的热解过程，单独 $C+2H_2$反应混合物的平衡组成和平衡常数见表 3-16。

表 3-16　$C+2H_2$反应混合物的平衡组成合平衡常数

温度/℃	K_p	CH_4/%	H_2/%
300	2.38	96.90	3.10
400	1.32	86.16	13.84
500	0.57	62.53	37.47
550	-0.05	46.69	53.31
600	-0.32	31.68	68.38
650	-0.63	19.03	80.97
700	-0.99	11.07	88.93
800	-1.26	4.41	95.59
1000	-1.83	0.50	99.50
1100	-2.22	0.20	99.80
1150	-2.48	0.10	99.90

随反应温度的提高，$C+2H_2$反应平衡产物中 CH_4含量呈下降趋势。采用较高的气化压力、较低的温度，有利于提高增加 CH_4含量；采用较低的气化压力、较高的反应温度有利于降低 CH_4含量以制取合成原料气。

(3) 反应动力学

生物质气化反应为非均相反应，反应过程既有化学过程，又包含传质、传热、流动等物理扩散过程，气化反应速率受到传质、反应两方面的影响。生物质在气化炉中停留时间较短，多数反应并未达到平衡状态，转化率主要受反应动力学影响。

气化炉中，生物质首先发生热解、再发生固体炭与气体间反应。气、固间相际反应需要经Ⅰ反应气体由气相扩散到固体炭表面(外扩散)；Ⅱ反应气体再通过颗粒的孔隙进入小孔的内表面(内扩散)；Ⅲ反应气体吸附在固体炭的表面，形成中间络合物；Ⅳ中间络合物之间，或中间络合物与气相分子之间进行表面化学反应；Ⅴ吸附态的产物从固体表面脱附；Ⅵ产物分子通过固体孔隙扩散出来(内扩散)；Ⅶ产物分子从颗粒表面扩散到气相中(外扩散)七个串联步骤。整个历程分为外扩散过程Ⅰ、Ⅶ及内扩散过程Ⅱ、Ⅵ等物理过程和Ⅲ、Ⅳ和

Ⅴ表面化学反应过程。反应过程速率受控于反应速度最慢的步骤。

反应温度对化学反应速率影响显著，按照反应温度的高低可将气化反应速率分为化学动力区、内扩散控制区和外扩散控制区等三个控制区，控制区间存在着过渡区。

① 化学动力区　温度低时，表面化学反应速率很慢，扩散速率远大于反应速率，表面反应制约了整个过程的进行。化学动力区的特征是反应气体浓度在炭颗粒内外近似相等。

② 内扩散控制区　温度升高到一定程度，化学反应速率提高很快，固体炭颗粒内表面积之和远远大于外表面积，内表面的活性位较多，反应气体在内表面迅速消耗，来不及向颗粒内部传输足够的反应气体，内扩散决定总反应速率的大小。

③ 外扩散控制区　温度很高时，化学反应速率极快，反应气体在颗粒外表面几乎完全消耗，颗粒外表面浓度已接近为零，总反应速率受制于外扩散。

④ 过渡区在化学动力区和内扩散控制区之间、内扩散控制区和外扩散控制区之间分别有一个过渡区，过渡区总反应速率受到相邻两类反应速率的共同影响。

延长气固接触时间、增强气固接触紊乱程度、降低生物质颗粒直径等措施可降低内、外扩散对气化速率的影响，提高温度可降低化学动力学对气化速率的消极影响。

4. 气化工艺类型

生物质具有多孔性质并且含有较高的挥发分，反应活性较高，比煤更容易气化。生物质的气化借助煤炭气化技术，与煤炭气化方式类似，发展了不同形式的生物质气化反应器。图 3-22 为不同类型生物质气化炉的示意图。

(1) 固定床气化炉

固定床气化炉有一个容纳燃料的炉膛和一个承托燃料层的炉排。燃料由顶部进入床层，依靠自身重力向下移动，以取代在气化中消耗了的燃料，气化介质穿过颗粒间的空隙，与燃料表面接触而发生反应，灰和残炭从下部取出。相对于气体流动速率，燃料层的下移速率很慢，因此称之为固定床气化炉。

固定床气化炉中，物料基本依层次进行气化反应。根据气流在炉内的流动方向，固定床气化又可分为上吸式、下吸式、横吸式三种。上吸式气化炉中，生物质与上升气化产物逆流接触，伴随运动过程进行换热，温度升高，持续进行反应，燃烧区时消耗殆尽；上升气流组分不断变化，由床层上部排出。下吸式气化炉中，空气由床层中部引入，向下流动，与生物质移动方向相同，燃气经床层底部由上部排出。下吸式气化炉中，热解气相产物穿过了床层，在高温氧化区内进一步深度裂解，燃气中焦油含量较低。横吸式气化炉中空气由床层一侧进入，与生物质法向接触穿过床层。横吸式气化炉的空气进口和燃气出口均在炉中部。

固定床气化炉结构简单，原料适应性广，颗粒度大到 100mm，水分高达 30% 的生物质都可以使用，对燃料结渣敏感度低，适合于小规模的气化操作，但难以大型化。

(2) 流化床气化炉

流化态是气体以一定速率通过颗粒层，使颗粒物料悬浮并保持连续随机运动的状态。流化床中气固相际有很高的传热速率、传质速率，固体颗粒在床层中的混合接近于理想混合反应器，可获得均匀组成、温度。

流化床气化炉以 0~10mm 粒径的生物质为气化原料，气化介质既是流化剂也是反应原料，流化床气化炉中已难以区分干燥、热解、还原、燃烧等不同反应区域，所有反应在任意空间、时间同时进行。流化床气化炉适于大规模气化操作，具有均匀反应温度和良好气固反应特性，可方便地使用各种气化介质，或者在床层中加入催化剂，获得所需产物组分，成为

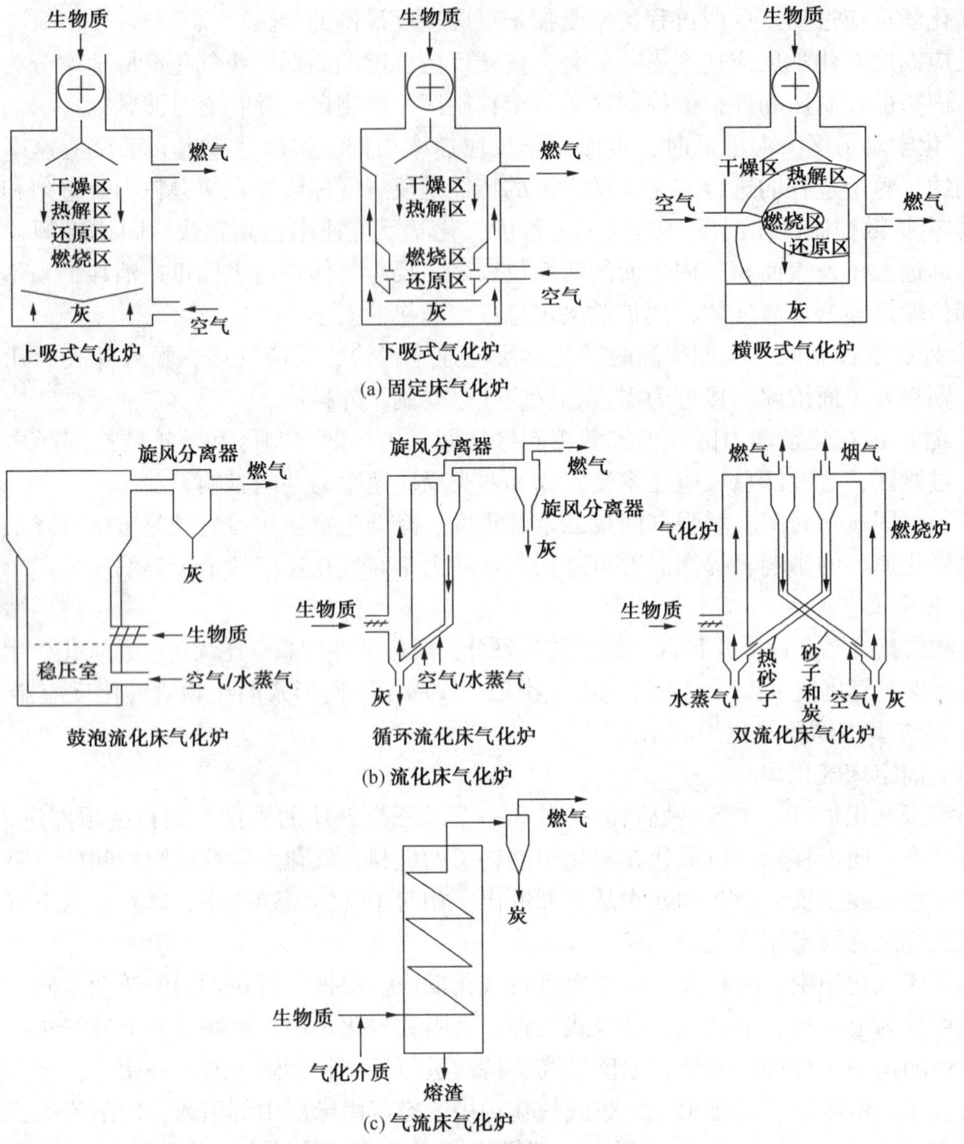

图 3-22　生物质气化炉的类型

近年来生物质气化装置的主流。

根据流化速度的大小，流化床气化炉已发展了鼓泡流化床气化炉、循环流化床气化炉和双流化床气化炉等三种形式。鼓泡流化床气化炉采用较低的流化速率，床层中下部有一个明显的密相区，较大颗粒生物质呈现沸腾状态，与气化剂间的相对速率很高。床层上部是稀相区，密相区相互碰撞粉碎了的细颗粒继续反应，部分细颗粒会被气流带出，通过旋风分离器分离气固产物。循环流化床气化炉采用较高的流化速率，反应后的气体产物携带着炭颗粒通过旋风分离器，炭颗粒被分离下来返回流化床中继续气化，循环倍率常达 10~20 倍，循环流化床气化炉的气化效率高于鼓泡流化床气化炉。由于生物质的挥发分较高，热解后的残炭数量少而且颗粒度大大降低，鼓泡床或循环流化床通过加入砂子来稳定流化，并吸附焦油，以减少气相产物的焦油含量。双流化床气化炉采用两个流化床，一个作为气化炉，另一个是燃烧炉。生物质加入以热砂子为床料的气化炉，被水蒸气流化，进行热解和部分气化反应，气体产物和吸附残炭、焦油等大分子物质的砂子在旋风分离器中分离。残炭、焦油等大分子物质在燃烧炉中与空气发生燃烧，砂子吸热升温，烟气携带热砂子再经旋风分离器分离后，热砂子返回气化炉，砂子热容大，对稳定气化、燃烧温度具有积极作用。应用双流化床气化炉提高了气化过程的热效率，燃气中的焦油大幅降低。即使使用空气鼓风燃烧，也可获得含氮量低的高品质燃气。

流化床气化炉对燃料颗粒度和粒度分布有一定要求，同时要求燃料水分在15%以下。床料的任何结渣现象都会影响流化状态，受材质影响，最高床层温度限制在800℃以下，转化率难以大幅提高。

（3）气流床气化炉

气流床气化炉在生物质气化中尚未工业化应用，几乎所有固体生物质理论上都能采用此技术气化。气流床气化炉中，小于100μm的粉状生物燃料夹带于气化剂中在1100~1650℃的高温下反应，气化速率很高，体积转化率高，需要的炉膛容积小。燃料生物质在高温区中挥发物瞬间析出、气化，产品气中很少含有或者不含有焦油或甲烷，是生产合成原料气的理想反应器。

气流床反应器结构简单，通常采用液态除渣。但生物质在气化介质中浓度低，与反应气体并流，气固相际传热效果不良。气流床气化炉出口燃气温度高达1000℃以上，换热过程中熔融灰粒黏结，传热系数大幅降低，提高高温燃气显热的回收利用效率是气流床气化炉工业化的关键。

三、生物质气化气

生物质气化制得的可燃气体是由氢气、一氧化碳、二氧化碳、甲烷、氮气等多种小分子气体组成的混合气体，燃气的组成与气化方式、气化剂、气化操作条件有关，与发生炉煤气、混合煤气等煤基燃气的组成接近，而与天然气、液化气等油基燃气有较大的差异（表3-17）。

表3-17　各种气化方式的生物质燃气成分　　%

气化方式 \ 燃气成分	CO	CO_2	H_2	CH_4	C_mH_n	N_2	O_2
上吸式气化炉	25~31	3.6~4.6	6.2~10	4.0~5.2	0.3~0.6	46~60	1.0~2.2
下吸式气化炉	14~23	11~16	11~14	1.0~3.0	0.1~0.4	45~58	0.8~2.0
下吸式气化炉（富氧）	30~40	25~27	10~20	6.0~12	1.0~3.0	8.0~10	0.8~2.0
二步法气化	13~20	16~19	13~30	1.2~4.5	0.4~1.0	35~48	0.1
二步法气化（富氧）	29~32	18~21	32~36	1.5~3.0	0.4~0.6	6.4~12	0.8~1.0
鼓泡流化床炉	13~16	10~14	4.0~8.0	3.0~7.0	1.5~2.9	45~55	0.8~2.0
循环流化床炉	14~23	7.0~15	4.0~8.0	4.0~10	1.0~2.5	45~60	0.8~2.0
循环流化床炉（富氧）	32~38	22~25	20~28	8.0~12	1.2~2.2	6.0~11	0.8~2.0
双流化床气化炉	44~45	11~12	18~22	15~16	1.0~5.0	0.7~4.0	—
600℃热解	26~28	23~26	24~25	15~17	6.3~6.9	0.5~1.1	0.05~0.8
800℃热解	19~25	17~19	34~37	17~19	4.4~6.3	0.7~0.9	0.2~0.3

注：富氧指90%氧浓度。

四、生物质燃气净化

生物质热解气化得到的粗气中，含有焦油蒸气、水蒸气和粉尘等杂质，为满足使用要求必须将粗气冷却，清除粗燃气中焦油和粉尘，以防止对下游管道、用气设备的危害。一般来说，管道输送的燃气总杂质含量应低于 $20mg/m^3$；内燃机用燃气应低于 $50mg/m^3$；而合成气或燃料电池则对燃气杂质含量提出了每立方米数十和几毫克的更高要求。

生物质热解气化过程必然伴随着焦油的产生，清除燃气中的焦油是提高生物质热解气化气的关键。伴随生物质气化技术的发展，出现了许多焦油净化技术和装置。技术途径主要有两种：一是将焦油消灭在气化过程中，通过热裂解和催化裂解措施，尽可能降低燃气中焦油含量；二是通过分离手段将燃气中焦油和固体灰尘清除，最后得到清洁的燃气。

第六节 合成气净化过程

不同原料生产的合成气或同一原料不同生产方法生产的合成气组成相差很大，详见表 3-18。合成气中除含 CO、CO_2、H_2、N_2、CH_4 外，还含 H_2S、COS 和其他不同形式如 RSH、RSR′、CS_2、C_4H_4S 等有机硫，硫化物、CO_2的存在对合成气的催化再利用不利，H_2S 和有机硫使催化剂中毒，必须采用净化工艺。相对 CO、H_2来说，不同来源合成气的特征杂质及含量不同，但净化杂质的方法基本相同。

天然气或轻油蒸汽转化为避免转化催化剂的中毒，已预脱硫，故粗合成气中无硫化物。煤、渣油、生物质气化生产合成气不用催化剂，粗合成气中含较多的硫化氢和有机硫，对变换及化工利用催化剂不利。不同用途或不同加工过程对气体脱硫净化度要求也不同。如天然气蒸汽转化过程：要求总硫≯0.1mL/m^3，最高≯0.5mL/m^3；CO 高温变换：H_2S≯500mL/m^3，有机硫≯150mL/m_3；合成甲醇：总硫≯0.5mL/m^3(铜基催化剂)；合成氨：不含硫(铁基催化剂)。同时气化、变换反应的生成 CO_2，最高达 28%~30%(体积)，通过脱除，不但净化了合成气，而且回收并利用了 CO_2，既高效利用了资源中的碳资源，又减少了温室气体排放。

表 3-18 气体组成 %(体积)

项目		H_2	CO	CO_2	CH_4	N_2	S
部分氧化法	天然气	60.9	34.5	2.8	0.4	1.4	—
	石脑油	51.6	41.8	4.8	0.4	1.4	70×10^{-6}
	重油	46.1	46.9	4.3	0.4	1.4	1.7×10^{-3}
德士古气化炉	铜川煤	32~42	36~43	22~27			
	烟煤	33.3	53	12	0.2		0.1
K-T 炉(烟煤)	褐煤	21.2	57	12	2		1.5
	重油	47	47	5	0.1		0.7
600℃生物质热解气		24~25	26~28	23~26	15~17	0.5~1	
800℃生物质热解气		34~37	19~25	17~19	17~19	0.7~0.9	
上吸式气化炉		6.2~10	25~31	3.6~4.6	4~5	46~60	
鼓泡流化床炉		4~8	13~16	10~14	3~7	45~55	

一、脱硫工艺

粗合成气中所含的微量杂质，如硫化物会引起催化剂中毒，导致其活性下降，影响使用寿命。因此，对合成用原料气，必须进行精脱硫处理。通常要求硫含量小于 $1mg/m^3$。

脱硫方法有干法和湿法。干法脱硫又分为吸附法、催化转化法。干法脱硫效率高，但投资大，脱硫剂需间断式再生或更换，适宜低硫含量的精脱硫。湿法脱硫效率比干法低，但设备处理量大，投资和运行费用低，可连续操作，适宜高硫含量的粗脱硫(图 3-23)。

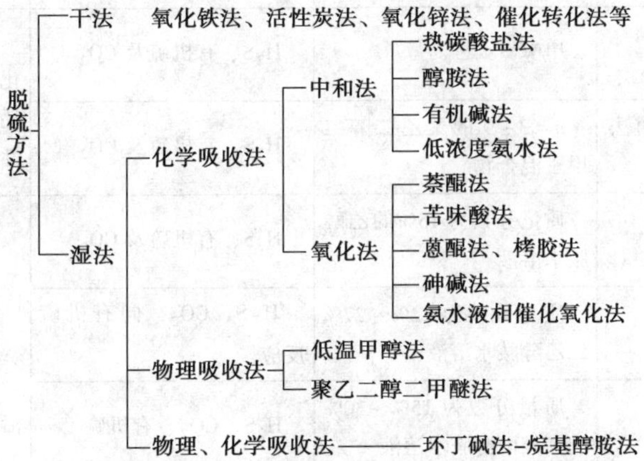

图 3-23　合成气脱硫的方法分类

干法脱硫的特点见表 3-19。吸附脱硫法采用对硫化物有强吸附作用的固体脱硫剂，如 ZnO、活性炭、氧化铁等。催化转化法：使用加氢脱硫催化剂，使有机硫转化为易脱除的 H_2S，再利用其他方法脱除。

表 3-19　干法法脱硫特点

项目	添加物	反　应	特　点	使用范围
ZnO	添加 CuO，MnO_2 和 MgO 作为促进剂	与 H_2S、RSH 生成 ZnS，H_2 存在时，COS、CS_2 转化为 H_2S	精脱硫，硫容高(25%)，总硫<$0.1mL/m^3$，不可再生，难于脱除硫醚和噻吩	低含硫气体的精脱硫，使用条件 350～400℃，0～0.5MPa，$400h^{-1}$
活性炭	添加 Fe、Cu 盐，可催化有机硫转化为 H_2S	$H_2S+O_2 \longrightarrow S+H_2O$ $COS+0.5O_2 \longrightarrow CO_2+S$ $COS+2O_2+2NH_3+H_2O = (NH_4)_2SO_4+CO_2$	吸附 H_2S 和 O_2，也可经吸附、氧化和催化三种方式脱除有机硫，易再生	脱除天然气、油田气及湿法脱硫后的气体的微量硫，常温（$T \ngtr 50℃$）和 0～0.3MPa、$400h^{-1}$下使用
Fe_2O_3	加入 MnO、ZnO	$H_2S \longrightarrow Fe_2S_3$、$Mn_S$、$Zn_S$ $Fe_2S_3+O_2 \longrightarrow Fe_2O_3+S$	具有转化和吸附的双功能，脱硫效果有限，通过氧化法再生	可脱除无机硫，高、中、低温均可使用 0～0.3MPa
催化转化		RSH、COS、CS_2 转化为 H_2S	有机硫转化为无机硫	有机硫含量高，精脱硫

Co/Mo 加氢催化脱硫条件：320～400℃，3.0～4.0MPa，LHSV1～$6h^{-1}$，VHSV1000～

$3000h^{-1}$，氢耗2%~5%(体积)，入口有机硫为100~0mL/m^3，出口有机硫≤0.1mL/m^3。主要由于脱除有机硫。

湿法脱硫特点见表3-20。依硫化物的含量、种类和要求的净化度以及技术、经济性，选择适当的脱硫方法及方法组合。净化工艺要根据杂质的含量、种类、要求的净化度、技术经济条件等综合考虑。

表3-20　湿法脱硫特点

脱硫方法		吸收液	脱除的硫化物	使用情况
物理吸收法	低温甲醇法（Rectisol）	甲醇	H_2S、有机硫及CO_2	在-10~-40℃下吸收，净化度较高，溶液便宜，动力消耗大；稳定、不腐蚀，能选择性脱除H_2S
	聚乙二醇二甲醚法（Selexol）	$n=3\sim9$的聚乙二醇二甲醚混合物	H_2S、有机硫及CO_2	
化学吸收法	一乙醇胺（MEA）	质量分数为15%的乙醇胺水溶液	H_2S、有机硫及CO_2	在0.1~7MPa下操作，溶剂活性强
	二乙醇胺（DEA）	质量分数为22%~27%二乙醇胺水溶液	H_2S、CO_2，同有机硫反应慢	
	二异丙醇氨（ADIP）	质量分数为15%~30%的二异丙醇胺水溶液	H_2S、CO_2、有机硫	
	蒽醌法（ADA法）	2，6-蒽醌二磺酸、碳酸钠、酒石酸钾钠、偏钒酸钠	只能脱除H_2S，不能或少量脱除有机硫，硫容量较低，有毒	
物理化学法	常温甲醇法（Amisol）	甲醇和乙醇胺混合液	H_2S、CO_2、有机硫	在高压高温下操作，净化度高，存在甲醇挥发问题

1. 干法脱硫

(1) 氧化铁法

氧化铁脱硫剂有两类：一类是以天然沼铁矿、铁屑、炼钢厂的赤泥为原料制备，价廉但脱硫效率低，常用于粗脱硫，如焦炉气、气化气、天然气等的脱硫；另一类是以人工合成氧化铁为原料内添加助催化剂等，价高但脱硫效率高，常用于精脱硫。下面介绍粗脱硫工艺。

① 脱硫与再生原理

脱硫反应：　$Fe_2O_3 \cdot H_2O + 3H_2S \longrightarrow Fe_2S_3 \cdot H_2O + 3H_2O$

再生反应：　$Fe_2S_3 \cdot H_2O + \frac{3}{2}O_2 \longrightarrow Fe_2O_3 \cdot H_2O + 3S\downarrow$

② 脱硫工艺流程

氧化铁脱硫的主体设备有箱式和塔式两种(图3-24、图3-25)，粗气通过进口管上的切换装置(阀门或水封阀)，根据操作要求以串联或并联的形式通过脱硫箱，然后由煤气出口管输出。

为充分发挥脱硫剂的脱硫效率，均匀地利用原料气中的氧，使脱硫剂得到再生，延长其使用周期，可定期改换箱内粗气流向，也可在进箱粗气中加入少量空气，以维持粗气中氧含量为1%~1.1%，使箱内硫化铁得到一定程度的再生。

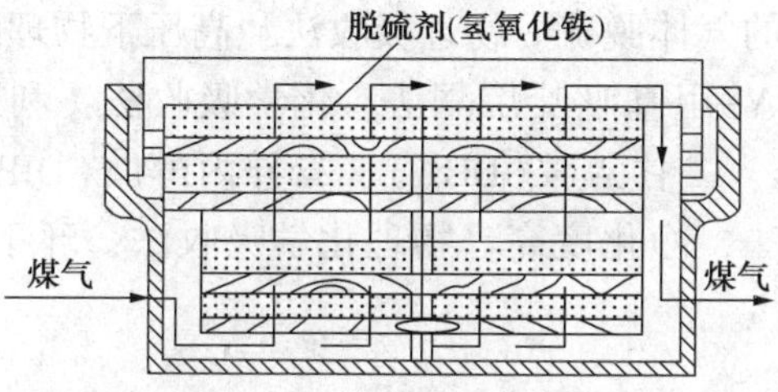

图 3-24　箱式脱硫反应器

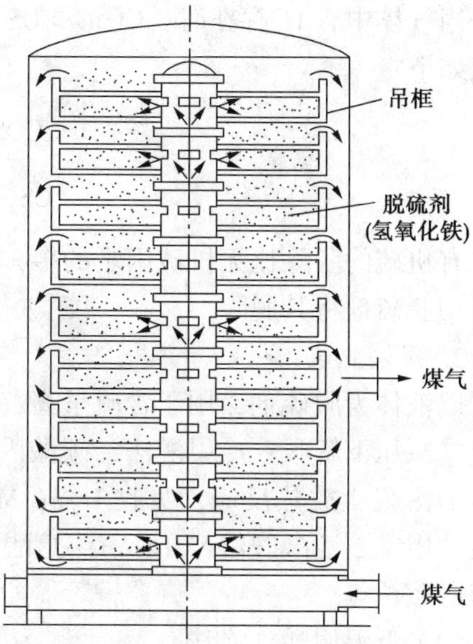

图 3-25　塔式脱硫反应器

③ 工艺条件

温度　操作温度高再生速度增加，在 30℃以下，温度每增高 5℃，再生速度加快约 1 倍。但吸附量降低，操作温度一般控制在 25~30℃。

碱度　氧化铁表面的 OH^- 增加，有利于提高 H_2S 的吸附量、改善氧的带电吸附、提高反应速度，为保持脱硫剂的碱度和再生的共同需要。通常是向脱硫剂中加入 0.5%~1%的熟石灰或喷洒稀氨水，以控制脱硫剂 pH 值为 8~9。

活性铁分散度　脱硫剂中活性铁高度密集将增加 H_2S 和 O_2 的扩散阻力，脱硫和再生反应减缓。一般都将活性铁高度分散在木纤维及其他有机载体上。

气固接触时间　原料气和脱硫剂接触时间短，反应不充分。脱硫箱的设计一般取气速为 7~11mm/s，接触时间为 130~200s。

(2) 氧化锰法

氧化锰脱硫化氢反应如下：

$$MnO+H_2S \longrightarrow MnS+H_2O$$

在较低温度下，能与 CS_2 和 COS 反应：

$$2MnO+CS_2 \longrightarrow 2MnS+CO_2$$

$$MnO+COS \longrightarrow MnS+CO_2$$

氧化锰吸硫生成的 MnS 有分解和氢解某些有机物的作用，如：

$$2CH_3SH \xrightarrow{>300℃} 2H_2S+C_2H_4$$

$$H_2+CH_3SH \longrightarrow H_2S+CH_4$$

(3) 氧化锌法

氧化锌是性能最好的干法脱硫剂，不仅能脱除无机硫，而且能部分脱除一些简单的有机硫化物，反应如下：

$$ZnO+H_2S \longrightarrow ZnS+H_2O$$

$$ZnO+C_2H_5SH \longrightarrow ZnS+C_2H_5OH$$

当气体中有 H_2存在时，COS 和 CS_2等有机硫可部分转化为无机硫，然后再被 ZnO 脱除，反应如下：

$$COS+H_2 \longrightarrow H_2S+CO$$

$$CS_2+4H_2 \longrightarrow 2H_2S+CH_4$$

有机硫的脱除比无机硫困难的多，为此可通过催化加氢法将有机硫先转化为无机硫，然后再用脱硫剂将其脱除。

2. 湿法脱硫

以液体为脱硫剂，用于含硫量高，处理量大的气体脱硫。物理吸收法：高压下物理吸收脱硫，减压下解吸；冷甲醇法、碳酸丙酸酯法、*N*-甲基吡啶烷酮法。化学吸收法：利用醇胺与 H_2S 发生放热反应，吸收 H_2S；MEA、DEA、二甘醇胺(DGA)、二异丙醇胺(DIPA)、改良的甲基二乙醇胺法(MDEA)、蒽醌法、萘醌法，净化度高。物理化学吸收法，环丁砜-烷基醇胺法等。

(1) 低温甲醇洗涤法

在高压、低温的条件下，粗合成气中的硫化氢、二氧化碳、有机硫化物、氰化物、不饱和烃类等物质极易物理溶解于极性溶剂甲醇中，不同气体在甲醇中溶解度见图 3-26，利用温度、压力的差异实现吸收、解吸。低温下 H_2S 和 CO_2 的溶解度较大，远大于 CO、CH_4、H_2、O_2在甲醇中的溶解度，低温甲醇洗涤法可脱除原料气中的二氧化碳、硫化氢、有机硫化合物，氰化物和不饱和烃等。该法在处理含 1%的硫化氢和羰基硫及 35%的二氧化碳煤气时，可得到含硫化氢和羰基硫小于 0.1mg/kg、二氧化碳小于 1mg/kg 的净化气，并得到高浓度的硫化氢，羰基硫气体可供克劳斯装置使用，而含二氧化碳和氮的气体可以放空。甲醇的蒸气压和温度的关系见图 3-27，常温下甲醇的蒸气压很大，为减少溶剂损失，采用低温操作。

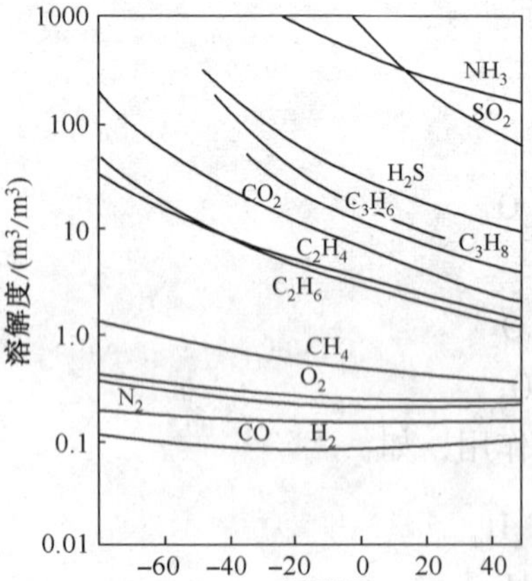

图 3-26　各种气体在甲醇中的溶解度

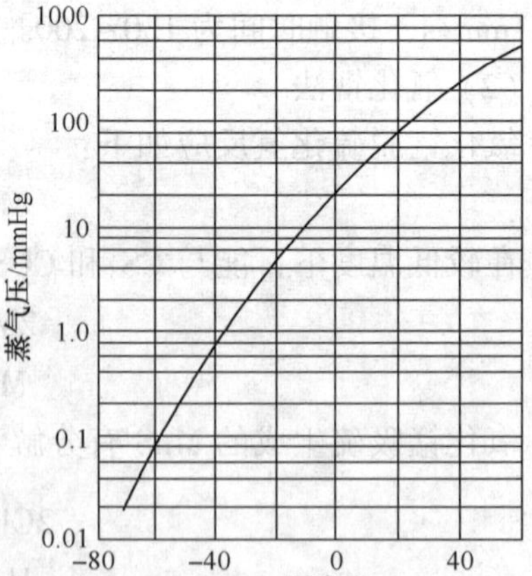

图 3-27　甲醇的蒸气分压和温度的关系

典型的低温甲醇洗涤法流程见图 3-28，冷却压缩后的粗合成气，在吸收塔内经甲醇半贫液、甲醇贫液洗涤脱除 H_2S 和 CO_2后，从塔顶排出。吸收塔釜富液进入减压再生塔，脱出 H_2S 和 CO_2后的半贫液，一部分进入吸收塔中部洗涤粗气，另一部分送入热再生塔蒸脱再生。

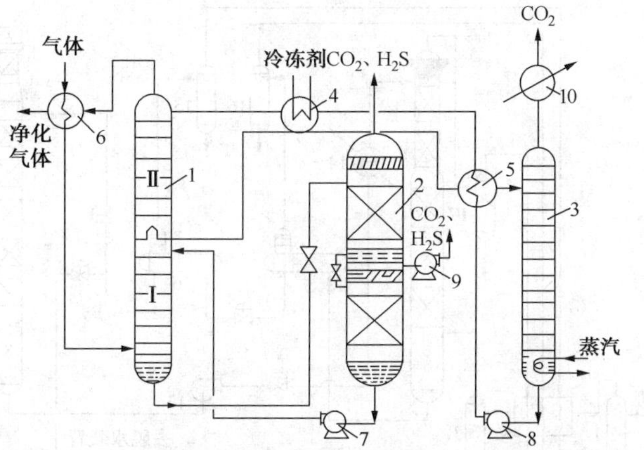

图 3-28　低温甲醇洗脱除酸性气体的基本工艺流程

1—吸收塔；2—第一减压再生塔；3—热甲醇再生塔；4，10—冷却器；
5，6—换热器；7，8—溶液循环泵；9—真空泵

低温甲醇洗净化法，适合于加压气化制取合成原料气和城市煤气的净化，该法的优点是在低温下甲醇对煤气中的杂质组分具有选择性吸收的能力，并根据酸性气体溶解度的不同，可回收不同组分的解吸气，并可同时脱去煤气中的水分；操作压力和煤气中酸性气体浓度越高，越能显示该法技术经济指标的先进；粗煤气中各组分对甲醇无副反应，不影响它的循环使用，过程的能耗低，且其冷量的利用率高。该法的缺点是设备多，流程长，工艺复杂；对设备的材质要求高，在高压，低温下材料需具有耐低温的性能，甲醇因蒸发导致的损失较大。对于非联产甲醇的生产厂，必须考虑甲醇的消耗成本，并定时给以补充，低温下甲醇吸收不饱和烃，降低了煤气的热值；甲醇蒸气对人体具有毒性等。

(2) 聚乙二醇二甲醚法(NHD)

以聚乙二醇二甲醚[CH_3—O—(CH_2—CH_2—O)$_n$—CH_3]为溶剂的物理吸收过程，可同时吸收 H_2S 和 CO_2，传质阻力主要集中在液相，吸收过程属液膜扩散控制。

聚乙二醇二甲醚脱硫(碳)工艺流程见图 3-29。原料气加压至 2.7MPa，经分离器分离出夹带雾沫进入换热器，与净化气、高压闪蒸气、低压闪蒸气换热降温，经分离器分离进入脱硫塔底部。原料气由下而上与贫吸收液逆流接触，H_2S 和 CO_2 被溶液吸收。净化气经分离器分离掉夹带的少量雾沫后，进入下步工序。

从脱硫塔底排出的富液经高压闪蒸器将溶解的部分 H_2S、CO_2 和大部分 H_2 等气体闪蒸解吸出来。高压闪蒸气经分离器分离夹带的少量雾沫后进入换热器回收冷量。高压闪蒸后的富液经减压后进入低压闪蒸器，将溶解的大部分 H_2S 和 CO_2 闪蒸解吸出来。低压闪蒸气经分离器分离夹带的少量雾沫后进入换热器回收冷量，然后可直接作为生产尿素或 Claus 回收硫装置的原料。

低压闪蒸器底部排出的溶剂经泵加压后，送至汽提塔。溶剂自塔顶喷淋而下，与从下部送入的汽提空气逆流将残留在溶液中的 CO_2 汽提出来，解吸气经分离器回收少量雾沫夹带进入换热器，与风机送来的空气进行间接换热后放空。

从汽提塔底部排出的贫液经泵加压和流量调节后进入氨冷却器管间，被液氨蒸发冷却后送入脱硫(碳)塔吸收原料气中的酸性气体，如此循环使用。当溶液吸收超标后，分流部分送脱水处理。

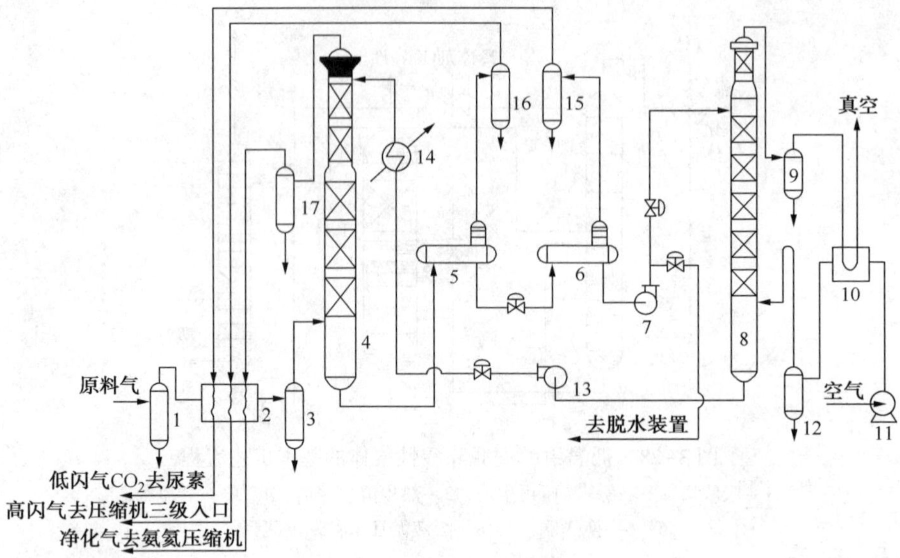

图 3-29　聚乙二醇二甲醚法脱硫(碳)工艺流程

1，3，9，12，15~17—分离器；2，10—换热器；4—脱硫塔；5—高压闪蒸器；6—低压闪蒸器；7—富液泵；8—汽提塔；11—罗茨风机；13—贫液泵；14—氨冷器

(3) 改良 A. D. A 法

改良蒽醌二磺酸钠法(简称 A. D. A)是化学吸收氧化脱硫法，是湿法脱硫中较成熟的方法。A. D. A 法脱硫液主要成分为 2，6-蒽醌二磺酸、2，7-蒽醌二磺酸和碳酸钠，其中添加适量的酒石酸钾钠($NaKC_4H_4O_6$)及 0. 12%~0. 28%的偏钒酸钠($NaVO_3$)。

改良 A. D. A 脱硫过程的主要化学反应为：

$$H_2S+Na_2CO_3 \longrightarrow NaHS+NaHCO_3$$

$$2NaHS+4NaVO_3+H_2O \longrightarrow Na_2V_4O_9+2S\downarrow+4NaOH$$

$$Na_2V_4O_9+2A.D.A(\text{氧化态})+2NaOH+H_2O \longrightarrow 4NaVO_3+2A.D.A(\text{还原态})$$

上述反应在脱硫塔中完成。还原态的 A. D. A 在再生塔中通入空气氧化再生为氧化态。

在反应中还有下述反应进行：

$$NaHCO_3+NaOH \longrightarrow Na_2CO_3+H_2O$$

脱硫过程中，偏钒酸钠、A. D. A 和碳酸钠的可再生性，保证了脱硫过程溶剂的循环利用。

改良 A. D. A 脱硫方法在操作中易发生堵塞，A. D. A 药品价格较高，用栲胶取代 A. D. A 项的栲胶法新工艺克服了上述不足。

(4) 常温甲醇洗涤法

该法是一个物理吸收和化学吸收相结合的过程，在酸气分压较高的情况下，以物理吸收为主；在酸气分压较低的情况下，以化学吸收为主。吸收液组成为甲醇 60%(质量)，二乙醇胺 38%(质量)，水 2%(质量)。酸性气体在甲醇溶液中有较高的溶解度，二乙醇胺又可与溶解的 H_2S、CO_2 和 COS 等组分发生化学反应，强化了溶液的吸收能力。工艺流程与低温甲醇洗涤过程相似。

二、脱碳工艺

一氧化碳变换气中 CO_2 的体积分数约为20%，为了提高煤气热值或满足合成气对 CO_2 含量的要求，必须脱除 CO_2，简称脱碳。根据脱碳方法的不同干法、湿法。湿法根据吸收方式的不同，分为物理吸收法、化学吸收法和物理化学吸收法。几种有代表性的脱碳方法的特点见表 3-21。20 世纪末发展的变压吸附、膜分离脱碳技术已成为合成气脱碳的主流工艺。

表 3-21　几种脱碳方法特点

脱碳方法		溶　剂	吸收压力/MPa	吸收温度/℃	脱碳前气体 CO_2/%(体积)	脱碳后气体 CO_2/%(体积)	溶液吸收 CO_2 能力/(m^3/m^3)
物理吸收法	低温甲醇法	甲醇	2.8	-40	21	60mL/m^3	70~90
	水洗法	水	1.4~1.5	30	29	1~3	2~3
	碳酸丙烯酯法	碳酸丙烯酯	1.8~2.5	30	20~28	0.5	14~15
	N，2-甲基吡咯烷酮法	*N*，2-甲基吡咯烷酮水 1%	4.0	25	35	35mL/m^3	43.2
化学吸收法	一乙醇胺法	15%~20%一乙醇胺溶液	2.7	43	20	0.2	18~25
	有机胺硼酸盐催化热钾碱法	K_2CO_3 25% 有机胺硼酸盐 5% V_2O_5 0.5%	2.7	80 （上段）	20	0.1	20
	二乙醇胺催化热钾碱法	K_2CO_3 25% 二乙醇胺 3%~6% V_2O_5 0.2%~0.6%	2.7	60~70 （上段）	20	0.2	20
物理化学吸收法	环丁砜法	环丁砜-异丙醇胺水	4.0	40	—	0.3	55
	聚乙二醇二甲醚法 Selexol 法、NHD 法	聚乙二醇二甲醚 二异丙醇胺	2.7	43	18	0.01	25

脱碳方法的选择应根据处理气体中 CO_2 分压，要求达到的净化气体中 CO_2 含量、副产物 CO_2 的用途及技术指标等因素综合考虑。

1. 湿法脱碳

(1) 水洗法脱碳

水洗法脱碳工艺流程如图 3-30。来自一氧化碳变换工作工序的具有一定压力(1~3MPa)的变换气进入填料或筛板水洗塔下部，塔顶进入加压水均匀喷洒洗涤变换气，吸收其中的 CO_2，使出塔变换气中的 CO_2 体积分数降至1%~3%，然后经气液分离器分离出夹带的水滴后，供用户使用。

从水洗塔排出的高压水，经水力透平加压送至一、二级膨胀器膨胀降压，解吸出一部分 CO_2 和微量溶解的 H_2、N_2，再进入脱气塔。脱气塔底鼓入空气，脱气水中的 CO_2，水则由塔底排出，加压返回水洗塔顶循环使用。

压力　按体积计的 CO_2 在水中的溶解度见表 3-22。提高压力有利于增加 CO_2 在水中的溶解度，亦即有利于提高水洗脱碳效率。

水洗饱和度　降低温度，提高压力，可提高 CO_2 在水中饱和度，有利于减少水洗用水量和提高脱碳效率。水洗饱和度一般控制在70%左右为宜。

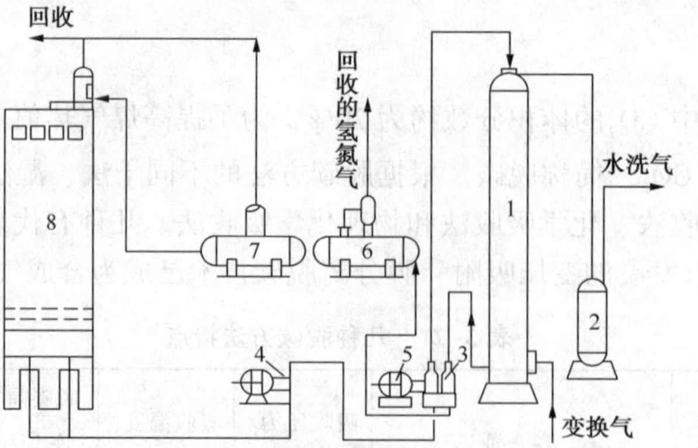

图 3-30　水洗法脱碳工艺流程

1—水洗塔；2—分离塔；3—水力透平；4—泵；5—电动泵；6—一级膨胀器；7—二级膨胀器；8—脱气塔

表 3-22　CO_2在水中的溶解度

$m^3_{气体}/m^3_{水}$

CO_2分压/MPa	温度/℃		
	10	20	30
0.05	0.61	0.44	0.33
0.1	1.20	0.88	0.65
0.3	3.53	2.58	1.91
0.5	5.71	4.16	3.10
1.0	10.71	78	5.81

液气比　采用筛板塔脱碳时，一般选用 0.1~0.2m^3/m^3(变换气)，液气比过大易产生液泛。

(2)热钾碱法

利用碳酸钾水溶液在较高温度(105~130℃)下可逆吸收 CO_2的热钾碱法广为应用。

热碳酸钾溶液吸收 CO_2分压如下：

$$K_2CO_3+CO_2+H_2O \rightleftharpoons 2HCO_3^-+2K^+$$

吸收反应生成的 $KHCO_3$键能弱，有利于溶液的再生循环使用。

在碳酸钾溶液中加入活化剂，可增加反应速率。常见的无机活化剂有亚砷酸、硼酸等，有机活化剂为有机胺类。

在较高温度下进行的吸收过程，增加了碳酸钾的溶解度，提高了碳酸钾溶液的浓度，吸收脱碳效果显著提高。

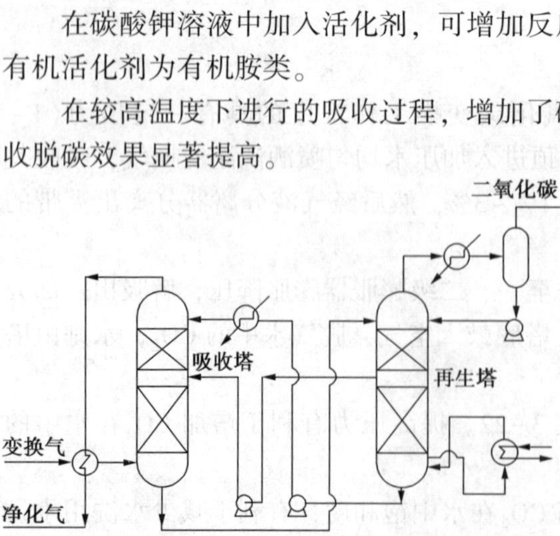

图 3-31　两段吸收、两段再生流程

两段吸收、两段再生的热钾碱法工艺流程见图 3-31。变换气经与吸收塔顶逸出的净化气换热后进入吸收塔底部，在塔内与来自再生塔的贫液和半贫液逆流接触过程其中的 CO_2被化学吸收。吸收塔底排出的富液送入再生塔进行再生。

2. 变压吸附(PSA)脱碳

(1) 吸附

吸附是指当两种相态不同的物质接触

时，其中密度较低物质的分子在密度较高的物质表面被富集的现象和过程。实质是在两相的交界面上，物质浓度自动浓缩的现象和过程。

（2）吸附分类

吸附按其性质的不同可分为四大类，即化学吸附、活性吸附、毛细管凝缩和物理吸附。

化学吸附是指吸附剂与吸附质间发生化学反应，并在吸附剂表面生成化合物的吸附过程。其吸附过程一般进行得很慢，吸附热大，解吸过程非常困难。

活性吸附是指吸附剂与吸附质间生成有表面络合物的吸附过程。这种表面络合物的特点是与被吸附分子生成结合物的吸附剂表面分子仍留在吸附剂的晶格内，吸附热较大，解吸过程一般也较困难。

毛细管凝缩是指固体吸附剂在吸附蒸汽时，在吸附孔隙内发生凝结现象。一般需加热才能完全再生。

物理吸附是指依靠吸附剂与吸附质分子间的分子力（即范德华力）进行的吸附。吸附过程中没有化学反应，吸附过程进行的极快，参与吸附的物质间在瞬间完成平衡，吸附热与汽化热或凝结热相同。变压吸附脱碳过程发生的吸附主要为物理吸附。

（3）吸附平衡

吸附平衡是指在一定的温度、压力下，吸附剂与吸附质接触，吸附质在吸附相和气相两相分布达到平衡的过程，吸附分离过程实际上就是一个平衡吸附状态的变化过程。

实际吸附过程中，吸附质分子会不断地碰撞吸附剂表面并被吸附剂表面的分子引力束缚于吸附相中，同时，吸附相中的吸附质分子也会不断地从吸附剂分子或其他吸附质分子得到能量，克服分子引力离开吸附相，在一定时间内进入吸附相的分子和离开吸附相的分子数相等时，吸附过程达到了平衡。在一定的温度和压力下，对于相同的吸附剂和吸附质，该动态平衡吸附量为一定值。

提高压力，单位时间内撞击到吸附剂表面的气体分子数多，动态平衡吸附容量越大；温度升高，气体分子的动能变大，被吸附剂表面分子引力束缚的分子就少，平衡吸附量减少。

（4）吸附曲线

吸附等温线就是在一定温度下，各气体组分在吸附剂上的平衡吸附量，将不同压力下得到的平衡吸附量用曲线连接而成的曲线。图 3-32 为等温（38℃）下活性炭类吸附剂对不同气体组分的吸附曲线，图 3-33 为等压吸附曲线。

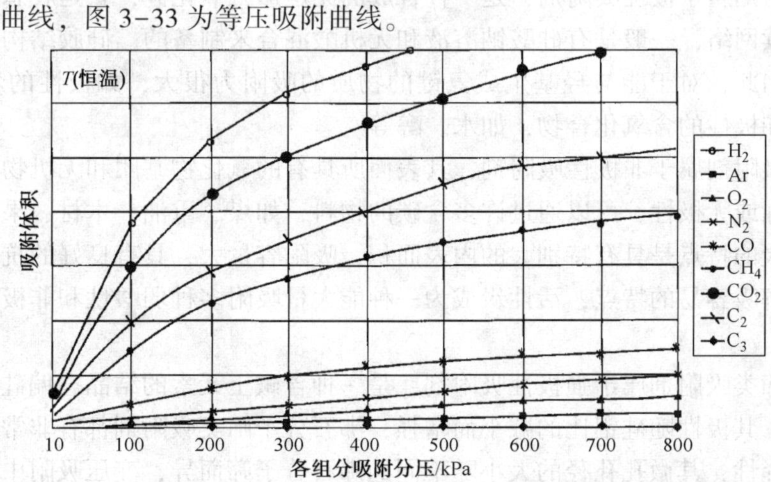

图 3-32　不同气体组分在 38℃下的吸附等温线

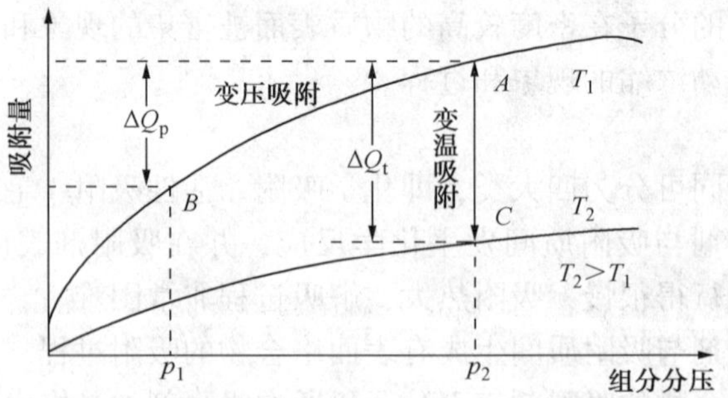

图 3-33　不同气体组分在压力下的吸附等温线

在相同温度和压力下，同一种吸附剂对不同气体组分的吸附容量不同。变压吸附脱碳技术正是利用吸附剂的这一特性，大量吸附除氢、CO 以外的其他气体组分，降压解吸，实现脱碳的目的。

(5) 吸附剂的选择

吸附剂是吸附分离过程得以实施的决定性物质。吸附操作对吸附剂的性质依赖性极大。吸附剂的性质和选用对吸附分离操作过程至关重要。

吸附剂的种类很多，工业化应用的吸附剂应具有高吸附量、高选择性、高的机械强度和足够高化学安定性等共性。吸附剂最重要的物理特征包括孔容积、比表面积和表面性质等。不同的吸附剂由于不同的孔隙大小分布、不同的比表面积和不同的表面性质，因而对混合气体中的各组分具有不同的吸附能力和吸附容量。

常用的吸附剂按吸附力从小到大可以分成活性炭，硅胶、铝胶、活性氧化铝、活性白土，炭分子筛，沸石系列分子筛等四大类。第一类和第三类属于非极性分子饱和结合的炭质吸附剂，第二类和第四类属于极性分子不饱和结合的沸石系列分子筛。

活性氧化铝类属于极性吸附剂，通常并非纯 Al_2O_3，而是含部分水合物的无定形多孔结构物质，其结构不仅含有无定形凝胶而且含有氢氧化物晶体形成的刚性骨架结构，一般采用三水合铝或三水铝矿的热脱水或热活化法制备。活性氧化铝对绝大多数气体和蒸汽都是稳定的，侵入液体中不会软化、溶胀或破裂，具有很高的强度和抗冲击、抗磨损能力。活性氧化铝对水具备很强亲和力，主要用于气体干燥。

硅胶类吸附剂属于极性吸附剂，是一种合成的无定形二氧化硅，它是胶态二氧化硅球形粒子的刚性连续网络，一般是有硅酸钠溶液和无机酸混合来制备的。硅胶结构中的羟基是它的吸附中心，因此，对于能与羟基生成氢键的物质的吸附力很大，如极性的含氮化合物如酚、胺、吡啶和极性的含氧化合物，如水、醇等。

活性炭类吸附剂属于非极性吸附剂，其表面所具有的氧化物基团和无机物杂质使表面性质表现为弱极性或无极性，可以通过许多含碳的物料，如煤、重油、木材、果壳、禾草等活化制成。活性炭的特点是具有特别大的内表面积，吸附容量大，具有良好的抗酸耐碱性、化学稳定性好和解吸容易的特点，活性炭成为一种能大量吸附多种弱酸性和非极性有机分子的耐水型吸附剂。

沸石分子筛类吸附剂属于强极性吸附剂，是一种含碱土元素的结晶态偏硅铝酸盐，属于强极性吸附剂，其极性随硅铝比的减小而增强，沸石分子筛类吸附剂都有非常一致的结构和极强的吸附选择性，其微孔孔径的大小随不同的沸石分子筛而异，变压吸附中所使用的沸石分子筛主要有 X 型和 A 型，通常用于 CO、CH_4、N_2、Ar、O_2 等组分的吸附。

3. 脱碳工艺的选择

脱碳工艺如同脱硫工艺等工艺一样，应根据合成原料气来源、组成、用途的不同选择适当的工艺和适当的工序。在合成氨工业中，由于原料品种的不同、制气过程的不同、氨加工后续工序的不同，对脱碳工序提出的要求也不同，为了将变换工序过来的粗原料气加工成纯净的氮、氢气，必须将二氧化碳从气体中除去，同时，回收的二氧化碳也是制造尿素、纯碱、碳酸氢铵、干冰等产品的原料。

脱碳工艺方法的选择主要依处理气体的状态、净化目的要求、后续工序、净化过程有利条件四个方面考虑，通常工业上脱碳方法选择原则如下：

在低压下操作，以化学吸收法较经济。

在中压下操作(2.5~3MPa)，以轻烃蒸汽转化法制气时，普遍采用催化热钾碱法。以煤和重油为原料采用部分氧化法制气时，由于硫的存在，宜采取 NHD 等脱碳工艺串联甲烷化脱除一氧化碳比较合适。

高压操作，由于压力提高，热钾碱法已不能提高二氧化碳吸收溶解度，而泵送功耗随着压力的提高而增加，经济效益下降，故以物理吸收为宜。所以高压的重油部分氧化制气流程都采用低温甲醇洗串液氮洗。

由于以天然气制合成氨的蒸汽转化法制气在中压下操作，故通常采用催化热钾碱法。

第七节　一氧化碳变换工艺

一氧化碳与水蒸气反应生成氢气和二氧化碳的过程，称为 CO 变换反应或水煤气变换。通过变换反应可生产更多的氢气，同时减低 CO 含量，灵活调节 H_2/CO 比例，满足不同产品生产工艺的要求。作为城市生活用煤气，为了减小毒性，一般认为 CO 的体积分数宜控制在 10%以下；作为合成气，要求 CO/H_2 有适当的比例，较高的 CO 分压会增加催化剂表面的生碳，导致催化剂过早失活；当生产氢气时，则要求进行 CO 变换反应。

一、变换化学反应

1. 热力学特征

主反应：

$$CO+H_2O(g) \rightleftharpoons CO_2+H_2 \quad \Delta H_{298K}^{\ominus}=-41.2kJ/mol$$

变换反应为可逆放热反应，平衡常数随温度的升高而降低。变换反应的平衡常数式可写成：

$$K_p=\frac{y(CO_2)y(H_2)}{y(CO)y(H_2O)}$$

工业生产中常采用中温变换，其反应温度为 380~520℃，此时的平衡常数可按下式计算：

$$\lg K_p=\frac{3994.704}{T}+12.220277\lg T-0.004462408T+0.671814\times10^{-6}T^2-36.72508$$

一氧化碳变换反应放热量与反应温度有关，如图 3-34 所示。

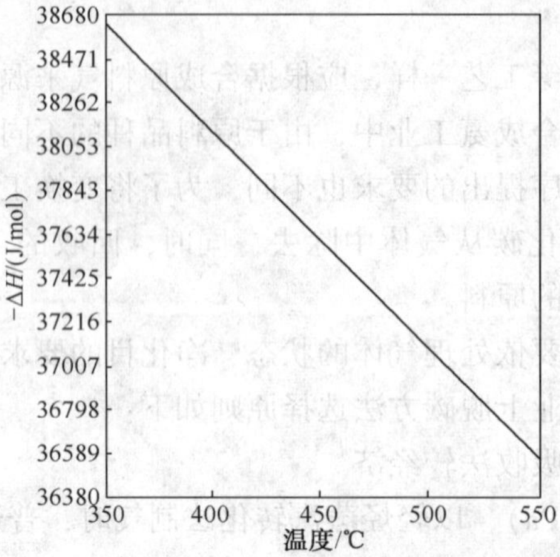

图 3-34　一氧化碳变换反应热效应

工程计算中，360~520℃范围，变换反应平衡常数可简化表示为：

$$\lg K_p = \frac{4575}{T} - 4.33 \text{（误差小于 0.5\%）}$$

副反应：

$$CO + 3H_2 \underset{K_{p_1}}{\xrightleftharpoons{Ni/Al_2O_3\ 催化剂\ 300℃}} CH_4 + H_2O \quad \Delta H^{\ominus}_{298K} = -206\mathrm{kJ/mol}$$

$$CO_2 + 4H_2 \underset{K_{p_2}}{\xrightleftharpoons{Ni/Al_2O_3\ 催化剂}} CH_4 + 2H_2O \quad \Delta H^{\ominus}_{298K} = -165\mathrm{kJ/mol}$$

变换反应的平衡组成受温度、H_2O/CO 摩尔比、原料气中 CO_2 含量的影响。低温、高水碳比有利于平衡的右移，压力对平衡无影响。图 3-35 反映了 CO 平衡转化率与温度和水碳比的关系。H_2O/CO 比低时，有利于副反应发生。CO 的歧化使催化剂积炭，甲烷化反应耗氢，需抑制。

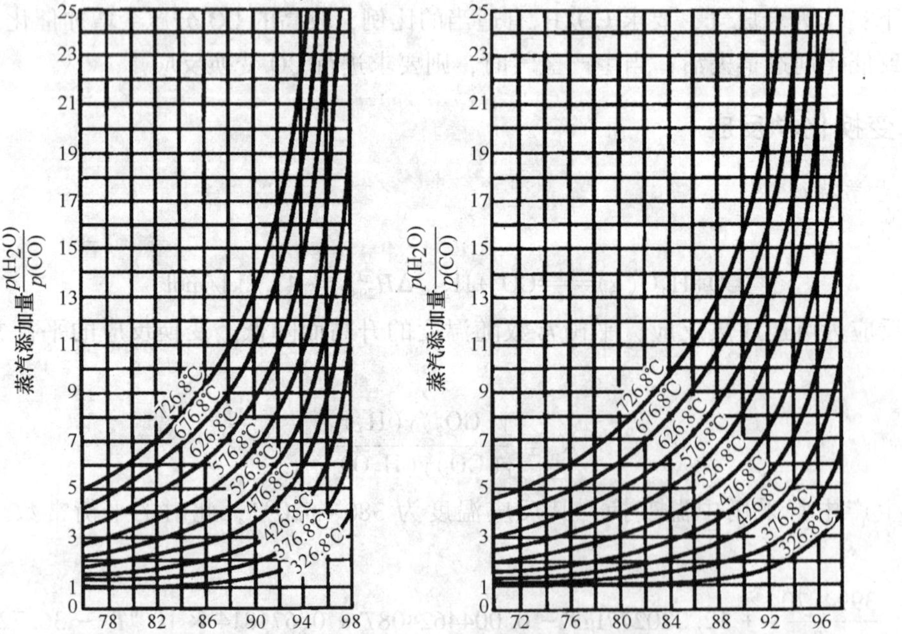

图 3-35　组成不同的原料气中 CO 平衡转化率与温度、水碳比的关系

2. 动力学特征

不同的催化剂、反应条件，研究的反应机理不同，一种观点认为 CO 与 H_2O 先吸附到催化剂表面，吸附态反应物在表面反应，反应生成物脱附；另一观点认为吸附态氧化物 CO 与晶格氧反应形成 CO_2 并脱附，被吸附的 H_2O 解离脱附出 H_2，而氧则补充到晶格中。

提高压力，有利于反应速率的提高，3.0MPa 以上，影响不明显；提高水碳比，有利于反应速率的加快，水碳比大于 4，不明显；对于可逆放热反应，存在最佳反应温度(T_{OP})。

可逆放热反应温度对化学平衡、化学动力学的影响相矛盾，低温有利于放热反应的化学平衡，但对化学反应速度的提高不利。见图 3-36。T_{OP} 与气体原始组成、转化率及催化剂有关。若催化剂和原料原始组成一定时，T_{OP} 随转化率的升高而降低。若操作温度随反应进程沿着最佳温度曲线由高温向低温变化，则整个过程速率最快。即催化剂用量一定时，可以在最短时间内达到较高的转化率。详见图 3-37。

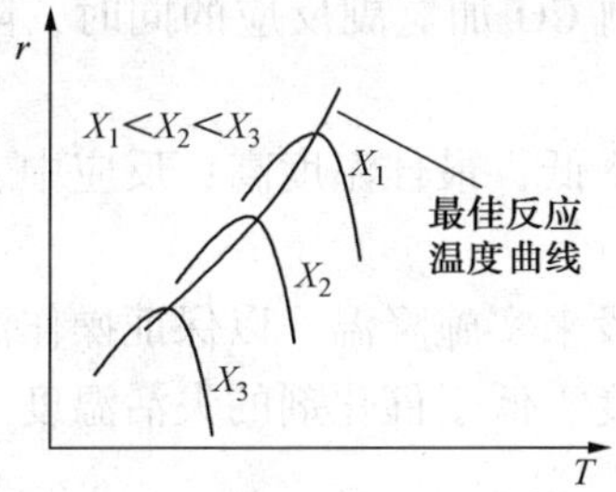

图 3-36 可逆放热反应 T-r 关系

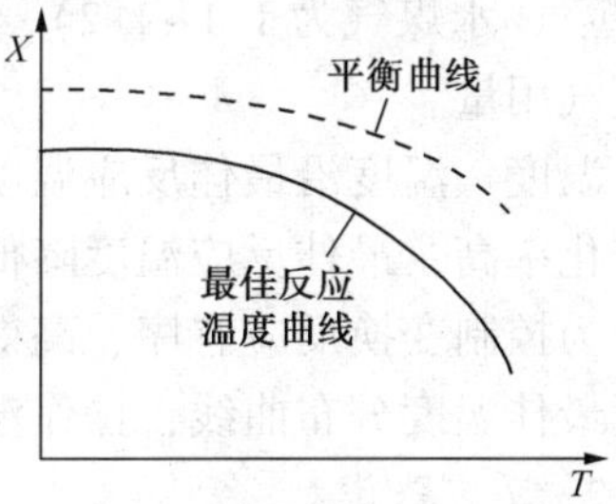

图 3-37 可逆放热反应 T-X 关系

3. 催化剂

无催化剂存在时，变换反应的速率极慢，即使温度升至 700℃以上，反应仍不明显；因此，必须采用催化剂，使反应在不太高的温度下有足够高的反应速率，同时达到较高的转化率。目前工业上采用的变换催化剂有三类。

(1) 铁-铬系变换催化剂

该类催化剂为中温或高温变换催化剂，其化学组成以 Fe_2O_3 为主，促进剂有 Cr_2O_3 和 K_2CO_3，反应前需还原成 Fe_3O_4 才有活性。催化剂的活性低，起活温度较高，适宜温度 300~530℃，变换温度高，受化学平衡限制，残余 CO 浓度不低。370~485℃、水气比为 0.6~0.7(H_2O/CO=4.5~5.5)、3MPa、空速 2000~3000h^{-1} 左右反应，气体中残余 CO 含量较高，最低为 3%~4%。

(2) 铜基变换催化剂

为低温变换催化剂，其化学组成以 CuO 为主，ZnO 和 Al_2O_3 为促进剂和稳定剂，反应前还原成具有活性的细小铜晶粒。铜基催化剂活性高，起活温度低，适宜温度范围 180~260℃，低温变换有利于 CO 的转化。在 230~250℃、3MPa、水气比为 0.45~0.6(H_2O/CO=3.5~4.5)、空速为 2000~3000h^{-1} 条件下反应，残余 CO 降至 0.2%~0.3%。该类铜晶粒易烧结而失活和中毒，原料气体中硫化物的体积分数不得超过 0.1×10^{-6}。

若原料气中 CO 含量高时，为防止大量变换反应热的释放，维持低变催化剂的活性稳定性。应先经高温变换，待 CO 浓度降至 3%左右，再进行低温变换。

(3) 钴钼系耐硫催化剂

为宽温变换催化剂，其化学组成是钴、钼氧化物并负载在氧化铝上，反应前将钴、钼氧化物预硫化转变为钴、钼硫化物才有活性。催化剂的活性高，热稳定性好，适宜温度为 160~500℃，可满足高 CO 变换彻底的目的。原料气必须含硫化物，催化剂耐硫抗毒，使用寿命长。

二、变换反应工艺过程

根据粗合成气一氧化碳含量、净化气一氧化碳要求、粗气中的有机硫化物和硫化氢的含量选择合适的变换工艺和催化剂。未脱硫的粗气，可选用耐硫耐油的钴-钼催化剂；已脱除硫化氢而未脱除有机硫的粗气，可采用铁-铬系催化剂；已彻底脱除硫化物的粗气，可采用铜系催化剂。若粗气经过脱硫后进行一氧化碳变换流程称做“后变换”流程，粗气未经脱硫而直接进行一氧化碳变换称做“前变换”流程。

1. 操作条件

压力　对化学平衡无影响，但对提高反应速率有促进作用，但不宜过高。一般中、小装置采用常压或2MPa，大装置采用3.8MPa。

水碳比　高水碳比对反应平衡和反应速率均有利。但过大能耗过高，常用H_2O/CO为4(水蒸气/水煤气为1.1~1.2)，选择高选择性催化剂，在抑制CO加氢副反应的同时，降低水蒸气用量。

温度　温度沿最佳反应温度曲线变化，反应初期，转化率低，最佳温度高；反应中、后期转化率高，最佳反应温度降低。

为控制变换反应有序、高效、安全进行。通过反应器分段来实施降温，以保证操作温度接近最佳温度分布曲线，操作温度必须高于催化剂的起活温度、低于催化剂的失活温度。

2. 反应器类型

(1) 中间间接冷却式多段绝热反应器

此类反应器反应过程处于绝热状态，与外界无热交换，将温升达到一定值的反应气体引至外部热交换器进行间接换热降温冷却的反应器，如图3-38(a)所示。实际操作温度变化线示于图3-38(b)。*E*点是入口温度，一般比催化剂的起活温度高20℃，第Ⅰ段中为绝热反应，温度直线上升，穿过最佳温度曲线后，离平衡曲线越来越近，化学平衡对反应速率的抑制作用加强，反应速率明显下降，若继续反应到平衡(F')，需要很长时间，转化率提高的不多且平衡转化率也不高。所以当反应进行到*F*点(不超过催化剂失活温度)时，将反应气体引至热交换器进行冷却。冷却线为*FG*，转化率不变，*FG*为水平线，*G*点温度不应低于催化剂的起活温度。再进入第Ⅱ段反应器，又接近最佳温度曲线，以较高的速率达到较高的转化率。当段数增多时，操作温度更接近最佳温度曲线，如图3-38(b)中虚线所示。

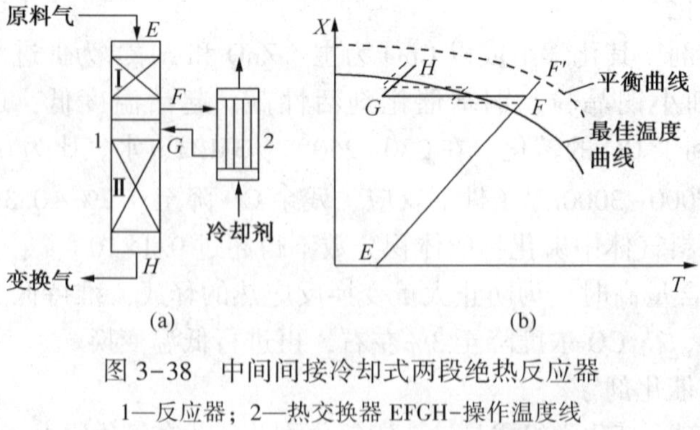

图3-38　中间间接冷却式两段绝热反应器

1—反应器；2—热交换器 EFGH-操作温度线

反应器分段太多，流程和设备复杂，工程上不合理也不经济。具体段数由水煤气中CO含量、所要达到的转化率、催化剂活性温度范围等因素决定，一般2~3段即可满足高转化率的要求。CO 含量低、要求达到转化率小、适宜温度范围宽等有助于减少反应器床层分段数。

(2) 原料气冷激式多段绝热反应器

此类反应器中通过将原料气分流，反应过程补充输入冷原料气进行直接冷却。图 3-39(a) 为反应器示意图，图 3-39(b) 是它的操作线，图中 *FG* 是冷激线，冷激过程虽无反应，但因添加了冷原料气，反应物 CO 的初始量增加，转化率降低。化学平衡对反应速度的影响减弱。为了达到相同的最终转化率，冷激式所采用催化剂量要比中间冷却式多些，不过，冷激式的流程简单，省去热交换器，原料气也有一部分可不需预热。

(3) 水蒸气/冷凝水冷激式多段绝热反应器

变换反应需要水蒸气参加，故可利用水蒸气作冷激剂，因其热容大，降温效果好，若用系统中的冷凝水来冷激，由于气化吸热更多，降温效果更好。用水蒸气或水冷激使水碳比增高，对反应平衡和速率均有影响，故第Ⅰ段和第Ⅱ段的平衡曲线和最佳反应温度曲线均不相同。因为冷激前后既无反应又没添加 CO 原料，转化率不变，所以冷激线(*FG*)是一水平线。图 3-40(a) 和图 3-40(b) 分别为此类反应器示意图和操作线图。

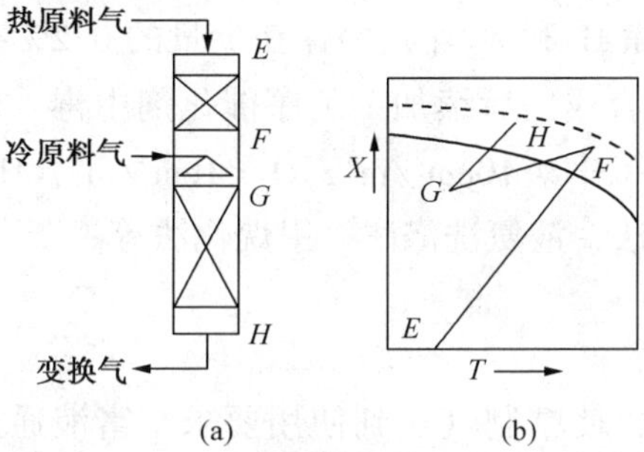

图 3-39　原料气冷激式多段绝热反应器

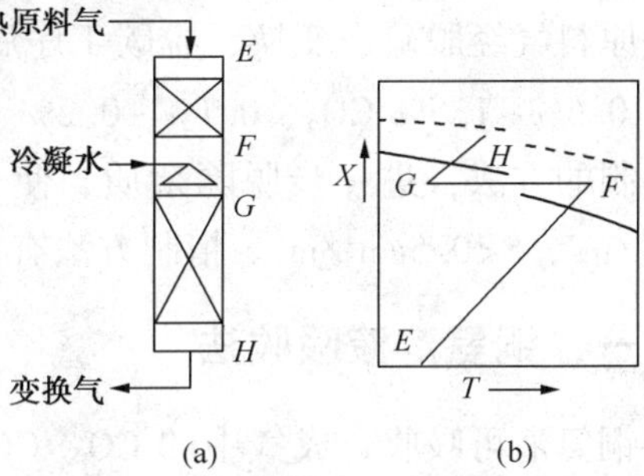

图 3-40　水冷激式多段绝热反应器

3. 工艺流程

一氧化碳变换工艺流程包括常压、低压；两段中温变换；三段中温变换；高-低变换等。依合成气生产方法、水煤气中 CO 含量、残余 CO 浓度等因素选择合适的变换工艺流程。

以天然气或石脑油为原料生产合成气，合成气中 CO 含量仅为 10%~13%(体积)，只需采用一段高温变换、一段低温变换的串联流程，即可将 CO 浓度降至 0.3%(体积)。图 3-41 为工艺流程示意图。温度为 370℃ 左右的转化气通过装填 $Fe_2O_3-Cr_2O_3$ 的高温变换反应器进行绝热反应，反应器出口 CO≯3%，温度约为 430℃；再经换热温度降至 220℃，通过装填 CuO-ZnO 的低温变换反应器进行绝热反应，反应器出口 CO≯0.3%(体积)，温度为 250℃ 左右；再经过热交换器降温后送入脱 CO_2 工序。

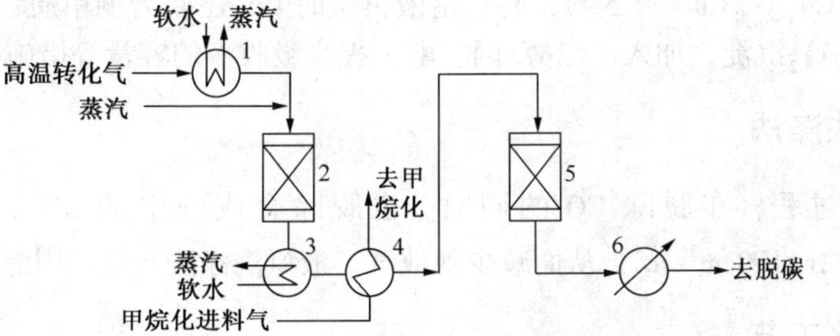

图 3-41　CO 高-低变换串联流程

1—转化气废热锅炉；2—高变炉；3—高变废热锅炉；4，6—热交换器；5—低变炉以渣油和煤制合成气，CO 高达 40%(体积)，需采用三段变换流程，才能达到将 CO 浓度降至 0.3%(体积)的目的。图 3-42 为工艺原理图。

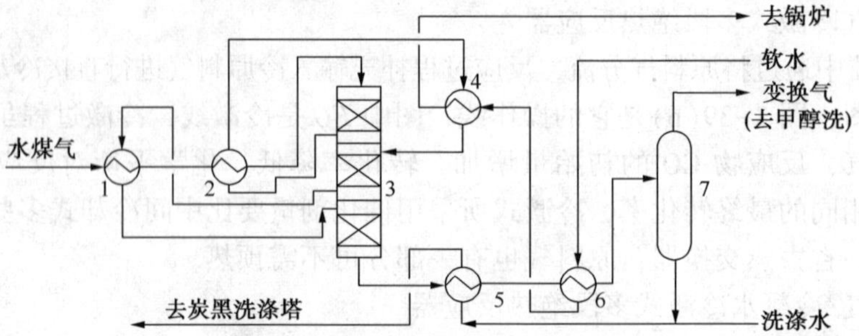

图 3-42　CO 三段变换串联流程

1，2，4，5，6—换热器；3—变换反应器；7—冷凝液分离器

第八节　精制工艺

原料气经脱硫、变换、脱碳工序后，合成气中除 H_2 和 N_2 外，仍存在少量的 0.2%~2% CO、0.5%~1.5% CO_2、0.1%~0.2% O_2 等，会引起合成气后续加工工序催化剂中毒．应采取精制的方法，进一步脱除杂质，使合成气中 $CO+CO_2 \ngtr 10cm^3/m^3$，$O_2<1cm^3/m^3$，$H_2O<1cm^3/m^3$，$S<0.5cm^3/m^3$。精制方法有铜氨溶液吸收法、液氨洗涤法、甲烷化法等。

一、铜氨溶液吸收法

铜氨液可吸收合成气中的 CO、CO_2、O_2 和 H_2S，使精制气达到使用要求，富液通过减压加热解吸实现再生循环使用。

$$Cu(NH_3)^+ + NH_3 + CO \longrightarrow Cu(NH_3)_3CO^+$$

$$2NH_3 + CO_2 \longrightarrow NH_2COONH_4$$

$$NH_2COONH_4 + 2H_2O + CO_2 \longrightarrow 2NH_4HCO_3$$

$$4Cu(NH_3)_2^+ + 4NH_4^+ + 4NH_3 + O_2 \longrightarrow 4Cu(NH_4)_4^{2+} + 2H_2O$$

$$2NH_3 + H_2S \longrightarrow (NH_4)_2S$$

$$Cu^{2+} + H_2S \longrightarrow CuS + 2H^+$$

适度的氧含量促使 Cu^+ 转化为 Cu^{2+}，溶剂的吸附能力减弱，降低了对 CO 的回收率；H_2S 的存在引起 CuS 的沉淀，溶剂不可再生；高浓度 CO_2 易引起 NH_4HCO_3 结晶析出。工业生产过程中，通过控制 $[Cu^+]/[Cu^{2+}]=5\sim7$，防止富液再生时 Cu^+ 还原为铜单质；溶液中存在游离态 NH_3，预防 $Cu(OH)_2$ 沉淀；加入乙二醇/丙三醇，提高吸收液的容量等措施提高吸收效果。

二、液氮洗涤法

为物理吸收过程，在脱除 CO 的同时，也脱除合成气中的 CH_4、Ar，使 $CO+CO_2<10cm^3/m^3$，$CH_4+Ar<100cm^3/m^3$，从而减少弛放气。液氮洗涤法与低温甲醇法脱出 CO_2 联用。

三、甲烷化工艺

气体中残存的少量 CO、CO_2 会影响气体的催化利用价值和使用的安全性，必须进行精制脱除。城市煤气在净化过程中，将一氧化碳转化为甲烷，消除了一氧化碳的毒性，同时增加煤气热值；氢气生产过程，减少 CO、CO_2浓度，可以有效保护镍基等催化剂，延长催化剂的使用寿命。

1. 基本原理

CO、CO_2和氢气反应：

$$CO+3H_2 \xrightleftharpoons[K_{p_1}]{Ni/Al_2O_3\ 催化剂\ 300℃} CH_4+H_2O \quad \Delta H^{\ominus}_{298K}=-206kJ/mol$$

$$CO_2+4H_2 \xrightleftharpoons[K_{p_2}]{Ni/Al_2O_3\ 催化剂} CH_4+H_2O \quad \Delta H^{\ominus}_{298K}=-165kJ/mol$$

反应生成的水与一氧化碳发生作用：

$$CO+H_2O \rightleftharpoons CO_2+H_2 \quad \Delta H^{\ominus}_{298K}=-41.2kJ/mol$$

由表 3-23 知，甲烷化反应均为分子数目减少的可逆放热反应，平衡常数随温度的升高而降低，反应化学平衡随温度的升高向左移动，提高压力有利于平衡向右移动。

表 3-23 甲烷化反应平衡常数(0.0103MPa)

温度/℃	200	240	280	300	340	380	400	500	600
K_{p_1}	$2.16×10^{11}$	$3.04×10^9$	$7.84×10^7$	$1.52×10^7$	$7.74×10^5$	$5.60×10^4$	$1.69×10^4$	$1.02×10^2$	1.92
K_{p_2}	$9.48×10^8$	$2.94×10^7$	$1.48×10^6$	$3.85×10^5$	$3.37×10^4$	$3.89×10^3$	$1.44×10^3$	20.99	0.761

副反应为：

一氧化碳的歧化析炭反应：

$$2CO \rightleftharpoons CO_2+C \quad \Delta H^{\ominus}_{298K}=-172.35kJ/mol$$

碳的加氢反应：

$$C+2H_2 \rightleftharpoons CH_4 \quad \Delta H^{\ominus}_{298K}=-84.3kJ/mol$$

该反应在甲烷合成温度下，反应速度极慢，很难达到化学平衡。若有炭的沉积产生会引起催化刘的积炭失活。

离开甲烷化反应器的气体混合物的平衡组成，决定于原料气的组成、反应压力和反应温度。图 3-43 表示比 H_2/CO(体积)比为 3.8 时二氧化碳含量对合成气转化达到平衡的影响。图 3-44 表示温度和压力对合成气平衡组成的影响。

随反应体系中二氧化碳含量的增加，甲烷的平衡含量降低，一氧化碳的平衡含量升高。随反应温度的升高，甲烷的平衡含量降低，一氧化碳和二氧化碳的平衡含量增加，提高压力将有助于甲烷平衡含量的增加。

精制气 H_2>98%(体积)，CH_4<2%(体积)，$CO+CO_2<10cm^3/m^3$，$S<0.5cm^3/m^3$。甲烷化反应消耗氢且生成的CH_4会稀释合成气，故不适合处理一氧化碳和二氧化碳含量较高的合成气甲烷化，以 $CO+CO_2$不大于 0.6%(体积)为宜。

2. 催化剂

周期表中第Ⅷ族的所有元素都能不同程度地对一氧化碳甲烷化反应具有催化作用。镍是良好的甲烷化反应催化剂，其他金属通常仅作为助催化剂。甲烷化催化剂适宜的反应温度约为 280~540℃，压力为 2~2.5MPa 或更高，催化剂具有足够大且稳定的比表面积。为获得寿命长和活性均匀的甲烷化催化剂，目前倾向于使用含镍约为 25%~30%、含碱性氧化物为 3%~6%以及稳定性好的硅酸铝催化剂。镍催化剂对于硫化物，如硫化氢和羰基硫等的抗毒能力较差，原料气中总硫含量应限制在 0.1×10^{-6} 以下。镍催化剂中加入其他金属(钨、钡)或氧化物(氧化钼、三氧化二铬、氧化锌)能明显地改善镍催化剂的抗毒能力。

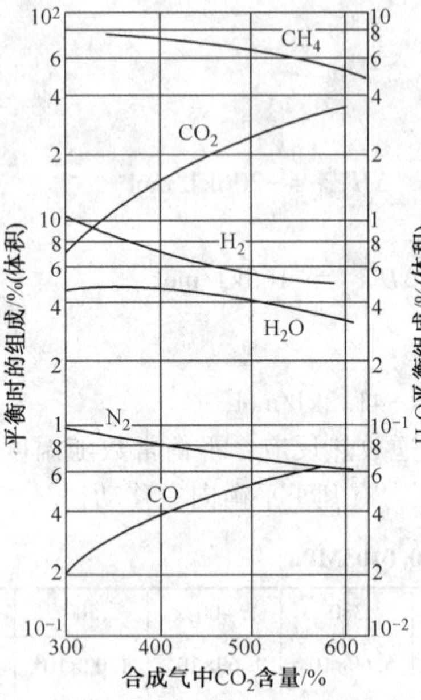

图 3-43　二氧化碳对合成气转化的影响

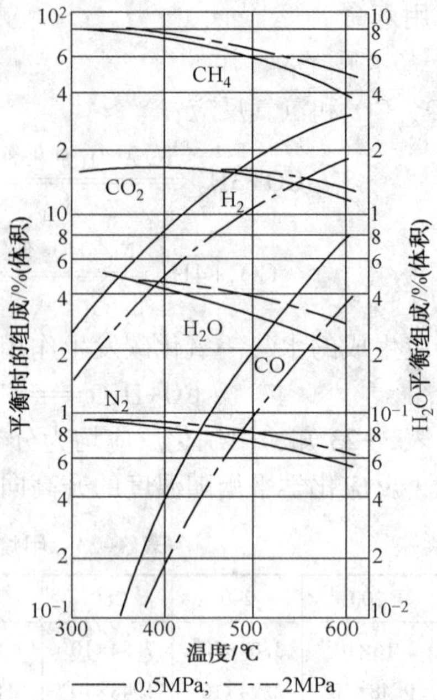

图 3-44　温度压力对合成气转化的影响

3. 工艺过程

(1) 工艺条件

甲烷化反应为强放热反应，维持一氧化碳甲烷化的转化放热、反应热的转移平衡，以防止温度过高催化剂烧结、微晶增大，引起催化活性的降低十分重要。同时原料气中 H_2/CO(摩尔)较低时的析炭现象也不可忽视。因此，甲烷化工艺过程中，应考虑以下因素：

① 在 200℃以上，甲烷生成的催化反应能达到足够高的反应速度。

② 当压力不变而反应温度升高时，由于受热力学平衡的彭响，甲烷的含量将降低，若达到一氧化碳完全转化的目标，反应应分步进行：第一步在尽可能高的合理温度下进行，以便合理利用反应热；第二步残余的一氧化碳加氢应在低温下进行，以便一氧化碳最大限度地转化成甲烷。

③ 在 450℃以上，一氧化碳分解反应增加。为了避免炭在催化剂上的沉积，应在原料气中加入蒸汽，降低反应气体的温升，抑制析炭反应的发生。

(2) 工艺过程

不同原料的制气过程、不同用途的合成气中，对甲烷化工艺的要求不同。图 3-45 为固定床催化剂多段绝热反应器的甲烷化反应流程。

该流程要求原料气 H_2/CO(摩尔)比值为 3 左右。在进行甲烷化之前，通常要脱除原料气中的部分二氧化碳。

经脱硫的原料气通过多个甲烷化反应器，第一个反应器的温度约为 500℃，逐渐降为最后一个反应器的 259℃。在每一段甲烷化反应器之间设有废热换热器，有效地回收热量生产高压蒸汽。

为保障甲烷化反应的顺利进行，可在最终甲烷化反应器之前取出部分气体作为循环气体，以降低进料 CO 含量。此循环气体经冷却器冷却，再经压缩机加压后通入原料气中，作为吸热载体来控制反应温度，抑制反应器内炭的沉积。如原料气中含氢量不足，则原料气中应先添加水蒸气，使经过变换后的原料气中氢含量达到要求。

催化剂床层采用绝热操作，利用热交换器回收热量，总热效率较高，安全可靠、操作方便。液相条件下进行强放热甲烷化反应，催化剂床层的热传热得以显著改善，利用相变热维持了反应温度的恒定，图 3-46 为液相甲烷化反应工艺流程。片状镍催化剂(粒度 2.5～4.5mm)浸没在轻油中，当合成气通入反应器时，催化剂床层发生膨胀，气速的大小取决于气体、催化剂和液体的密度。此时，轻油浮在上层，与催化剂有明显的相界面。甲烷化反应释放的热量被轻油吸收，轻油引入外部热交换器进行冷却。反应后的气体经换热器、冷却器除去反应过程蒸发出来的有机组分循环使用。该工艺流程有较高的选择性和较大的灵活性。

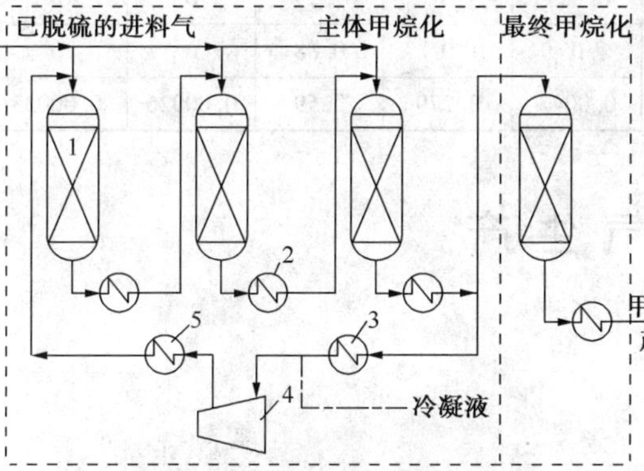

图 3-45　多段绝热反应器的甲烷化反应流程

1—反应器；2—废热换热器；3—循环气冷却器；4—压缩机；5—加热器

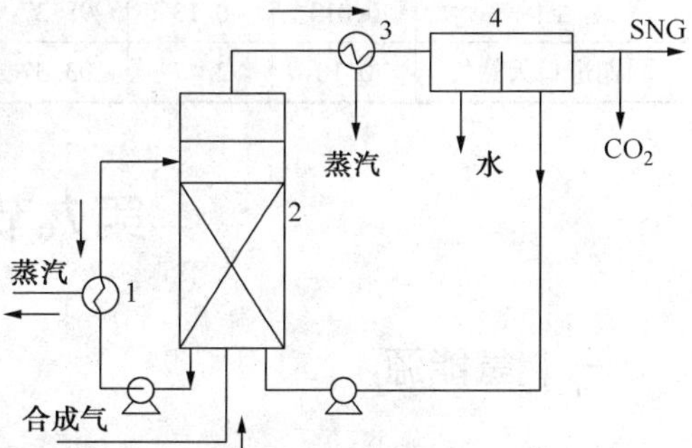

图 3-46　液相甲烷化反应的工艺流程

1，3—热交换器；2—反应器；4—冷却器

国外的甲烷化工艺主要目的是用于生产合成天然气(SNG)。一种是以轻烃混合物为原料，经蒸汽转化变为合成气，再将合成气中的一氧化碳和氢转化成甲烷；另一种是将煤气化生产煤气，脱除二氧化碳和硫化氢，然后将一氧化碳和氢合成甲烷，其产品热值为 33.5～35.4MJ/m^3，将污染大、运输成本高的煤转化为清洁、易管输的天然气资源，对于我国具有重要的意义。

利用富氢的焦炉气、合成气等生产清洁燃气——甲烷，已成为清洁综合利用煤炭资源的有效途径。SNG 由低温甲烷化、高温甲烷化两步组成，甲烷化反应为放热反应，为保护催化剂、促进化学平衡的正向移动，必须有效控制甲烷化反应器的温度。焦炉气中 CO、CO_2总量为 6%～13%，高于一般变换后合成气 CO、CO_2总量为 2%～3%的平均水平，放热量大。通过大量冷却产品气的循环，降低原料气中 CO、CO_2的浓度，从而控制低温甲烷化反应器的温升。高温甲烷化反应器通过副产高压蒸汽来冷却产品气并循环、多级反应器等实现甲烷化反应，CO 转化率高达 100%，CO_2转化率高达 95%以上，产品气中为 CH_4、H_2含量分别为 75%～80%、20%～25%、CO、CO_2总量不超过 1%。

近年来，为提高煤炭的清洁利用率、利用价值和缓解天然气供求矛盾，合成天然气技术在我国富煤地区得到大力推广，采用的工艺主要由托普索工艺、戴维工艺、鲁奇工艺等，所有工艺均包含气化、变换、净化、甲烷化等过程。由于甲烷化反应为强放热反应，甲烷化反应器的结构、甲烷化工艺过程的组织、过剩热的利用成为不同工艺的核心。我国引进的托普索工艺设置四个绝热甲烷化反应器，一、二、三、四反应器出口工业气体组成如表 3-24 所示，低位热值36.54MJ/m^3。为保证安全，第四反应器主要控制出口氢含量，出口氢含量超过5%时，净煤气需调高CO_2含量，也可通过变换单元粗调改变合成气模数($H_2-CO_2/CO+CO_2$)约为3，以保障出口氢含量低于1%，甲烷在98%以上，经三甘醇脱水后，常压水露点为-67.4℃，同期中亚进口天然气的热值为37.75MJ/m^3，常压水露点为-60.1℃。

表3-24 SNG托普索工艺反应器出口气体组成

反应器	气体组成/%(体积)								
	O_2	N_2	CH_4	CO_2	CO	C_mH_n	H_2	H_2S	COS
一	0.009	0.089	54.51	6.59	3.87	0	34.93	0	0
二	0.028	0.23	78.20	4.54	0.50	0	16.50	0	0
三	0.030	0.25	90.88	1.50	0.024	0	7.29	0	0
四	0.013	0.13	98.37	0.6	0	0	0.88	0	0
同期进口天然气	0.10	2.47	93.37	0.65	0.0043	3.279	2.59	0.00026	0.00033

第九节 氢气生产

一、氢能源

1. 氢能源特点

氢是一种能源载体。目前或者可以预见的将来，可以通过某种途径获得并以工业规模加以利用、储藏。包括太阳能、风能、潮汐能、地热能和水力能等新能源已成为可再生能源的研究热点，均需要具有“可储存”特性的氢作为能源载体。

氢是最轻的元素，也是自然界资源最丰富的元素，大约占宇宙所有物质的80%。它存在于所有类型化石燃料，如煤、石油、天然气等中；存在于水中，水是地球上的主要资源，地球表面的70%以上被水覆盖，即使大陆也有丰富的地表和地下水，水是地球上无处不在的“氢矿”；存在于最大能量源太阳中，太阳由几乎100%的氢构成，能量来自氢原子的核聚变。

人类能源结构发生的两次重大更替，19世纪后期的煤炭替代了柴薪、20世纪70年代的石油取代了煤炭均反映出人类社会发展需要的支柱能源碳含量越来越低，氢含量越来越高的演变趋势。薪柴、煤、矿物油和天然气为主要的能源类碳氢化合物，氢/碳比分别为0.1、0.7~1、1.6~2、4。人类能源发展趋势是碳逐步被替代，最终进入无碳的氢能源时代。

与传统能源相比，氢及氢能源具有来源多样性、可再生性、可储存性、环保、“和平”等特点，满足了资源、环境、社会可持续发展的要求，是人类未来的能源。

地球、大气层、生物质中均含有大量的氢资源。地球中的氢主要是以化合物的形式存在，其中水最重要。氢占水质量的1/9。海洋的总体积约为13.7×10^8km^3，若把其中的氢提炼出来，约有1.4×10^{17}t，所产生的热量是地球上矿物燃料的9000倍。

2. 制氢技术

原油的重质化和劣质化，促使加工过程中对氢气的需求增加；环境保护法规日益严格，对高标准清洁燃料的需求趋旺；国内烃类蒸气转化法制氢装置约有90套，总产氢能力达到180×$10^4$$m^3$/h，其单系列规模平均在2.0×$10^4$$m^3$/h，最大规模为10×$10^4$$m^3$/h。近年来，我国石化企业的制氢产能年增长率达到20%以上。世界上商业用的氢大约有96%是从煤、石油

和天然气等化石燃料制取。我国制氢原料中化石燃料的比重更大。我国生产的氢 80%以上用于合成氨工业，而合成氨总体原料以煤为主，无烟煤、焦炭占 62%~65%，清油和重油占 12%~16%，天然气仅占 18%~23%。

作为清洁可再生能源、化工原料，人类对氢能的开发从未停止。制氢技术多种多样，包括化学、生物、电解、光解等处理过程，现有制氢技术按原料来源可分为化石燃料制氢与可再生资源制氢，化石燃料制氢为当前主要的制氢方式。工业制氢方法有烃类水蒸气转化法、重油或煤气化法、电解水法等。表 3-25 对不同制氢方式进行了比较。

表 3-25　不同制氢方式比较

技术	原料	效率/%	商业应用情况
蒸汽重整	碳氢化合物	70~80	商业应用
部分氧化	碳氢化合物	60~75	商业应用
碱性电解剂	水+电	50~60	商业应用
生物质气化	生物质	35~50	商业应用
等离子重整	碳氢化合物	9~85	远期
水相重整	碳氢化合物	35~55	中期
氨重整	氨	未知	近期
自热重整	碳氢化合物	60~75	近期
光催化	太阳光+水	0.5	远期
黑暗发酵	生物质	60~80	远期
光发酵	生物质+太阳光	0.1	远期
微生物电解电池	生物质+电	78	远期
PEM 电解剂	水+电	55~70	近期
固体燃料电池	水+电	40~60	中期
分解水	水+热	未知	远期
光电化学分解水	水+太阳光	12.4	远期

煤、石油、天然气等化石燃料制氢占制氢能力的 95%，生产氢气的同时消耗大量的能源并排放可观的 CO_2，难以维系可持续发展。可再生能源是指通过天然作用或人工作用，能被人类重复利用的各种自然资源。利用可再生能源的水制氢、生物制氢污染少，能源转化效率高。

水制氢包括电解水、分解水、光催化分解水等制氢方式。电解水制氢的商业应用较早，效率在 56%~73%，现已商业应用。热分解水是直接利用热量将水分解为氢气与氧气(氧原子)，工艺效率能达到 50%，目前研究较多的有金属氧化物分解水制氢方式等。光催化分解水是利用太阳光在催化剂的作用下，将水分解成氢气与氧气，太阳能-氢能转换效率超过 16%。

生物制氢包括生物质气化与生物学制氢。生物质气化制氢是基于部分氧化反应得到含氢混合气为目的，生物质气化技术能够高效地利用生物质能源。生物学制氢是利用生物体自身代谢来达到制氢目的的，具有可持续发展、低污染的特点，包括绿藻光催化制氢、黑暗发酵制氢、光发酵制氢、水气转换反应制氢、多段生物制氢等。

从目前来看，可再生能源或可再生资源制氢所占份额仍然很小，化石燃料制氢在将来很长一段时间内仍将占主导地位。表 3-26 反映了不同化石资源制氢方法特点。

表 3-26　不同化石资源制氢方法特点

制氢方法	理想反应方程	反应条件	催化剂	发展现状	方法评述
醇-水蒸气重整	$C_nH_{2n+1}OH+(2n-1)H_2O \quad nCO_2+3nH_2$	≤300℃ 常压、中压	Cu 系、 Cr~Zn 系	成熟	外供热、氢含量高，CO 含量低，适合车载制氢，需原料供给稳定、活性、稳定性高的催化剂
醇分解	$C_nH_{2n+1}OH \quad nCO+(n+1)H_2$	约 300℃ 常压、中压	Cu 系	成熟	外供热、CO 含量高，适合车载制氢，需原料供给稳定、活性高、稳定性高的催化剂，不适合车载制氢
醇自热重整制氢	$C_nH_{2n+1}OH+(n/2)H_2O+(3n/4-1/2)O_2 \quad nCO_2+(3n/2+1)H_2$	≤300℃ 常压、中压	Cu 系、 Cr~Zn 系	国外成熟， 国内研制	低温、自热、氢含量高，CO 含量低，适合车载制氢，需原料供给稳定、活性高，稳定性高的催化剂
甲烷重整	$CH_4+H_2O \quad CO+3H_2$	>800℃ 常压、中压	Ni 系	商业化	温度高，需净化 CO，不宜车载制氢
烃部分氧化重整	$C_nH_m+nO_2 \quad nCO+m/2H_2$	>500℃ 常压、中压	Cu 系 Ni 系	较为成熟	原料来源丰富，供给方便，催化剂易失活，需活性高、稳定性高的催化剂
烃自热重整	$C_nH_m+H_2O+(n-1/2)O_2 \quad nCO_2+(m/2+1)H_2$	<800℃ 常压、中压		研究开发	自热、原料来源丰富、供给方便、宜车载制氢，需活性好稳定性高的催化剂
石脑油重整	$C_nH_m+2nH_2O \quad nCO_2+(m/2+n/2)H_2$ $C_nH_mO_p+(n-p/2-1/2)O_2+H_2O \quad nCO_2+(m/2+1)H_2$	<800℃ 常压、中压	Ni 系	成熟	原料来源丰富、需外供热、活性好、稳定性高的催化剂
汽柴油自热重整	$C_nH_m+H_2O+(n-1/2)O_2 \quad nCO_2+(m/2+1)H_2$ $C_nH_mO_p+(n-p/2-1/2)O_2+H_2O \quad nCO_2+(m/2+1)H_2$	<800℃ 常压、中压		报道很少	自热反应，原料来源丰富、供给方便、宜车载制氢，需活性好稳定性高的催化剂
煤气化	$C+H_2O \quad CO+H_2$	>1000℃ 常压、中压		成熟	反应温度高、CO 含量高，有硫和氮氧化物生成，不宜车载制氢
氨分解	$2NH_3 \quad N_2+3H_2$		Fe 系	研究开发	无 CO，温度高，难储存，不宜车载制氢
肼分解	$N_2H_4 \quad N_2+2H_2$			研究开发	无 CO，自热反应，存在安全隐患，不宜车载制氢

烃类蒸汽转化法建设规模灵活，能耗物耗相对较低，是目前最常用的制氢方法。重油或煤气化制氢，虽原料廉价，但需建设大型空分装置以及脱硫等配套设施，投资高。随石油化工技术的进步和工业装置规模的不断提高，从炼厂干气、重整气等含氢气体中回收氢气已成为氢气的有效补充。

二、烃类蒸汽转化制氢工艺过程

按烃类蒸汽转化制氢流程核心技术的不同分所有转化都在管式转化炉中完成，不带预转化流程的传统制氢工艺流程和带预转化流程，后段转化在管式转化炉中完成的改进型制氢工艺流程。

1. 传统制氢工艺流程

传统工艺流程短，开工和停工相当容易，没有预转化催化剂的开工还原、停工保护，适合制氢规模不大、转化气出口温度低于 820℃ 的条件。随着转化炉炉管材质从最初的 HK40(25Cr20Ni)、HP40(25Cr35Ni)，到目前采用 HP 改性合金(25Cr35Ni-Nb)及微合金型 HP(25Cr35Ni-MicroAlloy)，解决了制约转化气出口提温的问题。转化温度的提高降低了原料消耗、制氢成本，制氢水碳比降到非常低的程度。

传统工艺流程按照转化炉型的不同主要划分为顶烧型转化炉(顶烧炉)和侧烧型转化炉(侧烧炉)，按照氢气净化方式的不同，可划分为化学净化法(脱碳甲烷化流程)和变压吸附流程。图 3-47 和图 3-48 为传统顶烧炉和侧烧炉化学净化法流程，图 3-49 和图 3-50 分别是传统顶烧炉和侧烧炉变压吸附流程(简称 PSA)。

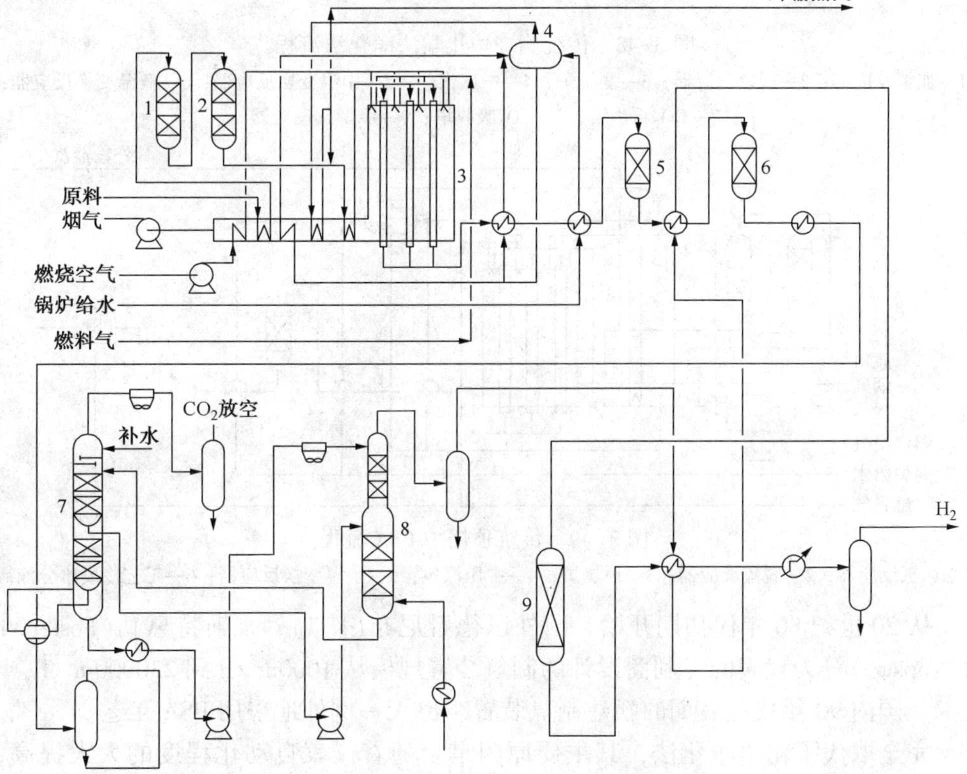

图 3-47 传统顶烧炉化学净化法流程

1—加氢反应器；2—脱硫反应器；3—顶烧炉；4—中压汽包；5—中温变换反应器；6—低温变换反应器；7—CO_2再生塔；8—CO_2吸收塔；9—甲烷化反应器

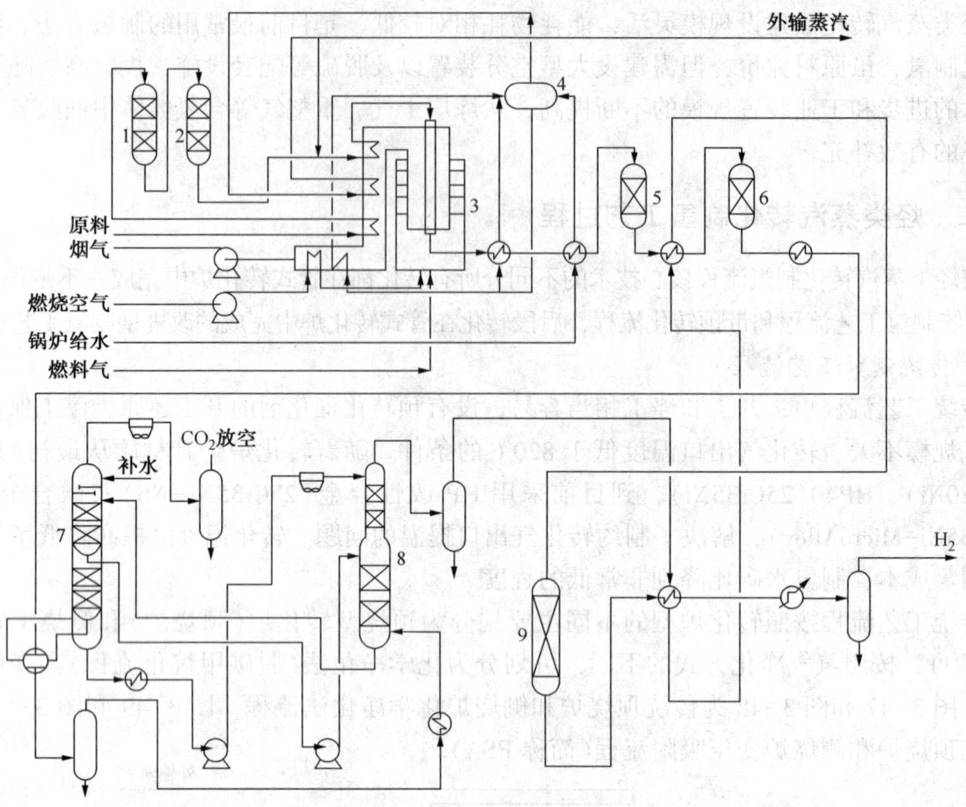

图 3-48　传统侧烧炉化学法净化法流程

1—加氢反应器；2—脱硫反应器；3—侧烧炉；4—中压汽包；5—中温变换反应器；6—低温变换反应器；7—CO_2再生塔；8—CO_2吸收塔；9—甲烷化反应器

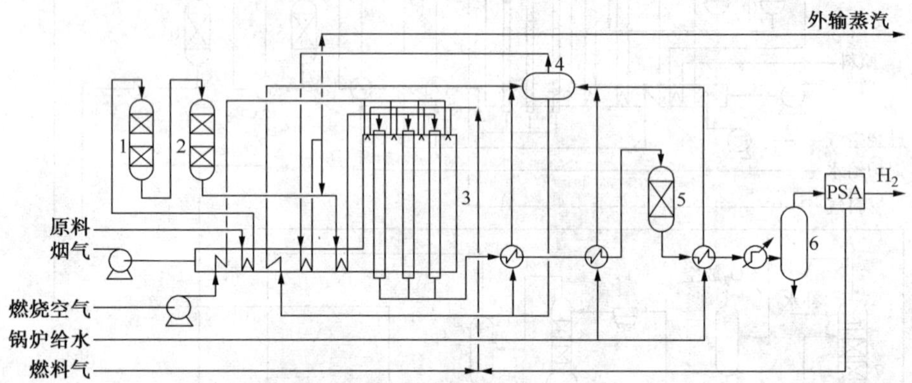

图 3-49　传统顶烧炉 PSA 流程

1—加氢反应器；2—脱硫反应器；3—顶烧炉；4—中压汽包；5—中温变换反应器；6—工艺冷凝水分液罐

从 20 世纪 80 年代初期开始，国外以德希尼布(KTI)、福斯特惠勒(FosterWheeler)托普索(Topsφe)等为代表的专利商设计的制氢装置规模从 1000m³/h 到 230000m³/h，均采用 PSA 技术。国内 90 年代起后期的新建制氢装置，也无一例外地采用 PSA 工艺。

PSA 完全取代了化学净化法，其主要原因是：随着仪表自动化程度的大大提高，特别是计算机技术的广泛应用，使程序控制变得简单易行；程控阀门和吸附剂的改进，使得氢气的回收率大大提高；与化学吸附法相比，PSA 最大的优点是流程简单，三废排放量大幅度减少，设备没有碱腐蚀的威胁，使装置能长周期运转，供氢的可靠性增加，相应操作及维护

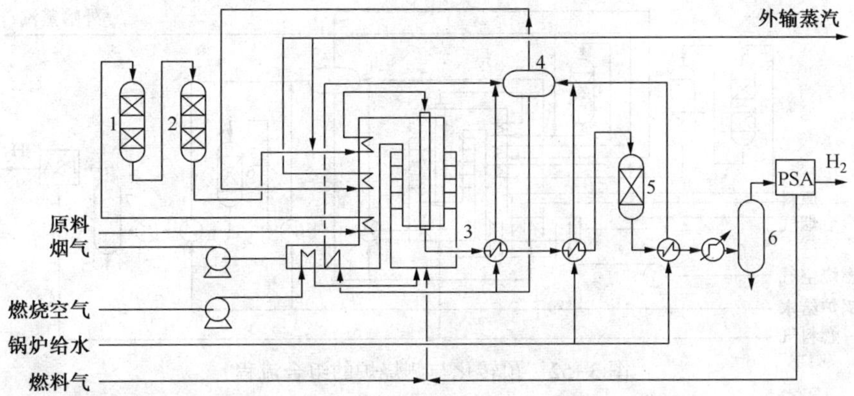

图 3-50　传统侧烧炉 PSA 流程

1—加氢反应器；2—脱硫反应器；3—侧烧炉；4—中压汽包；5—中温变换反应器；6—工艺冷凝水分液罐

更加容易，管理更加方便。

2. 改进型制氢工艺流程

随着原油价格的日益攀升和环保法规的不断严格，制氢在石化企业加工成本中的比例不断上扬，对制氢成本控制提出了更苛刻的要求，节能型制氢流程应运而生。带预转化流程，后段转化在转化炉中完成的改进型制氢工艺流程即节能型“三高一低”流程。

(1) 预转化流程

预转化反应是指在绝热固定床反应器中，原料(天然气、LPG、轻石脑油)中的重烃转化成富含 H_2、CH_4、CO、CO_2和水蒸气的混合物的过程。图 3-51 为预转化与顶烧炉组合流程，图 3-52 为预转化和侧烧炉组合流程。

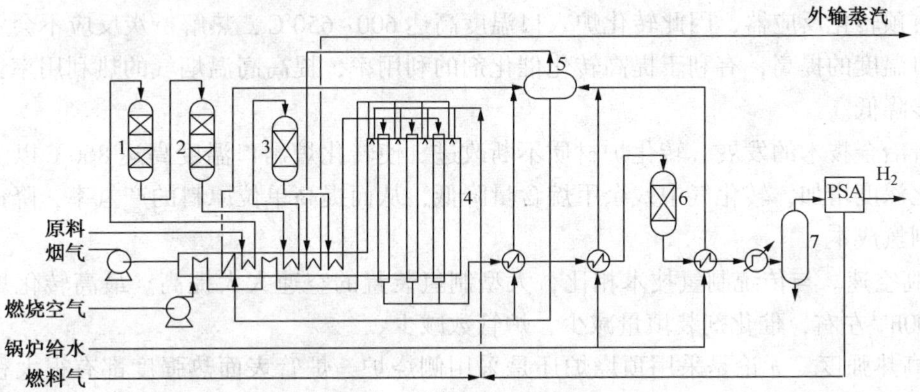

图 3-51　预转化与顶烧炉组合流程

1—加氢反应器；2—脱硫反应器；3—预转化反应器；4—顶烧炉；5—中压汽包；6—中温变换反应器；7—工艺冷凝水分液罐

采用预转化技术，具有以下优点：

减少转化炉尺寸，降低投资 15%~20%。对大型转化炉尤其对侧烧炉意义更大，可缓解大型化带来的工程问题。

采用预转化后，预转化气的组成为 CO、CO_2、H_2、CH_4、H_2O，没有 C_2以上的高级烃，可以充分利用烟道气热量，把预转化气预热到 600~650℃，降低转化炉燃料消耗，减少外输蒸汽。

预转化气不含 C_2以上的高级烃，即使操作不慎引起瞬间水碳比失调，催化剂也不会积炭失活，催化剂的稳定性提高。

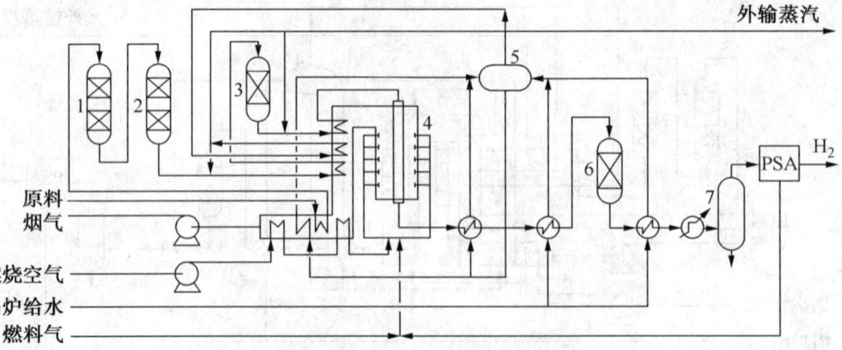

图 3-52 预转化与侧烧炉的组合流程

1—加氢反应器；2—脱硫反应器；3—预转化反应器；4—侧烧炉；5—中压汽包；
6—中温变换反应器；7—工艺冷凝水分液罐

降低了转化炉操作的苛刻性，转化催化剂可选择高空速催化剂，对水碳比和原料组成变化的敏感性降低。预转化催化剂对原料中硫、氯有精制作用，延长了转化催化剂和变换催化剂的寿命。

随着人们对预转化工艺认识的加深，预转化及组合工艺极大地降低了转化炉操作条件的苛刻性，延长转化催化剂的寿命，加之预转化在节能降耗的独特功能，使这种工艺技术不仅在改扩建中，而且在新建大型制氢装置中得以广泛应用，其应用原料范围也在不断拓宽，从轻油到炼厂气甚至天然气。

(2) 工艺参数优化

① 高出入口温度。为了更合理利用能量，大型制氢装置往往设有预转化反应器。由于上游设有预转化反应器，因此转化炉入口温度高达600~650℃，热解析炭反应不会发生。转化炉入口温度的提高，有利于提高转化催化剂的利用率，提高高温烟气的热利用率，装置能耗进一步降低。

随着冶金技术的发展，转化炉材质不断改进，使转化炉出口温度高达860℃以上成为可能。转化深度增加，转化气中残余甲烷含量降低，从而提高单位原料的产氢率，降低原料的单耗和制氢成本。

② 高空速。与传统制氢技术相比，大型制氢装置的空速大大提高。最高转化炉碳空速高达1400h^{-1}左右，催化剂装填量减少，炉管数减少。

③ 高热强度。无论是采用顶烧炉还是采用侧烧炉，炉管表面热强度都有很大程度的提高，顶烧炉炉管表面热强度平均在75MW/(m^2·h)，侧烧炉炉管表面热强度平均在80MW/(m^2·h)。高热强度为转化炉管高碳空速提供了保证，同时高热强度可减少转化炉排管数量，缩小转化炉的体积。

④ 低水碳比。转化炉出口温度每提高10℃，转化气残余甲烷含量降低约0.8%，高的出口温度为降低水碳比提供可能。制氢的转化由于受到热力学平衡的限制，为了得到较高的原料转化率，降低转化炉出口残余甲烷含量，通常操作水碳比要高于化学计量值。转化反应为吸热反应，温度升高有利于原料的转化，因此，当转化炉出口温度升高，可以降低水碳比，维持转化出口需要的残余甲烷含量，可以减少转化炉的生产成本及能耗。

国内设计的PSA净化制氢装置水碳比一般为3.0~3.5，国外设计水碳比一般为2.7~3.0，侧烧炉已有水碳比为2.0~2.5的工业应用装置。

(3) 制氢与蒸汽平衡

烃类蒸汽转化制氢为热量过剩的工艺，余热主要用于发生蒸汽。一般生产 10000m^3/h 纯氢可外输装置蒸汽 3~7t/h，对于 100000m^3/h 大型制氢装置其外输蒸汽高达 70t/h，相当于一个中型锅炉。研究大型制氢装置的蒸汽产用平衡，对节能降耗意义重大。

对于常规蒸汽转化工艺，两种典型余热回收流程如下。

最少产汽流程。蒸汽过剩，要求制氢装置外输最少的蒸汽，此时对流段高温烟气和转化气高温余热应尽量少产蒸汽。可供选择的技术有：增加预转化器，把高温位烟气用来预转化气；最大限度提高燃烧空气预热温度，燃烧空气预热温度可达 550℃。

最大产汽流程。需要最大产汽时，高温转化气、变换气的余热尽可能用于产汽和锅炉给水预热。转化炉对流段烟气的热量可根据温位分别用于蒸汽、蒸汽过热、锅炉给水预热。如果需要更多蒸汽，还可以在对流段设置辅助燃烧器，提高烟气温度，提高蒸汽的产量。

3. 大型转化炉技术发展

目前，世界上拥有大型烃类蒸汽转化制氢技术的公司主要有法国的德希尼布(Technip)，德国的鲁奇(Lurgi)、林德(Linde)和伍德(Uhde)，美国的福斯特惠勒(FosterWheeler)及丹麦的托普索(Topsφe)等。为适应当代石化企业对制氢装置高可靠性、高灵活性、低成本、低消耗的要求，大型化制氢装置已成为一种趋势。目前规模在 $8\times10^4m^3$/h 以上的装置共有 60 多套，目前已建成的最大单系列装置，合成气规模 $22.4\times10^4m^3$/h。

(1) 侧烧炉和顶烧炉

一般来说，顶烧炉因其燃烧器少，结构紧凑，更适合于大型转化炉。而侧烧炉燃烧器多，常常必须将辐射室分成两个(或更多)炉膛，投资相对较大；但由于燃烧器多，温度可调，炉膛温度均匀，热强度大，可得到 900℃以上转化气温度，因而侧烧炉仍占据大型转化炉($8\times10^4m^3$/h 以上)中 50%的市场份额。

① 传热方式。顶烧炉的燃烧器安装在辐射室顶部，火焰从上往下烧，烟气流动方向与转化管内介质流动方向相同，传热方式为并流。侧烧炉燃烧器安装在辐射室侧墙，火焰附墙燃烧，通过炉墙对转化管传热。在进出口温度相同的情况下，逆流传热比并流传热推动力要高，侧烧炉比顶烧炉传热熊效果好。

② 燃烧器数量。顶烧炉的燃烧器指安装在辐射室顶部，因此数量少；侧烧炉是单管双面辐射，在侧墙上安装 5~6 排燃烧器，比顶烧炉多。一般侧烧炉燃烧器数量为顶烧炉的 4 倍之多。

③ 转化反应热量的要求。转化反应为强吸热反应，维持反应所需的热量借助烟道气的辐射传热、炉管的热传导等传递到反应物。在炉管的进口处，反应物有着较低的平衡温度，而且烃类原料的分压较高，转化分压只受到热传递和催化剂活性的限制。在炉管上部的传热速度快，因而较能满足转化反应上部反应速度快、吸热量大的要求。侧烧炉有六排燃烧器，通过每排燃烧器的设计能量不同进行调节，靠近炉管的进口前五排燃烧器能量比最下面燃烧器的能量大 25%左右，这样具有更灵活有效的调节手段，使全炉温度分布趋于更合理。

④ 热强度及炉壁温度分布。由于不同的传热方式，顶烧炉和侧烧炉具有不同的热强度和管壁温度分布。顶烧炉火焰集中在炉膛顶部，所以该处辐射传热能力非常强，具有非常高的局部热强度，同时该处的管壁温度也最高。侧烧炉和顶烧炉炉管的管壁温度和热强度通常分布见图 3-53。从图中看出侧烧炉因其燃烧器多，炉管的管壁温度更加均匀，且热强度大；顶烧炉由于火嘴在顶部，温度可调性差，炉管的炉壁温度距顶部 1/3 炉管处有一峰值，受限

于炉管的整体材质，管壁平均热强度低，炉管管壁温度不均匀。

对于侧烧式转化炉，由于燃烧器均匀分布在沿管长方向的不同标高，辐射传热比较均匀，可避免该峰值，从而降低设计壁温，减少转化管壁厚，节约高合金炉管，或允许较高转化气出口温度，以降低残余甲烷含量，提高氢的产率。在管壁设计温度相同时，侧烧炉可以允许较低的总平均管壁热强度，这样传热面积会相应减少，转化炉管数量有所下降。

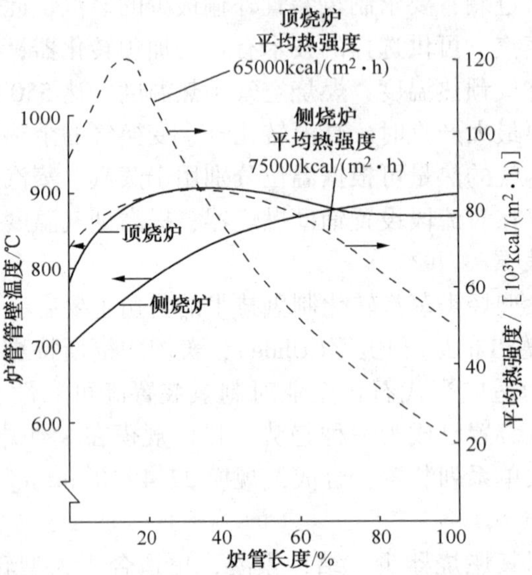

图 3-53　顶烧炉和侧烧炉的管壁温度和热强度分布图

4. 烃类蒸汽转化制氢工艺特点

烃类蒸汽转化、PSA 制氢，一般需要经历五个完全不同的催化化学过程和一个吸附解吸过程，工艺过程复杂。

一个好的催化剂，要长周期保证高活性、高稳定性，必须为它创造良好的使用环境。活性越好的催化剂往往对杂质的要求越敏感。在不饱和烃加氢催化剂、加氢脱硫催化剂、预转化催化剂、转化催化剂、变换催化剂的使用过程中，要严格按照催化剂的要求进行精细操作和保护。严格原料脱硫、控制给水水质、事故处理方法得当是延长催化剂寿命的关键。蒸汽、工艺冷凝水用量大，组成、性质差别大，提高水利用率，减少过程排污对降低产品能耗重要。原料和燃料费用对氢气成本影响最大，占氢气成本 80%以上，合理利用烟气和中变余热、设置预转化反应器、取消原料预热炉是降低装置能耗的核心。

三、烃类制氢原料

适合制氢的烃类原料可分为气态烃和液态烃两类。气态烃主要有天然气、油田气、沼气、加氢干气、重整干气、焦化干气、催化干气以及芳构化干气等；液态烃主要有直馏石脑油、加氢焦化汽油、重整装置生产的抽余油和拔头油以及加氢装置生产的饱和液化石油气等。炼油厂生产的二次加工烃类由于富含烯烃、硫化物等杂质，不能直接作为制氢装置原料。

受制氢装置催化剂性能、操作条件的影响，原料的族组成、馏程以及杂质含量对制氢流程的选择、催化剂的性能、制氢成本均有特殊要求，制氢装置原料费用占制氢成本的 65%～85%，因此，根据装置特点、催化剂性能等因素，优先选用氢碳比大、含硫低的饱和烃类原料，或混合进料，以减少原料耗量，降低制氢成本。

天然气、油田气是烃类蒸汽转化制氢的优质原料。天然气主要组分甲烷氢碳比最高，理论产氢量最高。天然气相对于轻石脑油而言原料成本低，原料中硫化物形态相对简单，含量较低，原料净化成本低，一般作为首选原料。

各炼油企业有较丰富的石脑油、炼厂气、液化石油气（LPG）等资源，供应稳定。多数炼化企业选择石脑油和炼厂气为制氢原料，尤其是廉价的炼厂气越来越广泛地被用作制氢原料。

炼厂气是炼油厂油品加工过程中的副产气体，富含烃类，同时还含有一定量的氢气。以前这种副产气体都被作为燃料烧掉，随着各炼油厂对氢气需求量的日益增加，石脑油价格的提升，对降低炼油成本产生了很大的压力，因此，越来越多的炼油厂开始使用炼厂气作为制氢原料。

炼厂气中，焦化干气是延迟焦化装置生产过程中的副产气体，其中烯烃体积分数一般在7%以下，含硫（主要是有机硫）一般为20~100mg/m^3，如果不加处理直接进入烃类蒸汽转化工段，引起催化剂中毒和催化剂床层飞温。采用新型双功能催化剂绝热加氢并串联氧化锌脱硫剂，可使焦化干气中烯烃和总硫达到制氢原料气的要求。

催化干气是炼油厂催化裂化装置生产过程中的副产气体，其组成复杂，烯烃体积分数在12%以上。若将催化干气全部一次通过绝热加氢反应器饱和，加氢催化剂床层飞温可达500℃以上，使操作无法进行。近年随着炼厂气加氢处理工艺技术和高活性耐高温加氢催化剂的应用，催化干气经彻底加氢饱和、脱硫后，也可作为制氢原料使用，进一步降低制氢原料成本，拓宽了制氢的原料范围。工艺流程见图3-54所示。

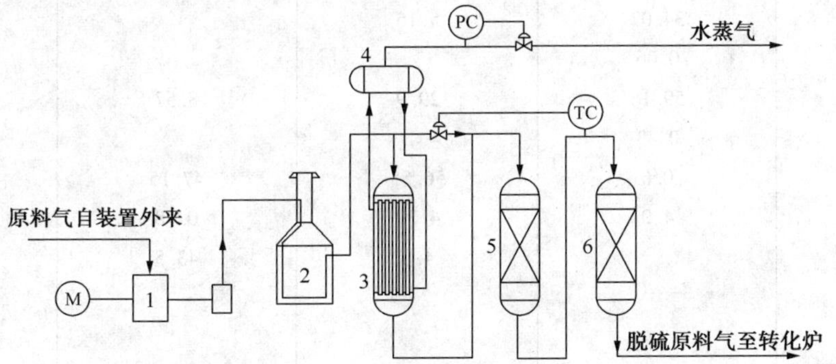

图3-54　等温-绝热加氢组合工艺流程图

1—原料气压缩机；2—原料气预热炉；3—等温加氢反应器；4—汽包；5—绝热加氢反应器；6—脱硫反应器

加氢干气是炼油厂加氢处理过程的副产气体，根据来源不同又可细分为加氢精制干气、加氢裂化干气、润滑油加氢干气等。其共同特点是不含不饱和烃类化合物，硫化物形态也较简单，因此，加氢干气可用作制氢原料。但因含硫量较高，需要经过脱硫处理，以满足制氢要求。加氢干气中氢气含量很高，一般在50%以上，既可直接作为制氢装置的原料，也可经过变压吸附（PSA）技术提纯出一部分氢气，解吸气经压缩作为制氢原料或者作为燃料使用。加氢干气直接作为制氢原料较为经济。

LPG是以C_3、C_4为主要成分的轻质烃类，炼油厂一般都有LPG资源。由于LPG中烯烃含量较高，且用途广泛、价格又高，因此，目前没有专门采用LPG为原料的制氢装置。如果LPG作为制氢原料，则必须采用饱和的LPG，即加氢装置生产的饱和LPG。

用作制氢原料的石脑油范围很广，从干点70℃左右的轻质石脑油到干点达210℃、芳烃含量达13%、相对密度达0.76的重质石脑油，均可作为制氢原料。表3-27~表3-29列出了几种典型的制氢原料组成。

表 3-27　气态烃原料组成　　%(体积)

组　成	天然气	油田气	焦化干气	催化干气	加氢干气	催化干气苯烃化尾气	焦炉煤气
CH_4	95~97.12	83.01	40~55	20~30	10~20	31.8	25
C_2H_4			<5	10~20		0.2	
C_2H_6	0.65~1.5	6.74	15~20	5~15	<15	16.7	
C_3H_6			<3	<2			
C_3H_8	0.09	3.25	<5	<2			
C_4H_8			<1	<1			
C_4H_{10}		2.79	<2	<2	<10	0.3	
C_5H_{12}			<1	<1			
H_2	0.06		10~30	25~35	>40	29.1	58
N_2	1.53	3.39		<15		14.4	7.0
CO	0.03			<3		<4	7.0
CO_2	0.41	0.83		<3		<4	3.0
总烯烃			<10	10~20			

表 3-28　轻烃、液化气组成　　%(体积)

组　成	饱和液化气	拔头油	$C_5 \sim C_6$馏分	轻石脑油
CH_4	0.28			
C_2H_6	5.45			
C_3H_8	34.02	5.16		
C_3H_6	0.06			
C_4H_{10}	59.16	29.9	8.57	15.69
C_4H_8	0.43			
C_5H_{12}	0.6	56.55	47.15	40.88
C_5H_{10}	4.0	4.39	0.78	
C_6H_{14}		4.0	43.5	31.47
C_6H_6				0.30
C_7H_{16}				11.0
硫含量，$\times10^{-6}$(质量)	4.0	100	0.5	12
C/H(质量)		5.0	5.2	
终馏点/℃		53	62	79

表 3-29　石脑油原料组成　　%(体积)

项　目		抽余油	直馏轻油	重整拔头油	常顶轻油	石脑油 A	石脑油 B
馏程/℃	初馏点	41	44	39	39	57	60
	50%	101	95	58	114	110	149
	干点	177	124	75	166	181	199
主要组成		$C_6 \sim C_8$	$C_5 \sim C_8$	$C_5 \sim C_7$	$C_6 \sim C_9$		$C_6 \sim C_{10}$
芳烃/%		0.6	13.35	0.07	9.21	12	13.08
烯烃/%		1.5	0.72			0.16	0.43
相对密度		0.694	0.707	0.664	0.724	0.723	0.752
C/H(质量)		5.6	5.91	5.25	5.63	5.8	5.98
硫含量/$\times10^{-6}$		12	14.3		70	56	150

烃类的理论产氢量为烃中的氢加上每个碳原子转化成 CO_2 时从水中获得的氢。因此，在碳原子数相同时，氢碳比越大，理论氢产量就越高。氢碳比与理论产氢量之间的关系见表 3-30。

表 3-30　氢碳比与理论产氢量的关系

H/C	理论产氢量/$m^3 \cdot kg_{原料}$	H/C	理论产氢量/$m^3 \cdot kg_{原料}$	H/C	理论产氢量/$m^3 \cdot kg_{原料}$
2	4.80	2.2	4.89	2.4	4.98
2.6	5.06	2.8	5.15	3.0	5.23
3.2	5.31	3.4	5.38	3.6	5.36
3.8	5.53	4.0	5.60		

四、高级烃类转化反应过程

烃类蒸汽转化是制取工业氢气、氨合成气、甲醇合成气、羰基合成气最主要的工业方法。目前，国内制氢的烃类原料以高级烃为主，高级烃泛指组成为 C_2 以上的各种石油烃类，最常用的是各种炼厂气、液态烃和各种不同馏程的轻油或石脑油。一般认为，适合于催化蒸汽转化的石脑油干点小于 220℃，其组成可以用通式 C_nH_m 表示。由于碳数较多，高级烃比甲烷更容易发生蒸汽转化反应，但由于高级烃组成复杂，特别是干点较高的石脑油组成更复杂，转化反应十分复杂。长链直链烷烃、环烷烃和芳烃在转化过程中，一方面与水蒸气发生蒸汽转化反应，另一方面还会发生催化裂解反应和均相热裂解反应。除甲烷以外，一般烃类在 200℃以上，其分解反应的自由能均为负值，水蒸气转化炉管内催化剂床层的温度为 500~880℃，催化裂解反应极易发生。大量裂解产物进一步发生聚合、芳构化和氢转移等反应导致严重积炭。所以高级烃蒸汽转化催化剂必须具有更优异的抗积炭性能和选择性，这是高级烃蒸汽转化催化剂和以甲烷为主的气态烃(如天然气和油气田)蒸汽转化催化剂最根本的差别。

1. 高级烃蒸汽转化反应

烃类催化蒸汽转化的目的是最大限度地获取水、烃类原料中所含的氢。通常用于制取氨或醇类的合成气、工业氢气。高级烃蒸汽转化反应如下：

$$C_nH_m+nH_2O \longrightarrow nCO+\frac{n+m}{2}H_2$$

$$CO+3H_2 \xlongequal{} CH_4+H_2O \quad \Delta H^{\ominus}_{298\,K}=-206kJ/mol$$

$$CO+H_2O \xlongequal{} CO_2+H_2 \quad \Delta H^{\ominus}_{298\,K}=-41kJ/mol$$

转化反应是强吸热反应，吸收的热量超过甲烷化、变换反应放热量的总和，总转化过程表现为吸热。从热力学分析，高温低压有利于烃类蒸汽转化反应进行。转化反应在一般转化温度下为不可逆反应，总反应平衡由热效应较小的甲烷化、变换反应决定。当用含碳数较多的液态烃转化时，采用化学计量的水碳比结炭倾向很大，过量的蒸汽对高级烃转化有利。实际的水碳比一般在 3.0~5.0。在低水碳比条件下操作，高级烃很容易发生热力学结炭。在较低水碳比下甲烷化反应开始占支配地位，并在一定的温度和压力条件下甲烷化反应使总的反应过程表现为放热。

当生产富含 CO 的羰基合成气时，一般需将 CO_2 作为一种原料返入一段炉入口。此时还有如下反应发生：

$$CO_2+CH_4 \xlongequal{} 2CO+2H_2 \quad \Delta H^{\ominus}_{298\,K}=247kJ/mol$$

在不同的温度、压力和水碳比条件下，高级烃蒸汽转化的反应如表 3-31 所示。

表 3-31 不同温度、压力和水碳比条件下的烃类蒸汽转化反应

工艺条件			转化反应	$\Delta H^{\ominus}_{298\,K}$/ ($kJ/mol_{CH_{2.2}}$)
压力/MPa	温度/℃	水碳比		
2.07	800	3.0	$CH_{2.2}+3H_2O \longrightarrow 0.2CH_4+0.4CO_2+0.4CO+1.94H_2+1.81H_2O$	+102.5
2.76	750	3.0	$CH_{2.2}+3H_2O \longrightarrow 0.35CH_4+0.25CO+0.4CO_2+1.5H_2+1.95H_2O$	+75
3.11	450	2.0	$CH_{2.2}+2H_2O \longrightarrow 0.75CH_4+0.25CO_2+0.14H_2+15H_2O+102.5$	-48

高级烃蒸汽转化时，温度、压力和水碳比对转化反应的影响比较复杂。在通常的转化条件下表现为强吸热，而在低温、低水碳比和高压下又表现为放热。在典型的绝热转化过程中，由于甲烷化反应占主导地位，所以总过程表现为放热。烃类蒸汽转化反应的总反应热是转化过程中所发生的多种反应反应热的集合。

与甲烷蒸汽转化一样，高级烃蒸汽转化也可根据床层入口水碳比和转化管的温度、压力计算转化出口 CH_4、CO、CO_2、H_2 和 H_2O 的平衡浓度。其关系曲线分别见图 3-55～图 3-58。转化出口气中的甲烷含量最低值由化学平衡决定，温度下降，甲烷含量增加。

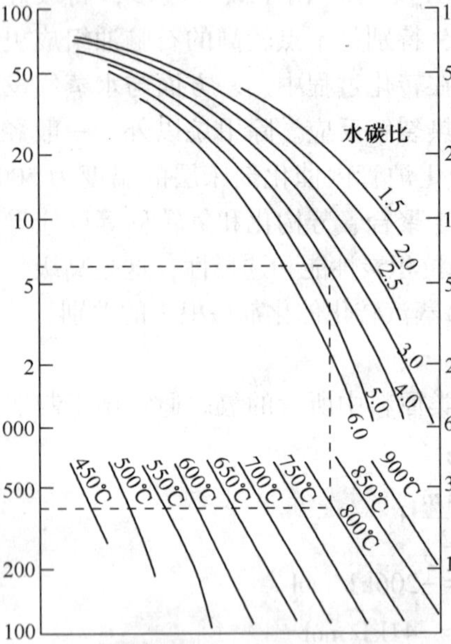

图 3-55 高级烃转化出口甲烷和温度、压力及水碳比的关系

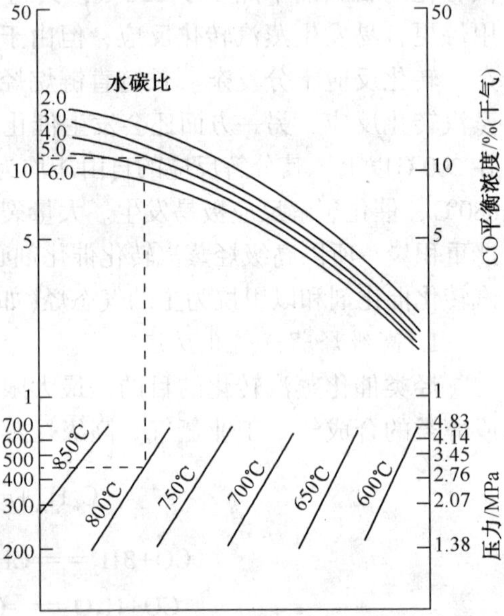

图 3-56 高级烃转化出口 CO 和温度、压力及水碳比的关系

实际生产中，转化出口气中的实际甲烷含量相对应的平衡温度 T_2 总是低于转化出口的实际温度 T_1，存在一定的平衡温距。反映了一定转化工艺条件下转化反应接近平衡的程度，可估计催化剂活性的高低。

高级烃原料的组成比较复杂，反应处于一个高温高压的列管式变温床层内，床层上下温差很大，不同部位的反应情况变化较大。高级烃蒸汽转化反应主要有脱氢、裂解、蒸汽裂解、水合氧化、脱羰、脱羧、变换、析炭、消炭等反应。要求催化剂必须具有适应这种复杂反应体系的综合性能，兼顾不同反应的活性和选择性要求，最重要的就是抗积炭性能。

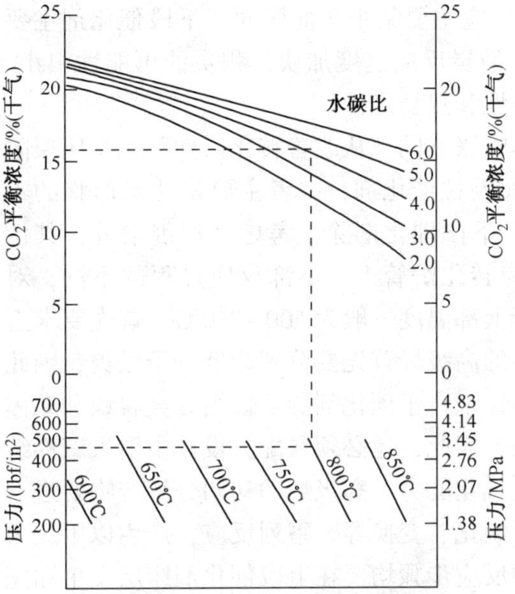

图 3-57　高级烃转化出口 CO_2 和温度、压力及水碳比的关系

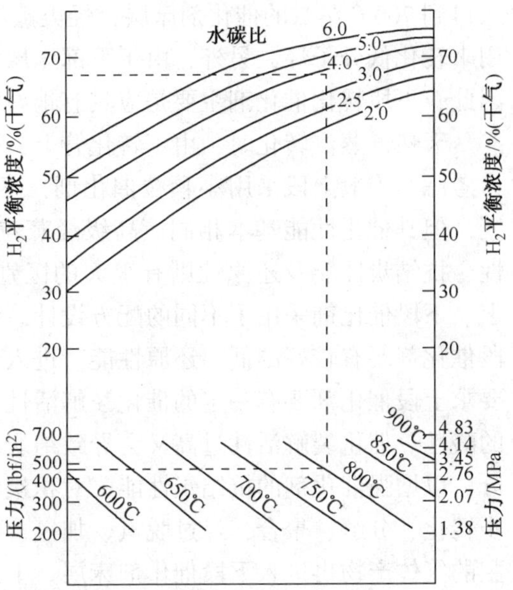

图 3-58　高级烃转化出口氢浓度和温度、压力及水碳比的关系

2. 高级烃蒸汽转化催化剂的综合性能

(1) 高级烃蒸汽转化催化剂的基本性能

高级烃蒸汽转化催化剂的首先要着眼于良好的抗炭性。转化过程的复杂性，催化剂在使用过程中易受工艺条件波动的影响以及原料组成的变化，特别是使用干点较高的轻油为原料时，更易积炭。工业使用轻油蒸汽转化催化剂，长期运行后总有不同程度的积炭，须定期消炭再生。因此催化剂不但要有好的抗积炭性能，而且还必须能经受反复积炭和消炭的冲击。积炭轻者使催化剂活性下降，重则导致炉管阻力上升。经过蒸汽消炭再生，会引起催化剂表面冲蚀和强度下降，同时催化剂被氧化，消炭之后还必须在炉内重新还原才能恢复活性。一种较好的高级烃蒸汽转化催化剂必须兼有下面四个基本特征。

① 机械强度高和热稳定性好。以适应转化炉高温、高水蒸气分压，反复开停车，循环氧化还原，持续积炭消炭等过程带来的强度破坏。同时，在保证强度的基础上还要使催化剂具备适宜的孔结构，以适应内扩散控制反应的要求。

② 较强的抗积炭性能。高级烃蒸汽转化过程中必然发生的结炭副反应危害严重，随高级烃碳数的增加和负荷的提高而加重。因此，要求高级烃蒸汽转化催化剂必须具有尽可能高的抗积炭性能，而且还要在多次消炭再生反应之后，能保持良好的催化性能。

③ 适宜的转化活性。高级烃蒸汽转化是一个平行串联反应同时存在的复杂反应体系，高活性可加速产物生成，但也加速催化裂解等副反应导致结炭。催化剂的烃类裂解活性、水蒸气转化活性、脱氢活性、水蒸气对炭的汽化活性等，需综合平衡调整。

④ 良好的低温还原性能。催化剂在不同的炉型中停车或水蒸气消炭再生后，在转化炉所能达到的温度范围内，尤其是转化炉上部低温区能重新还原恢复活性的性能十分重要。因此，要求催化剂要具备良好的低温还原性。要求催化剂经多次反复氧化还原之后，活性组分镍仍保持良好的分散度，以保证活性稳定性。

(2) 上、下段转化催化剂的不同特点和要求

对高级烃蒸汽转化催化剂基本性能要求主要是针对上段转化催化剂而言的，它装填于从

入口到700℃左右的催化剂床层，烃类蒸汽转化的反应主要集中于此区间。下段催化剂主要用来转化低分子烃，另外，由于下部床层温度高，消炭反应速度加快，积炭的可能性很小。因此，下段转化催化剂主要是应具有很好的转化活性和热稳定性。

天然气蒸汽转化时，由于转化管上、下部气体膨胀不同，从改善转化活性和减少床层阻力考虑。一般上段采用小颗粒催化剂，下段采用大颗粒催化剂，二者主要是几何形状的不同，但其催化性能基本相同。高级烃蒸汽转化上、下段催化剂除了考虑上述因素外，其活性、抗结炭性能及还原性则有很大的区别。为适应转化炉管上、下部反应过程的不同，对上、下段催化剂采用了不同的配方设计。转化炉管上部温度一般为500~750℃，首先要求上段催化剂要有较好的低温还原性能。进入上部床层的高级烃首先要分解为低分子烃类，因此要求上段催化剂要有一定的催化裂解活性，这种活性来自于催化剂的活性组分金属镍和载体的酸性。催化裂解活性过高又会导致结炭反应增强，因此，还必须在配方设计中引入碱性组分，以增强催化剂的抗结炭性能、对积炭的水蒸气气化能力。高级烃的初始分解产物要进一步转化、分解、聚合，经过脱氢、加氢、氧化、甲烷化、变换等一系列反应，产生以甲烷为主的气体产物再进入下段催化剂床层。上述复杂的反应步骤均要在上段催化剂床层发生和完成，高级烃蒸汽转化上段催化剂在整个一段转化炉中处于重要的位置。一个综合性能良好的上段催化剂往往为兼有多种催化功能的复杂催化剂混合物体系。高级烃蒸汽转化下段催化剂，由于反应物的组成主要含有以甲烷为主的气态烃，催化剂的作用已与天然气蒸汽转化催化剂的作用比较接近。但下段催化剂还必须具备工况波动时转化高级烃的功能，兼备捕集上段催化剂释放出的少量碱性组分的能力。

五、变压吸附提纯氢工艺选择

1. 吸附流程的选择

按照平衡关系可知，吸附剂的吸附容量随吸附质的分压力的降低而下降，利用这一原理，通过改变压力完成吸收-解吸过程的流程称为变压吸附(PSA)，此方法最大优点是循环周期短，吸附剂利用效率高，吸附剂用量相对较少，无需外加换热设备，因此适合于大气量多组分气体的分离和纯化。

按照吸附平衡关系可知，使吸附剂温度升高，就可使吸附容量下降，使吸附质脱附(解吸)，然后经过冷却降温后，重新开始吸附的吸附分离流程为变温吸附(TSA)。升温的方式一般是利用热再生气体通过吸附器内直接加热，同时带走脱附出来的物质。也有在吸附床内设置换热器进行加热的，但由于吸附床层结构复杂，而且吸附剂传热效果差，因此，不如用气体进行直接加热方便和效果好，故通常多采用气体直接加热方式。

TSA 再生彻底，因此，适合于难解吸杂质的再生，但由于吸附剂的导热系数小，加热、冷却时间都较长，操作周期变得较长，分离的经济性变差。在加热和冷却的过程中，不仅是吸附剂本身，其他如吸附容器、管道、保温层等都随之加热和冷却，用于提供热源和冷源的投资很大。吸附剂反复经升温和降温，有时会因热应力而破碎。因此 TSA 只适合于微量杂质或难解吸杂质的深度脱除。

实际应用中一般依据气源的组成、压力及产品质量要求的不同来选择 PSA 工艺或 TSA 工艺，有时也需要将 PSA 工艺和 TSA 工艺串联使用。

对于制氢装置的变换气提纯制氢，由于原料气杂质含量高，采用 PSA 流程适宜。

2. 吸附剂选择

优良的吸附性能、较大的吸附容量、快捷的吸附速度、简易的压力调节是实现吸附分离的基本条件。

优良的吸附性能、较大的吸附容量和较快的吸附速度是实现工业上吸附分离的基本条件。所谓分离系数是指在达到吸附平衡时，弱吸附组分在吸附床死空间中残余量与弱吸附组分床中总量的比值之比。分离系数越大，分离越容易。一般而言，变压吸附气体分离装置中的吸附剂分离系数不宜小于3，表3-32为常见吸附剂对氢的分离系数。

表3-32　部分常见吸附剂对氢的分离系数

吸附剂	H_2/CO_2	H_2/CO	H_2/CH_4	H_2/N_2
硅胶类	19.2	2.1	2.9	3.8
活性炭类	18.5	5.9	7.5	4.8
5A分子筛类	54.5	18.3	9.8	7.2

工业变压吸附过程中还应考虑吸附与解吸间的矛盾。一般而言，吸附越容易则解吸越困难。如对于C_5、C_6等大分子的强吸附质，就应选择吸附力相对较弱的吸附剂，如硅胶、活性炭等，以使吸附容量适当而解吸较容易；而对于CO、CH_4、N_2、O_2、Ar等小分子的弱吸附质，就应选择吸附能力较强的吸附剂，如沸石分子筛等，以使吸附容量更大、分离系数更高。

工业PSA吸附剂具有较大比表面积的固体颗粒，主要有硅-铝系吸附剂中的活性氧化铝、硅胶等，还有活性炭吸附剂和沸石分子筛类吸附剂。另外，有时候还会选用一些特别针对某种组分的选择性吸附而研制的特殊吸附材料，如CO专用吸附剂，通常是一种专门合成的含有大量Cu^+的吸附剂，可专门用于吸附CO组分。

硅胶类吸附剂属于极性吸附剂，是一种合成的无定形二氧化硅，它是胶态二氧化硅球形粒子的刚性连续网络，一般由硅酸钠溶液和无机酸混合制备。硅胶结构中的羟基为吸附中心，对能与羟基生成氢键物质的吸附力很大，如极性的含氮化合物如酚、胺、吡啶和极性的含氧化合物如水、醇等。

活性炭类吸附剂属于非极性吸附剂，表面所具有的氧化物基团和无机物杂质使表面性质表现为弱极性或无极性，可通过许多含碳的物料如煤、重油、木材、果壳、禾草等活化制成。活性炭的特点是具有特别大的内表面积，吸附容量大，具有抗酸耐碱、化学稳定性好和解吸容易的特点，活性炭成为一种能大量吸附多种弱酸性和非极性有机分子的耐水型吸附剂。

沸石分子筛类吸附剂属于强极性吸附剂，是一种含碱土元素的结晶态偏硅铝酸盐，属于强极性吸附剂，其极性随硅铝比的减小而增强，沸石分子筛类吸附剂具有规整的结构和极强的吸附选择性，微孔孔径的大小随不同沸石分子筛而异，变压吸附提纯氢气装置中所使用的沸石分子筛主要有X型和A型，通常用于CO、CH_4、N_2、Ar、O_2等组分的吸附。

CO专用吸附剂属于强极性吸附剂，是一种含有大量Cu^+的吸附剂，Cu^+与CO间形成的络合键使其对CO具有特别的选择性和吸附精度，可大大提高CO的分离效果。

炭分子筛吸附剂属于非极性吸附剂，是一种以炭为原料，经特殊炭沉积工艺加工而成用于分离提纯空气中氮气的专用吸附剂，孔径分布非常集中，只比氧分子直径略大，因此非常有利于实现空气中氮氧的分离。

对于组成复杂的气源，实际应用中常常需要多种吸附剂，按吸附性能依次分层装填组成复合吸附床，才能达到分离所需产品组分的目的。表 3-33 为含氢气体变压吸附分离提纯的常用吸附剂。

表 3-33　几种常见含氢气源提纯时常用的吸附剂

气　源	活性氧化铝	硅胶	活性炭	分子筛
含氢混合气体的干燥	○	○		○
变换气提纯氢气	○	○	○	○
炼厂加氢尾气提纯氢气	○	○	○	
合成氨尾气提纯氢气	○		○	○
重整氢提纯氢气	○	○	○	
催化干气提纯氢气	○	○	○	○
甲醇尾气提纯氢气	○		○	○
甲苯脱烷基化尾气提纯氢气	○		○	○
乙烯厂排放气提纯氢气	○		○	○

3. 变压吸附与化学净化氢提纯工艺技术经济分析

制氢装置的氢气净化有化学净化法（传统法）和变压吸附（PSA）净化法方法等两种成熟的工艺技术。

化学净化法　通过化学溶液（如碳酸钾、MDEA 等）吸收的方法先脱除制氢变换气中的 CO_2，然后再通过甲烷化工艺使氢气得以纯化。

变压吸附（PSA）净化法　利于固体吸附剂对不同气体组分的选择性吸附，调节压力实现吸附脱附，一步获得高纯氢气的净化方法。

两种不同的氢气净化方法，将导致产品氢质量、产品氢压力、副产品、制氢转化炉操作条件和公用工程消耗等均有所不同。选择氢气净化工艺路线时，应根据产品 H_2 纯度、H_2 压力、是否需要 CO_2 副产品和氢气的成本等几个方面进行综合考虑。

（1）两种净化方法的主要技术参数比较见表 3-34。

表 3-34　两种净化方法的主要技术参数比较

项　目	化学净化法	PSA 法
产品氢纯度/%	95~97	>99.9
供氢压力/MPa	1.2~1.5	2.1~3.0
副产品	纯度大于 99.5%的 CO_2，压力 0.05MPa	解吸气，作为制氢转化炉燃料
转化出口压力/MPa	1.7~2.0	2.6~3.5
转化出口温度/℃	820~880	820~880
水碳比	4.0~4.5	3.0~3.5
原料耗量相对值	1.0	1.3~1.4
燃料耗量相对值	1.0	0.4~0.5
综合能耗相对值	1.0	0.85
工程投资相对值	1.0	1.0
流程情况	较复杂	较简单

若需要较高的产品氢纯度和较高的产品氢气压力，采用变压吸附(PSA)净化法更为适合；如果需要高纯度的CO_2副产品，则需要采用化学净化法。

此外，两种净化方法也并非相互独立，在用户同时需要高纯氢气和CO_2产品时，也可以将两种氢气净化法结合使用，先采用化学净化法脱除变换气中的CO_2，同时得到CO_2副产品，然后再通过变压吸附净化法得到高纯度氢，变压吸附的解吸气仍作为制氢转化炉的燃料，此时的制氢转化炉操作参数和产品氢压力可以选择和变压吸附净化法相同。这样的工艺路线在国内外均有成熟的应用。

(2) 两种净化方法的氢气成本比较

制氢装置的氢气成本构成中，原料和燃料费所占比例通常高达80%以上，其余的动力消耗、催化剂及化学药剂消耗、大修折旧以及人工费等通常只占20%以下。PSA净化法与化学净化法相比，其原料消耗高，而燃料消耗低，因此，不同的制氢原料和燃料价格对两种H_2净化法的产品H_2成本产生重大影响。

以一套$6×10^4m^3/h$制氢装置为例，两种净化方法的氢气成本见表3-35。

表3-35 两种净化方法的氢气成本比较

燃料/(元/t)	原料/(元/t)	PSA净化H_2成本/(元/m^3)	化学法净化H_2成本/(元/m^3)	
		2.4MPa，99.9%纯度	1.2MPa，96%纯度	折合纯氢成本
500	1800	0.612	0.534	0.597
500	1500	0.525	0.468	0.528
500	1000	0.381	0.358	0.414
500	700	0.295	0.292	0.331
500	655	0.282	0.282	0.321
500	500	0.237	0.247	0.299

由表3-35中可以看出，当原料与燃料的差价为1000元/t时，PSA净化法的氢气成本与化学净化法基本持平；当两者的差价低于1000元/t时，PSA净化法的氢气成本比化学净化法低。

绝大多数制氢装置中，使用的原料和燃料相同，如天然气制氢、饱和石油液化气制氢、炼厂干气制氢，因此，PSA净化法的氢气成本更具有经济优势。即使对于采用昂贵的轻石脑油作为制氢原料。而采用廉价的炼厂干气作为制氢燃料的情况，由于二者仍然是可以互换的，只要合理地设计原料处理方案，就可以将PSA净化法所节省的燃料干气变成制氢的原料，减少石脑油原料的消耗，从而使干气和轻石脑油在制氢装置中具有相近的价值，因此PSA净化法仍有成本优势。加之PSA净化法所具有的氢气纯度高、流程短、设备可靠性高，操作维护少、三废排量少，设备无腐蚀的优势。自20世纪90年代开始，包括国外知名公司如德希尼布、福斯特惠勒、托普索等在内的国内外制氢专利商，几乎都采用PSA净化技术，制氢规模从$500m^3/h$到$230000m^3/h$。

4. PSA解吸气的利用

PSA解吸气的特点是低热值(约$8820～12600kJ/m^3$)、低压(0.03MPa)。针对PSA解吸气的上述特点，只有采用低压燃烧器才能确保正常燃烧。国内开发的双套式燃烧器，既可以直接燃烧高热值的天然气，也可以直接燃烧低压、低热值的PSA的解吸气，也可以同时燃烧高热值的气体和低压、低热值的PSA的解吸气。其最大的优点是低压、低热值的PSA的解吸气不需加压即可燃烧，降低了装置投资和消耗。

5. 联产 CO_2 工艺技术方案

制氢装置生产工业氢的同时，也可以副产工业级 CO_2 或食品级 CO_2。生产 CO_2 的工艺路线如下：

中变气→CO_2 提浓→压缩→净化→液化→充装或储存

上述流程中，至压缩部分时生产的为工业级 CO_2，根据工业级 CO_2 的用途不同，可以灵活确定压缩后 CO_2 的压力。如果继续生产食品级 CO_2，则需要把工业级 CO_2 压缩至 2.0MPa，再冷却到-20℃左右，即可装瓶出售。

由于中变气中 CO_2 纯度低，因此在精制液化前需要提浓。生产 CO_2 的技术经济指标的好坏直接与 CO_2 提浓工艺的选择有关。

提浓混合气体中 CO_2 的方法一般分为湿法和干法两大类。其流程框图见图 3-59 和图 3-60。

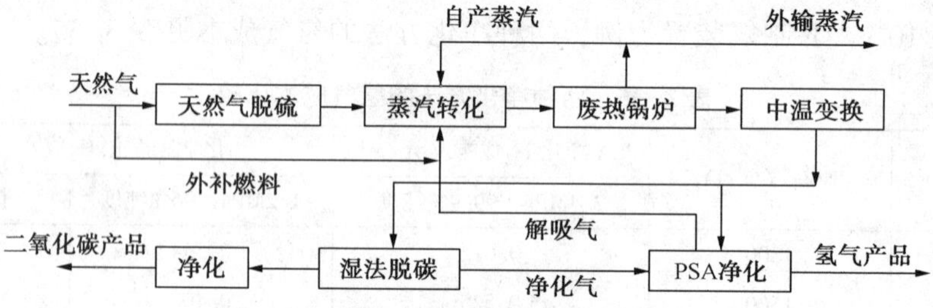

图 3-59 制氢与湿法脱碳总体工艺流程

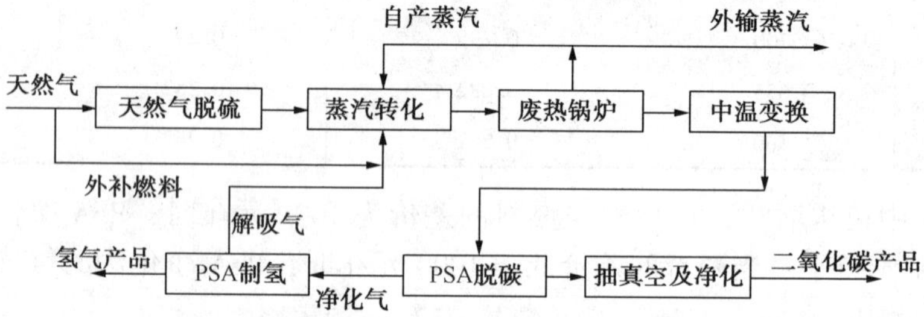

图 3-60 制氢与干法脱碳总体工艺流程

(1) 湿法提浓

湿法按溶液的吸收与再生性质可分为：化学吸收法、物理吸收法、物理与化学结合法三大类。

① 化学吸收法。化学吸收法是以弱碱性溶液为吸收剂，与 CO_2 进行化学反应形成化合物，当富液温度升高、压力降低时，该化合物即能分解释放出 CO_2 并使溶液获得再生。

该类方法有烷基醇胺法和氨水吸收法。烷基醇胺法又包括 MEA(一乙醇胺)法、MDEA(N-甲基二乙醇胺)法、DEA(二乙醇胺)法、TEA(三乙醇胺)法、ADIP(二异丙醇)法和复合胺溶液法。

MEA 碱性最强，与 CO_2 等酸气反应最快，对于单位质量的醇胺类溶液脱除酸性气体时，其吸收能力最大，具有稳定、热降解小和容易由污染的溶液中回收等优点，适合于低压、低浓度 CO_2 气源。

MDEA 和 DEA 碱性弱、与 CO_2 反应慢、溶液循环量大，再生 CO_2 气中化学成分较多，CO_2 气后续净化不利，适合于具有较高 CO_2 分压的气源。

TEA 与 CO_2反应更慢，且溶剂较贵，一般不用。

ADIP 发展较晚，溶剂较好，易与氧快速反应，溶液降解损耗大，与 MEA 相比，吸收速度慢，溶剂贵。复合胺溶液法：采用多种有机胺及活化剂组成一种具有较高活性的吸收液，在 CO_2分压为 0.2MPa 时，高效分离 CO_2。

氨水吸收法广泛应用于小氮肥厂脱碳，反应生成的碳酸氢铵在加热放出 CO_2的同时也放出大量的氨，污染环境，对回收、净化 CO_2不利，在回收 CO_2的装置上一般不用此法。

② 物理吸收法。物理吸收法常用有机溶剂为吸收剂，其原理为高压低温吸收 CO_2，低压高温再生 CO_2，其过程完全为物理吸收过程，适合于高压高浓度 CO_2气源。该类方法有 Selexol(聚乙二醇二甲醚)法、NHD(碳酸丙烯酯)法、PC 法、低温甲醇法等。

③ 物理与化学结合法。物理与化学结合法包括环丁砜法、砷碱法、改良砷碱(G-V)法、热钾碱液法、苯菲尔法等。

环丁砜法溶剂性能较好，吸收容量大，能耗低，但在吸收 CO_2的同时也吸收烃类组分和有机硫，对 CO_2气体后续净化工序不利。砷碱法、改良砷碱(G-V)法、ADA 法是以碳酸钠为碱源添加各种活性催化剂组成的复合吸收体系，吸收液容量小、能耗高、溶液有毒、工程投资大。热钾碱液法、苯菲尔法是以碳酸钾为碱源复合各种活化剂的溶液，与改良 MEA 法相比，其吸收容量小、能耗高、工程投资大，环境污染较大。

(2) 干法提浓

干法提浓 CO_2主要采用 PSA 工艺，是以分子筛、硅胶、活性炭等为吸附剂，利用气体中各组分在吸附剂上的吸附容量不同而采用 VPSA(真空变压吸附)技术提浓 CO_2的方法。该法不形成新的污染源、操作方便，但对气源前端要求严格，一般适用于原料气中 CO_2含量为 20%~50%且 CO_2分压不小于 0.1MPa 的条件。对于常压混合气体且 CO_2含量较低时，采用 VPSA 技术回收 CO_2投资大、回收率低、产品成本高。

第四章 合成氨和尿素

蛋白质是维持植物、动物生命的重要物质基础，氮是蛋白质的主要组成部分。空气中含有79%(体积)的氮，但绝大多数植物不能直接吸收游离氮，只有当氮与其他元素结合后，才能被植物所利用，这种游离氮转变成化合氮的过程。称为“固氮”。合成氨法是目前采用最广、最经济的固氮方法。

20世纪初，德国物理化学家哈勃(F. Haber)成功采用化学合成法将氢气和氮气通过催化剂，在高温、高压下制取氨，开创了工业催化、氨人工合成的先河，至今为至合成氨仍是全球化学工业中产量最大的化学品之一，2012年，全球合成氨产量达到2.15×10^{8}t。氨是氮肥(主要是尿素)生产的主要原料，氮肥在化学肥料中占很大的比例，是化学工业中一个极为重要的产品，全球氮肥的97%来自合成氨。

氨不仅对农业有着重要作用，而且也是重要的工业原料。基本化学工业中的硝酸、含氮无机盐，有机化学工业中的含氮中间体，制药工业中的磺胺类药物、维生素、氨基酸，化纤和塑料工业中的已内酰胺、己二胺、甲苯二异氰酸酯、人造丝、丙烯腈、酚醛树脂等，都需要以氨作为原料，氨可以加工成胺与磺胺，是合成纤维及制药的重要原料。氨对国防工业的发展也十分重要，氨氧化可制成硝酸，硝酸做硝化剂可以制得三硝基甲苯、三硝基苯酚、硝化甘油及其他各种炸药；导弹、火箭的推进剂和氧化剂也需要氨。尿素不仅是高效肥料，而且又是制造塑料、合成纤维和医药的原料，在制碱、石油炼制和橡胶工业以及冶金、采矿、机械加工等工业部门，具有广泛的应用。

我国合成氨产量位居全球第一，为我国的农业发展做出了重大的贡献。合成氨工业已呈现多层次、多形态的新格局和加速发展的态势，已掌握了以焦炭、无烟煤、焦炉气、天然气及油田伴生气和液态烃等多种原料生产合成氨和尿素的技术。合成氨生产过程包括制气、合成两部分，以我国丰富的煤炭资源为原料生产合成氨是我国氮肥产生的特点，制气技术是合成氨技术发展的主体，节能减耗、降低污染是合成氨、尿素产业的发展方向。

第一节 概 述

一、氨性质和用途

氨在常温、常压下为无色气体，相对分子质量为17.03，沸点(0.1013MPa)为-33.35℃，冰点为-77.7℃。比空气轻，具有刺激性气味，能灼伤皮肤、眼睛，刺激呼吸器官黏膜。氨极易溶于水，溶解时放出大量的热。氨是一种可燃性气体，自燃点为630℃，故一般较难点燃。氨与空气或氧可形成爆炸性混合物，爆炸极限分别为15.5%~28%(体积)和13.5%~82%(体积)。氨的水溶液呈弱碱性，易挥发。气态氨较易液化，温度25℃、压力1MPa时，气态氨可液化为无色的液氨。氨的液氨密度(0.1013MPa，-33.4℃)为0.6818kg/L，液氨挥发性很强，汽化热较大，是食品、冷冻工业中最好、最常用冷冻剂。液氨或干燥的氨气对大部分物质不腐蚀，有水存在时，对铜、银、锌等金属有腐蚀。

氨易与许多物质发生反应，例如，在催化剂作用下能与氧反应生成NO，与CO_2反应生成氨基甲酸铵，然后脱水成尿素。

$$4NH_3+5O_2 \longrightarrow 4NO+6H_2O$$

$$2NH_3+CO_2 \longrightarrow NH_4COONH_2$$

$$NH_4COONH_2 \longrightarrow CO(NH_2)_2+H_2O$$

二、合成氨生产现状

世界合成氨工业所用原料主要是天然气和油田气。20世纪80年代以来，世界合成氨工业原料及路线基本稳定，天然气制氨比例缓慢上升。1990年，天然气制氨能力为8460×10^4 t，占总能力的72%，到2003年已达到约11400×10^4t，大约占总生产能力的84%。近年来，全球合成氨装置的开工率一直保持在85%左右，全球合成氨产能由2008年的1.809×10^8t增长至2013年的2.178×10^8t，全球合成氨产能的增加主要来自于中国、非洲、西亚等地区。全球生产氮肥消耗的天然气约占天然气化工利用的90%，全球约有75%的氮肥以天然气为原料，新增合成氨中将有81%以天然气为原料，13%以煤炭为原料，剩余为石脑油或者炼油副产物。

我国合成氨工业始于20世纪30年代，1992年总产量达2298万t，居世界第一。2008年，我国30×10^4t以上大型合成氨厂33家，其中50×10^4t以上特大型氨厂7家，$(18\sim30)\times10^4$t中型氨厂82家，大中型氨厂的合成氨产量在国内合成氨总产量中所占比例已达59.21%。2008年我国合成氨总产量突破5100×10^4t，占当年世界合成氨总产量的33.1%，2012年则已超过6100×10^4t。

我国大型合成氨装置制气工序普遍采用气态烃类蒸汽转化法或粉煤气化工艺，合成压力采用15MPa的低压操作，吨氨能耗降至28~38GJ/t，装置规模$(30\sim50)\times10^4$t/a，已经接近世界先进水平。我国小型合成氨装置产能仍占我国合成氨总产能的1/3，中小型合成氨厂的原料中煤焦占96%以上，我国中小型合成氨装置总产能仍占我国合成氨总产能的一半以上，其造气工艺大多采用间歇式固定床煤气发生炉，合成压力采用32MPa的高压操作，其吨氨能耗达55~60GJ/t，约为大型合成氨装置的2倍，这是我国合成氨工艺技术总体上远落后于发达国家的主要原因。以天然气为原料生产合成氨及其衍生物尿素是最经济的工艺路线，我国天然气化工用气量也主要集中在合成氨生产，受国内能源特点、供气量、供气价格等多方面因素的制约，天然气尚未成为我国氮肥的主导原料路线，煤依然是我国合成氨的主体原料。

三、合成氨尿素生产方法

合成氨的原料是氮气和氢气，氨的合成首先必须制备合格的氢、氮原料气。氮气可取之于空气或将空气液化分离而得，或使空气通过燃料层燃烧，将生成的CO和CO_2除去而制得。氢气来源很广泛，可用碳氢化合物制取(如气态或液态烃)，也可用煤与水蒸气制取，还可以直接电解水而得到氢气。

合成氨的生产过程基本上可分为三个步骤：原料气的制备、原料气的净化、氨的合成。由于原料路线的不同，氨合成的工艺过程也不尽相同。

1. 以天然气或轻油为原料

天然气或轻油为原料氨/尿素合成的原则工艺过程见图4-1。为保护后续转化、变换、甲烷化、合成等催化剂的活性，天然气/轻油首先采用钴-钼加氢和氧化锌脱硫，脱硫前原料气中需加入一定量的氢气，使最终硫含量降至 0.5cm^3/m^{3}以下。一段转化采用镍催化剂，转化压力为3MPa，入口温度为500℃左右，出口温度为800℃左右，一段转化尾气的组成(体积)大致为：H_2 69.5%，CH_4 9.95%、CO 9.95%、CO_2 10.0%、N_2 0.6%。二段转化使用镍系催化剂，在 3.0MPa 下进行，加入空气使其中的氧与 CH_4反应，放出大量热使残余 CH_4在更高温度(1000℃)下完全转化，同时引入 N_2，空气加入量按反应后气体中($CO+H_2$)/N_2=3.1~3.2 供应，出口尾气组成(体积)大致为：H_2 57%、CH_4 0.3%、CO 12.8%、CO_2 7.6%、N_2 22.3%；CO 经高温变换、低温变换，再经过脱碳工序除去 CO_2；采用甲烷化办法使残余 CO、CO_2总量降至 0.5%；含少量 CH_4、Ar 的氢气和氮气压缩至高压，送入合成塔进行合成反应以生产氨；氨与解吸后 CO_2反应生产尿素。

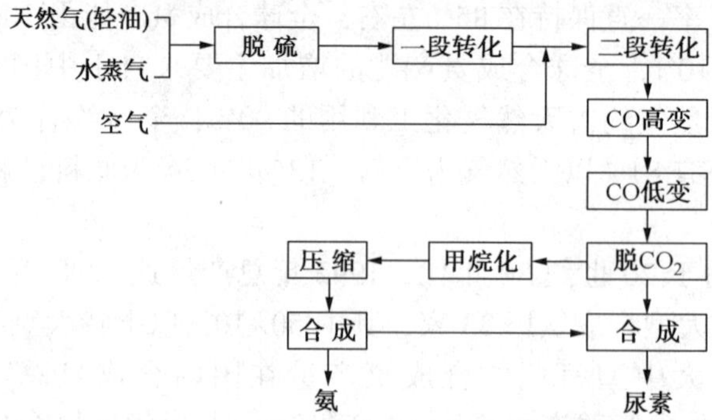

图 4-1　天然气或轻油氨/尿素合成的原则工艺过程

2. 以固体燃料(煤或焦炭)为原料

煤合成氨/尿素的原则工艺过程见图 4-2。以水蒸气和空气作气化剂，将煤气化得到的混合气称为半水煤气，而只用水蒸气作气化剂得到的混合气叫水煤气。要求半水煤气中 $CO+H_2$与 N_2的摩尔比约为 3.1~3.2。半水煤气大致组成为：H_2 37%~39%(体积)，CO 28%~30%(体积)，N_2 20%~23%(体积)，CO_2 6%~12%(体积)，CH_4 0.3%~0.5%(体积)，$O_2$0.2%(体积)。气化过程是一个简单的热化学过程，原料无需净化，气化后对粗煤气净化处理以满足变换、甲烷化、合成催化过程要求即可。

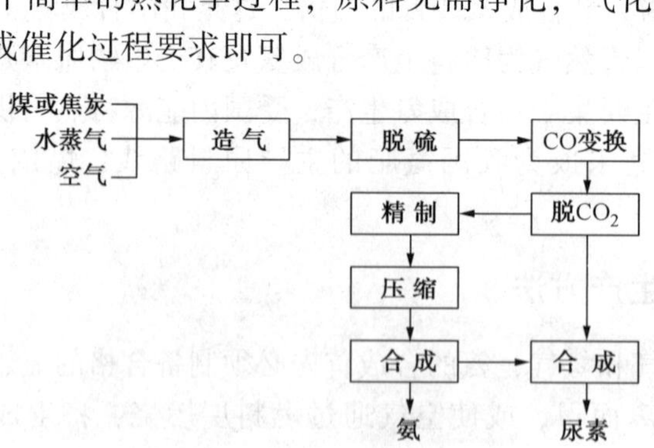

图 4-2　煤合成氨/尿素的原则工艺过程

3. 以重油为原料

以重油为原料的合成氨/尿素原则工艺过程如图 4-3 所示。重油通过部分氧化法将一部分重油燃烧产生高温使剩余的重油裂解，并与水蒸气作用生成 H_2、CO、CO_2和 CH_4，并伴有炭黑析出。

重油部分氧化法的气化剂可以是水蒸气或富氧空气，通过空分得到富氧空气。空分过程是采用深度冷冻的方法将空气液化，然后用低温精馏液态空气，分离出纯氮和富氧空气。液氮用于合成气的精制，脱除合成气中微量的 CO 和 CO_2 等杂质。

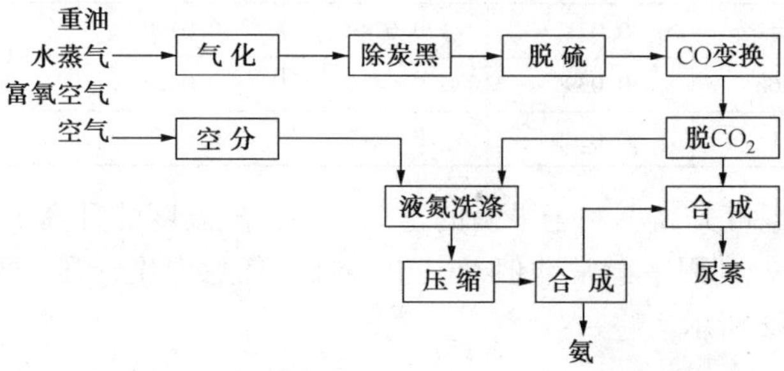

图 4-3 重油合成氨/尿素的原则工艺过程

第二节 氨合成化学反应

氮、氢的合成是整个合成氨流程中的核心部分，氨合成工艺的操作直接影响氨产量、原料气消耗、压缩机(包括冰机)的动力消耗，是提高合成氨工艺处理量，降低能耗、物耗的关键工序。

一、热力学特征

1. 反应热

氨合成是体积减少的可逆放热反应，反应式为：

$$N_2+3H_2 \rightleftharpoons 2NH_3(g) \quad \Delta H^{\ominus}_{298K}=-46.22\text{kJ/mol}$$

氨合成反应的热效应不仅取决于温度，而且与压力、气体组成有关。在不同温度、压力下纯氢氮混合气完全转化成氨的反应热可由下式计算：

$$\Delta H_f=3.83408\times10^4+(22.83+3.5196\times10^4T^{-1}+1.9249\times10^{10}T^{-3})p+22.3875T+1.057\times10^{-3}T^2-7.0832\times10^{-6}T^3(\text{kJ/mol})$$

2. 平衡常数

化学平衡常数表示为：

$$K_p=\frac{p^*_{NH_3}}{(p^*_{N_2})^{1/2}(p^*_{H_2})^{3/2}}=\frac{1}{p}\times\frac{y^*_{NH_3}}{(y^*_{N_2})^{1/2}(y^*_{H_2})^{3/2}} \quad (4-1)$$

加压下化学平衡常数 K_p 不仅是温度的函数，而且与压力、气体组成有关。不同温度、压力下的 K_p 值如表 4-1 所示。

表 4-1 不同温度、压力下氨合成反应的 K_p 值

温度/℃	压力/MPa					
	0.1013	10.13	15.20	20.27	30.40	40.53
350	0.2596	0.2980	0.3293	0.3527	0.4235	0.5136
400	0.1254	0.1384	0.1474	0.1576	0.1818	0.2115

续表

温度/℃	压力/MPa					
	0.1013	10.13	15.20	20.27	30.40	40.53
460	0.0641	0.0713	0.0749	0.0790	0.0884	0.0996
500	0.0366	0.0399	0.0416	0.0436	0.0475	0.0526
550	0.0213	0.0239	0.0247	0.0256	0.0276	0.0299

对于放热反应，温度升高不利于平衡的正向移动，随温度的升高平衡常数值减少；提同压力，K_p 值有所增加。利用平衡常数值及其他条件，任意温度、压力下的合成氨平衡体系中氨含量计算如表 4-2 所示。

表 4-2　不同温度、压力下平衡氨含量($H_2/N_2=3$)

温度/℃	压力/MPa					
	0.1013	10.13	15.20	20.27	30.40	40.53
350	0.84	37.86	46.21	52.46	61.61	68.23
400	0.41	25.37	32.83	38.82	48.18	55.39
460	0.19	15.00	20.60	25.45	33.66	40.49
500	0.12	10.51	14.87	18.81	25.80	31.90
550	0.07	6.82	9.90	12.82	18.23	23.20

氨合成反应适宜在高压下进行，高压下氢、氮、氨的状态与理想气体状态有很大偏差，用分压表示的平衡常数难以反应客观现实，以逸度代替分压表示的平衡常数较好地解决了合成氨的平衡计算。以分压表示的平衡常数 K_p 和以逸度表示的平衡常数 K_f 间关系为：

$$K_f=\frac{f^*_{NH_3}}{(f^*_{N_2})^{1/2}\ (f^*_{H_2})^{3/2}}=\frac{p^*_{NH_3}\gamma_{NH_3}}{(p^*_{N_2}\gamma_{N_2})^{1/2}\ (p^*_{H_2}\gamma_{H_2})^{3/2}}=K_pK_\gamma \tag{4-2}$$

式中 f 和 γ 为各平衡组分的逸度和逸度系数。

K_γ 可由逸度图表中查出各气体的逸度系数后求得，也可由实验测定。图 4-4 给出了不同温度、压力下的 K_γ 值。

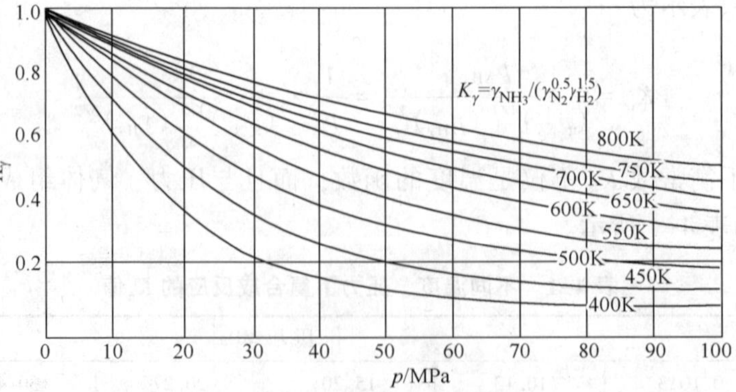

图 4-4　氨合成反应的 K_γ 值

合成压力不高时，逸度系数对平衡常数影响极弱，低压时合成氨平衡常数经验式为：

$$\lg K_{p(p\to 0)}=\lg K_f=\frac{2001.6}{T}-2.69112\lg T-5.5193\times 10^{-5}T+1.8489\times 10^{-7}T^2+2.6899 \tag{4-3}$$

高压下气体混合物为非理想溶液，各组分的γ不仅与温度、压力有关，而且还取决于气体组成(表4-3)。γ值可由下式计算：

$$RT\ln\gamma_i=[B_{oi}-\frac{A_{oi}}{RT}-\frac{C_i}{T^3}+[\frac{(A_{oi}^{0.5}-SUM)^2}{RT}]p \tag{4-4}$$

式中，p为压力，MPa；$R=0.008315$；T为温度，K；$SUM=\sum y_i(A_{oi})^{0.5}$，(计算SUM时，包括甲烷和氩气在内)。

表4-3 各计算系数

组分 i	A_{oi}	B_{oi}	C_i
H_2	0.02001	0.02096	0.0504×10^4
N_2	0.13623	0.05046	4.20×10^4
NH_3	0.24247	0.03415	476.87×10^4
CH_4	0.23071		
Ar	0.13078		

实际计算时，由于平衡组成不知，必须用计算机迭代。若氨、惰性气体的平衡含量分别为$y^*_{NH_3}$和y^*_i，初始氢氮比为r，总压为p，则氨、氮、氢等的平衡分压为：

$$p^*_{NH_3}=py^*_{NH_3},$$

$$p^*_{N_2}=p\frac{1}{1+r}(1-y^*_{NH_3}-y^*_i)$$

$$p^*_{H_2}=p\frac{r}{1+r}(1-y^*_{NH_3}-y^*_i)$$

令逸度系数为1，代入式(4-2)，得：

$$\frac{y^*_{NH_3}}{(1-y^*_{NH_3}-y^*_i)}=K_pp\frac{r^{1.5}}{1+r} \tag{4-5}$$

$r=3$时则可化简为

$$\frac{y^*_{NH_3}}{(1-y^*_{NH_3}-y^*_i)}=0.325K_pp \tag{4-6}$$

3. 平衡影响因素

(1) 压力和温度的影响

温度越低，压力越高，平衡常数K_p越大，平衡氨含量越高。应用式(4-6)可求出平衡氨含量$y^*_{NH_3}$，其值随压力升高、温度降低而增大(表4-2)。

(2) 氢氮比的影响

氢氮比r对平衡氨含量有显著影响，同一氢氮比，平衡氨的体积分数随压力的升高而增加。温度、压力及惰性组分含量一定时，$y^*_{NH_3}$最大的条件是：$\frac{\partial}{\partial r}[K_pp\frac{r^{1.5}}{(r+1)^2}]=0$，若不考虑$r$对$K_p$的影响，解得$r=3$时平衡氨含量具有最大值。考虑到组成对平衡常数$K_p$的影响，具有最大$y^*_{NH_3}$的氢氮比略小于3，并随压力而异，约在2.68~2.90之间，如图4-5所示。

(3) 惰性气体的影响

惰性气体对平衡氨浓度的影响作用相对显著，惰性组分的存在，降低了氢、氮气的有效分压，会使平衡氨含量降低。惰性气体含量 y_i 对平衡氨浓度影响见图 4-6。随着惰性气体含量的增加，平衡氨浓度很快下降，合成反应推动力减小，转化率变小，导致生产能力下降。在生产中要选择一个合理的惰性气体含量，并用弛放少量合成气的办法稳定惰性气体在合成气中的含量。

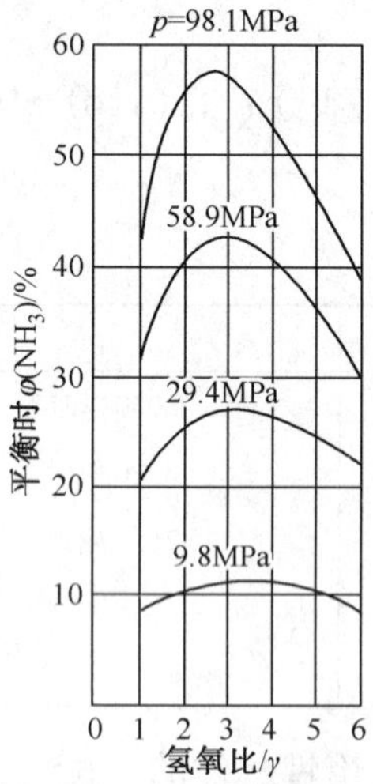

图 4-5　氢氮比对平衡氨浓度的影响

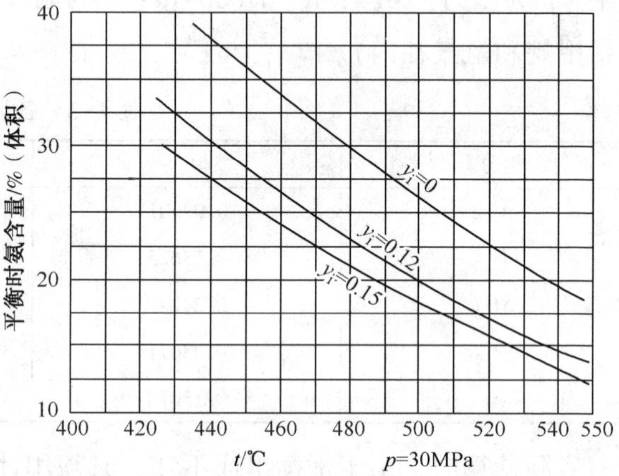

图 4-6　惰性气体含量对平衡氨浓度的影响

采用降低温度、提高压力、保持氢氮比为 3 左右、减少惰性气体含量等措施可以有效提高平衡氨含量。

二、动力学特征

氨合成反应是气相反应物在固体催化剂表面发生的气固相非均相催化反应，由外、内扩散，吸附，表面反应，脱附等七个连串步骤组成。

1. 反应机理

氮、氢在传统铁催化剂下的反应机理存在着不同的假设。一般认为，氮在催化剂上被活性位吸附，离解为氮原子，然后逐步加氢，其机理可表示为：

$$N_2(g)+\sigma \longrightarrow 2N\sigma$$

$$H_2(g)+\sigma \longrightarrow 2H\sigma$$

$$N\sigma+H\sigma \longrightarrow NH\sigma+\sigma$$

$$NH\sigma+H\sigma \longrightarrow NH_2\sigma+\sigma$$

$$NH_2\sigma+H\sigma \longrightarrow NH_3\sigma+\sigma$$

$$NH_3\sigma \longrightarrow NH_3(g)+\sigma$$

2. 动力学方程

当气流速度相当大、催化剂粒度相当小时，内、外扩散对合成反应的影响均不显著，整个催化反应的速度仅与吸附、表面化学反应、脱附相关。实验结果证明其中 N_2 在催化剂表面上的活性吸附是最慢的一步，是决定整个反应过程速率的关键，即氨合成过程反应速率是由氮气的表面吸附速率所决定。

实际上对于合成氨的气固相催化反应过程，表面反应、扩散、吸附等反应步骤随条件的变化而变化，均有可能成为成为合成反应速度的控制步骤，取决于实际操作条件。低温时可能是动力学控制，高温时可能是内扩散控制。

（1）内扩散控制

合成过程速度仅仅取决于内扩散，反应的本征动力学方程表示为：

$$r_{NH_3}=kp \tag{4-7}$$

式中 r_{NH_3}——反应速率；

k——扩散系数；

p——反应物的总压。

氨合成反应过程由气固相催化反应过程的外扩散、内扩散和化学反应动力学等一系列连续步骤组成。当气流速率相当大及催化剂粒度足够小时，外扩散及内扩散的影响均不显著，则整个催化反应过程的速率可以认为和化学反应动力学速率相等。但工业过程还是要考虑到内扩散的阻滞作用，采用小颗粒催化剂可提高内表面利用率，即减小内扩散的阻滞作用。

大量的研究工作表明，工业反应器内的气流条件足以保证气流与催化剂颗粒外表面的传递过程能强有力地进行。因此，外扩散阻力可忽略不计。但反应气流在催化剂微孔内的扩散阻力却不容忽视，即内扩散速率对反应有影响，图 4-7 示出不同粒度催化剂对出口氨的体积分数的影响。反应温度低于 380℃时。出口氨的体积分数受粒度影响较小，超过 380℃时，在催化剂活性温度范围内，温度愈高，出口氨的体积分数受粒度影响愈显著。由此可知，径向反应器由于采用小颗粒催化剂，虽然接触时间比轴向反应器少，但内扩散阻力小，有利于氨的合成反应，故仍能得到较高的转化率。

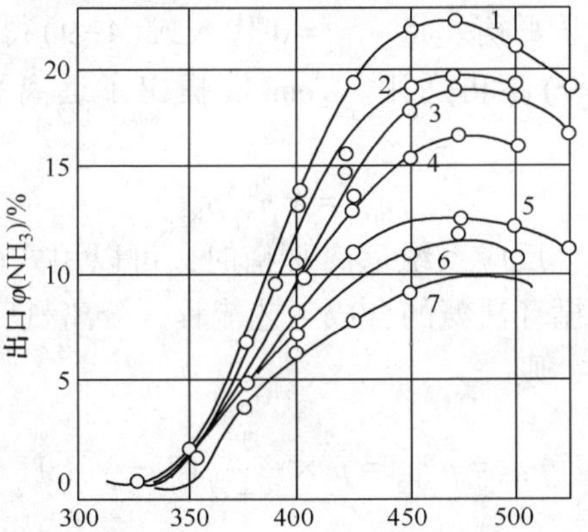

图 4-7 不同粒度催化剂出口氨的体积分数与温度的关系（30.4MPa，30000h^{-1}）

1~7 粒度分别为 0.6mm、2.5mm、3.75mm、6.24mm、8.03mm、10.2mm、16.25mm

内扩散的阻滞作用通常用内表面利用率 ξ 表示。实际的氨合成速率应是 ξ 与化学动力学速率 r_{NH_3} 的的乘积。内表面利用率 ξ 的数值与催化剂粒度及反应条件有关。通常情况下，温度愈高，内表面利用率愈小；氨含量愈大，内表面利用率愈大；催化剂粒度增加，内表面利用率大幅度下降。

（2）动力学控制

当表面反应为气固反应的控制步骤时，反应发生的前期、后期的本征动力学方程不同。

① 反应接近平衡

Temkin 和 Pyzhev 假设催化剂表面活性不均匀、氢的吸附遮盖度中等、气体为理想气体及反应距平衡不很远等条件，认为氨合成本征反应动力学方程如下：

$$r_{NH_3} = k_1 p_{N_2} \left[\frac{p_{H_2}^3}{p_{NH_3}^2}\right]^{\alpha} - k_2 \left[\frac{p_{NH_3}^2}{p_{H_2}^3}\right]^{1-\alpha} \tag{4-8}$$

式中　r_{NH_3}——氨合成反应的净速率；

k_1、k_2——正逆反应速率常数；

p_{N_2}、p_{H_2}、p_{NH_3}——N_2、H_2、NH_3反应物的总压；

α——常数，与催化剂性质及反应条件有关，由实验测定。

式(4-9)称为 Temkin-Pyzhev 方程，适用于 1.0~50MPa 范围，内扩散影响未计入。该方程适用于理想气体，在加压下是有偏差。

加压下的 k_1、k_2为总压的函数，且随着压力增大而减小。工业条件下，气体并非为理想气体，Temkin 在 1950 年提出了以逸度代替分压，并引入与压力有关的指数修正项的动力学修正方程。在工业条件下，由于气体流动速率很大，应考虑内外扩散对反应速率的影响。

对工业铁催化剂，α 可取 0.5，于是式(4-8)变为

$$r_{NH_3} = k_1 p_{N_2} \frac{p_{H_2}^{1.5}}{p_{NH_3}} - k_2 \frac{p_{NH_3}}{p_{H_2}^{1.5}} \tag{4-9}$$

式(4-9)是工程上氨合成常用的化学动力学方程，应用于工艺分析和计算时，对指导实际生产有很重要的意义。

② 反应远离平衡

反应初期，远未达到化学平衡。将 $p_{NH_3}=0$ 代入式(4-9)得 $r_{NH_3}=\infty$，显然不符合实际。当反应远离平衡时，式(4-9)不再适用。Temkin 提出了远离平衡时的本征反应动力学方程式：

$$r_{NH_3} = k' p_{N_2}^{0.5} p_{H_2}^{0.5} \tag{4-10}$$

氨合成反应在反应初期，反应系统远离平衡时，可以用式(4-10)来表示本征动力学方程。由于实际生产中采用了循环法氨的合成工艺流程，分离氨后的进塔气体中仍含有一定量的氨，若惰性气体含量为零，则

氢气压力：

$$p_{H_2} = p y_{H_2} = p \times \frac{r}{r+1}(1 - y_{NH_3})$$

氮气压力：

$$p_{N_2} = p y_{N_2} = p \times \frac{1}{r+1}(1 - y_{NH_3})$$

代入式(4-10)可得：

$$r_{NH_3} = k' p \times \frac{r^{0.5}}{r+1}(1 - y_{NH_3}) \tag{4-11}$$

在一般工业操作范围内，可直接使用式(4-9)来进行工艺分析和计算还是能取得比较满意的结果。

3. 影响因素

(1) 压力

由式(4-9)得知，当温度和组成一定时，反应速率与正反应压力的1.5次方成正比、与逆反应压力的0.5次方成反比，提高压力加快正反应速率、降低逆反应速率，氨合成的反应速率随压力的提高而增加。

(2) 温度

一般化学反应速率随温度的升高而加快。对于可逆放热的催化反应而言，温度的变化对热力学、动力学的影响作用相反。随着温度的升高，正、逆反应速率均增加。当温度较低时，反应离平衡较远，正向反应速率起决定作用，提高温度可加快总反应速率。随着温度的提高，反应离平衡越来越近，逆向反应速率随温度升高迅速增大，而总反应速率增加量逐渐减少。当温达到某一数值时，总反应速率达到最大值，若再提高温度，总反应速率反而减少。因此，压力及催化剂一定时，对应一定的气体组成，总有一个反应温度使此反应系统的反应速率最大，此温度为最适宜温度。合成反应操作应尽可能使反应温度接近最适宜温度，以保证以最快的反应速率达到较高的平衡转化率。

(3) 氢氮比

氨合成反应达到平衡时，氢氮比$r=3$，气相中氨含量有最大值，然而在氢氮比$r=3$时，反应速率并不是始终最快。

在反应初期，反应系统远离平衡时，本征反应动力学方程为$r_{NH_3}=k'p\times\frac{r^{0.5}}{r+1}(1-y_{NH_3})$。当温度、压力、氨含量一定时，改变氢氮比$r$使反应速率$r_{NH_3}$最大的条件是$\frac{\partial r_{NH_3}}{\partial r}=0$，由此求得$r=1$。即反应初期的最佳氢氮比为1时反应速率$r_{NH_3}$最大。

反应中、后期，反应离平衡不远时，本征动力学方程为$r_{NH_3}=k_1p_{N_2}\frac{p_{H_2}^{1.5}}{p_{NH_3}}-k_2\frac{p_{NH_3}}{p_{H_2}^{1.5}}$。同理可以求出最佳氢氮比$r=3$时，反应速率$r_{NH_3}$最大。

(4) 惰性气体的影响

当温度、压力、氢氮比、氨含量一定时，随着惰性气体含量增加，正向反应速率减小，逆向反应速率增加，而总反应速率下降。

此外，催化剂活性和粒度对反应速率也有影响，一般来说，粒度减小，反应速率加快。

第三节　合成氨催化剂

催化剂的催化性能、物理性质直接决定催化剂的使用条件、再生和催化性的稳定性，人们发现对氨合成有活性的金属有锇、铀、铁、钼、锰、钨等。世界各国生产的合成氨催化剂种类繁多，性能也有较大差异。其中以铁为主体并添加有促进剂的铁系催化剂，价廉易得，活性良好，抗毒能力强，使用寿命长，获得了广泛的应用。

一、催化剂构成

经过精选的天然磁铁矿通过熔融，并加入所需数量的促进剂，然后将熔融混合物倾成薄层使其冷却、固化、粉碎、过筛即为催化剂，其比表面积仅为14m^2/g左右，孔体积约为0.1mL/g。助催化剂的加入有助于提高合成氨催化剂的活性及稳定性，常用的助催化剂有K_2O、CaO、MgO、Al_2O_3及SiO_2等。铁系催化剂在使用之前用氢或合成气还原为金属铁，活性组分为α-Fe。

1. 主催化剂

主催化剂磁铁矿为氧化亚铁和氧化铁，FeO/Fe_2O_3的摩尔比约为1，催化剂主要成分可视为Fe_3O_4，其结构与天然矿物尖晶石$MgAl_2O_4$结构相似。尖晶石每个晶胞含8个$MgAl_2O_4$，而Fe_3O_4的每个晶胞含有8个Fe_3O_4。二者氧离子均属面心立方紧密堆积，阳离子Fe^{2+}和Fe^{3+}则分布在氧离子八面体空隙或四面体空隙中。

经还原后的催化剂活性中心主要为α-Fe，化学吸附分子氮使N≡N叁键削弱，以利于加氢形成氨；同时，铁对氨的吸附并不太强，有利于合成产物的脱附。未还原催化剂的结晶颗粒较大，还原后全部氧被除去，但结构并不收缩，可制得与还原前磁铁矿体积相等的多孔铁，相结构表明α-Fe为体心立方结构。孔隙率、还原过程中生成铁微晶的大小是影响催化剂活性的重要因素。晶粒过大或过小都会影响催化剂的性能。晶粒过大，活性表面积小，活性降低；晶粒过小，由于铁的多原子簇活性中心减少，每个表面的铁原子活性降低。因此，在制备过程中要加入一定量助催化剂，以形成合适的晶粒。在高温熔融约1550℃条件下，与Fe^{2+}、Fe^{3+}半径近似的离子（Si^{4+}、Al^{3+}、Ca^{2+}、Mg^{2+}、K^+等）可取代Fe^{2+}或Fe^{3+}，生成混晶。

铁系催化剂未还原前为四氧化三铁，其含量为90%（质量）左右，其中氧化亚铁占24%~28%（质量）。操作压力在15MPa以上的合成氨催化剂一般控制铁比（Fe^{2+}/Fe^{3+}称为铁比）在0.55~0.65。

2. 助催化剂

助催化剂本身没有活性，它的加入可以间接提高催化剂的活性。助催化剂可分为结构型和电子型两类。改善催化剂的结构而呈现促进作用的物质属于结构型助催化剂；降低金属电子的逸出功，促进组分的活性吸附，从而提高催化剂活性的物质属于电子型助催化剂。

（1）Al_2O_3

Al_2O_3是一种结构型助催化剂，它在高温下的稳定形态是α-Al_2O_3。在催化剂制备过程中，Al_2O_3可与Fe_3O_4形成固溶体，具有$FeAl_2O_4$、$K_2Al_2O_4$等尖晶石型混晶结构，成为高熔点且难还原组分，隔开α-Fe微晶，以阻止α-Fe的烧结。用氢气还原时，Fe_3O_4被还原成α-Fe，Al_2O_3并未被还原，仍保持尖晶石结构，起到骨架作用，保持了催化剂多孔结构，防止铁结晶长大，从而增加催化剂的比表面积，还可增加催化剂对S、Cl等的抗毒性能。

例如，含$Al_2O_3$2%的铁催化剂，比纯铁催化剂的表面积大10倍左右，但加入Al_2O_3后，会减缓催化剂的还原速度。Al_2O_3表面能吸附NH_3，生成的NH_3不能及时脱附，反应不利于正向进行而导致活性降低。因此，Al_2O_3加入量要适度，过多地加入Al_2O_3会使自由铁含量下降，而且还要与其他助剂的添加种类和数量协调，通常为2.5%~5%，最佳量为3%~4%。

（2）SiO_2

SiO_2的主要作用是改善催化剂的物理结构，SiO_2具有“中和”K_2O、CaO等碱性组分的功能，可调节表面 K^+ 的含量，使 K^+ 分布更均匀。SiO_2 又类似于氧化铝，可以起到稳定晶粒的作用，从而提高催化剂耐烧结害和抗水毒的性能。其最佳含量将随 K_2O 的含量而改变，与其他助催化剂含量也有关。

（3）K_2O

K_2O 是电子型助催化剂，K_2O 的加入降低了 α-Fe 的电子逸出功。包围着 α-Fe 微晶的 $K_2Al_2O_4$ 以其 K^+ 向外，AlO_2^- 向内，造成表面正电场，使金属 α-Fe 的电子逸出功降低；促进电子输出给 N_2，有利于氮分子的吸附、活化及生成物氨的脱附，从而提高催化活性。通常 K_2O 表相浓度大于体相浓度，可见 K^+ 是在固体表面层。K_2O 能促进 α-Fe 烧结，比表面下降，导致孔半径增大。不含 K_2O 的样品，平均孔径为 38.4nm；含少量 K_2O 的样品，平均孔径为 36.4nm。K_2O 与载体间存在协同作用，Al_2O_3 结合表面游离的 K_2O，生成铝酸钾，减少 K_2O 的流失，活性提高。K_2O 的最佳含量在 1.2%~1.8%。

（4）CaO

CaO 也是电子型助催化剂，主要有助于 Al_2O_3 与 Fe_3O_4 固溶体的形成，CaO 使 Al_2O_3 与磁铁矿的熔融温度降低，熔融液的黏滞性显著降低，使 Al_2O_3 在熔铁中分布更均匀。CaO 具有抗烧结、降低电子输出功及增加催化剂抗 H_2S 和 CO 等毒物的能力。CaO 的最佳含量为 2.5%~3.5%。

（5）MgO

MgO 与 CaO 作用相似，MgO 与 CaO 同时存在时能显著提高催化剂的低温活性，改变其耐热性能，MgO 使催化剂更易于还原。MgO 的最佳含量为 3.5%~5%。

过高的助催化剂含量对催化剂活性不利，图 4-8 为催化剂活性与促进剂含量的关系。助催化剂各种成分互相联系、互相制约，它们通过对 α-Fe 微晶大小、分布以及 α-Fe 电子逸出功的改变等，调节催化剂活性、稳定性达到最佳值。

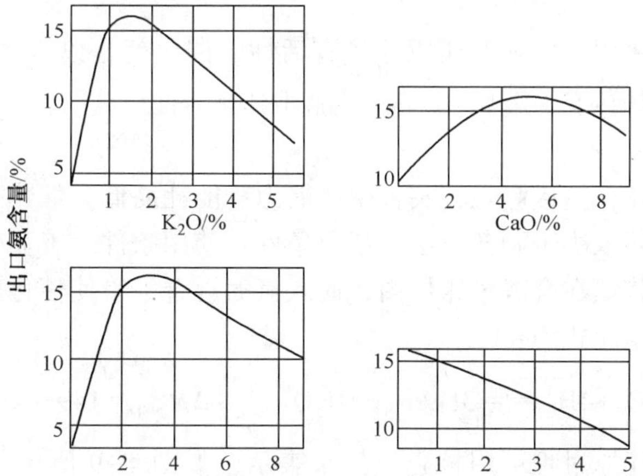

图 4-8　促进剂添加量与出口氨含量的关系

3. 催化剂的组成

合成氨催化剂为黑色不规则颗粒，有金属光泽，堆积密度 2.5~3.0kg/L，孔隙率 40%~50%。还原后的铁催化剂一般为多孔的海绵状结构，孔呈不规则树枝状，内表面积为 4~16m^2/g。国内外常见合成氨组成性质见表 4-4。

表 4-4 国内外主要型号的氨合成催化剂的组成

公司/牌号	南京化学工业公司		英国 ICI 公司		丹麦 Topsφe 公司	美国 United Catalysis 公司
项目	A110	A201	ICI35-4	ICI74-1	KM-1	C73-1
FeO/%	30.5	28.3	26.3	22.40	35.52	30.37
Fe_2O_3/%	61.7	66.3	—	70.3	54.86	55~58
Al_2O_3/%	2.4~3.8	2.1~2.8	2.5	1.8	2.85	2~3
CaO/%	1.9~2.3	1.0~1.8	2.0	0.48	3.27	0.7~1.2
K_2O/%	0.5~0.7	0.4~0.7	0.8	0.64	0.66	0.5~0.8
SiO_2/%	0.45	—	0.4	—	0.28	<0.4
Co_3O_4/%	—	5~7	—	1~6	—	—
颗粒形状	不规则	不规则	不规则	不规则	不规则	不规则
堆密度/(kg/L)	2.7~3.0	2.8	2.6~2.85	—	2.5~2.85	2.6~2.9
使用温度/℃	360~510	360~490	350~550	350~460	390~550	370~590

国内合成氨厂普遍使用的是 A106、A109、A110-1~A110-6 等 A 型催化剂，A110-1~A110-6 型系列产品具有还原温度低、低温高活性等特点，达到了国外同类产品的质量水平。近年来，我国研制成功的 A201 型铁-钴系列氨合成催化剂，在同样条件下比 A110 系列催化剂提高生产能力 5%~10%，其活性、耐热性、抗毒性均能达到国外同类型铁-钴催化剂的水平。A301 型催化剂是以维氏体相 $Fe_{1-x}O$ 为主体的低温、低压、高活性、易还原的新型合成氨催化剂，在相同条件下，较 A110 系列可增加生产能力 10%~20%，在国内众多的小型合成氨厂应用，获得了较好的经济效益。

二、催化剂还原

合成氨催化剂在使用前，须经还原才具有活性。催化剂是以铁的氧化物（FeO、Fe_2O_3）形式存在，经还原使其转变为金属（α-Fe）微晶才具有活性。

1. 还原原理

催化剂活性的好坏，直接影响到装置生产能力和能耗高低。催化剂活性不仅与化学组成有关，在很大程度上还取决于制备方法、还原条件、使用条件。工业生产中最常用的还原方法是将制备的催化剂装填在合成塔床层内，通入氢氮混合气，使催化剂中铁的氧化物被氢气还原成金属铁。还原反应式为：

$$Fe_3O_4+4H_2 \xlongequal{} 3Fe(s)+4H_2O(g) \quad \Delta H^{\ominus}_{298K}=149.9kJ/mol$$

氨合成催化剂的还原过程可用核壳模型来表示，如图 4-9 所示。还原反应首先在催化剂表面上进行，催化剂四氧化三铁晶格中氧渐渐与氢结合成水，并扩散脱离催化剂表面，从而由表及里逐步形成多孔结构。

还原反应为可逆吸热反应，还原过程所需热量除由氨合成反应热补充外，均由塔内电加热器或塔外加热炉提供。

2. 还原方法

催化剂的还原可分一般还原、快速还原及预还原三种。

① 一般还原方法　最常用的方法，催化剂升温还原操作通常由五个阶段组成，以 A110 为例说明还原操作过程。

升温阶段(常温~320℃，6MPa)。

还原初期(320~390℃，6~10MPa)：氨合成塔尽量采用高空速，使还原后的金属铁微晶活性高，温度升高至水汽浓度超标、放水量激增时应停止升温，恒温恒压，为保证稳定生成微孔。

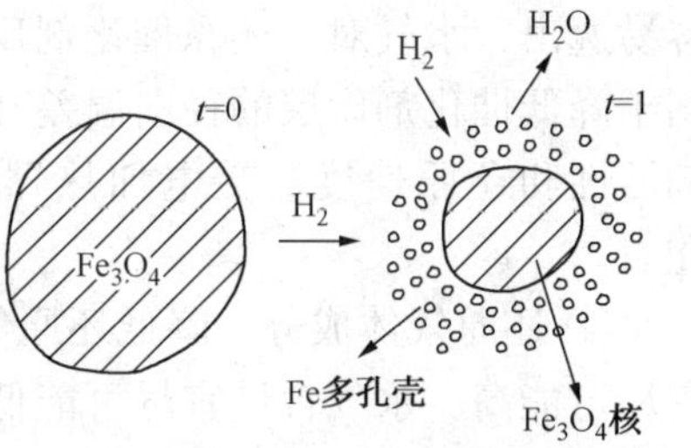

图 4-9　氨合成催化剂还原的核壳模型

还原主期(390~490℃，10~15MPa)：适当提高压力、控制较低的惰性气体含量、采用适宜的氢氮比，充分利用反应热，升温和升压不得同时进行，以免催化剂床层温度波动大。

还原末期(490~500℃，6~10MPa)：催化剂床层热点温度达 500℃，应逐渐提高床层下层温度接近 500℃，并恒温约 6h。当催化剂还原度>95%、水汽浓度降低至<1.0g/m^3，视为催化剂升温还原工作结束。

低负荷运转(约 460℃，≤20MPa)：催化剂升温还原完毕，将催化剂床层热点温度以 5℃/h 的速率降至正常操作温度约 460℃，逐渐升压至 20MPa 进行低负荷生产。

② 快速还原方法　在催化剂升温还原过程中，当绝热层或绝热层上部催化剂还原基本结束后，及时提压，调整工艺条件，使氨合成塔一边生产氨，一边继续进行催化剂的还原，大大缩短催化剂的还原时间，节省合成系统开车费用等。

③ 预还原方法　催化剂的还原也可以在塔外专用还原设备中进行，即催化剂预还原。催化剂还原时能严格控制各项指标，不仅可以缩短升温还原时间，而且也避免了在合成塔内不适宜的还原条件对催化剂活性的损害，使催化剂能够在最佳条件下还原，因此，还原后的催化剂活性较好、使用寿命长。

传统的还原方法耗时长、能耗高，目前已被快速升温还原法取代，还原时间大大缩短，节约开车费用 40%以上。使用预还原方法是提高催化剂活性、强化生产的又一项有效措施。但还原以后的活性铁遇到空气后会发生强烈的氧化反应，以致催化剂烧结而失活。为此，预还原的催化剂必须进行钝化操作。

3. 还原条件

催化剂活性的好坏，直接影响到装置生产能力和能耗高低。催化剂活性不仅与化学组成有关，在很大程度上还取决于制备方法、还原条件、使用条件。还原应满足使四氧化三铁充分还原为 α-Fe、还原生成铁晶体不会聚集而长大等要求，即保证有最大的比表面积和更多的活性中心。还原温度、压力、空速和还原气体组成的选择是保障还原的基础。

① 还原温度　达到一定温度还原反应才开始进行，提高还原温度可加快还原反应的速率、缩短还原时间，但还原温度过高会导致 α-Fe 晶体长大。升温速率对催化剂性能有一定影响，采用升温与恒温交叉进行，可以降低水汽浓度，减轻还原后的 α-Fe 反复氧比还原和重结晶，提高催化剂的活性和使用寿命。

② 还原压力　还原压力一般要低于生产压力。提高氢分压，加快了还原反应速度。同时一部分还原好的催化剂进行氨合成反应，放出的反应热可以弥补电加热器功率的不足。但压力的提高也提高了水蒸气的分压，增加了催化剂反复氧化还原程度。一般情况下还原压力控制在 10~20MPa。

③ 还原空速　空速越大，气体扩散越快，气相中水气浓度越低，催化剂微孔内的水分

容易逸出，水气对已还原催化剂反复氧化的作用减弱，提高了催化剂的活性。提高空速也有利于降低催化剂床层的径向温差和轴向温差，提高床层底部温度。空速的大小主要影响催化剂活性和还原速度。受电加热器功率和还原温度所限，空速不宜过高，空速在 $10000h^{-1}$ 左右。

④ 还原气体成分　降低还原气体中的 p_{H_2O}/p_{H_2} 有利于催化剂还原，还原气体中的氢含量宜尽可能高，水气含量宜尽可能低。水气含量的高低对催化剂活性影响很大，水蒸气的存在可使已还原的催化剂反复氧化，导致 α-Fe 晶粒长大，抑制还原反应，降低了还原速度。为此，要及时除去还原生成的水分，尽量采取高空速以保持还原气体中的低水气含量。一般情况下，还原过程中可控制氢含量在 72%～76%之间，水气含量在 0.7～2.0g/m 范围内。

三、催化剂钝化

还原后的活性铁遇到空气会发生强烈的氧化反应，放出热量使催化剂烧结失去活性。因此，已还原的催化剂与空气接触之前要进行缓慢氧化，即在 100～140℃下用少量含氧的气体缓慢进行氧化，使催化剂表面形成一层氧化铁保护膜，这一过程称为钝化。经过钝化的催化剂，在一般温度下遇到空气就不易发生氧化燃烧反应，再次使用时，只需稍加还原即可投入生产操作，和钝化前相比，催化剂的活性不变，只需短时间还原即可快速投入生产。

钝化的方法是将压力降至 5～10atm，温度降至 50～80℃，用 N_2 气置换系统，然后逐渐导人空气，使氮气中氧含量在 0.2%～0.5%。在钝化过程中，放出的热量会使催化剂层温度上升，因此，应严格控制催化剂层温度，一般应不超过 130℃。随着钝化过程的进行，将气体中的氧含量逐渐增加到 20%，而催化剂层温度不再上升，合成塔进、出口气体中氧含量相等，完成钝化过程。

四、催化剂中毒与老化

1. 中毒

经过净化进入合成塔的新鲜氢氮混合气，仍然会含有微量的有毒成分使催化剂缓慢中毒，活性降低。引起氨合成催化剂中毒的物质有氧、硫、磷、砷及其化合物（O_2、CO_2、H_2O、H_2S、SO_2、PH_3、AsH_3等）以及润滑油、铜氨液等。硫、磷、砷及其化合物的中毒作用是永久性中毒，氧及氧化物导致的暂时性中毒可通过纯净的氢氮混合气还原来恢复。气体中夹带的油类或高级烃类易在催化剂上裂解析炭，堵塞微孔，覆盖活性中心，失活效果介于可逆与不可逆中毒之间。

原料气送往合成工段之前应充分清除各类毒物，以保证原料气的纯度。一般规定大型氨厂一氧化碳与二氧化碳体积分数之和小于等于 $10×10^{-6}$，小型氨厂一氧化碳与二氧化碳体积分数之和小于等于 $30×10^{-6}$。

2. 老化

长期使用的催化剂活性逐渐降低的现象称为催化剂的老化。催化剂老化到一定程度，活性、选择性难以维系正常生产就需更换新的催化剂。催化剂长期处于高温之下，因受热影响催化剂的细小晶粒逐渐长大，表面积减小，活性下降。特别是在操作中温度波动频繁，温差过大，温度过高，使催化剂表面不停地反复进行氧化还原反应，易使催化剂老化；进塔气中含有少量引起催化剂暂时中毒的毒物，催化剂表面反复进行氧化还原反应，使催化剂老化。

加强原料气的净化、规范操作可以防止催化剂的中毒，但催化剂的老化却是难以避免的，选用耐热性较好的催化剂，改善气体质量和稳定操作可以减缓老化速度，延长催化剂的使用寿命。表 4-5 列出催化剂在合成塔中使用 13 个月后催化剂的性态改变。

表 4-5　催化剂使用前后的性态改变

试样		促进剂含量/%					表面积/m^2/g	氨含量/%	反应速率常数 k	总孔隙率/%	平均孔径/Å①
		Al_2O_3	CaO	SiO_2	K_2O	SO_3					
使用前		3.82	3.55	0.9	1.2	痕量	13.0	13.1	609.6	32.5	107.0
使用后	上层	3.92	3.55	0.93	1.28	0.08	9.2	0.1	0.025	37.4	166.0
	中层	3.92	3.55	0.98	1.29	0.01	10.0	4.6	79.16	35.8	150.0
	下层	3.92	3.55	0.98	1.29	0.01	13.0	5.9	110.3	35.4	107.0

注：①1Å = 10^{-10}m。

由表可见，使用前后促进剂成分改变甚微，而上中层催化剂表面积显著下降，孔隙率增加，平均孔径增大。使用过程中，由于微晶长大，其结构趋向于一种活性很低的稳定状态，结构变化导致活性降低是不可逆，生产中要严格控制催化剂床层温度，尽量减少温度波动，控制好床层进口温度和热点温度。

第四节　合成氨工艺过程

氨的合成是整个合成氨流程中的核心部分，是合成氨生产最后一道工序。在一定的温度、压力及催化剂存在的条件下，将精制的氢、氮混合气催化转化为氨。合成在较高的压力、温度下进行。对设备、管道材质的要求很高，能耗、物耗高。降低压力，采用低压(3.0~6.0MPa)高活性的氨合成催化剂，实现低压、中压合成，是 21 世纪合成氨生产技术的突破之一。

一、功能单元

工业生产过程中，由于合成工艺所采用的压缩机形式、操作压力、氨分离的冷凝级数、热能回收形式以及各部分相对位置的差异，不同合成工艺的工艺流程不尽相同，但合成基本工艺步骤相同，均经过压缩、预热及合成、冷凝分离、循环压缩、弛放、热能回收等功能单元。图 4-10 是氨合成原则工艺流程示意图。

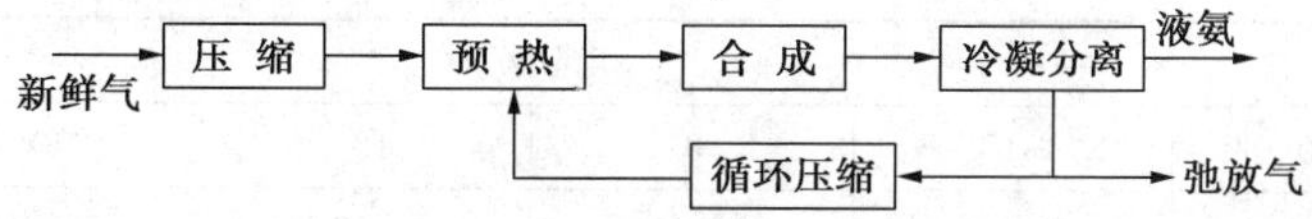

图 4-10　合成原则工艺流程

由于受平衡的限制，氨合成反应塔的单程转化率不高，反应后气体中一般氨含量只有 10%~20%，产物中氨与其他气体组分分离，未反应气体循环使用已成为合成氨的常规流程。采用循环流程的氨合成工艺主要包括以下部分：新鲜氢氮气的压缩并补入循环系统、循环气的预热与氨的合成、氨的分离、热能的回收利用、未反应新鲜氢气和氮气等气体压缩循环、循环气的弛放等。

1. 气体压缩除油

为将新鲜原料气(经过净化、精制的氢、氮混合气)压缩到氨合成所要求的操作压力，在流程中设置压缩机。使用注油润滑往复式压缩机时，压缩过程在气缸内的高温条件下，部分润滑油气化并被气体带出。气体中所含的油雾不仅会使氨合成催化剂中毒，而且附着在热交换器壁上，生成污垢，降低传热效率，因此，必须将油分清除干净。除油的方法是在压缩机每段出口都设置油分离器，并在进入氨合成系统设置油分离器也称滤油器。若采用离心式压缩机或采用无油润滑的往复式压缩机，从根本上解决了压缩后气体带油问题，可以取消油分离设备，使生产流程得以简化。

2. 原料气预热和合成

为满足氨合成催化剂起活温度的要求，压缩后氢、氮混合气需预热升温后才能送入催化剂床层进行合成反应，因此，在流程中设置换热器及氨合成塔。加热气体的热源：正常操作情况下，主要是利用氨合成的反应热，即在换热器中，利用反应后的高温气体预热反应前温度较低的氢、氮混合气；在开工或反应不能维持合成塔自热平衡时，可利用塔内电加热器或塔外加热炉供给热量。换热过程通过内取热器、外取热器实现。

3. 氨分离

合成塔出来的混合气体中，氨含量仅为10%~20%，须经过分离才能得到产品液氨。从混合气体中分离氨的方法有冷凝法和水吸收法两种，目前工业生产中主要采用冷凝法。

冷凝法分离氨是利用气态氨在低温、高压下易液化的原理进行。该法是首先冷却含氨的混合气，使其中的气态氨冷凝成液氨，再经气液分离设备，从不凝性气体中分离出来液氨。在一定温度、压力下，饱和氨含量近似通过拉尔逊公式计算：

$$\lg y_{NH_3}^{*} = 4.1856 + \frac{1.9060}{\sqrt{p}} - \frac{1099.5}{T} \qquad (4-12)$$

式中 $y_{NH_3}^{*}$——与液氨呈平衡的气相氨含量(也称气相平衡氨含量),%；

p——混合气总压力，MPa；

T——混合气温度，K。

由式(4-12)计算不同温度、压力下，与液氨呈平衡的气相氨含量，如表4-6所示。气相平衡氨含量随温度降低、压力升高而减少，即降低温度、提高压力有利于氨的冷凝分离。再考虑到其他气体及气体中有部分氨呈雾状未被完全分离对气相平衡氨含量的影响，实际上混合气中氨含量比用式(4-12)计算的气相平衡氨含量高，一般考虑约10%的过饱和度。

表4-6 不同温度、压力下气相平衡氨含量

压力/MPa	温度/℃					
	-20	-10	0	10	20	30
15.20	2.15	3.14	4.46	6.19	80.39	11.13
30.40	1.53	2.24	2.88	4.43	6.00	7.99
76.00	1.16	1.67	2.38	3.30	4.48	5.96

根据不同工艺的要求，氨的冷凝分离流程不同。目前，工业上在冷凝合成氨后的气体过程中，以水和液氨做冷却剂，因此，在流程中设置水冷器、氨冷器。在水冷器和氨冷器之后，为了把冷凝下来的液氨从气相中分离出来，设置氨分离器。分离出来的液氨，经减压后送至液氨储槽，液氨储槽压力一般为1.6MPa左右。液氨既作为产品，也作为氨冷器的

冷媒。

冷凝过程中，一定量氢气、氮气、甲烷、氩气等气体溶解于液氨中。液氨在贮槽内减压后，溶解于液氨中的气体组分大部分解吸，减压作用部分液氨也会气化，这种混合气工业上称为“贮槽气”或“弛放气”，加强“弛放气”的回收利用，具有积极作用。

4. 未反应氢、氮气循环

分离液氨后的剩余气体中含有大量未反应的氢气和氮气，工业上常采用循环来回收利用。即未反应的氢、氮混合气，补充能量，与新鲜原料气汇合，重新进入氨合成塔进行反应。因此，在流程中设置循环压缩机，常用离心式压缩机，也有少数厂家使用往复式压缩机。压缩机进、出口压差为2~3MPa，反映整个合成循环系统阻力降的大小。

5. 惰性气体排放

合成氨原料气采用精制、净化单元，也难避免不含其他气体，新鲜原料气中通常含有一定数量的惰性气体，即甲烷和氩。循环法合成氨时，新鲜原料气中氢气和氮气会连续不断地转化为氨，而惰性气体除少部分溶解于液氨中带出，大部分在循环气体中积累，通过循环使混合合成原料气中惰性气体含量持续增加，对氨合成器、反应器的稳定操作不利。

在工业生产中，为保持循环气体中惰性气体含量稳定，常常采取将一部分含惰性气体较高的循环气间歇或连续放空的办法，来降低循环气中的惰性气体含量。工艺流程中各部位惰性气体含量不同，为减少氢气、氮气、氨的损失，弛放的位置应选择在惰性气体含量最大，氨含量最小的地方。氨已大部分分离(氨分离器)之后，新鲜气加入(一般为滤油器)前的位置是理想的弛放处。放空气体中的氢气、氨等可加以回收利用，从而降低原料气的消耗，其余的气体一般可用作燃料。

6. 反应热回收

氨合成过程存在高温位(500~550℃)物流，低温位(0~-20℃)物流，反应放热量较大，提高过程的热利用率，对于节能降耗意义重大。目前，回收热能的方法有以下几种：

① 预热反应前的氢、氮混合气。用反应后的高温气体预热反应前的氢、氮混合气，使其达到催化剂的起活温度。

② 预热锅炉给水，产生高压蒸汽，供汽轮机使用。

③ 副产蒸汽。利用催化剂床层出来的高温气体，换热产生1.3~1.5MPa、0.4MPa蒸汽。

至于采用哪一种回收热能方式，取决于全厂供热平衡设计。目前，大型氨厂较多采用加热锅炉给水；中型氨厂则多用于副产蒸汽；小型氨厂多用于副产蒸汽、加热热水。预热反应前的氢、氮混合气，大、中、小型氨厂都有应用。

实际生产中，由于热能回收设备存在温差损失，通常每生产1t氨一般可回收0.8t左右饱和蒸汽的热能。

二、工艺条件

氨合成是一个可逆放热反应，一般情况下反应缓慢，只有在催化剂存在下，反应才能正常进行。通过压力、温度、空速和合成塔进口气体成分的优化，可以充分发挥催化剂效能，使生产强度达到最大、消耗定额最低。

1. 压力

氨合成过程中，合成压力是决定其他工艺条件的前提，是决定生产强度和技术经济指标的主要因素。

从化学平衡和化学反应速率的角度看，增大操作压力有利于合成反应的进行，使平衡氨含量增加、反应速率加快、合成装置的生产能力增加；压力高，氨冷凝温度相应提高，氨从氢气、氮气中分离得更完全，简化氨分离流程，制冷能耗降低。但是，压力较大对设备材质、加工制造的要求相应提高。高压下反应温度一般较高，会缩短催化剂使用寿命。

选择适宜操作压力主要依据能量消耗，并参考包括原料费用、设备投资的综合费用。能量消耗主要包括原料气压缩功、循环气压缩功和氨分离的冷冻功。图 4-11 所示给出了某日产 900t 氨厂合成工段功消耗随操作压力的变化关系。提高操作压力，原料气压缩功增加，循环气压缩功和氨分离冷冻功却减少。压力过高则原料气压缩功太大；压力过低则循环气压缩功、氨分离冷冻功又太高。根据对能量消耗以及包括能量消耗、原料费用、设备费用的分析，一般认为 20～30MPa 是合成氨比较适宜的操作压力。

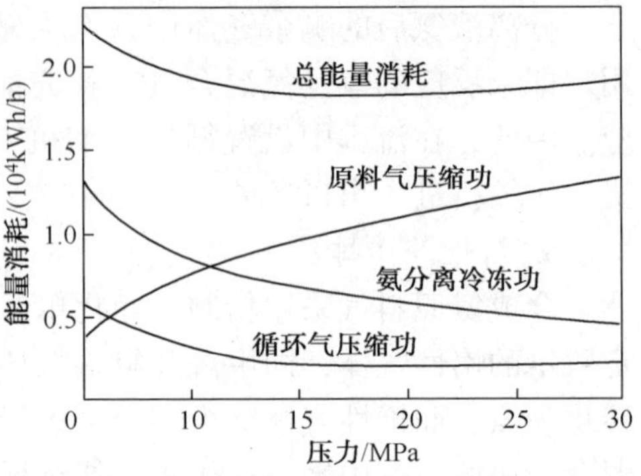

图 4-11　合成压力和功耗的关系
以 15MPa 原料气压缩功为比较基准

目前，我国大型合成氨厂，采用蒸汽透平驱动的离心压缩机，合成压力通常为 15～24MPa，中小型合成氨厂用往复式压缩加压，合成压力为 20～30MPa。随着氨合成生产的技术进步，采用低压降的径向合成塔，装填高活性的催化剂，都会有效地提高氨合成率，降低循环机功耗，可使操作压力降低到 10～15MPa。如果成功地运用水吸收法分离氨，则不存在冷冻功耗，氨合成压力可降到 5～7MPa。

2. 温度

合成氨反应为可逆放热反应，存在着最适宜操作温度。在最适宜温度下，氨合成反应速度最快，转化率最高。升高温度对提高合成氨的反应速率有利，但在近平衡条件下转化率的增加阻力加大，因此，存在最适宜温度的选择问题。由于催化剂只有在一定温度范围内才能显示出催化活性，又受失活温度的限制。实际影响合成温度的因素包括合成压力、气体组成、催化剂活性及扩散过程等，此外，反应器的结构型式也有重要影响。

合成氨反应的最适宜温度 T_{op}(最佳温度)与平衡温度 T_e及正、逆反应的活化能 E_1、E_2的关系为：

$$T_{op}=\frac{T_e}{1+\frac{RT_e}{E_2-E_1}\ln\frac{E_2}{E_1}}$$

在一定条件下，气体组成改变，最适宜温度也随之变化，即在催化剂床层中，随反应的进行，混合气体的组成持续变化，气体中的氨含量不断提高，则对应有不同的最适宜温度。将催化剂床层中，不同气体组成下的最适宜温度点连成的曲线称为最适宜温度曲线。图 4-13所示为平衡温度曲线和其催化剂的最适宜温度曲线。在一定压力下随体系氨含量的提高，相应的平衡温度、最适宜温度均下降。随惰性气体含量的增加，对应于一定氨含量的平衡温度下降。气体组成一定时，压力愈高，平衡温度与最适宜温度愈高。考虑到内扩散的影响，实际反应的最适宜温度较图 4-12 的数据略低。

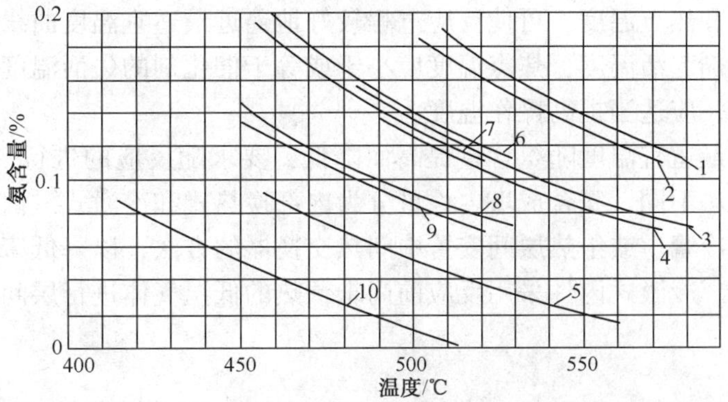

图 4-12　H_2 : N_2 = 3 的条件下平衡温度与催化剂的最适宜温度

1～5 分别为（30.4MPa，y_{i0} = 12%）、（30.4MPa，y_{i0} = 15%）、（20.3MPa，y_{i0} = 15%）、（20.3MPa，y_{i0} = 18%）、（15.2MPa，y_{i0} = 13%）的平衡温度曲线；6～10 分别为（30.4MPa，y_{i0} = 12%）、（30.4MPa，y_{i0} = 15%）、（20.3MPa，y_{i0} = 15%）、（20.3MPa，y_{i0} = 18%）、（15.2MPa，y_{i0} = 13%）的最适宜温度曲线

理论上讲，氨合成操作曲线应与最适宜温度曲线相吻合，以保证生产强度最大，稳定性最好。而实际生产中完全按最适宜温度曲线进行操作比较困难。反应初期，即在催化剂床层的前半段，氨含量很低，反应速率很快，容易实现最适宜温度下操作，但受实际条件的限制也难以实现。例如，氨合成塔进气氨含量为 4%（p = 30MPa，y_{i0} = 12%），由图 4-13 可知，T_{op} 已超过 600℃，即催化剂床层入口温度应高于 600℃，这个温度已超过催化剂的耐热温度（一般为 550℃左右）。另外，达到最适宜温度分布后，床层轴向温度逐渐下降，温度分布递降的反应器在工艺实施上也不尽合理，它不能利用反应热使反应过程自热进行，需额外加高温热源预热反应气体以保证入口的温度。所以，在床层的前半段不可能按最适宜温度操作。

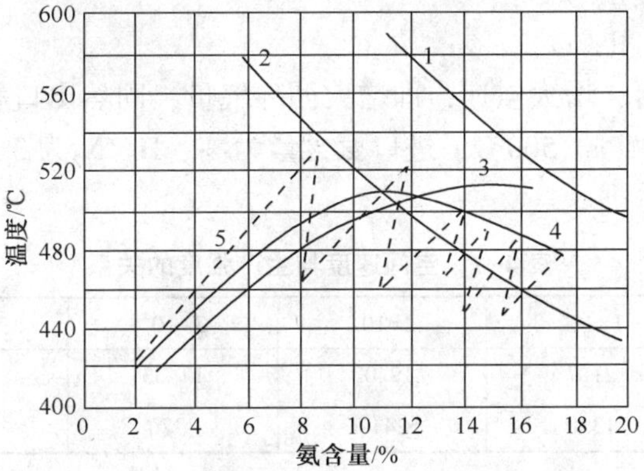

图 4-13　氨合成塔催化剂床层温度分布曲线

1，2—平衡曲线及最适宜温度曲线（30MPa，惰性气体为 18%）；
3—双套管并流式温度分布曲线；4—三套管并流式分布曲线；5—多层冷及式温度分布曲线

在床层的后半段，随着反应的进行，氨含量已经比较高，反应热的放出使床层温度逐渐升高，采取冷却措施及时移走反应热，使反应温度分布尽量接近于最适宜温度曲线是有可能的。图 4-13 所示为几种氨合成塔催化剂床层温度分布曲线，从图中可以看出：氨含量提高，相应的平衡温度与最适宜温度下降；多层冷激式温度分布曲线最接近最适宜温度曲线。

工业上使用的氨合成催化剂的活性温度范围为 360～550℃，合成反应的操作温度选择受催化剂型号和合成塔结构限制，生产中应严格控制两点温度，即床层入口温度和热点温度。

提高床层入口温度和热点温度，可使反应过程较好地逼近最适宜温度曲线。床层入口温度应等于或略高于催化剂起活温度，热点温度应小于或等于催化剂的失活温度。生产中后期由于催化剂活性的衰减，应适当提高操作温度。

氨合成反应的最适宜温度随氨含量提高而降低，要求随反应的进行，不断移出反应热。生产上按照降温方法不同，氨合成塔内件可分为内部换热式和冷激式。内部换热式内件采用催化剂床层中排列冷管，或绝热层间安置中间热交换器的方法，以降低床层的反应温度，并预热未反应的气体。冷激式内件采用反应前尚未预热的低温气体进行层间冷激，以降低反应气体的温度。

3. 空间速度

空间速度是指单位时间内通过单位体积催化剂的气量（m^3，标准状态），简称“空速”，实际上它是气体与催化剂的接触时间的倒数，单位为 h^{-1}。显然空间速度越大，接触时间越短。空速的大小不仅反映循环气量的多少，还对合成塔的生产强度及系统压力降有明显影响，也涉及反应热的合理利用。根据空速和合成塔进出口氨含量，由下式可以计算催化剂的生产强度：

$$G = \frac{17}{22.4} \cdot \frac{Z_2 - Z_1}{1 + Z_2} \cdot V_S$$

氨产量：$W = G \times V$

式中 G——催化剂的生产强度，$kg/(m^3 \cdot h)$；

V_S——气体进塔空速，h^{-1}，

Z_1、Z_2——进、出塔气体中氨含量，%（摩尔）；

W——氨产量，kg/h；

V——催化剂的体积，m^3。

在催化剂体积一定时，增大空速，即增大循环气量，固然出口氨含量下降，但能提高氨产量。表 4-7 所示为 30MPa、500℃、进口氨含量为零、H_2/N_2 为 3、无惰性气体条件下空间速度与生产强度的关系数据。

表 4-7　空间速度与生产强度的关系

空间速度/h^{-1}	1×10^4	2×10^4	3×10^4	4×10^4	5×10^4
出口氨含量/%	21.7	19.02	17.33	16.07	15.0
生产强度/[$kg/(m^3 \cdot h)$]	1350	2417	3370	4160	4920

当其他操作条件一定时，提高空速则出口氨含量下降，合成塔的生产强度增加。空速提高，气体与催化剂接触时间缩短，混合气体中氨含量降低，与催化剂床层中对应于一定位置的平衡氨含量的差值增大，即推动力增大，反应速度加快。因此，氨净值（Z_1-Z_2）下降的幅度比空速 V_S 的增大程度小，即 $V_S(Z_1-Z_2)$ 仍会提高，因此，生产强度增加，氨产量 W 也会有所增加。

提高空速在增加氨产量的同时，也带来一些消极影响。增加空速导致循环气量增加、加大了系统压力降和循环机功耗、增加了氨分离难度、冷冻功耗增加。合成氨是依靠反应热达到“自热平衡”，空速的增加使单位体积气体反应热随氨净值下降而减少。若空速过大，带出的热量过多，自热平衡失衡，催化剂床层温度下降，不能维持正常生产。采用高空速强化生产，加快了催化剂、设备的磨损，对催化剂使用寿命和活性均有一定影响。不同装置应有

适宜的空速值，相应地存在适宜的操作温度、氨的体积分数，见表4-8。

表4-8 空速与反应温度和氨的体积分数的关系

氨含量/%(体积) 空速/h^{-1} \ t/℃	425	450	475	500	525
15000	14.5	19.6	21.6	23.0	19.3
30000	11.7	14.6	17.7	18.8	16.7
45000	9.4	12.7	15.2	16.5	15.7
60000	8.0	11.2	13.3	14.6	14.6

选择空速时应综合考虑生产强度、功耗、床层温度、反应热回收等因素。操作压力为30MPa的合成氨厂，空速一般在$(2\sim3)\times10^4h^{-1}$之间，氨净值约为10%。大型合成氨厂为充分利用反应热，降低功耗并延长催化剂寿命，通常采用较低的空速。如操作压力为15MPa的轴向冷激式合成塔，空速为$1\times10^4h^{-1}$，氨净值为10%~15%。

4. 合成塔进口气体组成

合成塔入塔气体组成包括氢氮比、惰性气体含量和进塔氨含量。

(1) 氢氮比

从热力学角度分析，当氢氮比r为3时，平衡氨含量最大；从化学动力学角度分析，最适宜氢氮比r随反应进行，将不断增大，由反应初期氢氮比r为1，逐渐增加到反应接近化学平衡时的氢氮比接近3，反应速率最快。受化学平衡的限制，氨合成过程有大量未反应的H_2和N_2需进行循环，故进入合成塔的气体是循环气与新鲜气的混合气，约为新鲜气的4~5倍，组分也与新鲜气有所不同。生产实践表明，控制进塔气体的氢氮比略低于3，如2.8~2.9比较合适，故新鲜气氢氮比应控制为3，否则循环系统中多余的H_2或N_2积累起来，会造成循环气中氢氮比的失调，使操作条件恶化。

(2) 惰性气含量

惰性气体来源于新鲜气，新鲜氮氢气中含有甲烷和氩，以及微量的氦、氖、氪等稀有气体，一般新鲜气中惰性气体含量为0.9%~1.4%。惰性气体的存在，无论从对化学平衡、动力学均不利。循环气中惰性气体含量的主要靠"弛放气"量来控制。维持过低的惰性气含量又需大量排放循环气，而损失氢气、氮气，导致原料气消耗量增加。因此，惰性气体含量应根据新鲜气惰性气体含量、操作压力、催化剂活性等条件而定。

由于原料气制备与净化方法不同，新鲜气中惰性气体含量也各不相同，循环气中所控制的惰性气体含量也有差异。当操作压力较高、催化剂活性较好时，循环气中惰性气体含量可控制高些，保持在16%~20%，以降低原料气消耗量。反之，操作压力低时，惰性气体含量必须控制低些，在12%~16%之间，以降低原料气消耗量。生产中弛放量约为新鲜气量的10%，放空气中含有氢气，应加以回收利用。

(3) 入塔氨含量

入塔气体中的氨是由于相平衡的限制，随循环气带入。当其他条件一定时，入塔氨含量越高，氨净值越小，循环气量增大，功耗增加，生产能力越低。反之，降低入塔氨含量，催化剂床层反应推动力增大，反应速度加快，氨净值增加，生产能力提高，但氨冷凝、分离、再压缩能耗增加，入塔气体的氨含量存在一个适宜值。入塔氨含量的高低，取决于氨分离方法。冷凝法分离氨，入塔氨含量与系统压力和冷凝温度有关，要维持较低的入塔氨含量，必须消耗大量冷冻量，增加冷冻功耗，经济上并不可取。压力高时，合成氨反应速率快，进塔氨含量可高些，压力低时，为保持一定的反应速率，进塔氨含量应控制得低些。通常情况下，中压法操作入塔氨含量应在3.0%~3.8%，低压法操作入塔氨含量应在2.0%~3.0%。采用水吸收法分离氨，入塔氨含量可在0.5%以下。

5. 催化剂颗粒度

在工业条件下，催化剂的内扩散对氨合成的影响十分显著。减小催化剂的粒径，可提高催化剂内表面利用率，但床层阻力降增大，对于轴向流动的合成塔，由于床层高、阻力大，应采用较大的颗粒，而对于径向流动的合成塔，气体阻力较小，可采用较小颗粒的催化剂，以提高其内表面利用率。当然用球形催化剂最好，其效果会显著提高。

三、工艺流程

依操作压力的不同，合成工艺可分为高压法、低压法、中压法，不同方法的特点如下。

高压法：在45MPa以上、500~600℃下操作。氨的反应速率快，合成率高；反应后气体中的氨易被分离；流程简单、设备比较紧凑等。针对氨合成反应放出的大量热量，催化剂床层温度高，如控制不好，不能及时移走反应热，易使催化剂过热而烧坏或失去活性，所以催化剂的使用寿命较短；在高温高压下操作，对设备制造、材质要求都较高，投资费用大等。目前工业上很少采用此法生产。

低压法：在8~15MPa、350~430℃下操作。由于操作压力和温度较低，对设备要求低，容易管理。但此法必须采用低压高活性催化剂，且所用催化剂对毒物很敏感、易中毒，使用寿命短，对原料气的精制要求很高。又因操作压力低，氨的反应速率慢、合成转化低，反应后气体中氨的分离较困难，流程复杂等。目前工业生产上采用此法的不多。

中压法：在20~35MPa、470~550℃下操作。技术比较成熟，经济性较好。合成压力的确定，主要依据是能耗以及包括能量消耗、原料费用、设备投资在内的综合费用，即取决于技术经济指标。合成压力为13~30MPa比较经济，在15~30MPa的范围内功耗的差别不大，世界上绝大多数国家均采用此法。

1. 传统合成氨工艺流程

由于合成工艺所采用的压缩机形式、操作压力、氨分离的冷凝级数、热能回收形式以及各部分相对位置的差异，不同合成工艺的工艺流程不尽相同，均具有压缩、预热及合成、冷凝分离、循环压缩、弛放、热能回收等功能单元以实现新鲜氢氮气的压缩并补入循环系统，循环气的预热与氨的合成，氨冷凝分离，循环气的压缩循环再利用，弛放气的外排以减少惰性气体积累和维持压力平衡，有效回收利用反应热的目的，以实现优质、高产、低耗的目标。

(1) 中、小型氨厂工艺流程

图4-14为中、小型合成氨的合成工艺流程。新鲜气与循环气均由往复式压缩机加压，设置水冷器与氨冷器两次分离产品液氨，氨合成反应热仅用于预热进塔气体。合成塔出口气体经水冷器冷至常温，其中部分氨被冷凝并在第一氨冷器中分出。为降低惰性气体含量，在氨冷后排放少量循环气，大部分循环气由循环压缩机加压后进入滤油器，与在此补入的新鲜气混合，然后进入冷凝塔上部的换热器与分离去液氨后的低温循环气换热降温，再进入氨冷器中冷却到0~8℃，气体中绝大部分氨被冷凝下来，在氨冷凝塔下部实现气液分离。分离采出循环气经冷凝器上部热交换器与来自循环压缩机的气体换热，被加热热到10~30℃进入氨

合成塔，从而完成循环流程。该流程弛放位置设在惰性气体含量较高、氨含量较低的部位，可以减少氨及氢氮气的损失；新鲜气在滤油器中补入，经冷凝塔时可进一步除去带入的油滴、二氧化碳和水蒸气；循环压缩机位于水冷器之后，循环气温度较低，有利于降低压缩的功耗。为了回收氨合成反应热，目前采用此流程的工厂大多增设了热回收装置，用来加热热水或副产蒸汽。

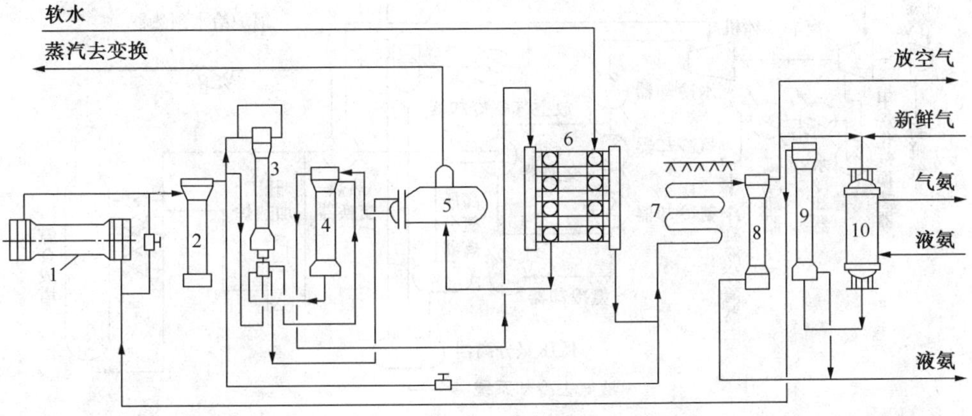

图 4-14　后置提温型副产蒸汽氨合成工艺流程

1—循环机；2—油分离器；3—氨合成塔；4—循环气预热器；5—后置锅炉；6—软水预热器；7—水冷器；8—氨分离器；9—冷交换器；10—氨冷器

(2) 大型氨厂工艺流程

图 4-15 为 Kellogg 法氨合成工艺流程。新鲜气在离心压缩机的第一缸中压缩后，经新鲜气、甲烷化气换热器、水冷却器及氨冷却器逐步冷却到 8℃。除去水分后，新鲜气进入压缩机第二缸继续压缩并与循环气在气缸内混合，压力升到 15.5MPa，温度为 69℃，经水冷却器降至 38℃。然后气体分为两路：约 50%的气体经过两级串联的氨冷却器。一级氨冷却器中的液氨在 13℃下蒸发，气体被冷却到 22℃，二级氨冷却器中液氨在-7℃下蒸发，气体被进一步冷却到 1℃；另一半气体来自高压氨分离器的-23℃的气体在冷热交换器内换热，降温至-9℃。两路气体混合后温度为-4℃，再经第三级氨冷却器，利用-33℃下蒸发的液氨将气体进一步冷却到-23℃，然后送往高压氨分离器。分离液氨后含氨 2%的循环气经冷却交换器和热热交换器预热到 141℃进入轴向冷激式合成塔。该流程采用离心式压缩机并回收氨合成反应热预热锅炉给水；采用三级氨冷，气体逐级降温，冷冻系统的液氨亦分三级闪蒸，三种不同压力的氨蒸气分别返回离心式氨压缩机相应的压缩级中，比全部氨气一次性压缩至高压、冷凝，一次性蒸发到同样压力的冷冻系数大、功耗小；流程中弛放位位于压缩机循环段之前，此处惰性气体含量最高、氨含量也高，为减少损失，将放空气中氨加以回收。

2. 现代合成氨工艺流程

氨合成过程消耗大量的能源，节能技术的研究和新型氨工艺的开发一直是世界各国极为关注的重要课题。从 20 世纪 60 年代合成氨装置大型化以来，节能在生产中日益得到重视，各工艺开发商竞相开发了各种节能型新工艺，流程中都加入了节能的系统与设备，由此演变出了更多流程。以天然气原料：20 世纪 60 年代吨氨能耗水平为 43.96～46.05GJ；20 世纪 70 年代吨氨能耗水平为 37.68～39.77GJ；20 世纪 80 年代开始，凯洛格公司、布朗公司、ICI公司和托普索公司等先后推出了节能型流程，吨氨能耗降至29.31GJ；进入20世纪90年代，凯洛格公司又开发成功KAAP和KRES组合技术，吨氨能耗进一步降至25.96~27.21GJ。

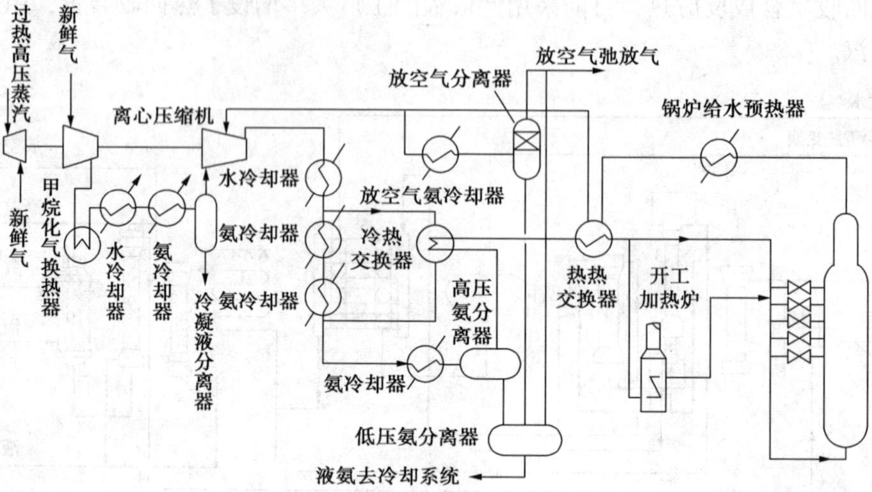

图4-15 凯洛格氨合成工艺流程

当前，世界上以天然气为原料的先进的合成氨工艺主要有以下几种：美国Kellogg公司的节能型工艺和KAAP工艺、美国Braun公司的低能耗低成本深冷净化工艺、英国ICI公司的AMV节能型工艺和LCA工艺、德国Uhde公司的UHDE-ICI-AMV节能型工艺、德国Linde公司的LAC工艺和丹麦Topsφe公司的低能耗工艺。

(1) Kellogg节能工艺

当前国际上的合成氨工业以美国Kellogg工艺为主导。早在30多年前，Kellogg公司首先在合成氨工业中采用了蒸汽轮机驱动的离心式压缩机，实现了合成氨装置的单系列、大型化和低能耗，被认作为传统型工艺模式。目前，全世界已有160多套Kellogg工艺装置，其总生产能力约占世界合成氨总生产能力的50%以上。

① 基本工艺过程(图4-16)

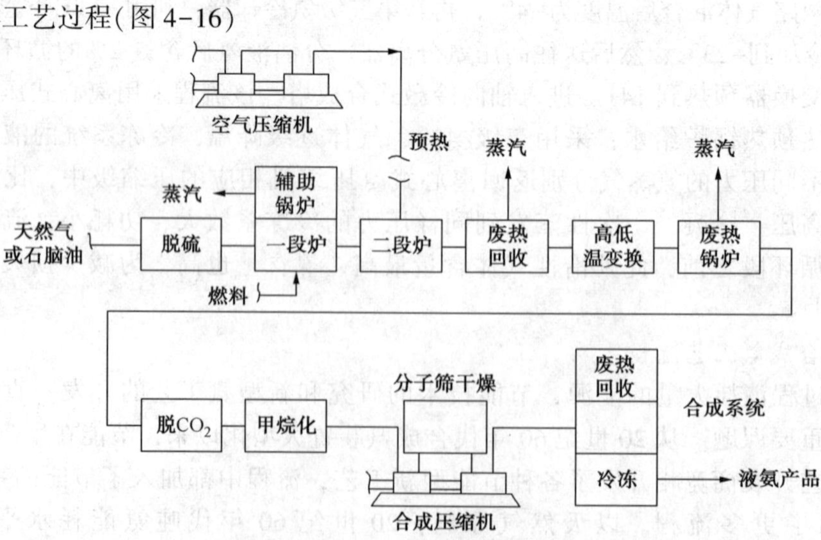

图4-16 凯洛格低能耗制氨工艺流程图

② 主要工艺特点

合成压力从31atm提高到36atm，减轻一段蒸汽转化炉的负荷，加大二段转化炉的负荷。一段蒸汽转化炉空气采用烟道气预热，适当降低转化出口气温度，使炉管的操作条件趋于缓和；二段转化用空气由汽轮机驱动的空气压缩机供应。采用了新型的浮头式换热器，设备简单并节约管材。采用物理溶剂吸收脱碳Selexo法工艺，可节约蒸汽消耗，但CO_2回收率低，不能满足下游产品尿素生产的需要；甲烷化净化气采用分子筛干燥净化后直接送入氨合成塔；采用卧式氨合成塔系统，并且允许采用小颗粒催化剂和提高出口氨浓度，减少了合成回路的循环比及压缩机的动力消耗；采用新型组合式换热器；采用四级氨冷器；完善蒸汽系统，冷凝液采用汽提法处理；燃料消耗可降低50%，动力消耗降低23%，冷却水的循环量降低37%，吨氨能耗可降至29.27~31.4GJ。

③ 主要技术进展

a. 钌基催化剂　Kellogg公司与BP公司合作开发成功的高效能钌基氨合成催化剂具有以下特点：活性高，常压下比常规铁基催化剂的活性高10~20倍，在氨浓度很高的情况下仍保持高活性；比表面大，比常规催化剂高得多，转化效率比传统催化剂高12%~16%，在起始反应温度为300℃，压力为8.5MPa，氢氮比为2.5的条件下，氨转化率达到20%；具有高耐毒性，使用寿命可达15年。但是，钌基催化剂强烈吸附氢，对氨合成有抑制作用。高压条件下钌基催化剂未必比铁基催化剂优越。

b. KAAP先进氨合成工艺　凯洛格公司与英国石油公司(BP)经过长达10年合作开发出的KAAP工艺(KelloggAdvancedAnlmoniaProcess)技术采用低温、低压的高活性合成催化剂，不仅降低能耗，而且可以减少设备投资。在不更换设备和不增加投资的情况下，仅更换成新一代氨合成催化剂，便可大幅度提高合成效益。KAAP具有以下优点：节省投资，合成回路基建投资降低15%~20%；降低能耗，单程转化率高，合成回路比常规工艺节能25%；催化剂使用寿命可达15年之久；合成氨可在较温和条件下操作，并能保持高转化率，使设备操作条件有所改善；采用KAAP工艺，每吨氨成本可降低2~6美元，节能1.2GJ/t NH_3；用于现有装置，可提高合成系统的生产能力20%~40%，具有节能效果。KAAP合成回路工艺如图4-17所示。

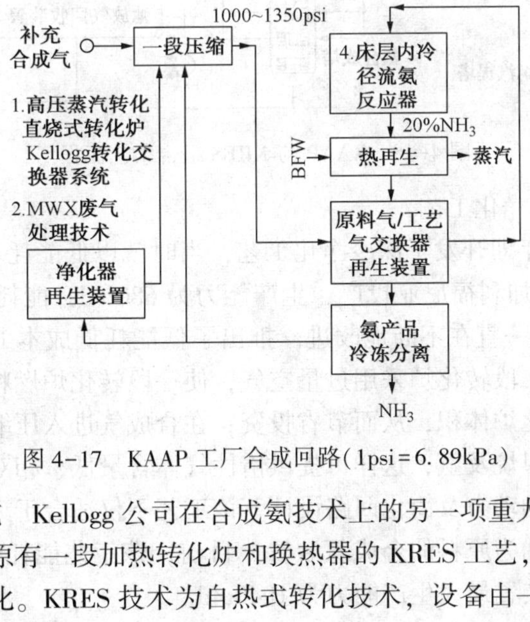

图4-17　KAAP工厂合成回路(1psi=6.89kPa)

c. KRES生产新工艺　Kellogg公司在合成氨技术上的另一项重大革新是在一段转化部分采用换热式转化炉代替原有一段加热转化炉和换热器的KRES工艺，该技术是对KAAP合成氨工艺的一个补充和深化。KRES技术为自热式转化技术，设备由一台换热式一段转化炉和一台绝热式二段转化炉组成，将绝热式二段转化炉的出口热转化气的热量，通过换热提供给一段转化炉，以满足一段转化炉所需热量，在生产过程中取消外部加热的一段转化炉。能耗进一步降低。

KRES 技术采用开口管式结构的转化换热器，转化管自由伸长有效克服了热应力，管束可拆卸，催化剂装卸方便。整个烃类一段转化过程在内径为 2.5m、塔高为 12m 的换热反应器内进行。KRES 工艺技术具有以下优点：设备造价低，占地面积小，节省投资 5%~10%；减少能耗；转化换热系统灵活性大；设备结构简化，对维修的要求降低；产生蒸汽量减少 20%；不直接向大气排放有毒气体；此工艺不仅可用于改建，还可用于直接生产合成气，除合成氨外还可用于甲醇、氢气、碳氢合成气的生产。

Kellogg 公司把 KRES 和 KAAP 两项新技术结合在一起，形成新一代有利于环境保护的合成氨生产新工艺。使用该工艺的合成氨装置投资省，能耗低，效率高，操作条件温和，操作和维修费用小，安全可靠。KAAP 工艺可增加合成氨产量，KRES 工艺可增加合成气产量，从而使 KAAP 工艺充分发挥作用。KAAP 与 KRES 组合工艺流程如图 4-18 所示。

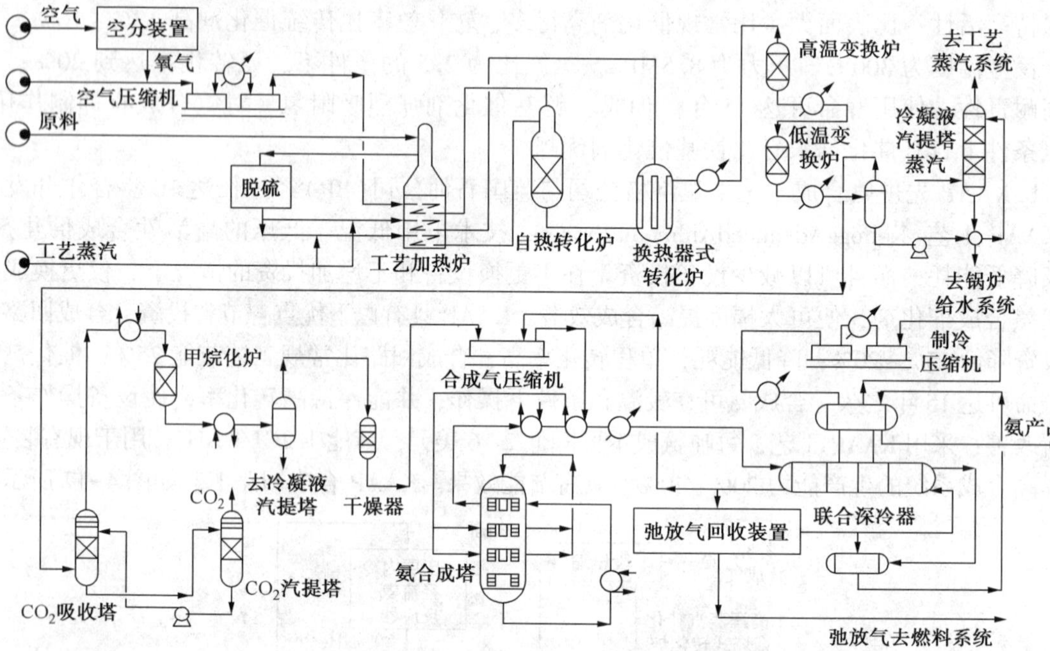

图 4-18　KAAP 与 KRES 组合工艺流程

（2）Braun 公司深冷净化工艺

Braun 公司在 1964 年即开发了深冷净化工艺，当时就以低能耗著称。Braun 公司的第一套工业化装置于 1968 在加利福尼亚投产，生产能力为 680t/d，能耗为 34GJ/t NH_3。几十年来，Braun 公司对其工艺一直在不断地改进，推出了低能耗低成本 Braun 深冷净化工艺，该工艺的独特之处在于：二段转化炉采用过量空气，使一段转化炉燃料节省 1/3 以上，在节能的同时还可减少一段转化炉体积，从而节省投资；在合成气进入压缩机之前，增加深冷净化部分，除去过量的氮、甲烷及氩，这样可提供惰性气体含量低、相对纯净的合成气，净化后的合成气可节省压缩机的动力及简化回路设计。该工艺不仅适合于天然气为原料的合成氨装置，同时也适应于石脑油为原料的合成氨装置。目前，该工艺能耗低于 29GJ/t NH_3，Braun 公司设计的正在运行的装置最大生产能力为 1940t/d。

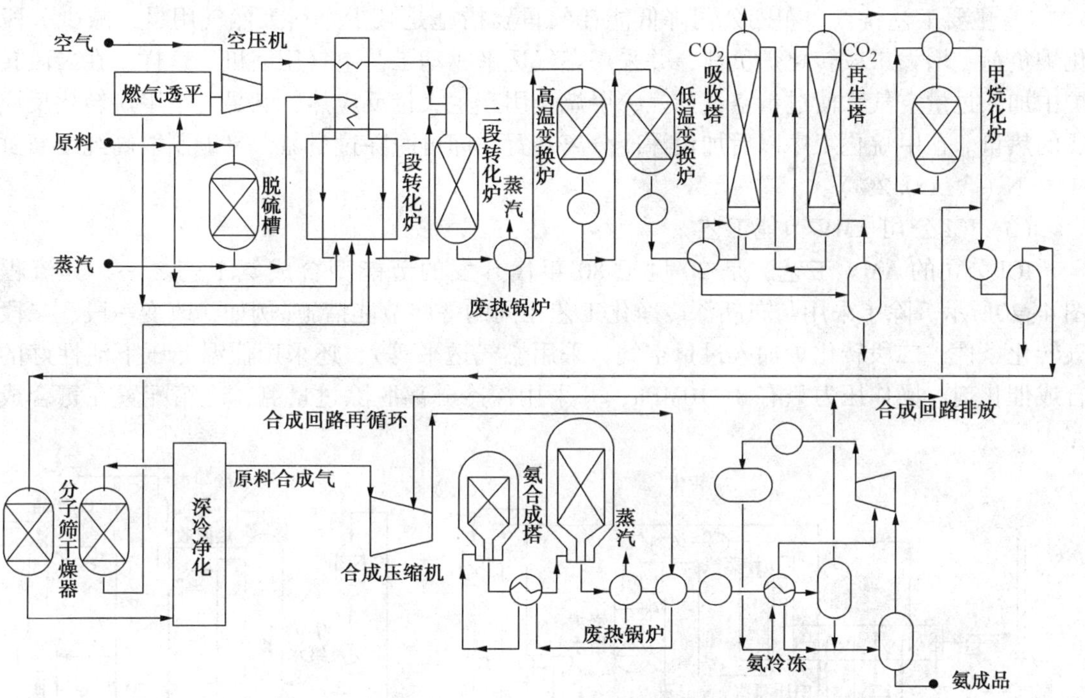

图 4-19　Braun 工艺流程

① 基本工艺过程　节能型 Braun 深冷净化工艺流程包括原料天然气脱硫、一段转化、二段转化、中低变、CO_2脱除、甲烷化、分子筛干燥、深冷净化和压缩合成等，其工艺流程如图 4-19 所示。

a. 原料天然气压缩、脱硫、转化及变换工序　2.0～2.5MPa 的原料天然气，经压缩、分子筛脱硫后与循环氢气混合，预热进钴钼加氢槽，将有机硫转化为硫化氢，随后在氧化锌脱硫槽中将硫化氢脱除。脱硫后原料气与工艺蒸汽混合，预热至 550℃进一段转化炉。用镍触媒将甲烷等碳氢化合物转化为氢及碳氧化物，出口温度为 695℃，压力为 3.0MPa，工艺空气来自工艺空气压缩机，在二段转化炉上部与一段转化气混合并反应，再通过镍触媒完成转化过程，使甲烷浓度降至 1.65%左右，温度为 870℃。该高温转化气经废热锅炉及蒸汽过热器降低到 388℃进高温变换器，用铁触媒使 CO 与水蒸气反应生成氢及 CO_2。低温变换器进口温度 204℃，经低变触媒床完成变换过程。CO 浓度降至 0.37%。

b. 二氧化碳脱除工序　230℃的低变气换热降至 104℃，进 CO_2吸收塔，用苯菲尔溶液吸收脱除 CO_2使出口浓度达 800×10^{-6}。

c. 甲烷化、分子筛净化及深冷净化工序　316℃及镍触媒的条件下完成甲烷化反应，使出口气中碳氧化物含量降至 10×10^{-6}以下。甲烷化气冷却至 4.4℃去掉大部分水分，再利用分子筛脱除微量的氨、CO_2及水分。深冷净化工序由热交换器、膨胀机及精馏塔组成，在 -175℃条件下将全部甲烷、大部分氩、CO 以及过量氮分离，得到纯度很高的氢气和氮气。

d. 压缩及合成工序　氢氮比为 3 的合成气经合成气压缩机压缩至 14.3MPa，与合成系统的循环气混合，再经循环段压至 15.1MPa。

在三台串联绝热式合成塔内完成氨的合成，合成塔内装有铁触媒。第一、第二、第三具合成塔的出口温度分别为 512℃、437℃、437℃。塔之间设有废热锅炉、蒸汽过热器及换热器，出第三塔的氨浓度为 21%。

② 主要工艺特点　布朗公司降低能耗的重要措施是减少燃料天然气用量，减少一段转化炉负荷、增大二段转化炉负荷，并采用燃气透平驱动工艺空气压缩机。这样，在二段转化炉中加入过量空气，使过量空气与氢、甲烷作用产生大量反应热，满足残余甲烷转化反应需要的热量。在甲烷化工序以后加设深冷分离装置，即可脱除过量氮，又能制取高纯度新鲜的H_2和N_2(含Ar0.2%)。

(3) ICI公司AMV节能工艺

ICI公司的AMV工艺，是20世纪80年代开发的节能型合成氨工艺之一，其流程如图4-20所示。除了采用与布朗深冷净化工艺相同的一些节能措施(例如，改变一段、二段蒸气转化条件，二段转化炉加入过量空气，采用燃气透平等)，还采用低温低压下活性好的氨合成催化剂，操作压力只有8~10MPa，并采用深冷分离脱除过量氮，冷箱配置在氨合成回路中。

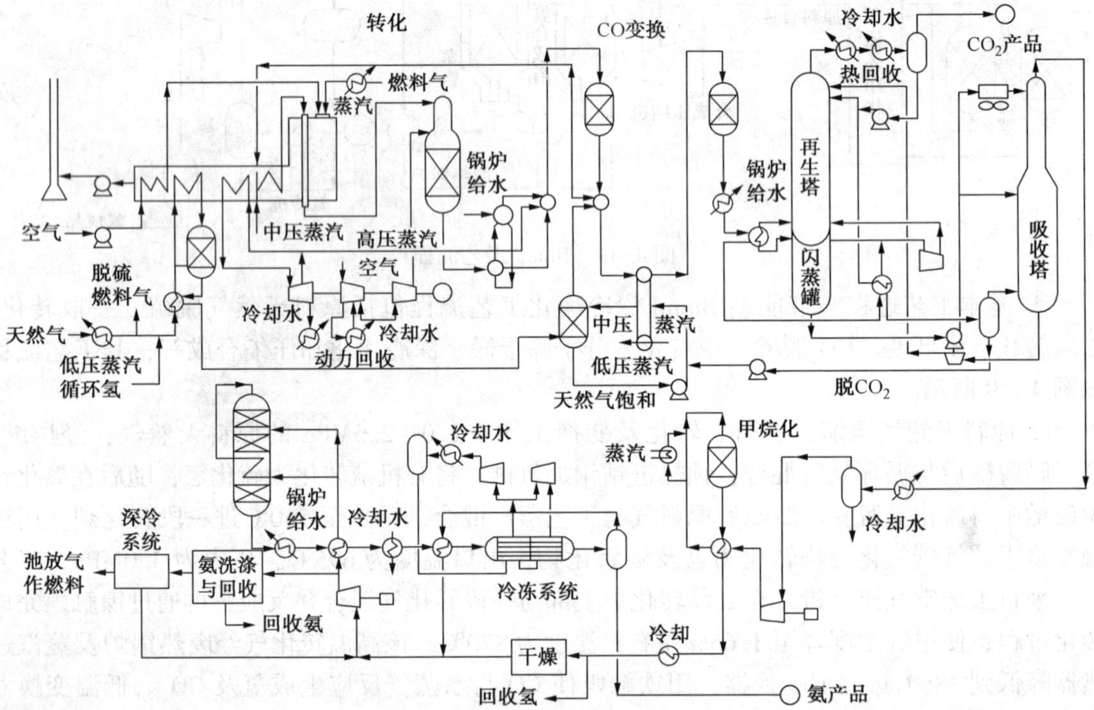

图4-20　ICI-AMV工艺流程

① 基本工艺过程　该工艺的典型工艺流程为天然气经压缩(0.45MPa，38℃)、加氢、脱硫、饱和增湿、预热、一段转化(加蒸汽)、二段转化(加空气)、等温变换、变压吸附、甲烷化和氨合成。

② 主要工艺特点　ICI-AMV节能型工艺增设了原料气饱和塔(填充塔或筛板塔)，原料天然气经配入由弛放气回收装置返回的氢气后进入脱硫装置，随后进入饱和塔下部，与塔顶喷洒下来的热水逆流接触，使天然气饱和，由此可以提供转化后反应所需要的工艺蒸汽的50%，热水水源为工艺冷凝液，加热热水的热源是高、低温变换之间的工艺气中的余热，改善了工艺热力学，简化了工艺冷凝液的处理设备。采用燃气轮机带动工艺空气压缩机，废热气用作一段蒸汽转化炉助燃空气。

在一段转化中，将水碳比降到3，转化出口温度由820℃降到783℃，出口压力升高到3.5MPa，出口甲烷含量由9.7%放宽到16%，转化条件温和，减少了燃料消耗和转化炉管数目，也减小了转化炉外形尺寸。二段转化炉加入过量未预热空气，操作温度为900~950℃，出口甲烷含量由0.3放宽到1.0%。采用低能耗改良型苯菲尔法脱碳。

氨合成采用低压法合成回路，合成压力降到7~8MPa，使用ICI公司新开发的高活性低压合成催化剂和低压降合成塔，用单段合成气压缩机代替多段压缩机，大大降低了压缩机功耗。在合成回路中采用分子筛干燥新鲜合成气，用深冷法回收弛放气中的氢。氢的回收在合成回路压力下进行，大部分直接返回合成回路，部分用作原料加氢，将脱除的杂质返回一段转化炉作燃料。这样，还可以抵消因前部条件缓和造成合成气中杂质含量增高对氨合成反应带来的不利影响。

吨氨消耗定额量：原料天然气为 24.97×10^6kJ，燃料天然气为 10.8×10^6kJ，外供蒸汽1.0t，外供电51.5kW·h，冷却水 $193m^3$，精制水 $2.15m^3$，吨氨能耗为28.69GJ。

(4) Topsφe公司低能耗工艺

① 基本工艺过程　Topsφe公司是世界上著名的合成氨生产企业，20世纪80年代初开发推出了低能耗节能新工艺。该流程包括脱硫、一段和二段转化、二步变换、脱碳、甲烷化、压缩、氨合成以及产品回收过程。Topsφe工艺流程如图4-21所示。

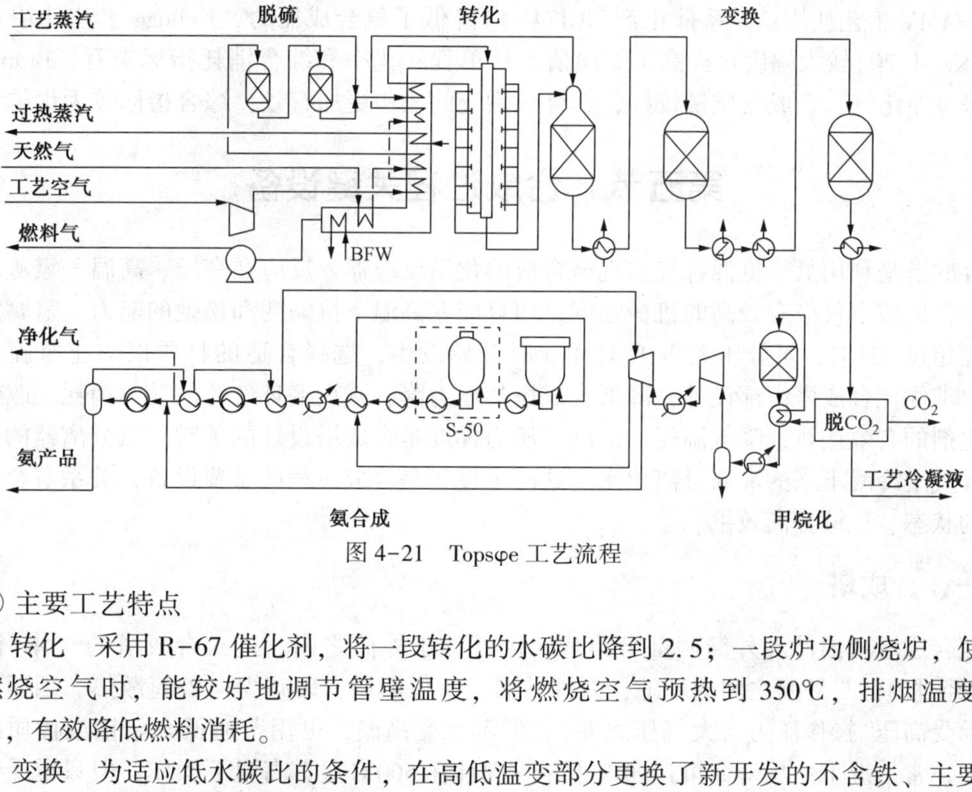

图4-21　Topsφe工艺流程

② 主要工艺特点

a. 转化　采用R-67催化剂，将一段转化的水碳比降到2.5；一段炉为侧烧炉，使用预热的燃烧空气时，能较好地调节管壁温度，将燃烧空气预热到350℃，排烟温度降到1000℃，有效降低燃料消耗。

b. 变换　为适应低水碳比的条件，在高低温变部分更换了新开发的不含铁、主要以铜为活性组分的催化剂。在较低的温度下，其中低变催化剂的活性要比传统低变催化剂的活性高3倍。

c. 脱碳　采用物理方法脱碳，再生不需要热量，低位余热用于预热脱盐水、锅炉水和汽提工艺冷凝液。

d. 氨合成　采用TopsφeS-200型双床层径向流反应器，间接换热，单程转化率显著提高，出口氨浓度提高到17%左右。由于合成塔的阻力小，可多装催化剂，提高了氨的转化率，减少了循环气量，并且减少了冷换设备，每吨氨可节能0.84GJ。由于采用高效两段制冷系统，每吨氨可节能 0.42GJ；采用深冷法回收弛放气中的氢，吨氨可节能 0.42GJ；通过增大换热面积，增大换热器中的温差，吨氨可节能 0.42GJ。采用 S-200 型合成回路可使吨氨能耗降低约 2.09GJ。

e. 热能回收　在余热回收系统，可将蒸汽压力由 100atm 提高到 160atm，烟道气排出温度降至 140℃，吨氨总能耗降至 28.0~30.6GJ。

(5) 合成氨工艺比较

Kellogg 公司的技术应用最为广泛，与 Braun 公司合并后其技术力量进一步得到加强，到目前为止已有 200 多套装置采用 KBR 公司的生产技术。采用 Topsφe 工艺已有 200 多套装置。

天然气制氨技术以美国凯洛格公司的技术应用最广，有 160 多套装置，积累的经验也最丰富，总产能超过世界产量的 1/2，近年来技术上也有较大的进展，尤其是以钌基催化剂为核心的 KAAP 工艺很有发展前途。天然气制氨第二种常用技术是英国帝国公司的 AMV 节能工艺，使吨氨综合能耗降到 28.7GJ，第三种技术是美国布朗公司的低能耗深冷净化工艺，吨氨能耗低于 29GJ。从节能降耗的角度分析，ICI-AMV 工艺和 Kellogg 工艺具有优越性，其中 ICI-AMV 工艺使用铁钴系催化剂(ICI74-1)降低了氨合成压力，Kellogg 工艺使用钌基催化剂(Ke-1520)较大幅度地提高了氨净值。从单程转化率和综合消耗指标来看，Braun 工艺由于深冷净化气、合成气质量较好，其合成系统的操作更加有效，综合指标较为优越。

第五节　合成过程关键设备

合成塔是利用氢、氮混合气实现氨合成的化学反应器，反应在高压、高温、氢氮环境下进行，合成塔不仅应有较高的机械强度，而且应在高温下抗蠕变和松弛的能力。氢腐蚀现象在温度超过 221℃、氢分压大于 1.41MPa 时开始发生，选择合适的材质以防止氢脆、氢腐蚀。力求优化合成塔内部设计，降低合成塔的压力降，减少循环气体的动力消耗，改善流体与催化剂的有效接触，降低温度、浓度、压力梯度是合成塔设计的关键。氨分离器的作用是使循环气中冷凝下来的液氨分离出来。这两个设备是合成过程的重要设备，关系着合成反应进行的状态、气液分离效果。

一、合成塔

氨合成塔由内件和外筒两部分组成，内件置于外筒之内。进入合成塔的气体(温度较低)先经过内件与外筒之间的环隙，内件外面设有保温层，以减少向外筒散热。因而，外筒主要承受高压(操作压力与大气压之差)，但不承受高温，可用普通低合金钢或优质碳钢制成，在正常情况下使用寿命可达四五十年。内件在 500℃左右高温下操作，但只承受环隙气流与内件气流的压差，一般仅为 1~2MPa，即内件只承受高温不承受高压，从而可降低对内件材料和强度的要求。内件一般用合金钢制作，塔径较小(500mm 左右)的内件也可用微碳(含碳量<0.015%)纯铁制作。

氨合成塔内件主要由热交换器、分气盒和催化剂筐三部分构成。热交换器通常采用列管式，供进入气体与反应后气体换热，进入合成塔的气体一般在 50℃以下，必须预热到 380℃以上才能进入催化剂层；分气盒与热交换器相连，起分气和集气作用；催化剂筐内放置催化剂、冷却管、电热器和测温仪器。冷却管的作用是迅速移去反应热，同时预热未反应气体，保证催化剂床层温度接近于最优反应温度；电热器用于开车时升温、操作波动时调温。大型氨合成塔的内件一般不设电加热器，而由塔外加热炉供热。

按催化剂床层移热的方式不同，合成塔可分为连续换热式、多段间接换热式和多段冷激式三种。前一种塔型催化剂床内设有冷管；后两种塔型把整个床层分为若干段，每段催化剂层是绝热的，段与段之间设有热交换器或用冷原料气冷激。

按气体在塔内的流动方向不同，氨合成塔分为轴向塔和径向塔。气体沿塔轴向流动的称为轴向塔，如凯洛格四层轴向冷激式氨合成塔，轴向全塔压降为 0.7~1.0MPa。气体沿半径方向流动的称为径向塔。如托普索 S-200 径向中间换热式氨合成塔，气体流动路径较轴向塔短，而流通截面则大得多，故压降很小可达 0.25MPa。

1. 连续换热式

小型氨厂多采用为连续换热式合成塔，冷管式内件早期为双套管并流冷管，20 世纪 60 年代后开始采用三套管并流冷管和单管并流冷管。

(1) 并流双套管式

并流双套管式氨合成塔如图 4-22 所示。气体由塔外筒的上部进入塔内，沿内外筒间环隙向下，从底部进入热交换器的管间，与反应后高温气体换热，加热到 300℃左右的未反应气体流入分气盒下部，然后进入双套管内管。气流由内管上升至顶部再折流沿内外管环隙向下，与催化剂床层气体并流换热，气体被加热至 400℃左右、经分气盒上部及中心管返回催化剂层反应。反应后气体经热交换器的管内流动，离开氨合成塔。

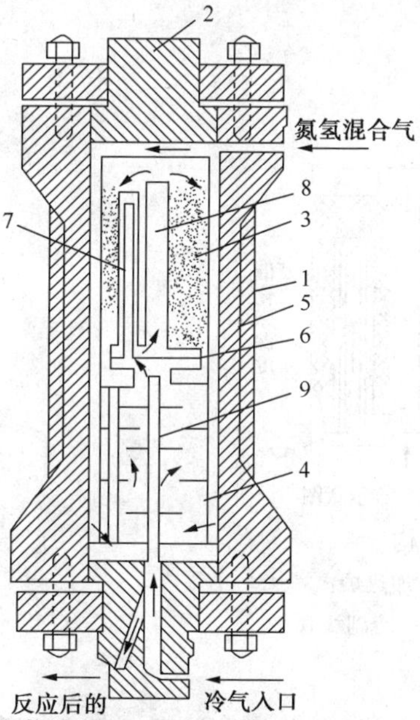

图 4-22　并流双套管式氨合成塔

1—塔体；2—顶盖；3—催化剂；4—热交换器；5—保温层；6—分气盒；7—冷气管；8—中心管；9—冷副线管

催化剂床层顶部有一段不设置冷管的绝热层，此处，反应热完全用来加热反应气体，温度上升快。在床层的中、下部为冷管层，合成反应与管内传热同时进行。在冷管层的上部，单位床层的反应放热量大于传热量，床层温度继续提高。随着氨含量提高，反应速率减慢，放热量少于传热量，床层温度逐渐下降。床层中温度最高点称为“热点”。在催化剂床层的上半部分，由于反应速率大以及受催化剂使用温度的限制，距最适宜温度曲线较远。床层的下半部分比较接近适宜温度曲线。双管并流式内件结构可靠，操作稳定，热点后反应区域基本符合最适宜温度分布曲线，在中压法合成塔内，这种换热方式沿用了相当长时间。但内冷管的逆流热交换效果显著，气流到达内冷管的上部温度已经比较高，影响了催化剂层上部的换热。

(2) 并流三套管式

冷气体经合成塔下部热交换器预热后，进入分气盒的下室，分配到各冷管的内管，气体由内管上升至顶部，沿内、外管的环隙折流而下，通过外管与催化剂床层的气体并流换热，预热到反应温度后经分气盒上室及中心管进入催化床层反应。反应后气体进入热交换器，将热量传给进塔冷原料气后内塔底引出，床层的顶部不设置冷管，为绝热层，反应热完全用于加热气体，使温度尽快达到最适宜温度，床层的中、下部为冷管层，可移出反应热，使反应按最适宜温度曲线进行。并流三套管由并流双套管演变而来，两者的差别在于并流双套管内冷管为单层，并流三套管的内冷管为双层，并流三套管双层内的冷管一端层间间隙焊死，形成“滞气层”，“滞气层”增大了内、外管间热阻，气体在内管温升小，使床层与内外管间环隙气体的温差增大，改善了床层的冷却效果。并流三套管床层温度分布较合理，催化剂生产强度高，结构可靠，操作稳定，适应性强；但结构较复杂，冷管与分气盒占据较多空间。催化剂还原时，床层下部受冷管影响升温困难，还原不彻底。此类内件广泛用于直径为800~1000mm 的合成塔，近几年来逐渐被新型合成塔所取代。

三套管式合成塔基本结构如图 4-23 所示。上、下部内件为合金钢材料。内件的上部为催化剂筐 2、筐的中心管 1、内垂直悬挂电加热炉 4，下部为热交换器 7，中间为分气盒 6，催化剂筐由合金钢板(或低碳钢、纯铁)焊接而成，外包石棉(或玻璃纤维)保温。筐内装有数十根冷管 3 及两根温度计套管 5。催化剂装填量与合成塔的直径和高度有关一般可装约 2~4.5m^3。内件的下部是热交换器 7，其内排列若干根小直径的热交换管，管中插有扭成麻花形而截面呈方形的铁棒，以使管内气速增加而提高传热效率。管间也装有挡板以增强传热效率。热交换器中央有一根冷副线管 8，由塔底副线来的气体由此直接送入催化剂层以调节反应层温度。

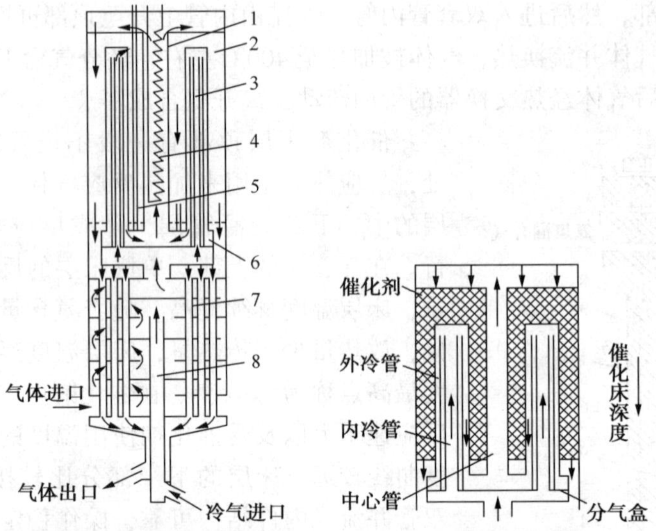

(a) 三套管并流内件示意图　(b) 三套管并流示意图

图 4-23　三套管式合成塔基本结构

1—中心管；2—催化剂筐；3—冷管；4—电加热炉；
5—温度计套管；6—分气盒；7—热交换器；8—冷副线管

(3) 单管并流式

单管并流合成塔冷管换热的原理、传热效果与三套管并流合成塔基本相同，催化剂层的温度分布也基本相似。不同的是以单管代替三套管、以几根直径较大的升气管代替三套管中几十根双层内冷管的输气任务，使冷管结构简化，取消了与三套管相适应的分气盒，塔内件紧凑，催化剂筐与换热器之间距离减小，塔容积得到有效利用。缺点是结构不够牢固，由于温差应力大，升气管、冷管焊缝容易开裂。

(4) 传统改进型

传统改进型内件普遍存在冷管效应(在催化剂层冷管的周围，存在一个过冷失活区)、催化剂层调温困难，底部催化剂不易还原，塔阻力大，氨净值低以及余热利用率低等弊病。针对上述缺陷，科技人员进行了许多改进，改进型合成塔内件最典型的是ⅢJ 型，如图 4-24 所示。

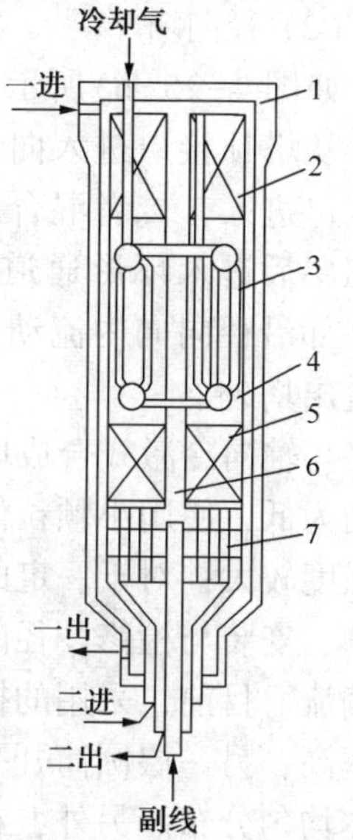

图 4-24　ⅢJ 型氨合成塔示意图

1—外筒；2—上绝热层；3—冷管；4—冷管层；5—下绝热层；6—中心管；7—换热器

催化剂床层中部设有冷管，将催化剂层分为上绝热层、冷却层和下绝热层，塔下部设有换热器。温度为 30~40℃的循环气分为两部分，一部分占总气量 35%~45%，经顶部两根导气管进入催化剂层中的冷管内，与催化剂层的高温气体换热后，沿导管由下而上到达催化剂层顶部；另一部分气体约占总气量 55%~65%，由塔上侧进入塔内(一进)，沿塔外筒与内件间的环隙流至塔底，由下部出来(一出)，进塔外热交换器被加热至 170~180℃，进入塔(二进)下部换热器的管间，被反应后气体预热到反应温度，经中心管到达催化剂床层顶部。两部分气体在催化剂顶部汇合后进入催化剂床层，由上而下经过上绝热层、冷管层、下绝热层反应后，进入塔下换热器管内换热后，内塔底部引出(二出)。

该合成塔的特点是高压容积利用率高，催化剂装填量多，塔温便于调节，温度分布合理，氨净值较高；缺点是仍保留了部分冷管。

2. 多段冷激式

合成塔内部的催化剂床层分为若干段，原料气经每床层发生绝热反应，温度升高在段间通入未预热的氢、氮混合气直接降温。冷激式结构简单，但加入末反应的冷原料气，降低了氨转化率。一般多用于大型合成塔，近年来有些中小型合成塔也采用了冷激式。按床层内气体流动方向不同，冷激式氨合成塔有轴向冷激和径向冷激之分。日产 1000t 以上的大型合成氨厂大都采用冷激式氨合成塔。

(1) 轴向塔

如图 4-25(a)所示为大型氨厂立式轴向 4 段冷激式氨合成塔(凯洛格型)。该塔外筒形状为上小下大的瓶式，在缩口部位密封，以便解决大塔径造成的密封困难。内件包括 4 层催化剂、层间气体混合装置(冷激管和挡板)以及列管式换热器。原料气由塔底封头接管进入塔内，向上流经内外筒环隙，到达筒体上端后折返向下，通过换热器管间与反应后气体换热至 400℃左右，进入第一段催化剂床层，经反应后温度升至 500℃左右，在段间与冷激气混合，温度降至 430℃再进入第二段催化剂。连续进行反应-冷激过程，最后气体由第四层催化剂底部流出，再折流向上经中心管流入换热器管内，与原料气换热后流出塔外。

该塔优点是：用冷激气调节反应温度、操作方便，而且省去许多冷管，结构简单，内件可靠性好，合成塔筒体与内件上开设人孔，装卸催化剂不必将内件吊出，外周密封在缩口处。

存在明显的不足：瓶式结构虽便于密封，但在焊接合成塔封头前，必须将内件装妥。日产 1000t 的合成塔总重达 300t，运输与安装均较困难，而且内件无法吊出，因此，设计时只考虑用一个周期。维修上也带来不便，特别是催化剂筐外的保温层损坏后更难以检查修理。

（2）径向塔

如图 4-25(b)所示为径向二段冷激式合成塔(托普索型)，用于大型合成氨厂。反应气体从塔顶接口进入向下流经内外筒之间的环隙，再入换热器的管间，冷副线由塔底封头接口进入，二者混合后沿中心管进入第一段催化剂床层。气体沿径向呈辐射状流经催化剂层后进入环形通道，在此与塔顶接口来的冷激气混合，再进入第二段催化剂床层，从外部沿径向向内流动。最后由中心管外面的环形通道向下流，经换热器管内从塔底接口流出塔外。

与轴向冷激式合成塔比较，径向合成塔具有如下优点：气体呈径向流动，流速远较轴向流动为低，使用小颗粒催化剂时，其压力降仍然较小，因而合成塔的空速较高，催化剂的生产强度较大；对于一定的氨生产能力，催化剂装填量较少，塔直径较小。采用大盖密封便于运输、安装与检修。径向合成塔存在的问题是如何有效地保证气体均匀流经催化剂床层而不会偏流。目前，采用的措施是在催化剂筐外设双层圆筒，与催化剂接触的一层均匀开孔、开孔率高，另一层圆筒开孔率很少，当气流以高速穿过此层圆筒时，受到一定的阻力，以此使气体均匀分布。另外，在上下两段催化剂床层中，仅在一定高度上装设多孔圆筒，催化剂装填高度高出多孔圆筒部分，以防催化剂床层下沉时气体短路。

（3）轴径向混流型合成塔

反应器气体既有轴向流动，又有径向流动，故称为轴径向混流型合成塔，是 20 世纪 80 年代末瑞士卡萨里(Casale)制氨公司针对凯洛格轴向合成塔存在的缺点开发的。它的催化剂床层按一定尺寸制造，催化剂床层之间可以叠加，密封简单，还可拆开，缩短了装卸催化剂的时间。催化剂的筒壁为气流分布器，催化剂床由筒体内壁和外壁组成，在内外壁之间装填催化剂，而沿内、外筒壁一定间距钻孔，如图 4-26 所示，5%~10%的气流进入轴向流动区，其余进入径向流动区。床层顶部不封闭，高压空间利用率可达 70%~75%。

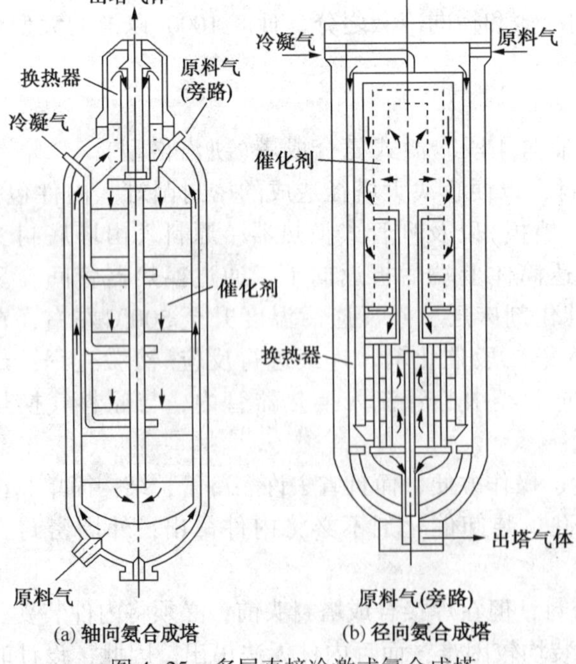

图 4-25　多层直接冷激式氨合成塔

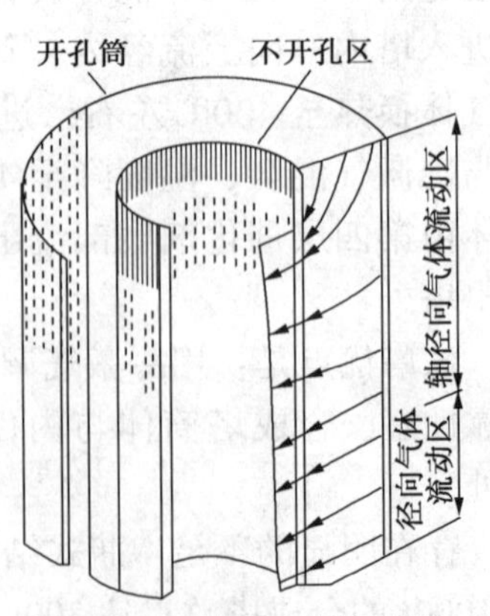

图 4-26　轴径向氨合成塔

过去，中、小型氨厂一般采用冷管式合成塔，近年来开发的新型合成塔，塔内即可装冷管，也可采用冷激，还可应用间接化热，既有轴向塔也有径向塔。综合型合成塔是目前的发展趋势，得到了广泛的应用。

二、氨分离器

氨分离器的作用是使循环气中冷凝下来的液氨分离出来。工业上常使用的氨分离器有多层同心圆筒式、填充套筒式等多种。常用的是多层同心圆筒式氨分离器，如图 4-27 所示。

氨分离器由高压外筒和内件两部分组成。外筒上有一高压上盖 3，与筒体 1 用螺栓连接，筒体内焊有一个套筒 4、内件 2 由 4 层圆筒所组成，圆筒固定在上面的圆板上，圆板安装在高压筒体上，圆板的中心有一个气体出口。圆筒上开有许多长方形的小孔，各层孔的位置相互错开，使气体流动时不断改变方向。另外，外筒上还设有液面计接口。

器内气、液流程：循环气由筒体上部侧面进入，沿筒体与套筒间的环隙向下流动，超过套筒后气体即从内件最外层圆筒上的长方形孔进入，顺次曲折流经第二层、第三层和第四层。由于气体流通截面积突然增大，使气体流速降低，再加上不断碰撞圆筒壁面、改变方向，气体中呈滴状的液氨因重力作用而下降，于是气体中所带的液滴被分离下来。最后气体经中心圆筒向上，通过筒体上部循环气出口离开氨分离器，分离下来的液氨积存在氨分离器下部，自底部液氨排出口排出。

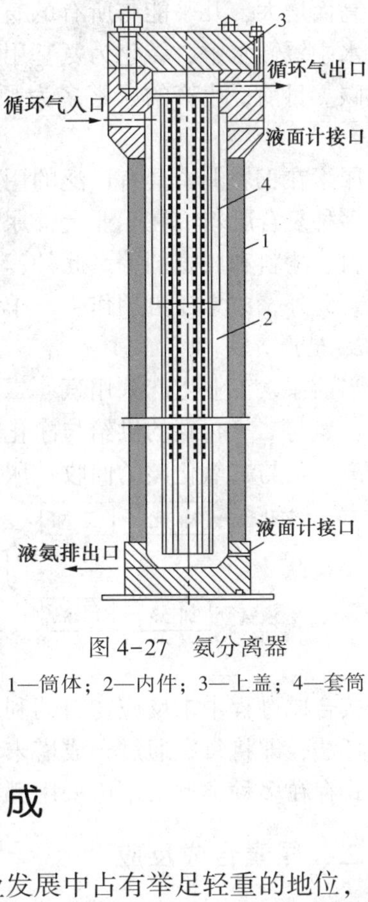

图 4-27　氨分离器
1—筒体；2—内件；3—上盖；4—套筒

第六节　尿素合成

化肥生产是化学工业中非常重要的部分，化肥在农业发展中占有举足轻重的地位，是解决人类赖以生存基础——粮食的基本保障。尿素是氮肥中含氮量最高的品种，含氮量为 46%，为硝铵的 1.3 倍、硫铵的 2.2 倍、碳酸氢铵的 2.6 倍，是良好的中性速效肥料。尿素施入土壤后不存在残存废物，长期使用不会影响土质。世界上大约 80%~90%的尿素用作肥料，尿素生产能力随合成氨生产的发展而迅速增加，在氮肥中的比重逐年提高。1828 年，德国化学家弗里德里希·维勒首次使用无机物氰酸氨（NH_4CNO_3）与硫酸铵人工合成尿素，打破了无机物、有机物的传统界限，成功地用无机物合成有机物，揭开了人工合成有机物的序幕。1922 年又实现了以 NH_3 和 CO_2 直接合成尿素的工业化生产。目前，世界上广泛采用的由 NH_3 和 CO_2 直接合成尿素的方法已成为最经济的氨生产氮肥的方法之一。尿素在化学肥料的氮肥诸品种中发展较晚，但投入工业生产后发展迅速，尿素生产的速度和规模远超过任何其他氮肥。

一、概述

1. 尿素性质及用途

尿素化学名称为碳酰二胺，分子式为 $CO(NH_2)_2$。纯尿素为无色、无味针状或柱状晶体，工业产品为白色或淡黄色，熔点为132.6℃，结晶尿素相对密度为1.335。20℃时恒压比热容为1.334J/(g·K)，临界温度102.3℃。常压下受热温度高于熔点时会发生缩合反应，生成缩二脲、缩三脲和三聚氰酸。尿素易吸湿，易溶于水和液氨、乙醇、甘油中，不溶于乙醚和氯仿。20℃时，100mL水中可溶解尿素105g，所得水溶液呈微碱性，溶解度随温度升高而增大，几乎能与所有的直链有机化合物(如醇、酸、醛、烃类等)作用。常温下尿素在水中缓慢水解，转化为氨基甲酸铵(简称甲铵)，然后形成碳酸铵，最后分解为氨和二氧化碳。目前，生产的尿素多为颗粒状，表面包有疏水物质，如石蜡等，使其吸湿性大大降低。

尿素在工农业中具有广泛的用途。尿素是一种高浓度氮肥，属中性速效肥料，也可用于生产多种复合肥料。在工业上，尿素可作为高聚物合成材料，制成尿素—甲醛树脂，用于生产塑料、漆料和胶合剂等。此外，医药、纤维素、石油脱蜡、纺织、制革等生产中也要用到尿素。此外，尿素还可用作牛、羊等反刍动物的辅助饲料。

2. 生产方法

当前尿素工业生产采用氨、二氧化碳在高温、高压下直接合成。工业过程包括以下几个步骤：氨与二氧化碳的供给与净化；氨与二氧化碳反应；反应生成的尿素熔融液与未反应物的分离；氨与二氧化碳的回收；尿素熔融液加工成尿素成品，工艺流程如图4-28所示。

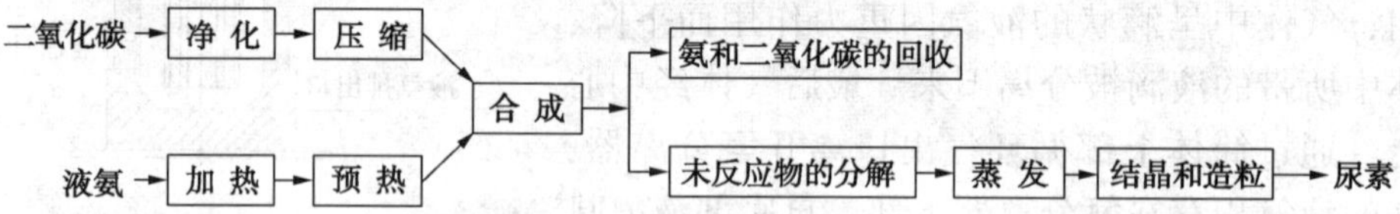

图4-28　尿素工艺流程图

按合成过程中未反应物料的利用方式，尿素的生产有多种流程。现代的尿素生产多采用全循环法，即将每次通过合成塔未转化为尿素的氨、二氧化碳回收并循环返回合成塔。全循环方式存在多种类型，不论采用哪种方法，其基本过程相同。

二、尿素合成反应

1. 化学反应

有关 NH_3 和 CO_2 生成尿素的反应机理众说纷纭，但一般认为反应是在液相中进行的，液氨和气体二氧化碳合成尿素的总反应式为：

$$2NH_3(l)+CO_2(g)=\!=\!=CO(NH_2)_2(l)+H_2O(l)$$

高温时生成缩二脲副反应：

$$2NH_2CONH_2=\!=\!=NH_2CONHCONH_2+NH_3$$

合成反应是可逆放热反应，受化学平衡的限制，NH_3 与 CO_2 合成只能部分转化。高温、高压、液相条件下，尿素合成反应分两步进行：

第1步，高压下液氨与二氧化碳反应生成液态氨基甲酸铵(也称为甲铵)，

$$2NH_3(l)+CO_2(g)=\!=\!=NH_2COONH_4(l)+100.5kJ/mol$$

第 2 步，甲铵脱水生成尿素，

$$NH_2COONH_4(l) \xlongequal{\quad} CO(NH_2)_2 + H_2O(g) - 15.5kJ/mol$$

2. 化学平衡

根据亨利定律： $p_{CO_2} = H_{CO_2} \cdot c(CO_2)_L$

式中 p_{CO_2}——二氧化碳分压，MPa；

H_{CO_2}——二氧化碳亨利常数，MPa；

$c(CO_2)_L$——液相中二氧化碳的浓度。

将 $c(CO_2)_L$ 代入合成甲铵的平衡常数表达式：

$$K_1 = \frac{c[NH_4COONH_2]_L \cdot H_{CO_2}}{c[NH_3]_L^2 \cdot p_{CO_2}}$$

若已知 K_1、p_{CO_2} 及 H_{CO_2} 值，则可以计算甲铵生成率。

甲铵合成反应为快速、体积缩小的强放热反应。压力对氨基甲酸铵生成速率影响显著，其他条件相同时氨基甲酸铵的生成速率几乎与压力的平方成正比。提高温度促进氨基甲酸铵生成速率的提高，但常温下氨基甲酸铵的生成反应相当缓慢，10MPa、150℃以上该反应极易发生，提高压力对反应速度速率、化学平衡均有积极作用，CO_2的平衡转化率较高，氨基甲酸铵瞬时生成并快速达到平衡。反应达平衡时，液相中大部分二氧化碳以氨基甲酸铵形式存在，小部分在液相呈游离态。因此，在合成尿素的工业生产过程中，采用较高操作压力及与该压力相适应的操作温度，对提高氨基甲酸铵生成速率和氨基甲酸铵的稳定性，保证获得较高的尿素合成率十分重要。

甲铵脱水反应是一个弱吸热、可逆反应，反应若在固相中进行，则需要高压及较高的反应温度，且反应速率缓慢，需要较长的时间才能达到平衡，甲铵脱水是尿素合成过程的控制步骤，讨论氨基甲酸铵脱水生成尿素的化学平衡和速率对指导尿素生产具有重要意义。

甲铵脱水反应只有在液相中才有较快速率，因此，甲铵脱水生成尿素的反应必需在液相中进行，即甲铵要呈熔融状态(或液体)才有较快的速率，这是尿素合成反应的首要条件。

生成氨基甲酸铵过程的热效应大于氨基甲酸铵脱水过程的热效应，即尿素合成反应是一个分子数目减少的可逆放热反应。在一定温度、压力条件下氨基甲酸铵生成速率很快，易达化学平衡，而氨基甲酸铵脱水生成尿素的反应主要在液相中进行，速率很慢，不易达到化学平衡。即一定温度、压力条件下氨与二氧化碳生成尿素的反应是一个慢速、可逆放热反应。尿素的合成是一个复杂的化学物理平衡体系，存在扩散、反应、熔融等平衡过程，为研究方便，可近似用合成总反应式来研究脱水反应的化学平衡。

合成反应达到平衡时，平衡常数可表示为：

$$K_2 = \frac{c[CO(NH_2)_2] \cdot c[H_2O]}{c[NH_3]^2 \cdot c[CO_2]}$$

实际生产中，反应进行的程度用二氧化碳转化成尿素的质量百分数(或简称 CO_2转化率)来表示：

$$x_{CO_2} = \frac{\text{转化成尿素的二氧化碳量}}{\text{二氧化碳总量}} \times 100\%$$

$$= \frac{\text{尿素的质量分数(\%)}}{\text{尿素的质量分数(\%)} + 1.365 \times \text{二氧化碳的质量分数(\%)}} \times 100\%$$

式中　x_{CO_2}——二氧化碳的转化率；

1.365——表示尿素相对分子质量与二氧化碳相对分子质量之比。

一定条件下反应达到化学平衡时的转化率为平衡转化率，为一定条件下所能达到的最大转化率。实际生产中反应未达到、也很难达到化学平衡，实际转化率总小于平衡转化率。工业生产中，脱水反应达到平衡时，甲铵的转化率一般仅为50%~70%。受化学平衡的限制，相当数量的甲铵未转化，NH_3和CO_2也只能部分转化为尿素。为反映反应进行的程度，常用平衡达成率来表示达到化学平衡进行的程度。一般平衡达成率约为90%左右。

$$平衡达成率 = \frac{实际\ x_{CO_2}}{化学平衡时\ x_{CO_2}} \times 100\%$$

平衡转化率可通过计算平衡常数的方法进行计算，K_2有三种情况的关系式可用来计算平衡转化率：按理论化学平衡计算；按有过量氨存在的化学反应平衡来计算；按实际生产的反应平衡来计算。

若按实际生产的反应平衡来计算，在尿素生产过程中，合成的尿素溶液中除了生成的尿素外，还有未反应的氨、二氧化碳以及未转化成尿素的液相氨基甲酸铵。因此，二氧化碳的转化率由氨基甲酸铵、尿素、水、游离氨及二氧化碳的平衡量来决定。

取1molCO_2为计算基准，设体系中$n(NH_3)/n(CO_2)=a$，$n(H_2O)/n(CO_2)=b$，游离态二氧化碳为$c$mol，根据合成过程所发生的反应，合成体系达到平衡时，反应前后体系各组分组成关系如表4-9所示。

表4-9　尿素合成体系组分组成

组　成	反应前/mol	反应达平衡时/mol	平衡摩尔分数
NH_3	a	$a-2(1-c)$	$[a-2(1-c)]/[a+b+2c+x-1]$
CO_2	1	c	$c/(a+b+2c+x-1)$
H_2O	b	$b+x$	$(b+x)/(a+b+2c+x-1)$
$CO(NH_2)_2$	0	x	$x/(a+b+2c+x-1)$
NH_4COONH_2	0	$1-c-x$	$(1-c-x)/(a+b+2c+x-1)$
总计	$1+a+b$	$a+b+2c+x-1$	

将各组分平衡浓度代入平衡常数表达式，化简得

$$K_2 = \frac{x(b+x)(a+b+2c+x-1)}{(a+2c-2)^2 \cdot c}$$

平衡常数只是温度的函数，其关系式为：

$$K_2 = \frac{5335}{T} - 7.5$$

根据平衡常数K_2与温度的关系，在已知过剩氨量和回收氨基甲酸铵水量，以及溶解态的二氧化碳量即可求得各种温度下的平衡转化率，但受限于测定游离态二氧化碳含量的化学分析方法的稳定性、准确性，故用上述导出的公式来计算实际的平衡转化率还不现实，仅为分析和理论推导。

由于尿素合成反应体系复杂，不仅存在化学平衡，还有氨、二氧化碳等物质的气液平衡等，体系为极性溶液，液相偏离理想溶液很大，故难以用平衡方程式和平衡常数公式准确计算出平衡转化率。在工艺计算中，常采用简化的计算方法通过校正，作出图表或用经验公

式，甚至有时采用实测值来计算平衡转化率。

图 4-29 所示为马罗维克转化率算图，常用于工程计算如高效尿素合成塔，更接近于实际情况。马罗维克算图仍忽略了气、液两相的共存，将体系视为单一液相，也忽略了氨基甲酸铵的存在及其浓度变化等因素对二氧化碳转化率的影响，计算结果也存在误差。

如图 4-29 所示为马罗维克算图中有五根标尺线，一组参数曲线 b 和一个参考数点 P，五根标尺线分别表示温度(℃)，$n(H_2O)/n(CO_2)(b)$，平衡常数 K_2，平衡转化率 x(%)及 $n(NH_3)/n(CO_2)(a)$。要确定一个反应体系的平衡转化率时，首先根据反应温度在标尺 1 上找到相应温度点 A，将温度点 A 与参考点 p 相连并延长连线与标尺 3，相交于 B 点，所得交点 B 的读数即为该温度下的反应平衡常数。然后在标尺 2 上找出水碳比为 b 的点 C，在标尺 5 上找出氨碳比为 a 的点 D，CD 与参数曲线中代表同一 b 值的参数曲线相交于点 F，最后将平衡常数 B 点交点 F 相连，延长其连线与标尺 4 相交于 E 点，E 点所对应的数值即为该条件下体系达到平衡时的转化率。

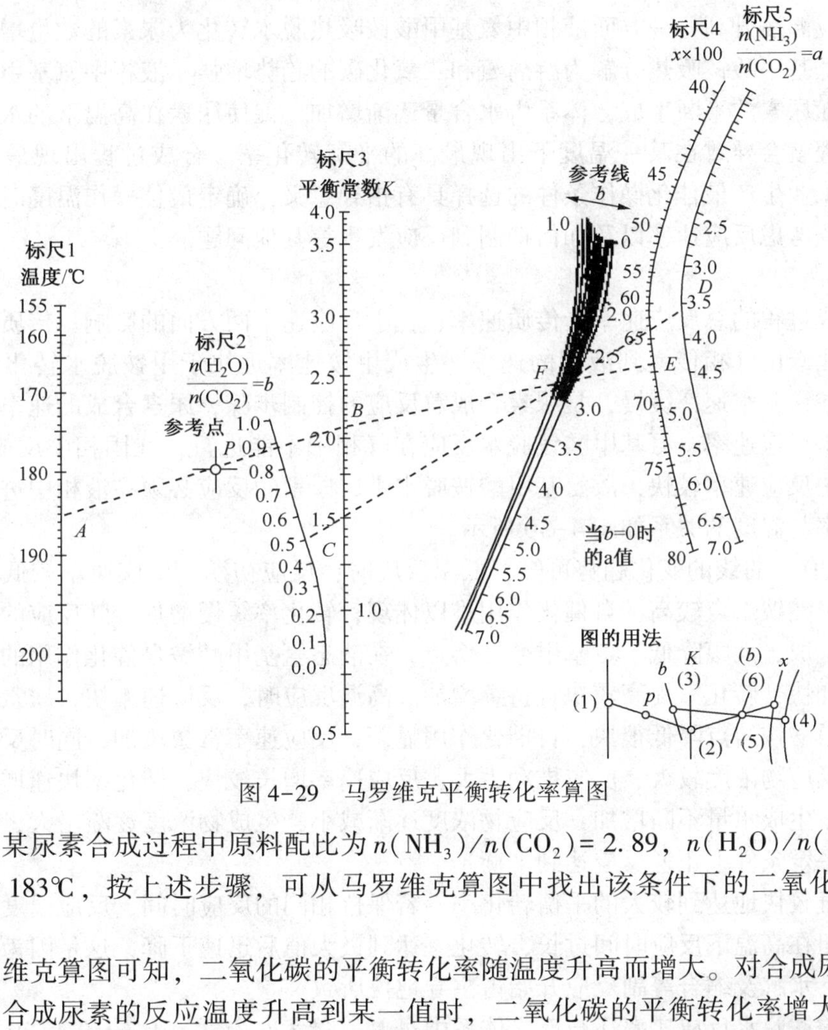

图 4-29　马罗维克平衡转化率算图

例如，某尿素合成过程中原料配比为 $n(NH_3)/n(CO_2)=2.89$，$n(H_2O)/n(CO_2)=2.89$，反应温度为 183℃，按上述步骤，可从马罗维克算图中找出该条件下的二氧化碳的转化率为 62%。

从马罗维克算图可知，二氧化碳的平衡转化率随温度升高而增大。对合成尿素热力学研究发现，当合成尿素的反应温度升高到某一值时，二氧化碳的平衡转化率增大到某一极限值，再提高反应温度，平衡转化率反而下降。出现最高的平衡化率现象与压力无关，即使保持足够高的压力，反应体系完全为单一液相，仍有最高平衡转化率的出现，如表 4-10 所示。

表 4-10　不同条件下的最高平衡转化率

条　　件		平衡转化率最高时的温度/℃	CO_2 最高转化率/%(摩尔)
液相中氨碳比 a	液相中氨碳比 b		
3	0	193	74.6
3	0.2	192	70.9
3	0.5	190	65.6
4	0	191.5	82.2
4	0.5	188	74.4
4	1.0	185	66.5
5	0	190	84.3
5	0.5	186.5	79.3
5	1.0	183	73.1

随着反应温度升高，一方面液相中氨基甲酸铵吸热脱水转化为尿素的数量增加；另一方面液相中的氨基甲酸铵吸热分解为游离氨和二氧化碳的趋势增强，液相中氨基甲酸铵不断减少。同时，随尿素的不断生成，体系中水含量逐渐增加，促使尿素在高温下的水解，两个趋向相反的过程就会导致在某一温度下出现最高的平衡转化率。合成过程出现最高平衡转化率，对实现工业生产最佳化操作条件的选择具有指导意义，确定最佳操作温度时不仅考虑化学平衡，还要考虑反应速率以及如何抑制副反应发生等其他问题。

3. *反应动力学*

尿素合成过程的总反应速率受传质速率、化学反应速率两方面的影响。传质方面关键在于氨、二氧化碳由气相传递到液相的速率。生成甲铵速率远快于甲铵脱水转化为尿素的速率，氨基甲酸铵脱水速率缓慢，是尿素合成总反应的控制步骤，尿素合成的速率取决于氨基甲酸铵的脱水反应速率。氨基甲酸铵脱水反应在气相中不能进行，在固相中反应速率很慢，只有在液相中反应速率较快，故氨基甲酸铵脱水生成尿素的反应必须在液相中进行。氨基甲酸铵脱水速率与温度的关系如图 4-30 所示。

由图 4-30 中曲线的变化趋势可知，低温反应时，反应初期，反应速率较低，甲铵脱水较缓，氨基甲酸铵熔点较高，自催化作用难以体现，转化率缓慢增加；随反应的进行，尿素和水的大量生成，大幅降低了氨基甲酸铵熔点，在液态氨基甲酸铵自催化作用的影响下，反应速率逐渐加快，转化率提高较快且持续增加。高温反应时，反应速率快，尿素和水的快速生成，氨基甲酸铵熔点降低很快，自催化作用显著，反应速率常数增加，同时反应初期，转化率较低，反应物浓度较大、反应推动力大，反应速率增长较快，转化率快速增长。随着转化率的增大，生成水量不断增加，反应物浓度逐渐减小，生成物浓度逐渐增大，逆反应速率越来越快，一定条件下正逆反应达到平衡。

高温下可较快地达到较大的平衡转化率。若保持相同的反应时间，反应温度越高，转化率也越高。但在高温下反应时间过长，转化率达到极大值后迅速下降，这是因为尿素在长时间高温条件下水解及缩合等副反应开始占主导地位所致。

氨基甲酸铵脱水反应速率还与反应体系中过剩氨量大小有关，比较图 4-30 和图 4-31，两图曲线变化趋势基本相同，但在有过剩氨存在情况下，即使氨基甲酸铵脱水温度高于 200℃时，二氧化碳的转化率也不会随反应时间的延长而出现降低，说明过剩氨的存在抑制了副反应的发生，对氨基甲酸铵脱水反应转化率降低有较强的抑制作用。

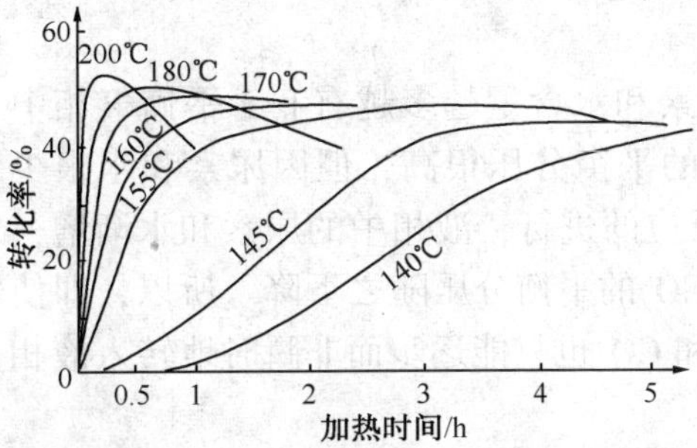

图 4-30　影响甲铵脱水转化率的因素

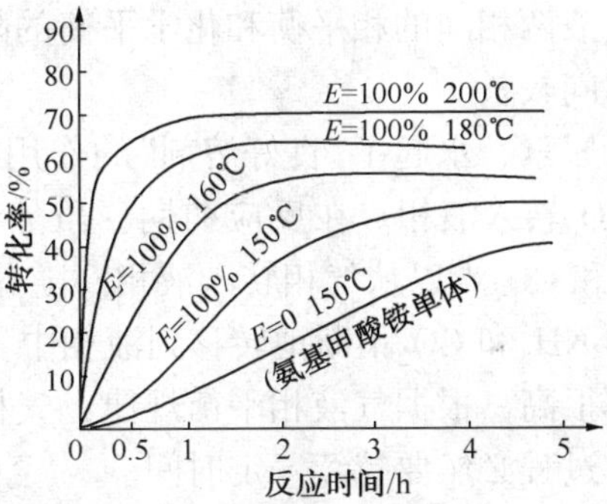

图 4-31　甲铵转化率与过剩氨量关系

4. 合成塔温度分布

(1) 放热过程

尿素合成反应过程是一个复杂的气液相物理化学过程。体系中既有传质过程，也有化学反应。传质过程包括氨、二氧化碳由气相中转入液相、水由液相转入气相的相际物质传递。化学反应包括液相中氨与二氧化碳化合生成甲铵、甲铵转化为尿素和水的反应。体系达到平衡时，气液两相间物质传质、液相的化学均达到平衡。相际间合成尿素的 5 个过程如图 4-32所示。

工业尿素合成塔为直立细长的中空高压容器。反应物料从底部进入，向上流动时伴随合成反应的进行，最后由塔顶部排出。尿素合成塔内不同截面处物流组成研究、实践均显示反应原料进入尿素合成塔后，受传质过程的影响，并非瞬时完成生成甲铵。由于 NH_3 和 CO_2 生成甲铵为放热过程，而甲铵脱水转化为尿素是吸热过程，如果甲铵生成反应瞬时结束，则合成塔底部处的温度应最高，由下向上温度逐渐降低。实际上塔内温度沿轴向的变化是上下两处温度较低，中间某一部位温度最高，而且塔顶温度总比塔底要高。再从物料在塔内的停留时间看，物料停留时间为 50min，而生成甲铵需 12~15min。如图 4-33 所示为合成塔内轴向温度的测定数据。最高温度位于约 1/3 塔高处，这表明至少在塔下部 1/3 的容积内都在进行甲铵的生成反应。

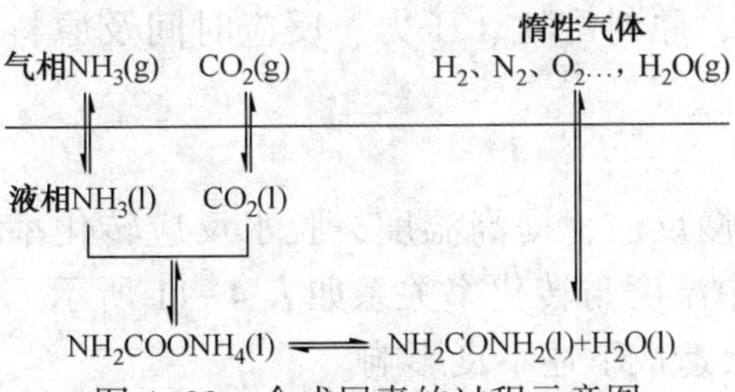

图 4-32　合成尿素的过程示意图

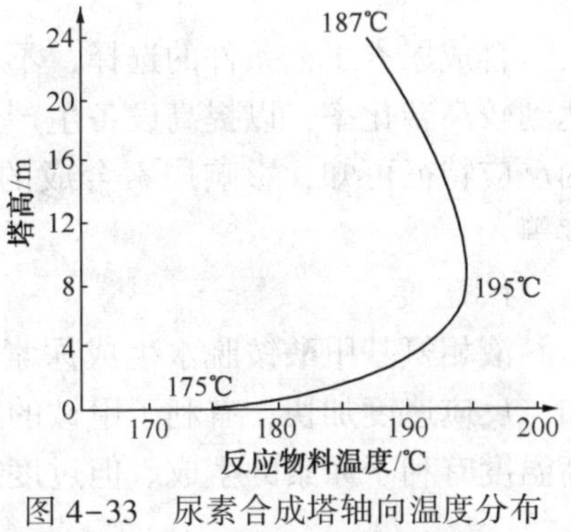

图 4-33　尿素合成塔轴向温度分布

合成塔内气相由 NH_3、CO_2、H_2O 及惰性气体组成，液相由甲铵、尿素和水组成。受生成甲铵化学平衡的限制，液相中存在较多的 NH_3、CO_2，受气、液相平衡的限制，气相中的 NH_3、CO_2 难以更多地转移到液相中去。

合成塔内反应物料 NH_3 和 CO_2 从气相向液相传质过程的快慢，由传质系数和传质推动力决定。高压操作的合成塔，气相的体积较小且惰性气体的含量也不多，传质速率相当快，受气、液两相间的相平衡和化学平衡的限制，传质推动力小，反应物料从气相向液相的传质持续时间较长。

尿素、水起了“良好溶剂”的作用，液相中尿素和水含量越多越有利于平衡气相中 NH_3 和 CO_2 转入液相。在反应初期，虽然 NH_3 和 CO_2 的平衡分压很高，但因尿素和水很少，使 NH_3 和 CO_2 难以从气相转入液相。随着甲铵脱水反应的进行，液相中的尿素和水渐增，气相中的 NH_3 和 CO_2 不断地转移到液相中，使 NH_3 和 CO_2 的平衡分压随之下降。所以，即使转化速率很高，根据气液相平衡规律，气相中的 NH_3 和 CO_2 也只能逐步而非瞬时地转入液相，故传质过程必然要持续一定时间。

生成甲铵是强放热反应，当 NH_3 和 CO_2 从气相转入液相后即刻发生放热反应导致反应物系温度升高。因此，从合成塔的底部向上，反应物料温度一般是应该逐步升高的。当气相中的 NH_3 和 CO_2 基本上转入液相后，放热过程基本结束。此时，甲铵脱水的吸热过程仍继续进行，再加上合成塔壁的散热损失，使反应物料的温度缓慢降低，温度变化出现拐点，出现了“热点”。合成塔的结构不同，“热点”部位也就不同。

（2）吸热过程

氨基甲酸铵脱水反应在气相中不能进行，固相中反应速度较慢，而在液相中反应速度较快。氨基甲酸铵脱水速度（或氨基甲酸铵的转化率）与温度、反应时间的关系如图 4-30 所示。反应开始时，氨基甲酸铵脱水速度缓慢，随着尿素、水的生成，反应速度逐渐增快，降低了氨基甲酸铵的熔点，起到自催化的作用。随着氨基甲酸铵转化生成水量的不断增加，反应物浓度逐渐减少，生成物浓度逐渐增加，逆反应速度越来越大，达到平衡转化。氨基甲酸铵脱水速度还与氨的过剩量有关，如图 4-31 所示。有过剩氨存在，尿素高温、长停留时间发生缩合或水解的可能性几乎为零，即使脱水温度高于 200℃时，转化率也不会随脱水时间的增加而降低。较高温度下，物料在合成塔中反应接近平衡状态时所需时间为 40~50min。反应时间过短转化率太低，但过长地增加反应时间对提高设备生产能力和产品质量不利。正常生产下物料在塔中的停留时间为 1h 左右。

三、工艺条件

合成尿素工艺条件的选择，不仅要满足液相反应和自热平衡，而且要求在较短的时间内达到较高转化率，以提高设备生产强度。根据氨基甲酸铵、尿素的性质和甲铵脱水生成尿素的反应特征可知，影响尿素合成的主要因素有温度、原料配比、压力、反应时间及原料纯度等。

1. 温度

液相氨基甲酸铵脱水生成尿素是一个弱吸热的慢反应，提高温度，脱水反应转化率增加、反应速度加快，有利于甲铵的脱水。工业生产中温度与转化率关系如表 4-11 所示。提高温度有利于尿素的生成。但过度提高操作温度，会造成下述不良影响。

表 4-11　反应温度与二氧化碳转化率的关系

反应温度/℃	170	180	190	注：当氨碳比为 4，水碳比为 0.6 时
转化率/%	62	65	67.5	

温度过高，合成尿素的平衡转化率下降。一定压力下，随反应温度的升高，平衡转化率相应增高。当温度升高至 190~200℃时，转化率出现一个最大值。受尿素合成过程中脱出水

量的增加，以及尿素的水解、缩合等副反应的影响，温度过高尿素水解速度越快，如合成压力 20MPa 时，随温度由 145℃ 升至 165℃、185℃，尿素水解率分别为 0.45%、0.7%、1.4%，超过最佳温度后转化率反而下降，详见图 4-34。同时在一定压力下，温度过高，从反应液相中逸到气相中的 NH_3 和 CO_2 增多，因而液相量和液相密度及填充度均会减小，尿素的合成率随之下降。

温度过高，尿素缩合反应加剧，产品质量降低。温度升高促进尿素的缩合反应，缩二脲含量增加，如图 4-35 所示。温度愈高，缩二脲的生成愈多。缩二脲难溶于水，对动植物均为有害的物质。缩二脲的生成降低了尿素的合成率，影响了尿素产品的质量，在尿素生产过程中必须限制缩二脲的生成量。

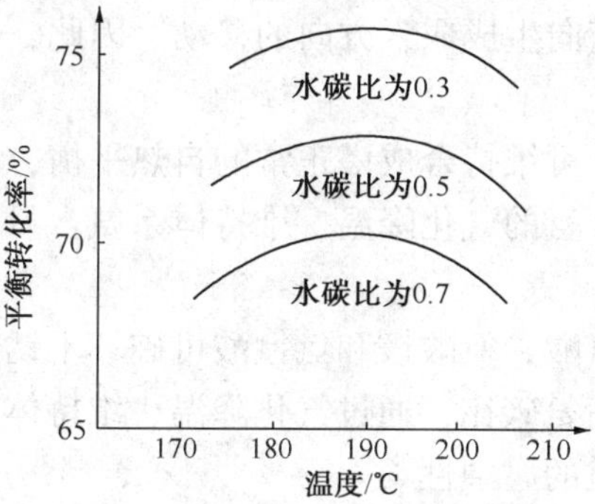

图 4-34　尿素平衡转化率与温度及水碳比的关系

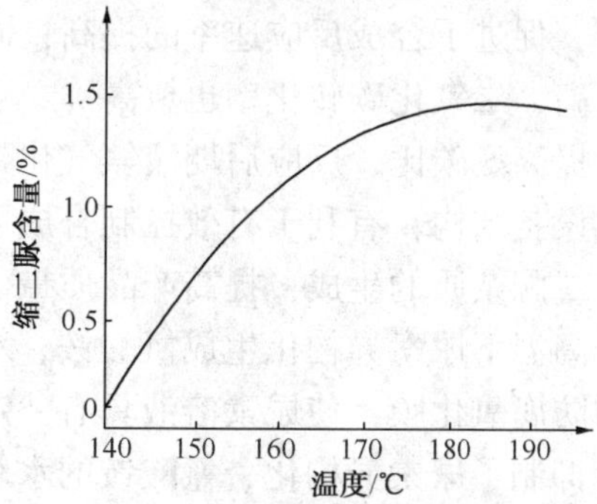

图 4-35　缩二脲含量与温度关系

温度过高，合成尿素操作压力偏高。合成尿素操作压力随氨基甲酸铵的离解压力的增高而增高。由图 4-36 可知，氨基甲酸铵离解压力随温度的升高而急剧增加，而氨基甲酸铵脱水生成尿素的反应只有在液相中才能较快进行。为保证氨基甲酸铵不离解且呈液相，必须提高操作压力，使之大于氨基甲酸铵的离解压力。提高压力也有利于合成转化率的提高。

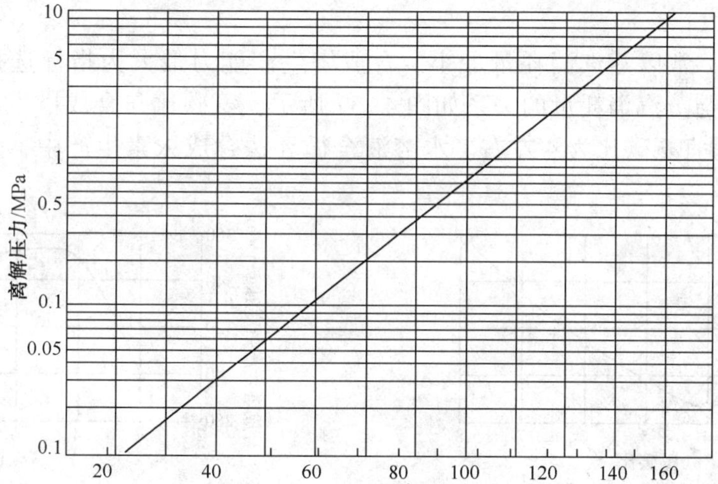

图 4-36　甲铵离解压力与温度关系

温度过高，腐蚀加剧。材料的腐蚀随温度上升迅速加快，超过某一温度，腐蚀速度急剧增加。操作温度从 160℃ 提高到 200℃ 时，Cr-Ni 合金钢腐蚀速度增大 3 倍。合成操作温度为 185~190℃ 时，采用 Cr-Ni 或 Cr-Ni-Mo 合金钢可以满足要求；操作温度超过 200℃ 时，必须采用更耐腐蚀的钛为主体的优质合金钢才能满足要求。实际过程中，对操作温度的选择，应从最大反应速度、最高转化率、产品质量、设备材质、能量消耗、技术经济等多方面加以考虑，设备材料的耐腐蚀能力等安全性指标最关键。

温度对尿素生产成本的影响显著，选择适宜的合成温度对降低生产成本意义重大。氨碳比为4，操作温度为197~199℃时尿素的成本最低，超过200℃时，尿素成本随温度升高而增加。工业上因采用较高的合成操作压力，故一般操作温度控制在180~190℃之间。

2. 氨碳比

氨碳比指原始反应物料中氨与二氧化碳的物质的量比，按化学反应计算氨碳比等于2。实际生产在氨碳比大于2下进行。氨的化学计量系数为2大于二氧化碳的化学计量系数，调整氨浓度的效果优于调整二氧化碳浓度的效果。氨碳比的提高增加气相反应物向液相的传质速度，促进了合成反应速率的提高，同时还改善了平衡向生成尿素方向的移动。因此，氨碳比愈高，二氧化碳转化率也愈高。

提高氨碳比，反应后期液氨气化带走大量的热量，可维持合成塔正常的自热平衡，简化合成设备结构，有利于有效控制合成塔操作温度。通过氨的气化降温、维持体系氨含量以抑制缩二脲杂质的生成，提高产品质量。

高温下尿素异构化生成氰酸铵、水解成为游离氢氰酸，氰酸铵和氢氰酸可破坏不锈钢表面的防腐氧化膜，使尿素溶液具有一定的腐蚀性。提高氨碳比，通过气化降温、维持体系氨含量抑制了尿素异构化、氰酸铵的水解，降低合成介质的腐蚀性。

$$NH_2CONH_2 \rightleftharpoons NH_4CNO$$

$$NH_4CNO \rightleftharpoons NH_3 + HCNO$$

过高的氨碳比也会带来消极的影响。氨碳比过高，氨转化率降低，大量氨在系统中循环，增加回收设备的负荷，压缩氨的动力消耗增大，蒸发氨和回收过剩氨所需的蒸汽和冷却水的消耗量也增大。

工业生产中，常以蒸汽消耗量最小、合成塔生产能力最大为指标选择、衡量适宜的氨碳比。氨碳比与蒸汽消耗量的关系如图4-37所示，氨碳比与合成塔生产强度关系如图4-38所示。最适宜氨碳比为4左右。水溶液全循环法合成尿素生产中，一般选用氨碳比在3.5~4.5。

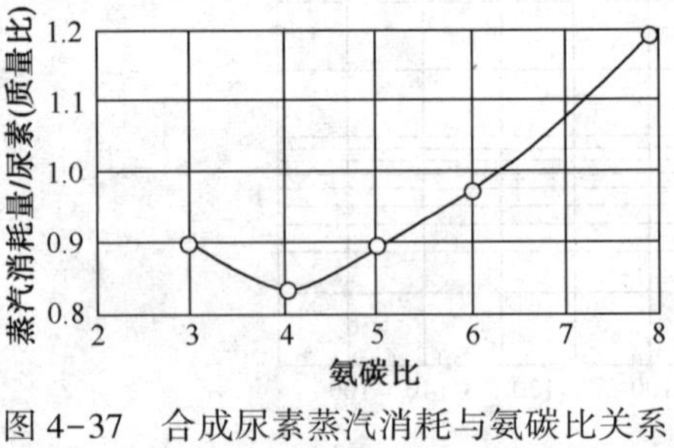

图4-37　合成尿素蒸汽消耗与氨碳比关系

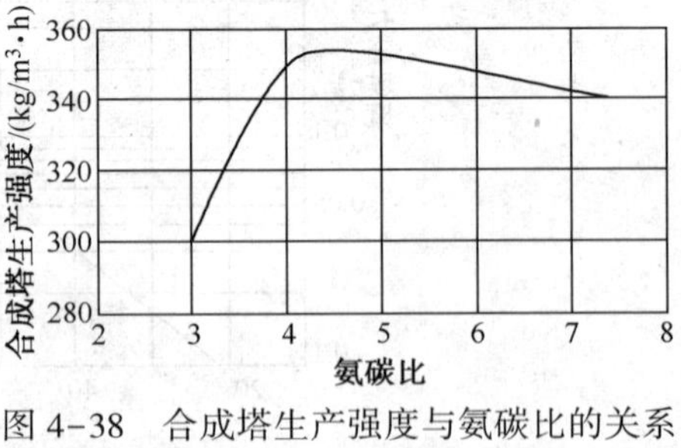

图4-38　合成塔生产强度与氨碳比的关系

3. 水碳比

水碳比是指进入合成塔物料中水和二氧化碳的物质的量之比。尿素生产合成塔中的水来源于两个方面，一是甲铵脱水生成尿素产生，从合成尿素的总反应式可知，生成一分子尿素时将生成一分子的水，这部分水在生产过程中是不可避免的；二是未反应的氨和二氧化碳以甲铵水溶液的形式返回合成塔中带入的水，这部分水量多少取决于合成转化率和循环吸收的操作条件。若合成转化率或循环吸收条件发生变化均可能引起水碳比的变化。

水是尿素合成反应的产物之一，水分的加入不利于合成尿素的化学平衡。表 4-12 反映不同氨碳比下，进料水碳比对尿素合成平衡转化率的影响。随水碳比的增加，平衡转化率大幅降低，高氨碳比时，水碳比对尿素平衡转化率的影响变小。

表 4-12　不同水碳比对平衡转化率的影响(188℃)

水碳比	平衡转化率/%	
	氨碳比 3.5	氨碳比 4.5
0.3	73.27	79.88
0.5	69.75	77.13
0.7	66.23	74.37
0.9	62.59	71.62
1.1	59.19	68.86

带入水分必然降低氨与二氧化碳反应生成氨基甲酸铵的浓度，同时水分的增加，促进了氨基甲酸铵脱水的逆反应，降低了二氧化碳的转化率。在工业生产中，如合成塔温度为 188℃，当氨碳比在 3.9～4.0，水碳比每增加 0.1，转化率将下降 1.5%，氨碳比在 4.0～4.3，水碳比每增加 0.1，转化率将下降 1%。生产中由于水量控制不当，甚至会破坏整个合成系统的水平衡，引起合成与分解系统操作条件恶性循环。

水碳比是合成尿素生产中重要控制指标，工业上除采用控制循环甲铵液带入的水量以外，还采用加入过量氨的操作。因过量氨与水生成氢氧化铵，减少了系统中的游离水，使平衡向甲铵脱水生成尿素的方向移动，合成转化率提高。实际生产中的水碳比，需视后续回收工序的完善程度而定，一般的水溶液全循环法水碳比为 0.8～1.0，而 CO_2 气提法则降低到 0.3～0.5，氨气提法时为 0.5～0.6。

4. 操作压力

体系平衡压力的高低与温度、水碳比、氨碳比相关，当原料配比和温度一定，平衡压力即为定值，压力不是独立变量。为保持系统始终处于液态，操作压力不得低于平衡压力，由于惰气的存在，实际操作压力更高一些。温度越高，平衡压力越高；水碳比越高，平衡压力越低。氨碳比对平衡压力的影响则较为复杂，当其他条件(温度、水碳比)一定时，存在着一个最低平衡压力。图 4-39 是不同氨碳比下 NH_3、CO_2 混合物(水碳比为 0)的平衡等温线。由图可见，最低平衡压力随温度的升高而升高，且相应的氨碳比亦随之向高 NH_3 方向移动。温度从 140℃ 升至 200℃，对应于最低平衡压力的混合物中 NH_3 从 69% 增至 76%(摩尔)，氨碳比从 2.2 提高到 3.1。另外 NH_3 或 CO_2 超量时，压力都会上升，由于 NH_3 在水中溶解度很大，而 CO_2 则仅微溶于水，过量 NH_3 和 CO_2 对压力变化的影响不同，过量 NH_3 时压力增高比较平缓，而过量 CO_2 时压力急剧上升，合成尿素是一个体积缩小的反应，提高压力有利于合成尿素。定容操作下，甲

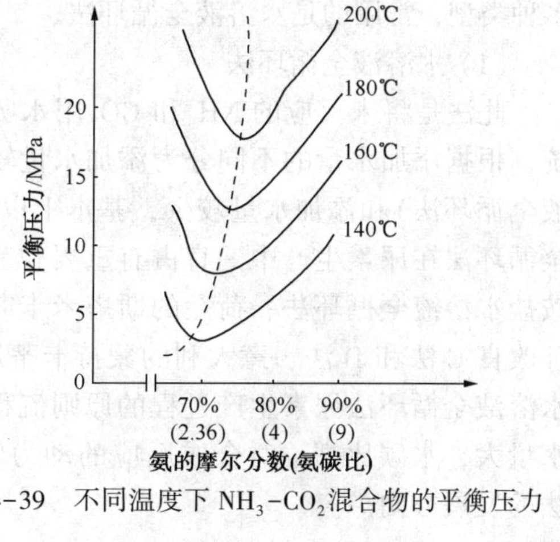

图 4-39　不同温度下 NH_3-CO_2 混合物的平衡压力

铵脱水生成尿素转化率随压力的提高而急剧增加。压力为15.4MPa和28.0MPa时，尿素合成率分别为35%、57%。提高操作压力，还有利于气体的溶解和冷凝，减少气相容积，增大液相数量和密度(即增大了填充度)，也有利于甲铵脱水生成尿素。同时，还可减少循环的氨和二氧化碳，节省蒸汽和冷却水的消耗。

压力也不能过高，操作压力与尿素的合成率的关系并非直线关系。在较高的压力下，尿素的合成率逐步趋于一个定值，压力再提高，合成率变化不大，而压缩原料氨、二氧化碳的动力消耗则增加较大，尿素成本增高。高压下氨基甲酸铵对设备的腐蚀加剧。操作压力必须高于所选定的操作温度和进塔物料比下的系统平衡压力，以保证氨基甲酸铵不离解，过量液氨不气化。

5. 反应时间

氨基甲酸铵的生成反应速度极快，反应比较完全，故合成尿素的时间主要取决于甲铵脱水生成尿素所耗时间。从氨基甲酸铵脱水生成尿素的速度曲线图，图4-30、图4-31可以看出，氨基甲酸铵转化成尿素的转化率随反应时间的增加而增加，开始增加较快，以后逐步减慢。足够的停留时间是保障氨基甲酸铵脱水反应进行完全的基础，反应时间过长，生成强度降低，经济性差。40~50min即可使反应接近平衡状态。工业生产中一般控制反应时间在1h左右。

6. 原料纯度

原料气中氮气、氢气等惰性气体和少量氧(或空气)，占据了反应器的一部分容积，缩短了反应物料的停留时间。惰性气体的存在还要求相应地提高反应压力。有些NH_3和CO_2还随惰气转入气相，增加了回收负荷。氨厂供应的原料CO_2中含有的氢气，会有爆炸的危险，所以应尽量控制在最低的范围内，必要时需设置CO_2气体的脱氢装置，以提高氨、CO_2合成原料气的纯度。

四、典型工艺流程

1. 生产工艺

早期的尿素合成用NH_3和CO_2直接合成，属于不循环法流程。为提高NH_3、CO_2转化率，20世纪50年代后期出现了多种溶液全循环流程。60年代以来，随着合成氨的大型化，尿素生产也趋于大型化，工艺技术也日臻完善。现代的尿素生产多采用全循环法，全循环法又有多种类型，常用的是水溶液全循环法、二氧化碳气提法和氨气气提法。

(1) 水溶液全循环法

此法是将未反应的NH_3和CO_2用水吸收生成甲铵或碳酸铵水溶液再循环返回合成系统，根据添加水量的不同分为添加水量较多，(即H_2O/CO_2摩尔比近于1的碳酸铵盐水溶液全循环法)和添加水量较少，基本上以甲铵溶液返回系统的甲铵溶液全循环法。水溶液全循环法在尿素生产中一直占有重要位置，且在不断改进和发展中。主要有我国的碳酸铵盐水溶液全循环法、荷兰的斯塔米卡邦水溶液全循环法、日本的三井东压水溶液全循环改良C法和D法、意大利的蒙持卡蒂尼-爱迪生水溶液全循环法和新全循环法流程等。水溶液全循环法尿素生产过程的原则流程如图4-40所示。碳酸铵盐水溶液全循环法的用水量大，水碳比高，对合成反应的动力学、热力学均不利，甲铵溶液全循环法成为循环法的发展方向。

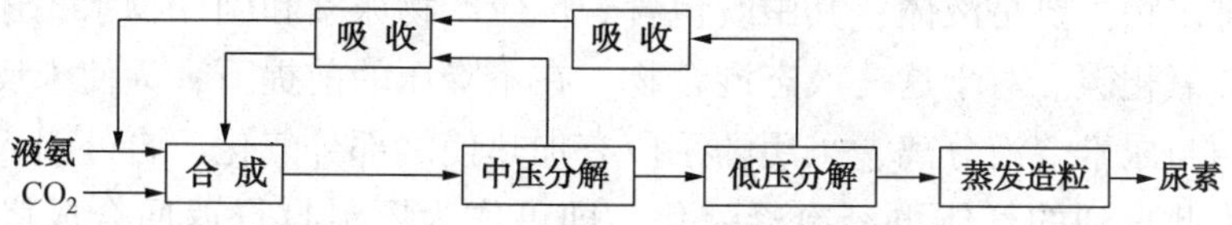

图 4-40　水溶液全循环法尿素生产流程图

（2）气提法

水溶液全循环法不消耗溶剂，投资省，曾被广泛采用，为尿素工业的发展做出了积极贡献，但水溶液全循环法的能量未充分利用，反应热被大量的循环液所降温；一段甲铵泵腐蚀严重，甲铵泵的制造、操作和维修比较麻烦，回收微量 CO_2 和氨气的流程过于复杂。

在水溶液全循环法基础上进行革新产生的气提法是利用某一介质在与合成氨等压的条件下分解甲铵并将分解物返回系统使用的一种方法。按气提介质的不同又可分为二氧化碳气提法、氨气气提法和变换气气提法。气提法是全循环法的发展，具有热量回收安全，低压 NH_3 和 CO_2 处理量较少的优点。此外，在简化流程、热能回收、延长运转周期和减少生产费用等方面也都优于水溶液全循环法，是尿素生产的一种发展方向。具有代表性的气提法流程有：荷兰斯塔米卡邦 CO_2 气提流程、IDR 等压气提法和日本东洋工程公司的 ACEs 法流程。但工业上应用最广泛的还是前两种方法，如图 4-41 所示。

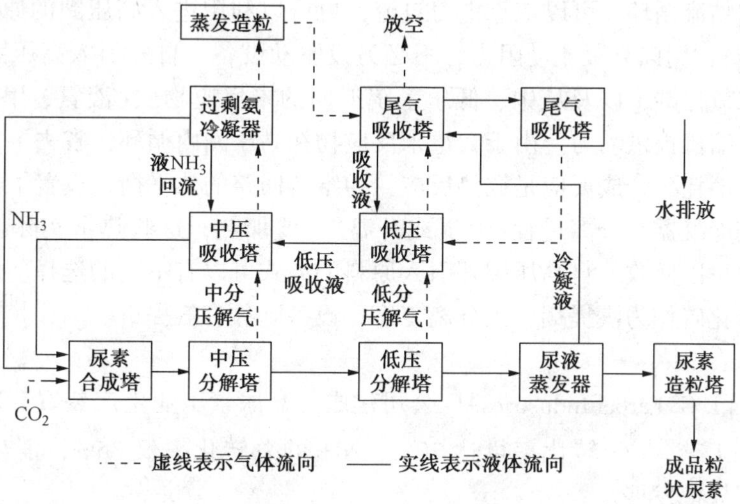

图 4-41　尿素生产工艺流程图

2. 高压合成圈的构成

尿素合成反应必须在高压下进行，而后续的未反应物分离、循环和回收则在低压下完成。早期的尿素生产中，只有尿素合成塔本身属于高压设备(15MPa)，不存在高压回路。自 20 世纪 60 年代二氧化碳气提法工艺工业化，表明在与合成等压条件下分离、回收一部分未反应物是可能的，且显著节省能耗。凡气提法流程，处于高压下的设备不止一具合成塔。当代尿素生产几乎都把高压工序从仅一具尿素合成塔扩充为一个回路，在回路中同时完成合成反应、部分未反应物的分离和回收、余热能量的回收和利用等三项任务，这一回路称为高压圈。在有高压圈的条件下，合成工艺条件的选择与单独合成塔不同。

合成塔的排出物主要是液体，其中既包含着反应产物尿素和副产物水，还有相当多未反应的原料氨和二氧化碳。对于这一液态混合物，在不降压的前提下，为使未反应的氨和二氧化碳转入气相而与尿素溶液分离，采用的手段有加热使之部分气化、自外引入气体进行气提或两者兼用，由此得到的气体再经冷凝液化，即可作为原料自行返回合成塔，从而构成回路。气体的冷凝既是合成塔热平衡的要求，又提供了能量回收的有利条件。由于气体的冷凝温度随压力的增加而升高，温度的提高增加了能流的有效能，故高压圈内的气体冷凝热可得到有效利用。

高压圈主要包括合成、分离(汽提或汽化)和热回收冷凝三个环节。图 4-42 给出了高压圈的组成和它在全流程中的地位。

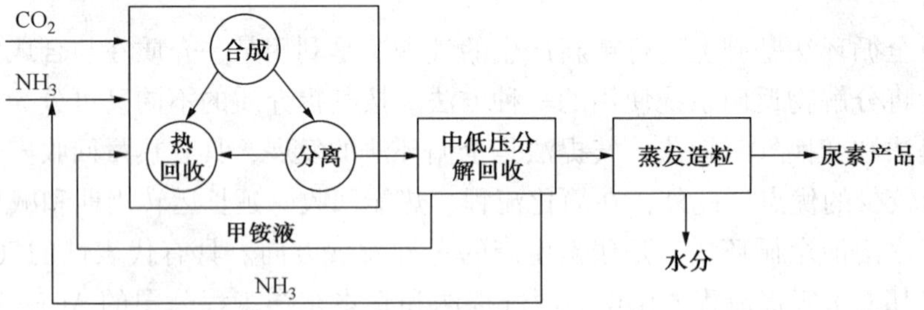

图 4-42　高压圈的构成

高压圈内的物流循环，可以依靠重力自流，也可以利用进入高压圈的原料流股压力(例如，液液喷射器)，用以克服流动阻力，不必另设驱动设备。自外引入高压圈的物流，包括原料氨和原料二氧化碳，以及从中、低压系统返回的未反应物质(液氨、甲铵液)，则需通过相应的泵或压缩机提供动力。由于大量未反应物在高压圈内循环，省去了驱动装置，所以大大节省了动力消耗。合成反应是放热反应，为维持回路的热平衡，设置了热回收装置，通常称为高压甲铵冷凝器。分离过程(汽提或升温)需要加热，这些热量实际上在高压甲铵冷凝器又复排出而得以回收。自高压圈外引入原料的方式可以有不同的选择。例如，二氧化碳汽提法是将二氧化碳作为汽提剂引入分离工序，设备则称为汽提塔。

3. 工业发展

1920 年德国 I. G. FarbenIndustriesAG 公司建成首套尿素工业生产装置。以 NH_3 和 CO_2 为原料，用不循环工艺，CO_2 转化率可达 70%，NH_3 的总转化率仅 35%，消耗和生产成本甚高，制约了装置规模发展。

1950~1970 年间，开发了半循环和全循环工艺。只有甲铵溶液全循环工艺得到广泛应用，生产装置规模达到 600t/d。20 世纪 60 年代中期，气提法被开发出来，显示出比水溶液全循环法更大的优越性，而得以快速发展。生产成本大幅度降低，而且不副产硫铵。单套装置规模发展到 1000t/d 以上。

20 世纪 80~90 年代气提法获得推广和完善，形成了节能、环保型现代尿素生产工艺工程，主要有荷兰 Stamicarbon 公司的 CO_2 汽提工艺、意大利 Snamprogetti 公司的 NH_3 汽提法、日本东洋公司(TEC)的 ACES 工艺、意大利 Montedison 公司等压双气提工艺(IDR)和美国尿素技术公司(UTI)的热循环工艺(HR)。这些生产技术的共同点均是用气提技术大幅度降低生产消耗，工艺特点见表 4-13。

表 4-13　各种尿素生产技术比较

类别	项目＼方法	CO_2汽提工艺	NH_3汽提工艺	ACES 工艺	IDR 工艺	UTI 工艺
工艺特点	一、流程复杂性	流程短	流程较长	流程较长	流程较长	
	(1)高压设备台数	4	4	5	6	1
	(2)分解级数	1(低压)	2(中，低压)	2(中，低压)	2	2
	(3)甲铵循环回路数	1	2	2	2	1
	(4)氢循环回路数	0	1	0	0	0
	二、装置的操作运行性能					
	(1)开工率/%	达 100	达 98.4	达 100	达 100	>95
	(2)框架高度/m	池式 38，降膜 56	32	~70	较高	20
	(3)操作维修	较方便	方便	不方便	不方便	方便
	(4)操作弹性/%	60~105	40~110	50~105		
	三、安全性能					
	(1)钝化空气用量[O_2/CO_2,%(体积)]	0.6	0.3	0.7	0.2	0.1
	(2)安全、防爆措施	工艺放空气除经洗涤回收外，还增加了原料CO_2气的脱氢装置，脱除了放空尾气中的氢气	中低放空尾气经洗涤回收，减少了放空尾气中可以形成爆炸气体的组分含量	中低压的放空气经洗涤回收，减少了放空尾气中可能形成爆炸的气体组分含量	无爆炸危险	无爆炸危险
	四、环保措施					
	(1)废气处理	工艺放空气经洗涤后几乎不含氨，故基本对环境无污染；造粒塔顶废气含尿素粉尘($50mg/Nm^3$空气)，该排放量符合中国排放标准				
	(2)废水处理	工艺凝液经深度水解，尿素和氨的含量均小于1×10^{-6}，冷凝液可回收用作锅炉给水				
产品规格	尿素含氮量(以干基)/%(质量)	>46.3	>46.4	>46.5	>46.4	>46.5
	缩二脲/%(质量)	<0.9	<0.8	<0.85	<0.9	≤0.7
	水分/%(质量)	<0.3	<0.25	<0.25	<0.3	<0.3
	粒度 1~2.5mm/%	>95	>97	>96	>95	>95
	<1.0mm/%	1~2.4	<3	<3		
应用情况	第一套装置建成时间	1967 年	1970 年	1983 年	1981 年	1977
	第一套装置规模/(t/d)		70	600	300	300
	最大装置规模/(t/d)	2000	2400	1725	1200	1500

我国尿素工业的发展始于20世纪50年代，60年代自行设计和自制设备的年产11×10^4t尿素的全循环法尿素工业装置投产成功。20世纪70年代以来，引进技术和自行设计的大、中型尿素工厂迅速建设遍布全国，从根本上改变了中国化肥生产的格局。当前，我国尿素装置所采用的生产技术有二氧化碳气提法、氨气气提法、传统水溶液全循环法、改良C法、改良水溶液全循环法等，常用的是甲铵水溶液循环法和二氧化碳气提法，较大规模的尿素装置以气提工艺占主导地位。我国第一套单线年产能80×10^4 t的大规模尿素生产装置于2003年在海南中海石油化学股份有限公司试车成功。

4. CO_2气提工艺

(1) 工艺简述

荷兰Stamicarbon公司开发的CO_2汽提工艺于1967年工业化，世界范围内已承建了200多套尿素装置，占世界尿素总能力的45%，目前，中国有18套大型装置在运行。该工艺包括原料压缩、尿素合成及未反应物的高压分解和回收、未反应物的低压分解和回收、尿液浓缩造粒、工艺冷凝水处理等工序。该工艺用CO_2作气提剂，在与合成等压条件下将合成塔出料在气提塔内加热，使未转化的大部分甲铵分解成CO_2和NH_3蒸出，分解及气化所需的热量由2.45MPa蒸汽提供。气提塔出气在高压冷凝器内凝液，放出的热量副产低压蒸汽，供低压分解、尿液蒸发使用，气提塔出液减压后进入精馏塔，将残余甲铵和氨进一步分解并蒸出，然后经真空闪蒸、两段真空蒸发浓缩至99.7%的尿液送造粒塔造粒。CO_2汽提工艺流程如图4-43所示。

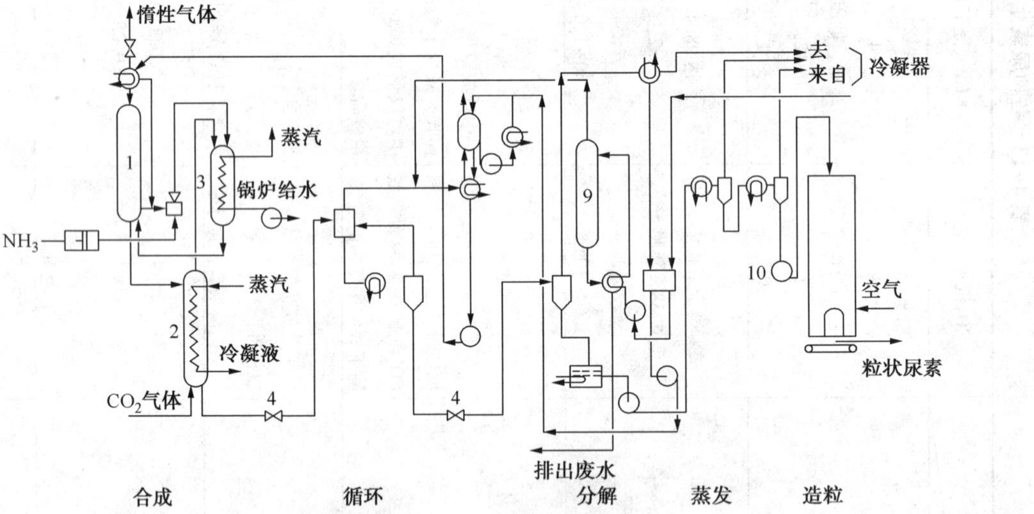

图4-43　CO_2汽提工艺流程图

1—合成塔；2—气提塔；3—冷凝塔；4—膨胀阀；5—精馏塔；6—分离器；7—氨基甲酸铵泵；8—冷凝器；9—解吸塔-水解体系；10—熔融尿素泵

(2) 主要特点

① 流程简单，由于合成工段气提效率高，降低了下游工序的复杂程度，CO_2气提工艺是目前唯一工业化的只有单一低压回收工序的尿素生产工艺，故操作方便、投资省、可靠性强、运转率高、维修费用低。

② 高压圈工艺在优化指标下运行，合成压力采用最低平衡压力13.6MPa、氨/碳比采用最低共沸组成时的氨碳比(2.95)、温度为180～183℃、合成转化率57%。冷凝温度为

167℃，气提温度约 190℃，气提效率在 80%以上。操作参数比较温和，采用 316L 或 25～22CrNiMo 材料即可达到耐强腐蚀的要求，设备制造和维修较方便。

③ 电耗低，CO_2 气提工艺操作压力比其他气提工艺都低，因而高压氨泵、高压甲铵泵的功耗也低。另外，由于气提效率高且没有中压回收工段，没有单独的液氨循环回收，甲铵液的循环量也少，进一步降低了循环氨、甲铵的压缩功耗。

5. NH_3 气提工艺

意大利 Snamprogetti 设计公司开发的 NH_3 气提工艺于 1970 年工业化。近年来，世界新增尿素能力 70%采用此技术。该法工序基本与 CO_2 气提法相同。只是提高了合成塔的 NH_3/CO_2 摩尔比，使进入气提塔的合成液中游离氨量增大，以达到自气提效果。另外，出气提塔的尿液先经中压(1.77MPa)分解后，再经低压分解。过剩氨冷凝成液氨返回系统。

(1)工艺简述

从尿素合成塔顶排出的合成液及气体进入气提塔，在气提塔内被壳侧蒸汽加热，底部排出液送至中压分解，顶部排出气与中压循环来的高压甲铵液一起进入甲铵冷凝器，壳侧副产蒸汽，冷凝液及未被冷凝物送至分离器分离，冷凝液随液氨经喷射泵带入合成塔，气体送至中压分解作为中压汽提气。NH_3 气提工艺流程如图 4-44 所示。

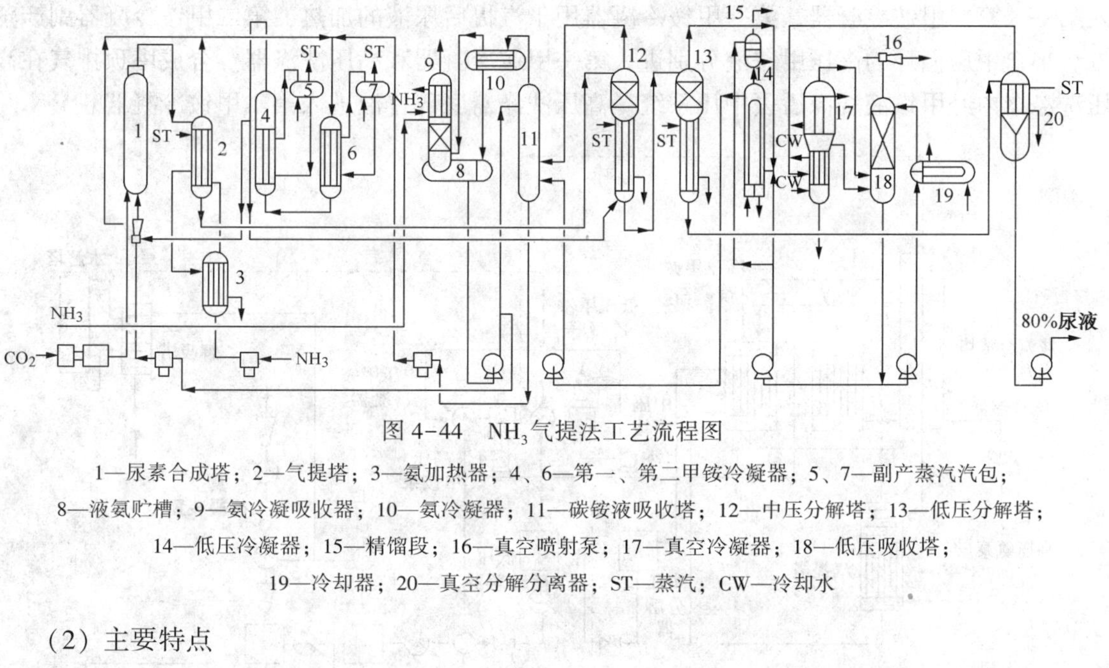

图 4-44　NH_3 气提法工艺流程图

1—尿素合成塔；2—气提塔；3—氨加热器；4、6—第一、第二甲铵冷凝器；5、7—副产蒸汽汽包；8—液氨贮槽；9—氨冷凝吸收器；10—氨冷凝器；11—碳铵液吸收塔；12—中压分解塔；13—低压分解塔；14—低压冷凝器；15—精馏段；16—真空喷射泵；17—真空冷凝器；18—低压吸收塔；19—冷却器；20—真空分解分离器；ST—蒸汽；CW—冷却水

(2) 主要特点

① 合成塔进料 NH_3/CO_2 摩尔比较高，CO_2 转化率较高，减少高压回路以后的循环回收负荷。

② 汽提塔采用衬铝材料，缓解了设备的腐蚀问题，操作条件要求不苛刻，开车无需专门钝化高压系统设备。NH_3 和 CO_2 的损失量少，可快速开车，大大提高了装置的运转率。

③ 采用甲铵喷射泵，高压设备均可布置在地面上，无需高层框架，可节约投资，大大加快建设进度，施工安装操作维修均安全方便。

④ 中压分解段的使用增加了操作的灵活性和弹性，并可通过改变气提效率和高压甲铵冷凝器的副产蒸汽量来调节装置的蒸汽平衡，使之在最佳的条件下操作，中压分解系统会增

加设备。

⑤ 工艺冷凝液经水解解吸处理后，尿素和氨的含量均小于 lmg/L，彻底消除了污染，减少了氨和尿素的损失。

6. ACES 工艺

(1) 工艺简述

ACES(Advanced Processfor Costand Energy Saving)工艺是日本东洋工程公司(TEC)开发的节能型尿素生产工艺，它将 CO_2 气提工艺的高气提效率与全循环工艺的高单程转化率有机地结合起来。合成塔内氨碳比高达 4.0，可基本上忽略腐蚀问题。190℃、17.1MPa，合成转化率达到 68%，大大减少了气提塔用于分解和分离未反应物所需的中压蒸汽量，使其成为当今工业化尿素工艺中能耗最低的工艺。设备选材特殊，主要高、中压设备采用双相不锈钢(DP-3)，有效解决了设备的腐蚀。其缺点是高压圈内设备台数较多，操作、控制比较复杂，高压圈内物料循环靠设备位差来实现，工艺框架较高，增加了一次性土建费用，设备的操作、维修也不方便。20 世纪 90 年代中国先后引进了三套 ACES 装置在渭河化肥厂、四川化肥厂和齐鲁石化公司第二化肥厂。

ACES 工艺流程如图 4-45 所示。来自合成塔的合成液进入 CO_2 气提塔，气提气分别进入第一、第二甲铵冷凝器。第一甲铵冷凝器用于汽提后尿液的加热，第二甲铵冷凝器副产蒸汽。来自中压循环的高压甲铵液分别进人第一甲铵冷凝器和高压洗涤器。合成塔顶排气在高压洗涤器内经甲铵液洗涤后去中压系统。高压洗涤器底部排液进入第二甲铵冷凝器。

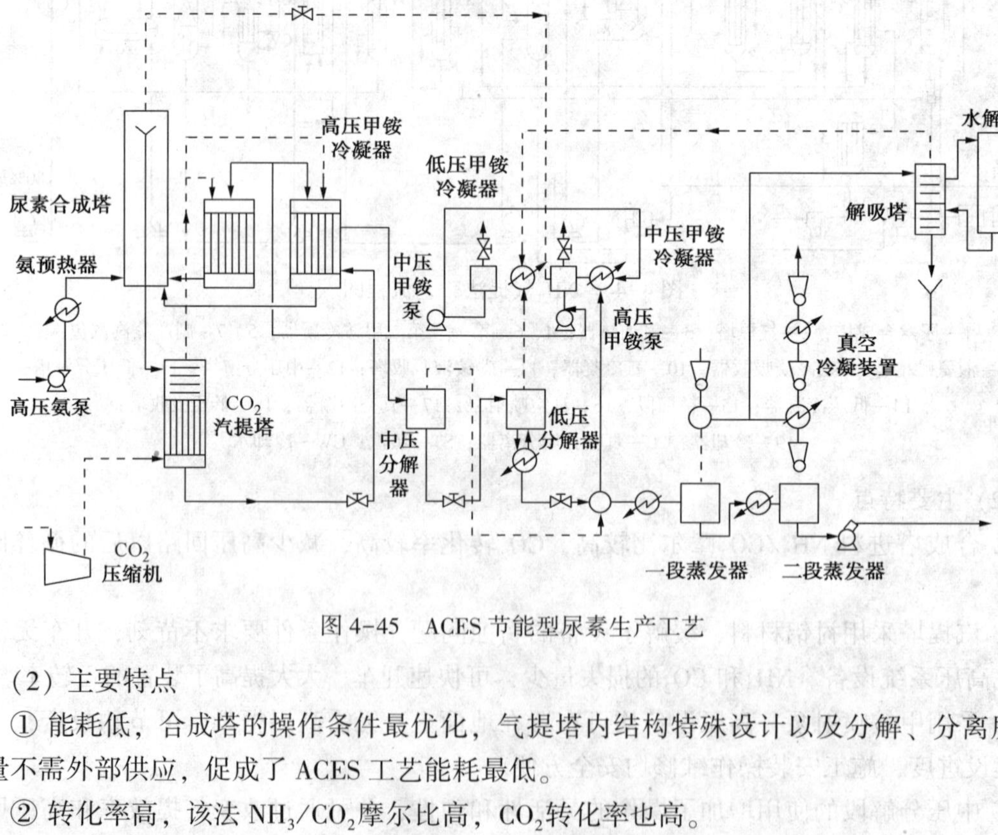

图 4-45 ACES 节能型尿素生产工艺

(2) 主要特点

① 能耗低，合成塔的操作条件最优化，气提塔内结构特殊设计以及分解、分离所需的热量不需外部供应，促成了 ACES 工艺能耗最低。

② 转化率高，该法 NH_3/CO_2 摩尔比高，CO_2 转化率也高。

③ 开工率高，腐蚀性强的地方采用双相不锈钢、各种设备很少被腐蚀，可连续运转。

④ 采用专利的特殊气提塔，具有高效的 CO_2 气提设施。

7. UTI 热循环法

美国 UTI 公司开发了热循环尿素工艺，具有低成本、低能耗，合成系统简单且无需特殊结构材料的高压设备，腐蚀轻微、运转率高、产品质量好和无污染等特点。装置最大规模为 2000t/d。该工艺较适合于传统的全循环工艺的企业节能增产改造，投资回收期较短。

此法高压部分只有一个合成塔，并未组成高压圈。合成转化率较高，热利用较好。全量 60%的 CO_2，全量 70%的液氨和返回的高压甲铵液送至合成塔顶部的分配器，将 3 种物料均匀分配，然后送至两组(每组 6 根)呈十字交叉的"弓"形弯管中，弯管末端在合成塔下部另设一种罩式分布器，物料经管外上流，从塔顶排出，减压到 2.06MPa 经分配器送至第一换热器，再经第一分解器(蒸汽加热)入第一分离器。从第一分离器中分离出的气体在第一换热器管外与二段来的稀甲铵液以及少于全量 40%的 CO_2 化合生成甲铵液，反应生成的热量被换热器中管内的尿素移走。由第一分离器分离下来的液体在第二换热器管内与管外的物质(由第一换热器来的物料和另一小部分 CO_2 反应生成的化合物)进行热交换，然后送至第二分离器。分离后气体送至二段冷凝器。由第二分离器下来的液体进入第三换热器管内，与管外的由第二换热器来的物料以及另一小部分 CO_2 反应所生成的甲铵液再进行换热，然后进入浓缩分离器。经浓缩分离器分离出的气体送至真空冷凝器，而此时浓度为 86%的尿液则送去进一步浓缩。第三换热器管外的浓甲铵液进一步换热后加热送至合成塔。UTI 热循环法工艺流程如图 4-46 所示。

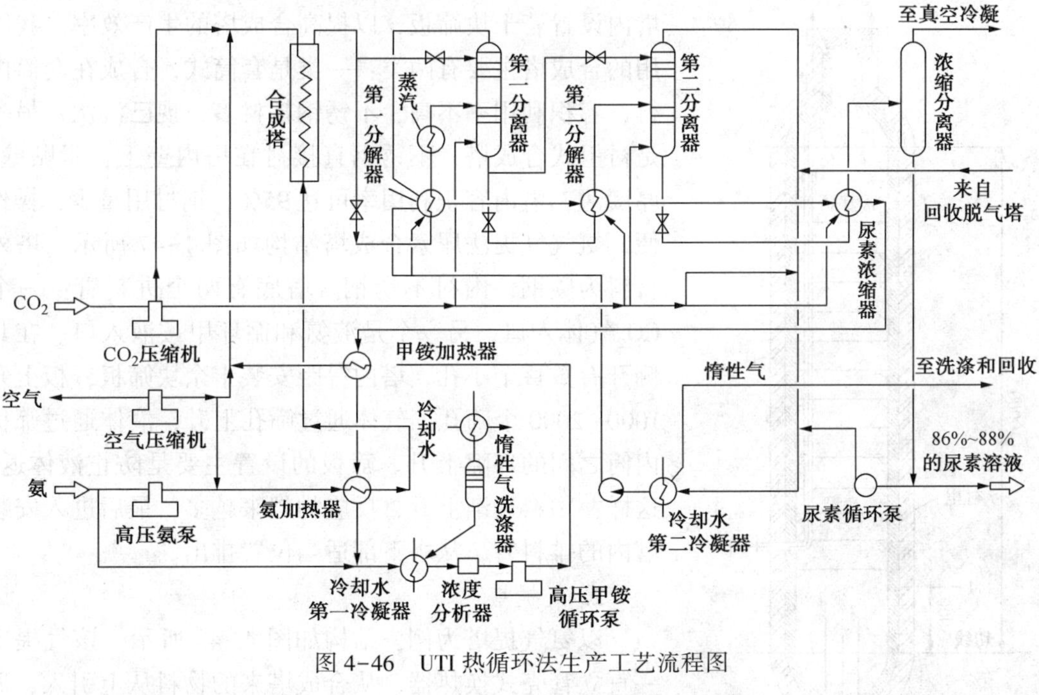

图 4-46　UTI 热循环法生产工艺流程图

8. 尿素溶液的加工处理

目前，国内外大致采用下列几种方法来处理液体尿素：

① 将尿素液真空浓缩到 99.7%的熔融体造粒成型，此为蒸发造粒法，是应用最广泛的方法。该尿素颗粒呈均匀的小球状，机械强度高，耐磨性能好便于运输和使用。

② 将尿素液真空浓缩到80%后送往结晶器结晶，将所得结晶尿素快速熔融造粒后成型，此为结晶造粒。其缩二脲含量小于0.3%。

③ 将尿素液真空浓缩到80%后在结晶机中于40℃下析出尿素，此为结晶法。一般采用母液结晶法。其缩二脲含量低，但结晶颗粒极小，呈粉状或结晶状，不适用直接作肥料使用。

从尿素水溶液的密度、蒸发压力、沸点和结晶温度之间关系可知，常压蒸发浓缩尿素溶液时，随浓度增加而沸点升高，当浓度到达90%时，沸点温度高达140℃，在此条件下，尿素水解和缩合反应急剧增加。故常压蒸发不宜将尿素浓缩至90%以上。当压力低于26.7kPa时，加热到一定温度，才有结晶析出，继续加热，结晶熔化，蒸发水分并将浓度提高，直至达到99.7%。

生产中典型的两段真空蒸发浓缩条件：一段压力为26.6~33.3kPa，尿素溶液加热至130℃，尿素质量分数达95%，二段压力为3.3~6.7kPa，溶液加热至140℃，尿素溶液浓缩至99.7%

五、尿素合成主要设备

1. 尿素合成塔

早期尿素合成塔是带冷却夹套的管式反应器，存在造价昂贵、阻力大、操作稳定性差等缺陷而被塔式反应器所代替。塔式反应器具有较大的高径比，为了防止塔内流体的返混，在塔内设置若干块筛板，以提高合成塔的生产效率。我国采用的合成塔主要有两类：一类是套筒式，合成在套筒内进行，容积利用率不高，不锈钢耗材多，现已淘汰；另一类是衬里式合成塔，不锈钢直接衬在塔内壁上，紧贴壁面，厚度薄，塔内容积利用率可达95%，钢材用量少，操作方便，氨气气提法尿素合成塔结构如图4-47所示。塔外筒材料为碳钢，内衬不锈钢。塔底有两个进料管：一个是CO_2气体入口，另一个是液氨和循环甲铵液入口。在其环侧开有数百个小孔，塔内等距安装十余块筛板，板上开有1000~2000个筛孔。气体通过筛孔上升，液体通过筛板与内筒之间的环隙上升。筛板的设置主要是防止液体返混。这样，物料逐渐上升，反应物越来越多，最后进入安装在塔内的排料管，从塔下部适当位置排出。

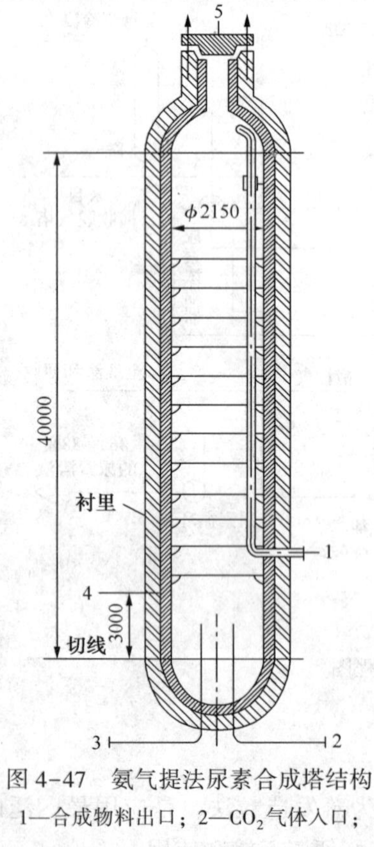

图4-47　氨气提法尿素合成塔结构

1—合成物料出口；2—CO_2气体入口；3—液氨入口；4—热电偶插口；5—人孔

2. 气提塔

以氨气提塔为例，结构如图4-48所示。该气提塔为一直立管壳式换热器。从合成塔来的物料从上引入，通过液体分配系统均匀进入每根加热管。每根加热管在露出管板上端处套上一段套管(液体分配头)，套管与加热管之间有聚氟乙烯填料密封。在管板上一定距离处，每根套管侧壁开有3个小孔，与管子内表面相切。进料液从小孔进入，沿切线流下形成液膜。液膜向下流动时受热部分气化，生成的气体又向上流动，与下降的液膜逆流接触产生气提作用。最后气体通过加热管和套管汇合后从塔顶排出，送往高压甲铵冷凝器，经过气提的液体从塔底排出。

3. 尿素造粒塔

合成尿素的最后工序是造粒。尿素造粒的方法主要有两种，一是造粒塔造粒，二是成粒器造粒。造粒塔用途最广，生产能力也大。其结构如图 4-49 所示。

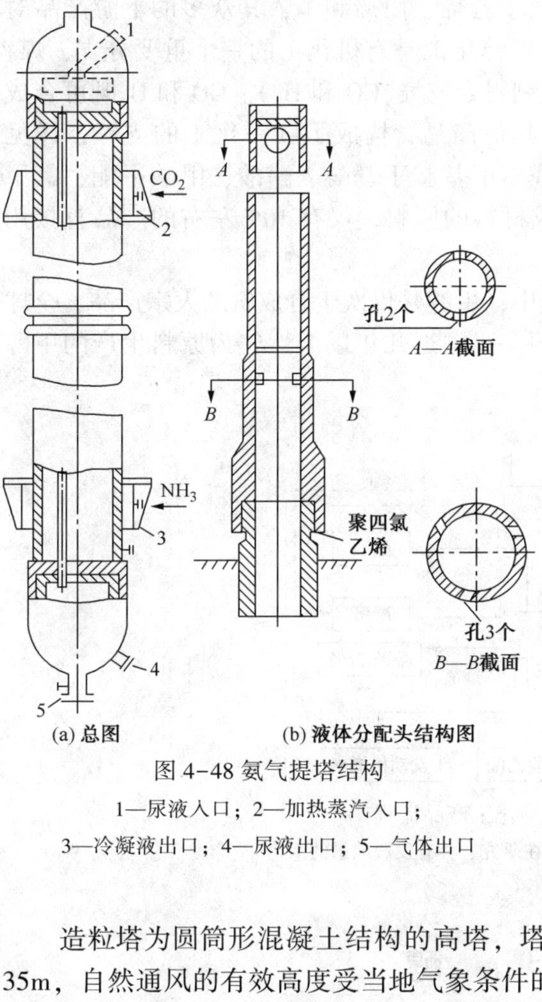

图 4-48 氨气提塔结构

1—尿液入口；2—加热蒸汽入口；3—冷凝液出口；4—尿液出口；5—气体出口

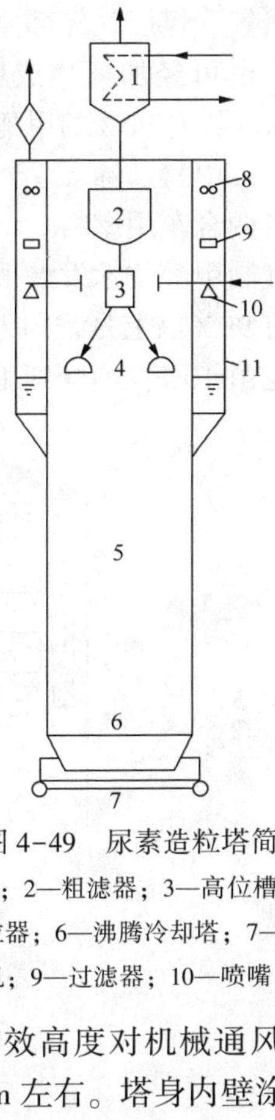

图 4-49 尿素造粒塔简图

1—熔融器；2—粗滤器；3—高位槽；4—喷头；5—造粒器；6—沸腾冷却塔；7—皮带机；8—轴流风机；9—过滤器；10—喷嘴；11—集尘器

造粒塔为圆筒形混凝土结构的高塔，塔径 18~20m，塔有效高度对机械通风造粒塔约 35m，自然通风的有效高度受当地气象条件的影响，一般在 50m 左右。塔身内壁涂有氯磺化聚乙烯和聚氨基甲酸酯等涂料。机械通风量为 10000Nm^3/t 氨，自然通风量为 6000~9800Nm^3/t 氨，生产能力为 1500~2000t/d。

将蒸发浓缩至 99.7%(质量)、温度约 140℃的熔融尿素由泵送至造粒塔顶，再由喷洒装置均匀喷淋在塔内，自上而下被逆流上升的冷空气冷却和固化而成颗粒状尿素成品。成粒器造粒有转鼓造粒、帘幕法造粒、盘式造粒及流化床造粒等几种。

第五章 甲醇系列产品

甲醇是极为重要的有机化工原料和清洁液体燃料，是碳一化工的重要基本产品，被誉为碳化工的“基石”，在基本有机原料中的地位仅次于乙烯、丙烯和苯，其众多的下游产品对工农业、交通运输以及国防工业有着重要作用。甲醇化工是有机化工的一个重要分支，煤、石油、天然气、煤层气经部分氧化或水蒸气转化制得合成气(CO和H_2)。CO和H_2既可合成其他产品，也可经加氢生成甲醇或甲醇后合成其他产品，构成了碳一化工的支柱，详见图5-1所示。约有90%的甲醇产品用作生产甲醛、甲基叔丁基醚、醋酸、甲酸甲酯、氯甲烷、甲胺、二甲醚、烯烃、芳烃及其他各种合成材料的原料，仅有10%左右的产品直接用作燃料或者调合车用燃料。

天然气制甲醇技术发展很快。在天然气化工中，甲醇是仅次于合成氨的大宗产品，全球甲醇产量有90%以上是采用天然气为原料生产的，我国近几年以天然气为原料生产的甲醇所占比例也由10%左右快速上升至24%以上。

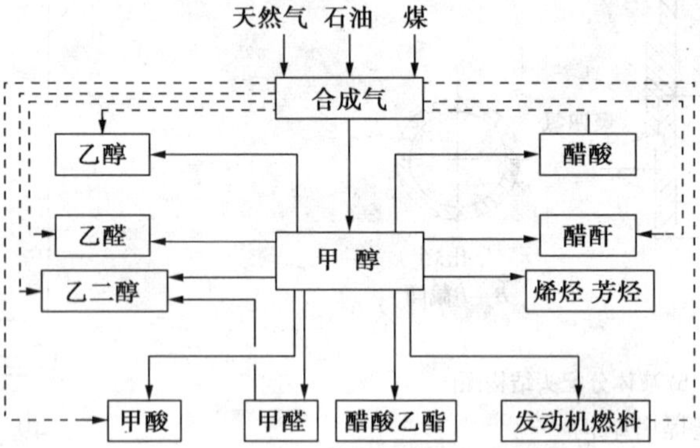

图5-1 甲醇生产碳一化工产品流程

实线：已工业化的工艺；虚线：正在研究、具有发展前景的工艺

第一节 甲 醇

一、甲醇性质及用途

甲醇最早由木材和木质素干馏制得，又称木醇(CH_3OH)，相对分子质量为32.04，常压沸点为64.7℃，常温、常压为无色透明，易流动，略带乙醇味的易挥发性可燃液体，与水、乙醇、乙醚互溶。甲醇剧毒，易燃烧，爆炸极限为6.0%~36.5%(体积)，与多种有机化合物任意比互溶且形成共沸物。甲醇可以发生氧化、氨化、羰基化、酯化、氯化、脱水、裂解等多种化学反应。作为有机化工的原料和重要的溶剂，广泛应用于有机合成、染料、农药、医药、塑料、橡胶、纤维、涂料和国防等领域。近年来，甲醇工业迅速发展，随着世界石油消耗量的日益增加，甲醇在掺烧汽油、汽车燃料、生产汽油、生产MTBE等醚类化合物中的

作用日益增加。

二、工业生产方法

甲醇于1861年由英国人玻义耳(Boyle)在木材干馏中发现，这也是工业上获得甲醇最古老的方法。近代的制取方法有一氯甲烷水解法、甲烷部分氧化法及CO、H_2合成甲醇等，前两种方法因技术或经济方面的原因，均未工业化，一氧化碳加氢是目前工业生产甲醇的唯一方法。

一氧化碳加氢合成甲醇始于1923年的BASF公司，采用高压法(30~50MPa、300~400℃)、以锌-铬为催化剂合成，延续到20世纪70年代。1996年ICI公司以铜基催化剂，开发了ICI低压甲醇合成工艺(5~10MPa、230~270℃)，1971年Lurgi公司开发了Lurgi低压甲醇合成工艺，1973年意大利开发了氨-甲醇联合生产方法(Topsφe联醇法)，表5-1介绍了低压法甲醇生产技术情况。

表5-1　低压法合成甲醇生产技术情况

项　目	ICI法	Lurgi法	Topsφe法
脱硫	Co-Mo加氢，ZnO脱硫	ZnO活性炭加氢脱有机硫	Ni-Mo加氢，ZnO脱硫
转化	一段转化 $H_2O/C=3.0$	一段转化 $H_2O/C=2.4\sim2.6$	二段转化 $H_2O/C=2.5\sim3.0$
压缩	离心式压缩机	离心式压缩机	离心式压缩机
合成	四段冷激式合成塔 催化剂ICI51-1 压力5~10MPa 温度230~270℃ 副产蒸汽	管壳式合成塔 催化剂GL-104 压力5~10MPa 温度240~260℃ 副产蒸汽	三个径向合成塔串联 催化剂MK-101 压力5~10MPa 温度210~290℃ 预热锅炉水
精馏	双塔	三塔	双塔
规模/(t/d)	500~2500	300~1500	1000~3000

国外甲醇生产主要以天然气为原料，我国主要以煤为原料。国内外甲醇生产技术发展很快，ICI低压甲醇合成工艺、Lurgi低压甲醇合成工艺生产的甲醇占世界甲醇产量的80%以上，生产规模大型化，合成催化剂高效化，节能降耗经常化，原料多样化，联产普遍化等已成为甲醇生产工艺的发展特色。

三、甲醇生产原料

生产甲醇的原料可以是天然气、焦炉气、乙炔尾气、煤、焦炭、渣油、石脑油等。在发展甲醇生产的初期，原料以煤、焦炭等为主，但从20世纪50年代起，随着天然气大规模开发和管网建成、天然气蒸汽转化制合成气工艺开发成功，天然气逐步成为合成甲醇的主要原料。实践证明，以天然气为原料生产甲醇的成本及消耗较之以煤和油为原料有较大优势，其与油、煤的成本比为100：140：150。

表5-2所示为当前全球甲醇生产中采用的几种原料各自所占的比例。从表5-2不难看出，全球甲醇生产原料结构目前完全以天然气为主，以液态烃和煤为辅。

表 5-2　全球甲醇生产原料构成

原　　料	原料结构/%			
	1997 年	1998 年	1999 年	2000 年
天然气	90.7	90.8	91.1	91.4
液态烃	6.7	6.7	6.5	6.3
煤	2.6	2.5	2.4	2.3

近年来，世界甲醇生产技术发展基本上都是围绕天然气转化制甲醇进行。我国由于煤炭资源非常丰富，煤制甲醇具有资源优势。近年来，我国在研发煤转化制甲醇技术的同时，也开展了一些焦炉气、煤层气制甲醇的相关研究工作，发展"天然气等轻质原料转化制甲醇"是甲醇生产的大趋势，大量生产的甲醇作为中间原料生产其他有机化工产品是甲醇利用的方向。以甲醇为媒介的新型碳一化工将煤化工、天然气化工、石油化工等能源化工有机耦合，成为当今提高不可再生资源利用率、减少碳排放、缓解环保压力的有效技术措施。

四、甲醇合成反应

1. 反应热力学

(1)化学反应

甲醇合成反应系统有五个反应组分：H_2、CO、CO_2、CH_3OH 与 H_2O，两个惰性气体 N_2 与 CH_4，反应系统中可能进行下列三个反应。

主反应　一氧化碳加氢合成甲醇的反应为

$$CO+2H_2 \rightleftharpoons CH_3OH(g) \qquad \Delta H^{\ominus}_{298K}=-90.8kJ/mol$$

合成气中有 CO_2时，也可合成甲醇。

$$CO_2+3H_2 \rightleftharpoons CH_3OH(g)+H_2O \qquad \Delta H^{\ominus}_{298K}=-58.6kJ/mol$$

逆变换反应

$$CO_2+H_2 \rightleftharpoons CO+H_2O \qquad \Delta H^{\ominus}_{298K}=41.2kJ/mol$$

副反应　除了上述 3 个主反应外，还有如下副反应

$$2CO+4H_2 \rightleftharpoons (CH_3)_2O+H_2O \qquad \Delta H^{\ominus}_{298K}=-204.8kJ/mol$$

$$CO_2+4H_2 \rightleftharpoons CH_4+2H_2O \qquad \Delta H^{\ominus}_{298K}=-164.9kJ/mol$$

$$2CH_3OH \rightleftharpoons (CH_3)_2O+H_2O \qquad \Delta H^{\ominus}_{298K}=-24.5kJ/mol$$

$$2CO+2H_2 \rightleftharpoons CH_4+CO_2 \qquad \Delta H^{\ominus}_{298K}=-247.2kJ/mol$$

$$CO+3H_2 \rightleftharpoons CH_4+H_2O \qquad \Delta H^{\ominus}_{298K}=-206.1kJ/mol$$

$$4CO+8H_2 \rightleftharpoons C_4H_9OH+3H_2O \qquad \Delta H^{\ominus}_{298K}=-164.9kJ/mol$$

生成的副产物主要是二甲醚、异丁醇及甲烷气体，此外还有少量的乙醇及微量的醛、酮、醚、酯等，冷凝产物是含杂质的粗甲醇。

合成甲醇的主、副反应均为分子数目减少的可逆放热反应，副反应的热力学优势更明显，选择合适的催化剂是提高甲醇选择性的关键。

化学热力学、化学动力学条件的不同均会影响化学反应速度，甲醇合成反应的主、副反应的热力学优势均十分明显，动力学因素是合成反应速度的控制步骤，提高反应速度可促进合成气的快速转化。在工业生产中，必须采用高活性、高选择性的催化剂，促进合成气向甲醇平衡转化，减少副产物量。

(2) 热效应

甲醇合成反应反应热时随温度、压力变化如图 5-2 所示。当温度越低，压力越高时，反应热越大。当反应温度低于 200℃时，反应热随压力变化的幅度比高温时(>300℃)更大。为维持反应器的热稳定，防止温度失控，需严格控制压力、温度的变化。合成甲醇温度低于 300℃时，反应热随压力变化的变化幅度较高温时变化幅度大，更需严格控制压力和温度的变化；反应温度高于 300℃时，反应热随压力变化的变化量较小，反应易于控制。所以合成甲醇的反应若采用高温，为维持反应器生产强度，应采用高压，反之易采用低温、低压操作。

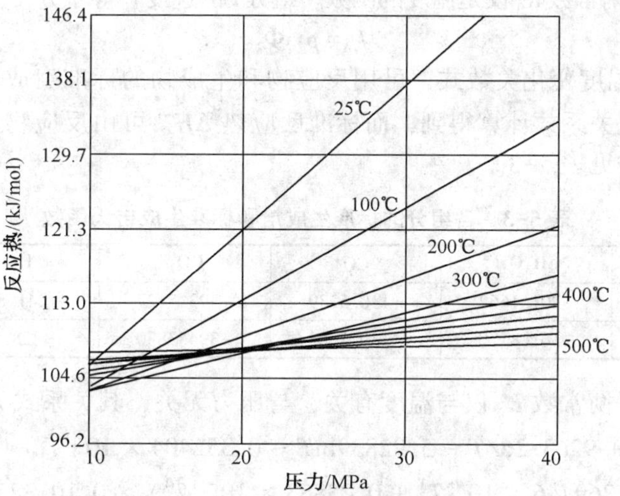

图 5-2　反应热与温度压力的关系

(3) 化学平衡

合成甲醇的三个反应中，只有两个是独立的，其中任意一个反应，都可由其他两个反应得到。平衡时任一种物质的平衡浓度或分压，必须满足独立化学反应的平衡常数关系式。上述三个反应的平衡常数 K_p 可表示为

$$K_{p_1}=\frac{p_{CH_3OH}}{p_{CO}\cdot p_{H_2}^2}=\frac{1}{p^2}\frac{y_{CH_3OH}}{y_{CO}\cdot y_{H_2}^2}$$

$$K_{p_2}=\frac{p_{CH_3OH}\cdot p_{H_2O}}{p_{CO}\cdot p_{H_2}^3}=\frac{1}{p^2}\frac{y_{CH_3OH}\cdot y_{H_2O}}{y_{CO}\cdot y_{H_2}^3}$$

$$K_{p_2}=\frac{p_{CO}\cdot p_{H_2O}}{p_{CO_2}\cdot p_{H_2}}=\frac{y_{CO}\cdot y_{H_2O}}{y_{CO_2}\cdot y_{H_2}}$$

显然 $K_{p_3}=K_{p_2}/K_{p_1}$。平衡时各组分平衡分压 P_i 应同时满足其中三式，若已知其中两个平衡常数值，即可求得一定温度、压力和原料气组成条件下，系统中五个反应组分及两个惰性组分的平衡浓度 $y_i{}^*$，因此，平衡常数是反应系统重要的基础数据。

合成甲醇反应的压力为 5~25MPa，此条件下反应物系的性质既偏离理想气体，也偏离理想溶液，故反应气体的物理化学性质不能按理想气体来处理，在计算甲醇合成的平衡常数时，必须以理想气体状态下的平衡常数为基础来加以修正。

在加压下，K_p 是温度、压力和组成的函数，如以逸度 f_i 代替分压则：

$$K_{f_1}=\frac{f_{CH_3OH}}{f_{CO}\cdot f_{H_2}^2}$$

$$K_{f_2}=\frac{f_{CH_3OH}\cdot f_{H_2O}}{f_{CO}\cdot f_{H_2}^3}$$

$$K_{f_2}=\frac{f_{CO}\cdot f_{H_2O}}{f_{CO_2}\cdot f_{H_2}}$$

以逸度表示的平衡常数 K_f 仅是温度的函数。组分 i 的逸度 f_i 等于分压与逸度系数的乘积，即

$$f_i=p\gamma_i\Phi_i$$

平衡常数 K_f 随温度变化关数式，可用反应物和生成物的标准生成吉氏函数以及理想气体反应热随温度变化关系式计算得到，而标准反应热 $\Delta H_r^{\ominus}$ 可由反应物和生成物的标准生成焓数据计算得出，详见表 5-3。

表 5-3　各组分的标准生成焓和标准生成吉氏函数

组　分	CH_3OH	CO	CO_2	H_2O	H_2
$\Delta H^{\ominus}_{f,298.15K}$/(J/mol)	-201.1667	-110.5239	-393.5127	-241.8264	0
$\Delta G^{\ominus}_{f,298.15K}$/(J/mol)	-161.8790	-139.2683	-394.3830	-228.595	0

用逸度表示的平衡常数 K_f 仅与温度有关，与压力无关，其关系式为

$$K_{f1}=\exp(13.1652+9263.26/T-5.92839\ln T-0.352404\times10^{-2}T+0.102264\times10^{-4}T^2-0.769446\times10^{-8}T^3+0.23853\times10^{-11}T^4)\times0.101325^{-2}$$

用各组分的分压 p、摩尔分数 y、及逸度系数 γ 表示的平衡常数表达式为

$$K_p=\frac{p_{(CH_3OH)}}{p_{(CO)}\cdot p^2_{(H_2)}}$$

$$K_N=\frac{y_{(CH_3OH)}}{y_{(CO)}\cdot y^2_{(H_2)}}$$

$$K_\gamma=\frac{\gamma_{(CH_3OH)}}{\gamma_{(CO)}\cdot\gamma^2_{(H_2)}}$$

K_f、K_v、K_p 与 K_N 之间的关系为

$$K_f=K_\gamma K_p=K_\gamma K_N p^{-2}$$

表 5-4 给出了不同温度、压力下的 K_f、K_p 与 K_N 数值。随着温度的升高，K_f 下降。K_p、K_N 值均随着压力的升高而增加，温度的升高而下降。所以降低温度、提高压力，K_p、K_N 值提高，合成甲醇的平衡产率增加。低压合成甲醇的压力为 5~10MPa。

表 5-4　不同温度、压力下合成甲醇反应的各种平衡常数

温度/℃	压力/MPa	$\gamma=(CH_3OH)$	$\gamma=(CO)$	$\gamma=(H_2)$	K_f	K_γ	K_p	K_N
200	10.0	0.52	1.04	1.05	1.909×10^{-2}	0.453	4.21×10^{-2}	4.20
	20.0	0.34	1.09	1.08		0.292	6.53×10^{-2}	26
	30.0	0.26	1.15	1.13		0.177	10.80×10^{-2}	97
	40.0	0.22	1.29	1.18		0.130	14.67×10^{-2}	234

续表

温度/℃	压力/MPa	$\gamma=(CH_3OH)$	$\gamma=(CO)$	$\gamma=(H_2)$	K_f	K_γ	K_p	K_N
300	10.0	0.76	1.04	1.04	2.42×10^{-4}	0.676	3.85×10^{-4}	3.58
	20.0	0.60	1.08	1.07		0.486	4.97×10^{-4}	19.90
	30.0	0.47	1.13	1.11		0.338	7.15×10^{-4}	64.4
	40.0	0.40	1.20	1.15		0.252	9.60×10^{-4}	153.6
400	10.0	0.88	1.04	1.04	1.079×10^{-5}	0.782	1.378×10^{-5}	0.14
	20.0	0.77	1.08	1.07		0.625	1.726×10^{-5}	0.69
	30.0	0.68	1.12	1.10		0.502	2.075×10^{-5}	1.87
	40.0	0.62	1.19	1.14		0.400	2.695×10^{-5}	4.18

2. 合成动力学

国内外对甲醇合成反应动力学进行了广泛的研究，探讨了不同的原料气组成、催化剂条件下合成甲醇的动力学行为，但由于原料气组成的复杂性、催化剂种类及活性组元、助催化剂种类的不同，其反应机理及动力学行为有显著的差异，尚未建立统一认识的反应机理。铜基催化剂上甲醇合成反应动力学及机理研究获得了普遍认可。

近年来，主张甲醇既由 CO 生成又可由 CO_2生成的研究者很多，许多人认为反应过程中生成中间化合物如 HCOOH、HCHO 等。何奕工等采用 TPD-MS 联用，原位 X 射线衍射和原位红外光谱等实验技术以及催化反应动力学装置，对合成甲醇反应中 CO_2和微量 O_2的作用进行了研究，认为 O_2在反应过程中先转换为 CO_2或吸附态 CO_2，反应在含 CO_2的气氛中进行，CO_2在反应气中含量在 1.3%左右，可维持高反应速率和催化剂的稳定性。CO_2含量很低（<1.0%）和较高（>8%）时，甲醇生成速率均降低。CO 和 CO_2均生成甲醇，并提出了单纯 CO 加氢反应的机理以及有 CO_2存在时的反应机理及其相应的中间化合物。

Forzatti 在 3~9.5MPa，215~245℃，气体组成在 CO1.7%~17.4%，$CO_2$1.6%~11%范围内，用当量直径为 4.95mm 的工业粒度催化剂在 CSTR 反应器实验，建立了甲醇合成的速率模型，得出代表反应 $CO+2H_2 \longrightarrow CH_3OH$ 和 $CO_2+H_2 \longrightarrow CO+H_2O$ 的反应速率式如下：

$$r_1 = \frac{(f_{CO} f_{H_2}^2 - f_{CH_3OH}/K_{eq1})}{(C_1 + C_2 f_{CO} + C_3 f_{CO_2} + C_4 f_{H_2})^3}$$

$$r_1 = \frac{(f_{CO_2} - f_{CO} f_{H_2O}/K_{eq2})}{C_6}$$

式中　$C_1 \sim C_4$、C_6——温度的函数；

f_{CO}、f_{H_2}、f_{CH_3OH}、f_{CO_2}、f_{H_2O}——各组分的逸度；

K_{eq1}、K_{eq2}——两反应的平衡常数。

Forzatti 研究以一氧化碳合成甲醇和逆变换反应为关键反应，同时考虑 CO 与 H_2和 CO_2与 H_2生成甲醇的宏观速率，模型计算值与实验值相当吻合。为研究目前较广泛的铜基催化剂、中低压甲醇合成提供了很好的理论依据。

3. 合成催化剂

一氧化碳加氢合成甲醇过程中各物质的标准热力学性质如表 5-3 所示，副反应在热力学上优势均比主反应有利，在可能的诸反应中，主反应合成甲醇是热力学上最不利的反应之一，必须使用高选择性的催化剂，才能保障工业合成甲醇的顺利进行。诸反应的分子数目均减少，主反应的分子数减少最多，加大压力对主反应更有利。不同催化剂的起活温度不同，不同温度条件下，压力对反应热效应影响各异。甲醇合成工艺的演化随着催化剂活性的改善而变化，伴随催化剂由低活性的锌-铬催化剂变化到高活性的铜基催化剂，操作条件也由高温、高压转变为低温、低压。

CO 加氢合成甲醇工业化以来，合成催化剂和合成工艺不断改进，工业上使用的催化剂只有锌-铬基和铜基催化剂。催化剂的选择性与活性既决定于其组成，又决定于其制备方法。催化剂的生产分为两个主要阶段——制备阶段和还原活化阶段。有害杂质如铁、钴、镍等的存在促进副反应的进行，放热量偏大，催化床层的温升高；碱金属化合物的存在降低甲醇选择性，高级醇含量提高。因此，催化剂制备及还原活化阶段需严格控制有害杂质的含量。

(1) 锌-铬催化剂

早期应用的锌-铬催化剂，以 ZnO 为主要活性组分，加入少量的 Cr_2O_3 作为助催化剂，Cr_2O_3 对 ZnO 的活性影响不大，但可抑制 ZnO 的再结晶，提高催化剂的抗老化能力，维持活性稳定性。ZnO-Cr_2O_3 二元催化剂活性较低，起活温度较高(360~400℃)，为弥补高温对平衡转化率的不利影响，必须在高压(25~35MPa)下操作，称为高压催化剂，用于高压甲醇合成工艺。工业制备的锌-铬催化剂还原前化学组成为 $ZnO \cdot ZnCrO_4 \cdot H_2O$，使用前必须还原。催化剂的机械强度和耐热性能较好，使用寿命长(2~3 年)。20 世纪 80 年代以前，锌-铬催化剂在甲醇工业生产的普遍使用，80 年代以后，随着低压甲醇合成工艺的应用推广，铜基催化剂得到广泛使用，锌基催化剂逐步被淘汰。

(2) 铜基催化剂

① 组成　铜基催化剂主要活性组分是 CuO 和 ZnO，添加助催化剂，进一步提高催化剂的活性，各种助剂对催化剂活性的影响可参见表 5-5。加入 Al 和 Cr 的活性较高，Cr_2O_3 的添加可以提高铜在催化剂中的分散度，阻止分散铜晶粒受热时的烧结、聚集，延长催化剂的使用寿命。工业上应用的铜基催化剂主要有 $CuO \cdot ZnO \cdot Cr_2O_3$ 和 $CuO \cdot ZnO \cdot Al_2O_3$ 两类。由于铬对人体有害，因此，工业上普遍采用 Al_2O_3 代替 Cr_2O_3 的铜基催化剂，活性更高且无毒。铜基催化剂的起活温度低(230~270℃)，比传统的合成温度低得多，对甲醇合成反应平衡有利；操作压力较低(5~10MPa)，是一种低压催化剂。铜基催化剂最大的特点是活性高、选择性好、反应温度低，操作压力低。

表 5-5　不同助剂对 Cu 基催化剂活性的影响

助剂	温度/℃	空速/h^{-1}	压力/MPa	$CO : CO_2 : H_2$	活性/[mol/(L · h)]
Al_2O_3	260	29000	6.87	23 : 3 : 70	108~109
Ag	275	19600	5.27	33 : 3 : 70	13.4
Mn	180	20000	5.07	22.5 : 5.5 : 67	23.4
Co	250	5000	7.58	24 : 6 : 70	4.9
W	260	10000	5.07	30 : 0 : 70	31.2
Cr	260	10000	5.07	30 : 0 : 70	55.5
V	230	3500	2.86	11.4 : 5.7 : 82.9	31.2
Mg	270	10000	—	8.7 : 5.7 : 85.6	25.4

② 催化剂的制备　铜基催化剂一般采用共沉淀法制备，硝酸盐或乙酸盐溶液组分共沉

淀、105~150℃下烘干、200~400℃煅烧、磨碎并成型。催化剂的活性与其制备工艺有关，共沉淀过程是关键。

③ 还原与氧化　氧化铜对甲醇合成无催化活性，使用之前需将氧化铜还原成单质铜或低价铜，工业上可采用氢气、一氧化碳或甲醇蒸气作为还原剂，较低压力下对铜基催化剂进行还原。其反应如下：

$$CuO + H_2 \longrightarrow Cu + H_2O \qquad \Delta H^{\ominus}_{298K} < 0$$

$$CuO + CO \longrightarrow Cu + CO_2 \qquad \Delta H^{\ominus}_{298K} < 0$$

氧化铜的还原为强烈放热反应，由于铜基催化剂对热比较敏感，必须严格控制活化条件，通过控制氢、一氧化碳浓度来控制温度，还原升温要缓慢，出水均匀，以防温度急升和出水过快，影响催化剂的活性和寿命。还原过程可在反应器内进行，也可先在反应器外进行预还原，经纯化后再装入反应器内。

还原后的催化剂与空气接触时，产生下列反应：

$$2Cu + O_2 \longrightarrow 2CuO \qquad \Delta H^{\ominus}_{298K} < 0$$

与大量空气接触，反应热可使催化剂超温烧结。因此，停车卸出之前，应先通入少量氧气逐渐进行氧化，催化剂的表面形成一层氧化铜保护膜，这一过程称为催化剂的钝化。

④ 铜基催化剂的中毒和寿命　铜基催化剂对硫敏感，易中毒，主要是 H_2S 和 Cu 形成高价态 CuS、Cu_2S，反应如下：

$$Cu + H_2S \longrightarrow CuS + H_2 \qquad 2Cu + H_2S \longrightarrow Cu_2S + H_2$$

为维持合成铜基催化剂的活性，应严格控制合成原料气中 S、As 等杂质含量，通常要求硫含量应小于 0.1mg/kg，As 含量应小于 0.2mg/kg，必须注意卤化物、铁的存在对催化剂选择性降低的影响。

催化剂的使用寿命与合成甲醇的操作条件有关，与锌-铬催化剂相比，铜基催化剂的另一特点就是失活温度低，耐热性较差。因此，在合成过程中要严格控制反应温度，避免催化剂过热而引起再结晶，以延长催化剂使用周期。

4. 国内外合成甲醇催化剂

ICI 和 Lurgi 公司先后使用铜基催化剂，低压合成工艺迅速实现了工业化。20 世纪 70 年代中后期至今，国际上新建的甲醇生产装置大多数采用低压法，国产催化剂有 C207、C302、C303-1，国外有英国 ICI51-3，丹麦 NK101、德国 GL104 等，铜基催化剂的广泛采用已成为甲醇合成工业的主要方向。

(1) 国外合成甲醇催化剂

BASF、ICI、Dupont、Lurgi 等公司的研究人员不断的对铜基催化剂进行研究，其他助剂加入到铜基催化剂中，开发出一系列具有工业价值的铜基催化剂，如 $CuO/ZnO/Cr_2O_3$ 铜锌铬系、$CuO/ZnO/Al_2O_3$ 铜锌铝系和其他铜锌系列催化剂如 $CuO/ZnO/Si_2O_3$、CuO/ZnO/ZrO 等。其中铜锌铝系和铜锌铬系催化剂应用最多，由于铬对人体有毒，$CuO/ZnO/Cr_2O_3$ 已被逐渐淘汰。

国外低压气相法甲醇合成催化剂已相继开发出诸多 Cu-Zn-Al 系催化剂，代表性的产品有 ICI51-1、ICI51-2、ICI51-7 型号的催化剂。第三代产品还有丹麦托普索(Topsφe)公司的催化剂 MK-101、德国 BASF 公司的催化剂 S3-86、德国 Lurgi 公司的催化剂 C79—5GL 等。

(2) 国内合成甲醇催化剂

我国从 20 世纪 50 年代开始开发甲醇合成催化剂，已研制开发出多种适合我国国情的合成甲醇催化剂，有适宜高温、高压的 C102 催化剂和其替代产品 C301、适宜“联醇”工艺的催化剂 C207 及其替代产品 NC401、NC501。其中，C302 是我国目前大、中型低压甲醇装置使用的主要催化剂。还有 C306 型低压甲醇催化剂、QCM－01、XNC－98、C307 等新型催化剂。

西南化工研究设计院已有 60 余年从事甲醇合成催化剂研究和开发的历史，开发出 C302、C302-1、C302-2、CNL101、CNJ206 等多种甲醇催化剂。1993 年开始研制新型甲醇合成催化剂——XNC-98 型催化剂，在以煤造气、天然气造气和炼厂富气造气等甲醇工业装置上使用，该催化剂在活性、选择性和稳定性等技术指标上均表现出良好的性能。

南化集团研究院研制开发的甲醇合成催化剂有 C207、NC501-1 型“联醇”催化剂、C301 型、C301-1 型、NC501 型、NC501-1 型和 C306 型等，均广泛在我国大、中、小型甲醇装置和“联醇”装置上得到应用。新技术产品 C306 型低压甲醇催化剂自 1997 年投放市场已广泛应用于全国各低压甲醇装置，使用性能达到国际领先水平，成功在大型低压甲醇装置上应用，代替了国外进口产品，实现了大型引进装置甲醇合成催化剂的国产化。

（3）国内外铜基催化剂组成

① 国外甲醇合成铜基催化剂（表 5-6）。

表 5-6　用于合成甲醇 Cu-Zn-Al 氧化物催化剂

公　司	组成 $\omega(CuO):\omega(ZnO):\omega(Al_2O_3)$/%	反应气	温度/℃	压力/MPa	空速/h^{-1}	甲醇产量/[kg/(L·h)]
BASF	12：62：25	2	230	20.0	10000	3.290
BASF	12：62：25	2	230	10.0	10000	2.086
ICI	24：38：38	2	226	5.0	12000	0.7
ICI	60：22：8	1	250	5.0	40000	0.5
ICI	60：22：8	2	226	10.0	9600	0.5
苏联科学院	64：32：4	3	250	5.0	1000	0.3
Du Pont	66：17：17	1	275	7.0	200mol/h	4.75

注：反应气 1、2、3 分别表示 $H_2+CO+CO_2$、$H_2+CO+CO_2+CH_4$、$CO+H_2$，N_2 有时用于稀释剂。

② 国产铜基甲醇催化剂的性能　国产铜基甲醇催化剂具有代表性的有 C207、C301、C303。

a. C207 型铜基催化剂　C207 型铜基催化剂主要用于 10～13MPa 下的联醇生产，也可用于 25～30MPa 下的甲醇合成。

C207 型铜基催化剂为铜、锌、铝的氧化物，含 CuO、ZnO、Al_2O_3 含量分别为 48.0%、39.1%、3.6%。外观为棕黑色光泽圆柱体，粒度 ϕ5mm×5mm，堆密度 1.4～1.5kg/L，侧压机械强度 1.4～2.6MPa。此种催化剂易吸潮及吸收空气中硫化物，应密封储存。其使用温度范围为 235～315℃，最佳使用温度范围为 240～270℃，还原前后催化剂孔结构见表 5-7。

表 5-7　催化剂孔结构

项目	孔容/(mL/g)	比表面积/(m^2/g)	主要孔半径/10^{-10}m	平均孔半径/10^{-10}m
还原前	0.1695	71.2	20～50	47.5
还原后	0.1868	55.2	50～70	68

b. C301 型铜基催化剂　C30l 型铜基催化剂含 CuO、ZnO、Al_2O_3、H_2O 分别为 58.01%、31.07%、3.06%、4.0%。外观为黑色光泽圆柱体，粒度 ϕ5mm×5mm，堆积密度 1.6~1.7kg/L。还原后的孔容 0.1253mL/g，颗粒密度 3.639kg/mL，比表面积 45.66m^2/g，孔隙率 0.4528，平均孔半径 54.9×10^{-10}m，曲节因子 2.19。催化剂的使用度范围为 230~285℃。

c. C303 型铜基催化剂　低温甲醇催化剂 C303 为 Cu-Zn-Cr 型催化剂，含 CuO、ZnO、Cr_2O_3、石墨分别为 36.3%、37.1%、20.3%、6.3%。外观为棕黑色圆柱状，ϕ4.5mm×4.5mm，颗粒密度 2.0~2.2kg/mL。

5. 合成催化剂发展

Cu-Zn-Al 系、Cu-Zn-Cr 系催化剂是当前甲醇合成工业的主要催化剂。提高催化剂的活性，降低起活温度，提高催化剂的热稳定性，拓宽催化剂的使用温度，降低催化剂的热敏感性以提高合成反应器的有效利用率和生产强度是新型合成甲醇催化剂的研制方向，提高催化剂的甲醇选择性和抗硫、卤素等杂质污染是延长催化剂使用寿命的关键。

五、合成条件

1. 操作条件

(1) 温度

甲醇合成反应过程中，温度对化学平衡、反应速率均有影响。升高温度增加了分子有效碰撞的机会，甲醇合成反应的速率加快；合成甲醇反应为可逆放热反应，温度升高，平衡常数降低。温度对热力学、动力学的影响效果相反，存在一个最适宜温度，在此温度下合成反应以较快的反应速度达到较高的转化率，甲醇催化合成过程的催化剂床层温度分布要尽可能接近最适宜温度曲线。

甲醇合成反应温度越高，副反应增多，生成粗甲醇中有机杂质等组分含量增多，给粗甲醇的精馏工序带来困难。因此，及时、有效移走反应热以严格控制反应温度是甲醇合成反应器设计和操作的关键问题。

实际生产中，适宜温度的选择，主要取决于催化剂的活性，不同催化剂有不同的起活温度，催化剂的活性决定了最低进料温度的高低。催化剂的热稳定性也是应予考虑的因素，随放热反应的进行，反应热不断释放，反应床层温度持续升高，反应速度加快，放热量更大，为保证催化剂的正常使用，受催化剂热稳定性的限制，反应器出口温度不宜高于催化剂的失活温度。对每种催化剂在活性温度范围内都有较适宜的操作温度区间，如 $ZnOCr_2O_3$ 催化剂活性较低，起活温度高，必须在较高温度（360~400℃）下操作，相应要求压力在 25~35MPa。而对于活性较高的铜基催化剂，起活温度低，230~300℃即可。

适宜操作温度与转化深度、催化剂的老化程度也有关系。为了防止催化剂老化，提高催化剂的寿命，催化剂使用初期，反应温度宜维持较低的数值，随着使用时间延长，可逐步提高反应温度来弥补催化剂活性的衰减。整个催化剂床层温度必须维持在催化剂起活温度至失活温度之间，即催化剂的活性温度范围内。

(2) 压力

甲醇合成是分子数减少的反应，增加压力对平衡有利，可提高甲醇平衡产率。同时，高压下，气相反应物浓度增加，分子间相互碰撞几率增多，合成反应速率加快，提高压力对热力学、动力学均呈现积极作用。压力的增加，催化剂、生产设备的生产强度也相应提高。但合成压力并非单一因素，还与选用的催化剂、温度、空速、氢碳比等操作条件相关。图 5-3

反映了 $3000m^3/(m^3 \cdot h)$ 下铜基催化剂作用时空间速度、压力、甲醇生成量的关系。

随合成压力的升高，甲醇产率增大，甲醇产率随压力升高而增大的趋势随温度的降低愈发明显。一氧化碳转化率因压力提高而升高，图 5-4 为合成条件下压力对一氧化碳转化率的关系。

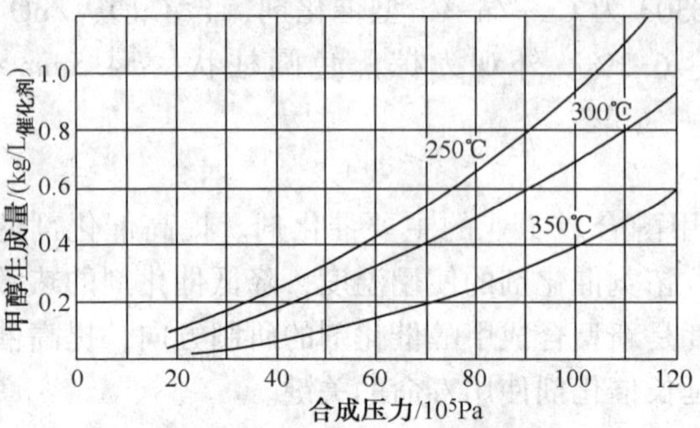

图 5-3 合成压力与甲醇生成量的关系

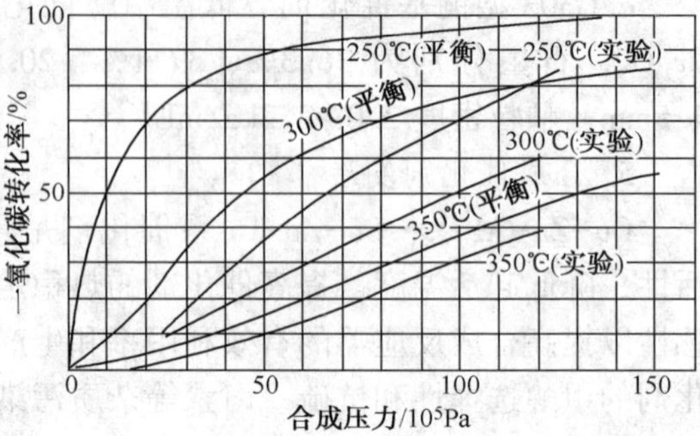

图 5-4 合成压力与一氧化碳转化率的关系

甲醇合成过程正、副反应均为分子数目减少的反应，提高压力有利于合成反应平衡的移动。但不同反应分子数目减少的数量不同，压力对其影响不同。产生杂质的副反应体积缩小的趋势弱于合成甲醇反应体积缩小的趋势，即压力变化对主、副反应动力学的影响不同，提高压力更有利于组反映的进行，改善了催化剂的选择性，产品中甲醇含量提高。过高的反应压力不仅提高了设备受压的等级要求，而且增加了能量消耗，平衡转化率曲线渐趋平直，经济上并不合理。

对于合成甲醇反应，目前工业上甲醇合成反应有高压(30MPa)、中压(10~15MPa)及低压(5MPa)法之分。操作压力的选择与催化剂的适宜活性温度密切相关。采用活性较低的锌铬催化剂在 360~400℃反应，由于化学平衡的限制，反应压力需高至 25~35MPa。但高温下，一氧化碳和氢气反应生成甲烷、二甲醚、异丁醇等副产物也趋于增加，这些副反应的反应热高于甲醇合成反应，使床层温度提高，副反应更加快速，如不及时控制，会造成飞温而损坏催化剂。若采用铜系催化剂，其反应温度范围可降至 230~300℃，相应操作压力降至 5~10MPa。低压法单系列的日产量可达 1000~2000t 以上，为提高生产强度，也可采取高压下铜系催化剂合成甲醇，控制反应器温升极为关键。低压法生产也存在一些问题，即当生产规模更大时，低压流程的设备与管道庞大，而且对热能回收也不利，因此，发展了压力为 10~15MPa 的甲醇合成中压法。总之，操作压力的确定须视催化剂活性、气体组成、反应器热稳定性能以及系统总能量平衡等方面的具体情况而定。催化剂使用初期压力较低，后期，压力适当提高。

(3) 空速

空速的大小会影响催化剂的转化率和选择性，对催化剂的生产强度以及系统的热平衡也有直接的影响。空速低，则反应速率低，催化剂的生产强度较低，单位甲醇产品所需循环气量较小，气体循环的动力消耗较小，未反应气体易预热到催化剂进口温度，且反应放热量较大，离开反应器气体温度较高，其有效能较大。若采用较高空速，则副反应较少，催化剂的生产强度提高，但增大了预热负荷，热能利用率降低，循环气体能耗增大，甲醇生产中气体一次通过合成塔仅能得到 3%~6%的甲醇，新鲜气的转化率低，为提高合成气的利用率，必须循环使用，空速不会太小。但单程转化率下降使得反应气体中甲醇浓度降低，增加了产品分离的难度。适宜的空速，须综合考虑上述诸因素及循环动力、合成系统阻力等，铜系催化剂，取空速 10000~20000$m^3/(m^3_{cat}\cdot h)$。

空速的选择，并不单纯追求单程转化率最高，而是结合新鲜进料量，选择甲醇时空产量最大时对应的空速，甲醇时空产量在一定范围内与空速成正比。图 5-5 为空速与一氧化碳转化率的关系。

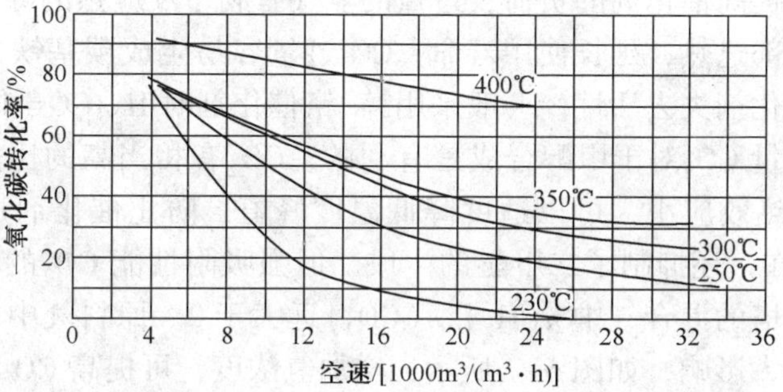

图 5-5 空速与一氧化碳转化率之间的关系(铜基催化剂)

如 300℃、10000$m^3/(m^3\cdot h)$反应，转化率为 60%，空速提高到 20000$m^3/(m^3\cdot h)$时，转化率虽降低到 35%，但是 20000×35%的时空产率还是大于 10000×60%，提高空速对提高产率有利。图 5-6 为空速与甲醇产量之间的关系。

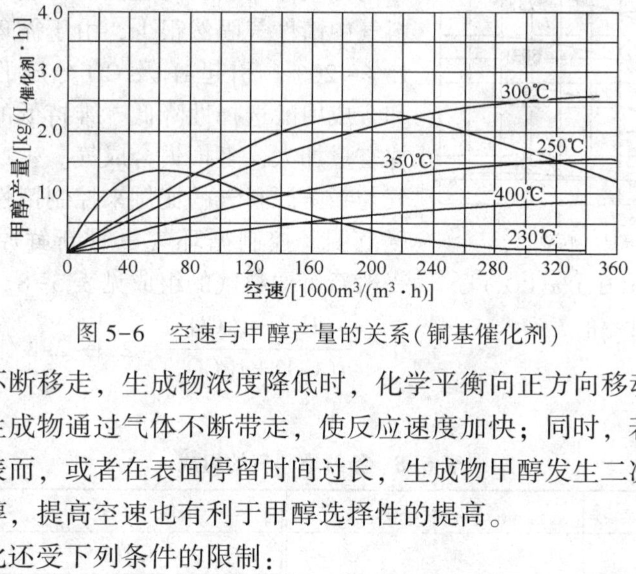

图 5-6 空速与甲醇产量的关系(铜基催化剂)

在反应生成物不断移走，生成物浓度降低时，化学平衡向正方向移动，对于甲醇合成来说，催化剂表面的生成物通过气体不断带走，使反应速度加快；同时，若催化剂表面的生成物仍然留在催化剂表而，或者在表面停留时间过长，生成物甲醇发生二次反应，碳链不断增长，生成各种高级醇，提高空速也有利于甲醇选择性的提高。

空间速度的变化还受下列条件的限制：

① 合成塔热平衡主要靠反应热与气体流动来实现，空速太大，带走热量大于反应热时，塔内反应温度就无法维持；

② 空速太大，通过水冷凝器、醇分离器流速过高，如果不增加冷却面积和分离器截面，则气体中的甲醇不能得到很好的冷凝与分离；

③ 空速过大使气体通过催化床的阻力增加，对催化剂的压力也相应增大，如果超过催化剂的强度极限，就出现催化剂破碎，使塔内堵塞；

④ 要增加空间速度，主要是增加循环量，增加能耗。

2\. 原料性质

(1) 原料气组成

甲醇合成反应氢气的化学计量系数大，合成气中氢气浓度高低对反应的影响远大于 CO、CO_2的影响。从工艺工程因素及动力学因素考虑，常使用过量的氢气，以提高反应速度；抑制生成甲烷及酯等副反应，延长催化剂的使用寿命；加速催化剂表面上化学吸附 CO 的反应，缩短滞留时间，提高催化剂的负荷；过量的氢气有利于反应热的导出，易于反应温度的控制，防止催化剂局部过热，延长使用寿命；CO 过量容易生成羰基铁，生成的羰基铁积聚与催化剂表面，使催化剂失去活性。一般采用锌-铬催化剂时 $H_2/CO=4.5$(摩尔)左右。

原料气中含一定量 CO_2对于甲醇合成是有利的。CO_2有相当高的比热，同时 CO_2生成甲醇较 CO 生成甲醇的热效应小，可以适度降低温度峰值，防止催化剂过热，起温度调节作用。另外，CO_2的存在，还抑制了二甲醚的生成。但强吸附性能 CO_2的存在，会阻碍 CO 的转化。实际进入合成塔的混合气中 $n(H_2)/n(CO_2)$远大于 2。原料气中 $n(H_2)/n(CO_2)$对一氧化碳的转化率有很大影响，如图 5-7 所示，增加氢浓度，可提高 CO 的转化率。对不同催化剂，$n(H_2)/n(CO_2)$值也不同，一般采用铜基催化剂时 $n(H_2)/n(CO_2)=2.2\sim3.0$ 左右。过高的 $n(H_2)/n(CO_2)$会降低设备的生产能力。用于高压法合成的原料气，CO_2含量维持 2%(体积)左右，在中低压合成时 CO_2含量约为 5%(体积)。

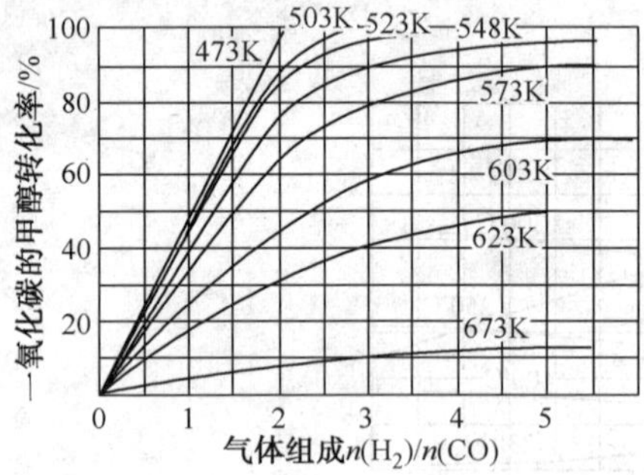

图 5-7　原料气中 $n(H_2)/n(CO_2)$与一氧化碳转化率的关系

反应原料气中除 H_2、CO、CO_2外，还有 CH_4、Ar 等惰性气体体杂质及能使催化剂中毒的毒物。新鲜原料气中惰性气固然很少，由于循环积累，其总量可达 15%~20%，引起 H_2及 CO 分压的降低，反应转化率和合成甲醇选择性降低。维持低的惰性气体含量，则放空量加大，多损失合成气。生产中常通过循环反应气与新鲜原料气的比例来控制惰性气体保持在一定浓度范围。控制循环气量是新鲜原料气的 3.5~6 倍，一般新鲜原料气的组成见表 5-8。生产中常用原料气中氢$\frac{n(H_2)-n(CO_2)}{n(CO)+n(CO_2)}=2.1\sim2.2$ 作为合成甲醇新鲜原料气组成。

表 5-8　新鲜原料气的组成

组　分	含量/%(体积)	组　分	含量/%(体积)
H_2	65~85	CH_4	0.2~1.5
CO	8~35	N_2+Ar	1.5~3.5
CO_2	0.5~5.5	O_2	微量

(2) 原料气纯度

原料气中的硫化物能使催化剂中毒，此外，硫化物进入合成系统还会发生副反应生成硫醇、硫二甲醚等杂质，影响粗甲醇的质量，且带入精馏系统会引起设备腐蚀。对于锌-铬系催化剂，原料气中硫的含量应控制在 $50mL/m^3$以下，对于铜基催化剂，原料气中的硫含量应小于 $0.1mL/m^3$。原料气中夹带的油污进入合成塔，在高温下分解形成碳和高碳胶状物，沉积于催化剂表面，堵塞催化剂内表面，减少活性表面，催化剂活性下降，寿命缩短。

六、甲醇合成工艺

1. 工序功能

由于受化学平衡的限制，通过合成反应器的气体中一氧化碳、二氧化碳与氢不可能一次完全转化为甲醇，合成塔出口气体中甲醇浓度仅为3%~6%(摩尔)左右。由于转化率低，合成甲醇的工艺流程与氨合成工艺流程相似，未反应的合成气必须采用压缩、循环使用。产物甲醇必须从反应尾气中分离出来，由于甲醇的沸点较高，在合成压力下用水冷却即可将甲醇冷凝下来。为了使惰性气体含量保持一定范围，循环气需要放空一部分。甲醇合成工序的原则流程如图 5-8 所示。

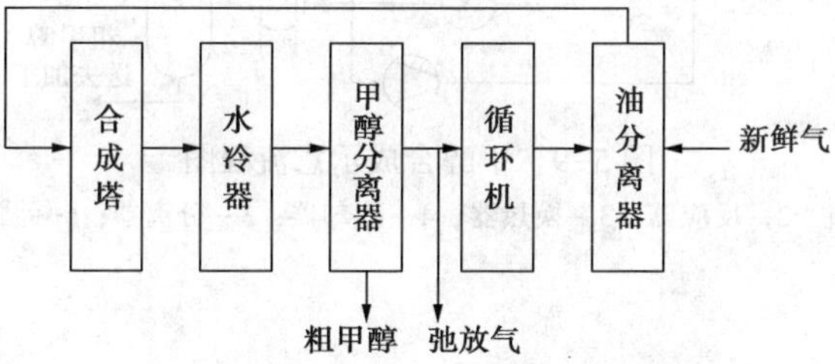

图 5-8　甲醇合成工序的原则流程

(1) 甲醇合成

甲醇合成反应是可逆放热反应，为使反应过程适应最佳温度曲线的要求，以较快的速度达到较高的转化率，要采取措施及时移走反应热。根据移走反应热的方式不同，甲醇合成塔可分为连续换热式与多段换热式两种，国内常用内冷管型甲醇合成塔及 Lurgi 管壳型甲醇合成塔为连续换热式反应器；ICI 冷激型甲醇合成塔为多段换热式反应器。为充分利用合成的反应热，甲醇合成塔出口气体与进口气体相互间热交换。ICI 工艺将换热器安排在塔外；冷管型甲醇合成塔将换热器安排在塔内。

(2) 甲醇分离

采用冷凝分离法，利用甲醇在高压下易被冷凝的原理进行分离。高压下与液相甲醇呈平衡的气相甲醇含量随温度降低、压力的增高而下降。

(3) 气体循环

设置循环机以克服合成回路中的阻力保持气体循环。气体凭借循环压缩机(或在原料气压缩机中设循环段)在合成系统内进行循环。为脱除气体压缩机过程中带入的油雾，在循环机后设置油分离器。

(4) 新鲜气的补充与惰性气的排放

新鲜气一般在粗甲醇分离后给以补充，补充在循环压缩机出口的油分离器处。在合成过程中，未反应的惰性气体积累在系统中，需进行排放。弛放气的排放位置也在粗甲醇分离后，循环压缩机前。

2. 典型工艺流程

甲醇合成的工艺流程很多，1923 年德国 BASF 公司建成的年产 3000t 甲醇合成装置采用锌-铬催化剂在高温、高压下进行(25~30MPa，360~400℃)形成了经典高压法，此法的特点是技术成熟，投资及生产成本高。1966 年英国的 ICI 低压法投入工业化，采用铜系催化剂，反应温度为 230~270℃，压力 2~5MPa。但低压法操作压力低，导致设备体积庞大。因此，在低压法基础上又发展了中压法(10MPa 左右)合成流程。由于低、中压法技术经济指标较先进，动力消耗仅为高压法的 60%左右，故高压法逐渐被低压法所代替，所以目前世界各国的甲醇生产普遍采用中、低压流程。图 5-9 为甲醇合成流程示意图。

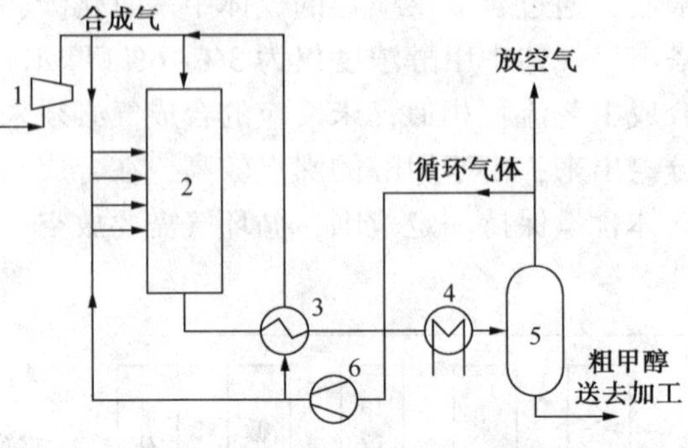

图 5-9　甲醇合成示意流程图

1—压缩机；2—反应器；3—换热器；4—冷却器；5—分离器；6—循环压缩机

(1) ICI 低压工艺

① 工艺过程

英国 ICI 公司于 1966 年建立了世界上第一个低压法甲醇工厂。该法具有能耗低，生产成本低等优点。该公司开发的四段冷激型甲醇合成塔反应器，结构简单，催化剂装卸方便，通过直接通人冷激气调节床层温度，效果良好，设计的菱形分布器补入冷激气，使冷热气体混合均匀。床层温度得到有效控制，延长了催化剂的寿命。

低压合成甲醇工艺流程如图 5-10 所示。合成气经循环压缩机 1 压缩至 10MPa(或 5MPa)，与循环气混合后经循环压缩机 2 压缩，大部分混合气经热交换器 4 预热至 230~245℃进至合成塔 3，小部分混合气作为合成塔冷激气，控制床层反应温度。反应后的气体中含甲醇 5%左右，经水冷却器 5 冷却后将气态的甲醇冷凝成液态，在分离器 6 中将粗甲醇分出，而未反应的气体在返回循环压缩机前弛放部分气体。粗甲醇通过闪蒸(0.35MPa)将溶解在液体中的 H_2、CO、CO_2和二甲醚等解吸。为充分利用合成气，排放气和闪蒸气可采用膜分离技术或变压吸附回收 H_2、CO 气体。闪蒸后的液体经轻组分脱除塔和精馏塔精馏，在精馏塔顶部排出残余轻组分，塔顶以下 3~5 塔板处，引出产品甲醇，其纯度为 99.85%，在

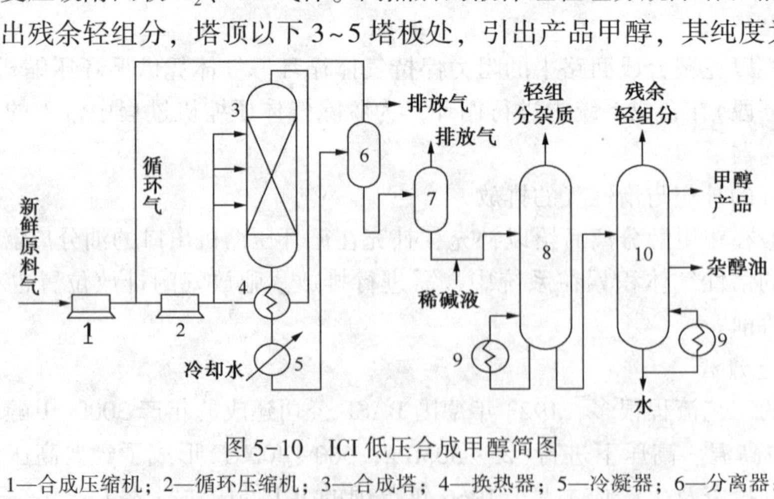

图 5-10　ICI 低压合成甲醇简图

1—合成压缩机；2—循环压缩机；3—合成塔；4—换热器；5—冷凝器；6—分离器；

7—闪蒸罐；8—轻组分脱除塔；9—再沸器；10—精馏塔

加料板下 6~14 块塔板处，引出乙醚及异丁醇等，塔底排出水和杂质。

② 催化剂

ICI 公司最早开发成功的 Cu-Zn 系催化剂是目前工业上普遍使用适合低压工艺的合成催化剂。开发的新型高效 Cu 系第三代合成甲醇催化剂 ICI51-3，将活性组分 Cu 分散在特殊设计的铝酸锌担体上，催化剂活性、稳定性明显改善，反应温度降至 190℃，催化剂使用寿命由 3 年延长至 5 年，催化剂强度和产品收率亦有所提高。为解决催化剂烧结导致稳定性降低，活性衰减的问题，ICI 开发的 ICI51-7 催化剂通过在 CuO-ZnO-Al_2O_3中加入 MgO，使 CuO、ZnO 更好地分散于担体中，改善了催化剂的活性和热稳定性，成功地解决了绝热型反应器床层温度变化大，引起催化剂活性过早失活的问题，适合大型甲醇合成反应器使用。

③ 工艺特点

a. 合成塔结构简单　ICI 工艺采用多段冷激式合成塔，结构简单，催化剂装卸方便，通过直接通入冷激气调节催化剂床层温度。但与其他工艺相比，醇净值低，循环气量大，合成系统设备尺寸大，需设开工加热炉，温度调控相对较差，现已采用副产蒸汽等温甲醇合成工艺的开发思路。

b. 粗甲醇中甲醇含量高　由于采用了低温活性高的铜基催化剂，合成反应在 5MPa、230~270℃下进行。低温低压的合成条件抑制了强放热的甲烷化反应及其他副反应，因此，粗甲醇中杂质含量低，减轻了精馏负荷。

c. 合成压力低　合成压力低，合成气压缩机在较小的生产规模下，可选用离心式压缩机。在用天然气、石脑油等为原料，蒸汽转化制气的流程中，可用副产的蒸汽驱动透平，带动离心式压缩机，降低了能耗。离心压缩机排出压力仅为 5MPa，设计制造容易，安全可靠。而且驱动蒸汽透平所用蒸汽的压力为 4~6MPa，压力不高，所以蒸汽系统较简单。

d. 能耗低　ICI 甲醇合成工艺作为第一个工业化的低压法工艺，在甲醇工业的发展历程中具有里程碑的意义，相对于高压法工艺是一个巨大的技术进步。表 5-9 列出了 ICI 低压法与高压法动力消耗比较。

表 5-9　ICI 低压法与高压法合成工段动力消耗　　kW·h/$t_{甲醇}$

项　目	ICI 低压法(5MPa)	高压法(30MPa)
压缩合成气动力消耗	200	520
压机循环气动力消耗	125	60
合计	325	580

(2) Lurgi 低压甲醇合成工艺

20 世纪 60 年代末，德国 Lurgi 公司在 Union Kraftstoff Wesseling 工厂建立了一套年产 4000t 的低压甲醇合成示范装置。1972 年底，Lurgi 公司建立了 3 套总产量超过 30×10^4t/a 的甲醇低压生产工业装置。采用催化剂为 Cu-Zn-Mn、Cu-Zn-Mn-V 或 Cu-Zn-Al-V 氧化物铜基催化剂。

Lurgi 低压法甲醇合成工艺与 ICI 低压工艺的主要区别在于合成塔的设计。该工艺采用管壳型合成反应器，催化剂装填在管内，壳程通高压水，反应热由管间沸腾水带走，副产中压蒸汽。

① 工艺过程

Lurgi 低压合成甲醇的合成气是由天然气、水蒸气转化制备，图 5-11 为 Lurgi 低压法甲醇合成工艺流程图。天然气经脱硫至 0.1mg/m³以下，送入蒸汽转化炉中，天然气中所含的甲烷在镍催化剂作用下转化成含有一氧化碳、二氧化碳及惰性气体等的合成气。冷却后的合成气送入离心式透平压缩机加压至 5.2MPa 与循环气以 1∶5 的比例混合。混合气与反应器的出塔气体换热升温至 220℃左右，进入管壳型合成塔。反应热传给壳程的水，产生蒸汽进入汽包，出塔气体温度约 250℃，含甲醇 7%左右，经换热冷却至 85℃，然后用空气和水分别冷却，温度降至 40℃，冷凝的粗甲醇经分离器分离。分离出甲醇后的气体适当放空，控制系统中惰性气体的含量。放空气体用作燃料，大部分气体进入透平压缩机加压后返回合成塔。合成塔副产的蒸汽及外部补充的高压蒸汽一起进入过热器，过热至 500℃左右，驱动透平机。透平用后的低压蒸汽作为甲醇精制工段所需的热源。

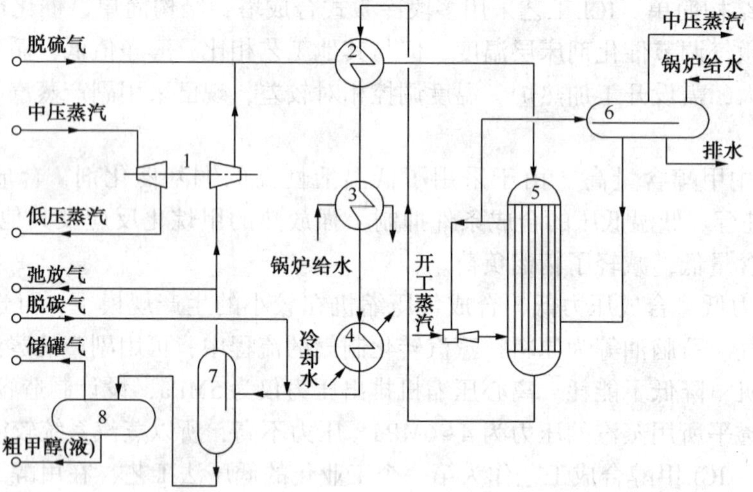

图 5-11　Lurgi 低压法甲醇合成工艺流程

1—透平循环压缩机；2—热交换器；3—锅炉水预热器；4—水冷却器；
5—甲醇合成塔；6—汽包；7—甲醇分离器；8—粗甲醇储槽

② 催化剂

Lurgi 公司开发低压甲醇合成工艺比 ICI 公司稍晚，Lurgi LG-104 是其代表性的催化剂。此外，Lurgi 还与 Sud Chemie AG 合作开发出了一种适于合成气中 CO_2 含量较高的合成甲醇催化剂 C79-5GL。

③工艺特点

a. 采用管壳式合成塔，换热方式好，催化剂床层温度分布均匀，合成塔温度容易控制，防止铜基催化剂过热，对延长催化剂寿命有利，且副反应大大减少，允许含 CO 高的新鲜气进入合成系统，因而单程气体转化率高；出口反应气体含甲醇 7%左右，循环气量较少，设备、管道尺寸小、动力消耗低。

b. 无需专设开工加热炉，开车方便。开工时直接将蒸汽送入甲醇合成塔将催化剂加热升温。

c. 合成塔可以副产中压蒸汽，有效、合理利用了反应热。

d. Lurgi 低压法合成甲醇投资和操作费用低，操作简便，但不足之处是合成塔结构复杂，材质要求高，装填催化剂繁琐。

目前，低压法甲醇技术主要是英国ICI法和德国Lurgi法，工艺技术指标见表5-10。

表5-10　ICI法和Lurgi法制甲醇工艺技术指标

项　　目	ICI法	Lurgi法	项　　目	ICI法	Lurgi法
合成压力/MPa	5(中压法10)	5(中压法8)	循环气：新鲜气	10：1	5：1
合成反应温度/℃	230~270	225~250	反应热利用	不副产中压蒸汽	副产中压蒸汽
催化剂成分	Cu-Zn-Al	Cu-Zn-Al-V	合成塔型式	冷激型	管束型
空时产率/[t/(m^3·h)]	0.33(中压法0.5)	0.65	设备尺寸	设备较大	设备紧凑
进塔气中CO含量/%	~9	~12	合成开工设备	要设加热炉	不设加热炉
出塔气中CH_3OH含量/%	3~4	5~6	甲醇精制	采用两塔流程	采用三塔流程

Lurgi法的催化剂活性高，产率比ICI法高1倍左右，生产费用降低；合成塔可副产4~5MPa的中压蒸汽，热能利用好；循环气与新鲜气的比例低，减少动力消耗，缩小设备与管线、管件的尺寸，节省设备费用。ICI法有副反应，生成烃类，在270℃易生成石蜡，在冷凝分离器内析出，而Lurgi法因采用管式合成塔能严格控制反应温度而不会生成石腊。因此Lurgi法技术经济先进，对于新建的甲醇厂Lurgi的技术更具有竞争力，特别是当采用重油为原料时，宜采用Lurgi法配套技术。

3. 中压法甲醇合成工艺

中压法是在低压法基础上进一步发展起来的。由于低压法操作压力低，导致设备体积庞大，不利于甲醇生产的大型化，10MPa左右的甲醇合成中压法能更有效地降低建厂费用和甲醇生产成本。ICI公司通过改变催化剂晶体结构，在ICI51-1型催化剂的基础上制成热稳定性高的ICI51-2型催化剂，适应了低温、较高压力下反应热剧增的要求。1972年ICI公司建立了一套10MPa的中压甲醇合成装置，合成塔与低压法相同，工艺流程与低压法也相似。Lurgi公司也发展了8MPa的中压法甲醇合成，其工艺流程和设备与其低压法类似。

日本三菱瓦斯化学公司开发了合成压力为15MPa左右的中压法甲醇合成工艺，生产流程如图5-12所示。以天然气为原料经镍催化剂蒸汽转化后的新鲜合成气由离心式压缩机增压至14.5MPa，与循环气混合，在循环段增压至15.5MPa送入合成塔。合成塔为四层冷激式，塔内径2000mm，采用低温高活性Cu-Zn催化剂，装填量30t，反应温度250~280℃，反应后出塔气体换热、冷凝后至甲醇分离器，分离后的粗甲醇送往甲醇精馏系统。分离器出口气体大部分循环，少部分排出系统供转化炉燃料用，工艺流程中设有开工加热器。

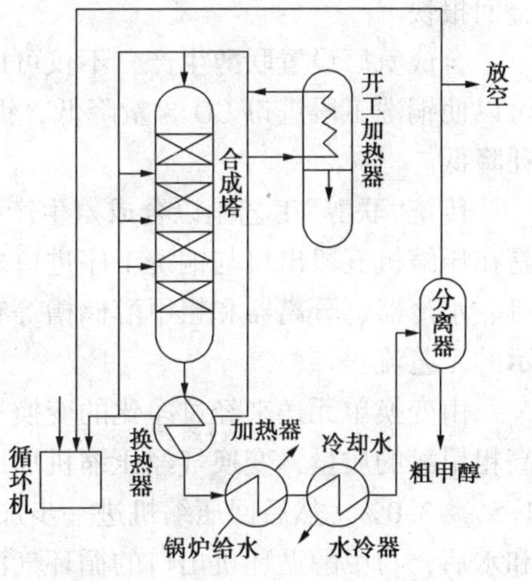

图5-12　日本公司开发的中压法甲醇生产工艺流程

4. 高压法甲醇合成工艺

在25~32MPa下进行的甲醇合成反应为高压法。工业上最早的甲醇合成技术就是在30~32MPa、锌-铬催化剂条件下完成，出口气体中甲醇为3%左右，反应温度为360~420℃。高压法锌-铬催化剂合成甲醇的工艺流程如图5-13所示。

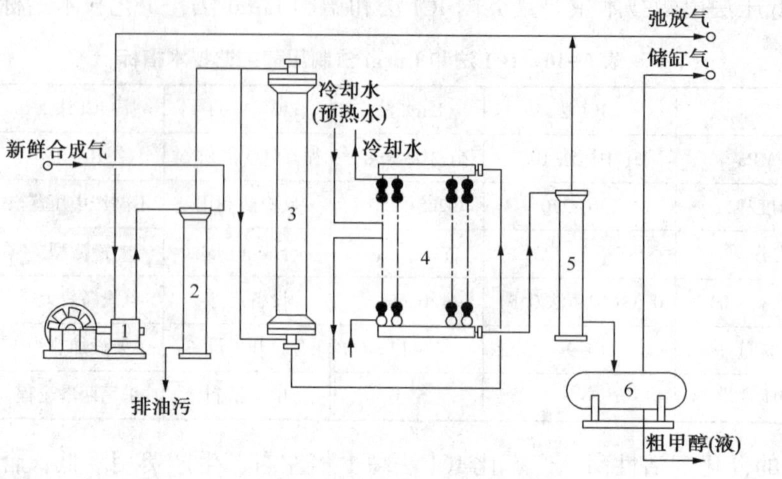

图 5-13　高压法锌-铬催化剂合成甲醇的工艺流程

1—循环压缩机；2—油过滤器；3—甲醇合成塔；4—水冷却器；5—分离器；6—中间储罐

5. 合成氨“联醇”工艺

与合成氨联合生产甲醇通称为联醇。我国合成氨“联醇”工艺始于20世纪60年代，是为替代我国合成氨生产中用铜-氨液脱除微量碳氧化物的工艺而开发的一种优化净化组合新工艺，是化肥工业史上的一次创举，它使化肥企业的产品结构突破了单一局面，既生产氨又生产甲醇，不但实现了节能降耗，还实现了多种经营，提高了经济效益，增强了企业的市场应变能力，具有鲜明的中国特色。目前，联醇产量约占中国甲醇总产量的40%。

联醇工艺针对中国中小型合成氨装置的特点，在铜洗工段前，设置甲醇合成塔，用合成氨原料气中的CO、CO_2及H_2合成甲醇。采用铜基催化剂，操作压力10~13MPa，催化剂床层温度240~280℃，合成塔一般采用自热式合成塔。

联醇生产具有如下主要特点：

充分利用现有合成氨生产装置，只需增添甲醇合成与精馏两套设备就可以生产甲醇，资金回报快。

合成氨厂设置联醇生产，不仅可以使变换工段CO指标放宽，降低变换蒸汽消耗，而且可以使铜洗工段进口CO含量降低，铜洗负荷减轻，使合成氨厂的变换、压缩和铜洗工段能耗降低。

传统“联醇”工艺是以合成氨生产中需要清除的CO、CO_2及原料气中H_2为原料，该工艺是在压缩机五段出口与铜洗工序进口之间增加一套甲醇合成的装置，包括甲醇合成塔、循环机、水冷器、分离器和粗甲醇储槽等有关设备。联醇生产形式较多，一般采用如图5-14所示的工艺流程。

由变换单元送来经过净化的变换气，其中含有约28%的CO_2，为了减少氢气的消耗，提高粗甲醇的质量，变换气经压缩机加压到2MPa进入水洗塔，用水吸收CO_2，使CO_2降低到1.5%~3.0%。然后回压缩机进一步加压到13MPa左右，经水冷器和油分离器除去其中的油和水后，与甲醇循环机出口的循环气混合，进循环机滤油器进一步分离油、水后，经活性炭过滤器除去气体中夹带的少量润滑油、铁锈及其他杂质后的甲醇合成原料气，经甲醇合成塔之主、副线进入甲醇合成塔。

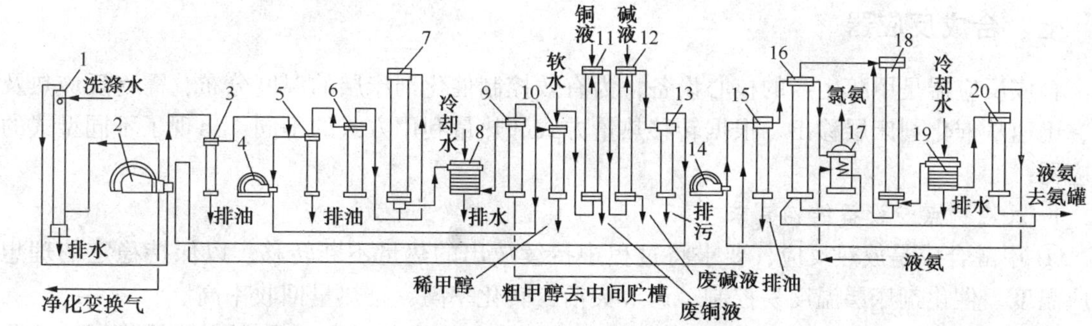

图 5-14　联醇生产工艺流程

1—水洗塔；2—压缩机；3—油分离器；4—甲醇循环机；5—滤油器；6—炭过滤器；7—甲醇合成塔；8—甲醇水冷凝器；9—甲醇分离器；10—醇后气分离器；11—铜洗塔；12—碱洗塔；13—碱液分离器；14—氨循环机；15—合成氨滤油器；16—冷凝塔；17—氨冷器；18—氨合成塔；19—合成氨水冷器；20—氨分离器

由合成塔主线进塔的原料气，从自热式甲醇合成塔上部沿内壁与催化剂筐之间的环隙向下，进入热交换器的管间，经加热后到塔内换热器上部，与由塔副线进来未经加热的气体混合进入分气盒，分气盒与插在催化剂内的冷管相连，气体在冷管内受到催化剂层合成反应气的加热。从冷管出来的气体经集气盒进入中心管。冷管的结构、排列方式、长度、传热面积直接影响催化剂床层的最佳反应温度，冷管是甲醇合成塔设计的关键部分。

如果进气换热后达不到催化剂的起活温度，则启用中心管内的电加热器进一步加热。达到反应温度的气体出中心管，从上部进入催化剂床层，CO 和 H_2在催化剂作用下进行甲醇合成反应，并且释放出热量，加热尚未参加反应的冷管内气体。反应气体到达催化剂床层底部后，出催化剂筐经分气盒外环隙流人热交换器管内，把热量传给进塔冷气，温度小于 160℃沿副线管外环隙从塔底出塔。合成塔副线不经过热交换器，通过改变副线进气量来控制催化剂床层温度。维持催化剂床层热点温度在 260~280℃范围之内。

出塔气体进入水冷凝器，使合成的气态甲醇、二甲醚、高级醇、烷烃与水冷凝成气液两相，将分离器中分离出来的液体粗甲醇减压后到粗甲醇中间贮槽，以剩余压力送往精馏工段。分离后的一部分气体，由循环机加压后，循环回合成塔继续合成甲醇；另一部分气体经醇后气分离器，进一步除去气体中少量甲醇，进铜洗塔、碱洗塔进行精制，使精制后气体中$(CO+CO_2)<25cm^3/m^3$，再回压缩机，加压到 32MPa，送氨合成系统。醇后气分离器分离下来的少量稀甲醇，减压后去粗甲醇中间贮槽。

为延长甲醇合成催化剂的寿命，联醇生产的原料气的精脱硫应予加强，否则引起催化剂中毒，活性大幅衰减，更换频繁。联醇的精甲醇质量略逊于单醇，尤其在碱性、臭味与水互溶性指标逊于单醇，在精馏工序应采取必要的措施以于弥补。

6. 其他工艺

低压法合成甲醇技术在 20 世纪 60 年代中期问世并获得成功以后，在工业上得到了广泛应用，其中 ICI 工艺和 Lurgi 工艺是目前应用最多的两种基本工艺流程，世界甲醇产量的 88%源自该两种工艺。除 ICI 工艺和 Lurgi 工艺以外，其他的低压法甲醇合成技术还有 TEC 工艺、Topsφe 工艺、Kellogg 工艺、Linde 工艺、Uhde 工艺、MGC/MHI 工艺以及 Ammonia Casale 工艺等，这些工艺在前两种工艺的基础上，结合合成气制备、甲醇反应器等方面各自的专利技术工艺特点，在近年来的甲醇装置中得到较多应用。

七、合成反应器

合成反应器是甲醇生产的核心设备，为有效控制催化剂床层的温度分布，需将反应热及时、迅速从催化剂床层移出。根据转移热量方式和热量利用方式的不同，出现了不同型式的反应器。

1. 反应特点与设备结构要求

① 甲醇合成是放热反应，要求将过程中持续放出的热量不断转移，以保持稳定的理想反应温度。催化剂床层温度易控制，调节灵活，转化率高，且热量回收率高。

② 甲醇合成必须在催化剂存在下进行，合成塔的生产能力与催化剂充装量成正比，所以要充分利用合成塔的容积，以提高生产能力。合成塔的内件结构，要使全部催化剂接近理想温度分布曲线。

③ 高空间速度能得到高产率，要求尽可能减少合成塔内的流体阻力。气体通过催化床层必然会产生压力降，催化剂筐应能承受克服阻力而产生的压力差。

④ 合成塔外壳须承受高的压力。高压筒体必须符合国家有关压力容器规定的各项要求。

⑤ 甲醇催化剂更换频繁，因此，甲醇合成塔的结构必须便于拆装，催化剂易于装卸，结构简单紧凑、空间利用率高、密封可靠。

⑥ 防止氢、一氧化碳、甲醇、有机酸及羰基物在高温下对设备的腐蚀，要选择耐氢腐蚀的优质钢材。

⑦ 便于操作控制、调节。催化剂升温时要有开工加热装置，催化床要有温度在线测量装置，以及冷气与热气调节副线。

由于合成甲醇反应是可逆放热反应，为了抑制副反应和防止催化剂温度过高烧结，必须严格控制反应温度。根据最适宜温度随转化率变化的规律，要及时、有效转移反应热。

根据冷却介质的不同，合成塔有“自冷”式及“外冷”式之分。甲醇合成工业中，大多采用冷原料气作为冷却介质，冷原料在被加热的过程中可使催化剂床层“自冷”，而若以高压水作为冷却介质就构成了“外冷”式的合成塔。根据换热过程的不同又可分为绝热反应、多段直接换热的冷激式和绝热反应、各段间接换热的冷管式以及等温反应、间接连续换热的列管式反应器。冷激式、冷管式反应器都以原料气作冷却介质，属“自冷”式，列管式合成塔以管间高压水作冷却介质，属“外冷”式。

2. 典型甲醇合成反应器结构

合成塔内件型式很多，重点介绍、说明几种代表性塔的结构、气体流向和反应器特点。合成塔内件不断的改进，各种型式特点和适用场合的差异，为反应器的选择提供了参考。传统的高压法甲醇合成多用连续换热的三套管并流式和单管并流式，中低压法流程中则多用多层冷激式合成塔和管束式合成塔以及兼备二者优点的改进型合成塔。

(1) 多段冷激式合成塔

针对铜基催化剂的空时产率低，催化剂用量大且床层控温困难，催化剂易失活等缺点的甲醇合成反应，ICI 开发的带菱形分布器的四段冷激式合成塔由塔体、催化剂床层、气体喷头、菱形分布器等组成，详见图 5-15。催化剂分 4 层填装(层间无空隙)，催化剂层上下贯通，装卸方便。塔体为单层全焊结构，不分内件、外件。简体为热壁式容器，选用含钼 0.44%~0.65%的低合金钢，材料抗氢蚀能力强，抗张强度高，焊接性好。气体喷头为四层不锈钢的圆锥体组焊而成，固定于塔顶气体入口处，可防止气流冲击催化剂床而损坏催化剂，气体均匀分布于塔内。菱形分布器埋于催化剂床中，并在催化床不同高度平面各安装一组，全塔共三组，使冷激气体和反应气体均匀混合，以调节催化床层的温度，也是全塔最关键的部件。

菱形分布器如图 5-16 所示，由内、外两部分组成。内部是一根双套管，其内管朝下钻有一排直径为 10mm 的小孔，孔间距为 80mm。外套管朝上倾斜 45°，钻有直径为 5mm 小孔，孔间距 80mm。外部是菱形截面的气体混合器，由 4 根长扁钢和许多短扁钢斜横焊于长扁钢上构成一个骨架，在外侧包上两层金属丝网，内层为粗网，外层为细网，网孔小于催化剂颗粒。以防催化剂漏进混合器内将喷管堵死。

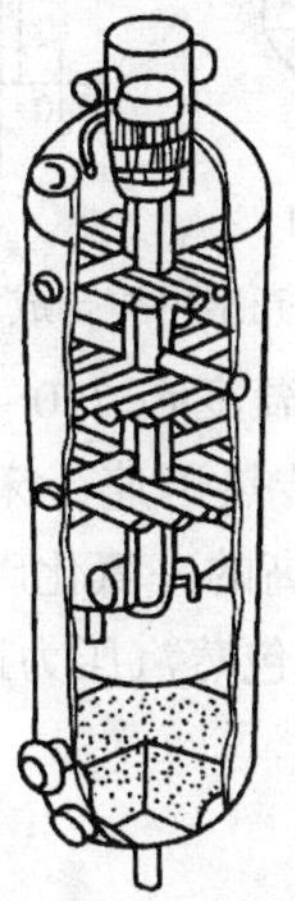

图 5-15　ICI 多段冷激合成塔结构

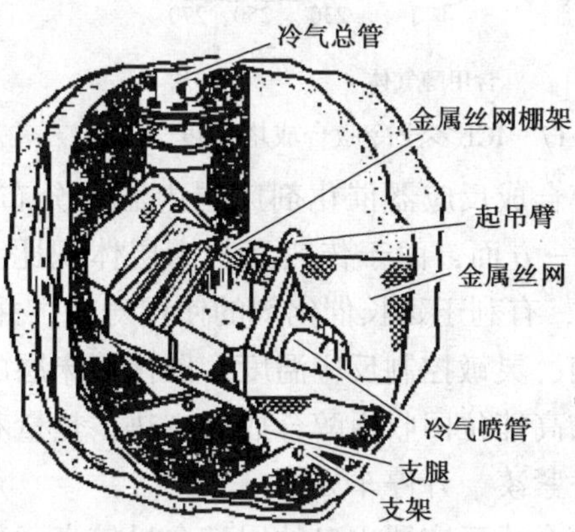

图 5-16　菱形分布器结构

冷原料气与热反应气体相混合，进入催化剂床层进行绝热反应，气体吸收反应热温度升高，在下一层间又引入冷原料气冷激，冷激气沿导管进入气体分布器，自内套管小孔流出，再通过外套管小孔喷出去，并在混合器内和经过的热气体相混合，降低气体温度，降温后再进入下一段床层继续反应，反应温度总是介入上下限之间，存在催化剂床层的温度分布，如图 5-17 所示。在合成塔内，存在部分气体与未反应气体间返混，催化剂时空产率不高，用量较大。采用菱形分布器引入冷激气，气体分布混合均匀，床层的径向温差很小，有利于延长催化剂使用寿命，催化剂装卸方便，简单操作，控温方便，多用于高压法小型合成塔。

（2）Lurgi 管壳型甲醇合成反应塔

合成塔类似于一列管式换热器，列管内充满催化剂，管外为沸腾水。用焊接方法将上下管板与管子相连。合成甲醇所产生的反应热通过管壁传给沸腾水，使其汽化，转变成蒸汽，管外沸腾水与锅炉汽包维持自然循环，通过维持汽包压力使蒸汽温度恒定，保持催化剂床层温度几乎恒定，管中心与沸腾水相差仅 10℃ 左右。利用反应热产生中压蒸汽，经过热后驱动透平压缩机，外排蒸汽又送至甲醇精制部分使用，合成塔既是反应器又是废热锅炉，系统热利用率较好。列管式合成塔列管一般由管径为 ϕ38mm×2mm，管长为 6m 的若干根管子组成，塔径可达 6m，高 8~10m。合成塔结构复杂，装卸催化剂不方便。图 5-18 所示为管壳型甲醇合成塔的结构及温度分布示意。

与 ICI 多段冷激合成塔相比，Lurgi 管壳型甲醇合成反应器具有以下优点：

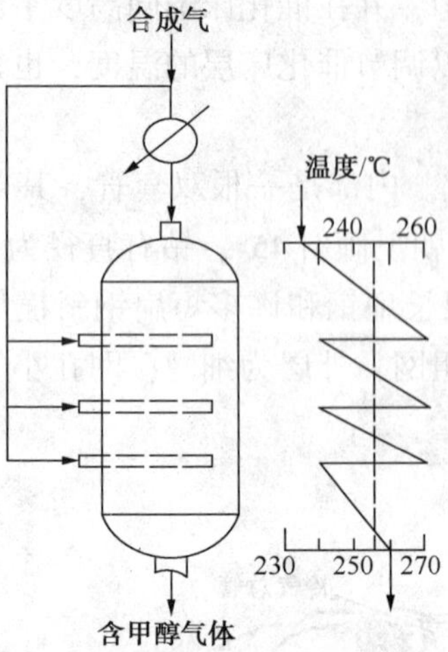

图 5-17　ICI 多段冷激合成塔温度分布

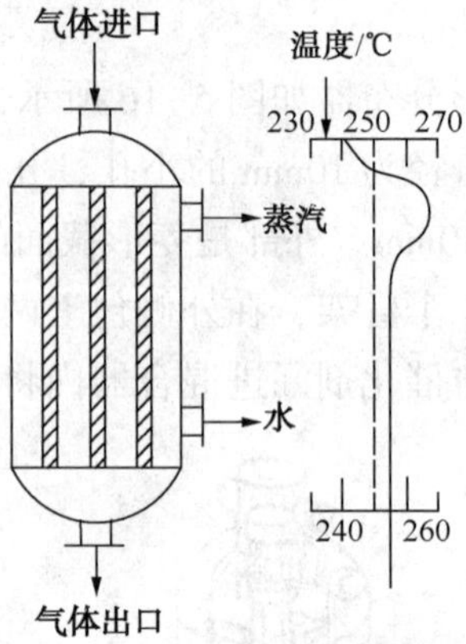

图 5-18　Lurgi 管壳型甲醇合成塔及温度分布

① 甲醇合成反应器催化剂床层内温度分布均匀，大部分床层温度在 250～255℃之间，温差小。另一方面，由于传热面与床层体积比大（约 $80m^2/m^3$），传热迅速，床层径向、轴向面温差小，有利于延长催化剂的使用寿命，并允许原料气中含较高的一氧化碳。

② 准确、灵敏控制反应温度。催化剂床层的温度可通过调节汽包蒸汽压力进行控制。

③ 以较高能位回收甲醇合成反应热，热量利用合理。

④ 设备紧凑，开停车方便。

⑤ 甲醇合成反应器出口的甲醇含量较高，催化剂的利用率高。

⑥ 合成反应过程中副反应少，故粗甲醇中杂质含量少，质量高。

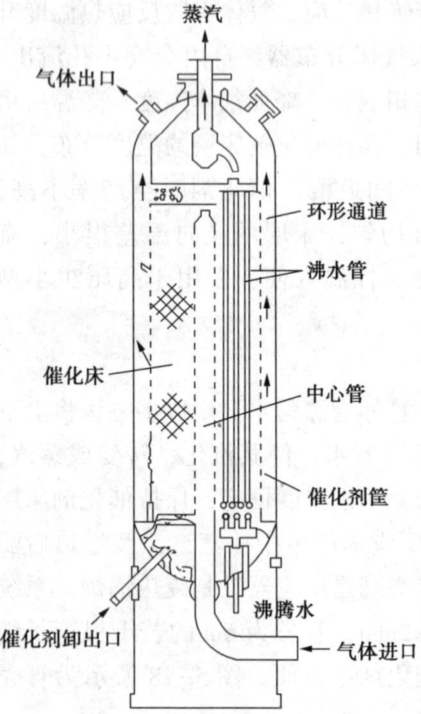

图 5-19　MRF 甲醇合成反应器

（3）MRF 多段径向流动甲醇合成反应器

该反应器由日本 TEC（Toyo Engineering Corporation）公司开发，它是多段、间接冷却、径向流动反应器（Multistage indirect-cooling type Radial Flow reactor），简称 MRF 反应器，如图 5-19 所示。MRF 反应器由外筒、催化剂筐和许多垂直的沸水管，即反应器的冷管所组成，冷管埋于催化床中，合成气由中心管进入，径向流过催化床进行反应，反应后气体汇集于催化剂筐与外筒之间的环形集流流道向上流动，由上部引出。反应热传给冷管内沸水使其蒸发。根据放热速率、移热速率的平衡，合理选择冷管的数量和间距，使可逆放热反应依最佳温度线进行，如图 5-20 所示。

MRF 反应器的特点如下：

① 气体径向流动，压降小，仅 0.05MPa，比轴向反应器小得多。

② 合理布置沸水管，可使床层温度接近最佳温度曲线，提高空时收率；气体与沸水管错流换热，传热系数较高。

（4）管壳-冷管复合型甲醇合成反应器

三菱重工业株式会社(简称 MHI)和三菱瓦斯株式会社(简称 MGC)共同开发了新的甲醇合成过程，MGC 开发了高活性、寿命长的 MGC 催化剂，MHI 成功地开发了一种高转化率反应器——管壳-冷管复合型反应器。该反应器是 Lurgi 管壳型甲醇合成反应器的改进型式，在管壳型反应器的催化管中插入一根冷管，用以预热原料气，转化率高于固定床甲醇合成反应器。具有机械结构可靠，并具有易操作，易维修的特点。

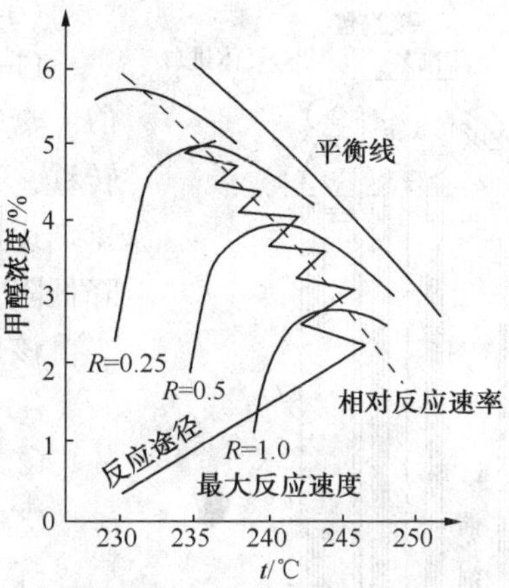

图 5-20　MRF 反应器温度分布

管壳一冷管复合型甲醇合成塔结构如图 5-21 所示。复合型甲醇合成塔结构与双套管立式换热器相似，催化剂装填于内外管间的环形空间，沸腾水在壳程循环，合成原料气从内管下部进入，被催化床中的反应热预热，聚集于顶部环形管中，然后自催化床上部引入床层，反应气被壳层的沸腾水及内管中的原料气冷却。床层中气体与内管中气体逆向流动，床层进口温度较高，出口逐渐下降，可能使反应沿最佳温度曲线进行，因此，反应器出口甲醇浓度明显上升，主要特点如下：

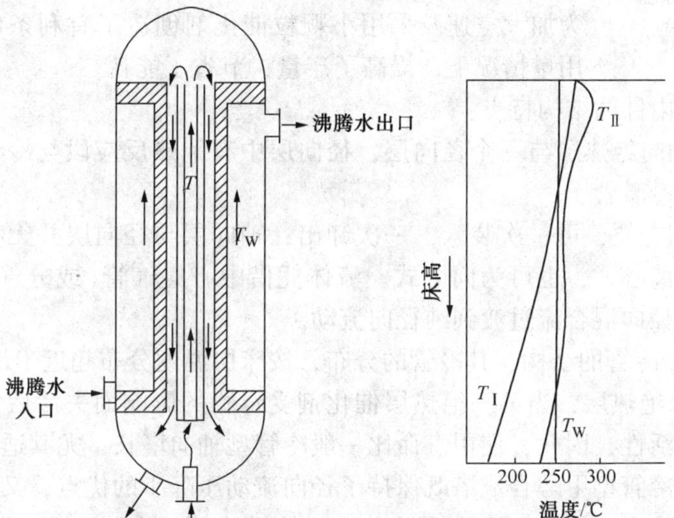

图 5-21　管壳-冷管复合型甲醇合成反应器

① 一次通过的转化率高，在空速 $5000h^{-1}$ 和 8MPa 合成压力下，反应器出口甲醇浓度可达 14.0%以上。

② 高位能形式回收热量，每生产 1t 甲醇，产生 1t 压力为 1MPa 的蒸汽。

③ 在反应器中预热原料气，可省去一个换热器。

④ 反应器单程转化率比传统冷激型反应器的高 1 倍以上，使合成回路循环流量减少一半以上，循环功率也减少一半以上。

⑤ 比采用冷激型合成塔能量利用率高。

(5) Linde 公司等温甲醇合成反应器

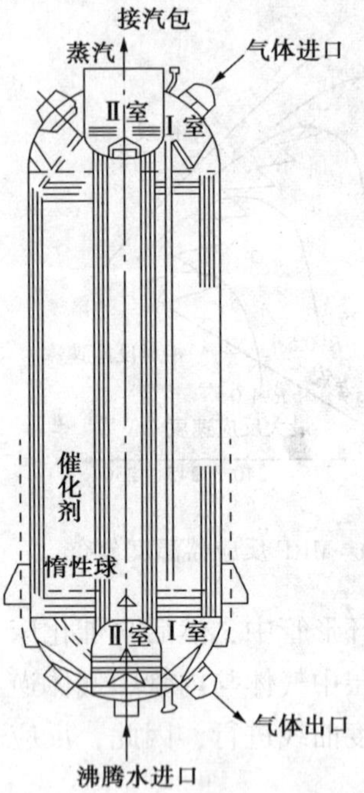

图 5-22 Linde 等温甲醇合成反应器

Linde 等温甲醇合成反应器，其结构与高效螺旋盘管换热器类似，盘管内为沸水，盘管外放置催化剂，反应热通过盘管内沸水转移，如图 5-22 所示。该结构反应器催化床层实现等温操作，催化剂还原方便，适应操作负荷变动，减少机械设计上的热应力，降低阻力，能耗低。

该反应器具有以下特点：

① 等温操作，可防止催化剂过热。

② 用控制蒸汽压力调节床层温度。

③ 不需开工锅炉，用蒸汽加热，催化剂易还原。

④ 可适应各种气体组成，各种操作压力。

⑤ 反应器催化剂体积装填系数大。

⑥ 冷却盘管与气流向为错流，传热系数较大。

(6) 轴径向甲醇合成反应器

轴径向甲醇合成反应器是一种节能型反应器，催化床由两个多孔同心套筒组成，催化剂装填于套筒之间，气体径向流过床层，由于气体径向流动，流道短，通气截面大，流速低，压降减小，为加大空速及采用小颗粒催化剂创造了有利条件。在同样催化剂用量情况下，提高了产量，节省了能耗。

该甲醇合成塔内件的结构特点：

① 具有一个轴向绝热层与一个径向层，径向层中有绝热反应段与冷管冷却段。在轴径向反应层之间有一冷激管。

② 催化剂装卸方便，可一次装入，一次卸出，轴向层与径向层并无特殊密封结构。径向层气体流向可为离心式，也可为向心式。流体凭借中心集气管(或分气管)小孔的节流作用，使气体由轴、径向混合流过渡到纯径向流动。

③ 采用倒 U 形冷管的结构，其冷管的分布，按床层温度分布趋近于最佳温度分布设计。

④ 由于有两个绝热层，当第一绝热层催化剂受毒物的影响而失活后，第二绝热层仍可维持一段时间较高活性，因此，使用寿命比一般冷管型轴向塔长，尤其适合联醇生产。

这种轴、径向冷管型甲醇合成塔既保持了径向流动压降小的优点，又保持了冷管型塔净值高、操作简便的优点。$\phi800$ 联醇轴径向塔生产实践表明，在 10MPa 下，填充 2.3m^3 C207 型铜基催化剂，在进塔气空速 17000h^{-1}，含 CO5%的条件下，甲醇生产能力达 42~50t/d，合成塔压降仅为 0.2MPa，出口甲醇含量大于 3%。

3. 低压甲醇合成反应器发展趋势

国外甲醇合成反应器的发展趋势：

① 适应单系列、大型化的要求(如 ICI 反应器)。

② 以较高位能回收反应热，副产蒸汽(如 Lurgi、MHI/MGC、Linde 反应器)。

③ 催化剂床层温度易于控制，可灵活调节温度(如 ICI、Lurgi 反应器)。

④ 床层内温度尽可能均温，以延长催化剂寿命(如 Lurgi、MHI/MGC、Ljnde 反应器)。

⑤ 催化剂生产强度大，反应中一氧化碳转化率高(如 Lurgi、MHI/MGC 反应器)。

⑥ 采用径向或轴径向流动，压降低(如 MRF 反应器)。

⑦ 结构简单紧凑，触媒装卸方便(如ICI反应器)。

⑧ 所选用的材料具有抗碳基化物生成的能力及抗氢脆的能力(如ICI、Lurgi反应器)。

八、精馏分离

甲醇合成反应产生的粗甲醇中含有许多杂质，沸点由低到高依次为：二甲醚、乙醛、甲酸甲酯、二乙醚、正戊烷、丙醛、丙烯醛、乙酸甲酯、丙酮、异丁醛、甲醇、异丙烯醚、正乙烷、乙醇、甲乙酮、正戊醇、正庚醇、水、甲基异丙酮、乙酐、异丁醇、正丁醇、异丁醚、二异丙基酮、正辛烷、异戊醇、4-甲基戊醇、正壬烷、正癸烷等，详见表5-11。高压法(锌基催化剂)粗甲醇中二甲醚含量较多，低压法(铜基催化剂)粗甲醇中二甲醚含量少。

表5-11　粗甲醇中组分沸点

组　分	沸点/℃	组　分	沸点/℃	组　分	沸点/℃
二甲醚	-23.7	甲醇	64.7	异丁醇	107.0
乙醛	20.2	异丙烯醚	67.5	正丁醇	117.7
甲酸甲酯	31.8	正己烷	69.0	异丁醚	122.3
二乙醚	34.6	乙醇	78.4	二异丙基酮	123.7
正戊烷	36.4	甲乙酮	79.6	正辛烷	125.0
丙醛	48.0	正戊醇	97.0	异辛烷	130.0
丙烯醛	52.5	正庚烷	98.0	4-甲基戊醇	131.0
醋酸甲酯	54.1	水	100.0	正戊醇	138.0
丙酮	56.5	甲基异丙酮	101.7	正壬烷	150.7
异丁醛	64.5	醋酐	103.0	正葵烷	174.0

甲醇作为有机化工的基础原料，加工的产品种类很多，甲醇的纯度直接影响下游产品的质量、消耗、安全生产及生产过程中所用催化剂的寿命，为保护化工利用过程催化剂的性质和满足加工工艺要求，对原料甲醇的纯度均有一定的要求。如甲醇用于甲醛生产，较多的烷烃等杂质导致银催化剂快速失效，较多的高级醇杂质导致甲醛产品的酸值超标，过量的水在蒸发过程中易引起设备爆炸等。为满足化工用甲醇的要求，必须采用精馏去除杂质。

1. 粗甲醇组成

合成甲醇的组成与合成反应条件密切相关，不论采用锌-铬催化剂还是铜基催化剂，均受催化剂、原料气组成和温度、压力、空间速度等合成条件的影响。合成甲醇过程副反应的发生，是粗甲醇中杂质的主要来源。如氢碳比的失调、氧化锌的脱水作用，可能生成二甲醚；氢碳比太低，催化剂中存在碱金属，可能生成高级醇；反应温度过高，甲醇分离不好，会生成醚、醛、酮等羰基化合物；进塔气中水汽浓度高，生成有机酸；催化剂及设备管线中带有微量的铁，会有各种烃类生成；原料气脱硫不尽，就会生成硫醇、甲基硫醇，使甲醇异臭。

粗甲醇的组成复杂，利用色谱对粗甲醇分析，除甲醇和水以外，还含有醇、醛、酮、酸、醚、酯、烷烃、羰基铁等几十种微量有机杂质。表5-12列出不同工艺生产粗甲醇的化学组成。

表 5-12 不同工艺合成粗甲醇的化学组成

生产原料	焦炭及焦炉气	轻质油	轻质油	乙烯尾气	天然气	煤
生产方式	联醇	联醇	单醇	单醇	单醇	单醇
合成压力	13×10^4 Pa	13×10^4 Pa	32×10^4 Pa	5×10^4 Pa	5×10^4 Pa	32×10^4 Pa
反应温度	285~305℃	260~285℃	260~285℃	210~240℃	~290℃	360~380℃
催化剂	C-207	C-301	改质 C-301	I. C. I51-1	铜、锌、硼	锌、铬
粗甲醇组成/%(质量)						
甲醇	93.4	90.44	75.82	79.8	81.5	83~87
二甲醇	0.7	0.00085	0.00181	0.0231	0.016	2~4
乙 醇	0.1821	0.08	0.02	0.0299	0.035	
异丙醇	0.0113	0.00462		0.00104	0.005	
正丙醇	0.0473	0.00904	0.00183	0.004156	0.008	0.0431
异丁醇	0.0132	0.00043		0.003685	0.007	0.153
正丁醇	0.0165	0.00396	0.00294	0.00114	0.003	0.014
异戊醇	0.0065	0.00085				0.007
正戊醇	0.0065	0.00085				
甲 酸				0.0521	0.055	0.03
甲酸甲酯	0.0005	0.0008	0.04028		0.055	0.0724
丙 酮		0.00428		<0.0002	0.002	0.001
丁 酮				0.00066		0.003
正己烷	0.00039	0.00115	0.0003			
正戊烷		0.00018	0.00007			0.003
C_7~C_{10}烷	0.02856					
水	5.6	8.56	23.18	24.473	18.37	6~13

粗甲醇中除水之外，各种有机杂质的含量都很少。粗甲醇中杂质组分的含量多少，可看作衡量粗甲醇的质量标准。精甲醇质量、精制过程中损耗，与粗甲醇质量关系极大。甲醇合成中副反应越少越好，愈容易精制，精制过程的能耗、物耗愈小，精甲醇的质量愈好。

粗甲醇中所含杂质的种类很多，根据其性质可以归纳为如下几类。

（1）有机杂质

有机杂质包含醇、醛、酮、醚、酸、酯、烷烃等有机物，根据其沸点，将其分为轻组分和重组分。精制的关键将甲醇与这些杂质有效进行分离，使精甲醇中含有少量的有机杂质。

（2）水

粗甲醇中的水是一种特殊的杂质，水的含量仅次于甲醇，水与甲醇的分离比较容易的。但水与其中许多有机杂质混溶，或形成水-甲醇-有机物的多元恒沸物，使彻底分离水分变得困难，同时难免甲醇与有机杂质一起脱除，造成精制过程甲醇的流失。

（3）还原性物质

有机杂质中，有些杂质由于碳碳双键和碳氧双键的存在，很容易被氧化，如带入精甲醇中，则影响其稳定性，从而降低了精甲醇质量和使用价值。精甲醇中的还原性物质越少，精甲醇的质量愈好。粗甲醇中的主要还原性物质除异丁醛、丙烯醛、二异丙基甲酮、甲酸外，还有丙烯、甲酸甲酯、甲胺、丙醛等还原性物质。锌铬催化剂制的粗甲醇含还原性杂质较铜系催化剂高得多。

(4) 增加电导率的杂质

粗甲醇中的胺、酸、金属以及不溶物残渣的存在，会增加其电导率。

(5) 无机杂质

粗甲醇中除含有合成反应中生成的杂质以外，还有从生产系统中夹带的机械杂质及微量其他杂质。如催化剂粉末、设备氧化产物-含铁杂质。固然杂质量极小，但影响很大，如微量铁在反应中生成的羰基铁[—$Fe(CO)_5$]混在粗甲醇中与甲醇共沸，严重影响精甲醇的质量。

2. 粗甲醇分离

近年来，由于催化剂、粗甲醇合成条件以及制取原料气的改进，甲醇工艺技术发生了较大的变更，变化主要体现在合成工段，粗甲醇分离过程基本未变。粗甲醇脱除杂质主要根据物质沸点的差异采用精馏的方法实现。首先，以蒸馏的方法在蒸馏塔顶部，脱除较甲醇沸点低的轻组分，也可能部分高沸点杂质与甲醇形成低沸点共沸物，随轻组分一并除去。然后以蒸馏方法在塔底部或侧线脱除水和重组分，获得纯甲醇组分。

粗甲醇精馏的工艺流程，应考虑甲醇质量、甲醇收率、环保要求等条件，并结合过程中能源消耗、自动化程度、精甲醇质量特殊要求等，合理选择适当的精馏方法。在制定粗甲醇精馏的工艺流程时，应考虑下述原则：

a. 根据粗甲醇质量决定精馏过程的复杂程度。铜系催化剂合成粗甲醇中杂质含量一般不大于1%，仅为锌-铬催化剂的1/10左右，不必要再用化学净化方法进行处理，而且也降低了精馏塔的负荷，并可缩小精馏塔的尺寸，减少蒸馏过程的热负荷。采用双塔流程，就能制得优级工业产品。

b. 简化工艺流程的同时，还要考虑产品质量的特殊需要及蒸馏过程中甲醇的收率。

c. 减少蒸馏过程的热负荷。粗甲醇精馏消耗蒸汽量较大，一般每吨精甲醇消耗1.5~2.5t蒸汽。除改善粗甲醇质量减少加热热负荷以外，在工艺流程中应回收废热，采用加压多效蒸馏；在选用新型精馏设备结构的同时，要充分考虑其有效分离高度，以减少回流比等。

d. 重视副产品的回收和排污的处理。粗甲醇中许多有机杂质有毒，排入大气和污水均会造成环境的污染，需考虑副产品回收和排污处理。

3. 精馏分离工艺

甲醇分离精制的精馏流程可分单塔、双塔及三塔流程。燃料级甲醇可采用单塔流程；采用双塔流程可获得质量较高的甲醇；从节能角度出发则采用三塔流程；从节能和环保角度采用四塔流程。目前普遍采用三塔流程。

(1) 单塔流程

单塔流程如图5-23所示。粗甲醇从塔中部进料口送入，可溶气体如H_2、CO、CO_2和沸点低于甲醇的物质由塔顶排出，甲醇产品从塔顶以下若干块塔板处引出，沸点高于甲醇的杂醇类物质在进料塔板以下若干块塔板处引出，含微量甲醇的水从塔釜引出。

(2) 双塔流程

双塔流程如图5-24所示。第1塔为预蒸馏塔，第2塔为主精馏塔，预蒸馏塔分馏可溶气体和沸点低于甲醇的组分；主精馏塔主要除去高于甲醇沸点的组分和水，甲醇产品从顶部取出，高沸点组分从加料口以下若干塔板引出，水和微量甲醇从塔釜排出。

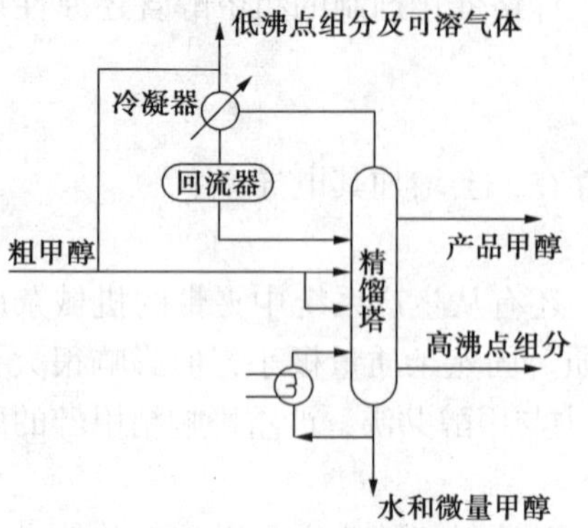

图 5-23　单塔精馏流程

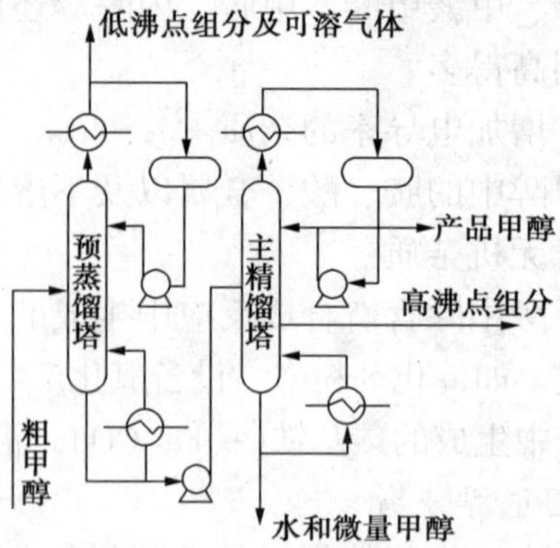

图 5-24　双塔精馏流程

(3) 三塔流程

三塔流程包含预精馏塔、加压精馏塔、常压精馏塔，工艺流程如图 5-25 所示。粗甲醇经换热(70℃)后进入预精馏塔，在预塔塔顶(或进塔回流管上)加入萃取水，其量为进料量的 20%，塔顶设置两个冷凝器，将预塔顶混合气中的甲醇绝大部分冷凝下来，进入预塔冷凝液收集槽，经预塔回流泵送入塔顶作回流。不凝气、轻组分及微量甲醇蒸气通过压力调节后至加热炉作燃料。通过萃取精馏脱除轻组分后(主要为不凝气、二甲醚等)，预塔底部由低压蒸汽加热经再沸器向塔内提供热量，塔底温度维持在 78℃左右，塔釜甲醇及高沸点组分加压后进入加压精馏塔。加压精馏塔顶气相进入冷凝/蒸发器，利用加压精馏塔与常压精馏塔塔顶、塔釜的温差，为常压塔塔釜提供热源，同时对加压塔塔顶气相冷凝。冷凝后的精甲醇进入回流罐，一部分作为加压塔回流，一部分作为精甲醇产品出装置；加压塔塔釜的甲醇、高沸组分、水等进入常压塔，常压塔顶馏出精甲醇产品，塔釜排出水、高沸点组分及微量甲醇，三塔流程与双塔流程相比，热能消耗降低 30%~40%。

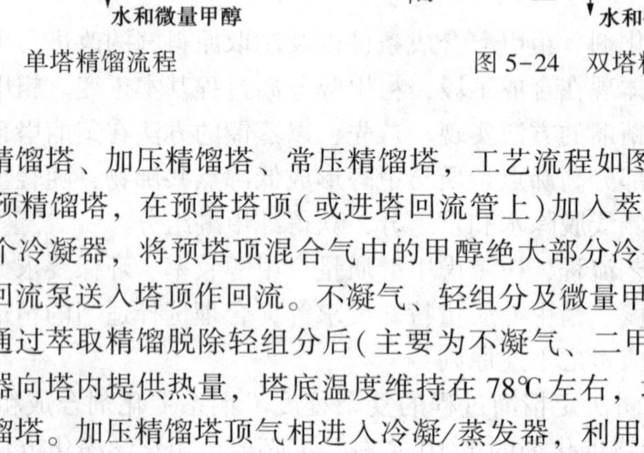

图 5-25　三塔精馏工艺流程

1—预精馏塔；2—加压精馏塔；3—常压精馏塔；4—冷凝液收集槽；5—塔顶冷凝器；6—再沸器；7—冷凝再沸器；8—泵；9—精甲醇冷却器

(4) 四塔流程

如图 5-26 所示，四塔流程与三塔流程相似，除预精馏塔、加压精馏塔、常压精馏塔外，增加一个甲醇回收塔并在常压塔进料板下方设置侧线抽出，抽出物主要为甲醇、水和高沸点组分，再进入甲醇回收塔再回收甲醇，塔底废水进入生化系统处理；回收塔设有侧线抽出，主要抽出为高沸点醇类，以保证回收塔塔顶精甲醇质量和塔底废水中总醇含量要求，塔底废水送生化处理。四塔流程生产出的精甲醇产品在纯度、水含量、乙醇含量和甲醇回收率上较二塔、三塔流程有较大的提高，且装置能耗低，产品质量得以保证。

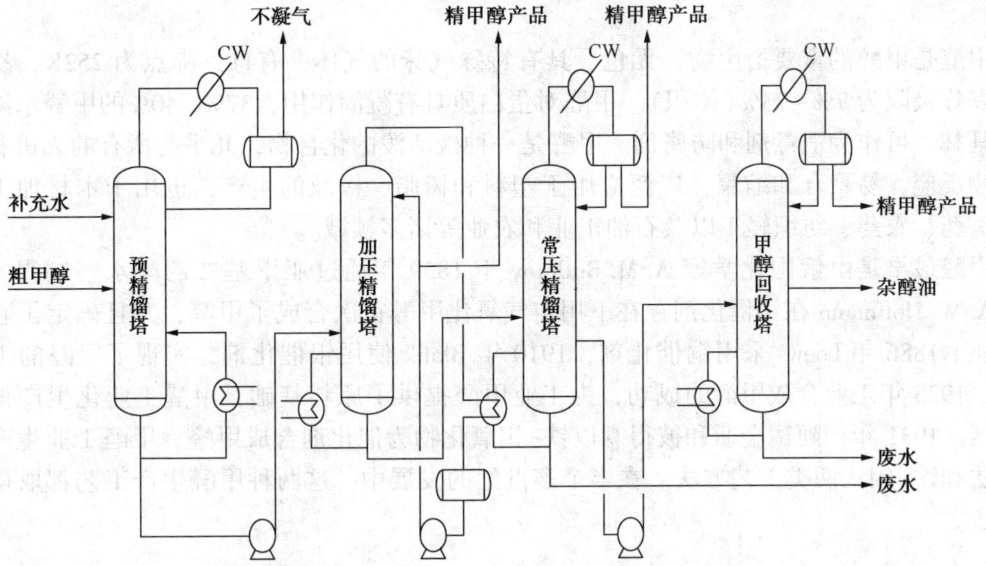

图 5-26　甲醇精馏四塔流程

九、不同原料合成甲醇的技术经济指标

合成甲醇可采用石脑油、减压渣油、煤和天然气为原料，在天然气丰富的地区，前几种原料的生产成本均无法与天然气竞争。不同原料合成甲醇的技术经济指标如表 5-13 所示。

表 5-13　各种原料合成甲醇的经济指标比较(0.6Mt/a)

指　　标	天然气	石脑油/减压渣油	煤
合成工艺	催化蒸汽转化	高温转化	气化
原料转化率/%	61.3	59.6	38.0
装置占地/%	100	200	300
操作人员/%	100	140	200
投资/%	61.0	178.0	169
精甲醇成本/%	100	140	150

天然气合成甲醇的经济指标明显优于其他原料，适于加压转化，是合成甲醇最理想的原料。甲醇经济规模对投资与成本的影响较大，表 5-14 显示了规模与投资和产品成本的关系。甲醇装置逐渐向大型化方向发展，世界上最大的甲醇装置单套生产能力达到 0.9Mt/a，我国最大的甲醇装置单套生产能力仅达到 0.2Mt/a，生产成本高，竞争力较差。

表 5-14　甲醇装置规模与投资和产品成本的关系

项　　目	装置生产规模($\times 10^4$t/a)						
	10	20	30	40	50	80	100
单位产品投资/%	100	76	69	63	59	52	49
产品成本/%	100	67	60	57	54	51	50

第二节 甲醛

甲醛是甲醇的重要衍生物，无色、具有特殊气味的气体，有毒，沸点为252K，易溶于水，爆炸极限为7%~73%(体积)。甲醛对蛋白质具有凝固作用，37%~40%的甲醛水溶液即福尔马林，可作为消毒剂和防腐剂。甲醛是一种极活泼的化合物，几乎与所有的无机和有机化合物反应，易聚合和缩聚，广泛应用于塑料和树脂、橡胶的生产，也用于木材加工、涂料、医药、农药、纺织轻工以及石油工业和农业等诸多领域。。

甲醛最早是由俄国化学家 A. M. Butlerov 于 1859 年通过亚甲基二乙酯水解制得。1868 年，A. W. Hoffmann 在铂催化剂存在下用空气氧化甲醇首次合成了甲醛，并且确定了它的化学性质。1886 年 Loews 采用铜催化剂，1910 年 Blank 使用银催化剂，实现了甲醛的工业化生产。1925 年工业合成甲醇的成功，为工业甲醛提供了原料基础，甲醛工业化生产得到迅猛发展。1931 年，阿德金斯和彼得森以铁-钼氧化物为催化剂合成甲醛，甲醛工业生产出现了银法和铁-钼法两类工艺方法。在半个多世纪的发展中，这两种甲醛生产工艺都取得了很大进步。

一、甲醛生产方法

自 1888 年实现甲醛工业化以来，先后诞生了以液化气为原料的非催化氧化法、二甲醚氧化法、甲烷氧化法、甲醇空气氧化法和制取高浓度甲醛的甲缩醛氧化法。工业甲醇生产的大规模发展，甲醇氧化法成为甲醛生产的主导方法。

1. 甲烷氧化制甲醛

主反应 $CH_4+O_2 \longrightarrow HCHO+H_2O \quad \Delta H^{\ominus}_{298K}=-284\ kJ/mol$

副反应

$$HCHO \longrightarrow CO+H_2$$

$$2HCHO+O_2 \longrightarrow 2CO+2H_2O$$

$$HCHO+O_2 \longrightarrow CO_2+H_2O$$

甲烷氧化制甲醛的反应机理为自由基反应

$$CH_4+O_2 \longrightarrow CH_3O\dot{O}+\dot{H}$$

$$CH_3O\dot{O}+CH_4 \longrightarrow CH_3COOH+\dot{C}H_3$$

$$CH_3COOH+O_2 \longrightarrow HC\dot{O}+H\dot{O}_2$$

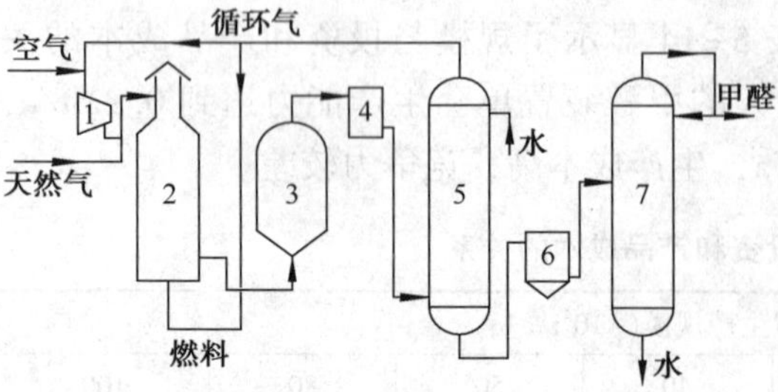

图 5-27 天然气直接氧化制甲醛流程图

1—压缩机；2—预热炉；3—反应器；4—急冷器；5—吸收塔；6—中和器；7—精馏塔

为引发反应，需提高温度但会引起产物分解，加入气体引发剂 NO、Cl_2、HBr 等即可。加入硼砂可防止 HCHO 的氧化和分解。其工艺流程图如图 5-27 所示。

净化天然气与空气按 1∶2(体积)进料，经预热炉预热至 650℃进入反应器，反应器内装经 4%硼砂水溶液浸泡过的瓷环，在温度 670℃，压力 0.036MPa 下反应，单程转化率约为 2.4%，反应后气体立即进入急冷器冷至 90℃左右进入吸收塔，用水吸收，得到 30%左右的粗甲醛溶液。气体则由吸收塔顶出来，一部分(1/6)作预热炉燃料，大部分(5/6)作循环气。粗甲醛用纯碱在中和器中中和酸性杂质后进入蒸馏塔，塔顶得34%甲醛溶液，塔釜出水。此工艺转化率低，但设备简单、流程短、投资少。

2. 甲醇直接脱氢法

$$CH_3OH \longrightarrow HCHO+H_2 \quad \Delta H^{\ominus}_{298K}=85.2kJ/mol$$

$$2CH_3OH \longrightarrow HCOOCH_3+2H_2 \quad \Delta H^{\ominus}_{298K}=52\ kJ/mol$$

$$CH_3OH \longrightarrow CO+2H_2 \quad \Delta H^{\ominus}_{298K}=91kJ/mol$$

甲醇直接脱氢反应是分子数增加的吸热反应，低压、高温有利反应的进行。反应的自由能为正，是热力学上最不利的反应。使用催化剂，在500℃以上才会有较高转化率。甲醇直接脱氢法提纯甲醛容易，能耗低。以甲醇为原料，利用活性高、选择性好的催化剂，直接脱氢制甲醛成为研究的重点。

3. 甲醇氧化制甲醛

主反应

$$CH_3OH+\frac{1}{2}O_2 \longrightarrow HCHO+H_2O \quad \Delta H^{\ominus}_{298K}=-158.12kJ/mol$$

$$CH_3OH \longrightarrow HCHO+H_2 \quad \Delta H^{\ominus}_{298K}=85.2kJ/mol$$

副反应

$$CH_3OH+\frac{3}{2}O_2 \longrightarrow CO_2+2H_2O \quad \Delta H^{\ominus}_{298K}=-676.45kJ/mol$$

$$CH_3OH+O_2 \longrightarrow CO+2H_2O \quad \Delta H^{\ominus}_{298K}=-393.4kJ/mol$$

$$CH_3OH+H_2 \longrightarrow H_2O+CH_4 \quad \Delta H^{\ominus}_{298K}=-115.9kJ/mol$$

$$CH_3OH+\frac{1}{2}O_2 \longrightarrow HCOOH+H_2 \quad \Delta H^{\ominus}_{298K}=-274.7kJ/mol$$

$$HCOOH \longrightarrow CO_2+H_2 \quad \Delta H^{\ominus}_{298K}=10.2kJ/mol$$

甲醇氧化为甲醛的主反应和几个副反应均为放热反应，故反应过程中反应热的转移是关键问题。反应后的气体必须迅速急冷、冷却，反应热不及时转移，会使反应体系的温度迅速上升，导致大量完全氧化反应的进行，选择性显著降低，致使反应无法控制(飞温)。甲醛水溶液的蒸汽压较低，甲醛和水可形成共沸物，分离提纯无水甲醛困难。

4. 甲醇氧化合成反应机理

甲醛的合成过程是一个气固相催化反应过程。其反应机理虽尚待进一步探索，目前，普遍认为其反应过程为扩散、吸附、表面反应和解吸等几个步骤。

反应历程大致可描述为：O_2扩散到银催化剂表面(包括外扩散和内扩散)，被催化剂吸附(而不是CH_3OH先被吸附)变成原子态的氧；原子态氧不稳定、活动能力强，吸引CH_3OH的氧，使分子中的C—H键和O—H键变弱，最后使C—H键和O—H键断裂，在银催化剂表面发生氧化或脱氢反应(弱吸附时发生氧化反应，强吸附则发生脱氢反应)，生成CH_2O和H_2O或CH_2O和H_2；产物在催化剂表面解吸后扩散(包括内、外扩散)到气相主体中被移走。

研究人员对甲醇制甲醛的反应历程进行了许多研究和讨论，甲醇制甲醛首先是银表面吸附氧的机理已基本取得共识，但对甲醇是否被银表面吸附的问题，却有不同的见解。一种观点认为，银催化剂表面不发生甲醇的吸附。因此，甲醇氧化脱氢的产物量随银表面氧的覆盖率增加而增加。另一种观点则认为，银催化剂表面发生了甲醇的吸附作用，生成甲氧基吸附物。因此，反应速率并不取决于银表面氧的覆盖率，而是取决于所形成的甲氧基吸附物的数量，即取决于甲醇与银表面的接触概率。

5. 氧化合成催化剂

目前主要使用银、铁钼氧化物两类催化剂。

(1) 银催化剂

Ag 催化剂具有较高的活性，转化率可达97%以上，选择性可达85%以上，但反应温度较高。640℃下反应，使用电解银作催化剂，甲醇氧化制甲醛转化率可达97.6%，选择性达89.2%。可采用 Ag 合金催化剂，转化率会有些降低。如采用 Ag-Pb 合金催化剂，转化率仅为72.4%。

我国甲醛工业生产用银催化剂目前主要有两种：一种外观呈长纤维海绵状，称传统电解银或称海绵银；另一种外观呈珊瑚枝状聚集，称新工艺电解银或称结晶银。后者机械强度较大，两者不同的主要原因是制造工艺有所不同。

电解银催化剂的银含量在99.99%以上，外观呈银白色光泽，粒度约为6~40目的海绵状或结晶状颗粒。目前，世界上较好的电解银催化剂其纯度可达到99.995%~99.999%，颗粒为60目，吸附面积为700~800cm^2/g，有很好的表层形态。电解银催化剂的制备，一般经过电解、洗涤、干燥、造粒及活化等工序。原料银含量一般99.9%，其中还含有 Si、Al、Cu、Fe、Mn、Ca、Mg、Pb 等杂质，通过控制特定的电解条件可达到提纯目的。

(2) 铁钼催化剂

Fe-Mo 类催化剂的主要成分为 Fe_2O_3、MoO_3，一般以高岭土或硅藻土为载体。低比表面积下催化剂具有较高的转化率和选择性。Fe_2O_3-MoO_3在不同比表面的 SiO_2、Al_2O_3中，机械强度很高，X 射线、电子显微镜分析表明，甲醛选择性和活性都随 Fe_2O_3-MoO_3催化剂中SiO_2的比表面积增加而减少。Fe-Mo 类催化剂有较好的活性和选择性，其制备方法、条件是影响催化剂性能的重要因素。

二、甲醇氧化制甲醛工艺过程

甲醇氧化制甲醛过程一般须采用催化剂。氧化剂可以是空气、纯氧，以空气为氧化剂具有来源丰富、容易获得且无腐蚀性的优点，但动力消耗大，排放废气多。甲醇氧化生产甲醛，一种是用金属银作催化剂，称为“银法”或“甲醇过量法”，这种方法操作时原料中甲醇浓度高于爆炸上限(大于36%)，即在甲醇过量和较高温度下操作，“银法”主要用于胶合板用甲醛的生产；另一种是用铁、钼、钒等金属氧化物为催化剂，称为“铁-钼法”或“空气过量法”，这种生产操作的空气过量，在空气、甲醇混合气中，甲醇浓度低于爆炸下限(小于6.7%)，甲醇几乎全部转化，得到低浓度甲醛产品，主要用于聚甲醛塑料用甲醛的生产。两种方法的甲醇转化率约为99%，甲醛选择性为92%，均以甲醛水溶液为最终产品。国外的铁-钼法工艺主要以瑞典 Perstorp Formox 公司和丹麦 Topsφe 公司为代表。

世界甲醛产量的90%以上以甲醇为原料，采用 Ag 或 Fe-Mo 复合氧化物为催化剂生产，Fe-Mo 法的总产量已经超过 Ag 法的总产量，在许多生产甲醛的国家同时建有 Ag 法和 Fe-Mo 法生产厂，但侧重面不尽相同。欧美等西方国家，由于聚甲醛工程塑料比较发达，采用 Fe-Mo 法生产企业较多，俄罗斯和东欧国家 Ag 法和 Fe-Mo 法并重。日本和东南亚国家由于胶合板工业比较发达，Ag 法占支配地位。

1. Ag 法工艺流程

甲醇氧化反应需升温至200℃以上才开始进行，故开车时原料气需预热，又是一个强放热反应，点火后应温度迅速上升，需考虑副产蒸汽回收反应热。甲醇脱氢反应在500℃以上是生成甲醛的主反应之一，为可逆吸热反应，对控制催化床温度有利。

温度、原料气组成与纯度对反应过程的影响如下：

① 温度升高有利于反应甲醇脱氢反应，但温度过高容易引起过度氧化和产品分解，也会使催化剂熔融结块，反应温度一般在600~720℃。反应温度可用通入反应区的冷却水量、气体混合物的组成等来调节。

② 原料气组成对反应结果影响很大，甲醇与空气比例应在爆炸范围之外；要有适量水蒸气存在，带走部分反应热，以防止催化剂过热。

③ 原料气纯度原料甲醇的纯度有严格的要求，不可含硫，以防止生成硫化银；不可含醛、酮，以免发生树脂化反应，覆盖于催化剂表面；不可含羰基铁，以免促使甲醛分解。为此，原料甲醇与空气均需进行严格净化。

银法工艺流程如图5-28所示。原料甲醇泵入高位槽后，流经过滤器、间接蒸汽加热蒸发器，并从蒸发器底部送入经净化的空气，甲醇蒸气和空气混合物中甲醇含量约0.5g/L。为控制氧化器温度，在甲醇蒸气和空气混合物中加入适量水蒸气。原料气混合物经过热器加热到110~120℃，再经阻火器、过滤器进入反应器，于380~650℃在银催化剂作用下发生催化氧化反应。

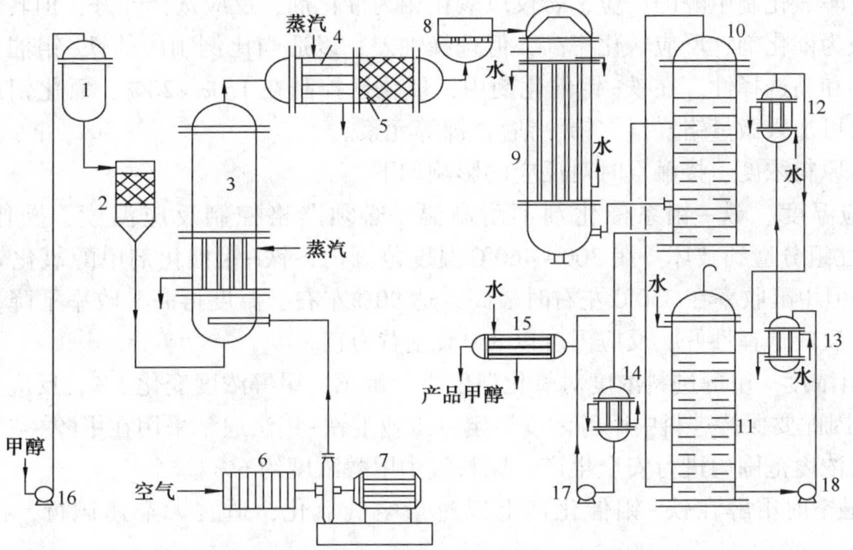

图5-28　银法甲醛生产工艺流程

1—甲醛高位槽；2—甲醇过滤器；3—蒸发器；4—过滤器；5—阻火器；6—空气过滤器；7—鼓风机；8—过滤器；9—氧化器；10—第一吸收塔；11—第二吸收塔；12~15—冷却器；16—甲醇泵；17，18—循环泵

氧化反应器分上下两部分，上部为反应段，气体入口处装有锥形顶盖使混合气均匀分布，然后在反应段进行催化反应，反应段中装设冷却蛇管通入冷水带出部分反应热。下部为紫铜制成的列管式冷却器，管外以冷水冷却，使催化层出口气迅速冷却到100~130℃，以防止高温下发生副反应，但也不能冷却过度，以防甲醛聚合堵塞管道。生产设备与管道避免用铁制造，因铁会促进聚合，蒸发器、反应器采用不锈钢与铜制作，反应器后续设备与管道用铝制成。转化后气体经列管冷却器冷至80~120℃，进入两个串联吸收塔。第一吸收塔中吸收剂是第二吸收塔来的稀甲醛液，第一吸收塔中大部分甲醛被吸收，底部引出的吸收液经冷却后即为含10%甲醇的甲醛水溶液，少量甲醇可防甲醛聚合。第二吸收塔顶用适量冷却水吸收，塔底流出液送入第一吸收塔，塔顶尾气中甲醛已被吸收完全(表5-15)。

表 5-15 “银法”甲醛消耗定额(以生产每吨甲醛计)

项　目	甲醛浓度，37% （甲醇含量 0.5%）	甲醛浓度，44% （甲醇含量 0.5%）	甲醛浓度，50% （甲醇含量 0.5%）
甲醇/kg	434	518	588
工艺水/t	0.243	0.195	0.160
冷却水（$\Delta t=10℃$）/m^3	59	67	74
电/kW·h	27	32	37

2. Fe-Mo 法工艺流程

铁-钼法本法采用铁、钼、钒等金属氧化物为催化剂。由于空气过量，甲醇在铁-钼催化剂上，除了生成甲醛的主反应外，还发生甲醇深度氧化为二氧化碳和水、甲醛氧化为甲酸等副反应，通过反应物急速冷却可以抑制深度氧化连串副反应的发生。采用铁-钼法可以获得接近 100%的转化率与很高的选择性，产品中仅含有极少量未转化的甲醇，本法可直接制得低醇浓度的甲醛。对某些需用低醇浓度甲醛为原料的产品生产，显得特别优越。

对于甲醇氧化制甲醛的反应，若仅以氧化钼为催化剂，反应选择性好，但转化率低；若仅以氧化铁为催化剂，反应转化率高，但选择性差；以适当比例制成的铁-钼催化剂，同时具有高活性和高选择性。在铁-钼催化剂中，氧化铁控制在 15%~20%，氧化钼过量，为提高催化效果可加入微量铬、锰、铈、钴、、镍等元素。

温度、原料浓度、接触空时对反应的影响如下。

① 反应温度　铁-钼系催化剂不耐高温，必须严格控制反应温度，操作温度超过 480℃，活性组分遭到破坏。在 300~460℃温度范围内，铁-钼催化剂甲醇氧化转化率可在 97%以上，但甲醛收率在 350℃左右时最高，达 90%左右，温度再高．收率下降。为保证甲醛收率高，反应选择性好，反应温度以 350℃左右为宜。

② 原料浓度　甲醇进料浓度对氧化温度十分敏感，甲醇浓度变化 1%，反应热点温度变化约 5℃，因此要保持进料中甲醇浓度恒定。工业上铁-钼法通常采用在甲醇-空气混合物爆炸区的下限浓度范围内进行安全生产，原料气中甲醇浓度约 6%。

③ 接触空时甲醇在铁-钼催化剂上以过量空气氧化，适宜大空速运行，接触时间为 0.2~0.5s。

铁-钼法甲醇空气氧化制甲醛工艺流程如图 5-29 所示。铁-钼法采用列管式固定床反应器，管内填充 $\phi 3.5mm\times 3.5mm$ 铁-钼催化剂，管间充满有机载热体，其液位高度略高于催化剂床层，以带走反应热量。初开车时用加热器将热载体加热至 260℃以上，以自身蒸气压压入反应器管间，使催化剂加热升温至 220℃以上。鼓风机送入的空气预热至 150℃与甲醇蒸气混合形成原料混合气，部分混合气进入反应器使床层温度平稳上升，大部分混合气旁路穿过吸收塔，当反应器温升至 350~370℃，逐步关闭旁路，使全部原料混合气进入反应器进行反应生成甲醛。反应热由热载体转移，并在废热锅炉中发生蒸汽。反应气体进入列管冷却器，用 50℃左右的水进行快速骤冷，以防止和减少甲醛深度氧化，温度降至 120~160℃进入吸收系统。吸收方法和流程同于银法。甲醛在不锈钢吸收塔中被吸收，调节加水量可得 60%以下任何浓度的甲醛溶液。吸收过程的热量被吸收塔内的冷却系统带走。本法所得甲醛溶液只含 0.02%以下的甲酸，无需再处理便可作为商品。

“铁-钼法”甲醛消耗定额见表 5-16。

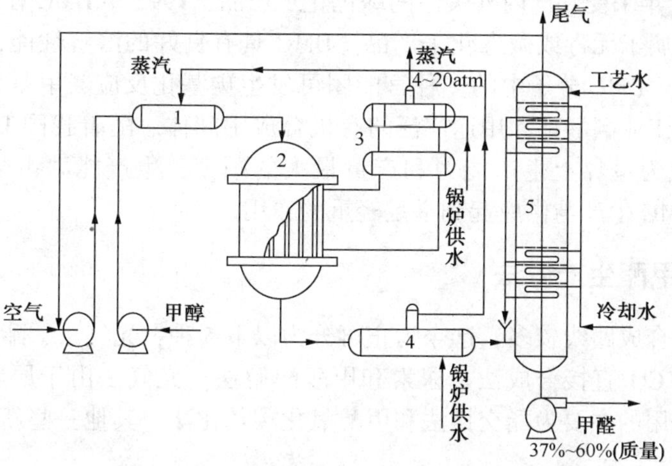

图 5-29 铁-钼法甲醇空气氧化制甲醛工艺流程

1—汽化器；2—反应器；3—废热锅炉；4—冷却器；5—吸收塔

表 5-16 "铁-钼法"甲醛消耗定额(以生产每吨甲醛计)

项目	甲醛浓度，37%（甲醇含量 1%）	甲醛浓度，55%（甲醇含量 1.5%）
甲醇/kg	426~428	633~636
工艺用水/t	0.4	0.11
冷却水(Δt=10℃)/m^3	40	60
电/kW·h	75~85	110~126

3. 甲缩醛氧化生产高浓度甲醛

甲醇氧化法仅能生产 37%~55%的甲醛水溶液，不能直接用来生产树脂，经过下列反应即可获取 70%以上的甲醛水溶液。

$$2CH_3OH+HCHO \longrightarrow CH_3OCH_2OCH_3+H_2O \qquad \Delta H^{\ominus}_{298K}=55.6kJ/mo$$

$$CH_3OCH_2OCH_3+O_2 \longrightarrow 3HCHO+H_2O \qquad \Delta H^{\ominus}_{298K}=257.8kJ/mol$$

甲缩醛的合成反应是可逆的醇醛缩合反应，使用酸性催化剂可加快反应速度。反应的热效应小，提高温度对平衡影响小。产物水转移出体系，有利于提高反应的平衡转化率。甲缩醛的氧化为甲醛的反应为强放热反应，为不可逆反应，使用催化剂可加快反应的进行和改善反应的转化率。

甲缩醛氧化法可获得高达 70%的甲醛水溶液，进一步提纯可作为高聚甲醛的原料。

第三节 碳酸二甲酯

碳酸二甲酯(DMC)分子式为 $CH_3O-CO-OCH_3$，为无色、透明、可燃液体，沸点为 90.1℃，闪点为 17℃，蒸发热低(369.06J/g)，无腐蚀性，无毒或微毒，空气中爆炸极限为 3.8%~21.3%(体积)。任意比与醇、酯等混溶，微溶于水，是一种优异的有机溶剂。氧含量高(53%)且和汽油相溶性好，蒸汽压低，*RON* 为 110，*MON* 为 97，毒性远小于 MTBE(叔丁基甲醚)。

DMC是近几十年来受到国内外关注的绿色化工产品，1992年DMC在欧洲通过了非毒化学品的注册登记，属于无毒或微毒化工产品。DMC具有良好的溶解性能，作为低毒溶剂用于涂料和医药工业。DMC分子中的多种官能团可发生羰基化反应、甲基化反应、羰基甲氧化反应，是重要的工业碳酸酯和用途广泛的有机合成中间体。随着我国DMC大型装置相继投产，2005我国成为世界上生产能力和产量最大的国家，生产能力占全球总生产能力的38.6%，对全球DMC生产与供应起到举足轻重的作用。

一、碳酸二甲酯生产方法

碳酸二甲酯的合成路线较多，迄今为止可分为以下5种：光气法、酯交换法、甲醇氧化羰基化法、甲醇和CO_2直接合成法、尿素和甲醇醇解法。光气法由于原料剧毒已逐步被淘汰。目前，工业应用的主要为酯交换法和甲醇氧化羰基化法。其他一些新方法正在研究开发之中。

1. 光气甲醇法

传统生产DMC的方法是采用光气和甲醇反应。反应分两步进行，首先光气与甲醇反应生成氯甲酸甲酯；然后生成的氯甲酸甲酯再与甲醇反应得到碳酸二甲酯。

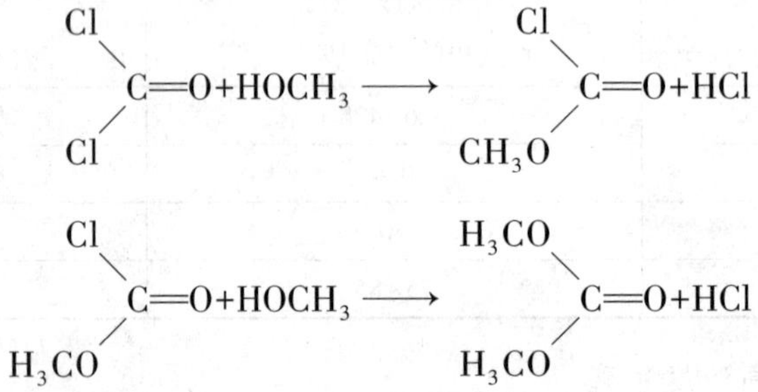

甲醇和过量光气在低温(0~10℃)下进行液相反应，脱除释放出的HCl并加以回收。

光气甲醇法可生产纯度95%以上的碳酸二甲酯，以甲醇计收率为90%，按光气计为99%。该工艺复杂，周期长，原料光气剧毒，污染环境，腐蚀设备，产品质量差，应用受到限制，已逐步被淘汰。

2. 酯交换法

1992年美国德士古公司开发了碳酸乙烯酯法工艺。在催化剂存在下，由碳酸乙烯酯(EC)或碳酸丙烯酯(PC)与甲醇进行酯交换合成碳酸二甲酯，副产乙二醇(EG)或丙二醇(PG)。EC或PC由环氧乙烷或环氧丙烷与二氧化碳在铵或碱金属盐催化下通过加成反应制得。此反应为可逆反应，DMC、甲醇存在共沸物，加入过量甲醇对化学平衡影响极弱。工业生产采用反应精馏将产物从反应区分离，破坏可逆反应平衡，以提高过程的转化率。

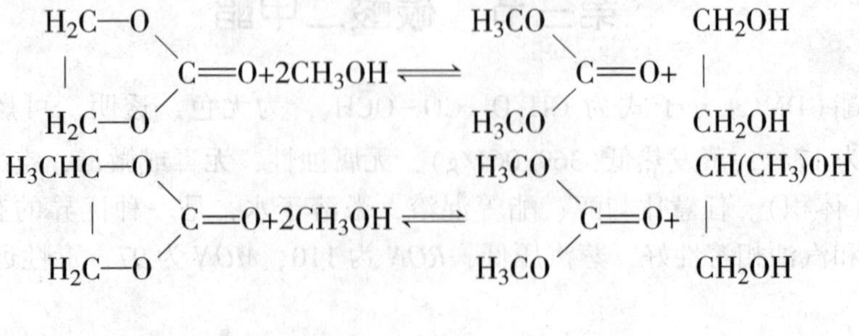

酯交换法生产碳酸二甲酯的本质原料是二氧化碳和甲醇，环氧丙烷或环氧乙烷在过程中仅是一种载体，同时转化为丙二醇或乙二醇。由于丙二醇或乙二醇主要是以环氧丙烷或环氧乙烷水解生产，因此，酯交换法过程的本质是二氧化碳与甲醇合成碳酸，二甲酯过程与环氧丙烷水解合成丙二醇过程的耦合。从酯交换反应生成碳酸二甲酯的两个原料路线比较来看，环氧丙烷比环氧乙烷容易运输和贮存。

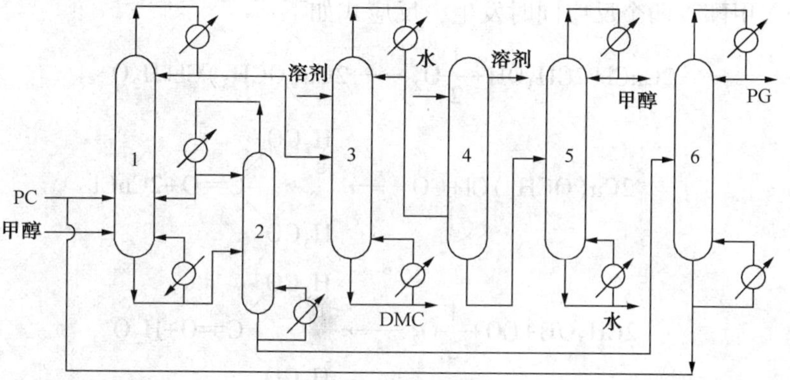

图 5-30　酯交换法合成 DMC 工艺流程

1—反应精馏塔；2—脱轻组分塔；3—萃取精馏塔；4—溶剂回收塔；5—甲醇回收塔；6-PG 回收塔

酯交换法生成碳酸二甲酯整个工艺包括反应精馏、脱轻组分、共沸物分离、溶剂回收、甲醇回收和碳酸丙烯酯回收等六个主要工序组成，工艺流程如图 5-30 所示。反应精馏在塔 1 中完成，塔 1 分三段：上段是精馏段，下段是提馏段，中段是反应段。进料甲醇大大过量，碳酸丙烯酯的单程转化率可以达到99%。过程中的物料没有腐蚀性，设备为普通碳钢。

环氧丙烷与二氧化碳反应，经精馏脱除催化剂及轻组分获得高纯度碳酸丙烯酯，甲醇与碳酸丙烯酯按照一定比例加入塔 1，在催化剂作用下生成 DMC，同时得到丙二醇。甲醇与 DMC 形成的共沸物从塔顶蒸出，共沸物组成 DMC：甲醇＝30：70(质量)。反应精馏塔 1 釜出来的物料进入脱轻组分塔 2 完成轻组分 DMC 和甲醇的脱除。塔 2 釜剩下副产品丙二醇和少量未反应碳酸丙烯酯及催化剂，其中丙二醇和碳酸丙烯酯属于高沸点物质，进入丙二醇回收塔 6，分离回收副产品丙二醇。塔 1 顶出来的共沸物进入萃取塔 3，通过加入溶剂邻二甲苯改变共沸物的相对挥发度，塔 3 顶蒸出甲醇和邻二甲苯的混合物，塔釜得到产品 DMC。从萃取塔 3 顶出来的甲醇和邻二甲苯的混合物进入萃取塔 4 回收溶剂，所用萃取剂为水，邻二甲苯不溶于水而甲醇溶解于水，实现邻二甲苯和甲醇的分离，邻二甲苯循环利用，回收的甲醇循环进入塔 1 中，继续参加反应。

以上酯交换 DMC 生产工艺利用碳酸丙烯酯和甲醇为原料，克服了酯交换转化率低的矛盾，采用了催化反应精馏和萃取精馏新技术，提高了反应的转化率，具有工艺简单、流程短、设备投资小、见效快和过程无三废的特点。

二、甲醇氧化羰基化工艺过程

甲醇氧化羰基化法工艺依甲醇在反应体系的相态分液相法和气相法，气相法依照是否使用亚硝酸酯作循环剂，分为气相亚硝酸酯法和气相直接法。甲醇氧化羰基化法是目前碳酸二甲酯的主要工业生产方法，已工业化的生产工艺有意大利埃尼(ENI)公司的液相法和日本宇部兴产(Ube)公司的气相亚硝酸酯法。甲醇气相直接氧化羰基化法是富有工业前景的生产方法。

1. ENI 液相法工艺

液相法工艺以意大利埃尼合成公司为代表，以氯化亚铜为催化剂，在 100～130℃、2～3MPa 下，在淤浆反应器中反应。

反应分两步进行，首先甲醇、氧气和氯化亚铜反应生成甲氧基氯化亚铜，再与一氧化碳反应生成碳酸二甲酯。两个反应同时发生，反应式如下：

$$2CuCl+2CH_3OH+\frac{1}{2}O_2 \longrightarrow 2Cu(OCH_3)Cl+H_2O$$

$$2Cu(OCH_3)Cl+CO \longrightarrow (H_3CO)_2C{=}O+2CuCl$$

$$2CH_3OH+CO+\frac{1}{2}O_2 \longrightarrow (H_3CO)_2C{=}O+H_2O$$

甲醇液相氧化羰基化合成碳酸二甲酯的工艺流程如图 5-31 所示。甲醇液相氧化羰基化反应在 3 个连续搅拌的罐式反应器中进行，反应器中存在气液固三相，氯化亚铜为催化剂，反应温度 90～120℃，压力 2～3MPa。一氧化碳压缩后鼓泡进入第一反应器，回收的催化剂及甲醇送入第一反应器，氧分别送入第一、第二、第三反应器。反应过程中，氧浓度始终保持在爆炸极限以下。通过 3 个反应器，一氧化碳的单程转化率约 67%。离开第三反应器的气体被冷却后送入分离罐，液体返回第三反应器，气体在洗涤器中经碱液洗涤脱除 CO_2 后经 CO 循环压缩加压返回第一反应器，出第三反应器的液体经闪蒸脱除溶解的气体，气体循环返回第一反应器。液体通过催化剂过滤器分离出催化剂，催化剂与甲醇用泵送回第一反应器，无催化剂的液体含有碳酸二甲酯、水和未反应的甲醇送去萃取精馏。ENI 公司甲醇液相

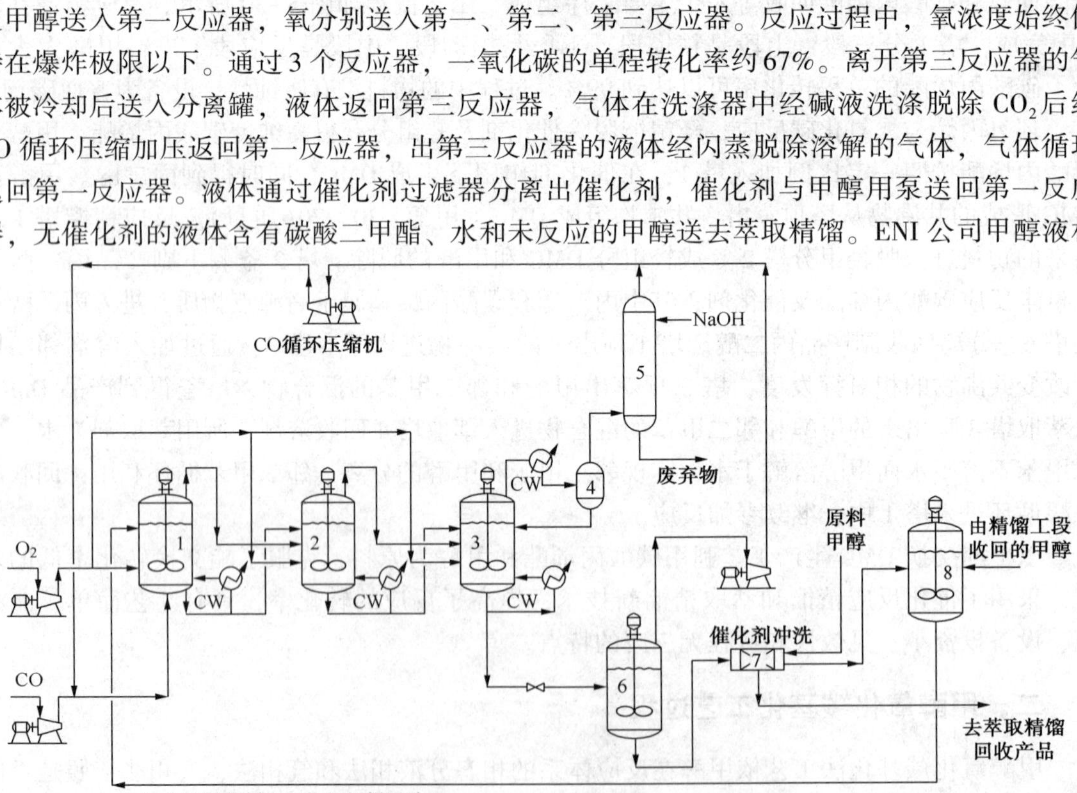

图 5-31　甲醇液相氧化羰基化合成碳酸二甲酯工艺流程图

1～3—氧化羰基化反应器；4—分离罐；5—洗涤器；6—闪蒸罐；7—催化剂过滤器；8—混合器

氧化羰基化生产碳酸二甲酯，按一氧化碳计，碳酸二甲酯的选择性为 90%，按甲醇计选择性大于 98%(摩尔)。

2. 气相法工艺

气相法与液相法的化学原理相同，它采用的是固体催化剂、在固定床反应器中反应，以解决液相法的腐蚀性问题，便于产品回收。以美国 DOW 化学公司为代表，它采用的是固体催化剂为浸渍过无水氯化铜的活性炭，并加入氯化钾、氯化镁和氯化镧等助催化剂。20 世纪 90 年代初，日本宇部兴产公司从草酸二甲酯合成工艺中获得启示，成功开发了一条经济上可行的气相法工艺路线。

(1) Ube 工艺

DMC 是宇部兴产生产草酸二甲酯(DMO)过程中的主要副产物。此工艺是用一氧化碳、甲醇和亚硝酸甲酯于 110℃、常压下，固定床反应器中进行气相催化反应。以亚硝酸甲酯为催化反应的循环溶剂，甲醇氧化羰基化合成碳酸二甲酯。

该反应首先是一氧化碳与亚硝酸甲酯反应生成碳酸二甲酯和一氧化氮，第二步是一氧化氮与甲醇和氧气反应再生成亚硝酸甲酯。该工艺的主要副产物是草酸二甲酯，还有少量甲酸甲酯、二氧化碳、醋酸甲酯、甲缩醛和硝酸。对设备腐蚀严重，所用设备必须是耐强腐蚀的特种不锈钢材质。

$$2CH_3ONO + CO \longrightarrow (CH_3O)_2CO + 2NO$$

$$2NO + \frac{1}{2}O_2 + 2CH_3OH \longrightarrow 2CH_3ONO + H_2O$$

工艺过程如图 5-32，将原料和主要含有一氧化碳、亚硝酸甲酯、氧、一氧化氮和甲醇的循环气混合，预热后进入羰基化反应器。多管式固定床羰基化反应器内装有用活性炭吸附的 $PdCl_2/CuCl_2$ 催化剂。反应在 100℃和 0.1MPa 的条件下进行。反应产物经换热部分冷凝，再压缩、冷凝，冷凝液进入草酸二甲酯回收塔分离回收草酸二甲酯。气相一部分循环使用，另一部分与补充的一氧化氮和氧一起加到亚硝酸甲酯再生器的底部。再生器是一个填充塔，在 0.13MPa、40℃条件下再生。生成的亚硝酸甲酯作为原料气与再生器塔顶添加的甲醇接触之后进入羰基化反应器。从亚硝酸甲酯再生器底部出来的液相，进入脱水塔，脱水后的甲醇

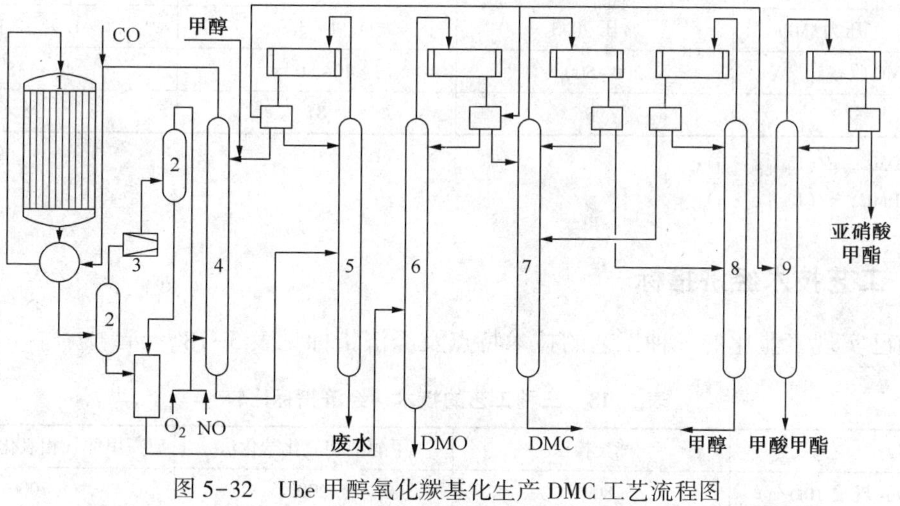

图 5-32 Ube 甲醇氧化羰基化生产 DMC 工艺流程图

1—反应器；2—闪蒸塔；3—压缩机；4—亚硝酸甲酯再生器；5—脱水塔；6—DMO 回收塔；7—产品塔；8—甲醇回收塔；9—甲酸甲酯塔

循环使用。从脱水塔顶部分离出来的甲酸甲酯和亚硝酸甲酯与草酸二甲酯回收塔顶部出来的物料一起进入甲酸甲酯回收塔回收甲酸甲酯。从草酸二甲酯回收塔釜出来的物料，进入碳酸二甲酯分离工段脱除甲醇后获得碳酸二甲酯产品，甲醇经回收塔回收后循环使用。与液相法比，采用固定床反应器，不需分离生成物和催化剂的装置，设备投资降低。使用亚硝酸甲酯合成DMC，反应在无水条件下进行，催化剂寿命增加。合成所需加入的氧气在亚硝酸甲酯再生器中反应，DMC合成器中不加入氧，所以CO_2等副产物少；非氧气气氛使得爆炸危险性减小。但要副产3%~5%的草酸二甲酯和1%~3%的甲酸甲酯。

(2) DOW工艺

DOW工艺为直接气相法，含65%(摩尔)一氧化碳、25%(摩尔)甲醇、10%(摩尔)氧气的蒸气物料流通过固定床反应器(装有氯化铜或氯化甲氧基铜/活性炭催化剂)，反应于110~125℃、15~25atm下进行，以一氧化碳计DMC收率约为65%(摩尔)。

含DMC和甲醇的反应产物可通过萃取蒸馏或通过共沸蒸馏分离。在萃取蒸馏中，加入极性溶剂(如氯苯)以增加与极性较低的DMC相比具有较高极性的甲醇挥发性。然后，除去氯苯并在另一塔中循环以回收塔顶馏分DMC。共沸蒸馏中使用两塔蒸馏方法分离甲醇和DMC。第一塔于118℃、600kPa条件下操作，将70∶30(质量)的甲醇/DMC共沸物加到第一个塔中，蒸出82.5∶17.5(质量)的甲醇/DMC共沸物，DMC从塔底排出。将第一塔蒸出的共沸物通入第二个塔中，常压下操作，从塔底除去甲醇；塔顶馏出70∶30(质量)的甲醇/DMC共沸物，此共沸物返回第一个塔中。

气相、液相氧化羰基化生产DMC工艺条件比较见表5-17。

表5-17 氧化羰基化DMC生产工艺条件的比较

项目		气相氧化法		液相氧化法
		日本Ube公司	美国Dow公司	意大利ENI公司
发展阶段		工业化	研究开发	工业化
反应条件	催化剂	Pd	$CuCl_2$	$CuCl_2$
	温度/℃	50~150	100~120	120~150
	压力/MPa	常压~0.3	1.96~3.92	1.92~2.94
DMC收率		200~500①	40~80①	40~135②
转化率/%		90	85	95

注：①DMC，g/($L_{催化剂}$·h)；
②DMC，g/($L_{催化剂}$·h)。

三、工艺技术经济指标

目前已实现工业化的三种工艺的技术特点及经济指标见表5-18。

表5-18 三种工艺的技术、经济指标比较

工艺	酯交换法	甲醇液相氧化羰化法	甲醇气相氧化羰化法
投资/万元(规模10kt/a)	8000	12000	7000
原材料消耗/(元/t)	9400	3100	2600
燃料动力消耗/(元/t)	400	600	200

续表

工　艺	酯交换法	甲醇液相氧化羰化法	甲醇气相氧化羰化法
公用工程消耗/(元/t)	100	100	100
副产物回收/(元/t)	5900	10	100
可变成本/(元/t)	4000	3790	2800
压力/MPa 温度/℃	常压 60~65	2~3 90~150	0.2~0.5 110~130
催化剂		$CuCl_2$	$PdCl_2$
反应器		淤浆床	固定床
环境	原子利用率为100%	原子利用率低于100%	原子利用率低于100%

从表5-18可看出，液相氧化羰基化法投资最多，气相氧化羰基化法投资最少。酯交换法投资远低于液相氧化羰基化法，与气相氧化羰基化法接近。气相氧化羰基化法投资仅为液相氧化羰基化法的1/2。因此，从投资最省考虑，气相氧化羰基化法最佳。酯交换法可变成本最大，Ube气相法可变成本最小，液相氧化羰基化法与酯交换法接近。气相法可变成本比酯交换法低约30%。

酯交换法工艺的操作温度、压力最低，而液相氧化羰基化法最高，气相法的压力低于液相法一个数量级，反应条件较之温和许多。液相法采用淤浆床反应器，存在催化剂的分离、回收和腐蚀性问题，设备投资、操作费用高于气相法。气相法采用固定床反应器，避免了催化剂对设备的腐蚀，催化剂易再生。Ube气相法采用列管式反应器，工艺放大风险小，容易实现规模放大。

液相法所用的催化剂氯化亚铜有较强的腐蚀性，采用淤浆床反应器催化剂寿命短。气相法采用固定床反应器，使用亚硝酸甲酯合成DMC，反应在无水条件下进行，大大延长了催化剂的寿命。所用的催化剂为负载在活性炭上的$PdCl_2$，存在钯流失问题，由于钯价格昂贵，造成碳酸二甲酯的催化剂费用高，回收处理成本高。

酯交换法用环氧丙烷或环氧乙烷为原料，从清洁生产的角度，酯交换法合成碳酸二甲酯的原子利用率为100 %，副产物为丙(乙)二醇。所用原料之一CO_2可从工厂其他装置排放的废气中获得，减少环境的污染，有利于资源的综合利用和环境保护。液相法和气相法原子利用率均低于100 %，有废水产生，而且Ube气相法引入了有毒的NO，生成亚硝酸甲酯的反应为快速强放热反应，反应物CO、O_2、CH_3OH有发生爆炸的危险。

第六章　乙酸系列产品

乙酸、乙酸酐及乙酸乙烯是重要的有机化工原料。其中，乙酸主要通过甲醇与一氧化碳在催化剂作用下合成，是碳一化学的重大进展；乙酸酐可以通过乙酸甲酯羰基化合成，其原料是甲醇和一氧化碳，反应首先合成乙酸，然后乙酸再与甲醇在稀硫酸催化作用下进行酯化反应制得；乙酸乙烯合成方法主要有乙炔气相法、乙烯气相法和羰基合成法。

第一节　乙　　酸

乙酸化学式是 CH_3COOH，是重要的低级饱和脂肪族一元羧酸，乙酸是食用醋的主要成分，故又称醋酸。高纯度乙酸(99%以上)于16℃左右即凝结为似冰片状晶片，故又称冰乙酸。乙酸可与水、乙醚、乙醇及苯等有机溶剂互溶，可作为许多树脂的溶剂。由于在水和非水溶性的酯、醚混合物中，乙酸易溶于非水相，可以用酯或醚类从乙酸水溶液中萃取回收乙酸。

乙酸在水溶液中解离产生氢离子，能进行一系列脂肪族羧酸的典型反应如与金属及其氧化物形成乙酸盐、与醇进行酯化反应、α-氢原子卤代反应制备乙酸卤代物、胺化反应、腈化反应、还原反应、氧化酯化反应、与甲醛发生醛缩合生成丙烯酸、在高温(500℃)下受热分解为乙烯酮等反应。

作为重要的基础有机化工原料，乙酸可用于生产醋酐、乙酸酯、乙酸纤维、乙酸乙烯、乙酸盐、对苯二甲酸等，广泛用于增塑剂、粘合剂、共聚树脂、纤维以及医药、农药、食品、纺织等各种工业领域。

目前，工业化合成乙酸工艺有粮食发酵法、乙醛氧化法、正丁烷或轻油氧化法、甲醇(高压或低压)羰基化合成法、乙烯氧化法、乙炔法等。乙炔法使用有毒、污染性大的 $HgSO_4$ 作催化剂，现已淘汰；粮食发酵乙醇法消耗大量的粮食，成本高，已逐渐萎缩；乙烯氧化法消耗大量的乙烯资源，成本高；丁烷/轻油氧化法收率低。不同工艺方法的技术经济比较如表6-1所示，消费定额见表6-2。目前，乙酸工业生产中甲醇(高压或低压)羰基化合成法占64%、乙醛氧化法占19%、其余为正丁烷或轻油氧化法。

表6-1　醋酸生产方法技术经济比较

项　　目	乙醛氧化法		低碳烷烃液相氧化法		甲醇羰基化法
	乙烯→乙醛	乙醛→醋酸	正丁烷液相氧化	轻油液相氧化	孟山都法
催化剂	钯/铜盐	醋酸锰	醋酸钴	醋酸锰	铑碘配合物
温度/℃	125~130	66	150~225	200	175~245
压力/MPa	1.1	1.0	5.6	5.3	≤4.0
原料	乙烯	乙醛	正丁烷	石脑油	甲醇　CO
收率/%	95	95	57	40	99　90
原料消耗/(kg/t)	670	770	1076	1450	540　530

表 6-2　醋酸生产方法消耗定额比较

名　称	酒精法	乙炔法	乙烯法	OXO 法
催化剂体系	醋酸锰	$HgSO_4$	醋酸锰	
反应温度/℃	70~80	98~105	60~80	180~200
反应压力/MPa	0.25	0.13~0.15	0.31~0.35	2.65~2.8
主要原料	C_2H_5OH，O_2	C_2H_2	C_2H_4	CH_3OH，CO
转化率/%	88	74	95，90	99，90
消耗定额/(kg/t)	920	606	528，634	545，530
冷却水/(m^3/t)	180	300	20	165
电/(kW·h/t)	700	140	85	29
蒸汽/(kg/t)	5000	750	3000	2200
工业化年份/年	1930	1916	1960	1970

一、甲醇羰基化合成反应

甲醇与 CO 发生羰基化反应生成乙酸的化学反应式为

$$CH_3OH+CO \longrightarrow CH_3COOH \qquad \Delta H^{\ominus}_{298K}=-137.9\text{kJ/mol},\ \Delta G^{\ominus}_{298K}=-88.9\text{kJ/mol}$$

甲醇羰基化反应为分子数目减小的可逆放热反应，平衡常数随反应温度升高而减小（$K^{\ominus}_{298}=3.9\times10^{15}$，$K^{\ominus}_{498}=2.1\times10^{9}$），降低反应温度和增加压力有利于提高羰基化反应的平衡转化率。

甲醇羰基化合成乙酸分为高压工艺和低压工艺，高压工艺由 BASF 公司开发成功，低压工艺由 Monsanto 公司开发成功，两种工艺的反应条件及催化剂性能比较见表 6-3。高压工艺的主催化剂是羰基钴，助催化剂是碘甲烷。低压工艺的主催化剂是三碘化铑，助催化剂是碘甲烷。两种方法的催化原理相似，反应过程相近，只是由于催化剂活性组分的不同，导致活性、中间体组成差异和过程反应动力学、速度控制步骤的不同，引起操作条件和选择性的不同。高压工艺对甲醇为一级反应，对 CO 为二级反应，而低压工艺对甲醇和 CO 均为零级反应。

表 6-3　BASF 和 Monsanto 工艺比较

方　法	BASF 法	Monsanto 法
催化剂体系	羰基 Co 催化剂	Rh-I 催化剂
原 料	CH_3OH	CH_3OH
反应温度/℃	210~250	175~200
压力/MPa	50~70	2.8~6.8
产物	CH_3COOH/CH_3COOCH_3	CH_3COOH/CH_3COOCH_3
选择性/%	>90	>99
反应速率/[mol/(molRh·h)]		1.1×10^{3}

二、甲醇羰基化合成乙酸催化剂

1. 均相催化剂

(1) 钴系催化剂

1960 年，BASF 公司开发的以 $Co_2(CO)_8$ 为主催化剂、CH_3I 为助催化剂的钴系催化剂，

主要活性组分是 $HCo(CO)_4$配合物。

钴系催化剂催化甲醇羰基化生产乙酸时，其催化反应历程如下：

$$Co_2(CO)_8+H_2O+CO \longrightarrow 2HCo(CO)_4+CO_2$$

$$CH_3OH+HI \rightleftharpoons CH_3I+H_2O$$

$$HCo(CO)_4 \rightleftharpoons H^++[Co(CO)_4]^-$$

$$[Co(CO)_4]^-+CH_3I \longrightarrow CH_3Co(CO)_4+I^-$$

$$CH_3Co(CO)_4 \longrightarrow CH_3CO-Co(CO)_3$$

$$CH_3CO-Co(CO)_3 \longrightarrow CH_3CO-Co(CO)_4$$

$$CH_3CO-Co(CO)_4 \longrightarrow CH_3COI+H^++[Co(CO)_4]^-$$

$$CH_3COI+H_2O \rightleftharpoons CH_3COOH+HI$$

为保障起催化作用物质 $HCo(CO)_4$配合物的稳定性，体系必须维持一定的 CO 分压，即反应须在较高 CO 分压下进行，以避免羰基钴配合物分解为 Co 和 CO，活性大幅衰减。

使用羰基钴催化剂，乙酸选择性低，副产物多，产物中含有甲烷、二氧化碳、乙醇、α-乙醛、丙酸、乙酸酯、α-乙基丁醇等副产物存在。甲醇转化物中甲烷约占 3.5%，液体副产物约占 4.5%，废气约 2.0%。约有 10%的 CO 通过水煤气变换反应转化为 CO_2。

（2）铑系催化剂

Monsanto 公司开发的以三碘化铑为主催化剂、碘甲烷为助催化剂的铑-碘催化剂体系，活性组分是二碘二羰基铑。与钴系催化剂相比，该体系催化剂可大幅降低反应压力，降低反应温度，产物乙酸选择性提高到 99%。目前，使用铑系催化剂的 Monsanto 工艺已成为甲醇羰基化生产乙酸的主要工艺。

铑系催化剂用于甲醇羰基化生产乙酸的反应历程为

$$CH_3I+[Rh(CO)_2I_2]^- \longrightarrow [CH_3Rh(CO)_2I_3]^-$$

$$[CH_3Rh(CO)_2I_3]^- \rightleftharpoons [CH_3CORh(CO)I_3]^-$$

$$[CH_3CORh(CO)I_3]^-+CO \rightleftharpoons [CH_3CORh(CO)_2I_3]^-$$

$$[CH_3CORh(CO)_2I_3]^- \rightleftharpoons [Rh(CO)_2I_2]^-+CH_3COI$$

$$CH_3COI+H_2O \rightleftharpoons CH_3COOH+HI$$

$$CH_3OH+HI \rightleftharpoons CH_3I+H_2O$$

若干反应步骤中，碘甲烷与铑配合物的加压氧化反应速率最慢，为羰基化反应的控制步骤。$[Rh(CO)_2I_2]^-$首先与碘甲烷发生亲核氧化加成反应，生成不稳定的配位中间体 $[CH_3Rh(CO)_2I_3]^-$，然后解离出甲基转向邻近的 Rh-CO 配位键形成乙酰基中间体 $[CH_3CORh(CO)I_3]^-$，再与 CO 反应转化为六配位中间体$[CH_3CORh(CO)_2I_3]^-$，经还原消除反应重新转化为$[Rh(CO)_2I_2]^-$，完成催化循环。产生的乙酸碘与水反应生成乙酸和碘化氢，碘化氢与甲醇作用被转化为碘甲烷，循环利用。反应体系中若一氧化碳供应不足或分布不均匀，铑-碘催化体系在溶液中缓慢分解氧化为 RhI_3沉淀而失去活性。铑-碘催化剂体系在极性溶剂 CH_3COOH/H_2O 显示出最大的羰基化速率，水浓度过低会明显降低羰基化反应速率并降低乙酸选择性。但含水的乙酸溶液、碘化物会造成设备腐蚀严重，增加了设备的造价和防腐、维修费用。另外，造成乙酸和水的分离问题。金属铑价格昂贵，为维持催化剂的稳定性并减少铑流失，反应条件必须严格控制。

改性可以提高铑系催化剂的活性和稳定性。改性途径包括是选择优良的助剂或选择适当的配体。LiI、Li(CH_3COO)、季铵、膦的碘盐或乙酸盐常用作助剂提高铑催化剂的活性和稳定性。在铑基催化剂中加入碱金属离子 Li、Ru、Ce 的碘化物以及 N-甲基咪唑碘化物、乙酸锂和 Lewis 酸(Al、Cr 等金属化合物)可提高反应的活性。采用吡啶甲酸或吡啶二甲甲酸锂盐为配体，可与铑形成顺二羰基配合物，提高催化剂的活性和乙酸的选择性。

(3) 铱系催化剂

英国石油公司在 1996 年将一种新型甲醇羰基化制乙酸工艺投入工业应用，该工艺采用铱基催化剂。铱系催化剂具有反应速率快、稳定性好、羰基化反应可以在低水含量下完成等优点，是良好的甲醇羰基化催化剂，其最佳催化形态为乙酸铱。该工艺的催化体系含有乙酸(溶剂)、Ir(可溶性的 Ir 化合物)、碘甲烷、少量的水，乙酸甲酯和促进剂 Ru 或 Os 的化合物。

Forster 通过动力学实验测定和对中间产物研究，提出了铱配合物-碘甲烷催化甲醇羰基化合成乙酸的机理。催化反应存在两个主要的催化循环，一个是中性铱配合物[$Ir(CO)_3I$]，另一个是铱配合物阴离子。铱活性物种随反应条件而变化，主要受碘离子及碘化氢浓度的影响。羰基化反应区域可分为以下三个反应区域：

① 当水含量和碘离子含量较低时，碘甲烷与铱比值较低，铱活性物种是[$Ir(CO)_3I$]，羰基化反应速率随 CO 分压提高而减缓。$Ir(CO)_3I$]与碘甲烷的氧化加成反应是控制步骤，反应过程中 $Ir(CO)_3I$]需要失去一个 CO 生成[$CH_3Ir(CO)_2I_2$]才能进行下步反应。

② 随反应体系中碘离子浓度的增加，铱配合物活性物种为[$CH_3Ir(CO)_2I_3$]$^-$，羰基化反应速率随 CO 分压提高而加快，随碘离子浓度增加而减慢，该反应过程中铱配合物[$CH_3Ir(CO)_3I_2$]的形成是控制步骤，因此，铱配合物种的改变使甲醇羰基化的控制步骤发生变化。由铱配合物阴离子[$CH_3Ir(CO)_2I_3$]$^-$形成乙酰基铱配合物[$CH_3COIr(CO)_2I_2$]$^-$比由中性的铱配合物形成乙酰基配合物难，故总反应速率提高并不明显。

③ 在甲醇和水浓度高的反应条件下，催化反应特征发生变化。铱催化剂的活性物种是[$HIr(CO)_2I_3$]$^-$反应速率与 CO 分压无关，表观反应速度表现为甲醇浓度的一级反应。CO 变换反应速率是甲醇羰基化反应速率的 1/5。总的反应控制步骤是[$Ir(CO)_2I_2$]$^-$与 CH_3I 的氧化加成反应，此时[$Ir(CO)_2I_2$]$^-$与[$HIr(CO)_2I_3$]$^-$存在一个平衡。

2. 非均相催化剂

为减少铑催化剂的流失和反应液的分离问题，开发了固相催化剂。目前，固相催化剂的载体种类主要包括高聚物、SiO_2、Al_2O_3、MgO、活性炭、分子筛。

以高聚物为载体时，铑与高聚物通过配位键形成负载型铑催化剂。高聚物中含有强配位的 N、P、S 等基团与铑配位，不仅增加了活性物种的亲核性，而且有利于碘甲烷和羰基加成生成 CH_3COI，提高了配合物的稳定性。此外，Chiyoda 和 UOP 公司在 1998 年成功开发了 Acetica TM 的 Ph 负载型催化剂。采用聚乙烯吡啶树脂固定 Ph(I)的催化剂体系，提高了 Ph(I)在液相反应体系中的浓度和稳定性，提高了反应速率；不用添加碱金属碘化物促进剂；反应体系中水含量降低，减少了副产物生成；低含水量也降低了 HI 的生成量，减缓了设备腐蚀。将共聚物作为配体和四羰基二氯二铑反应可以制备一系列高聚物配合的阳离子铑配合物催化剂，在共聚物中引入 O、N、P 等基团，可形成 N→Rh、O→Rh、P→Rh 配位键，提高催化剂的活性和稳定性。

相比高聚物负载的催化剂，采用 SiO_2、Al_2O_3、MgO、活性炭、分子筛等为载体制备的羰基化催化剂的反应条件苛刻，且稳定性低。Blasio 等将 Rh 催化剂负载在活性炭或 ZrO_2上，研究其在溶液中进行的多相甲醇羰基化反应发现固载化催化剂流失现象比较严重。也有将 Ru、Fe、Co 和 Ni 负载在活性炭上进行甲醇羰基化反应，发现此类催化剂具有一定的活性，但反应条件较液相 Rh 或 Ir 催化体系苛刻。负载在氧化物上的催化剂体系主要的弱点是催化剂易流失、反应活性较低、反应条件苛刻。活性炭负载 Rh 催化剂进行气固羰基化反应具有一定的活性，但是该催化剂存在机械强度低、热稳定性差的弱点。Jiang 等研究了以多孔碳球负载的 Rh 催化剂催化甲醇羰基化反应，发现该催化剂具有高活性、高稳定性和活性组分 Rh 不流失等优点。表 6-4 显示了甲醇低压羰基化质醋酸催化剂性能指标。

表 6-4　甲醇低压羰基化制醋酸催化剂性能

催化体系	反应相系	催化剂	反应条件		醋酸收率/%	催化特点及副产物
			温度/℃	压力/MPa		
Co 系	均相	$CoI-CH_3I$	200~500	50.0~70.0	87	乙醛，乙醇，甲烷
Rh 系	均相	$RhCl_3-CH_3I$	150~220	0.1~3.0	99	活性高，副产 CO_2
	非均相	$Rh/C-CH_3I$	170~250	0.1~3.0	30~95	活性不稳定，副产少
Ir 系	均相	$IrCl_3-CH_3I$	150~200	1.0~7.0	99	活性与铑相似
Ni 系	均相	Ni 化合物 $-CH_3I$	150~330	3.0~30.0	50~95	CH_3I 用量多
	非均相	$Ni/C-CH_3I$	180~300	0.1~30.0	40~98	副产 CH_4，CO_2

三、羰基化合成乙酸工艺过程

1. 甲醇高压羰基化

该方法又称 BASF 法，甲醇与一氧化碳为原料，在 63.7MPa、250℃条件下，借助钴-碘均相催化剂进行羰基化反应生成乙酸。

图 6-1 给出了高压羰基化的生产流程。洗涤后的甲醇原料、二甲醚与催化剂混合进入反应器中，并通入一氧化碳进行反应。羰基化反应放出的热量用于预热反应原料，其余热随反应物料带出。由反应器顶部引出放热粗乙酸及未反应气体，冷却后进入低压分离器进行气液分离。分离器底部出来的粗乙酸送至精制工段，顶部出来的尾气用进料甲醇洗涤以回收转

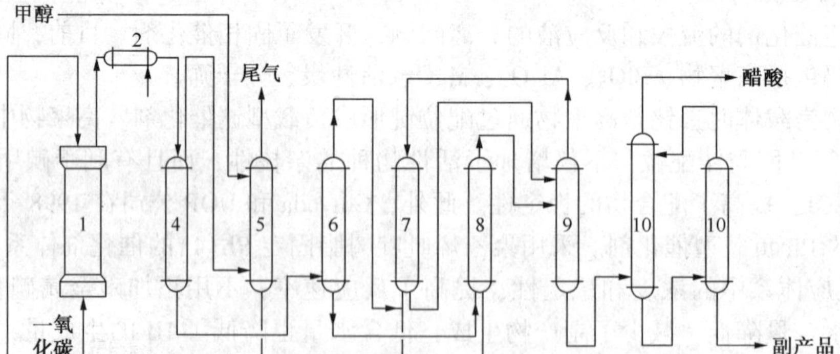

图 6-1　甲醇高压羰基化制乙酸的生产流程

1—反应器；2—冷却器；3—预热器；4—低压分离器；5—尾气洗涤塔；6—脱气塔；7—分离塔；8—催化剂分离塔；9—共沸蒸馏塔；10—精馏塔

化气中的甲基碘，洗涤后尾气作燃料。

粗乙酸进入脱气塔，除去低沸点组分，通过催化剂分离塔回收催化剂后进入共沸精馏塔中脱水并精制，塔底得到不含水和甲酸的乙酸，进入精馏塔得到99.8%以上的纯乙酸。

甲醇高压羰基化制乙酸过程中，生成一系列副产物，约占乙酸生成量的4.5%，其中主要是丙酸，可回收利用。产品乙酸以甲醇计其收率为90%，以一氧化碳计其收率为70%。该方法存在的主要问题是操作压力高、副产物多，产品精制复杂。该方法生产1t乙酸消耗甲醇610kg，一氧化碳630m^3。

2. 甲醇低压羰基化

该工艺由美国孟山都(Monsanto)公司于20世纪70年代开发，现已完全出售给英国石油公司(BP Chemicals Limited)，采用羰基铑配合物与碘化物组成的催化体系。相比BASF法，该工艺温度、压力均较低，分别为180~190℃、2.9~3.2MPa。反应体系中，甲醇和CO在含水的乙酸溶液中进行羰基化反应生成乙酸。该工艺催化剂活性和选择性高，副产物少，主要副反应是CO水煤气变换反应，其中还有少量的乙酸甲酯、二甲醚和丙酸等副产物。

图6-2给出了甲醇低压羰基化的工艺流程，主要有四部分组成，即反应工序、精制工序、轻组分回收工序、催化剂制备和再生工序。

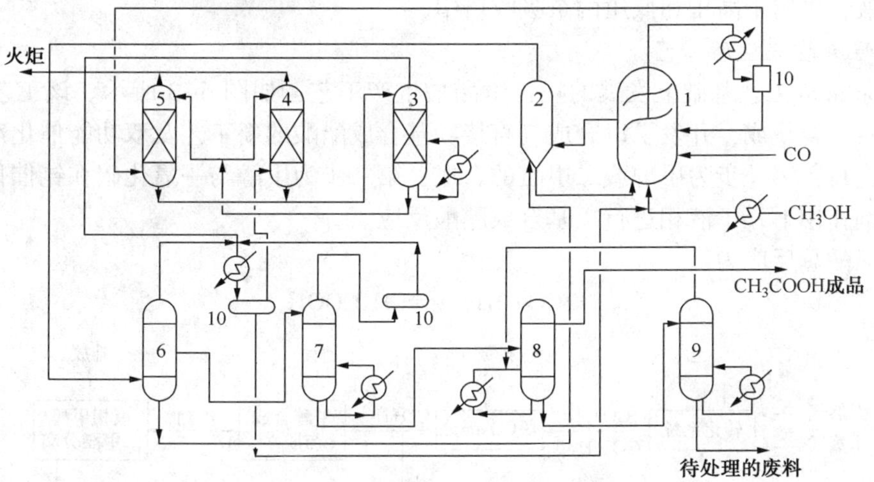

图6-2 甲醇低压羰基化生产乙酸流程

1—反应器；2—闪蒸器；3—解吸塔；4—低压吸收塔；5—高压吸收塔；6—轻组分塔；7—脱水塔；8—重组分塔；9—废酸汽提塔；10—分离塔

(1) 反应工序

甲醇羰基化为气液相反应，液体催化剂液置于反应器中，可采用搅拌釜或鼓泡塔，甲醇加热到185℃与从压缩机来的一氧化碳在3.0MPa左右的压力下喷入反应器底部，反应后的物料从塔侧进入闪蒸槽，含有催化剂的溶液从闪蒸槽底部出来再返回反应器，含有乙酸、水、碘甲烷和碘化氢的蒸气从闪蒸槽顶部出来进入精制工序。反应器顶部排放出来的CO_2、H_2、CO和碘甲烷作为弛放气进入冷凝器，凝液重新返回反应器，其余不凝物送轻组分回收工序。反应温度控制在180~190℃，以185℃最佳，温度升高，副产物甲烷和二氧化碳增多。

(2) 精制工序

该工序由轻组分塔、干燥塔、重组分塔、废酸汽提塔组成，主要作用如下：

轻组分塔——由闪蒸槽来的乙酸、水、碘甲烷和碘化氢在此进行分离，塔顶蒸出物经冷凝，凝液碘甲烷返回反应器，不凝尾气送往低压吸收塔。水、乙酸组合的高沸点混合物和少量铑催化剂以及溶解的碘化氢从塔底排出再返回闪蒸槽。含水乙酸由侧线出料进入脱水塔上部。

脱水塔——塔顶蒸出的水含有碘甲烷、轻质烃和少量乙酸，仍返回吸收塔，塔底主要含有重组分的乙酸，送往重组分塔。

重组分塔——塔顶蒸出的轻质烃；塔侧线得到成品乙酸，其中丙酸<50mg/m^3，水分<1500mg/m^3；含有丙酸和重质烃的物料从塔底送入废酸汽提塔。

废酸汽提塔——从重组分中进一步蒸出乙酸，并返回重组分塔底部，汽提塔底部排出的是废料，含有丙酸和重质烃，需进一步处理。

(3)轻组分回收工序

反应器出来的弛放气进入高压吸收塔，用乙酸吸收其中的碘甲烷，吸收在加压下进行，压力约为 208MPa，未吸收的废气中主要含 CO、CO_2和 H_2，送至火炬焚烧。

从高压吸收塔和低压吸收塔吸收的碘甲烷的两股乙酸富液，进入解吸塔汽提解吸，解吸出来的碘甲烷蒸气送到精制工序的轻组分冷却器，再返回反应工序。汽提解吸后的乙酸作为吸收循环液，再用于高压和低压两个吸收塔中。

3. 托普索醋酸生产工艺

在 Monsanto 工艺基础上发展的托普索醋酸生产工艺，如图 6-3 所示。该工艺将甲醇生产与醋酸生产合集成，开发了以合成气直接羰基合成醋酸的新工艺及双功能催化剂。合成反应分两步进行：第一步为甲醇或二甲醚的合成；第二步为甲醇与一氧化碳在铑催化剂及碘化氢助催化剂作用下，于液相进行羰基合成醋酸反应。

合成醋酸总反应为：

$$2CO+2H_2 \rightleftharpoons CH_3COOH$$

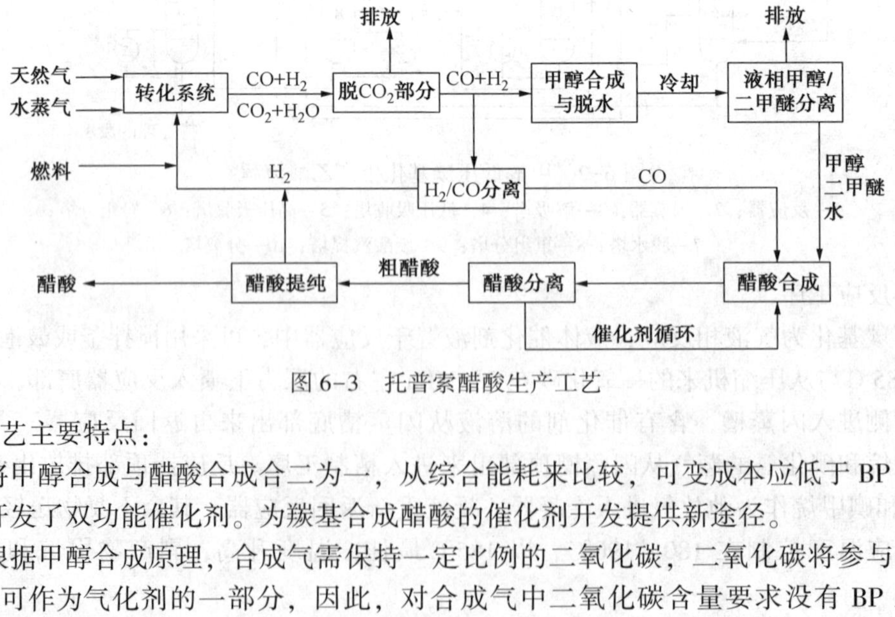

图 6-3 托普索醋酸生产工艺

该工艺主要特点：

① 将甲醇合成与醋酸合成合二为一，从综合能耗来比较，可变成本应低于 BP 工艺。

② 开发了双功能催化剂。为羰基合成醋酸的催化剂开发提供新途径。

③ 根据甲醇合成原理，合成气需保持一定比例的二氧化碳，二氧化碳将参与生成甲醇反应，也可作为气化剂的一部分，因此，对合成气中二氧化碳含量要求没有 BP 工艺那样

苛刻。

④ 该工艺将 BP 工艺的一氧化碳的深冷分离改为膜分离，降低了产品的能耗和生产成本。

⑤ 对建设相同规模的醋酸装置投资而言，无需建设甲醇生产装置或外购原料甲醇，托普索法的投资要低。表 6-5 反映了托普索工艺与孟山都工艺的物耗。

表 6-5 托普索工艺与孟山都工艺比较

项 目	消 耗	
	孟山都工艺	托普索工艺
甲醇/(t/t)	0.546	—
CO/(t/t)	0.530	—
合成气	—	1720
冷却水/(t/t)	160	100
蒸汽/(t/t)	1.9	2.2
电/kW·h	30	49

4. 甲醇羰基化制醋酸工艺分析

甲醇羰基化法的原料路线多样化，以焦炭、天然气、重油为基本原料，特别适用于煤化工，副产物少，三废少，且易于处理，催化剂活性高，寿命长，用量少，但由于物料的腐蚀性较强，其设备、管道、阀门、管件、仪表等需采用昂贵的特种合金，因而投资要大一些。

甲醇羰基化法根据合成压力分高压法和低压法两种。高压法以羰基钴为催化剂，碘为助催化剂，在 250℃、63.74MPa 条件下羰基化反应合成乙酸，收率为 88%~90%。低压法以三氯化铑为催化剂，一碘甲烷为助催化剂，在 150℃、3MPa 条件下羰基化反应合成乙酸。

同低压法相比，高压法投资要高一些，能耗高，分离流程复杂，目前已经被低压法所取代。低压甲醇羰基化法的反应条件温和、醋酸收率高、产品质量好，是当前工业化方法中最佳的生产方法，但其催化剂铑昂贵，反应液中含腐蚀性极强的碘是该法的美中不足之处。

托普索醋酸生产工艺开发的双功能催化剂，直接利用天然气生产乙酸，生产乙酸的可变成本较传统 BP 技术降低 15%。

第二节 醋 酐

醋酐是乙酸酐的简称，结构式为 $(CH_3CO)_2O$，为无色透明、具有刺激性气味的液体，易燃，易溶于乙醇、乙醚、苯及氯仿，有强催泪性。醋酐的化学性质非常活泼，可用作酯化剂、酰化剂及硝化或磺化的脱水剂等，可以与无机酸、过氧化物、有机酸、环烃、胺类、酚类、醌类等发生化学反应。

醋酐是重要的有机化工原料，广泛应用于医药、农药、染料及香料工业和某些酸衍生物的生产。醋酐是制备过氧化乙酰的引发剂，也可用作漂白剂，还可用于金属的电解抛光以及氯乙酸、氯乙酰和高级醋酐等衍生物。

目前，醋酐的生产工艺主要包括乙醛氧化联产法、乙烯酮法和羰基合成法。

一、乙醛氧化联产法

乙醛氧化联产法一般在液相中进行，联产醋酸。

$$CH_3CHO+O_2 \rightleftharpoons CH_3COOOH$$

$$CH_3COOOH+CH_3CHO \rightleftharpoons (CH_3CO)_2O+H_2O$$

$$(CH_3CO)_2O+H_2O \rightleftharpoons 2CH_3COOH$$

目前，采用两种工艺，液相出料法，氧化产物的液相从反应器中排出；气相出料法，产物被反应余气从反应液中带出。两种方法的催化剂都是乙酸铜和乙酸钴，在反应液中的浓度分别为0.2%~2%和0.1%~0.4%。液相出料法常使用氧气作为氧化剂，气相出料法一般采用空气作为氧化剂。反应温度为45~50℃，压力100~300kPa，总收率80%以上。液相出料法的醋酐和乙酸的比约为1∶1，而气相出料法可以高达4.8∶1。

反应过程中醋酸的生产可视为乙酸酐水解产物，反应过程水的产生会促进醋酐的水解，优化反应条件抑制醋酐的水解是提高醋酐纯度的关键。通常，为了降低乙酸酐水解的速度，反应体系中需加入稀释剂乙酸乙酯、三乙酸甘油酯或氯代烷烃等。

该方法工艺流程简单，工艺成熟，但装置腐蚀严重。

二、乙烯酮法

乙烯酮法又称为乙酸裂解法，是目前工业上采用较多的方法。该方法工艺中乙酸分两阶段转化为醋酐，首先乙酸气相催化裂解转化为乙烯酮，乙酸转化率可达85%~90%；然后分离的气体乙烯酮与乙酸反应转化为醋酐，乙烯酮的选择性为100%。其中，乙酸裂解反应是生产醋酐的关键，醋酐产量受制于乙烯酮收率高低。

$$CH_3COOH \rightleftharpoons CH_2=C=O+H_2O$$

$$CH_3COOH+CH_2=C=O \rightleftharpoons (CH_3CO)_2O$$

醋酐的裂解是个可逆吸热反应，副产物为乙烯、甲烷、氢、一氧化碳和二氧化碳。适当提高反应温度，降低原料分压，裂解气迅速冷却分离有利于乙烯酮的生成。合适的压力是12kPa，最佳的温度是750℃左右。脱水所用的催化剂是磷酸三乙酯，用量为乙酸量的0.2%~0.5%。均匀稳定的加入触媒和稳定剂非常重要，例如，在磷酸三乙酯中加入CS_2可防止碳化，也有用吡啶代替氨作稳定剂的。

镍对乙烯酮有明显的分解作用，所以乙酸裂化管常采用含硅铝但几乎不含镍的高铬不锈钢Sicromal 12。其优点是机械强度高，抗腐蚀性强，耐高温，使用寿命长，但来源困难，常采用18-8不锈钢为裂化管材质。

乙烯酮法工艺流程复杂，反应条件苛刻，副反应多，能耗大，故随着合成气技术的发展以及羰基合成催化剂的不断开发利用，乙烯酮法将被乙酸甲酯羰基合成法逐步取代。

三、羰基合成法

羰基合成法指醋酸甲酯与CO所进行的合成反应，根据反应体系所处的相态可分为液相法、气相法；根据反应起始原料又可分为直接法(甲醇)和间接法(醋酸甲酯)。

以甲醇为原料生产醋酐有两条路线，一是甲醇与乙酸先酯化，乙酸甲酯再羰基化生产醋酐；或乙酸甲酯羰基化生产醋酐，部分醋酐与甲醇反应生产乙酸甲酯。

哈尔康(Halcon)公司将孟山都技术用以生产醋酐，其反应式为：

$$2CH_3COOCH_3+2CO \longrightarrow 2(CH_3CO)_2O \tag{6-1}$$

$$(CH_3CO)_2O+2CH_3OH \longrightarrow 2CH_3COOCH_3+H_2O \tag{6-2}$$

总反应为：

$$2CH_3OH+2CO \longrightarrow (CH_3CO)_2O+H_2O \tag{6-3}$$

1. 热力学分析

羰基化法合成醋酐热力学研究不多，利用不同温度下物质的标准生成吉布斯自由能，研究了乙酸甲酯及甲醇合成醋酐的重要反应的热力学行为，计算反应温度、原料配比、反应压力等对化学平衡常数、平衡转化率、平衡组成的影响，其结果见表 6-6～表 6-11。

表 6-6　低压下温度对反应(6-1)平衡影响

温度 T/K	$\Delta_f G_m^\ominus$	K_f	e	y_a	y_b	y_c
298	-14.1	296.2	0.9420	0.0548	0.0548	0.8903
300	-13.9	263.2	0.9385	0.0058	0.0548	0.8842
400	-0.5	1.162	0.3199	0.4048	0.4048	0.1904
500	13	4.38×10^{-2}	0.0212	0.4946	0.4946	0.0107
600	26.5	4.93×10^{-3}	0.0025	0.4994	0.4994	0.0012

注：反应物配比为 $n(CH_3COOCH_3)/n(CO)=1$。

表 6-7　低压下温度对反应(6-3)平衡影响

温度 T/K	$\Delta_f G_m^\ominus$	K_f	e	y_a	y_b	$y_c(y_d)$
298	-106.3	4.36×10^{18}	1.0000	0.0000	0.0000	0.5000
300	-105.9	2.75×10^{18}	1.0000	0.0000	0.0000	0.5000
400	-76.1	8.7×10^{9}	0.9977	0.0023	0.0023	0.4977
500	-46.4	121.43	0.9566	0.0416	0.0416	0.4584
600	-16.8	29.02	0.7086	0.2257	0.2257	0.2743

注：反应物配比为 $n(CH_3OH)/n(CO)=1$。

表 6-8　低压下原料配比对反应(6-1)平衡影响

温度 T/K	配比 N	e	y_a	y_b	y_c
300	1	0.9385	0.0580	0.0580	0.8841
	2	0.9925	0.0037	0.5019	0.4944
	3	0.9943	0.0019	0.6673	0.3308
	4	0.9950	0.0013	0.7503	0.2484
	5	0.9953	0.0009	0.8002	0.1989
400	1	0.3199	0.4048	0.3358	0.1904
	2	0.4168	0.2260	0.6007	0.1610
	3	0.4548	0.1538	0.7146	0.1283
	4	0.4751	0.1160	0.7780	0.1050
	5	0.4875	0.0930	0.8183	0.0844

注：反应物配比 $N=n(CO)/n(CH_3COOCH_3)$。

表 6-9　低压下原料配比对反应(6-3)化学平衡的影响

温度 T/K	配比 N	e	y_a	y_b	$y_c(y_d)$
600	1	0.7086	0.2257	0.2257	0.2743
	2	0.8520	0.0689	0.5344	0.1983
	3	0.8798	0.0385	0.6795	0.1410
	4	0.8907	0.0266	0.7566	0.1084
	5	0.8965	0.0203	0.8046	0.0878

注：反应物配比为 $N=n(CO)/n(CH_3OH)$。

表 6-10　压力对反应(6-1)平衡影响(N=3)

温度 T/K	压力/MPa	e	y_a	y_b	y_c
400	0.1	0.4548	0.1538	0.7179	0.1283
	1.0	0.8930	0.0334	0.6781	0.2874
	2.0	0.9463	0.0176	0.6725	0.3099
	3.0	0.9673	0.0108	0.6703	0.3190
	4.0	0.9779	0.0073	0.3190	0.3236
500	0.1	0.0317	0.2440	0.7480	0.0080
	1.0	0.2463	0.2008	0.7336	0.0650
	2.0	0.4000	0.1667	0.7222	0.1111
	3.0	0.5068	0.1412	0.7137	0.1451
	4.0	0.5860	0.1213	0.7071	0.1716

表 6-11　压力对反应(6-3)平衡影响(N=3)

温度 T/K	压力/MPa	e	y_a	y_b	y_c
600	0.1	0.8798	0.0385	0.6795	0.1410
	1.0	0.9584	0.0137	0.6712	0.1575
	2.0	0.9705	0.0097	0.6609	0.1602
	3.0	0.9761	0.0079	0.6693	0.1614
	4.0	0.9795	0.0068	0.6689	0.1621

表 6-6～表 6-11 中，K_f为化学平衡常数；e 为化学反应式(6-1)和反应式(6-3)中关键组分的平衡转化率；$\Delta_f G_m^\ominus$为标准生成吉布斯自由能，kJ/mol；y_i为化学反应式(6-1)和反应式(6-3)中组分 i 的平衡浓度；其中 a、b、c、d 分别代表 CH_3COOCH_3(或 CH_3OH)、CO、$(CH_3CO)_2O$ 及 H_2O。表中数据显示：

a. 乙酸甲酯羰基合成醋酐反应是一个放热反应，低温有利于反应向正方向进行；原料配比越高，乙酸甲酯的平衡转化率越大；压力越高，乙酸甲酯的平衡转化率越大，产品醋酐的平衡浓度也越高。

b. 甲醇羰基合成醋酐、甲醇酯化为乙酸甲酯的反应也为强放热反应，低温有利于产品生成；原料配比增高、压力增高，甲醇平衡转化率略增大，作用效果不明显。在常压及原料配比为 1 时，甲醇的平衡转化率接近于 1。

乙酸甲酯合成醋酐的工业生产中，液相乙酸甲酯与干燥一氧化碳在 3.6MPa、175℃条件下，借助具有腐蚀性的 $RhCl_3$ 及 $CH_3I \cdot LiI$ 作为催化剂反应，反应器材料为强防腐的钛材。反应条件并非最佳，有待进一步改善。

2. 催化剂及反应机理

降低反应温度、增加反应压力有利于提高羰基化反应的平衡转化率、改善醋酐的选择性。但羰基化反应的高活化能限制了最佳反应条件的应用，开发高活性、难流失、无腐蚀的催化剂体系及相应的反应工艺技术是羰基合成法制醋酐的核心。Reppe 等以钴和镍为催化剂对乙酸甲酯羰基化进行研究，190℃、CO 分压 60~70MPa 下，镍催化剂活性为 4~5AcOAc/(g·Ni·h)，钴催化剂活性为 4~10AcOAc/(g·Co·h)。低压下贵金属 Ir、Pt、Os、Ru 等也可用作甲醇或甲醇与乙酸甲酯的混合物制醋酐的催化剂，碘化物或溴化物助剂的使用，对活性提高作用明显。美国哈尔康(Halcon)公司在 20 世纪 70 年代中期，提出 Ni-Cr 双金属/碘化物催化剂，该催化剂不需要使用贵金属，在 125~225℃，不需高压下即可进行，但催化剂的活性和选择性较差。Ni/Cr 的摩尔比在 0.5~1 时催化剂活性最高，在 150℃，反应 10h 后，乙酸甲酯转化率为 10%~20%。改用 $RhCl_3 \cdot 3H_2O/CH_3I/Cr(CO)_6$ 以及一个含 N 或 P 的有机化合物作催化剂，催化剂活性和选择性得到较大的提高。

作为羰基化制醋酐的催化剂，铑催化剂的活性和选择性仍被公认效果最好。表 6-12 列出了国内外三家研究机构的铑催化剂用于羰基合成醋酐的性能比较。

表 6-12 国内外三家研究机构的羰基合成醋酐铑催化剂体系的性能比较

项目	Halcon	Hoechst-Celanese	中科院化学所
催化体系	均相	均相	均相或多相
原料	醋酸甲酯	醋酸甲酯	醋酸甲酯/MeOH
反应温度/℃	170~190	182	140~180
反应压力/MPa	3.5	5.0	3~6
产物	AcOAc	AcOAc	AcOAc
选择性/%	>99	>99	>99
时空收率/[mol Ac_2O/(L·h)]	<1.3	—	>2.6(3~11)
催化速率/[mol Ac_2O/(molRh·h]	500~515	1811(15 min) 926(29min)	>940(160) >200(1h，180℃)

采用铑系均相催化剂体系进行乙酸甲酯羰基合成醋酐过程中，$[Rh(CO)_2I_2]^-$ 与碘甲烷氧化加成生成的中间产物乙酰碘与乙酸甲酯反应是一个慢反应，是乙酸甲酯羰基化转化为醋酐反应的控制步骤。乙酸甲酯羰基合成醋酐的反应机理如图 6-4 所示。

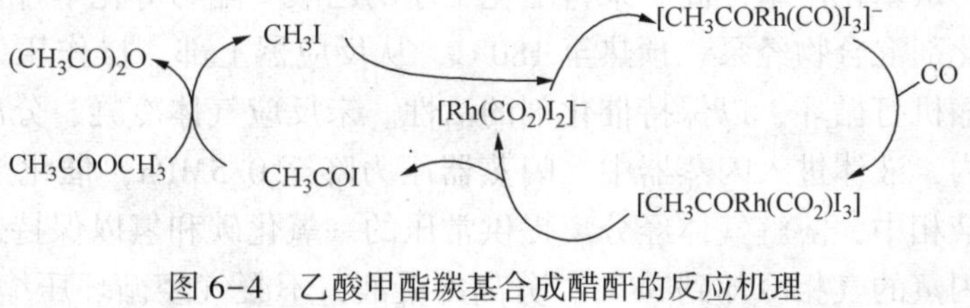

图 6-4 乙酸甲酯羰基合成醋酐的反应机理

对于 $RhCl_3 \cdot 3H_2O-CH_3I-LiI$ 催化剂体系的乙酸甲酯羰基化反应，研究发现 $RhCl_3$ 与 CH_3I 的反应级数与 LiI 的浓度有关。在高 LiI 浓度下，反应对 $RhCl_3$ 和 CH_3I 均为一级；LiI 的反应级数也随着自身浓度的增加由一级变为零级。在有碱金属参与的情况下，乙酸甲酯羰基合成醋酐的反应机理如图6-5所示。

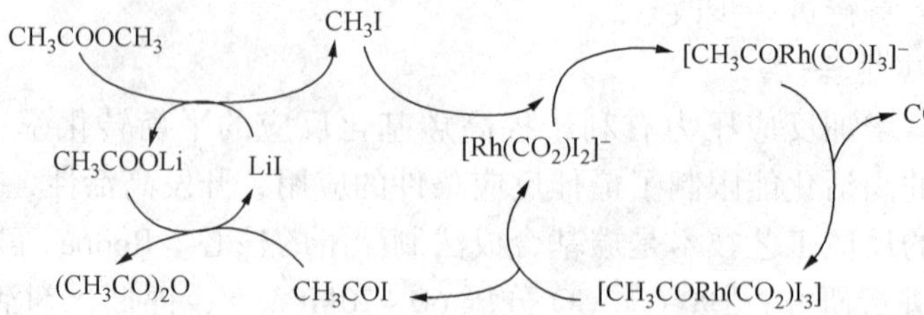

图6-5　碱金属参与乙酸甲酯羰基合成的反应机理

3. 合成工艺

羰基法合成醋酐工艺分两步进行，第一步是乙酸与甲醇在酸性催化剂作用下进行酯化反应生成乙酸甲酯；第二步是乙酸甲酯在铑催化剂作用下进行羰基化反应生成醋酐。乙酸甲酯羰基合成法有液相羰基合成法和气相羰基合成法两种。气相羰基合成法不必从羰化反应中回收催化剂，故生产装置投资比液相羰基合成法低。

羰基化制醋酐，以甲醇为原料，用循环醋酐制乙酸甲酯再与CO羰基化制得醋酐，功能单元如图6-6所示。

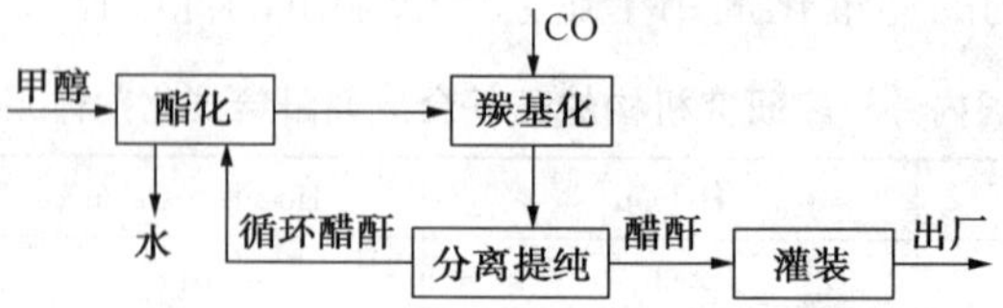

图6-6　甲醇羰化制醋酐的功能单元

（1）液相羰化法

① 酯化反应　依斯曼柯公司采用反应蒸馏工艺制造乙酸甲酯，乙酸、甲醇在塔式反应区内进行酯化反应，生成的乙酸甲酯产品从塔顶蒸出，反应过程中用硫酸作催化剂。自羰基化工序循环的乙酸进入反应蒸馏塔上部，新鲜的甲醇从塔底部进入，两种反应物料逆向流动并进行酯化反应。利用反应热蒸发除去每个塔板上乙酸甲酯，促进了酯化反应，提高转化率。原料甲醇和酯化反应生成的水与产物乙酸甲酯形成共沸物，原料乙酸也是萃取剂，将剩余共沸物中的甲醇反应掉，产品易提纯。反应区塔盘上停留时间的选择直接影响到萃取的效率。

② 液相羰基化反应　液态的乙酸甲酯羰基化制醋酐，采用的催化剂体系是由铑碘化物与共催化剂组成，其中共催化剂是铬和配位体甲基吡啶。反应产物组成与H_2/CO比密切相关，氢比例增大，羰基化产率提高。来自酯化工序的乙酸甲酯与等化学计量的碘甲烷混合进入进料罐中，催化剂混合物经泵、预热至180℃，从反应器上部，操作压力为2.45MPa，反应气体由循环压缩机打循环，以保持催化剂的活性。未反应气体冷凝、分离，气体由循环压缩机压入反应器内，液体进入闪蒸器中，闪蒸器压力降至0.5MPa，催化剂配合物的溶解物或悬浮物残留于液相中，溶解气体经分离提供常压的一氧化碳和氢以保持催化剂的活性。残液返回反应器，闪蒸的气相冷却到38℃，分离冷凝液，不凝气经循环压缩机循环回反应器。用新鲜甲醇处理，甲醇与相当量的醋酐转化为乙酸和乙酸甲酯。此反应不需要任何专用设备进入脱轻塔，脱轻塔在常压下操作。脱轻塔顶馏分主要有二甲醚、碘甲烷、未反应的乙酸甲酯和乙酰碘，由塔顶进入循环槽。塔顶不凝气经循环压缩机压入羰基化反应器。脱去轻组分

的塔釜液进入脱乙酸塔回收乙酸储入乙酸槽用来清洗反应器，清洗后的乙酸送入酯化工序。脱乙酸塔塔底醋酐在 5. 26kPa 真空下得醋酐产品。

其产品成本比烯酮法成本低 32%，同样规模的液相羰基化法的醋酐投资比烯酮法投资少 40%，具有相当大的优势。Eastman 法乙酸甲酯羰化法制醋酐流程如图 6-7 所示。

（2）气相羰化法

1986 年赫司特公司开发了非均相气相羰基化工艺合成醋酐，催化剂是负载贵金属铑、铱、钯或铷的二氧化硅、三氧化铝、氧化镁、二氧化钛等固体催化剂。来自酯化工序的乙酸甲酯与新鲜的一氧化碳混合，经压缩机在第一段反应器内发生气相反应，催化剂是负载型铑催化剂。第一段反应乙酸甲酯转化率为 15%，反应时放热，反应混合物由入口 185℃上升到 215℃，经内冷却到 185℃，第二段反应乙酸甲酯转化率增加 17. 65%，反应物温度升到 216℃，此时乙酸甲酯的总转化率达到 30%，副产物是乙酸、未反应完的乙酸甲酯、CO、H_2、亚乙基二乙酸酯及重组分。碘甲烷助剂和惰性气体经冷凝器在 2MPa、40℃下冷凝分离出气体和液体。得到的液体再进一步在常压下分离出气体和液体。气体循环进入羰化反应器，而液体与新鲜甲醇混合。粗醋酐经脱轻塔、脱乙酸塔后在 5. 2kPa 真空下精馏得成品醋酐。

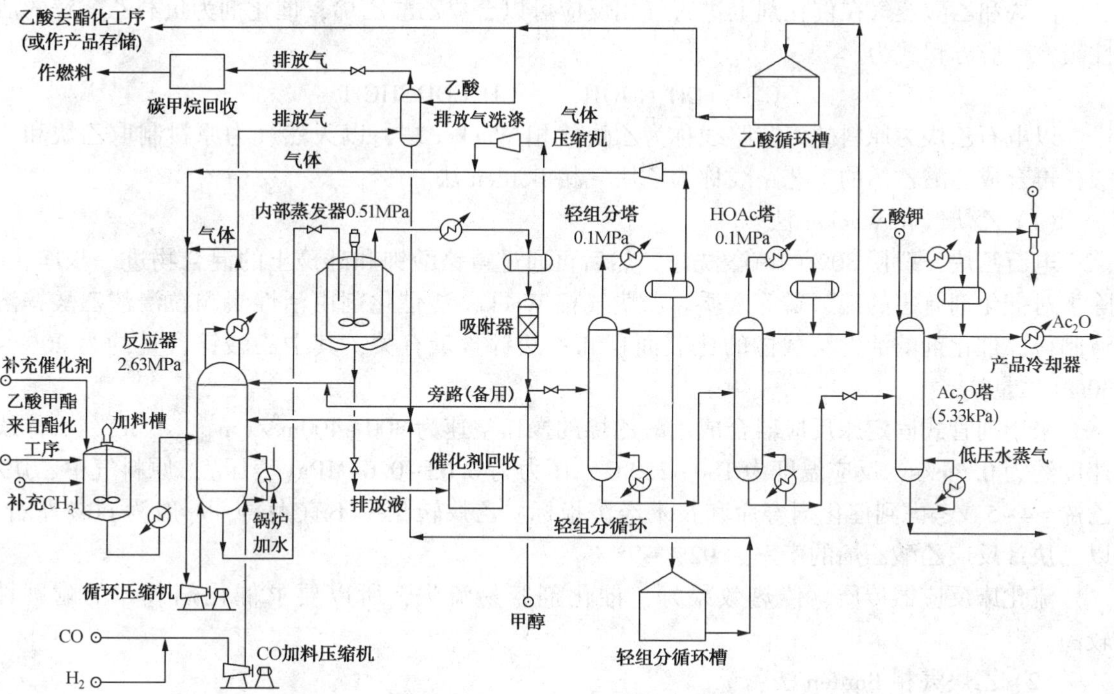

图 6-7 Eastman 法乙酸甲酯液相羰化法制醋酐流程

第三节 乙 酸 乙 烯

乙酸乙烯又名乙烯基乙酸酯，具有甜、醚味无色易燃液体，是不饱和的羧酸酯，分子结构式中所含的碳-碳双键和羧酸酯官能团化学性质比较活泼。碳-碳双键可与卤素、卤化氢、乙酸、氰化氢、硫醇、乙醛、卤甲烷、过氧化氢、丁二烯等发生加成反应。乙酸乙烯中不饱和的醇基导致其特性和一般的饱和醇有所不同，其水解产物乙烯醇，容易发生分子重排而转变为醛。在强酸介质中，用汞盐作为催化剂，乙酸乙烯和其他有机酸、醇或芳香族化合物反应，通过乙烯基转移而生成相应的乙烯基酯、醚或芳香族乙烯化合物。

乙酸乙烯是世界上产量最大的有机化工原料之一，亦是世界上 50 种用量最大的有机化工产品之一，是重要的聚合物单体，以其为原料可以自聚或与多种单体共聚制备多种有价值的共聚物。乙酸乙烯可以广泛应用于纺织、建筑、汽车、轻工、机械、农业等各个领域中。乙酸乙烯合成方法主要有乙炔法、乙烯法。乙炔法分为电石乙炔法、天然气乙炔法，电石乙炔法的原料气来自电石，杂质多，污染大，逐渐淘汰；天然气乙炔法采用天然气部分氧化生产乙炔，杂质少但乙炔浓度低，需提浓。为减少腐蚀，乙烯法也由液相乙烯法过渡到占乙酸乙烯生产主流的气相乙烯法，气相乙烯法产量已占全球生产能力的 70%。煤、天然气在有机化工原料中地位的不断凸起，碳一化工的快速发展，使得以甲醇与 CO 合成乙醛、以醋酸甲酯与 CO 合成醋酐、再以乙醛和醋酐合成乙酸乙烯的羰基合成法由于原料来源广泛、原子利用率高、污染少等优点成为乙酸乙烯合成的发展方向。

一、生产方法

1. 乙炔气相法

乙炔和乙酸蒸气在催化剂上进行气相反应可以合成乙酸乙烯，催化剂为负载乙酸锌的活性炭，反应方程式为：

$$C_2H_2+CH_3COOH \longrightarrow CH_3COOCHCH_2$$

以电石乙炔为原料的工艺路线称为乙炔气相 Wacker 法，以天然气为原料制取乙炔和乙酸，再合成乙酸乙烯的工艺路线称为乙炔气相 Borden 法。

(1) 乙炔气相 Wacker 法

电石乙炔一般用 80%的硫酸洗涤，然后再通过重铬酸钾和硅藻土的混合物进一步净化，除去对催化剂有害的硫、磷等杂质。乙炔气相 Wacker 法催化剂由活性炭颗粒浸渍乙酸锌溶液制得，催化剂的活性与载体的比表面积和乙酸锌含量有关，其中乙酸锌含量约为 20%~30%(质量)。

采用列管式固定床反应器合成乙酸乙烯的操作空速为 $300\sim400m^3/(m^3_{催化剂}\cdot h)$，气体线速度约为 0.6m/s，反应温度为 180~220℃，压力为 0.03~0.04MPa(表压)，原料气中乙炔/乙烯=4~5。考虑到催化剂寿命和技术经济指标，乙炔转化率不宜太高，一般为 60%左右，以乙炔计反应乙酸乙烯的产率为 92%~95%。

流化床反应器传质、传热效果好，催化剂容易流失，所以要求催化剂载体的耐磨性较高。

(2) 乙炔气相 Borden 法

Borden 法工艺比较先进，在天然气资源丰富的地区，该方法在乙炔气相法中占较大份额。该工艺流程分为合成、吸收、脱气和蒸馏四部分，反应器、乙酸蒸发器和精馏塔与 Wacker 法相似。该方法以乙酸为吸收剂回收反应产物，代替低温冷却分离，提高了净化和回收效率，操作费用降低。

2. 乙烯气相法

(1) 催化剂

乙烯气相法合成乙酸乙烯催化剂体系可分为：金属钯-氧化铜-碱式乙酸盐催化剂，载体为活性炭，活性组分均匀分布，时空收率 90g 乙酸乙烯/$(L_{催化剂}\cdot h)$；金属钯-乙酸钾催化剂，载体为氧化铝或二氧化硅，活性组分均匀分布，时空产率 200 g 乙酸乙烯/($L_{催化剂}$ · h)；金属钯-金-乙酸钾催化剂，载体为二氧化硅，活性组分均匀分布，时空产率 280~300g 乙酸乙烯/($L_{催化剂}$ · h)；金属钯-金-乙酸钾催化剂，载体为二氧化硅，活性组分分布不均匀，时空产率 470~480g 乙酸乙烯/($L_{催化剂}$ · h)；乙酸钯-乙酸镉，载体氧化铝或二氧化硅，活性组分蛋壳型分布，时空产率 300~600g 乙酸乙烯/($L_{催化剂}$ · h)，载体采用星形断面条状结构，时空产率可达 1000g 乙酸乙烯/($L_{催化剂}$ · h)。

催化剂的活性组分是元素周期表第Ⅷ族的贵金属，通常为钯和金，催化剂的催化活性随钯含量的增加而提高。金的作用是防止活性组分钯产生氧化凝聚，使钯良好分散。工业催化剂钯含量控制在 0.5%(质量)，金控制在 0.25%(质量)。

助催化剂多为乙酸钾，乙酸钾提高了反应物乙酸与金属钯的缔合作用，促进乙酸离解并释放氢离子，减弱钯-氧键的结合力，促进乙酸钯的分解并抑制深度氧化反应，提高乙酸乙烯的选择性。助催化剂的作用与活性组分钯含量有关，催化剂的钯含量较低时，助催化剂的促进作用较小。催化剂中乙酸钾的含量一般控制在 2.3%~5.0%。催化剂使用过程中乙酸钾会流失，工业生产中采用连续补加乙酸钾的方法延长催化剂的使用时间，稳定催化剂的活性和选择性。

催化剂的载体必须能长时间抵御乙酸乙烯合成过程中乙酸的腐蚀性，保持物理性能、机械性能的稳定。常采用的载体是氧化铝或二氧化硅。氧化铝在反应条件下会渐渐转化为乙酸铝，而二氧化硅长时间抵御乙酸腐蚀，物理化学性质稳定，应用更广。

乙烯气相法合成醋酸乙酯的催化剂为负载型固体催化剂，活性组分的分布形式直接影响催化剂的活性和选择性，活性组分均匀分布引起副反应加剧，降低反应选择性，蛋黄型、蛋白型、蛋壳型等非均匀分布催化剂均已在工业装置中成功应用。在活性组分总量不变的前提下，选择活性组分在载体上的分布位置，与均匀分布相比，可有效改善催化剂的活性、选择性和抗中毒性。

(2) 反应机理

乙烯法合成乙酸乙酯催化剂的活性组分仅限于第Ⅷ族元素。气相反应过程中被主反应还原的金属钯(Pd^0)由氧气直接进行氧化，其过程为

$$CH_2{=}CH_2+CH_3COOH+Pd(OCOCH_3)_2 \rightleftharpoons CH_2{=}CHOCOCH_3+Pd^0+2CH_3COOH$$

$$Pd^0+2CH_3COOH+0.5O_2 \rightleftharpoons Pd(OCOCH_3)_2+H_2O$$

反应机理为二价钯与乙烯形成 π 配位，从而形成 π 配位物。乙酸阴离子 AcO^-配位体对乙烯进行亲核加成，形成 σ 配合物，该 σ 配合物分解形成乙酸乙烯和金属钯。

钯催化剂上发生的乙烯合成乙酸乙酯的反应历程研究十分活跃。气相乙烯氧乙酰化合成乙酸乙烯的机理为：催化剂上高度分散的金属钯在反应条件下先形成乙酸钯，再与乙烯经一定的配合反应转化生成乙酸乙烯，经还原反应的金属钯与氧反应转化成乙酸钯实现催化剂的循环。具体反应历程如下：

$$Pd^0+1/2O_2+2AcOH \rightleftharpoons Pd(OAc)_2+H_2O$$

$$Pd(OAc)_2+(AcO)^- \rightleftharpoons Pd(OAc)_3^-$$

$$Pd(OAc)_3^-+C_2H_4 \rightleftharpoons C_2H_4Pd(OAc)_3^-$$

$$C_2H_4Pd(OAc)_3^- \rightleftharpoons VAc+Pd^0+(AcO)^-+AcOH$$

乙烯气相法合成乙酸乙烯的反应机理为：乙烯和解离的乙酸吸附在活性中心金属钯上；氧也发生解离吸附；吸附态乙烯与乙酸-钯配合物发生作用；与乙烯作用的配合物氧化分解

为乙酸乙烯和水。具体反应历程如下：

$$\sigma+HAc \rightleftharpoons H-\sigma-Ac$$

$$\sigma+CH_2=CH_2 \rightleftharpoons CH_2=CH_2-\sigma$$

$$H-\sigma-Ac+CH_2=CH_2-\sigma \rightleftharpoons H-\sigma-C_2H_4-Ac+\sigma$$

$$2\sigma+O_2 \rightleftharpoons 2O-\sigma$$

$$H-\sigma-C_2H_4-Ac+O-\sigma \rightleftharpoons C_2H_3Ac-\sigma+H_2O-\sigma$$

$$C_2H_3Ac-\sigma \rightleftharpoons C_2H_3Ac+\sigma$$

$$H_2O-\sigma \rightleftharpoons H_2O+\sigma$$

乙烯、氧和乙酸分别吸附在钯上并相互作用，解离吸附的乙烯和醋酸反应合成乙酸乙烯，而乙烯和乙酸被钯解离吸取的氢和解离吸附的氧反应生成水分子。少量解离吸附的乙烯和乙酸同时与解离吸附氧反应生成 CO_2 等副产物。

总之，在金属钯上乙烯、氧气和乙酸进行解离吸附成为活性物种是普遍适用于乙烯气相法合成乙酸乙烯过程的反应机理。

二、乙烯气相合成工艺

目前，乙烯气相法合成乙酸乙烯的工艺路线主要有两种，即 Bayer 法和 USI 法，其中普遍采用 Bayer 法生产乙酸乙烯。

乙烯气相 Bayer 法生产乙酸乙烯的催化剂包括贵金属（钯和金）、助催化剂和惰性载体三种组分，催化剂中的金与钯可以形成某种形式的合金，对提高催化剂的活性和稳定性起相当重要的作用。助催化剂通常为乙酸钾或乙酸钠。载体多为球状的二氧化硅，催化剂颗粒直径为 4~5mm。操作反应温度为 140~180℃，催化剂的活性采用逐步提高反应温度来维持，初期反应温度为 140℃，催化剂使用 1 年左右，反应温度提高至 180℃。反应放出的热可由反应器管间的加压水汽化蒸汽带走，调节沸水压力可以控制反应温度。反应压力为 0.6~1.1MPa，提高压力可以增加反应气体的浓度，对合成乙酸乙烯有利。受乙烯/氧气爆炸极限的影响反应压力越高，允许氧的含量越低，对合成乙酸乙烯不利。反应操作空速既要充分发挥催化剂活性，又要防止反应热积聚引起反应床层局部过热而影响催化剂活性，操作空速约为 $(2000\pm100)m^3/(m^3_{催化剂}\cdot h)$。反应器为列管式反应器，单管直径一般为 25~40mm，长度 6~8m。该方法合成乙酸乙烯的单程乙烯转化率约为 8%~9%，氧转化率为 55%~63%，乙酸转化率为 16%~18%，空时产率 6.72 乙酸乙烯/（$m^3_{催化剂}\cdot d$），选择性约为 89%~94%。

USI 法采用的催化剂是以钯、铂为活性组分，铂的加入可延长催化剂的使用寿命，但铂量增多会使副反应增加，从而降低反应的选择性。该方法的反应条件为：温度<170℃，压力为 0.1~0.8MPa，空速为 200~300$Nm^3/(m^3_{催化剂}\cdot h)$，反应空时产率为 3.6~4.8t 乙酸乙烯/$(m^3_{催化剂}\cdot d)$，反应的选择性为 91%。

Bayer 法操作压力高（表压 784.5kPa），催化剂活性高，设备生产能力大；而 USI 法反应条件较为缓和，催化活性较低，催化剂寿命较长，但设备生产能力低。

三、羰基合成法

1. 合成原理

乙酸甲酯与合成气经羰基合成制乙酸乙烯的路线是由美国 Halcon 科学设计公司独立开发的同时制取乙酸和醋酐的还原羰基化路线，其反应步骤为：

$$CH_3COOCH_3+CO \xrightarrow[R_3N\text{或}R_3P]{Rh-CH_3I} (CH_3CO)_2O$$

$$CH_3CHO+(CH_3CO)_2O \longrightarrow CH_3CH(OOCCH_3)_2$$

$$CH_3CH(OOCCH_3)_2 \longrightarrow CH_2=CHOOCCH_3+CH_3COOH$$

$$CH_3OH+CH_3COOH \longrightarrow CH_3COOCH_3+H_2O$$

总反应为：

$$CH_3OH+CH_3CHO+CO \longrightarrow CH_2=CHOOCCH_3+H_2O$$

在 Rh 或 Pd、碘甲烷和有机碱存在的情况下，用合成气代替 CO 与乙酸甲酯反应，可直接按化学计量生成双乙酸亚乙酯，反应式如下：

$$2CH_3COOCH_3+2CO+H_2 \longrightarrow CH_3CH(OOCCH_3)_2+CH_3COOH$$

这种方法不用乙醛作原料，双乙酸亚乙酯裂解为乙酸乙烯和乙酸是一种已成熟的技术，副产物乙酸可转化为乙酸甲酯或用于其他制备乙酸乙烯的方法。该方法的核心步骤是双乙酸亚乙酯的制备，可以在固定床或连续搅拌釜式反应器中进行，反应在 100～200℃，2～10MPa 条件下进行。

2. 催化剂

美国的 Halcon 科技设计公司对羰基合成生产乙酸乙烯反应的催化剂进行了研究，发现 Pd 和 Rh 的金属单质或其氧化物、氢氧化物、碳酸盐、羧酸盐等以及这些金属的配合物都可以用作该反应的催化剂。催化剂的活性物种是这些金属的羰基化合物，在催化过程中，该活性物种是羰基化作用物和 CO 供应源，即 CO 转换的中间体。

对于非贵金属的研究主要集中在对 Mo-Ni 和 W-Ni 双金属催化剂体系的研究上，Mo、W 和 Ni 可以是金属粉末或其卤化物、氧化物或羧酸盐。而金属钴催化剂可以是金属粉末或其氧化物、氢氧化物或羧酸盐形式加入反应体系中。非贵金属催化剂催化效果不如贵金属催化剂效果好，常需要与一些助催化剂一起使用。催化剂组分一般溶解在乙酸甲酯中，乙酸甲酯起到反应物和溶剂的作用。反应应在无水条件下进行，因为反应混合物中一旦引入水分将造成酯的水解。

为了充分地发挥过渡金属元素为中心的催化活性物种的效能，提高催化活性和反应选择性，改善催化剂的综合性能，助催化剂和催化剂载体的研究是该反应催化剂研究的另一个重要方面。研究发现在反应体系中加入一定量的助催化剂对羰基化反应具有促进作用，常用的有机助催化剂是三价的有机氮、有机磷化合物，它们与金属催化剂形成配体配合物。铬化合物是效果较好的无机助催化剂，它是一种对还原反应有效的催化剂，单独使用虽然没有活性，但可以缩短诱导期。铬的浓度影响着产物的分布，浓度增加，羰基化功能也大大增强。反应体系中还需要卤源存在，碘化物最为有效，尤其是碘甲烷。

相对于工业化的液相羰基化技术路线，气相法简化了反应装置，减轻反应介质对设备的腐蚀程度，并解决了产物与催化剂难分离等诸多问题，并且具有操作压力低、生产效率高等优点，因此，气相法羰基化技术路线受到普遍重视。气相羰基化法催化剂的载体一般选用沸石分子筛、多孔活性炭。例如，以纤维状或多维结构的无机物填充增强的多孔碳复合材料负载金属铑和稀土元素的催化剂用于气相羰基合成具有明显的催化效果。

第七章 低 碳 醇

石油资源的日益枯竭，未来的能源结构将转化为以煤、天然气和生物质为主，通过含碳物质转化的合成气在催化剂上合成低碳混合醇，可作为燃料和化工原料。以甲醇为原料同系化反应合成乙醇，甲醇、甲醛为原料合成乙二醇，丙烯羰基合成混合丁醛、加氢得混合丁醇等。碳一化工在生产各种醇类的研究具有广阔的工业应用前景，有效补充了石油基乙醇、乙二醇、丁辛醇等基本有机化工产品的生产。

第一节 概 述

近年来，出于能源安全和环境保护的要求，CO 加氢选择催化合成低碳混合醇一直被视为极具工业应用前景的研究课题。此外，我国能源结构的变化和碳一化工的发展也促进合成气制混合醇的研究和工业进展。低碳混合醇是指 $C_1 \sim C_5$ 的醇类混合物，可以作为清洁汽油添加剂、替代液体燃料和化工产品的原料，也可以分离为单独的醇类作为化工原料。

1. 清洁汽油添加剂

随着经济快速发展，因各种车辆排放造成的环境污染日益严重。目前，全球普遍采用甲基叔丁基醚(MTBE)作为汽油添加剂，自 1973 年投放市场以来已成为近年来发展最快的产业之一，2000 年全球 MTBE 需求量达 2000×10^4t。尽管 MTBE 具有高的辛烷值($MON = 101$，$RON = 117$)，且可以与汽油以任何比例混溶而不发生相分离，但由于与水互溶性好，渗入土壤，降解半衰期长(土壤中 28~180 天)，破坏水质，具有潜在污染性和致癌性。通过动物试验确认了 MTBE 的致癌作用，美国已于 2002 年开始禁用 MTBE。此外，欧洲地区也于近年开始逐步禁止使用 MTBE。

作为汽油添加剂，MTBE 的禁用为低碳醇的开发与应用提供了巨大的发展契机。事实上，自从在 F-T 过程中发现 CO 加氢合成醇以来，低碳混合醇便因其良好抗爆性、清洁性、燃烧性、氧化安定性等定位于汽油添加剂。然而，低碳混合醇的应用前景取决于政策和经济成本。经济成本方面，性能优异的催化剂开发将非常重要。目前，由于替代品的成本、技术和市场的成熟程度等方面的原因，MTBE 的使用仍会延续一段时间。作为替代品，低碳混合醇合成技术的进步将非常关键。

2. 液体替代燃料

与汽油相比，混合醇燃料具有燃烧充分、效率高和氮氧化物及烃类排放量少等优点。目前，国外已开发了以甲醇为主的“甲基燃料”和以乙醇为主的“乙基燃料”。与甲醇燃料不同，混合醇燃料与汽油具有良好的混溶性。

研究表明，甲醇和汽油的互溶曲线呈抛物线型——甲醇含量较低或较高时，甲醇和汽油能在较低温度下互溶。当甲醇含量高时，需要添加助溶剂。对于醇类助溶剂，随着碳原子数的增加，助溶剂性能增加，且异构醇比正构醇的助溶性能好。研究表明，异丁醇等高碳醇的添加可以有效降低甲醇-汽油的互溶温度，提高甲醇汽油的互溶性，提高甲醇汽油的低温稳定性，从而扩大混合燃料的环境使用温度。理论上，含有极性和非极性有机基团的有机化合物均可以作为助溶剂，例如，醇、醚、酯类等。但从性能和价格上，一般选取同系醇类化合物，例如，异丙醇、异丁醇、丁醇等。

3. 化学品及化工原料

低碳醇应用前景在于其作为化学产品和大宗化工生产原料的巨大价值。近年来低碳醇的化工应用前景逐步看好，低碳醇经分离可得到乙、丙、丁、戊醇等经济价值较高的醇类。以乙醇为例，目前，乙醇通常采用发酵和化学两种方法合成，发酵法不仅污染严重而且粮食消耗很大，1t 乙醇需消耗 4t 粮食或 7t 蜜糖，我国人均耕地远低于世界平均水平，粮食安全始终是我国国家安全的基础，粮食发酵并不适合我国国情；化学合成则需消耗大量硫酸，存在设备腐蚀及硫酸回收等缺点。乙醇合成的主要方向是合成气直接合成法(低碳醇合成)和甲醇同系化法，尤其是经合成气直接合成被认为是最具竞争力和发展前景的方法之一。

第二节　低碳混合醇

一、低碳混合醇合成原理

1. 反应热力学

由合成气生成低碳醇所涉及的反应相当复杂，主要包括 F-T 合成反应，生成甲醇、乙醇、高级醇的反应和水煤气变换反应。反应方程式见式(7-1)~式(7-10)。

$$nCO + 2nH_2 \longrightarrow C_nH_{2n+1}OH + (n-1)H_2O \qquad (7\text{-}1)$$

$$\Delta G^{\ominus} = -38.386n + 11.098 + (15.985n - 0.114) \times 10^{-2}T$$

$$CO + 2H_2 \longrightarrow CH_3OH \qquad (7\text{-}2)$$

$$\Delta G^{\ominus} = -27.288 + 0.05838T$$

$$nCO + (2n+1)H_2 \longrightarrow C_nH_{2n+2} + nH_2O \qquad (7\text{-}3)$$

$$\Delta G^{\ominus} = -38.386n + 35.158 + (5.982n - 0.114) \times 10^{-2}T$$

$$nCO + 2nH_2 \longrightarrow C_nH_{2n} + nH_2O \qquad (7\text{-}4)$$

$$\Delta G^{\ominus} = -38.386n + 17.645 + (5.982n - 0.114) \times 10^{-2}T$$

$$CO + H_2O \longrightarrow CO_2 + H_2 \qquad (7\text{-}5)$$

$$\Delta G^{\ominus} = -8.154 + 0.771 \times 10^{-2}T$$

$$CO_2 + 3H_2 \longrightarrow CH_3OH + H_2O \qquad (7\text{-}6)$$

$$\Delta G^{\ominus} = -18.774 + 5.067 \times 10^{-2}T$$

$$nCO_2 + 3nH_2 \longrightarrow C_nH_{2n+1}OH + (2n-1)H_2O \qquad (7\text{-}7)$$

$$\Delta G^{\ominus} = -29.872n + 11.098 + (5.211n - 0.114) \times 10^{-2}T$$

$$nCO_2 + (3n+1)H_2 \longrightarrow C_nH_{2n+2} + 2nH_2O \qquad (7\text{-}8)$$

$$\Delta G^{\ominus} = -29.872n + 35.158 + (5.211n - 0.144) \times 10^{-2}T$$

$$nCO_2 + 3nH_2 \longrightarrow C_nH_{2n} + 2nH_2O \qquad (7\text{-}9)$$

$$\Delta G^{\ominus} = -29.872n + 17.645 + (5.211n - 3.434) \times 10^{-2}T$$

$$CH_3(CH_2)_{n-2}CH_2OH \longrightarrow (CH_3)_2CH(CH_2)_{n-4}CH_2OH \qquad (7\text{-}10)$$

$$\Delta G^{\ominus} = -1.355 + 0.258 \times 10^{-2}T$$

低碳醇的合成反应均为放热反应，不同反应的自由能变化 $\Delta G^{\ominus}_{298K}$ 表明，n 值相同时，生成三种产物(低碳醇、饱和烃、烯烃)热力学优势为 $C_nH_{2n}>C_nH_{2n+1}OH>C_nH_{2n+2}$，合成低碳醇过程不可避免存在大量的副反应。同一温度下，随着碳原子数的增加，生成烃类和醇类等的 $\Delta G_{298K}^{\ominus}$ 呈下降趋势，合成大分子产品的优势增强；反应温度升高，$\Delta G_{298K}^{\ominus}$ 值增加，醇类合成反应的平衡常数明显下降，温度升高不利于醇生成，温度降低有利于醇类生成。温度对不同醇的影响不同，温度升高有利于 C_2^+醇的生成，降低温度有利于短碳链醇的生成。从低碳醇合成实际产物分布看，烯烃含量远低于醇含量，表明合成反应是动力学控制而非热力学控制。

2. 反应机理

低碳醇合成的反应机理比较复杂。对反应物进行分析，反应过程中 CO 和 H_2的吸附-活化是反应有效进行的前提；对产物进行分析，烃类和醇类的形成均与 H—H 键解离、C—C 键形成和链增长有关。不同的是，烃类要求 C—O 断裂而醇类则要求 C—O 键保留。

受实验条件等因素限制，早期提出的机理相对简单。Frolich 和 Cryder 最早提出合成醇的机理，认为高级醇由低级醇简单脱水缩合而成，其中，甲醇缩合生成乙醇为速率控制步骤。Graves 对此做了两点补充：低级醇缩合过程中，β 位的缩合快于 α 位，—CH 位不发生缩合反应；—CH_2的脱水优先于—CH。Morgan 则认为低碳醇通过醇醛缩合机理形成，即甲醛缩合生成羟基乙醛为起始步骤，通过加氢、脱水、还原等后续步骤形成高级醇，其中支链醇是由两个甲醛在一个乙醛的 β 碳位上缩合反应而产生。早期的反应机理主要涉及中间产物的不同缩合反应。

随研究方法的进步，当前低碳醇机理主要以产物分布、链增长方式来划分。如改性的甲醇催化剂(Zn-Cr、Cu-Zn 等)产物主要为异丁醇，且产物不符合 Anderson-Schultz-Flory (A-S-F)分布，改性的 F-T 催化剂(Cu-Fe、Cu-Co 等)上主要获得直链正构混合醇，且符合 A-S-F 分布，充分说明相同反应体系中，不同催化剂涉及的反应机理不同。通常认为，Numan、Smith 和 Anderson 及 Mazance 提出的机理较合理地解释了产物中异丁醇的高选择性，基本代表了前一类反应的机理。两种反应机理的主要区别在于链增长实现方式的不同，即亚甲基(CH_2^*)插入机理和 CO 插入机理两类。

对于亚甲基(CH_2^*)插入机理和 CO 插入机理，链增长是通过 CH_2^* 插入实现，CO 的插入代表链终止而不是链增长。图 7-1 中，CO 经催化剂活化后可同时发生解离和非解离，其中解离的 CO 经加氢生成烷基物种；通过 CH_2^* 插入表面烷基物种上实现产物(醇和烃)的链增长，而非解离 CO 和活化 H 物种在表面烷基物种的插入导致链终止，反应过程中同时存在生成醇、烃间的竞争。因此，该模型较好的解释了反应产物中醇和烃类同时存在的现象。

与图 7-1 的反应机理一致，有人认为催化剂上存在两种不同功能、具有不同活化程度的 C 物种——非解离 CO 和解离 CO(图 7-2)，其中解离 CO 生成烷烃。醇合成过程中，解离的 CO 引导链增长生成 C_2^+产物，而非解离 CO 控制链终止生成醇类。此外，对于高性能的催化剂，混合醇的合成除与催化剂表面拥有丰富的非解离和解离的 CO 物种有关外，还应具有活性中心间的协同作用，高效协调非解离、解离 CO 物种的迁移、结合，促进 C_2^+醇的合成。研究发现，Cu-Fe 基催化剂中的 Fe 中心、Cu 中心分离将明显降低醇的选择性。为增加醇的选择性，Cu 和 M(Fe、Co 等)两类活性中心间距应为原子级，间距过大则不利于 Cu-Fe 活性中心协同。

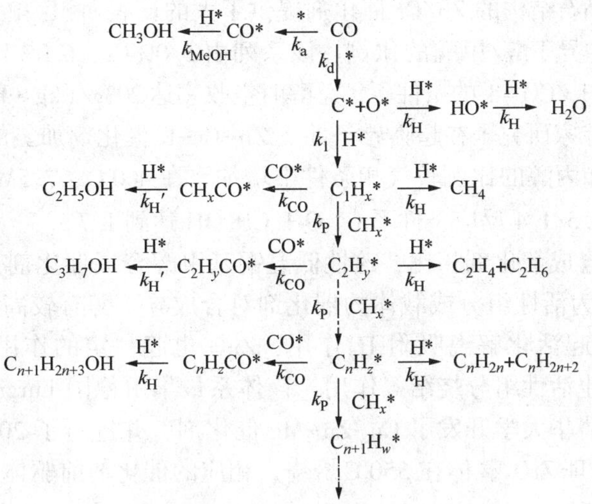

图 7-1　改性 F-T 合成催化剂的插入机理

实线：主要步骤；虚线：次要步骤

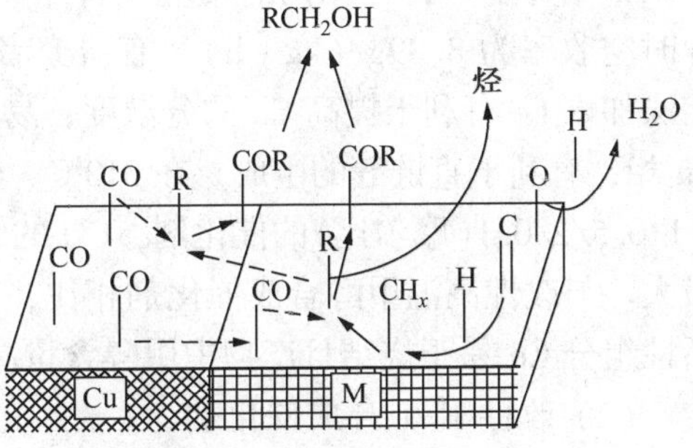

图 7-2　Cu-M 双活性位上合成混合醇示意图

作为新型催化剂，Rh 系催化剂在混合醇，特别是乙醇合成中应用较多。Ichikawa 对 Rh-Ti/SiO_2催化剂研究表明，虽然催化剂组分与改性 F-T催化剂组分不同，但反应机理却具有一定的相似性。采用^{13}CO和$^{13}CH_3OH$作示踪剂，根据反应产物中检测到的$CH_3COO^{13}CH_3$，判断乙酰基的形成，提出类似于“CO 解离-乙酰基-乙醇”的机理模式。此外，汪海有等用CH_3OD和$D_2{}^{18}O$为示踪剂得到了$CH_2DCOOCH_3$和CH_3COOCH_3，推断乙烯酮和乙酰基是合成乙醇以及$C_2{}^+$含氧产物的重要中间体，并提出“CO 缔合—卡宾—乙烯酮—乙酰基—乙醇”的机理模式。对比两种机理，尽管 CO 的结构存在明显差异，但均存在相同的中间产物——乙酰基，说明 CO 在碳链上插入对醇形成的重要性。

3. 催化剂

目前，各国在合成气制低碳醇的研究方面做了大量的工作，开发出了不同体系的催化剂，简单分为：改性甲醇合成催化剂，产物以支链醇(异丁醇)为主，产物分布不符合 A-S-F 方程；改性 F-T 合成催化剂，产物以直链混合醇为主，产物分布符合 A-S-F 方程；Mo 基催化剂；Rh 系贵金属催化剂。其中，改性甲醇合成催化剂包括高温(高压)和低温(低压)两类。

(1) 改性甲醇合成催化剂

改性高温甲醇合成催化剂以 Zn-Cr 催化剂为代表，反应温度 400~460℃，压力 12~16MPa，合成产物主要为甲醇、乙醇、正丙醇和异丁醇，其中甲醇和异丁醇占主导。Zn/Cr 类尖晶石结构是催化反应的活性组分，尽管反应条件较为苛刻，但较高的醇选择性一直受到关注。该体系最早由意大利 Snam 公司开发，随后美国 Dow 公司对该催化体系进行了进一步研究，考察了 Mn、K 等助剂对催化剂结构和反应性能的影响。Epling 等通过碱金属及贵金属改性，研究了 Zn/Cr 比、碱金属种类及添加量、Pd 助剂等对催化剂性能的影响，发现 ZnO 是该体系的活性组分，尖晶石结构的 Zn/Cr 催化剂提供了大的比表面积，Pd 的加入有利于提高总醇的时空收率及产物中异丁醇/甲醇的比例。该系列由 3.0%Cs、6.0%Pd 改性的最佳催化剂，在 440℃、10.3MPa、$H_2/CO=1$ 的条件下，总醇时空收率达 203g/(kg·h)，$CH_3OH/i\text{-}C_4H_9OH$ 的摩尔比为 0.66。有专家研究了在超临界条件下 Zn-Cr-K 催化剂加氢的性能，发现超临界状态下反应产物中乙醇和丙醇的比例较气相条件下增加，在 400℃、7.5MPa、$1700h^{-1}$、$H_2/CO/CH_4/CO=65.8/32.3/0.5/1.4$ 反应条件下 C_2^+OH/CH_3OH 达到 1.7。

与改性高温甲醇合成催化剂相比，改性低温铜基甲醇合成催化剂是近年来研究的热点，尤其是发现了以 ZrO_2 为活性组分或载体的催化剂对合成异丁醇有较高的选择性。一般认为，Cu 为主要活性中心，起活化解离吸附 H_2 作用，ZnO 也起一定的作用，Al_2O_3 是结构助剂，起分散活性组分，防止活性组分烧结等作用。该体系最早由德国 Lurgi 公司开发，目前已进行了单管放大实验，清华大学开发了 Cu-Zn-Mg 催化剂，并进行了 200h 的实验考察。白永格用醇凝胶/氮气热处理 ZrO_2 载体在 550℃焙烧，相应的催化剂前驱体在 350℃焙烧及 260℃还原后也显示较高的活性。在 300℃、6MPa、$1000h^{-1}$、$H_2/CO=2$ 的条件下 CO 的转化率为 12.7%，含氧化合物总时空收率达 229.0g/(kg·h)，异丁醇时空收率为 3.1g/(kg·h)。当 Mn/Zr 比为 1 时，在相同的反应条件下，含氧化合物总时空收率达 264.2g/(kg·h)，异丁醇时空收率为 8.89g/(kg·h)。有研究者开发一种用 Fe 改性 $CuMnZrO_2$ 催化剂，发现以共沉淀法加入 Fe 有利于提高 Cu 的分散度，易形成甲醇及支链醇，通过浸渍法加入 Fe 可形成 Fe-Cu 相，有利于直链醇的生成。在 310℃、6.2MPa、$8000h^{-1}$、$H_2/CO=2$ 时，考察 Cu/Mn/Zr/Fe =1/0.5/2/0.1(摩尔比)的催化剂，CO 的转化率达到 45%，醇的选择性达到 26%，且乙醇含量最大。与改性高温甲醇合成催化剂相比，改性低温 Cu-Zn 系甲醇催化剂的反应条件温和，但活性组分 Cu 易于烧结且产物中甲醇含量高，易受硫化物或氯化物中毒。

(2) 改性 F-T 合成催化剂

此类催化剂的代表是法国石油研究所(IFP)研制的 Cu-Co 系列催化剂，成为低碳醇合成催化剂研究的热点。Cu-Co 系催化剂的操作条件温和，主要产物为直链正构醇，反应活性和 C_2^+ 醇的选择性较高，但总醇选择性较低且产物中水较多。

相比 Cu-Co 基催化剂，Cu-Fe 基催化剂因具有温和的反应条件和较高的水煤气变换活性，近年来受到关注。目前，中国科学院山西煤炭化学研究所在 Cu-Fe 基催化剂方面做了大量的研究。刘建国等发现 Fe/Cu 摩尔比的增加有利于铜物种在载体表面的分散，促进表层 CuO 和 Fe_2O_3 的还原，提高 CO 加氢反应活性和低碳醇时空收率。孙予罕等研究了 Zn、Mn 助剂的影响，发现双助剂共同修饰的 Cu-Fe 催化剂表现出良好的协同效应，除改变活性相的还原性外，还显著提高了 CO 在催化剂表面的吸附量。在 280℃、4.0MPa、$6000h^{-1}$、$H_2/CO=2$ 时，Cu-Fe-Zn-Mn 催化剂的 CO 转化率达到了 59%，乙醇时空收率 0.26g/(mL·h)，醇类选择性达到 31%。

(3) Mo 系催化剂

此类催化剂可分为硫化钼基催化剂和碳化钼基催化剂。硫化钼基催化剂于 1984 年由美国 Dow 公司开发，被视为很有前景的低碳醇催化剂体系之一，操作条件温和(300℃、10.0MPa)，产物主要为 $C_1 \sim C_5$ 直链正构醇。该催化剂最大的特点是其独特的抗硫性，可避免耗资巨大的深度脱硫，降低生产成本。另外，由于钼-硫催化剂高的变换反应活性，产物水含量低，有利于产品的后续脱水。此外，该催化剂还具有良好的抗积碳和抗硫流失性能。然而，由于该催化体系的反应体系较为苛刻且产物中有大量副产物烃和 CO_2，目前的研究重点是通过添加各种助剂来改善催化剂的活性和醇类选择性。

作为催化领域的新材料，碳化钼(MoC_2)以其类贵金属的特点受到广泛关注。向明林等的研究表明β-Mo_2C催化剂上醇烃产物均符合线性A-S-F分布曲线，K改性β-Mo_2C催化剂上醇产物为独特的甲醇偏离S-F分布。另外，孙予罕考察了K、Fe、Co、Ni分别负载到K-β-Mo_2C上对碳化钼类催化剂活性的影响，研制了一种碳化铁和钾同时负载的K-FeCx-β-Mo_2C催化剂，指出Fe/Mo最适宜的比为1∶6，K助剂与碳化物主体之间的电子作用，K-Fe-Mo-C新相的生成会导致CO加氢产物选择性发生显著变化。XPS表征显示，在该催化剂中存在的Mo^{4+}对应于醇的生成，而Mo^{2+}则对应于烃类的生成。改性后催化剂在340℃、7.0MPa、4000h^{-1}、H_2/CO=2时，CO转化率达到86.92%，C_2^+醇收率达到0.14g/(mL·h)，C_2^+醇占总醇的79.04%。K的加入使醇类产物的形成和链增长方式发生了变化，有效地促进了甲醇到乙醇的链增长。

(4) Rh基催化剂

Rh基催化剂对CO加氢制混合醇具有相当的选择性和活性，特别是对C_2^+氧化物有较高的选择性。目前，Rh基催化剂有负载型和络合型两种。日本开发的Rh-K型催化剂，含氧化合物选择性为90%；美国United Carbid公司采用Rh-Mo/SiO_2催化剂，产物烃类占55%，甲醇21.5%，乙醇15%，丙醇5.9%，丁醇1.84%；中国科学技术大学伏义路等研制了Rh-Mo-K/Al_2O_3催化剂，反应条件：温度为623K、压力为10.0MPa，合成醇的选择性为60%，主要产物为甲醇、乙醇、丙醇、丁醇。Rh基催化剂对合成低碳醇方面有一定的发展前景，但贵金属成本高，不适合大规模工业应用。

四种催化剂各有特点。改性甲醇合成催化剂总醇及C_2^+醇选择性较低；Cu-Co催化剂反应条件温和，催化活性和C_2^+醇选择性较高，但副产物复杂；MoS_2催化剂耐硫性和活性较高，不易积炭，寿命长，但总醇及C_2^+醇选择性仍偏低。基于上述催化剂体系，通过添加各种调变组分提高合成醇性能得到了一定改善，但离实际工业化还有相当的距离。近年来，贵金属催化剂被广泛应用于合成气反应制取甲醇及低碳醇，如铑，钯等。其中，铑由于具有优异的活化H_2、CO和Co加氢和插入的特性，从而可以高选择性地合成C_2^+化物，具有一定的发展前景。

尽管合成低碳醇催化剂的活性、选择性有了很大的提高，但依然难以工业应用要求，主要表现在以下方面：加氢活性不佳，CO转化率不高，大部分催化剂的CO转化率在50%以下，原料的未充分利用；起活温度偏高，普遍在300℃以上，增加工业化生产能耗、成本，不利于成果转化；C_2^+OH选择性低，产品分布不好，低价值甲醇含量偏高，提高C_2^+OH选择性对催化剂尤为关键，进一步提高高级醇比例是今后催化剂开发的方向。

二、工艺过程

1. 工艺条件

(1) H_2/CO比

合成低碳醇的主要反应为

$$nCO + 2nH_2 \longrightarrow C_nH_{2n+1}OH + (n-1)H_2O \tag{7-11}$$

$$CO + H_2O \longrightarrow CO_2 + H_2 \tag{7-12}$$

总反应式为：$(2n-1)CO+(n+1)H_2 \longrightarrow C_nH_{2n+1}OH+(n-1)CO_2$ (7-13)

CO+H_2合成低碳醇以反应式(7-11)与式(7-13)进行，反应式(7-11)有水生成，反应式

(7-13)副产物为 CO_2。在合成醇所要求的反应温度范围内，反应式(7-12)的自由能变化为负值，所以反应式(7-13)在热力学上比反应式(7-11)有利，因而生成粗醇的含水量低，对原料气中 H_2/CO 比要求也低，但需要活性好的 CO 变换催化剂。Sygmol 和 Octamix 工艺采用的 Cu-Zn 和 MoS_2 体系催化剂具有良好的 CO 变换功能。以反应式(7-13)为主进行，粗醇中含水量低。采用的 H_2/CO 比也比 MAS 和 IFP 的低。

(2) 反应温度

反应温度取决于催化剂的性能。除采用 Zn-Cr 体系催化剂需高温外，其他工艺基本在300℃以下操作。

(3) 反应压力

生成不同碳数醇的反应为分子数减少的反应，加压对化学平衡和提高反应产率均有利，对低碳醇的组成分布无明显影响。

(4) CO 成醇选择性

IFP 的 CO 成醇选择性较低，副产烃达 20%~30%。其中 70%左右为甲烷，导致大量循环气排放。

(5) 原料气净化

Octamix 与 IFP 工艺采用铜基催化剂对硫、氯等毒物很敏感，对原料气净化要求较高，MAS 工艺的催化剂虽耐硫性略强，但仍不抗硫；只有 Sygmol 工艺采用硫化钼等催化剂，才具有耐硫特点。

2. 工艺流程

目前为止，混合醇的生产工艺主要包括 MAS 工艺、IFP 工艺、Sygmol 工艺和 Octamix 工艺。

(1) MAS 工艺

该技术由意大利 Snam 公司和丹麦 Topsφe 公司开发，采用 Zn-Cr 催化体系。1979 年建立中试装置，1982 年建成 1.5×10^4t/a 示范装置。该装置的中试已通过 6000h 稳定性考察。

该工艺主要针对合成甲醇催化剂及其生产工艺条件进行了改进，使生成甲醇的同时也生产部分低碳醇，生产流程如图 7-3 所示。合成过程中，含 CO(41.3%)、H_2(58.1%)、N_2(0.38%)、CH_4(0.12%)的合成气与循环气混合压缩至 26MPa，换热到 410℃后，进入合成反应器，在 $ZnO-Cr_2O_3-K_2O$ 催化剂上反应。在压力保持不变的条件下，反应产物冷却至200℃后，进入转化反应器，产物冷却后进入分离塔，上部尾气经排空阀放空或经 CO_2 吸收塔净化循环使用，下部得到以甲醇为主的醇类混合。不同催化剂的实验结果见表 7-1。

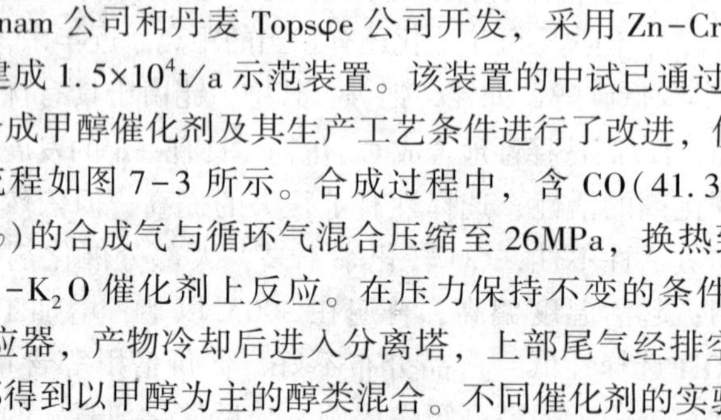

图 7-3 Snam 公司制备甲基燃料生产流程示意图

1—合成反应器；2，6—冷却器；3—转化反应器；4—压缩机；5—换热器；7—CO_2 吸收塔；8—分离塔

表 7-1　甲基燃料催化剂的组成及效果

序号	催化剂组成/%	催化剂量/m^3	反应条件			产品组成/%(摩尔)			
			空速/h^{-1}	温度/℃	压力/MPa	甲醇	乙醇	丙醇	丁醇
1	第一反应器 ZnO 72.1，$Cr_2O_3$25.9，K_2O 2.0	10	7065	410	26	78.5	2.4	5.57	13.4
	第二反应器 ZnO 31.4，Cr_2O_3 49.9，CuO 18.7	20	3073	200	26				
2	第二反应器 ZnO 31.4，Cr_2O_3 49.9，CuO 18.7	20	3070	410	26	77.98	2.38	5.51	13.37
		20	3070	200	26				
3	第一反应器 ZnO 70.6，Cr_2O_3 25.9，K_2O 4.0	12	5887	400	26	69.88	4.99	9.99	14.98
	第一反应器 ZnO 53.7，Cr_2O_3 32.8，Al_2O_3 13.5	20	3073	180	20				

(2)IFP 工艺

该技术由法国石油研究所开发，采用 Cu-Co 催化体系，1976 年开始研发，1984 年在日本建成 7000 桶/年的中试装置。

该工艺采用两级反应由合成气制得甲基低碳混合醇，流程图如图 7-4 所示。合成气经压缩机压缩到 3～15MPa，换热至 230～250℃，在空速为 1000～10000h^{-1}下进入第一级反应器，使用 $Cu_xCo_yM_zA_v$(M=Cr、Fe、V、Mn 或稀土，A=碱金属)催化剂，产物中除甲醇外，还有少量 C_2～C_5醇类，产物冷凝、分离后，液相进入分离装置。未反应合成气与循环气混合加热到 230～300℃，压力为 3～15MPa，空速为 5000～20000h^{-1}，进入第二级反应器，催化剂为 $Cu_xCo_yZr_uM_z$。该反应器主要合成甲醇，产物冷凝、分离后，气体直接排空或经循环压缩机升压后返回第二反应器，液体产品送往产品分离装置。

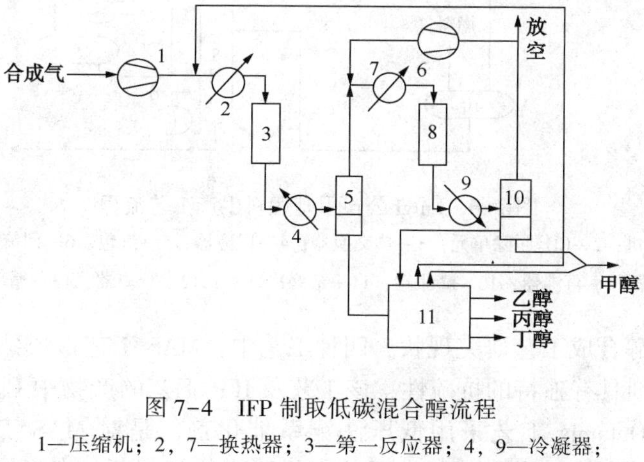

图 7-4　IFP 制取低碳混合醇流程

1—压缩机；2，7—换热器；3—第一反应器；4，9—冷凝器；5，10—分离器；6—循环压缩机；8—第二反应器；11—分离装置

(3)Sygmol 工艺

本工艺由美国 Dow 公司开发，采用 MoS_2催化体系，主要成分是 MoS_2-M-K。该工艺具有以下特点：

催化剂方面：抗硫性强、适合固定床反应器。

产品方面：产物中的水量很少(≈0.2%)、混合醇中甲醇的浓度可在 0~90%调整。工艺的流程示意图如图 7-5 所示。1985 年，该工艺通过 1t/d 的 6500h 中试考察。

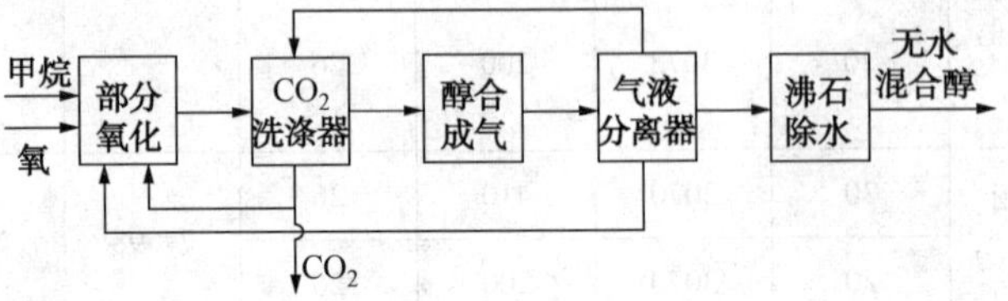

图 7-5 Dow 公司混合醇生产流程

(4)Octamix 工艺

该工艺由德国 Lurgi 开发，采用改性的合成甲醇 Cu-Zn 催化剂体系，现已通过单管模试。该工艺采用管壳型反应器生产甲基低碳混合醇，流程如图 7-6 所示。合成气经压缩后送入合成塔生产甲基燃料，再经过稳定塔分离成产品。合成气中的 CO_2分离后，送入造气转化炉来降低 H_2/CO_2比，增加碳源。列管式反应器的反应管内装有改性的合成甲醇铜基催化剂，管外采用高压沸腾水，通过产生蒸汽来转移反应热，副产的蒸汽量约 1.8~2.0t/t 醇。

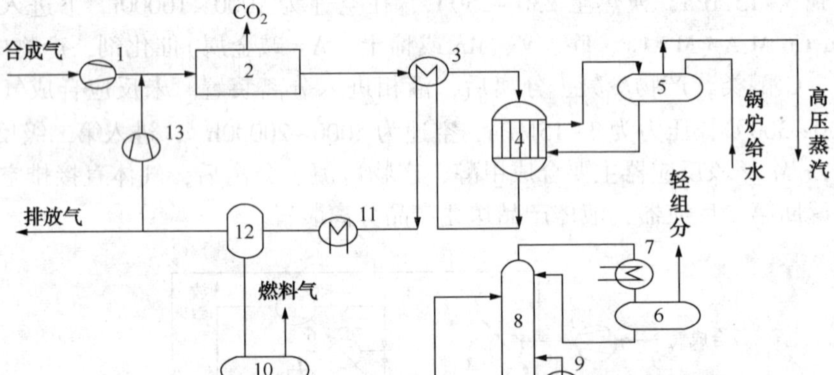

图 7-6 Lurgi 公司甲基燃料生产工艺流程

1—新鲜气压缩机；2—CO_2脱除单元；3—热交换器；4—反应器；5—汽包；6—回流罐；7—冷凝器；8—稳定塔；9—再沸器；10—膨胀罐；11—最终冷却器；12—分离器；13—循环气压缩机

表 7-2 为低碳醇合成工艺研究现状。四种工艺中，MAS 工艺最成熟，其次是 IFP 工艺。Sygmol 工艺的催化剂具有独特的抗硫性，该工艺及 IFP 工艺的产物中 C_2^+醇含量最高，化工利用的前景最好。Octamix 工艺采用低压法铜系催化剂，是对 MAS 工艺的改进，而且与 Sygmol 工艺一样，其产物含水量很低，因此产物脱水能耗最低。各项技术经济指标比较列见表 7-3。

表 7-2　合成低碳醇工艺国内外现状

项目	工艺	MAS		IFP		Sygmol		Octamix	
	催化剂	Zn-Cr-K		Cu-Co-M-K		MoS_2-M-k		Cu-Zn-Al-K	
	研究单位	意大利 Snam	山西煤化所	法国 IFP	山西煤化所	美国 Dow	北大物化所	德国 Lurgi	清华大学
操作条件	空速/h^{-1}	3000~5000	4000	4000	4500	5000~7000	5000	2000~4000	4000
	温度/℃	350~420	400	290	290	290~310	240~250	270~300	290
	压力/MPa	12~16	14	6	8	10	6.2	7~10	5
	H_2/CO	0.5~3	2.3	2~2.5	2.6	1.1~1.2	1.4~2.0	1~1.2	1~1.3
液体产物组成/%（质量）	甲醇	70	75	41	49.4	40	38	59.7	83.6
	乙醇	2		30	33.3	37	41	7.4	C_2~C_5
	丙醇	3		9	10.8	14	12	3.7	16.4
	丁醇	13	异丁醇	6	4.1	5	4	8.2	
	C_5^+（醇）	10	12~15	8	1.6	2	3.5	10.4	
试验结果	C_2^+醇/总醇/%	22~30		30~60		30~70		30~50	15~27
	粗醇含水量/%（质量）	20		5~35		0.4		0.3	0.33
	CO 成醇选择性/%	90	95	65~76	76	85	80		95
	CO 转化率/%	17		21~24	27	20~25	10		
	产率［mL/（mL·h）］	0.25~0.3	0.21~0.25	0.2	0.2	0.32~0.56			0.3~0.6
开发现状		已工业化 15000t/a	模试	中试 7000 桶/a	模试	中试 1t/d	小试	模试	小试
催化剂考察时间/h		6000	1000	4 个月	1010	6000			200

表 7-3　不同工艺路线技术经济比较

项　　目	MAS	IFP	Sygmol	Octamix
温度/℃	>350	<300	<300	<300
压力/MPa	>12	<10	<10	<10
C_2^+醇/总醇/%	<30	56	59	50
烃产率/%（质量）	<10	20~30	18~23	4.3
其他含氧化物/%（质量）	2.1		0.25	10.2
CO 成醇选择性/%	90	65~70	85	约 85
粗产品含水量/%（质量）	20	5~35	0.4	0.3
精产品含水量/%（质量）	0.1	0.1	0.2	0.1
脱水方法	环已烷萃取法	二甘醇萃取法	分子筛吸附法	分子筛吸附法
技术成熟程度	1979 年中试，1982 年建 15kt/a 示范装置	1984 年建成 7000 桶/a 装置，运行 4 个月	1985 年建成 1t/d 装置	单管模试
原料气含硫/$\times10^{-6}$			110~140	<0.1
投资/亿元①	6.31	10.31		
成本/（元/t）①	598	875		
热效率/%	62	49		60

注：①以 1000t/d 规模计（以当时价格计）。

3. 技术发展

近年来，随着合成技术的进步，国内研究已逐步由实验室阶段转向中试规模，并期待工业化应用。山西煤化所1LZn-Cr-Cu-K催化剂工业侧线模试考察了温度、压力、空速及合成器中CO_2含量对合成低碳燃料醇反应的影响，在400~405℃、14~15MPa、4000h^{-1}条件下进行了1000h寿命试验，结果良好。低碳混合醇的时空收率为0.21~0.25mL/(mL·h)，燃料醇中，甲醇占77%，异丁醇占12%~15%。由于外部原因，多次的开、停工完成了催化剂的疲劳试验，对醇的时空产率和组成影响不大，催化剂具有良好的稳定性。

山西煤化所与大庆研究院共同完成的合成气制低碳混合醇研究，使用硫化钼基催化剂，在323℃、9.5MPa、9000~10000h^{-1}、H_2/CO=1.0~1.5条件下完成了1025h连续运转，CO单程转化率为17.9%，总醇选择性77.9%，烃选择性16.5%，总醇时空产率0.353g/(mL·h)，C_2^+醇选择性37.4%。

2011年山西煤炭化学研究所开发的用于合成气制低碳混合醇Cu-Fe-Mn-Zn催化剂完成了在200~260℃、4.0~6.0MPa、2000~4000h^{-1}条件下，超过1200h的中试平稳运转，CO转化率>80%，C_2^+高级醇选择性>50%，低碳混合醇时空产率>0.23g/(g_{cat}·h)。该技术摒弃了传统高温、高压的苛刻合成条件和使用贵金属的高成本合成工艺，定向开发了由合成气制高附加值化工混合醇和燃料添加剂的廉价催化剂及其配套工艺路线，在较低的反应压力和温度下实现了合成气的低碳高转化率，获得较高的醇收率和C_2^+醇选择性。

生物质基合成气制低碳混合醇的300mLFeCuZn/SiO_2催化剂单管放大试验在280℃、5MPa、10000h^{-1}条件下进行，CO转化率达30%，总醇和C_2^+醇选择性分别为50%和35%，总醇时空产率达0.215g/(g_{cat}·h)。

与Zn-Cr和MoS_2催化剂相比，Cu-Fe催化剂可以在较低的反应压力、温度下实现CO的高效转化，得到较高醇收率和C_2^+醇选择性。以上两次中试装置的成功运转为合成气制低碳醇万吨级工业示范奠定了坚实的基础，并具有替代甲醇工艺技术的工业应用前景。

第三节 乙 醇

乙醇俗称酒精，常温、常压下是一种易燃、易挥发的无色透明液体，极易溶于水，沸点为78.32℃。工业乙醇浓度为95%。乙醇蒸气与空气能形成爆炸性混合物，爆炸极限为4.3%~19%(体积)。

乙醇是重要的基本化工原料，用于生产乙醛、氯乙烷、乙醚、丁二烯、三氯乙醛、乙酸、乙二醇醚、丙烯酸乙酯、乙基乙烯醚、乙胺、乙硫醚等多种化学品和中间体。乙醇在工业上可用作溶剂、消毒剂和有机合成原料。此外，乙醇的辛烷值高、燃烧充分且可利用农林副业原料生产，是汽车燃料和燃料添加剂的良好组分，可一定程度缓解石油资源匮乏和能源安全的问题。乙醇工业生产有天然原料发酵法和化学合成法。发酵法是生产乙醇的经典方法；通常以糖类、淀粉和纤维素等碳水化合物为原料，经发酵使双糖、多糖转化为单糖，并进一步转化为乙醇。化学合成法，即以乙烯为原料的水合法。随着石油化工的迅速发展，化学合成法生产乙醇的产量越来越大。但合成法乙醇并不能完全取代发酵法乙醇，合成乙醇中含杂、异构高级醇，对人体有不良作用，不适宜制作饮料、食品、医药及香料等。

目前，正在研究开发的碳一化工路线合成乙醇的方法有甲醇同系化反应合成法和合成气直接合成法。

一、合成气直接制乙醇

1. 反应机理

在合成气直接合成乙醇的反应中，乙酰基被认为是 C_2-O 的前驱中间体。汪海有等研究发现，乙酰酮的部分氢化反应是生成乙酰基的主要途径。乙酰酮由 CO 插入卡宾反应生成，它的生成是影响 C_2-O 选择性的关键步骤。Keim 等在进行簇合物 $Fe_2(\mu\text{-}CH_2)(CO)_8$的质谱分析中发现乙烯酮基峰的存在，该簇合物在 N_2和 CO 气氛下与 $CH_8OH(CH_8OD)$反应生成了 $CH_3COOCH_3(CH_2DCOOCH_3)$，当存在路易斯酸 $AlBr_3$时，该簇合物与甲醇间可进行酯化反应。同样，在铑催化剂上可发生类似 CO 插入卡宾生成乙酰酮的反应。当催化剂中含有碱金属助剂时，该类助剂可与乙烯酮氧端发生部分键合，导致乙烯酮位能降低，促进乙烯酮的形成，有利用乙醇等 C_2-O 的生成。

通过^{13}C 吸附表面进行 $CO\text{-}H_2$反应的研究以及催化剂 Rh/SiO_2中不同金属助剂对催化剂反应性能的研究，结果表明合成 C_2含氧化合物的共同中间体为[CH_3CO]，催化加氢后生成乙醇。反应历程如图 7-7 所示。

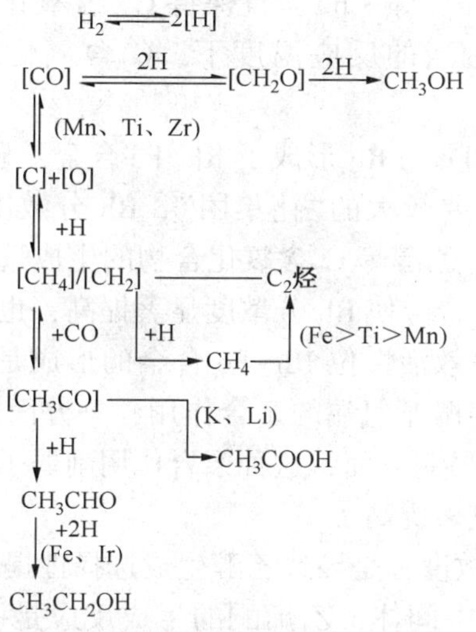

图 7-7　合成气直接合成乙醇反应历程

蔡启瑞等在铑催化剂(助剂为 Mn、Fe、Li)上进行 $CO/2D_2$反应研究，用过量的 CH_3I 作捕获剂进行化学捕获反应，在捕获物中发现 CH_3CDO，说明铑基催化剂上进行的合成气合成乙醇的反应历程中存在乙酰基中间体。

2. 催化剂

催化剂催化合成气 CO 加氢直接合成乙醇的反应式为

$$2CO+4H_2 \longrightarrow C_2H_5OH+H_2O$$

1974 年美国联合碳化物公司获准了第一个合成气直接合成乙醇的催化剂专利，催化剂是负载型的 Rh 或 Rh-Fe。目前，合成气直接合成乙醇的主导催化剂仍是铑系双金属催化剂。如美国联合碳公司的 Rh 与 Rh-Fe、Rh-Mn、Rh-Mo 或 Rh-W；德国赫斯特公司的 Rh-Mg；日本相模中央研究所的 $Rh_4(CO)_{12}$。

美国联合碳化物公司提出两步转化催化剂体系，首先在催化剂 Rh-Mn-Li/SiO_2催化合成

C_2含氧化合物，产物不分离，然后在 Cu-Zn/SiO_2催化剂上乙酸和乙醛转化为乙醇，乙醇选择性达 82%。Burch 等采用的 Rh-Fe/Al_2O_3催化剂，在 1MPa 压力下，合成气合成乙醇的转化率高达 50%。

日本碳一化学技术研究组研究双金属催化剂 Rh-M/SiO_2对合成气直接合成乙醇的催化性能表明，除 Li 作为助剂外，添加其他金属均可提高 CO 的转化率，特别是 Ti、Mn 的加入；添加 Fe 或 V、U、Ti、Ir、Li 可提高乙醇的选择性；除 Li、Mn、Ir 外，添加其他金属可促进副产物甲烷的生成。催化剂吸附 CO 的红外分析表明，金属助剂的加入促进了 CO 的吸附，CO 的转化率得以提高，而 Ti 或 Mn 与 Rh 间的协同作用，则促进 CO 的解离。催化剂的 H_2-TPD 研究表明，催化剂 Rh-Mn/SiO_2中 H_2的脱附温度低于 Rh/SiO_2，而催化剂 Rh-Ti/SiO_2中 H_2的脱附温度高于 Rh/SiO_2，所以 Ti 的加氢能力高于 Mn，所以乙醇和甲烷的含量在两种催化剂有很大的差别。而金属 Fe、Ir、U、V 等由于与 Rh 密切作用，加氢能力显著提高。

尹红梅等研究发现，Rh-Mn-Li-Fe/SiO_2是一种性能优良的合成 C_2含氧化合物催化剂，助剂 0.05%Fe 的加入，使催化剂的性能有较大的提高，C_2^+含氧化合物的时空收率由 331.6g/(kg·h)提高到 457.5g/(kg·h)，且保持 C_2^+含氧化合物选择性基本不变。当 Rh 的负载量为 1%~2%时，在适当的反应温度下，C_2含氧化合物的时空收率可以达到最大值。

汪海有等研究表明，部分 Fe 与 Rh 形成了 Rh-Fe 合金，显著提高 Rh 的分散度。由于铑基催化剂上烃类产物的生成需要较大的“铑集团”，Rh 分散度的提高对烃类的生成反应不利。Arakawa 的实验结果表明，乙醇等 C_2含氧化合物的生成选择性随 Rh 分散度的增加而提高，助剂 Fe 与 Rh 形成 Rh-Fe 合金使 Rh 分散度显著提高，也是该催化剂成醇选择性提高的原因。Rh 分散度的提高以及高效活性位 Rh-Fe 合金的形成是改善铑催化活性的两个因素。汪海有等认为助剂 Fe 通过对甲酰基氧端的亲合作用，一方面降低了甲酰基的存在位能，显著促进甲酰基中间体的生成；另一方面，这种亲合作用削弱了甲酰基的羰基键，促进其氢解断 C-O 键的反应，铑的活性显著提高。

Li 的加入提高了 Rh 的分散度，是导致乙醇生成选择性提高的一个因素。乙烯酮是与 C_2含氧化合物选择性密切相关的中间体，乙烯酮的生成反应是一个可逆反应。当加入助剂 Li 时，铑颗粒周围的 Li 是弱亲氧中心，与乙烯酮氧端发生部分亲合作用，有利于乙烯酮的稳定存在，从而减少了 CH_2加氢与发生链增长的机会，同时，乙烯酮具有较多的机会进一步加氢生成乙醇，因而乙醇的选择性提高。

日本相模中央研究所成功地开发了世界上第一个合成乙醇工艺，采用“载铑簇催化剂”、Rh_4CO_{12}与稀土氧化物和氧化锆制备得到合成气合成乙醇的颗粒催化剂。模型试验中，在 5MPa、250~290℃、1000~4000h^{-1}条件下进行，CO 的单程转化率为 8%~10%，反应产物中乙醇占 75%~80%。美国联合碳化物公司采用负载于硅胶上的铑、铑-铁、铑-锰等催化剂催化合成气转化成 C_2^+含氧化合物，其收率可达 75%。

二、甲醇同系化合成乙醇

甲醇同系化制乙醇是国际上正在开发的生产工艺之一。甲醇同系化制乙醇是羰基化反应的一个特例，反应式为：

$$CH_3OH+CO+2H_2 \longrightarrow C_2H_5OH+H_2O$$

Shell 公司采用添加叔膦的钴催化剂，在 200℃、9.8~14.7MPa 条件下，甲醇与合成气反应，甲醇转化率为 51.1%，乙醇的选择性可达 63.8%。相似条件下，甲醇与合成气在溶于 1，4-二噁烷的 $Co_2(CO)_8$ 催化剂体系中反应时，甲醇转化率为 53%，乙醇的选择性为 69%(摩尔)，而不用含氧化合物溶剂时，甲醇转化率与乙醇选择性为 34%与 51%。不同的催化剂体系、不同的反应条件对甲醇转化率、乙醇选择性影响明显。中国科学院兰州化学物理研究所田在龙等研究了不同催化剂体系下甲醇同系化制乙醇的行为，在 14.7MPa、200°C、$H_2/CO=2$(摩尔)条件下，催化剂 $Co_2(CO)_8-Ru(CO)_2-PBu_3$(三丁基膦)的甲醇转化率为 54.8%，乙醇的选择性为 91.5%。

甲醇同系化制乙醇的流程示意如图 7-8 所示。甲醇、合成气以及循环的甲醇、乙醛、乙酸酯在反应器中于 200℃、27MPa 下进行甲醇同系化反应，反应产物经气液分离后，未反应的气体返回反应器。反应液经回收催化剂后进入甲醇蒸馏回收系统，回收的甲醇循环使用。出甲醇蒸馏系统的反应产物再经乙醇蒸馏系统，可得产品乙醇。

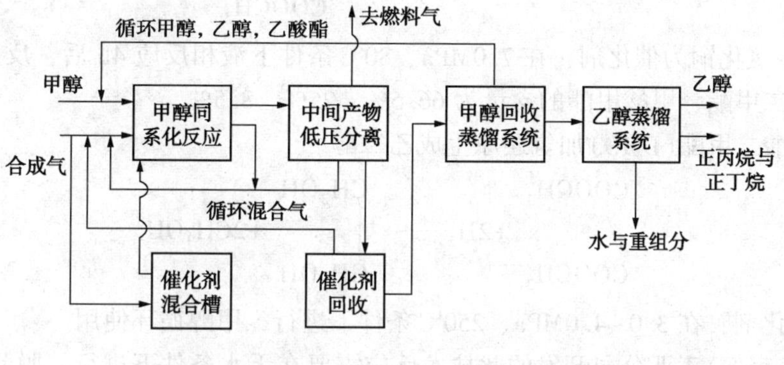

图 7-8　甲醇同系化制乙醇工艺流程示意图

合成气直接合成制乙醇和甲醇同系化制乙醇的生产路线尚在研究开发之中，若能降低操作压力，提高催化剂的活性、稳定性，改善乙醇的选择性和收率，可望实现工业化。甲醇同系化制乙醇和合成气直接合成制乙醇工艺在石油资源日益短缺的情况下，开拓了重质油、煤、天然气与 CO 废气为原料制得合成气、继而合成乙醇系化工产品的新途径。

第四节　乙　二　醇

乙二醇即甘醇是最简单的脂肪族二元醇，略带甜味、黏性无色液体。易吸湿，能与水、乙醇和丙酮混溶，大大降低水的冰点，微溶于乙醚。

乙二醇是重要的有机化工原料之一，广泛用于生产聚酯纤维、薄膜、容器瓶类等聚酯系列产品和汽车防冻剂。乙二醇也可以用作防冻剂、表面活性剂、表面涂料、增塑剂、不饱和聚酯树脂以及合成乙二醛、乙二酸、乙二醇醚等化工产品的原料。

乙二醇是环氧乙烷最重要的二次产物，环氧乙烷直接水合法是目前工业生产乙二醇的唯一方法。目前，对碳一化工路线合成乙二醇进行了大量研究，主要有合成气法、甲醛法等，显示出良好的工业前景。

一、合成气法

合成气制乙二醇的工艺路线有合成气经草酸酯制乙二醇的间接法和合成气直接合成乙二醇法。我国现已完成了世界首套 20×10^4t/a 合成气间接法生产乙二醇工业装置的工业化示范，正在积极进行工业化运行。直接法生产乙二醇技术仍在研究中。

1. 合成气间接法生产乙二醇

合成气经草酸酯合成乙二醇反应条件温和，不需要高压，是技术性和经济性较好的一种工艺路线。改善催化剂的选择性，提高草酸二甲酯的产率，维持草酸酯加氢催化剂的活性稳定性，延长使用寿命，提高生产负荷是间接法工业化的关键。

CO、O_2和醇类经二步法合成乙二醇的工艺，第一步是关键步骤。

$$2CH_3OH+2CO+\frac{1}{2}O_2 \longrightarrow \begin{array}{l} COOCH_3 \\ | \\ COOCH_3 \end{array} +H_2O$$

以氯化钯-氯化铜为催化剂，在 7.0MPa、80℃条件下液相反应 4h 后，反应产物中草酸二甲酯、碳酸二甲酯、甲酸甲酯的含量为 66.5%、25%、8.5%。

第二步草酸二甲酯(DMO)加氢还原生成乙二醇。

$$\begin{array}{l} COOCH_3 \\ | \\ COOCH_3 \end{array} +2H_2 \longrightarrow \begin{array}{l} CH_2OH \\ | \\ CH_2OH \end{array} +2CH_3OH$$

以镍为催化剂，在 3.0~4.0MPa、250℃条件下进行，甲醇循环使用。

日本 Ube(宇部)工业公司开发的此技术反应需要在无水条件下进行，脱除反应生成水，增加生产成本。通过加入碱或碱土金属的碳酸盐、硝酸盐、硫酸盐、氢氧化物等无机促进剂或者羧酸盐、吡啶、喹啉、甘氨酸、硫脲、甲酰胺等有机促进剂。碱或碱土金属的羧酸盐，最佳的是锂、钾、钠、钙、镁和钡的 1~6 个碳原子的羧酸盐，如乙酸、丙酸、丁酸或戊酸等。促进剂的加入改变了体系的相平衡，不需脱水剂，可降低成本，而且能提高草酸二甲酯的选择性，减少了副产物碳酸酯等的生成。宇部公司对催化剂进行了深入研究，主要是活性炭、氧化铝、硅胶、硅藻土等负载的 $PdCl_2$、CuCl、$FeCl_2$、钴、镍、镉和锌的卤化物以及醌类等。但尚未工业化。

美国 Atlantic 公司用 CO 和脂肪族、脂环族或芳烷基醇类与氧在催化剂存在下，在压力为 3.4~20.7MPa 和温度为 50~100℃条件下反应生成草酸二酯。无机催化剂有钯、铂、铑、钴、锌铜、镉、铁、钛和锡的盐类，有机催化剂有脂肪族、脂环族、盐类、芳类或杂环胺类等。

二步法合成草酸酯中亦可用丁醇代替甲醇，日本宇部工业公司和美国联碳公司共同开发了液相草酸二烷基酯合成乙二醇工艺，在 90℃、9.6MPa 条件下，将 CO、O_2和丁醇通过钯催化反应(亚硝酸丁酯作助催化剂)生成草酸二丁酯。然后分离，并在 230℃和 1.5MPa 条件下将草酸二丁酯加氢生成乙二醇。该工艺的关键问题是生产草酸酯时，反应速率必须最大，生成的水量和副产物最少，还需要循环回收丁醇和亚硝酸酯。

宇部工业公司开发了一种气相工艺，CO 和亚硝酸甲酯在 110℃下进行反应生成草酸二甲酯，催化剂是活性炭负载的钯。将草酸二甲酯分批净化后，然后进行气相加氢得到乙二醇。反应生成的NO用氧和甲醇转化成亚硝酸甲酯，再循环使用。该反应工艺的加工费用比液相法低，具有更大的经济吸引力。

意大利Mateoli等研究草酸酯液相加氢时，以$H_4Ru(CO)_8(Pbu_3)_2$、$Ru(CO)_2(CH_3CO_2)_2$-$(Pbu_3)_2$（Pbu_3为三丁基膦配体）等羰基钌配合物为催化剂，以甲醇为溶剂。当催化剂为4.90mmol/L$Ru(CO)_2(CH_3CO_2)_2(Pbu_3)_2$时，在180℃、13.2MPa氢分压下反应2.5h，乙醇酸甲酯的收率为100%，但生成速率很慢，进一步提高催化剂的浓度和氢分压，乙醇酸甲酯的收率下降，乙二醇的收率提高。20MPa氢分压下，用9.80mmol/L催化剂反应144h，乙二醇的收率可提高到82%，乙醇酸甲酯的收率下降为18%。荷兰的Herman等对草酸二甲酯均相催化加氢进行了研究，当反应压力降低到7MPa，100℃条件下，用$Ru(acac)_3$（acac为乙酰丙酮）和$MeC(CH_2PPh_2)_3$（PPh_2为二苯基膦）催化，乙二醇的收率可达95%。均相、液相加氢需要在高压下进行，产品分离回收困难，更倾向于采用负载型催化剂进行气相或液相催化加氢。

非均相催化加氢法生产乙二醇的工艺中，最早的是杜邦公司开发的甲醛偶合生产乙醇酸（或乙醇酸甲酯）、再加氢制乙二醇工艺，加氢催化剂采用的铜基催化剂，反应在气相（3.0MPa、200~225℃）或液相（40MPa）进行，乙二醇的收率仅为30%。雪佛隆公司采用钴系或铜-铬系催化剂在加压釜中进行，乙二醇的收率提高到80%~90%，但反应压力仍为10MPa以上。美国ARCO公司对草酸二酯加氢反应催化进行了大量研究，发现负载在Al_2O_3、SiO_2或活性炭上的铜-铬系催化剂具有较高的加氢活性和选择性，在200~230℃，反应压力降为3.2~4.5MPa条件下反应，乙二醇的收率仅为11.7%~18.9%。降低反应压力，提高反应选择性和收率，优化草酸酯在铜-铬催化剂上的反应行为是气相加氢制乙二醇工艺路线的研究热点。

中科院福建物质结构研究所，完成了CO催化合成草酸二甲酯的模试研究和进一步加氢制乙二醇的模试。由硝酸铜、铬酸酐、硅酸酯、氨水等原料用共沉淀法和溶胶-凝胶法制备的负载型Cu-Cr催化剂在2.5~3.0MPa、208~230℃、2500~6000h^{-1}、氢酯比46~60条件下，草酸二乙酯平均转化率为99.8%，乙二醇平均选择性为95.3%反应1134h,。天津大学考察了铜基催化剂用于草酸二乙酯加氢制乙二醇反应，研究发现，草酸二乙酯加氢为强放热不可逆反应，反应初期铜基催化剂存在诱导期，适宜的加氢工艺条件为220~240℃、3.0MPa、醛酯摩尔比为70，所得草酸二乙酯的摩尔转化率为87.5%，乙二醇摩尔选择性为80%。

2. 合成气直接法生产乙二醇

开发合成气直接法生产乙二醇工艺技术具有良好的发展潜力，它是以合成气为原料合成乙二醇最简单的方法。

$$2CO+3H_2 \longrightarrow HOCH_2CH_2OH \quad \Delta G_{500}=15.77kcal/mol$$

直接合成乙二醇反应在热力学上处于劣势，选择合适的催化剂，高温、高压下反应是直接法合成的基础。通过对合成乙二醇催化剂的研究，确定了两种优良催化剂，一种是四烷基膦和胺改性的铑催化剂，另一种是咪唑改性的钌催化剂，对合成乙二醇都具有高活性和选择性，用于合成乙二醇的工艺。

尽管合成气合成乙二醇用催化活性物种各异，但不同活性物种上合成乙二醇的反应机理、反应历程却基本相似，反应过程中均生成甲醛中间体。生成乙二醇的反应机理如下：

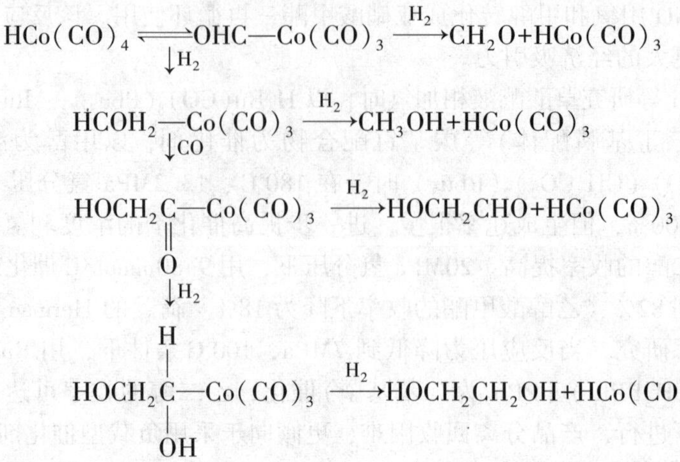

也可将反应路线假设为：

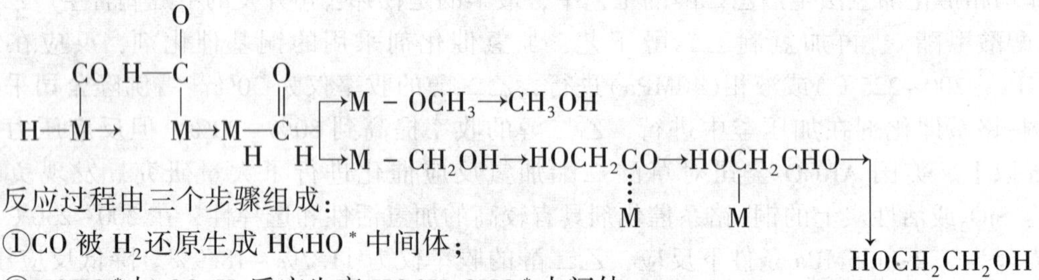

反应过程由三个步骤组成：

①CO 被 H_2还原生成 $HCHO^*$ 中间体；

②$HCHO^*$ 与 CO/H_2反应生产 $HOCH_2CHO^*$ 中间体；

③$HOCH_2CHO^*$ 经 H_2还原生成乙二醇。

第一步生成 $HCHO^*$ 是关键步骤，CO 被配位催化、活化但不解离，而逐步加氢生成甲醛中间体。甲醛既是合成乙二醇又是生成甲醇的前驱体，催化剂活性的高低及合成反应的选择性由该步骤决定。$HCHO^*$ 的形态直接影响选择性，当形成甲氧基时，产物主要是甲醇；生成羟基卡宾（羟基甲基）时的产物主要是乙二醇。通过抑制生成甲氧基，促进生成羟基卡宾，乙二醇的选择性得以提高。合成气生成中间体 $HCHO^*$ 异常困难，需要活性很高的催化剂和苛刻的反应条件，必须要高温、高压。

为形成乙二醇，第二步需要 CO 插入羟基甲基，在这方面铑催化剂具有明显优势，它不仅能保护羟基甲基，而且 CO 插入能力很强，即使在 H_2的存在下，也能选择性地插入。

第三步反应是生成 $HOCH_2CHO^*$ 物种的氢还原消除反应，该步骤是 H_2还原还是 CO/H_2还原的竞争反应，目前研究还不十分透彻。能恰当地平衡引起 CO 插入与加氢的性能，成为开发新催化剂的一个重要环节。

由于合成气直接合成乙二醇的反应过程比较复杂，各基元步骤对催化剂的配位催化作用要求不同，对反应条件的要求也不一致。在选定的反应条件下，选择一个催化体系，使之对各步反应都有理想的配位催化特性，比较困难，采取多中心分别承担，实现配位催化作用，成为开发催化剂中非常受关注的焦点。

美国联碳公司首先发表了合成气在 344.5MPa、190~240℃、$H_2/CO=1.5$ 条件下，以羰基铑配合物为催化剂，四氢呋喃为溶剂的液相一步法合成乙二醇。产物中乙二醇、丙二醇、甘油的含量分别是 76.5%（质量）、11.75%（质量）、11.75%（质量），还有少量的甲醇。

联碳公司在 56MPa、240℃、$H_2/CO=1$ 的反应条件下，用新型铑催化剂进行液相反应，乙二醇时空收率为 280g/($L_{催化剂}$·h)，选择性为 70%~75%。虽然该反应工艺具有能耗低的优点，但是高压条件非常苛刻，并且选择性低。联碳公司和德士古公司联合开发了新型的铑、钌双金属催化剂，提高了催化剂的性能，乙二醇时空收率是铑催化剂的 1.5 倍，为 416g/($L_{催化剂}$·h)。近期，联碳公司采用了松散的烷基膦改性铑催化剂，反应效果有所提高，但转化率和选择性仍较低。

日本化学技术研究所使用钴、铑等催化剂，在高压微反应器(20mL)中研究合成气一步法合成乙二醇，反应温度最高为 300℃。通过实验结果发现，钴催化剂可在 60~100MPa 条件下反应生成乙二醇；在此压力下，铑的催化剂性能显著提高，反应压力对反应结果影响很大。

目前，世界各国都在研究开发合成气直接合成乙二醇的方法，但由于合成压力太高，副产物中甲醇含量多，铑回收率低，该方法未实现工业化。

二、甲醛法

以甲醛为原料合成乙二醇的方法主要有 Du Pont 公司三步法、甲醛氢甲酰化法、甲醛二聚法、甲醇与甲醛缩合等方法。

1. 杜邦三步法

杜邦公司三步合成法以甲醛和合成气为原料，第一步是甲醛与合成气在 200℃、7.6~10.1MPa、硫酸存在下生成乙醇酸，收率为 90%；第二步是用甲醇酯化乙醇酸，生成乙醇酸甲酯和水；第三步是乙醇酸甲酯在 200℃、3MPa 条件下与 H_2 通过铬催化剂，生成乙二醇和甲醇，甲醇循环使用，乙二醇收率为 90%。

$$HCHO+CO+H_2O \longrightarrow \begin{array}{l} CH_2OH \\ | \\ COOH \end{array}$$

$$\begin{array}{l} CH_2OH \\ | \\ COOH \end{array} + CH_3OH \longrightarrow \begin{array}{l} CH_2OH \\ | \\ COOCH_3 \end{array} + H_2O$$

$$\begin{array}{l} CH_2OH \\ | \\ COOCH_3 \end{array} + 2H_2 \longrightarrow \begin{array}{l} CH_2OH \\ | \\ CH_2OH \end{array} + CH_3OH$$

雪佛隆公司采用 HF 作催化剂，改进杜邦公司的三步法合成工艺，在较低温度(50℃)、较低压力(6.9MPa)下，使甲醛与合成气反应生成乙醇酸，其收率为 95%。压力对反应速率与乙醇酸的收率影响不大。甲醛羰基化合成乙二醇生产工艺流程示意图如图 7-9 所示。

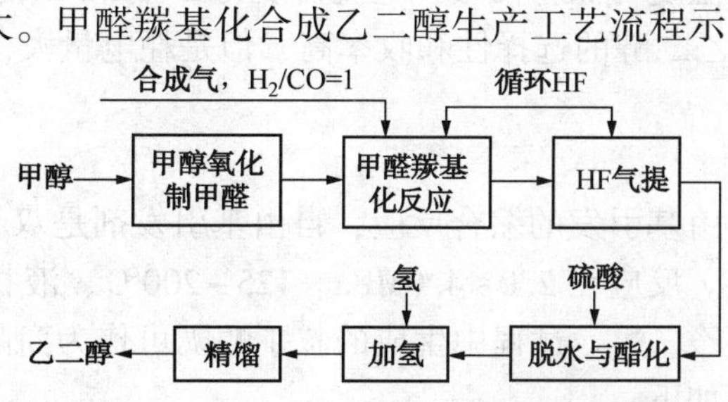

图 7-9　雪佛隆公司甲醛羰基化制乙二醇工艺流程示意图

2. 甲醛氢甲酰化法

甲醛、CO 和氢在 19MPa、120℃条件下转化为乙醇醛，然后乙醇醛加氢生成乙二醇。

$$HCHO+CO+H_2 \longrightarrow HOCH_2CHO$$

$$HOCH_2CHO+H_2 \longrightarrow HOCH_2CH_2OH$$

美国 Monsanto 公司采用了新开发的多组分均相 $HRh(CO)_2 \cdot [PPh_3]$（PPh_3 为三苯基膦）/胺系催化剂，提高甲醛氢甲酰化反应速率，使甲醛加氢生成乙醇醛的速率达到 25mol/(L·h)，甲醇转化率达到 95%以上。美国 Halcon 公司采用一种亲酯性铑膦酰胺催化剂 $PPh_2CH_2C(O)N(CH_3) \sim (C_{18}H_{27})$（$PPh_2$ 为二苯基膦）和一种有效溶剂，提高了乙二醇的效率。

甲醛氢甲酰化制乙二醇是通过甲醛基配合物的氢甲酰化过程实现，在羰基金属氢化物中，一氧化碳插入 M-H 生成 M-CHO。甲醛基配合物在较温和的条件下进一步反应，反应机理为：

$$CH_2O+HM(CO)_n \rightleftharpoons \underset{(A)}{HOCH_2M(CO)_n} \rightleftharpoons$$

$$HOCH_2\overset{\overset{\displaystyle O}{\|}}{C}M(CO)_{n-1} \xrightarrow{HM(CO)_n} HOCH_2CHO+M_2(CO)_{2n-1}$$

$$HOCH_2CHO \xrightarrow{H_2} \underset{(乙二醇)}{HOCH_2CH_2OH}$$

中间产物(A)加氢可以生成副产物甲醇，叔膦基具有稳定催化剂的作用，但叔膦基是强碱配位基，甲醛是弱配位基，竞争性配位的结果导致反应活性下降，甲酰化速率降低。为防止催化剂失活，叔膦基配位基应保持适量。

3. 甲醛二聚法

甲醛二聚加氢制乙二醇的反应为

$$2HCHO+H_2 \longrightarrow HOCH_2CH_2OH$$

在 1，3-二氧杂环戊烷存在下，以 $(CH_3)_3COOC(CH_3)_3$ 为引发剂，甲醛加氢生成乙二醇，同时副产甲酸甲酯。反应温度降低，乙二醇选择性增加，甲酸甲酯选择性降低。当反应温度为 75℃时，乙二醇选择性为 44.9%，甲酸甲酯选择性为 3%。

$$2HCHO+H_2 \longrightarrow HOCH_2CH_2OH$$

甲醛电化学加氢二聚法技术研究开发工作十分活跃，以 NaCl 为电解质载体，采用石墨电极非分隔式电解槽，在温度为 60~70℃、电流密度为 2~3kA/m^2 条件下，乙二醇收率大于 80%，该反应条件缓和，乙二醇的选择性和收率高，但是耗电量大，产物乙二醇浓度低，提纯能耗大。

4. 甲醇与甲醛缩合法

甲醇与甲醛缩合是自由基引发的缩合反应，自由基引发剂是双叔丁基过氧化物，是一条经济上有吸引力的新工艺。反应在 2.0~4.0MPa、125~200℃、液相条件下进行，每摩尔过氧化物可引发获得 10mol 乙二醇。过程中生成的叔丁醇既可作为商品出售，也可用作再生产过氧化物。具体反应过程如下：

$$(CH_3)_3COOC(CH_3)_3 \longrightarrow (CH_3)_3CO\cdot$$

$$(CH_3)_3CO\cdot + CH_3OH \longrightarrow \cdot CH_2OH + (CH_3)_3COH$$

$$\cdot CH_2OH + CH_2O \longrightarrow HOCH_2CH_2\cdot$$

$$HOCH_2CH_2\cdot + CH_3OH \longrightarrow HOCH_2CH_2OH + \cdot CH_2OH$$

第五节　丁　辛　醇

一、概述

1. 性质与用途

丁辛醇是指丁醇与2-乙基己醇，工业上主要采用丙烯羰基合成法制得，由于丁醇与2-乙基己醇常在同一装置上生产，所以这种生产装置成为丁辛醇生产装置。

丁醇有4种异构体，即正丁醇、异丁醇、仲丁醇与叔丁醇，它是饱和脂肪族四碳醇。除叔丁醇外，丁醇都是无色透明液体。直链正丁醇沸点较高，支链的叔丁醇沸点最低。丁醇具有非常低的熔点，但叔丁醇熔点较高。正丁醇在水中的溶解度约为7%，叔丁醇完全与水互溶。丁醇分子中含有羟基，已发生的化学反应有三类：O—H断裂，羟基中的氢原子被取代；C—OH断裂，羟基被其他基团取代；羟基和烷基相互影响促进羟基α碳原子上的氢活化，反应活性增强。

正丁醇主要用作油漆涂料的原料，是优良的溶剂，其衍生物可作为特种溶剂。可用来生成如邻苯二甲酸二丁酯、邻苯二甲酸丁基苄基酯、邻苯二甲酸丁辛酯、己二酸二丁酯等多种增塑剂。可用作抗乳化剂及油脂香料、激素、维生素、抗生素等的萃取剂及有机化工原料。

异丁醇由于价格低，可用作硝基纤维素、乙基纤维素、聚乙烯醇缩丁醛、天然树脂、橡胶的溶剂，还可以用作石油添加剂、增塑剂、抗氧剂等的合成原料。也可以用于生产异丁胺、乙酸异丁酯等。仲丁醇可用作抗脱水剂、乳化剂、染料分散剂、脱漆剂、工业洗涤剂等，也可用于油脂萃取剂、增塑剂，仲丁醇能增加涂料的加工性能和延展性，作为硝基漆的助溶剂。叔丁醇主要用作工业溶剂、蜡用溶剂、药品萃取剂、杀虫剂、塑料与油漆溶剂等。

辛醇有正辛醇、仲辛醇、异辛醇、2-乙基已醇、2，2，4-三甲基戊醇等。2-乙基异醇简称辛醇，为无色具有光泽和水果气味的油状液体，与水能形成共沸物，可溶于乙醇、乙醚等有机溶剂。辛醇化学性质与其他高级脂肪醇一样，由于含有羟基可以与无机酸或有机酸作用生成酯、与五氯化磷作用生成氯辛烷、与氢卤酸作用，生成卤辛烷、两个辛醇分子间脱水生成辛二醚、辛醇氧化成辛醛、辛醇加氢生成辛烷。

2-乙基己醇主要用于生产塑料工业增塑剂邻苯二甲酸二辛酯，用于合成润滑剂、抗氧剂的原料，是一种溶剂和性能良好的消泡剂。用于纸浆上浆、涂料、照相、胶乳、涂料、印染等方面，也用于陶瓷工业釉浆的分散剂、清洁剂、选矿剂及石油添加剂。

2. 丁、辛醇生产技术

（1）丁醇

目前，国内生产丁醇的方法有三种：粮食发酵法、醇醛缩合法和羰基合成法。

粮食发酵法是将粮食如玉米、山芋干或糖蜜等作原料，经过粉碎、加水制成发酵液，用高压蒸汽灭菌处理、冷却，接入纯丙酮-丁醇菌种，在保温、36~37℃条件下发酵。发酵液通过精馏获得丁醇、丙酮和乙醇等产品。该方法消耗粮食量大，每生产1t丁醇消耗4t粮食。

醇醛缩合法是将乙醛经醇醛缩合脱水生产丁烯醛，加氢后得丁醇。

羰基合成法有高压法和低压法。高压法是一氧化碳、氢气(合成气，$H_2/CO=1$)与丙烯在存在羰基钴催化剂、20~30MPa、160~180℃条件下进行羰基合成，生成正、异丁醛，再加氢可得到正、异丁醇。

低压法采用钴-膦配合物催化剂、铑-膦配合物催化剂。在低于2.0MPa，60~120℃条件下反应。一氧化碳、氢气与丙烯在催化剂存在下进行羰基合成，生成正、异丁醛，再加氢可得到正、异丁醇。

(2) 辛醇

辛醇工业生产方法有醇醛缩合法和丙烯羰基合成法。醇醛缩合法以乙醛缩合生成丁醇醛、脱水生成丁烯醛、加氢得正丁醛、缩合脱水得2-乙基已烯醛(辛烯醛)、加氢即得辛醇。

丙烯羰基合成法是以丙烯和合成气为原料，羰基合成反应生成正丁醛，正丁醛转化为辛醇的方法同醇醛缩合法。

醇醛缩合法虽然合成压力较低，丁醇和辛醇的生产比例可根据需要调整，但合成步骤多，生产成本较高。丙烯羰基合成法是以丙烯、合成气($CO+H_2$)为原料，在催化剂作用下，在双键两端碳原子上分别加上氢和甲酰基生产丁醛，进而得到丁醇、辛醇。这种方法原料价格便宜，合成路线短，是目前生产丁醇和辛醇的主要方法。

二、丙烯羰基合成反应

烯烃与一定配比的H_2、CO在过渡金属配位化合物的催化剂作用下发生加成反应，生成多一个碳原子的醛即为羰基合成反应(Oxo反应 Oxonation)；生成的醛可以进一步加氢生成醇，习惯上羰基合成包括由烯烃经醛直至生产醇的整个过程，Oxo反应中烯烃双链的两侧，加上一个氢原子(H)和一个甲酰基团(CHO)，所以又被命名为氢甲酰化反应。丙烯羰基合成正、异丁醛，并进一步生产丁辛醇。

1. 丙烯羰基化反应

(1) 主反应与副反应

羰基化反应体系中，烯烃、CO、H_2在催化剂的作用下，可发生多种平行、顺序反应，优化催化剂和反应条件，提高理想反应的选择性是羰基化反应的关键。

① 主反应

丙烯与合成气在钴系或铑系催化剂作用下发生液相反应，丙烯羰基合成生成正丁醛：

$$CH_2{=}CHCH_3+CO+H_2 \longrightarrow CH_3CH_2CH_2CHO \tag{7-14}$$

② 副反应

丙烯羰基合成生成异丁醛的平行副反应

$$CH_3CH{=}CH_2+CO+H_2 \longrightarrow CH_3\underset{\displaystyle CHO}{\underset{|}{C}H}CH_3 \tag{7-15}$$

丙烯加氢生成丙烷的平行副反应

$$CH_3CH{=}CH_2+H_2 \longrightarrow CH_3CH_2CH_3 \tag{7-16}$$

醛加氢生成醇的串连副反应

$$CH_3CH_2CH_2CHO+H_2 \longrightarrow CH_3CH_2CH_2CH_2OH \tag{7-17}$$

$$CH_3\underset{\displaystyle CH_3}{\underset{|}{C}H}CHO + H_2 \longrightarrow CH_3\underset{\displaystyle CH_3}{\underset{|}{C}H}CH_2OH$$

醛与氢、一氧化碳生成甲酸酯的串连副反应

$$CH_3CH_2CH_2CHO+H_2+CO \longrightarrow HCOOCH_2CH_2CH_2CH_3$$

$$\underset{\displaystyle |\atop CH_3}{CH_3CHCHO} + CO + H_2 \longrightarrow \underset{\displaystyle |\atop CH_3}{HCOOCH_2CHCH_3}$$

醛缩合副反应，由于羰基合成反应是在100~200℃的温度范围内进行，丁醛在反应器停留时间较长，除了上述主、副反应外还会发生生成缩醇醛及其他副产物的反应。

正丁醛缩合为辛烯醛

$$CH_3CH_2CH_2CHO+CH_3CH_2CH_2CHO \xrightarrow{OH^-}$$

$$CH_3CH_2CH_2CH{=}\underset{\displaystyle |\atop C_2H_5}{C}{-}CHO + H_2O^- \quad \Delta H^{\ominus}_{298K}=-96.62kJ/mol$$

辛烯醛加氢制2-乙基已醇(辛醇)

$$CH_3CH_2CH_2CH{=}\underset{\displaystyle |\atop C_2H_5}{C}{-}CHO + H_2 \xrightarrow{Ni}$$

$$CH_3CH_2CH_2CH_2\underset{\displaystyle |\atop C_2H_5}{CH}{-}CH_2OH \quad \Delta H^{\ominus}_{298K}=-171.38kJ/mol$$

当丁醛过量时，(正/正)二缩聚丁醛与正丁醛聚合生成环状缩三聚物或(正/正/正)缩醛三聚物。还有其他一些副反应，如异构醛与正构醇之间、正构醛与异构醇之间、异构醛与异构醇之间的反应，并生成少量重组分物质，丙烯羰基合成反应比较复杂。图7-10显示了羰基化过程中的主副产物。

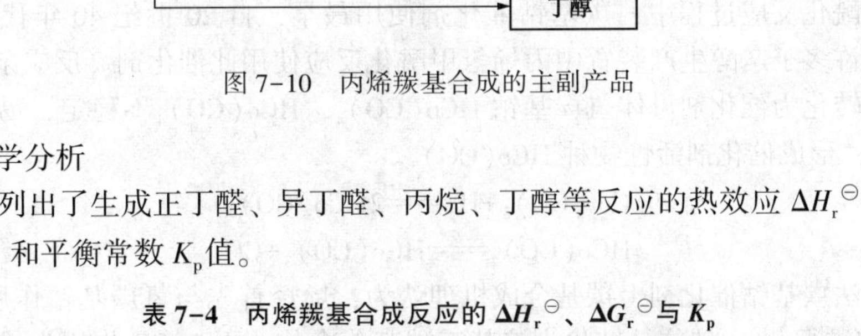

图7-10　丙烯羰基合成的主副产品

(2)热力学分析

表7-4中列出了生成正丁醛、异丁醛、丙烷、丁醇等反应的热效应$\Delta H_r^{\ominus}$、标准生成吉氏函数$\Delta G_r^{\ominus}$、和平衡常数K_p值。

表7-4　丙烯羰基合成反应的$\Delta H_r^{\ominus}$、$\Delta G_r^{\ominus}$与K_p

反应式	$\Delta H_r^{\ominus}{}_{,298K}$/(kJ/mol)	$\Delta G_r^{\ominus}{}_{,298K}$/(kJ/mol)	$K_{p,298K}$
A	-123800	-48400	2.96×10^9
B	-130100	-53700	2.52×10^9
C	-124500	-86400	1.32×10^{15}
D	-61600	-94800	3.90×10^{16}

上述 4 个主、副反应均为强放热反应；丙烯羰基化合成正、异丁醛的反应，在常温下，平衡常数 K_p 达 10^9 以上，视为不可逆反应，即使在 250℃，K_p 仍大于 100，热力学上为优势反应，反应处于动力学控制下进行；反应(7-16)、反应(7-17)在热力学上的优势更为明显；在较高温度下，反应(7-15)的平衡常数大于反应(7-14)的平衡常数，要使羰基化朝着生成正丁醛的方向进行，必须通过选择合适的催化剂以及控制适宜的反应条件使生成正丁醛的反应在动力学上占优势。

(3) 催化剂与动力学

第Ⅷ族元素中的铁、钴、钌、铑、钯、锇、铱、铂等金属的外层电子结构具有 d 电子轨道，当其与含有孤对电子的配位体如羰基作用时，成为配合物的中心原子或离子，产生空价电子轨道，对烯烃的羰基合成反应具有催化作用。其中羰基铑活性最高，羰基钴次之，羰基铁活性较低，羰基镍无催化活性。易形成金属羰基配位化合物的过渡金属对烯烃羰基合成反应的相对活性为：Rh>Co>Ru>Mn>Fe>(Cr、Mo、W、Ni)。

工业羰基合成反应中，先后使用了氢羰基钴配位配合物 $HCo(CO)_4$，氢羰基钴-叔膦配位体配合物，如以三烷基膦为配位体的 $HCo(CO)_3(PR_3)$；氢羰基铑-叔膦配位体配合物，如以三苯基膦为配位体的 $HRh(CO)_2(PPh_3)_2$ 等三种类型的均相过渡金属配合物催化剂，不同催化剂的主要操作参数及产品质量见表 7-5。

表 7-5　羰基合成催化剂的典型操作条件

反应条件与产物分布	催化剂		
	$HCo(CO)_4$	$HCo(CO)_3[P(n\text{-}C_4H_9)_3]$	$HRh(CO)(PPh_3)_3$
温度/℃	140~180	160~180	80~120
压力/MPa	25~35	5~10	1.5~2.5
催化剂浓度(M/烯)/%	0.1~1.0	0.5~1.0	10^{-2}~10^{-3}
正构醛与异构醛之比	(3~4) : 1	(6~8) : 1	(10~14) : 1
醛/%	80	10	96
醇/%	10	80	2
烷烃/%	1	5	2
其他/%	9	5	2

① 羰基钴催化剂

烯烃氢甲酰化反应过程中，羰基钴催化剂使用最早，自 20 世纪 40 年代实现工业化以来，至今仍有许多丁辛醇生产装置中丙烯氢甲酰化反应使用此催化剂。反应条件下不管何种形式的钴均被转化为催化剂母体氢羰基钴 $HCo(CO)_4$，$HCo(CO)_4$ 不稳定，易分解，失去一个 CO 配体后，形成催化剂活性物种 $HCo(CO)_3$。

$$Co_2(CO)_8+H_2 \rightleftharpoons 2HCo(CO)_4$$

$$HCo(CO)_4 \rightleftharpoons HCo(CO)_3+CO$$

对于高压法羰基钴催化剂上羰基合成机理认为：烯烃首先与氢羰基钴作用形成 π-配合物；π-配合物进行 π-σ 转位，转化为烷基三羰基化合物，再与 CO 作用生成四羰基钴；烷基四羰基钴通过插入反应很快转化为三羰基酰基钴化合物，并与 CO 发生配位作用生成四羰基酰基钴；酰基化合物与氢反应生成醛和氢羰基钴；催化剂的循环利用。

伴随反应的进行，催化剂的循环过程中，羰基钴 $Co_2(CO)_8$ 与氢羰基钴 $HCo(CO)_4$ 的比例决定于反应温度和氢分压。

$$\frac{c^2_{HCo(CO)_4}}{c_{Co_2(CO)_8}}=K\cdot p^2_{H_2}$$

平衡常数 K 与温度存在如下关系

$$K=1.365-1900/T$$

羰基合成工业条件下，两组分浓度大致相等。不同的操作条件，钴的形态不同。高压下有足够的氢分压时，有利于 $HCo(CO)_4$生成。当 CO 分压过低，羧基钴易分解而析出钴。

$$Co_2(CO)_8 \rightleftharpoons 2Co+8CO$$

反应过程要维持一定的羰基钴浓度，就必须保持足够高的 CO 分压。保持一定的 H_2分压对有效组分 $HCo(CO)_4$浓度的稳定亦起决定性作用。

羰基钴的分解会降低反应液中催化剂有效活性组分的浓度，析出的钴沉淀附着于反应器内壁，使传热条件恶化。因此，必须保持足够高的CO分压以防羰基钴分解，温度越高，需要的CO分压就越高。催化剂浓度提高时，为阻止 $Co_2(CO)_8$分解，所需的CO分压也增高，如150℃时，钴浓度从0.2%增至0.9%，CO分压由4MPa增加至8MPa以上，而总压也由8MPa增加到16MPa以上。羰基钴稳定区的操作条件如图7-11所示。

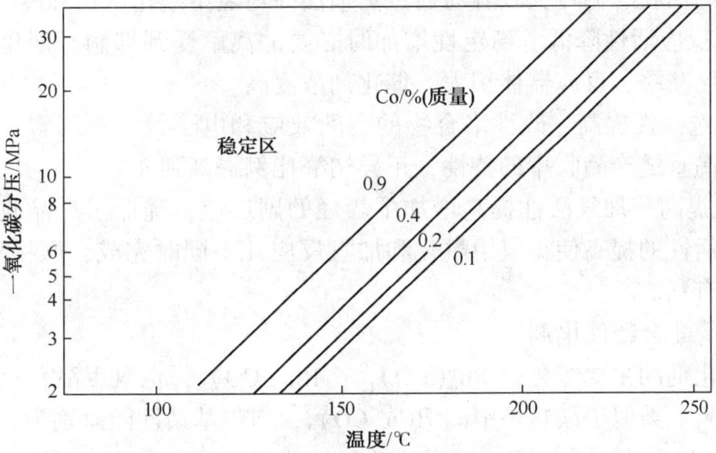

图7-11　不同浓度羰基钴分解温度与温度的关系

羰基钴催化剂自德国鲁尔化学公司首先用于工业生产以来，已广泛用于氢甲酰化的工业过程，主要缺点是 $HCo(CO)_4$和 $Co_2(CO)_8$的挥发性高，稳定性低，与醛产品分离困难，反应条件苛刻，操作压力高，产品直链醛选择性低。

② 羰基钴-膦配合物催化剂

羰基钴-膦配合物催化剂中的膦配位体主要是三烷基膦（PR_3），碱性配位体取代羰基，增加了催化剂的稳定性和，调节了催化剂的空间结构，操作压力显著降低，正异构醛比例提高，最为有效的是已用于丙烯一步合成丁醇工业反应过程中的三正丁基膦改性的钴催化剂，活性组分为 $HCo(CO)_3[P(n-C_4H_9)_3]$。

羰基钴-膦配合物催化剂 $HCo(CO)_3PR_3$中三烷基膦的作用，可以从空间因素和电子因素两个方面分析。从空间因素分析，三价膦化合物是不等性的 sp^2杂化构型物，配位后呈多面体结构，比直线的CO配位体大。不同膦化物配位体与中心原子形成的锥角不一样，锥角愈大，空间效应显著，三价膦化合物中三苯基膦[$P(C_6H_5)_3$]形成的锥角最大。从电子因素分析，三价膦化合物 PR_3是比CO更强的 σ 给予体、更弱的 π 接受体，PR_3代替部分CO配位后增加了钴原子的负电荷密度，钴原子将增加的负电荷反馈给 CO，强化了钴原子对 CO 的配合能力，增强了配合物分子的稳定性。另外，PR_3减弱了对氢原子的结合能力，增加了氢原子的活泼性。基于空间、电子两个因素的影响，三价膦化合物加强了中心原子对 CO 配位体的配合能力，反应可在较低压力下进行；配体氢原子活性的改善，提高了原料烯烃与产物醛类的加氢能力。增强的空间效应和 CO—H 键的极化有利于正构醛的生成，改性后催化剂的选择性明显改善，产物中正异构醛比例增大。

羰基钴-膦配合物催化剂参与反应时的结构为 $Co_2(CO)_6(PPh_3)_2$，羰基化条件下与氢作用形成活性配合物 $HCo(CO)_3(PPh_3)$，解离出一个 CO 后与烯烃配合成 π-配合物，并很快转化为烷基物，再加入 CO 使配位饱和。由于膦配位体作用，增强了 Co—CO 键，通过缔合机理进行。

碱性配位体(PR_3)的引入，使羰基化催化剂的性质发生积极变化，引起羰基化反应过程操作条件、产品分布、产品质量的变化为：

a. 稳定性增加　在较低的 CO 分压下催化剂亦能稳定存在，反应可在低压下进行，合成压力由 28~30MPa 降至 8MPa，节省了加压反应器、合成气压缩能量等费用。稳定性的提高亦简化了催化剂的回收、循环，较容易通过蒸馏法即与氢甲酰化产物分离。

b. 氢甲酰化反应活性降低　稳定性增加时必要的离解受到抑制，催化剂的活性随之下降，整个反应速度减缓，反应器体积大，催化剂浓度高。

c. 直链产物选择性提高　改性络合物的空间效应和电子效应等因素，使得它具有抑制异构作用以及提高直链产品收率的特性，正异构醛比例提高到 8。

d. 加氢活性提高　加氢活性提高增加了烯烃的副反应，降低了产品收率，造成原料损失。同时，加氢活性的提高使得氢甲酰化和加氢反应几乎同时完成，产物只有醇而没有醛，对合成丁醇极为有利。

③ 羰基铑-膦配合物催化剂

羰基铑类催化剂的主要组分是 $Rh_4(CO)_{12}$或 $Rh_2(CO)_8$，在氢甲酰化反应条件下，活性物种是 $HRh(CO)_3$。类似于羰基钴中的 $HCo(CO)_3$，与羰基钴性能差别为：催化剂比羰基钴高 10^2~10^4倍；烯烃异构化能力强；正异构化低，铑价格昂贵；操作条件温和，较低压力下进行；加氢活性低，醛醛缩合、醇醛缩合等副反应很少发生。

为提高羰基铑催化剂的性能，提高其选择性和稳定性，采用三苯基膦作配位体，对羰基铑进行改性，得到催化剂 $HRh(CO)(PPh_3)$的优点如下：三苯基膦的存在增加了铑的负电荷密度，加强了铑向羰基的电子反馈，使铑与羰基间的重键性得到加强，提高了羰基铑-膦配合物的稳定性；三苯基膦作为配位体比羰基体积大，空间位阻作用阻止了异构醛的产生，正异构醛比例达到 10 以上，同时抑制了烯烃异构化；减少了加氢活性，抑制了醛的加氢反应，产物中几乎不含醇。

三、丙烯羰基化工艺过程

1. 工艺应用

丁辛醇的工业合成方法是丙烯为原料的羰基合成法。羰基化反应技术主要有德国鲁尔公司(Ruhr)的高压钴法、谢尔公司的低压钴法、美国壳牌化学公司(Shell) 的改性铑法、美国联合碳化物公司等共同开发的改性铑法等四种。其中，美国壳牌化学公司(Shell)开发的改性铑法应用较少。表 7-6 列出了各种技术所用催化剂和工艺特点。

表 7-6　羰基合成反应的几种技术路线的特点

技术路线	催化剂	压力/MPa	适应的烯烃	主要生成物	正/异比例	收率
高压钴法	Co	29.4	范围广	醛	3~4	中
低压钴法	Co	9.8	$\leqslant C_{14}$	醇	7~9	中
改性铑法	Rh(UCC)	<2.45	$\leqslant C_4$	醛	8~10	高
	Rh(三菱)	4.70~7.84	$\leqslant C_{10}$	醛	2~10	高

鲁尔公司开发的羰基高压钴法，使用羰基钴为催化剂，有 30 余年生产历史，在产量上占领先地位。但这种方法反应压力高，副产物异丁醛或异丁醇使用价值低，影响了丁辛醇产量的提高。

美国联合碳化物公司、英国戴维公司及约翰逊·马瑟公司共同开发了铑-磷配合物催化剂，已在工业生产中使用，反应压力仅为 2.45MPa，不到高压法的 1/10，产物中正异比高达 10 左右，主产物的收率也高于羰基钴催化法，表 7-7 列出了此三种技术在丙烯羰基合成中所用的合成条件及产品。

表 7-7　丙烯羰基合成工艺的合成条件及反应结果

合成条件	工艺方法		
	鲁尔高压钴法	谢尔低压钴法	联碳低压铑法
催化剂	羰基钴	钴-磷	铑-磷
反应温度/℃	145	177	110
压力/MPa	28~30	3~4	2~2.45
正丁醇的收率/%(以丙烯计)	69.7	76.9	82.6
正/异比	3.6	9	12

2. 工艺条件

(1)温度

升高温度在提高反应速度同时使产物中直链醛的含量降低，生成饱和烃、缩醛、醇等副反应的趋势增强。图 7-12~图 7-14 为反应温度对不同催化剂、产品分布的影响。氢甲酰化反应温度应根据所用催化剂的类型确定，不宜过高。使用羰基钴催化剂时，一般在 140~180℃，使用膦羰基铑催化剂时为 100~110℃。

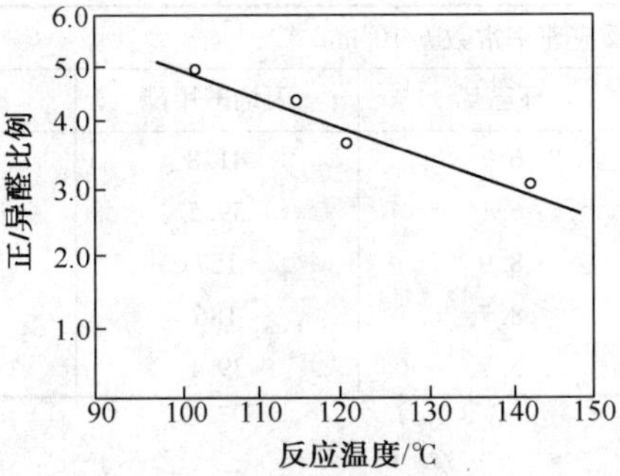

图 7-12　温度对正/异醛比的影响催化剂为 $HCo(CO)_4$

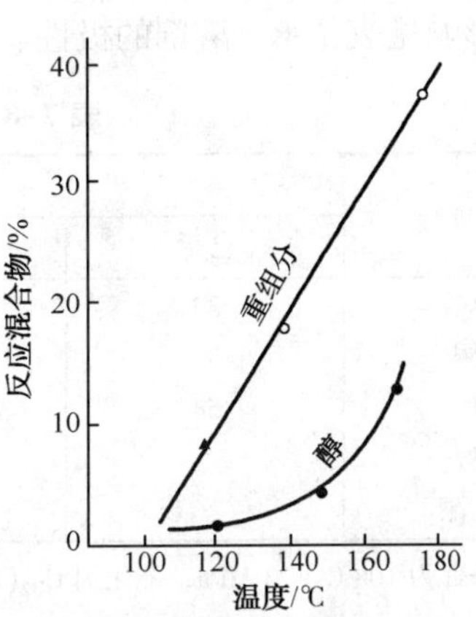

图 7-13　温度对甲酰化反应副产物的影响催化剂为 $HCo(CO)_4$

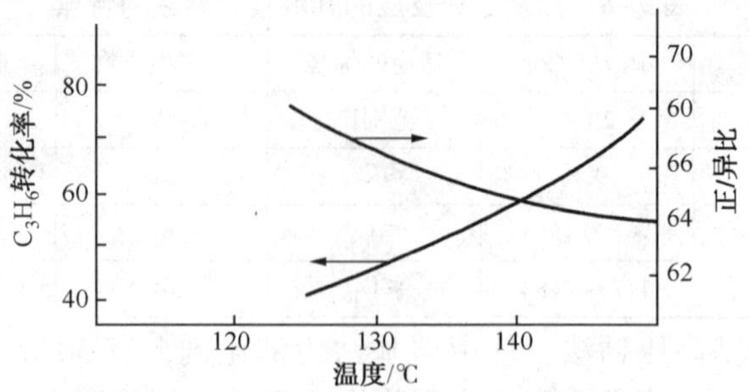

图 7-14　温度与丙烯转化率和正/异醛比的影响

催化剂为 $Rh(PPh_3)_2COCl$

（2）CO、H_2的分压及总压

烯烃氢甲酰化反应动力学、反应机理表明，维持较高的 H_2分压可提高氢甲酰化反应速度，提高烯烃转化率，正/异醛比升高，同时副产醇、烷烃含量增加。但在总压恒定的情况下，因羰基氢钴（铑）的不稳定性增大，反应速度只能达到某限定值。降低 CO 分压，可提高反应速度，但 CO 分压太低导致羰基催化剂不稳定而分解，需要的 CO 最低分压除与催化剂类型有关，还与反应温度及催化剂浓度有关。改变 CO 分压，对于产物分布亦有影响。当采用羰基金属催化剂时，提高 CO 分压，生成物中直链醛的比例增加；采用改性膦羰基铑催化剂时的变化规律与之相反。故 CO 分压亦有一个适宜的范围。一般 H_2：CO＝1（摩尔比）时，总压变化对反应速度没有影响，但副反应物增多，采用膦改性羰基铑催化剂时，变化幅度减缓。总压的高低须视不同催化剂及原料而定。

（3）溶剂

烯烃氢甲酰化反应常使用溶剂，脂肪烃、环烷烃、芳烃、醚类、酯、酮、脂肪酸均可作溶剂。CO 和 H_2溶解于溶剂，有利气液传质；溶解催化剂，有利于催化剂的分散，溶剂可以起到热载体的作用。溶剂的使用对提高目的产物的选择性有效，如丙烯的氢甲酰化反应中以异丁醛作溶剂可抑制异丁醛的生成，但异丁醛的循环会增加其他副反应，消耗一部分正丁醛。溶剂对于反应速度也有一定的影响。一般来说，溶剂的极性越大，越能加速反应。溶剂对甲酰化反应速度的影响见表 7-8。溶剂的极性、与催化剂的互溶性等性质是选择溶剂的基础。

表 7-8　溶剂对甲酰化反应速度的影响

溶剂	氢甲酰化反应速率常数 $k/10^3 min^{-1}$				
	己烯	2-己烯	环己烯	丙烯酸甲酯	丙烯腈
苯	32	9.2	6.7	41.8	12
丙酮	34	9.1	6.1	59.5	23
甲醇	54	9.2	8.9	157	80
乙醇			8.7	186	128
甲乙酮			5.7	39.1	

注：条件为 108℃，23 MPa，催化剂 $Co_2(CO)_8$。

3. 工艺流程

丙烯羰基合成工艺技术相当成熟。传统的高压羰基合成仍在使用，主要用于以 C_6以上烯烃为原料生产高碳数醛、醇，改性钴中压法（Shell 工艺）主要用于高碳数洗涤剂用醇的生产，占羰基合成工业绝大部分的丁醛、丁醇、辛醇的生产，已逐渐改用低压合成法。高压法有巴斯夫(BASF)、鲁尔(Ruhr)、库尔曼、三菱高压合成技术，低压法有UCC/DAVY/JMC联合开发的LPO工艺(气相循环、液相循环两种)、德国鲁尔化学公司RCH工艺、三菱化成技术等。

(1) 高压羰基合成法

高压羰基合成一般采用羰基钴催化剂，催化剂只有在CO分压大于10MPa下才稳定，所以羰基合成必须在高压(20~30MPa)下进行。钴催化剂常用形式有：醋酸钴、碳酸钴、环烷酸钴、马来酸钴及C_5~C_9脂肪酸钴。钴化合物在羰基合成条件下，与一氧化碳和氢气反应形成$HCo(CO)_4$。高压羰基合成丁辛醇的生产流程不尽相同。丙烯高压羰基合成法制丁醇的工艺流程如图7-15所示。

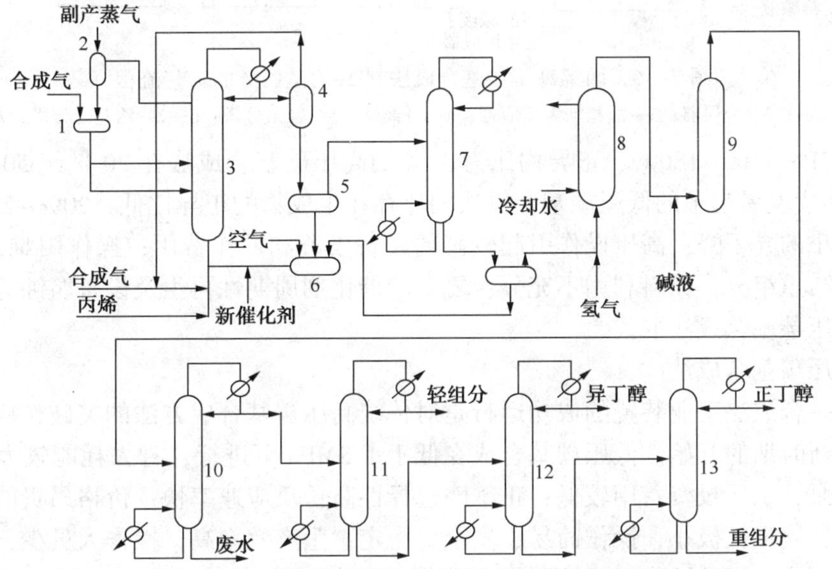

图7-15 丙烯高压羰基合成法制丁醇的工艺流程

1—冷却水罐；2—汽液分离器；3—羰基合成反应器；4—分离器；5—脱钴装置；6—催化剂再生装置；7—脱气塔；8—高压液相加氢反应器；9—皂化反应器；10—有机物蒸出；11—轻组分蒸出塔；12—异丁醇蒸馏塔；13—正丁醇蒸馏塔

原料丙烯、合成气和钴催化剂溶液由羰基合成反应器下部进入反应器，进行羰基合成反应。反应后的液体由顶部出反应器送分离器。分离器分离出的未反应气体与脱气塔分离的未反应气体返回合成反应器循环使用。采用空气氧化法回收钴催化剂溶液,，回收的钴催化剂溶液循环使用。反应液体脱钴后送往脱气塔，脱气塔中通入蒸汽，进一步回收液体中所含催化剂溶液，并将未反应气体进一步脱除。脱气后的液体分层，水相为钴催化剂水溶液，循环使用，油相为混合丁醛液。

混合丁醛液送往高压液相加氢反应器，使正异丁醛相应生成正异丁醇，加氢后的反应物用碱液皂化。然后在有机物蒸出塔中用蒸汽直接将部分有机物蒸出。塔底废液作燃料，塔顶物料送轻组分蒸出塔。轻组分蒸出塔塔顶物料用作燃料。塔底物料送异丁醇蒸馏塔，塔顶蒸出异丁醇，塔底物料送正丁醇蒸馏塔，塔顶为正丁醇产品，塔底为重组分燃料。

丙烯高压羰基合成法制2-乙基已醇的工艺流程如图7-16所示。高压羰基合成法合成、精制的正丁醛，在碱液存在下，于塔式缩合反应器中生成辛烯醛(2-乙基已烯醛)。缩合产品分层，大部分稀碱液循环使用。辛烯醛(2-乙基已烯醛)送去液相加氢，生成2-乙基已醇。粗2-乙基已醇经过3个精馏塔提纯，轻组分塔塔顶所得轻组分送至丁醇蒸馏的轻组分塔处理。2-乙基已醇塔的塔顶得 2-乙基己醇产品。重组分塔塔顶得粗 2-乙基己醇送回液相加氢，塔底得到的重组分用作燃料。

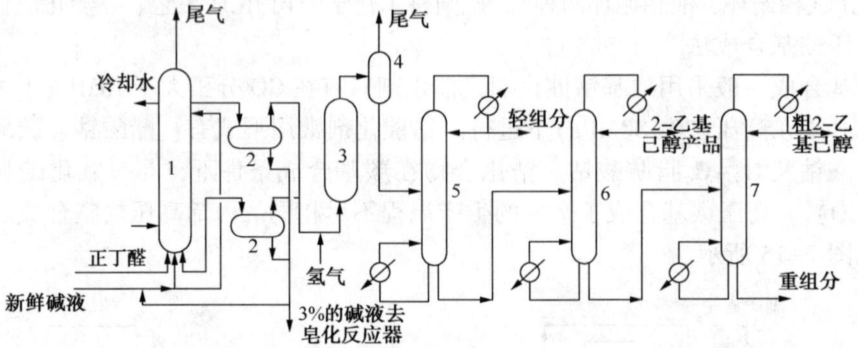

图 7-16　丙烯高压羰基合成法制 2-乙基已醇的工艺流程

1—缩合反应器；2—分层器；3—液相加氢反应器；4—分离器；5—轻组分塔；6—2—乙基已醇塔；7—重组分塔

20~30MPa、160~180℃、正异构比为 3~4 的高压羰基合成法在 20 世纪 50 年代迅速发展，与 70 年代发展起来的低压羰基合成法相比存在生成物的正异比低，20%~25%的原料生成了价值较小的异丁醛；高压操作引起较高的设备投资和操作费用；操作困难，维修量大；存在副产物与重组分，原料利用不充分；复杂的催化剂周期性再生及设备腐蚀等缺陷。高压法逐渐被低压羰基合成法取代。

(2) 低压羰基合成法

低压羰基合成法工业装置的成功运行是对传统高压羰基合成方法的突破，标志着羰基合成工艺技术新时期的开始。低压羰基合成在低于 1. 8MPa 下进行，省去耗能较大的合成气压缩机和高压泵，工厂投资费用较低；正丁醛选择性高；反应速率快；价格昂贵的催化剂用量可减至很少，铑损耗极小；操作简易、安全、稳定；生产效率高，操作人员少，维修工作量小；建筑面积小、腐蚀性小、环境污染小等优点。自 1976 年建成世界上第一套装置起，至今已有几十套装置投产，低压羰基合成有逐步取代高压法的趋势。图 7-17 为三菱化成低压法丙烯羰基合成工艺流程。

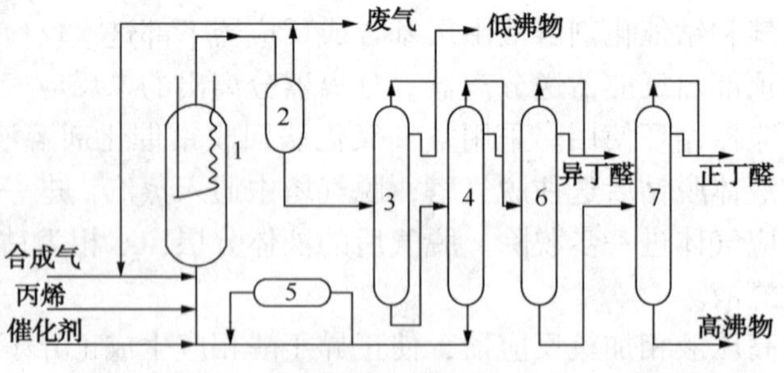

图 7-17　三菱化成低压法丙烯羰基合成工艺流程

1—羰基合成反应器；2—气体分离器；3—低沸物蒸馏塔；4—催化剂分离蒸馏塔；
5—催化剂处理装置；6—异丁醛蒸馏塔；7—正丁醛蒸馏塔

(3) 丙烯氢甲酰化一步法(Shell 法)

Shell 公司开发了丙烯氢甲酰化一步法生产正异丁醇工艺。该法采用羰基钴-膦配合物催化剂，由丙烯、氢、一氧化碳一步合成丁醇。

$$CH_3CH=CH_2+CO+2H_2 \xrightarrow{\text{钴-膦催化剂}} \begin{cases} CH_3CH_2CH_2CH_2OH \\ (CH_3)_2CHCH_2OH \end{cases}$$

丙烯氢甲酰化工艺如图 7-18 所示，丙烯、CO、H_2在反应器中进行反应，出反应器气体、催化剂分离，含催化剂的液体在蒸馏塔中分离出催化剂，循环返回反应器。正异丁醇在蒸馏塔中分离。典型的反应条件为：160~200℃、5~10MPa；产物主要是丁醇，正异丁醇比一般大于 8。羰基钴-膦配合物催化剂与羰基钴催化剂相比，其优点反应过程条件温和，在较低的压力下进行，可以一步合成醇。其缺点是氢甲酰化催化活性较低，部分烯烃被氢化为价值较低的烷烃。

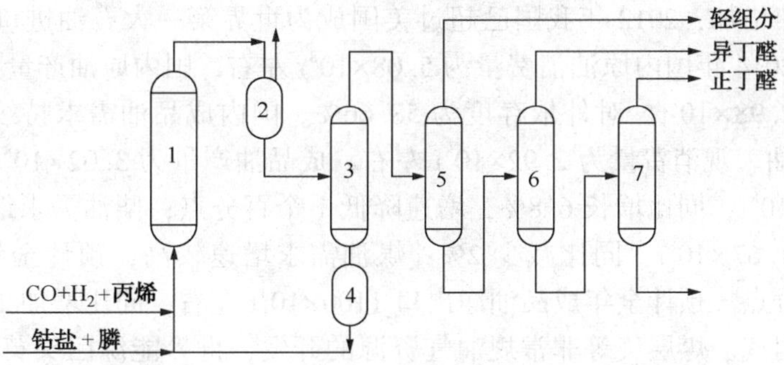

图 7-18　Shell 公司丙烯氢甲酰化工艺简化流程图

1—反应器；2—分离器；3—蒸馏塔；4—催化剂再生；5~7—产物蒸馏塔

高碳醇的生产在氢甲酰化过程中，主要以 C_{11}~C_{15}和烯烃为原料，用钴-膦配合物催化剂，在 6.0~9.0MPa、160~200℃条件下进行。工艺简化流程如图 7-19 所示。在生产高碳醇中，实际用的叔膦配体是由高沸点长链烷烃制成的。原料烯烃、合成气和催化剂混合后输入 6 台串联的反应器进行烯烃氢甲酰化反应，反应器内装有冷却管盘，由循环冷却剂移去反应热。从最后一个反应器输出的反应液，进分离器脱除未反应的气体，液态物料进真空膜蒸发器，分出的催化剂混合液进循环缓冲器，补充钴盐和配位体后，再经第一台反应器入口进反应器循环使用。分出不含催化剂组分的粗醇，经碱洗皂化、除去酸类化合物、水洗，再进轻馏分蒸馏塔，蒸去轻馏分，经重馏分塔除去 C_{15}以上的高碳醇，塔顶馏出的产品最后经加氢精制反应器，除去其中所含的微量醛而得成品醇。

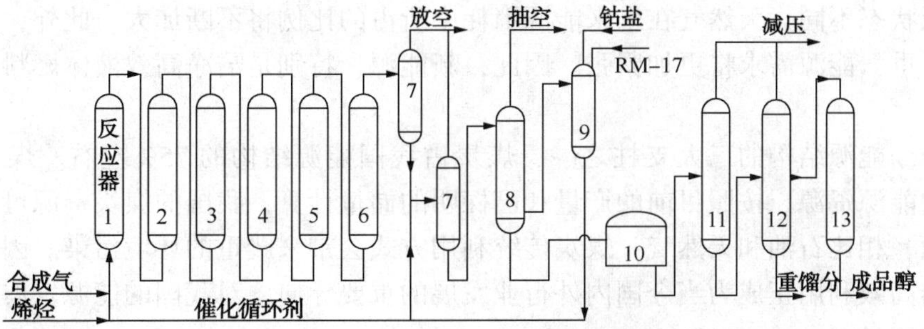

图 7-19　Shell 公司高碳醇生产工艺简化流程图

1~6—反应器；7—分离器；8—真空膜蒸发器；9—缓冲罐；10—粗醇罐；11—轻组分蒸馏塔；12—重组分蒸馏塔；13—加氢精制反应器

第八章　燃料及燃料添加剂

第一节　概　　述

随着经济高速发展，我国的原油消耗量迅速增加，自 1993 年起中国就已成为石油净进口国，且数量逐年增加，2012 年我国已超过美国成为世界第一大石油进口国。截止到 2014 年 8 月底，预测 2014 年国内原油消费量为 5.08×10^8t 左右，国内原油产量为 2.1×10^8t 左右，原油进口量约为 2.98×10^8t，对外依存度为 58.66%。国内成品油需求持续低速增长，预计 2014 年国内成品油表观消费量为 2.92×10^8t 左右，成品油产量为 3.02×10^8t 左右。其中汽油表观消费量为 1×10^8t，同比增长 6.8%，增速降低 1 个百分点；柴油需求继续负增长，全年表观消费量约为 1.67×10^8t，同比减少 2%；煤油需求增速较高，预计全年同比增长 12%，增速上升 3 个百分点。预计全年成品油净出口 1100×10^4t 左右，同比增加 200×10^4t。

随着美国页岩气、煤层气等非常规油气资源的开发，世界能源巨头英国石油公司（BP）表示，2035 年前后美国将在能源上自给自足并保持世界上最大天然气生产国的地位。美国使用的燃料类型将变化不大，石油、煤炭和核能分别减少 18%、12%和 17%。天然气和可再生能源将分别增长 21%和 277%。能源使用中的二氧化碳排放将减少 6%，达到自 20 世纪 80 年代以来的最低水平。到 2027 年，天然气将取代石油成为美国能源消耗中的最主要燃料。到 2035 年，天然气的占比将从目前的 30%增至 35%，石油则从 36%降至 29%。化石燃料在能源需求的占比将从 85%降至 80%。用于发电的可再生能源将从 2%增至 8%。在全球需求中，美国的占比将从 18%降至 13%，中国则从 22%增至 27%。到 2035 年，美国能源密集度将降低 40%，全球平均密集度将降低 36%，美国人均能源消耗将创新低。

石油的安全有效供应和环保压力已成为制约世界各国发展的桎梏，对发展中国家更是如此。20 世纪 60 年代以来，随着人们环保意识的提高和石油危机的影响，各国政府积极开展替代能源研究。然而，在还未发现真正大规模的替代能源前，天然气需求量会不断增加。自 20 世纪 80 年代开始，我国加快天然气勘探、开采与利用的步伐。与石油的开采与利用将逐渐处于递减状态不同，天然气在未来能源消耗中所占的比例将不断加大。此外，随着原油重质化日益严重，能源需求将更加紧张。因此，新能源，特别是洁净高效液体燃料的需求量将不断增加。

作为当今能源结构的三大支柱之一，煤炭占我国能源结构的 75%左右。煤炭是我国储量最丰富的能源资源，按照目前的产量和已探明的储量计算，我国的煤炭资源可继续使用上百年。然而，相比石油和天然气，煤炭传统利用方式会带来严重的环境污染。因此，如何实现煤炭清洁高效利用正成为当今国内外行业发展的重要导向，对我国的能源发展具有重要的现实和战略意义。

以我国丰富的煤炭资源、煤层气、页岩气、大量炼焦副产物焦炉气等为原料，制取合成气，再由合成气合成液体燃料，以炼焦副产物煤焦油为原料加氢转化为液体燃料，已促使碳一化工在能源化工中发挥越来越大的作用。

第二节 合成液体燃料

液体燃料由于质量热值高、燃烧过程易组织、集输简单、使用方便、污染低，成为国防、交通运输等行业内燃机燃料的首选。液化就是将固体燃料、气体燃料转化为液体燃料的过程。

一、直接液化

煤和烃类液体在结构、组成、性质上的差别主要表现在分子量、氢碳比、氧含量、无机物含量的不同。因此，要将煤转化为烃类液体要经过加氢、裂解和脱灰三个过程。为使煤的结构达到重新结合，必须增加煤中氢与碳的比例，从煤的氢碳比 0.8 左右增加到液体烃类的氢碳比 1.5 左右。增加煤中的氢碳比的方法有煤本身氢的重新分布及从外部加氢两种。煤的液化是以煤为原料，生产低相对分子质量的烃类液体的过程。加氢和裂解过程是提高煤中氢碳比，降低相对分子质量的关键步骤。

煤液化分两个途径，其一是使煤在高温、高压下与氢直接反应转化为液体烃，即煤直接加氢液化；其二是先使煤气化成合成气，再由合成气合成液体燃料或化学品，称之为煤间接液化。

德国柏吉斯(Bergins)的煤高压加氢技术研究为煤加氢液化奠定了良好的技术基础，自1927 年德国第一套煤直接液化装置工业投产以来，特别是石油价格暴涨以来，煤直接液化技术的研究、开发十分活跃。美国开发了溶剂精炼煤法(SRC-Ⅰ、SRC-Ⅱ)、供氢溶剂法(EDS)、氢煤法(H-Coal)、和催化两段液化法(CTSL)；德国开发了 IG 工艺和 IGOR 工艺；英国和中国合作开发的超临界溶剂抽提法(SCE)等。其中 IGOR 工艺被认为是世界上最先进的煤直接液化工艺。

煤的直接液化是在溶剂、催化剂存在下通过高压、高温加氢使煤液化的方法，根据溶剂油和催化剂的不同、热解方式和加氢方式的不同以及工艺条件的差异，可分为溶解热解液化法、溶剂加氢抽提液化法、高压催化加氢法、煤和渣油联合加工法、干馏液化法、地下液化法等。

直接加氢液化过程中主要发生大分子的热解、自由基“碎片”的加氢、杂原子的加氢、自由基“碎片”的结焦等反应，所得产物并非单一产物，而是由气体、液体、固体组成的复杂混合物。

德国开发的 IG 工艺改进后的工艺流程如图 8-1 所示，美国煤直接加氢液化工艺研究、试验取得了重大突破，如图 8-2、表 8-1 所示。

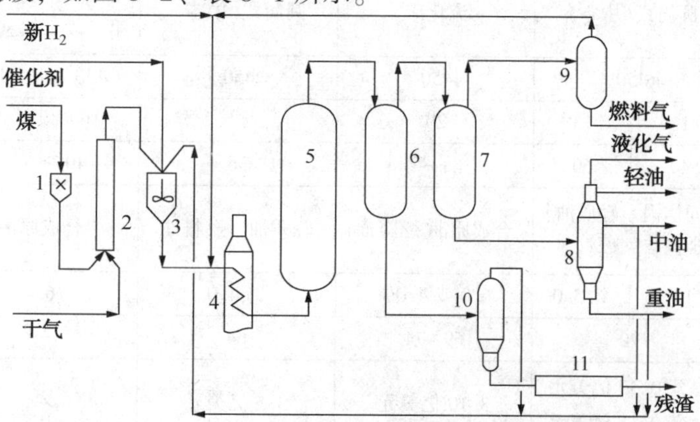

图 8-1 德国直接液化 IG 新工艺的原则流程图

1—磨煤机；2—干燥装置；3—煤浆装置；4—预热器；5—反应器；6—热分离器；7—冷分离器；8—常压蒸馏塔；9—气体油洗涤塔；10—真空蒸馏塔；11—造粒

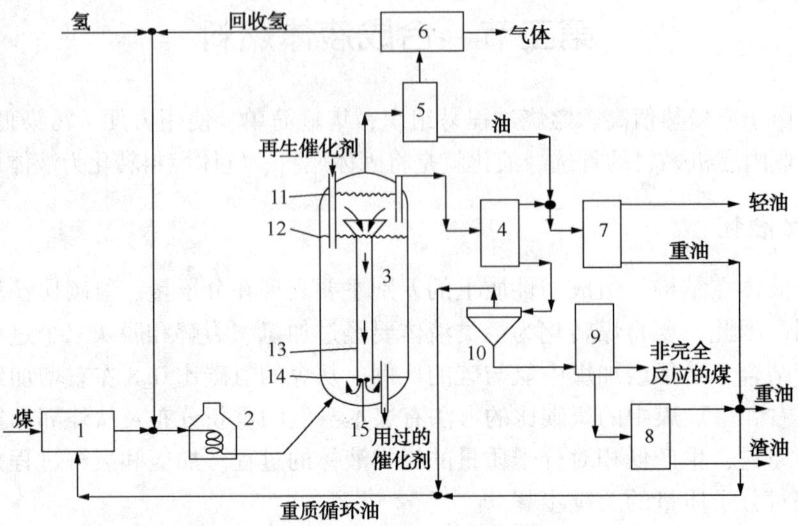

图 8-2　氢煤法的工艺流程图

1—煤浆制备；2—预热器；3—反应器；4—闪蒸塔；5—冷分离器；6—气体洗涤塔；7—常压蒸馏塔；8—减压蒸馏塔；9—液固分离器；10—旋流器；11—浆状反应物料液位；12—催化剂上限；13—循环管；14—分布板；15—搅拌螺旋桨

表 8-1　美国煤直接液化主要工艺的中间试验

项目		SRC I	SRC II	H-Coal	EDS	ITSL		New IG
规模/(t/d)		50	50	200~600	250	6		200
地点		美国华盛顿洲		美国肯塔基州	美国德克萨斯州	美国阿拉巴马		德国鲁尔区
主要公司		匹兹堡煤矿公司		烃类研究公司	埃克森石油公司	催化剂公司等		鲁尔煤矿公司
主要工艺条件	煤	褐煤和年轻烟煤		褐煤和年轻烟煤	褐煤和年轻烟煤	褐煤和年轻烟煤		年轻烟煤
	催化剂	煤中的硫铁矿		$Co-Mo-Al_2O_3$	$Co-Mo-Al_2O_3$（对循环油加氢）	$Ni-Mo-Al_2O_3$		赤泥等
	反应器	圆筒式(中空)		流化床	圆筒式(中空)	第一段　如 SRC 第二段　如氢煤法		圆筒式(中空)
	温度/℃	450		450	450	430	450	475
	压力/MPa	12	13	20	14	16	20	30
	时间/min	40	60	—	36	4~40	—	40
主要产品		固体锅炉燃料	轻质油燃料油	合成原油 燃料油	轻质油　燃料油	合成原油		轻油和中油
氢耗/%		约 2.5	约 5.0	6.0 或 4.0%	约 4.0	6.4		6.0
热效率/%		70		69~74	64	—		>60
投资		基建 0.30 亿美元 运转 0.15 亿美元		3.10 亿美元	3.5 亿美元	—		基建 2.42 亿马克 运转 5.20 亿马克
中试起止时间		1974~1981 年		1980~1982 年	1980~1982 年	1981 年至今		1981~1987 年

煤直接液化氢耗高(5%~6%)、催化剂的消耗大、热效率低(60%左右)、尚无大规模长周期的装置运行示范、关键设备安全系数低、投资成本高，工业化进程有待完善。由中国神华集团利用自主技术建设的全球规模最大的 100×10^4t/a 煤直接液化项目已进入长期工业试运行，为大型煤直接液化装置提供技术支持。

二、间接液化

由煤或天然气间接生产汽油、柴油等液体燃料实质上是合成气经 F-T 合成反应转化为石油类产品的过程。

$$\text{煤/天然气}\xrightarrow{\text{转化}}CO+H_2\xrightarrow{\text{F-T反应}}\xrightarrow[\text{异构化}]{\text{加氢}}\text{汽油、柴油、石蜡}$$

将天然气、煤通过合成气，再经 F-T 合成液体燃料(GTL)是天然气化工和煤化工的研究、发展方向。以合成气为原料经费托(F-T)合成生产各种烃类及含氧化合物是煤液化的主要方法之一。合成的产品包括气体、液体燃料以及石蜡、乙醇、丙酮和乙烯、丙烯、丁烯和高级烯烃等基本有机化工原料。F-T 合成燃料工艺技术的不断创新和改造，经济性和竞争力大大加强。合成液体燃料绝大多数为直链烷烃和烯烃，不含硫、氮、氧、金属等非烃化合物，芳烃含量极少，100%为烃类化合物，满足清洁燃料的质量要求，是环境友好型燃料和良好的化工原料。

合成气 F-T 合成工艺分煤气化、合成气净化、F-T 合成、产物分离和产品精制、排污控制等五部分，工艺关键在于优化控制 F-T 合成反应器的反应行为。费托(F-T)合成的催化剂主要有铁、钴、镍和钌，用于工业生产的主要是铁。这些金属具有加氢活性，能形成金属羰基复合物，催化剂的活性组分对硫敏感，易中毒。

德国 Fischer 和 Tropsch 在 1923 年发现以铁为催化剂在 15MPa、400℃的条件下 CO 和 H_2 制取液态烃燃料的 F-T 合成法以来，对其催化剂、反应器、工艺的研究从未停止。德国鲁尔化学公司 1934 年开始建造以煤为原料的 F-T 合成油厂，此工艺在世界发展较快，但由于难以与随后廉价的石油竞争，二战后纷纷关闭。针对富煤缺油的能源供给现状，南非于 20 世纪 50 年代初成立了发展以煤为原料经合成气合成油的 Sosal 公司，通过 F-T 合成在钴催化剂上最大程度制重质烃，然后再在加氢裂解与异构化催化剂上转化为油品，开发了相应的 Sosal 工艺，并于 80 年代中期研发出新型钴基催化剂和重质烃转化催化剂，合成产品中柴油、煤油为主，副产物为硬蜡，至今仍在运转，在高油价的环境下，显示较强的生命力。荷兰 Shell 公司、南非 Sasol 公司、美国 ExxonMobil 公司、Chevron 公司均投入巨大的人力财力开发 GTL 新工艺以适应不同产品需求的目的。

我国最早于 1937 年采用德国钴催化剂为核心的 F-T 合成技术，投入并生产人造原油。对 F-T 合成的研究也在积极进行之中，其中将 F-T 合成与沸石分子筛结合的固定床两段法合成工艺(MFT 工艺)具有一定的特点。中国科学院山西煤炭化学研究所于 20 世纪 90 年代初开发出高效 Fe/Mn 超细催化剂，汽油产率和品质得到较大幅度提高，提出开发以廉价铁基催化剂和先进的浆态床为核心的合成汽油柴油技术、以长寿命钴基催化剂和固定床/浆态床为核心的合成高品质柴油技术的思路。近期已开发出一种浆态床用高效铁催化剂，并进行了放大验证，催化剂的分离和磨损问题的解决也取得了突破性的进展，同时研发出高性能的新型钴基催化剂。

三、F-T 反应

1. 反应热力学

为获得较高的时空收率，在 0.5~3.0MPa、200~350℃反应条件下，F-T 合成通常发生一氧化碳和氢反应生成烃类，还有副产醇等含氧化合物的反应。

$$nCO+(2n+1)H_2 \longrightarrow C_nH_{2n+2}+nH_2O \quad \Delta H^{\ominus}_{298K}=-151.9n-43.5kJ/mol$$

$$nCO+2nH_2 \longrightarrow C_nH_{2n}+nH_2O$$

上述反应是烃类水蒸气转化的逆反应，为强放热反应，即相当于每一个碳的平均反应热为 163kJ/mol。在 F-T 合成条件下，除生成烃外还副产醇等含氧化合物，在使用铑系和氮化铁催化剂时尤为明显。

$$nCO+2nH_2 \longrightarrow C_nH_{2n+1}OH+(n-1)H_2O$$

低碳醇的反应热略低于主反应的反应热，每一个碳的反应热 126.6kJ/mol，随碳数增加而提高，逐渐接近合成烃类时的反应热。

还同时发生变换反应和析碳反应。

$$CO+H_2O \longrightarrow CO_2+H_2 \quad \Delta H^{\ominus}_{298K}=-41kJ/mol$$

$$2CO \longrightarrow CO_2+C \quad \Delta H^{\ominus}_{298K}=-173.6kJ/mol$$

F-T 合成反应条件下发生的反应大多为放热反应。由于放热量大和反应器传热效果的限制，易导致反应器床层局部过热，影响反应的选择性。选择合适的合成反应器和操作条件，迅速有效转移反应热，维持反应器温度的稳定，对于强强放热反应极其重要，提高并维持催化剂在高温下反应的选择性是 F-T 合成的重要环节。

2. 反应动力学

F-T 合成反应动力学的研究广泛，主要有基于从 CO 加氢生成烃类 CO 消耗速率的 F-T 合成总反应速率模型及研究烷烃、烯烃生成速率的 F-T 合成烃类反应速率模型两种。

(1) 依 CO 消耗速率为基准

总反应速率是指 F-T 合成中合成气 CO 加氢合成烃类 CO 的消耗速率，根据不同的吸附机理，确定控制步骤，依 CO 消耗速率，得出了 F-T 合成烃类反应体系 CO、CO_2 的反应速率：

$$r_{CO}=-\frac{dN_{CO}}{dW}=\frac{kp_{H_2}}{1+ap_{H_2O}/p_{CO}}$$

$$r_{CO}=\frac{kp_{CO}p_{H_2}}{p_{CO}+ap_{CO_2}}$$

$$r_{CO}=\frac{kp_{CO}p_{H_2}^2}{p_{CO}p_{H_2}+ap_{H_2O}}$$

$$r_{CO}=\frac{kp_{CO}p_{H_2}^2}{p_{CO}+ap_{H_2O}+bp_{CO_2}}$$

$$r_{CO}=\frac{kp_{CO}^{1/2}p_{H_2}}{1+ap_{CO}^{1/2}+bp_{H_2O}}$$

水煤气变换反应的反应动力学方程为：

$$r_{CO_2}=\frac{dN_{CO_2}}{dW}=\frac{k_w(p_{CO}p_{H_2O}-p_{CO_2}p_{H_2}/K_p)}{(1+ap_{CO}+bp_{H_2O})^2}$$

或
$$r_{CO_2}=\frac{k_w(p_{CO}p_{H_2O}/p_{H_2}^{1/2}-p_{CO}p_{H_2}^{1/2}/K_p)}{(1+ap_{CO}+bp_{H_2O})^2}$$

其中　k、k_w——反应速率常数；

a、b——不同组分的吸附平衡常数；

K_p——反应平衡常数。

上述动力学模型只考虑 F-T 合成过程 CO 转化，未考虑碳链增长的详细过程，动力学模型以 CO、H_2、CO_2、H_2O 组分的分压表示，动力学参数估计也往往以 CO 转化率为目标函数，这些模型在反应器分析设计时对 CO 转化率能给出很好的预测。

(2) F-T 合成烃类反应速率模型

该反应速率模型是研究烷烃、烯烃的生成速率。研究者于 1993 年首次创造性地由 F-T 合成反应机理出发，建立了碳化物机理、CO 插入机理共 7 种 F-T 合成反应详细机理模型，在服从 Anderson-Schulz-Flory 聚合链增长机理下，获得了由动力学数据回归得到的 F-T 合成烃类反应的详细动力学模型，该模型的出现使得过程模拟或化工分析中 F-T 合成总反应速率模型所不能提供的各种烃类选择性信息的理论预测变为现实。

$$r_{C_nH_{2n+2}}=\frac{k_5p_{H_2}\left(\dfrac{k_1p_{CO}}{k_1p_{CO}+k_5p_{H_2}}\right)a^{n-1}}{1+\left(\dfrac{k_1p_{CO}}{k_1p_{CO}+k_5p_{H_2}}\right)\dfrac{1}{1-a}}$$

$$r_{C_nH_{2n}}=\frac{k_6p_{H_2}\left(\dfrac{k_1p_{CO}}{k_1p_{CO}+k_5p_{H_2}}\right)a^{n-1}}{1+\left(\dfrac{k_1p_{CO}}{k_1p_{CO}+k_5p_{H_2}}\right)\dfrac{1}{1-a}}$$

$$a=\frac{k_1p_{CO}}{k_1p_{CO}+k_5p_{H_2}+k_6}$$

其中　$r_{C_nH_{2n+2}}$——烷烃生成速率($n>1$)；

$r_{C_nH_{2n}}$——烯烃生成速率($n>1$)；

a——S-F 链增长概率；

k_1——CO 吸附速率常数；

k_5——烷烃生成速率常数；

k_6——烯烃生成速率常数。

该动力学模型的依据是链增长聚合机理，在应用过程中不可避免会产生一定偏差。实验表明，F-T 合成体系中烯烃的再吸附二次反应造成 F-T 合成反应产物分布偏离 Anderson-Schulz-Flory 分布，该机理模型在 C_1、C_2 烃的生成量的估算会出现较大偏差。

3. 反应机理

通过 F-T 合成反应形成含有 C、H、O 不同中间体的途径，提出了不同的反应机理。

(1) 链增长与碳数分布

F-T 合成反应以生成直链烷烃和 1-烯烃的反应为主，同时还会发生生成醇、醛等含氧化合物的副反应，反应包括链引发、链增长、链终止（从催化剂表面脱附）、二次反应（加氢、加氢分解）等，服从聚合反应机理。F-T 反应中链增长途径如图 8-3 所示，此途径中，以 C_n^* 为催化剂表面的中间物种，以 r_p 表示 C_n^* 生成 C_{n+1}^* 的速率，r_d 为 C_n^* 到 C_n（脱附）的速率，链增长概率 α 为：

$$\alpha = \frac{r_p}{r_p + r_d}$$

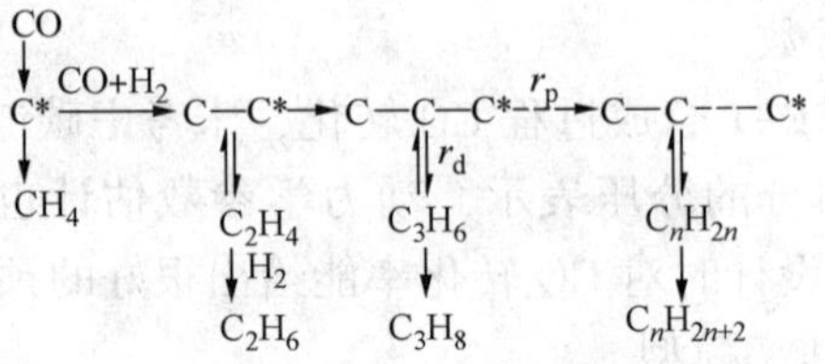

图 8-3　费-托反应中链增长途径

若 C_n^* 反应速率（r_p+r_d）和 α 与碳数 n 无关，则碳原子数为 n 的烃质量分数 M_n 可用下式表示：

$$M_n = (1 - \alpha)^2 n\alpha^{n-1}$$

分布规律与图 8-4 所示的应用钴催化剂常压合成的结果一致，在一般条件下，反应中间产物的反应和链增长概率，不太依赖于碳原子数。因 α 值而造成的各馏分的理论分布如图 8-5 所示，合成液态油时，选定的 α 值应在 0.7 以上。

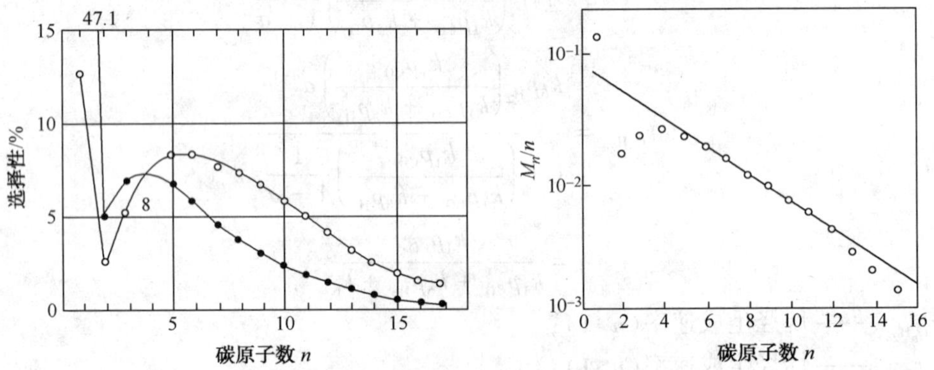

图 8-4　采用钴催化剂的 F-T 合成反应生成物分布与 S-F 分布曲线

（Co-ThO$_2$-K，190 °C，常压）

●按物质的量计；○按质量计

（2）经典 F-T 合成反应机理

早期经典 F-T 反应有碳化物机理、含氧中间体缩聚机理、CO 插入机理和双中间体机理四种，如表 8-2 所示。表中所列反应机理表示，F-T 反应机理可分为两类：一类是 CO 解离吸附，如碳化物机理；另一类是 CO 非解离吸附，如缩聚机理或 CO 插入机理等。典型 F-T 合成催化剂上 CO 均容易解离，催化反应初期阶段，该过程是催化活性表面形成的主要条件，形成的表面碳物种进一步氢化产生亚甲基物种，进一步缩合促进了碳链的增长。

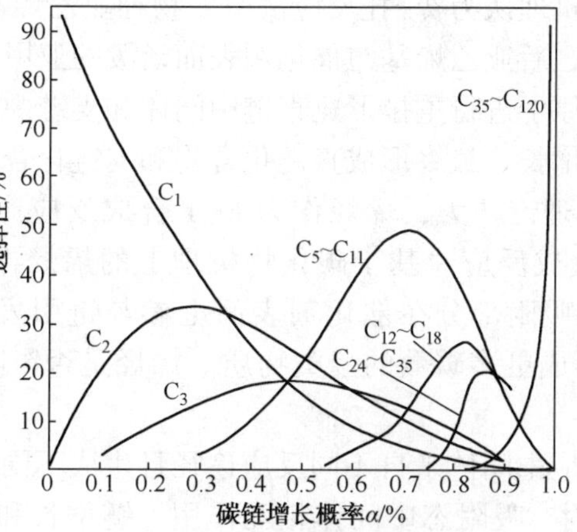

图 8-5　传统 F-T 合成烃碳数分布规律

表 8-2　经典费-托反应机理

机理	提出者	机 理 内 容	优　缺　点	中间体
碳化物机理	Fischer&Tropsch	CO 在催化剂表面先离解形成活性炭化物种，再与氢气反应生成亚甲基，进一步聚合生成烷烃和烯烃	能解释各种烃类的生成，但无法解释含氧化合物与支链产物的生成	M—C
含氧中间体缩聚机理	Storch&Anderson	链增长通过 CO 氢化后的羟基碳烯缩合，链终止烷基化的羟基碳烯开裂生成醛或脱去羟基碳烯生成烯烃，再分别加氢生成醇或烷烃	能解释支链产物和 2-甲基支链产物的形成，但忽略了表面碳化物在链增长的作用	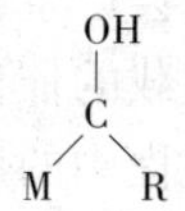
CO 插入机理	Pichler&Schulz	CO 和 H_2 生成甲酰基后，进一步加氢生成桥式亚甲基物种，再加氢生成碳烯和甲基，经 CO 在中间体中反复插入和加氢形成各类碳氢化合物	除可解释直链烃形成过程外，还可解释含氧化合物的形成过程，但不能解释支链产物的形成	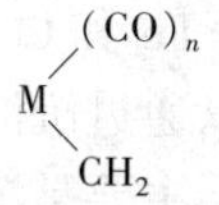
双中间体缩聚机理	Nijs&Jacobs	同时考虑碳化物机理和含氧中间体缩聚机理，认为甲烷的形成经碳化物机理，而链增长按中间体缩聚机理	可解释甲烷不符合 Schulz-Flory 分布的原因，但不能解释支链产物的形成	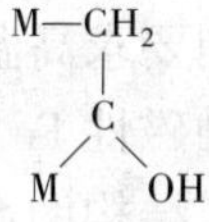

（3）现代费-托反应机理

经典 F-T 合成反应机理在解释产物分布偏离 Schulz-Flory 分布现象上难以得到满意的解释。为了解决上述问题，陆续提出了各种机理模型，如 C_2 活性物种理论、烯烃重吸附的碳化物理论、网络反应机理等。

C_2 活性物种理论是基于 F-T 合成产物中含少量稳定的甲基支链产物而提出，较好地解释了支链产物的形成。该机理认为费-托反应链引发物种亚乙烯基金属化合物由表面自由碳原子与亚甲基反应形成，之后亚乙烯基与催化剂表面活泼的亚甲基物种反应形成环丙亚烯金属化合物，此化合物中碳原子进行重排形成直链中间体和支链中间体两种情况。这两种中间体则继续与亚甲基进行链增长，最终形成直链化合物和支链化合物。

烯烃重吸附的碳化物理论认为，烯烃作为 F-T 合成反应产物会重新在催化剂表面上吸附，并再次参与 F-T 合成反应。基于碳化物机理上的烯烃再吸附理论，得到了大量实验事实的支持，烯烃的重吸附部分在催化剂表面上参与链引发和链增长，而一部分将和吸附的 CO 和 H_2反应，形成更多碳数的烃类物质。烯烃是否影响 CH_4的生成速度，目前尚无定论。

网络反应机理根据反应中间体来自不同反应途径且生成不同产物的事实提出，该机理认为费-托反应由反应物吸附、吸附态中间体相互作用、链增长和氢化、产物四个阶段构成。费-托反应中可能的基元反应都会存在。

4. 催化剂

F-T 合成催化剂由主金属、载体及助剂组成。其中，主金属(活性组分)主要是 Fe、Co、Ni、Ru、Rh，不同金属活性组分的链增长概率顺序为：Ru>Fe~Co>Rh>Ni。其中，Fe、Co 是最具有工业价值的，Ni 容易甲烷化，Ru 易合成大分子烃，Rh 则易生成含氧化合物。在反应条件下，这些元素的状态可以是金属、氧化物或者碳化物。

载体是催化剂的重要组成部分，起分散活性组分、提高表面积作用。金属离子小到一定程度会引起电性和晶体对称性变化，导致 CO、H_2吸附性质发生变化而影响催化剂性质。载体本身是固体酸、碱和具有丰富微孔的物质，载体种类和性质的差异不仅对催化剂的活性和寿命会产生影响，还会通过改变 F-T 合成二次反应和择形作用提高产物选择性。例如，沸石负载的催化剂中，沸石具有多功能作用，除了在金属组分作用下发生 F-T 反应外，还会使过程中的烯烃、含氧化合物在酸中心发生聚合、异构、脱水、裂解、脱氢、环化等二次反应。沸石的择形作用还使汽油的选择性突破 S-F 分布极限。此外，载体与金属间还存在相互作用，进而影响催化剂的性能。沉淀铁具有独特的助催化特性，可以积极改善催化剂的活性和选择性，汽油、柴油产率显著增加。

Fe 和 Co 是目前研究较多的已工业化的催化剂。铁催化剂比钴催化剂发现早，该催化剂可以通过沉淀、烧结或熔融氧化物而制备得到。由于制备方法不同，铁催化剂的性质差异较大，主要是沉淀铁、熔融铁和烧结铁催化剂，含有 Fe、K、Mn、Cu 等成分。沉淀法制备的催化剂具有较高的比表面积、大的孔容和高的活性，只能用于低温操作(220~270℃)，该方法是将硝酸铁等水溶性铁盐水溶液用氨、氢氧化钠等中和后使铁的氢氧化物沉淀。熔融催化剂则要求高温下操作(300~350℃)，该催化剂的表面、孔容及活性较低，该方法是在高温下熔融磁性 Fe_3O_4，然后添加各种助催化剂而得到。铁催化剂中加入 Cu 助剂有利于促进铁还原，结构助剂 SiO_2和给电子助剂 K_2O 加入提高了铁催化活性，减少甲烷生成，提高产物的烯烷比，促进链增长和含氧化合物的生产，但同时也加速了碳沉积；La 系稀土氧化物和 ThO_2既是结构助剂又是电子助剂，它们的加入能提高催化活性并改善高级烃的选择性。Ti、Mn、V 等过渡金属，具有较强的 CO 亲和力，用作助剂可以提高烯烃选择性。铁催化剂的反应压力一般在 0.5~3MPa，分为高温(300~350℃)、低温(220~270℃)操作。铁基催化剂的使用条件见表 8-3。

表 8-3　铁系催化剂的性能比较

催化剂	沉淀铁	烧结铁	熔融铁
比表面积/(m^2/g)	200~400	70~100	5~10
孔 容	高	低	低
比活性	高	低	低
操作温度/℃	220~250	可 变	320~350

Sasol 公司使用的沉淀铁催化剂组成为 Fe-Cu-SiO_2-K_2O，其中 Cu 助剂促进铁还原，SiO_2为结构助剂，K_2O 为给电子助剂，铁基催化剂由于被氧化、烧结、中毒和积炭，对硫中毒特别敏感，必须对原料气进行脱硫处理。同时，Fe 是变换反应的催化剂，生成物水对反应存在抑制作用。

钴催化剂主要以氧化物为载体，加入助剂成分，改善了催化剂的选择性。钴催化剂更稳定，使用寿命延长。但只能在低温下操作，反应速度慢，时空产率低，产品中烯烃含量低。

耦合铁系催化剂的高时空产率和钴系催化剂的高选择性和稳定性是 F-T 合成的理想催化剂。

由于 F-T 合成烃的链增长服从聚合机理，产物碳数分布遵循 Schulz-Flory 分布，如图8-5 所示。只有甲烷和高分子蜡具有较高的选择性，其余馏分都存在选择性极限：汽油 43%，柴油 25%，$C_2$30%左右，因此，F-T 合成只能得到烃类混合物，研究开发不服从 S-F 分布极限的催化剂和工艺成为选择性 F-T 合成的关键。

四、F-T 合成反应器

F-T 合成是在催化剂作用下 CO 和 H_2反应生成烃类，伴随生成甲烷、醇等含氧化合物的强放热反应，反应热为 10.9MJ/kg 烃。反应放热量大，导致催化床层局部过热现象，使烃类选择性降低，并引起催化剂结炭失活。迅速、有效转移大量的反应热，维持反应器温度的恒定，提高反应的选择性和延长催化剂的使用寿命是选择、操作反应器的核心。

间接液化工艺的核心设备是 F-T 合成反应器，为适应转移反应热、维持催化剂性能的要求，反应器经历了固定床反应器、循环流化床反应器、固定流化床反应器、浆态床反应器等阶段。

1. 列管式固定床反应器

列管式固定床反应器如图 8-6 所示，催化剂装填在管内，壳程为沸腾水，反应放出的热量通过管壁传给管外沸腾水副产蒸汽。该反应器结构复杂，列管与管板之间的焊接要求高。受轴向温度梯度的影响和最高温度即热点的限制，操作温度难以提高，反应的平衡转化率受限。催化剂的积炭造成催化剂活性下降和床层堵塞，需要频繁更换催化剂。铁催化剂的使用周期短，更换催化剂频繁，造成工厂较长时间停产和操作波动，产品的选择性也随着催化剂使用周期的变化而不断变化。灵活的控制温度有利于控制选择性。列管式固定床反应器压力降较大，在相对较大的循环流量下，可能造成较大的气体压缩功消耗。

自 1953 年以来，Sasol 公司一直采用列管式固定床反应器合成液体燃料，采用的催化剂是以 SiO_2为载体的铁催化剂，其中助剂、溶液浓度、温度、pH 值、表面积及孔分布等对催化性能的影响显著。该公司的 Arge 工艺的主要产物是汽油、柴油和蜡，选择性大于 78%，蜡的生成量较大。Sasol Ⅰ采用 5 台列管式反应器，每台生产越 $90m^3/d$ 的液态、固态烃。

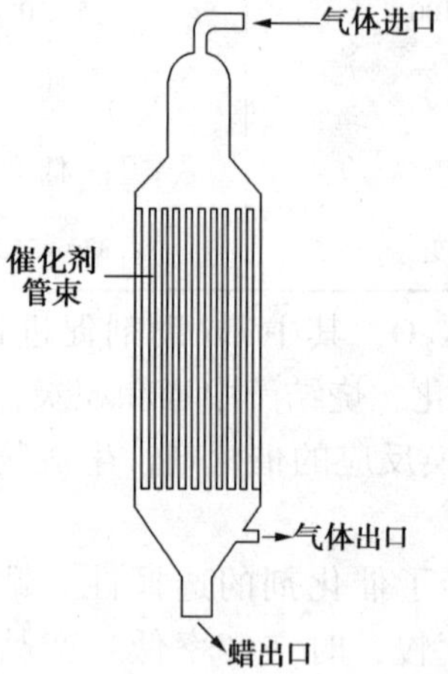

图 8-6　列管式固定床反应器示意图

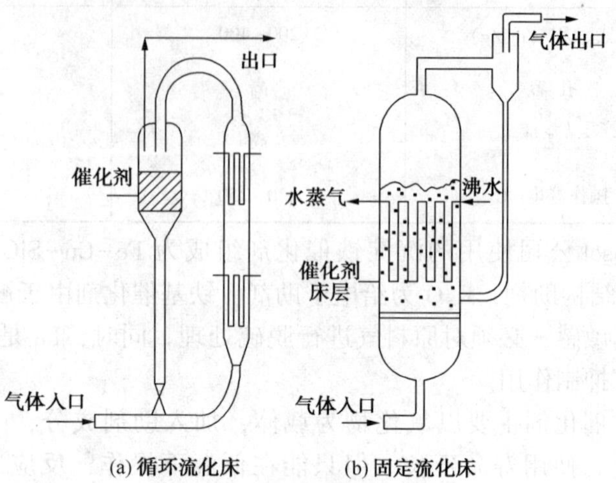

图 8-7　流化床反应器示意图

2. 流化床反应器

流化床反应器包括循环流化床和固定流化床，其结构如图 8-7 所示。为获得较高的合成转化率，反应区需要有较高的催化剂藏量。为保持催化剂的正常流化，流化床层催化剂压降又不能超过垂直管的压力降，循环流化床操作复杂。同时，高温操作可能导致积炭和催化剂热蹦、磨损，催化剂耗量增加。

固定流化床中催化剂床层是保持相对"静止"状态。固定流化床反应器合成烃类的选择性与循环流化床相似，但 CO 转化率较循环流化床反应器高。催化剂只存在稀相运动，而无密相运动，催化剂输送动力大幅降低，相同生产能力的固定床比循环流化床建设和操作费用大幅减少。气体线速较低，催化剂磨损问题可以不考虑，可长期安全运行。

Sasol 公司用固定流化床代替循环流化床，工厂总投资可降低 15%。Sasol 在循环流化床反应器中使用的是熔融铁系催化剂，合成气转化率为 85%，比 Arge 反应器高，其尾气通过转化、循环，C_3^+以上的生成物可达 96%左右，气体、汽油馏分的烃类较多，重油和蜡生成量很少。每台反应器合成油生产能力可达 $330m^3/d$。

3. 浆态床反应器

浆态床反应器比列管式反应器简单，易于制造，价格便宜，且易于放大。它有一个冷却盘管，如图 8-8 所示。

合成气从反应器底部进入，通过气体分布器，气体以气泡形式进入浆态床层，气体通过液相扩算到悬浮催化剂颗粒表面进行反应，生成烃和水。重质烃是形成浆态相的一部分，而轻质气态产品和水通过液相扩散到气相。气态产品和未反应的合成气由反应器顶端的气体出口离开反应器。反应热由浆态床层传递到冷却盘管并产生蒸汽。气态轻烃和未转化的气体通过冷凝、分离得到气体烃产品，未反应的气体循环，而重质液态烃与浆相混合，由分离工序予以分离。

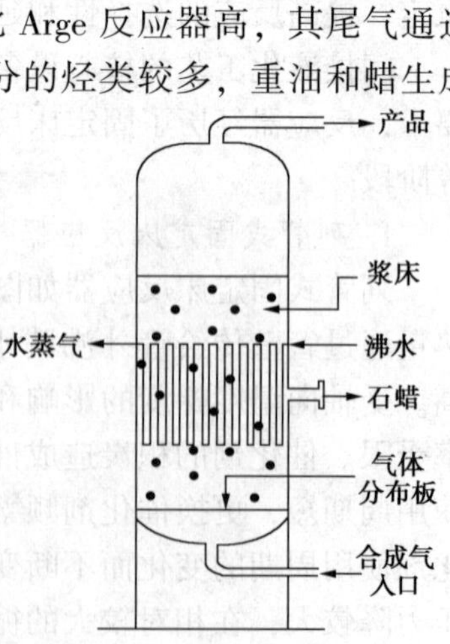

图 8-8　浆态床反应器示意图

气泡的剧烈运动，促进了对流传热的进行，浆态流体在冷却盘管外的流动，强化了传热过程，反应热容易实现迅速传递；浆态相的热容大，传热效果和转化率的扰动引起床层热量变化，但对温度影响微弱，浆态床接近等温操作，温度容易控制和调节灵活，浆态床反应器可在平均温度高于列管式固定床反应器的条件下平稳操作，具有较高的反应速率，可提高设备生产强度。该反应床能更好地控制产品的选择性；床层压降低，可降低气体压缩费用。在线催化剂的更换和补充方便。

Sasol公司使用内径5cm、高380cm的中试装置，进行固定床、流化床和浆态床性能的比较试验，结果如表8-4、表8-5所示。不同反应器的操作条件不同，热效率、产品分布、产品质量也不同，应根据目的要求差异选择合适的反应器，如果目的产物是蜡，则浆态床和固定床是适宜的反应器；如果以生产汽油、低碳烯烃或低碳烷烃为主，则流化床更合适。浆态床反应器可生成较多的丙烯，生产低分子烯烃时的选择性好。由浆态床和固定床的试验结果可知，浆态床转化率比固定床高，产物分布基本相近，但更趋向于高分子烃。三种反应器的产品总产率基本相等，但产品的相对分子质量分布完全不同。从最大汽油产率来比较，浆态床的产品馏分范围窄。浆态床生产不同产品的弹性大，更易适应市场变化的需要。流化床总热效率约为66%，固定床反应器总的热效率约为85%，浆态床反应器总的热效率约为91%。

F-T合成液体燃料的工艺，大部分采用浆态床反应器。其具有如下优点：关键参数容易控制，操作弹性大，产品灵活性大；反应器热效率高，移热容易，温度控制方便；催化剂负荷较均匀；单程转化率高，C_3^+烃选择性高。

表8-4 固定床、浆态床和流化床反应器操作条件和产品分布

反应器类型	固定床	浆态床	流化床	浆态床
催化剂类型	沉淀铁催化剂		熔铁催化剂	
颗粒直径	2.5mm	40~150μm	<70μm	<40μm
催化剂用量(Fe)/kg	2.7	0.8	4.2	1.0
催化剂床高/m	3.8	3.8	2.0	3.8
入口温度/℃	223	235	320	320
出口温度/℃	236	238	325	328
循环比	1.9	1.9	2.0	2.0
气体线速/(cm/s)	36	36	45	45
$CO+H_2$转化率/%	46	49	93	79
选择性/%(碳原子)				
CH_4	7	5	12	12
C_3			14	14
汽油	14	15	43	42
硬蜡	27	31	0	0

表 8-5　F-T 反应器操作条件和产物比较

<table>
<tr><th colspan="2">项　目</th><th>固定床</th><th>流化床</th><th>浆态床</th></tr>
<tr><td colspan="2">反应温度/℃</td><td>220~250</td><td>300~350</td><td>260~300</td></tr>
<tr><td colspan="2">反应压力/MPa</td><td>2.3~2.5</td><td>2.0~2.3</td><td>1.2(3)</td></tr>
<tr><td colspan="2">H_2/CO</td><td>0.5~0.8</td><td>0.36~0.42</td><td>1.5</td></tr>
<tr><td colspan="2">催化剂</td><td>沉淀铁</td><td>熔铁</td><td>—</td></tr>
<tr><td rowspan="7">C_2~C_4产率/%</td><td>C_2H_4</td><td>0.1</td><td>4.0</td><td>3.6</td></tr>
<tr><td>C_2H_6</td><td>1.8</td><td>4.0</td><td>2.2</td></tr>
<tr><td>C_3H_6</td><td>2.7</td><td>12.0</td><td>16.95</td></tr>
<tr><td>C_3H_8</td><td>1.7</td><td>2.0</td><td>5.65</td></tr>
<tr><td>C_4H_8</td><td>2.8</td><td>9.0</td><td>3.75</td></tr>
<tr><td>C_4H_{10}</td><td>1.7</td><td>2.0</td><td>1.53</td></tr>
<tr><td>合计</td><td>10.8</td><td>33.0</td><td>33.5</td></tr>
<tr><td colspan="2">汽油(C_5~C_{12})/%</td><td colspan="2">39</td><td>—</td></tr>
<tr><td colspan="2">柴油(C_{13}~C_{18})/%</td><td colspan="2">5.0</td><td>—</td></tr>
<tr><td colspan="2">重油(C_{19}~C_{30})/%</td><td colspan="2">4.0</td><td>—</td></tr>
<tr><td colspan="2">蜡(C_{31}^{+})/%</td><td colspan="2">2.0</td><td>—</td></tr>
</table>

间接液化过程中合成气净化脱硫容易实现，对煤质的要求相对较低，高硫、高灰的煤也可直接作为间接液化的原料，而高灰煤则难以直接液化。间接液化对煤的适应性广，但不同的煤需要选择不同的气化方法，对原煤进行洗选加工、降低灰分和硫分十分必要。

间接液化所产液体产品，主要是脂肪族化合物，适合生产柴油，柴油馏分产物的直链烃多，环烷烃少，十六烷值过剩，不含氮、硫、金属等杂质，但凝点高；直接液化，较适合生产汽油和芳烃；但两者的柴油馏分都需经过加氢改质才能满足商品柴油流动性的质量要求，如表 8-6 所示。直接液化和间接液化互相补充，分别以芳香族和脂肪族产品为主，可满足不同产品的组成、质量要求。

间接液化以 CO 与 H_2 为原料进行合成开始，原料来源更为广泛，可再生的生物质资源也可使用，且对原料煤炭的要求不苛刻，通过控制反应条件、选择不同催化剂，除获得柴油外，还可合成含氧的有机化工原料和烯烃等，发展应用空间更为广阔。

表 8-6　直接液化和间接液化馏分组成与性质

<table>
<tr><th rowspan="2">生 成 物</th><th colspan="2">直接液化馏分油</th><th colspan="2">间接液化馏分油(浆态床)</th></tr>
<tr><th>汽油/%</th><th>柴油/%</th><th>汽油/%</th><th>柴油/%</th></tr>
<tr><td>烷烃</td><td>16.2</td><td>1</td><td>60</td><td>65</td></tr>
<tr><td>烯烃</td><td>5.5</td><td></td><td>31</td><td>25</td></tr>
<tr><td>环烷烃</td><td>55.5</td><td>7</td><td>1</td><td>1</td></tr>
<tr><td>芳烃</td><td>18.6</td><td>60</td><td>0</td><td>0</td></tr>
<tr><td>极性化合物</td><td>4.2</td><td>24</td><td>8</td><td>7</td></tr>
<tr><td>沥青烯</td><td></td><td>8</td><td></td><td>0</td></tr>
<tr><td>合计</td><td>100</td><td>100</td><td>100</td><td>100</td></tr>
<tr><td>辛烷值</td><td>80.3</td><td></td><td></td><td></td></tr>
<tr><td>十六烷值</td><td></td><td><20</td><td>30~40</td><td>65~70</td></tr>
</table>

五、F-T 合成工艺过程

F-T 合成典型工艺流程简图如图 8-9 所示。所需合成气可由煤经气化炉(Lurgi 炉、Texaco 炉、Shell 炉等)气化和天然气部分氧化等造气工艺生产粗合成气，粗合成气经变换、净化等 H_2/CO(0.5~1.0)调节后进入合成反应器，合成不同链长的烃经，再经改质得到汽油、柴油、煤油等。

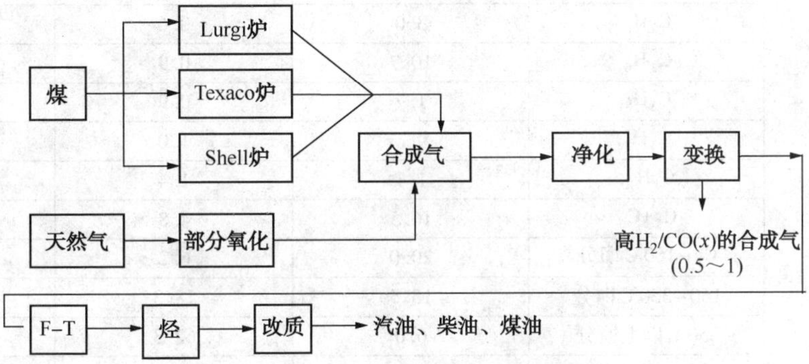

图 8-9　F-T 合成典型工艺流程图

国外 Sasol、Shell、ExxonMobil 等公司的 F-T 合成液体燃料成产工艺如表 8-7 所示。

表 8-7　国外 F-T 合成工艺

公司	工艺	反应器	催化剂	反应温度/℃	反应压力/MPa	主要产品
Sasol	Synthol	循环流化床反应器	熔铁催化剂	300~350	2.5	汽油和轻烯烃
	SAS	固定流化床反应器	熔铁催化剂	340	2.5	汽油和轻烯烃
	Arge	列管式固定床反应器	铁催化剂	220~350	4.5	柴油、煤油和蜡
	SSPD	浆态床反应器	铁催化剂	250	3.0	高品质的柴油、煤油和石脑油
Shell	SMDS	列管式固定床反应器	钴催化剂/(ZrO_2、SiO_2)	200~250	3.0~5.0	柴油、航空煤油、石脑油和蜡
ExxonMobil	AGC-21	浆态床反应器	钴催化剂/TiO_2			以蜡为主的烃类产物
Renteck		浆态床反应器	铁催化剂	250	0.96	柴油、软蜡、硬蜡，石脑油
Williams	Gas Cat	浆态床反应器	Co/Al_2O_3			中间馏分油

1. Sasol 公司的 SSPD 工艺和 SAS 工艺

Sasol 公司 F-T 合成工艺有高温(300~350℃)F-T 合成(HTFT)和低温(220~270℃)F-T 合成(LTFT)两种，均使用铁催化剂。HTFT 工艺采用反应器为 Synthol 循环流化床(CFB)和 SAS 固定流化床(FFB)，采用熔铁催化剂，主要产品为汽油和轻烯烃。LTFT 工艺采用的反应器有列管式固定床 Arge 反应器和浆态床反应器，主要产品为柴油、煤油和蜡，具体组成见表 8-8。

Sasol 公司近年来开发了 SSPD 浆态床和 SAS 固定流化床两种合成工艺。

SSPD(Sasol Slurry Phase Distillate)浆态床合成工艺以天然气为原料，转化为高品质的柴油、煤油和石脑油，反应器安装简单，生产能力高，生产效率高。

SAS(Sasol Advanced Synthol)固定流化床合成工艺通过对 synthol 工艺改良，以天然气为原料，将合成气转化为汽油和轻质烯烃。

表 8-8 Sasol 公司 F-T 合成组成分布

项目		CFB/FFB	固定床	浆态床
反应温度/℃		300~350	220~270	220~270
选择性分布/%	CH_4	7.0	2.0	3.3
	C_2H_4	4.0	0.2	1.9
	C_2H_6	3.0	0.6	1.2
	C_3H_6	10.7	0.9	3.2
	C_3H_8	1.7	0.9	0.8
	C_4H_8	9.4	1.0	3.1
	C_4H_{10}	1.1	1.4	1.9
	C_5+C_6	16.5	4.8	6.1
	C_7~160℃馏分	20.0	6.2	7.6
	160~350℃馏分	15.5	18.3	17.0
	350℃以上馏分	6.0	62.3	49.5
	含氧化合物	5.1	1.4	4.4

2. Shell 公司的 SMDS 工艺

SMDS(Shell middle distillate synthesis)由造气、F-T 合成、中间产品转化和产品分离等四部分组成，如图 8-10 所示。采用茂金属钴基催化剂和列管固定床反应器，高选择性生产石蜡。该工艺的主要产品是石脑油、航空煤油、柴油和蜡，可实施柴油方案(石脑油 15%、航空煤油 25%、柴油 60%)，煤油方案(石脑油 25%、航空煤油 50%、柴油 25%)。产品质量如表 8-9 所示。

图 8-10 Shell 公司 SMDS 工艺流程简图

表 8-9 SMDS 工艺生产的馏分油性质

项目		石脑油	煤油	柴油
密度(15℃)/(kg/m³)		690	738	780
色度(ASTMD156)		29	30	—
馏程	初馏点/℃	43	155	201
	干点/℃	166	191	358
硫/(μg/g)		<3	<10	<15
十六烷值		—	58	75
烟点/mm		—	>50	—
闪点/℃		—	42	88
芳烃/%(体积)		0	<0.1	<0.1

3. ExxonMobil 公司的 AGC-21 工艺

AGC-21(Advanced Gas Conversion Technology 21st Century)工艺如图 8-11 所示。由造气、F-T 合成、石蜡加氢异构化改质三部分组成。新型流化床气化炉即催化部分和蒸汽重整反应在同一反应器中同时进行，提高了反应的热效率。通过调节工艺操作条件还可有目的地调节产品分布，如表 8-10 所示。

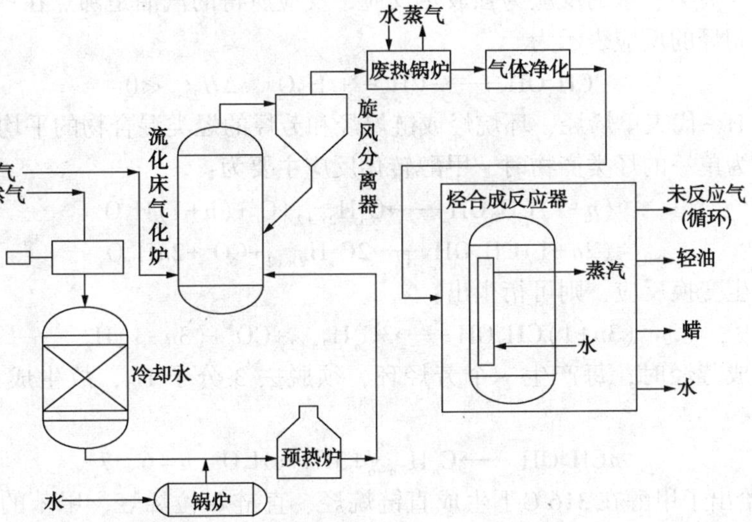

图 8-11　ExxonMobil 公司的 AGC-21 工艺流程简图

表 8-10　AGC-21 工艺产品分布 %

产　品	最大燃料油方案	最大催化裂化方案
石脑油	30	15
柴油/喷气燃料	70	50
催化裂化原料	0	35

第三节　甲醇制汽油

20 世纪 70 年代，能源危机使 MTG 技术获得了新的活力，从而发展成为一个新的燃料工业工艺。相比甲醇直接与汽油掺和制混合燃料，甲醇制汽油(MTG)不会对环保、发动机等造成影响且添加方便，因而更具吸引力。此外，由于世界煤储藏量远比石油和天然气丰富，由煤制甲醇合成汽油的研究、工艺开发、应用越来越多。

甲醇制汽油工艺总体流程是以煤或天然气作原料生产合成气、合成气制甲醇，最后粗甲醇转化为高辛烷值汽油，甲醇转化过程使用 ZSM-5 择形分子筛。由于通过 MTG 制得的汽油具有良好的抗爆震性能、烃类组成与常规汽油相似，且不存在常规汽油中的硫、氯等组分，MTG 工艺被认为是自 F-T 合成以来煤制液体燃料领域的重要突破。

世界首套 MTG 工业示范装置于 1984 年由 Mobil 公司在德国波恩附近建成，采用固定床 MTG 工艺，汽油产能为 100 桶/天，随即又建成了一套同样规模的流化床示范装置。1985 年世界上第一个 MTG 工厂在新西兰新普利茅斯投产，该工厂采用 Mobil 公司技术，以天然气($15.5\times10^4 m^3/h$)为原料，H-ZSM-5 作为催化剂，设计产能为 14500 桶/天。近年来，随石油价格的高位运行和甲醇生产成本的持续下降，MTG技术重新受到关注，与石油炼制生产汽油工艺的竞争不断凸显。

一、MTG化学反应

1. 反应热力学

甲醇转化为烃类、水的反应为强放热反应，反应所得的汽油是沸点在一定范同内的烃类混合物。甲醇制烃的反应表示为

$$CH_3OH \longrightarrow -CH_2- + H_2O \quad \Delta H^{\ominus}_{298K} \ll 0$$

式中，$-CH_2-$代表单烯烃、环烷烃或链烷烃和芳烃的烃类混合物的平均组分。

当链烷烃为单一的烃类产物时，甲醇转化反应主要为：

$$(n+1)CH_3OH \longrightarrow C_nH_{2n+2} + C + (n+1)H_2O$$

$$(2n+1)CH_3OH \longrightarrow 2C_nH_{2n+2} + CO + 2nH_2O$$

上式再发生变换反应，则可衍生出：

$$(3n+1)CH_3OH \longrightarrow 3C_nH_{2n+2} + CO_2 + (3n-1)H_2$$

由甲醇生成芳烃时，每产生一个芳烃环，须脱去3分子H_2，故生成单核芳烃的总反应为：

$$nCH_3OH \longrightarrow C_nH_{2n-6} + 3H_2 + nH_2O \quad n=6、7$$

图8-12给出了甲醇在316℃下生成直链烷烃、直链α位烯烃、甲苯的反应焓。甲醇制烃反应热效应随生成烃的种类和烃碳原子数目的不同而异，即热效应随产品分布的不同而异，适时转移反应热以控制反应温度是控制MTG反应深度和选择性的关键。

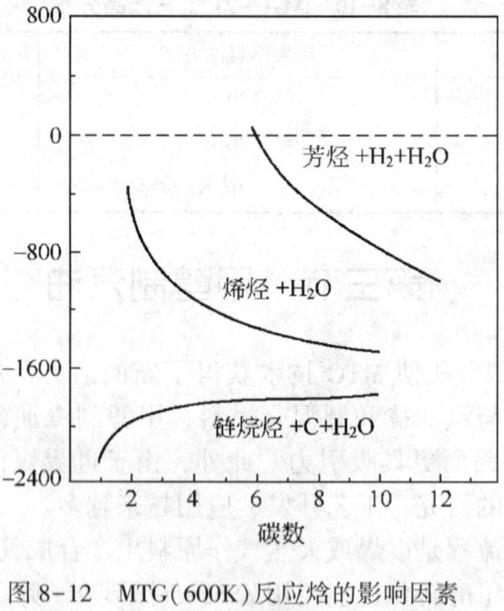

图8-12 MTG(600K)反应焓的影响因素

2. 反应动力学

MTG过程中，甲醇经脱水得到$C_2 \sim C_5$轻质烯烃，进而$C_2 \sim C_5$烯烃经缩合、环化生成分子量更高、符合汽油沸程的$C_5 \sim C_{11}$的烃类混合物。MTG反应过程中含氧化合物转化为烯烃的步骤为反应速率的控制步骤，含氧化合物转化为烯烃的过程为自催化过程。研究表明，在ZSM-5催化剂上，甲醇分压主要影响产物的选择性。当甲醇分压较低时，烯烃选择性高；

随着甲醇分压提高，烯烃选择性降低而芳烃选择性提高(表 8-11)。为了提高芳烃和长链烷烃的选择性，工业上采用轻烃再循环的办法。

表 8-11　压力对 MTG 产品分布的影响

甲醇分压/kPa	转化率/%	产品分布/%(质量)								
		乙烯	丙烯	丁烯	戊烯	C_2~C_5烯烃总计	甲烷	C_2~C_5链烷烃	C_6^+非芳烃	芳烃
101	>99	3.2	4.8	2.2	0.4	10.6	1.5	43.0	3.9	41.0
25	>99	12.4	18.2	6.3	0.3	37.2	0.8	39.4	2.3	20.3
17	>99	17.4	26.5	7.6	0.7	52.2	0.6	24.2	2.7	20.3
7	>99	21.0	38.7	18.5	2.4	80.6	0.5	15.6	1.3	2.0

3. 反应机理

MTG 过程中，首先甲醇通过分子间脱水生成二甲醚和水，然后二甲醚在催化剂的作用下转化成轻烯烃(C_2~C_4)，最后轻烯烃通过聚合、烷基化、异构化、氢转移等多步反应生成高级烯烃、正/异构石蜡烃、芳烃和环烷烃的混合物。其中，二甲醚转化生成轻烯烃是控制步骤。

目前，MTG 具体的反应机理尚未统一。根据生成的中间产物，主要分为碳烯机理、甲基碳离子机理、链反应机理、氧正离子机理和自由基机理等，现以碳烯机理和甲基碳正离子机理为例进行说明。

(1) 碳烯机理

有研究者提出 C—C 键的生成与碳烯和正碳离子两种中间体有关。首先，甲醇或二甲醚通过 α-消去反应生成亚甲基，接着生成表面键合的碳烯，进一步通过沸石为媒介，[: CH_2]与[CH_3^+]相互作用生成乙烯，反应模式如下：

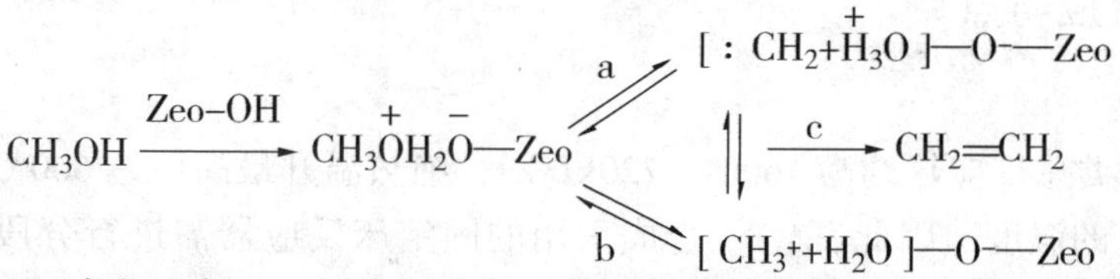

式中，a 为 α-消去反应，b 为脱水反应，c 为[: CH_2]与[CH^{3+}]相互作用生成乙烯和 H^+。

(2) 甲基碳离子机理

MTG 过程中，甲醇在催化剂上生成中间产物甲基碳离子，存在以下反应过程：

$$CH_3+CH_3OR \longrightarrow \left[\begin{array}{c} \quad H \\ \quad | \\ CH_3 \cdots CH_2—OR \end{array} \right]^+ \longrightarrow CH_3CH_2OR+H^+$$

$$CH_3CH_2OR \longrightarrow CH_2CH_2ROH$$

式中，R 可以是 H 或烷基。甲基碳离子被认为是由催化剂表面甲氧基物种的极化作用生成：

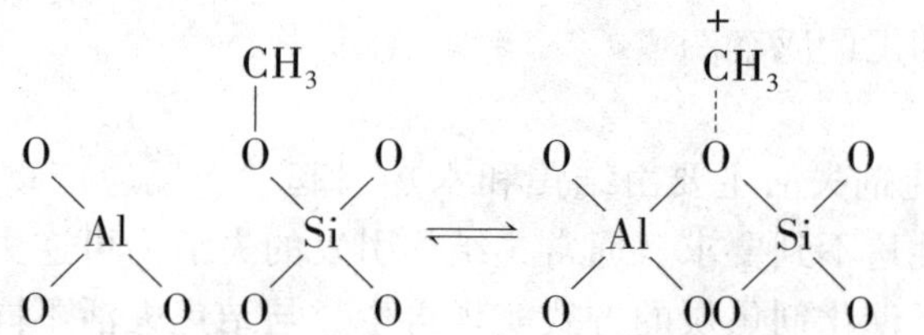

当反应体系中有烯烃生成后，甲基碳离子也会和烯烃反应，通过氢转移生成高级烯烃。

4. 催化剂

MTG 工艺的核心技术是催化剂。H-ZSM-5 沸石具有两种相互交叉的孔道，椭圆形十元环的直孔道和圆形正弦状弯曲孔道(图 8-13)。孔道的孔经大约 0.6 nm，其大小恰好适合生产汽油沸程内的烃类。

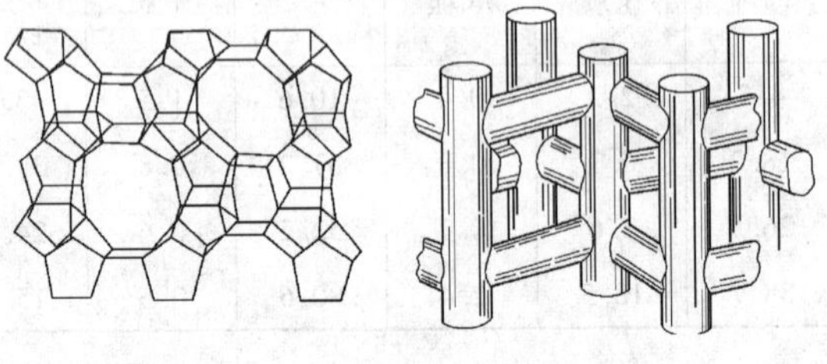

图 8-13　ZSM-5 沸石的结构

在 MTG 合成反应中，ZSM-5 沸石具有下述优点：由于具有特定结构和孔道尺寸，ZSM-5 沸石催化剂能使汽油沸点范围内的烃分子通过，反应产物终止于 10 个碳原子以内，几乎不生成 C_{11}以上的烃，选择性好；与其他沸石相比，ZSM-5 沸石不仅 C—C 键的形成能力强，且活性下降也较慢；Y 型分子筛不能生产芳烃，丝光沸石在 300℃时也只能生成少量芳构化产物，而 ZSM-5 沸石在 300℃时已具有明显的芳构化作用，380℃时芳构化程度已很高，对提高汽油的辛烷值意义重大；除了孔道对择形性的影响，催化剂酸碱性将显著影响反应活性和产物选择性，不同硅铝比的 HZSM-5 分子筛催化剂在流化床甲醇制汽油反应，随着硅铝比的增加，反应活性增加，同时产物中的轻组分逐渐减少。

二、MTG 反应特点

1. 强放热反应

甲醇转化为烃类总反应热约为 1600~1720kJ/kg，绝热温升最高可达 600℃，远高于甲醇分解生成 CO 和 H_2的温度。因此，MTG 合成采用的固定床反应器需进行分段。通常，第一反应器内主要发生甲醇脱水生成二甲醚的反应，第二反应器内主要实现含氧化合物脱水、聚合生成混合烃。

强放热反应

$$CH_3OH \longrightarrow \frac{1}{2}CH_3OCH_3 + \frac{1}{2}H_2O \qquad \Delta H^{\ominus}_{298K} = -10.08kJ/mol$$

$$CH_3OCH_3 \longrightarrow 2(CH_2)_{烯} + 2H_2O \qquad \Delta H^{\ominus}_{298K} = -30.78kJ/mol$$

$$(CH_2)_{烯} \longrightarrow 烯烃 \qquad \Delta H^{\ominus}_{298K} = -15.96kJ/mol$$

2. 甲醇完全转化

MTG 工艺产物由烃类和水构成，如甲醇转化不完全，需要在分离段增加回收甲醇的蒸馏装置，从而大幅增加生产成本。

3. 催化剂失活

MTG 反应中的催化剂失活主要由结焦和水热引起。当反应产物中含有甲醇时，说明催化剂已发生失活且活性达不到要求。通常，结焦引发的失活为可逆失活，可采用空气与氮的混合气燃烧除去吸附于催化剂焦炭的方式实现再生。与结焦失活不同，水热引起的催化剂失活导致催化剂组分流失和结构坍塌，具有不可逆。为此，反应过程中采用较低的反应温度和较低的水分压，以延长催化剂的运行周期。为此，工业运行中常采用轻烃再循环的方式来降低反应体系中的水分压。

4. 生成均四甲基苯

汽油中含有少量均四甲苯可改进燃料的使用性能，然而，固定床 MTG 工艺合成汽油中的均四甲基苯含量很高(为4%~7%)，均四甲基苯的凝点高，使汽化器中易形成固体积聚而影响使用。均四甲基苯由原料中甲醇与产物中苯甲基化反应生成，采用低甲醇分压和较高反应温度可降低均四甲基苯含量。此外，采用小粒度催化剂，也可降低均四甲基苯的含量。为了进一步降低 MTG 工艺中均四甲苯的含量，可将含均四甲苯的重汽油馏份进行缓和加氢精制，使均四甲苯发生异构化、歧化和脱甲基反应。合成汽油中含有大量均四甲苯对汽车发动机操作不利，但其氧化产品——均苯四甲酸二酐为重要的化工原料，尤其在特种聚合物的生产中用途极大，如果从所得液体产品中分离，将大大改善 MTG 经济效益，进一步提高 MTG 的市场竞争力。

三、MTG 生产工艺

1. 反应器类型

针对 MTG 反应特点，MTG 反应器可以是绝热或非绝热固定床或流化床反应器，如图 8-14、图 8-15 所示，

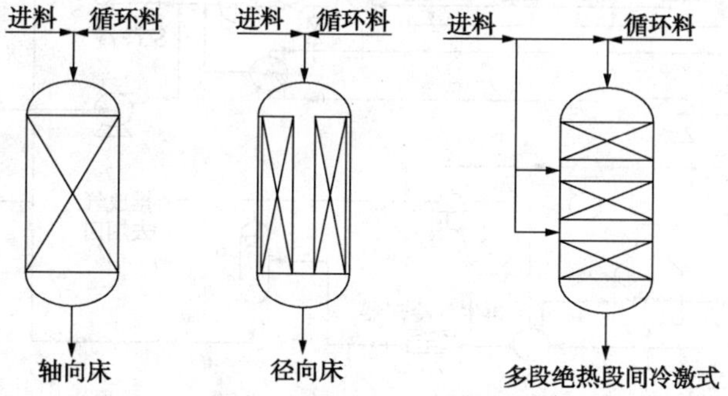

图 8-14　绝热式反应器示意图

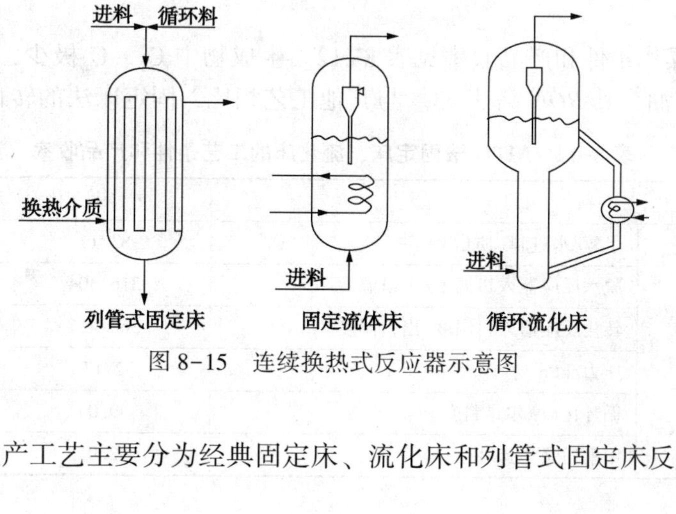

图 8-15　连续换热式反应器示意图

2. 工艺流程

当前，MTG 生产工艺主要分为经典固定床、流化床和列管式固定床反应器 3 种工艺。

（1）MTG 固定床工艺

MTG 固定床工艺流程如图 8-16 所示。粗甲醇经预热、蒸发、过热器加热到汽化温度后进入脱水反应器，用 Cu/Al_2O_3催化剂进行甲醇脱水生成二甲醚，该步反应释放热量为总反应热量的 15%～20%。从反应器出来的未反应的甲醇、二甲醚、水，与来自产品分离塔的循环气混合后，进入转化反应器通过 ZSM-5 沸石催化剂转化为烃，出转化反应器气体，一部分预热原料甲醇，一部分与循环气换热，去汽油分离塔，分离出液态烃、气态烃和水。循环气与出脱水反应器的气体之比是 9，以利于吸收余下的 80%～85% 的反应热，保证水的分压较低以延长催化剂的寿命。并联设置 4 台反应器，其中 3 台运转，1 台再生催化剂。

低沸点组分进行循环，以提高汽油收率和控制温度上升。循环气与出脱水反应器的气体比（摩尔）为 7～9。离开转化反应器的产物通过热交换器进行冷却并产生蒸汽，在分离塔中分离为液态烃、气态烃和水。当反应产物中测定出未反应的甲醇时，用空气与氮的混合气燃烧除去催化剂表面的焦炭，使之再生。

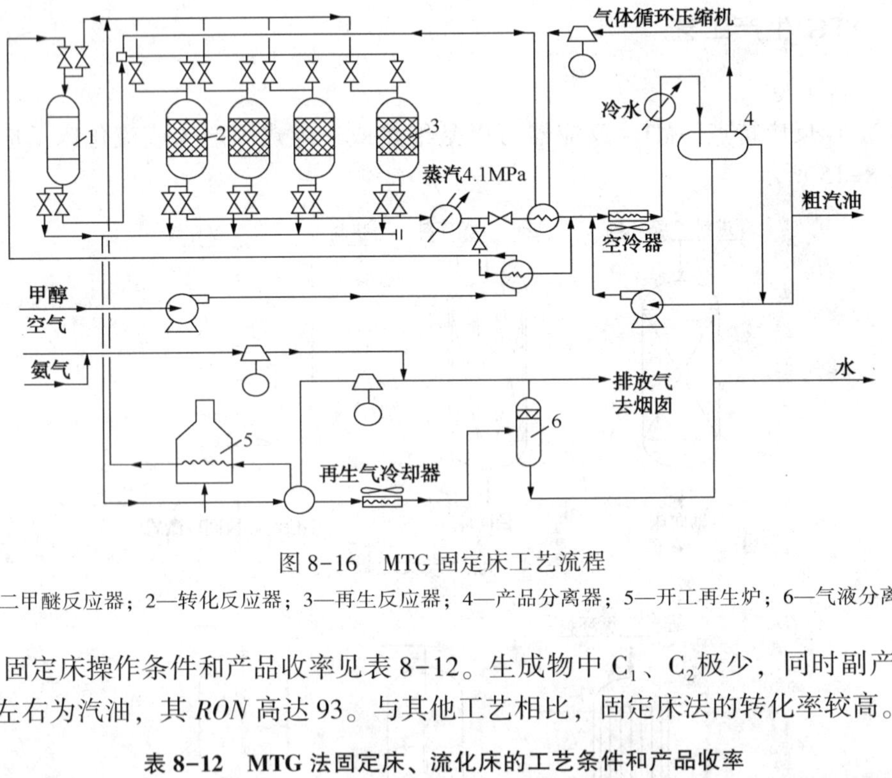

图 8-16　MTG 固定床工艺流程

1—二甲醚反应器；2—转化反应器；3—再生反应器；4—产品分离器；5—开工再生炉；6—气液分离器

MTG 固定床操作条件和产品收率见表 8-12。生成物中 C_1、C_2极少，同时副产少量 C_3、C_4，80%左右为汽油，其 *RON* 高达 93。与其他工艺相比，固定床法的转化率较高。

表 8-12　MTG 法固定床、流化床的工艺条件和产品收率

项　目		固　定　床	流　化　床
工艺条件	甲醇/水进料（质量）	83/17	83/17
	脱水反应器入口温度/出口温度/℃	316/404	—
	转化反应器入口温度/出口温度/℃	360/415	413/413
	压力/kPa	2.17	2.75
	循环比（摩尔进料）	9.0	—
	甲醇质量空速/h^{-1}	2.0	1.0

续表

项目		固定床	流化床
收率(按甲醇计)/%(质量)	甲醇+乙醚	0.0	0.2
	烃类	43.4	43.5
	水	56.0	56.0
	CO、CO_2	0.4	0.1
	焦及其他	0.2	0.2
	合计	100.0	100.0
产品分布/%(质量)	干气	1.4	5.6
	丙烷	5.5	5.9
	丙烯	0.2	5.0
	异丁烷	8.6	14.5
	正丁烷	3.3	1.7
	丁烯	1.1	7.3
	C_5^+汽油	79.9	60.0
	合计	100.0	100.0
汽油(包括烃化物)/%(质量)	雷德蒸汽压(62kPa)	85.0	88.0
	液态石油气	13.6	6.4
	燃料气	1.4	5.6
	合计	100.0	100.0
汽油辛烷值(*RON*)		93	97

2. MTG 流化床工艺

MTG 流化床工艺流程如图 8-17 所示。该流程主要装置包括流化床反应器、再生塔和外冷却器。流化床反应器包括一个密相段，其下部为稀相提升管。原料甲醇和水按一定比例配料并进行汽化，过热到 177℃后进入流化床反应器。流化床反应器顶部出来的反应产物经除去夹带的催化剂后进行冷却，分离为水、稳定汽油和轻组分。流化床中反应为急剧放热反应，故采用外部冷却器移走热量。为了控制催化剂表面积炭，部分失活催化剂循环至再生塔。反应过程持续加入新鲜催化剂，反应器内的催化性能保持相对稳定，生产操作和产品质量稳定。与固定床工艺相比，流化床工艺具有更高的汽油收率和辛烷值，见表 8-12。

MTG 流化床法工艺具有汽油收率比固定床法略高；操作中易移去反应热，可将反应热用来生产高压蒸汽；循环量比固定床大大降低等特点。

3. 列管式固定床工艺

经典的 Mobil 固定床工艺中甲醇分两步合成汽油，而 Lurgi 公司与 Mobil 公司共同开发的列管式固定床采用多管列管式反应器，甲醇一步转换为烃类。

列管式固定床工艺流程如图 8-18 所示。首先，净化后原料甲醇和循环气与反应器出来的气体进行换热，调整到所需要反应温度后，循环气、甲醇混合物自上而下部经过列管式反应器，借助管内装填的催化剂转化为烃。反应热由列管式反应器壳程循环的熔盐带入蒸汽发生器中产生高压蒸汽；从列管式反应器出来的生成物换热冷却至常温。液态烃与水、循环气

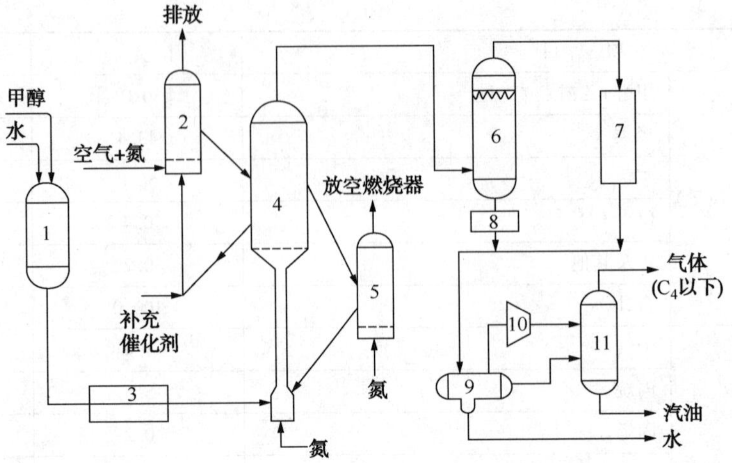

图 8-17　MTG 流化床工艺流程

1—原料调制器；2—再生塔；3—蒸发器/过热器；4—流化床反应器；5—冷却器；6—两段洗涤塔；7—冷凝器；8—过滤器；9—分离器；10—轻组分压缩机；11—脱丁烷塔

分离后，循环气由压缩机循环回转化工序。分离器出来的烃进入稳定塔，塔上部得到 C_4^-和惰性组分，塔釜产物得到 C_4^+。将塔上部产物送入甲醇合成装置作为工艺气或燃烧气使用，或在 $C_3 \sim C_4$回收塔中作为 $C_3 \sim C_4$产品回收。

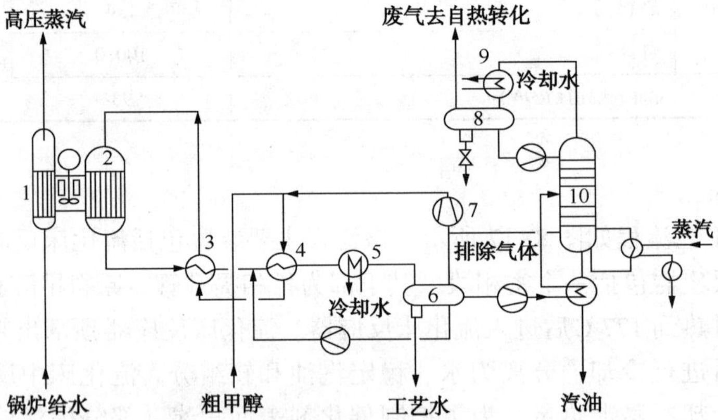

图 8-18　MTG 多管式反应器流程图

1—蒸汽发生器；2—反应器；3—换热器；4—冷凝器/蒸发器；5—冷却器；6—分离器；7—循环气压缩机；8—回流液接收器；9—冷却器；10—稳定塔

该工艺所得汽油中含烷烃和环烷烃 57.7%(质量)、烯烃 10.4%(质量)、芳烃 31.9%(质量)、均四甲基苯 5.0%(质量)，辛烷值(*RON*)为 93。

与其他甲醇下游技术相比，MTG 技术相对简单，在反应器技术、油品后处理技术及油品品质方面都有一定优势。特别是，MTG 生产的汽油可以经简单加工后直接使用，也可以精制后作为优质汽油进行清洁汽油的调和。近年来，随着石油和天然气价格一路上涨，煤炭作为能源化工替代原料的重要性愈发凸显，煤制甲醇行业快速发展。MTG 很有可能得到大力推广与快速发展。

第四节　醇基燃料

为缓解石油资源短缺，改善大气环境质量，开发替代能源和清洁能源成为世界各国面临的越来越迫切的任务。20世纪60年代，为了改善内燃机的排气净化，一些国家开始研究低污染的醇基燃料。70年代初的"石油危机"促使许多国家为能源安全积极寻找石油替代能源。在这种力量的推动下，醇基燃料(主要是甲醇和乙醇)作为液体燃料，因其原料资源丰富，燃烧干净，且其储运、分配、携带、使用与传统的汽、柴油相似，受到重视。醇基燃料是指以醇类(如甲醇、乙醇、丁醇等)物质为主体配置的燃料，主要包括甲醇燃料和乙醇燃料。

1976年，多国代表在瑞典召开第一次国际醇燃料会议，推动醇燃料(主要是甲醇和乙醇)的发展。美国、德国、加拿大、法国、日本、巴西、瑞典、新西兰等国家政府和汽车公司大力推动醇类燃料以及醇燃料汽车的研究、试验和示范推广，并由国家将其列为清洁燃料予以发展，我国已颁布了燃料乙醇、乙醇汽油的国家标准，并已在东北、中原等地区积极推广。燃料甲醇、甲醇汽油的相关地方标准也已颁布，产品的市场在推进中，以煤为原料经合成气通过碳一化工生产技术生产的醇基燃料已进入人们的生活，大力促进了地方经济发展。

一、低碳混合醇

低碳混合醇一般是指$C_1 \sim C_5$醇类混合物，既可直接掺人汽油作发动机燃料，也可分离为单独的醇类作为化工原料。

合成甲醇的$ZnO \sim Cr_2O_3$催化剂中加入碱性助催化剂时，产品中异丁醇大量增加，合成气直接合成高级醇引起很大重视，由于石油裂解生产乙烯的快速发展、羰基合成与烯烃水合工艺的迅速崛起，直接合成高级醇工艺未得到有效持续发展。石油的供求矛盾推动了以煤炭为资源生产醇类燃料的步伐，醇类燃料的研究重新焕发了生命，煤基液体燃料在燃料中的地位不断凸显。低碳混合醇不仅燃料特性比甲醇好，而且还是甲醇、乙醇和汽油的助溶剂，因此，合成气制低碳醇的研究课题引起人们的重视。低碳混合醇不仅可以作为代用燃料，而且从低碳混合醇中分离出乙醇、丙醇、丁醇作化工原料也是一条可供选择的技术路线。

MTBE(甲基叔丁基醚)作为在全球范围内大规模应用的汽油添加剂，为改善道路交通引起的环境污染起到了很大的作用。MTBE微溶于水、微毒、自然降解性差，储存、运输及使用过程中的泄漏会导致饮用水污染，威胁人类健康，美国环保署已决定2008年后在美国境内全面禁止使用MTBE。世界其他国家由于替代品的成本、技术和市场的成熟程度等原因，MTBE的使用可能会延续一段时间，但最终禁用只是一个时间问题。

依照我国国情考虑采用低碳混合醇来代替MTBE可能是一个好的选择。乙醇在美国、巴西已成功地用作汽油掺混物或直接作为内燃机燃料，为低碳醇的类似使用提供了成功的经验(包括掺混工艺、存储及运输等)。自从伴随F-T合成发现低碳混合醇以来，低碳混合醇的应用一直被定位于作为汽油的添加剂，与汽油的混溶效能大大优于甲醇、乙醇等化学品，且辛烷值高，防爆、抗震性能优越，高的含氧量同时改善了汽车尾气排放，其主要性能指标非常适合作为汽油组分。

低碳混合醇按其所含的主要成分可分为以甲醇为主的甲基燃料和以乙醇为主的乙基燃料。采用不同的催化剂、不同的生产路线，可生产不同的醇基燃料。

二、低碳醇合成反应

1. 反应热力学

合成气合成低碳醇的反应复杂，主要有甲醇合成反应、F-T 反应和水煤气变换反应等。

$$CO+2H_2 \longrightarrow CH_3OH$$

$$nCO+(2n+1)H_2 \longrightarrow C_nH_{2n+1}OH+nH_2O$$

$$CO+H_2O \longrightarrow CO_2+H_2$$

$$nCO+(2n+1)H_2 \longrightarrow C_nH_{2n+2}+nH_2O$$

$$nCO+2nH_2 \longrightarrow C_nH_{2n}+nH_2O$$

$$CH_3OH+CO+2H_2 \longrightarrow CH_3CH_2OH+H_2O$$

反应为强放热反应，随着醇碳链的增长反应热增大，低温有利于高碳数醇的生成，高温对生成低碳数的醇有利。

2. 反应机理

反应速率系指催化剂表面中间体浓度的一级反应速率(包括离解吸附)，速率常数与碳数无关，且反应是不可逆。对一氧化碳加氢合成低碳混合醇的研究甚少。由于合成产物组成复杂，反应机理尚在探讨之中。

CO、H_2合成低碳醇反应遵循链增长机理。高碳醇首先是 CO 和 H_2合成低碳醇、再由低碳数的甲醇和乙醇缩聚而成，且醇分子中 β 碳上的氢比 α 碳上的氢更容易失去，即只能在 α、β 碳上进行单碳或双碳加成(主要是 β 碳)，而 α 碳上不能进行双碳加成，CH 基团也不能进行加成反应。反应速率系指催化剂表面中间浓度的一级反应速率(包括解离吸附)，速率常数与碳数无关，且反应不可逆。碳链增长机理如图 8-19 所示。

图中 α 为在 α 碳上进行单碳加成的一级反应速率常数；b 为在 β 碳上进行单碳加成的一级反应速率常数；c 为在 β 碳上进行双碳加成的一级反应速率常数；d 为脱附速率常数。假设 a、$c \ll b$，$a \ll d$，且每步均为一级不可逆反应，满足动态平衡条件，由此可进行醇分布的定性估算和定量估算。

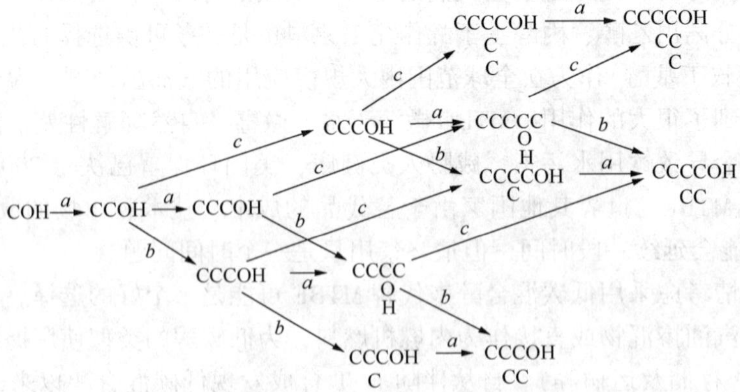

图 8-19　碳链增长机理

首先，定性讨论醇产物分布情况，由于 a、$c \ll b$，$a \ll d$；因此导致

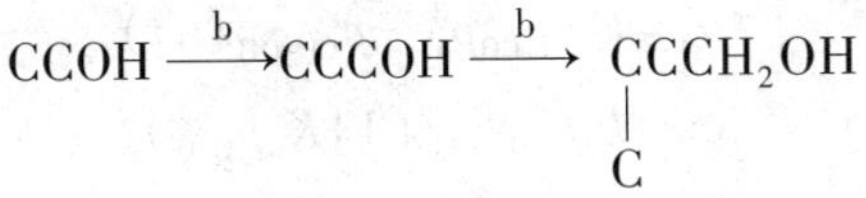

这一β加成反应相对于其他分支步骤要快得多，因而，CCCOH 与 $\underset{\text{C}}{\underset{|}{\text{CCCOH}}}$ 的脱附产物是混合醇中 C_2^+OH 的主要产物。根据上述机理模型，可以推出醇分布，结果表明理论估算与实验结果吻合良好，见表 8-13。

表 8-13　醇分布估算与实验值比较

项　目	乙醇	异丙醇	正丙醇	异丙醇	正丁醇
分布方程	$\frac{\alpha}{1+\beta}$	$\frac{\alpha^2}{(1+\beta)^2}$	$\frac{\alpha\beta}{(1+\beta)^2}$	$\frac{\alpha\beta}{(1+\beta)^2}$	$\frac{\alpha\gamma}{(1+\beta)^2}$
估算值	0.0199	0.00040	0.0138	0.0312	0.016
实验值	0.0203	0.00037	0.0175	0.0396	0.010
参数值	$\alpha=0.065$　$\beta=2.26$　$\gamma=0.267$				

注：1. $\alpha=a/d$，$\beta=b/d$，$\gamma=c/d$；

2. 估算值为某醇物质的量与甲醇物质的量之比；

3. 反应条件是 310℃、7MPa、3000h^{-1}、$n(H_2)/n(CO)=0.5$。

碳链增长的关键是 CO 的解离吸附，作为活性中心——铜在 200～300℃的温度范围内对 CO 的吸附为非解离吸附。CO 解离有两种方法，其一是将反应温度提高到 300℃以上，使其易于解离，提高反应温度无论从热力学或从碳链增长考虑都有利；其二是设法削弱在活性中心铜上吸附 CO 的碳氢键。加入碱金属，通过降低金属铜电子逸出功来增强铜的电子给予性，CO 得到更多反馈电子，减弱碳氢键能，CO 解离趋势增强，为碳链增长提供可能。碱金属中 Rb 的效果较好，更易于 CO 解离吸附。添加碱金属有利于 C_2^+OH 的生成，但若超过一定量，CO 解离吸附严重导致大量积炭，醇产率和 C_2^+ OH 比例会明显下降。同时大量碱金属的存在使铜的给予电子能力大大加强，导致 $C\delta^+=O\delta^+$中的 $C\delta^+$的正电性减弱，H_2在 CO 中碳上的亲核插入困难，醇生成量减少。

3. 反应动力学

国内外对一氧化碳加氢合成甲醇动力学进行了长期深入的研究，建立了不同的动力学模型，但对一氧化碳加氢合成低碳混合醇的研究甚少。由于合成产物组成复杂，反应机理尚在探讨之中，而且与合成醇反应同时还进行大量的平行、顺序副反应，产物组成复杂，动力学研究比较困难。Tronconi 等对钾改性的 Zn-Cr 高压甲醇合成催化剂研究了低碳醇合成反应动力学。反应温度为 400℃，压力为 8.8MPa，气体流量为 1.35～4.94mol/h，新鲜气中 CO_2 含量 0～5.93%（体积），H_2/CO（摩尔）为 0.55～11.9。催化剂粒度为 0.8607～1.4819 目，在乙酸钾溶液中浸渍处理，相当于约含 3%（质量）K_2O。对 $CO+H_2$ 合成低碳醇复杂体系进行简化，仅考虑合成甲醇、C_2～C_6醇合成、水煤气变换、甲烷化反应。

$$CO+2H_2 \longrightarrow CH_3OH$$

$$CH_3OH+(n-1)CO+2(n-1)H_2 \longrightarrow C_nH_{2n}OH+(n-1)H_2O$$

$$CO+H_2O \longrightarrow CO_2+H_2$$

$$CO+3H_2 \longrightarrow CH_4+H_2O$$

上述动力学模型可用下述方程表示，并得到了相应的反应速率常数。

$$r_1=k_1(p_{CO}p_{H_2}^2-p_{CH_3OH}/K_1)$$

$$r_2=k_2p_{CH_3OH}/(1+K_wp_{H_2O})$$

$$r_3=k_3(p_{CO}p_{H_2O}-p_{CO_2}p_{H_2}/K_3)$$

$$r_4=k_4p_{H_2}$$

合成低碳醇的过程中甲醇合成、水煤气变换反应接近平衡，水煤气变换反应不仅是一平行反应，而且对 C_2以上醇(主要是异丁醇)合成影响很大。当原料气中 CO_2含量高时，反应生成很少的异丁醇。

参照 Tronconi 等的动力学研究结果，在 400℃、14MPa 条件下，平衡常数 $K_1=1.458\times10^{-3}MPa^{-2}$，$K_3=14.88$。根据实验数值得到反应速率常数 k 值如下：

$$k_1=6.388\times10^{-5}mol/(mL\cdot h\cdot MPa^3)$$

$$k_2=3.938\times10^{-2}\ mol/(mL\cdot h\cdot MPa)$$

$$k_3=1.068\times10^{-2}mol/(mL\cdot h\cdot MPa^2)$$

$$k_4=1.234\times10^{-4}mol/(mL\cdot h\cdot MPa)$$

$$K_w=87.244MPa^{-1}$$

按上述 k 值代入方程，用简化的动力学模型计算甲醇、C_2以上醇反应速率与实验结果相比，反应速率计算值与实验值的比较列于表 8-14。相对误差小于 10%。

表 8-14　计算值与实验值比较

r_1实验值$\times10^8$	r_1计算值$\times10^8$	相对误差/%	r_2实验值$\times10^4$	r_2计算值$\times10^4$	相对误差/%
6.245	5.822	6.78	11.140	10.737	3.61
5.504	5.565	−1.11	8.681	8.387	3.39
4.589	4.497	2.01	7.374	7.046	4.44
3.537	3.854	−8.96	5.400	5.824	−7.84
7.669	7.175	6.43	12.683	13.00	−2.49
6.317	6.682	−5.78	9.845	9.366	4.85
5.514	5.491	0.41	8.419	7.765	7.77
4.117	4.194	−1.86	5.925	5.903	−1.14

4. 催化剂

催化剂是合成低碳混合醇工艺的关键，合成气制低碳混合醇的催化剂，最先沿用甲醇合成催化剂，以 Zn-Cr 催化剂为主，加入碱金属以提高生成高级醇选择性，但在高温高压(300~400℃、26MPa)下操作。低温低压(250~300℃、5~10MPa)下操作的 Cu-Co-Cr-K 催化剂，使反应条件大为缓和。Dow 公司开发的耐硫催化剂，因其抗硫，特别适用合成气中硫含量较高的生产路线大大简化合成气的净化过程、负荷，耐硫催化剂是低碳混合醇合成催化剂的发展方向。

同一低碳混合醇合成催化剂由于工艺条件的不同，产品分布差异显著，应根据产品要求选择合适的催化剂和反应条件。如 Cu-Co-Cr-K 催化剂在 280℃、10MPa、8000h^{-1}下操作生产的甲基燃料中甲醇含量 56%、在 250℃、6MPa、4000h^{-1}下操作生产的甲基燃料中甲醇含量 20%，乙醇含量 38%。很难区别是甲基低碳混合醇催化剂还是乙基低碳混合醇催化剂。

依据催化剂活性组分的性质和反应的主要类型，可分为以下四类。

① 改性Zn-Cr高温甲醇合成催化剂体系　由Zn-Cr氧化物加入碱性助剂等改性制得。在400℃、15~32MPa条件下反应，具有非化学计量性质的Zn-Cr类尖晶石结构发挥活性作用。产物主要是甲醇、异丁醇和乙醇、正丙醇，在产物中，异丁醇占相当大的比例。主要催化剂特性见表8-15、典型液相产物组成见表8-16。

表8-15　催化剂性能

新鲜催化剂[含 K_2O 3.0%(质量)]			
成分	Zn_3Cr	反应之后	
表观密度/(g/cm^3)	1.46	BET比表面积(m^2/g)	41
BET比表面积/(m^2/g)	130	晶相	ZnO
孔容/(cm^3/g)	0.2		$ZnCrO_4$

表8-16　典型液相产物组成

含量/%(质量)		含量/%(质量)	
种　类	液相总和	种　类	液相总和
H_2O	7.84	i-C_4H_9OH	25.82
CH_3OH	41.41	n-C_4H_9OH	0.26
CH_3CHO	0.47	$\sum C_5$-OH	4.60
C_2H_5OH	1.40	$\sum C_6$-OH	2.98
C_2H_5CHO	0.62	$\sum C_7$-OH	4.39
i-C_3H_7CHO	0.27	$\sum C_8$-OH	3.00
n-C_3H_7CHO	3.76	其他含氧化合物	0.38
i-C_3H_7CHO	2.80		

注：$T=400$℃，$p=8.7$MPa，$F=2.7$mol/h，$H_2/CO=1.1$。

此类催化剂需要较高的反应温度、压力，改性后可极大的提高异构醇(特别是异丁醇)的选择性，改善甲醇、乙醇等小分子醇与汽油的互溶性，具有实际的应用意义。

采用的催化剂组成为：ZnO 77.3%(摩尔)、$Cr_2O_3$19%(摩尔)、K_2O2.4%(摩尔)。当采用由$H_2$61.0%(摩尔)、CO30.5%(摩尔)组成的合成气在390~420℃、5MPa条件下反应，产物组成为甲醇43%(摩尔)，乙醇3.7%(摩尔)，丙醇9.1%(摩尔)，异丁醇23.2%(摩尔)，高级醇21.0%(摩尔)。

② 改性Cu-Zn-Al低温甲醇合成催化剂体系　在低温铜基甲醇合成催化(Cu-ZnO-Cr_2O_3，Cu-ZnO-Al_2O_3)中加入碱性助剂，同样可以提高低碳醇的选择胜。在300~350℃，10MPa条件下反应，产物分布除甲醇外，以乙醇、正丙醇、异丁醇、正丁醇和更高碳数醇为主。Cu/ZnO是双功能催化剂，Cu是主活性组分，ZnO发挥配合作用，反应条件温和，低碳醇的选择性较高，但活性组分铜易高温烧结失活，易被硫化物、氯化物中毒。

③ 改性F-T合成催化剂体系　将合成甲醇催化剂与F-T合成催化剂结合，活性组分主要为铜、钴、锌、铝的氧化物，碱金属助剂的加入，可缓解F-T合成催化剂的还原作

用，提高产物中醇类氧化物的选择性。产物以遵循 Schulz-Flory 分布的 C_1～C_5 正构醇为主。

法国 IFP 的 Cu-Co 催化剂，催化剂组成 $Cu_xCo_yM_zA_v$（其中 M=Cr、Fe、V、Mn 或稀土元素，A=碱金属）。反应条件温和（温度约 300℃，压力约 6MPa，空速为 1000～3000h^{-1}），产物中低碳醇选择性较高，甲醇、乙醇、丙醇、C_4 以上醇含量分别为 55%～80%（摩尔）、12%～30%（摩尔）、6%～20%（摩尔）、4%～7%（摩尔），产品主要为正构醇，具有较好工业前景。该催化剂操作压力比 Snare 公司的 Zn-Cr-K 型催化剂的压力低，合成气总转化率可达 90%。共沉淀法制取的 Cu-Co-Cr 母体催化剂活性、选择性可根据产品组成需要通过 Cu、Co、Cr 含量的调节灵活调整，铜含量较高时甲醇是主要产物，而 Cu/Co=4～5、Cu/Cr=2～3 时，其活性达到最大值。加入少量 Co 就成为高活性、高选择性的甲醇催化剂，Co 含量太高时，即为 F-T 合成催化剂。在 1≤Cu/Co≤3、Co/Cr≥0.5 范围内，得到 C_1～C_6 混合醇及烃类，C_2 以上醇随 Co/CuO 比值的增加而增加。提高 Cr/Cu 比时会降低催化剂的活性而增加生成甲醇的选择性。

④其他催化剂体系　以美国 Dow 公司和 Union Carbide 的 MoS_2 催化剂为代表，反应条件温和，温度约 300℃，压力约 10MPa。它的最大优点是对反应气中的硫具有很强的抗中毒作用。但产物中大量的烃和二氧化碳使低碳醇的选择性不高；负载型 Rh 等贵金属催化；Rh 等贵金属络合催化剂。

三、低碳混合醇合成工艺

1. 甲基燃料

(1) 意大利 Snam 公司

意大利 Snam 公司通过改进合成甲醇催化剂及生产工艺条件，以 $ZnO-Cr_2O_3-K_2O$ 为催化剂在生成甲醇的同时也生成部分低碳醇，即甲基燃料。生产流程如图 8-20 所示。

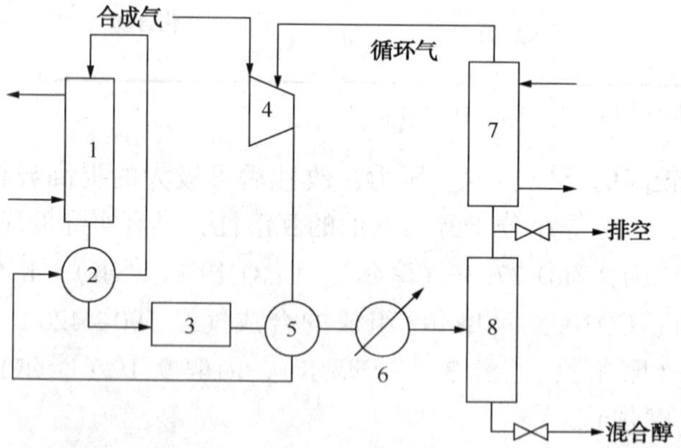

图 8-20　Snam 公司制备甲基燃料生产流程示意图

1—合成反应器；2，6—冷却器；3—转化反应器；4—压缩机；5—换热器；7—CO_2 吸收塔；8—分离塔

含 CO（41.3%）、H_2（58.1%）、N_2（0.38%）、CH_4（0.12%）的合成气与循环气混合、压缩至 26MPa，换热到 410℃，进入合成反应器。反应产物冷却至 200℃，进入转化反应器，产物冷却后进入分离塔，上部尾气经排空阀放空或经 CO_2 吸收塔净化循环使用，下部得到以甲醇为主的醇类混合物。不同催化剂的实验结果见表 8-17。

表 8-17　甲基燃料催化剂的组成及效果

序号	催化剂组成/%	催化剂量/m^3	反应条件			产品组成/%			
			空速/h^{-1}	温度/℃	压力/MPa	甲醇	乙醇	丙醇	丁醇
1	第一反应器 ZnO 72.1，Cr_2O_3 25.9，K_2O 2.0	10	7065	410	26	78.5	2.4	5.57	13.4
	第二反应器 ZnO 31.4，Cr_2O_3 49.9，CuO 18.7	20	3073	200	26				
2	第二反应器 ZnO 31.4，Cr_2O_3 49.9，CuO 18.7	20	3070	410	26	77.98	2.38	5.51	13.37
		20	3070	200	26				
3	第一反应器 ZnO 70.6，Cr_2O_3 25.9，K_2O 4.0	12	5887	400	26	69.88	4.99	9.99	14.98
	第一反应器 ZnO53.7，Cr_2O_3 32.8，Al_2O_3 13.5	20	3073	180	20				

（2）德国 Lurgi 公司

德国 Lurgi 公司生产甲基低碳混合醇利用改性的合成甲醇铜基催化剂，采用管壳型反应器，合成气经压缩后送入合成塔生产甲基燃料，再通过稳定塔分离为产品。为增加碳源，将合成气中 CO_2 分离后再送人造气转化炉，以降低 H_2/CO_2。列管式反应器管程装催化剂，壳程采用高压沸腾水蒸发转移反应热并副产蒸汽，流程如图 8-21 所示。

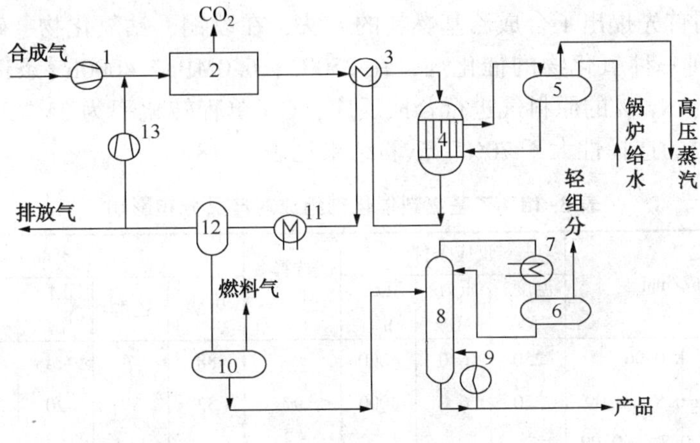

图 8-21　Lurgi 公司甲基燃料生产工艺流程

1—新鲜气压缩机；2—CO_2 脱除单元；3—热交换器；4—反应器；5—汽包；6—回流罐；7—冷凝器；8—稳定塔；9—再沸器；10—膨胀罐；11—最终冷却器；12—分离器；13—循环气压缩机

（3）法国 IFP 公司

法国 IFP 采用两级反应器将合成气转化为以甲醇为主的混合醇，第一级反应器为原料气一次通过，合成气经压缩、换热至 3～15MPa、230～250℃，在 1000～10000h^{-1} 下一次通过装有 $Cu_xCo_yM_zA_v$ 催化剂的第一反应器，除生成甲醇外，还生成少量的 C_2～C_5 醇类，产物冷凝分离，液相进入分离装置。气相与循环气混合换热 230～300℃，在 3～15MPa、5000～20000h^{-1} 条件下，进入装有 $Cu_xCo_yZr_zM_v$ 催化剂的第二级反应器，第二级反应器为循环流动式，第二反应器中主要合成甲醇，产物经冷凝分离后，气体直接排空或经循环压缩机升压后返回第二反应器，液体产品送往产品分离装置，可分出甲醇、乙醇、丙醇、丁醇，也可直接得到含甲醇较多的低碳混合醇。

（4）美国 Dow 公司

美国 Dow 公司开发了一种联产甲醇及高级醇的工艺，其流程示意如图 8-22 所示。Dow 工艺采用硫化物催化剂，主要成分为 MoS_2-M-K。混合醇中甲醇浓度可在 0~90%之间变化。该催化剂有下述特点。

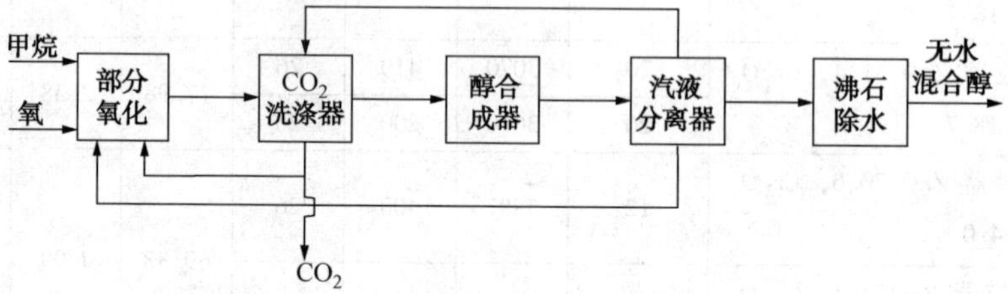

图 8-22　Dow 公司混合醇生产流程

① 抗硫性强，催化剂由硫代钼酸热分解成烧结型硫化钼，因本身是硫化物，在硫存在下，才显示出催化活性，故对合成气中的残余硫具有抗硫能力。

② 适合固定床反应器，通过固定床反应器与流化床反应器试验，虽然流化床的传热性和温控性能好，但硫化钼催化剂更适宜于结构可靠、操作方便的固定床。

③ 成的水量很少，Dow 公司采用沸石脱除少量水，产品中水含量达到 0.2%。

2. 乙基燃料

法国 IFP 公司首先提出了合成乙基燃料的方法，在以铜、钴氧化物、碱金属及添加 Cr、V、Fe、Mn 的任何一种氧化物的催化剂，在 250℃、6.0MPa、4000h^{-1}条件下，对 CO19%、$H_2$66%、$CO_2$13%、$N_2$2%的原料气进行合成反应，CO 单程转化率为 35%，醇类的选择性大于 95%，C_2以上醇的选择性大于 70%。试验结果见表 8-18。

表 8-18　乙基燃料催化剂组成对产品分布影响

型号	催化剂组成/mol	反应条件			选择性/%	产品分布/%					
		温度/℃	压力/MPa	空速/h^{-1}		甲醇	乙醇	正丙醇	异丙醇	正丁醇	异丁醇
A	Cr 0.8，Cu 1，K 0.06	250	6.0	4000		88	7	<1	<1	<1	<1
B_1	Cu 1，Co 1，Cr 0.8 K 0.09	250	6.0	4000	97	32	39	20	2	14	<1
B_2	Cu1，Co1，Cr0.8，K0.09（加氧化铝水泥）	250	6.0	4000		22	41	20	3	14	<1
B_3	Cu 1，Co 1，Cr 0.8，K 0.09	250	6.0		94(89)①	24	39	21	2	14	<1
C	Cu 1，Co 0.7，Zn 0.03，K 0.08	250	6.0	4000		26	38	20	3	13	<1
D	Cu Co Mn 0.8，K 0.12	250	4.0	4000	84(95)②	23	39	19	4	14	<1
E	Cu Co Fe 0.8，K 0.12	250	6.0	4000	82(96)②	21	41	19	4	14	<1
F	Cu Co V 0.8，K 0.12	250	6.0	4000		20	33	10	25	9	<1

注：①没有柠檬酸蒸发的同种催化剂的选择性；

②用柠檬酸方法所得催化剂的选择性。

四、醇基燃料生产工艺过程

目前合成低碳醇的代表性工艺有：MAS 工艺、IFP 工艺、Sygmol 工艺、Octamix 工艺。各种工艺的国内外研究现状见表 8-19。

MAS 工艺由 Snam 公司与 Topsφe 公司共同开发，采用 Zn-Cr 催化剂，是目前唯一工业化的工艺，工艺最成熟；其次是采用 Cu-Co 催化剂的 IFP 工艺；由 Dow 化学公司和联炭公司共同开发的 Sygmol 工艺采用耐硫催化剂体系，具有独特的抗硫性，该工艺及 IFP 工艺的产物中 C_2^+醇含量最高，化工利用前景最好；由 Lurgi 公司开发的 Octamix 工艺采用低压法改性 Cu-Zn 系催化剂，是对 MAS 工艺的改进，而且与 Sygmol 工艺一样，其产物含水量很低，因此产物脱水能耗最低。表 8-19 为低碳醇合成工艺研究现状，各项技术经济指标比较列见表 8-20。

表 8-19　合成低碳醇工艺国内外现状

项目	工艺	MAS		IFP		Sygmol		Octamix	
	催化剂	Zn-Cr-K		Cu-Co-M-K		MoS_2-M-k		Cu-Zn-Al-K	
	研究单位	意大利 Snam	山西煤化所	法国 IFP	山西煤化所	美国 Dow	北京大学物化所	德国 Lurgi	清华大学
操作条件	空速/h^{-1}	3000~5000	4000	4000	4500	5000~7000	5000	2000~4000	4000
	温度/℃	350~420	400	290	290	290~310	240~250	270~300	290
	压力/MPa	12~16	14	6	8	10	6.2	7~10	5
	H_2/CO	0.5~3	2.3	2~2.5	2.6	1.1~1.2	1.4~2.0	1~1.2	1~1.3
液体产物的组成/%(质量)	甲醇	70	75	41	49.4	40	38	59.7	83.6
	乙醇	2		30	33.3	37	41	7.4	C_2~C_5
	丙醇	3		9	10.8	14	12	3.7	16.4
	丁醇	13	异丁醇	6	4.1	5	4	8.2	
	C_5^+(醇)	10	12~15	8	1.6	2	3.5	10.4	
试验结果	C_2^+醇/总醇/%	22~30		30~60		30~70		30~50	15~27
	粗醇含水量/%(质量)	20		5~35		0.4		0.3	0.33
	CO 成醇选择性/%	90	95	65~76	76	85	80		95
	CO 转化率/%	17		21~24	27	20~25	10		
	产率/[mL/(mL·h)]	0.25~0.3	0.21~0.25	0.2	0.2	0.32~0.56			0.3~0.6
开发现状		已工业化 15000t/a	模试	中试 7000 桶/a	模试	中试 1t/d	小试	模试	小试
催化剂考察时间/h		6000	1000	4 个月	1010	6000			200

表 8-20　不同工艺路线技术经济比较

项　目	MAS	IFP	Sygmol	Octamix
温度/℃	>350	<300	<300	<300
压力/MPa	>12	<10	<10	<10
C_2^+醇/总醇/%	<30	56	59	50
烃产率/%(质量)	<10	20~30	18~23	4.3
其他含氧化物/%(质量)	2.1		0.25	10.2
CO 成醇选择性/%	90	65~70	85	约 85
粗产品含水量/%(质量)	20	5~35	0.4	0.3
精产品含水量/%(质量)	0.1	0.1	0.2	0.1
脱水方法	环已烷萃取法	二甘醇萃取法	分子筛吸附法	分子筛吸附法
技术成熟程度	1979 年中试，1982 年建 15kt/a 示范装置	1984 年建成 7000 桶/a 装置，运行 4 个月	1985 年建成 1t/d 装置	单管模试
原料气含硫/$\times10^{-6}$			110~140	<0.1
投资/亿元①	6.31	10.31		
成本/(元/t)①	598	875		
热效率/%	62	46		60

注：①以 1000t/d 规模计(以当时价格计)。

五、低碳醇合成工艺条件

1. 原料组成

合成低碳醇的主要反应为

$$nCO+2nH_2 \longrightarrow C_nH_{2n+1}OH+(n-1)H_2O \tag{8-1}$$

$$CO+H_2O \longrightarrow CO_2+H_2 \tag{8-2}$$

总反应式为

$$(2n-1)CO+(n+1)H_2 \longrightarrow C_nH_{2n+1}OH+(n-1)CO_2 \tag{8-3}$$

$CO+H_2$合成低碳醇以反应式(8-1)与式(8-3)进行，反应式(8-1)有水生成，反应式(8-3)副产物为 CO_2。在合成醇要求的反应温度范围内，反应式(8-2)的自由能变化为负值，所以反应式(8-3)在热力学上比反应式(8-1)有利，因而生成粗醇的含水量低，对原料气中 H_2/CO 要求也低，但需要活性强的 CO 变换催化剂。Octamix、Sygmol 工艺采用的 Cu-Zn 和 MoS_2体系催化剂具有良好的 CO 变换功能。反应过程以反应式(8-3)为主进行，粗醇中含水量低。采用的 H_2/CO 也比 MAS 和 IFP 的低。

2. 反应温度

反应温度取决于催化剂的性能。除采用 Zn-Cr 体系催化剂需高温外，其他工艺基本在 300℃以下操作。

3. 反应压力

生成不同碳数醇的反应均为分子数减少的反应，加压对化学平衡和提高反应产率均有利，对低碳醇的组成分布无明显影响。压力的选择还要考虑催化剂的性质和采用的设备。IFP、Octamix 工艺采用改性 Cu 基催化剂，催化剂活性高，可采用低压操作；MAS 工艺采用改性 Zn-Cr 催化剂，活性低，需采用高温，但热力学处于劣势，故必采用高压操作；Sygmol 工艺采用硫化物催化剂，活性较差，故所需压力稍高。

4. 选择性

IFP 的 CO 成醇选择性较低，副产烃达 20%~30%，其中 70%左右为甲烷，导致大量循环气排放。

5. 原料气净化

Octamix 与 IFP 工艺采用的铜基催化剂对硫、氯等毒物很敏感，因而对原料气净化要求较高，MAS 工艺的催化剂虽耐硫性略强，但仍不抗硫；只有 Sygmol 工艺采用硫化钼等催化剂，才具有抗硫的特点。

第五节 二 甲 醚

一、二甲醚性质用途

二甲醚(dimethyl ether，DME)又称甲醚，常压下是一种无色气体，加压至 5~6 个大气压转化为液体，具有轻微醚香味。常温下具有惰性，不易自动氧化，无腐蚀、无致癌性，在辐射或加热条件下可分解成甲烷、乙烷、甲醛等。可作为气雾制品喷射剂、氟里昂替代制冷剂、溶剂等和精细化学品合成的化工原料。

DME 具有优良的燃烧性能，最大燃烧速度大，燃烧时火焰略带光亮，燃烧热(气态)为 1455kJ/mol。燃烧过程清洁，CO、HC、NO_x 排放大幅减少，燃烧不产生炭黑，烟炱排放为零，二氧化碳排放量仅为煤的 60%，污染少，有利于环境保护。稍加压即为液体的 DME 具有与汽油、柴油相近的高能量密度，易于储存与输运。作为车用内燃机替代燃料，十六烷值高，动力性能好，具有天然气、甲醇、丙烷、丁烷、LPG、柴油等不可比拟的综合优势，誉为“21 世纪的清洁燃料”。二甲醚的十六烷值(55~60)甚至高于柴油(40~55)，具有优良的压缩性，非常适合于高温、高压的压燃式发动机使用，是柴油发动机理想的替代燃料。

表 8-21 比较了二甲醚与其他燃料的物性、燃烧性能差异。作为民用燃气替代品，二甲醚是液化石油气比较理想的替代品，2008 年 1 月 1 日起二甲醚已具备合法的民用燃料身份，2010 年，作为民用燃气替代品的 DME 消费量约为 $37×10^4$t，占二甲醚总消费量的 84%。作为普通化工原料，全球二甲醚的产量、消费量很少，随着原油价格的不断上涨、LPG 作为化工原料趋势的增加、天然气供应受管网限制和煤炭资源清洁化利用的加强，具有优良物理性能的二甲醚在民用燃料、车用燃料的替代方面显示巨大的潜力。预计燃料将是未来二甲醚主要消费领域，特别是在世界石油资源相对匮乏、煤炭资源相对丰富的国家和地区增长速度更快，为煤化工和能源化工的发展提供了广阔的空间。

表 8-21 二甲醚与各种燃料燃烧性能比较

物 性	DME	丙烷	丁烷	甲烷	甲醇	柴油
沸点/℃	-25.1	-42.0	-0.5	-161.5	64.6	180~370
液体密度/(g/cm^3，20℃)	0.67	0.49	0.57	0.42	0.79	0.84
饱和蒸气压/(MPa，25℃)	0.6	0.9	0.2	—	—	—
蒸发潜热/(kJ/kg)	467	372	358	510	1110	300

续表

物　性	DME	丙烷	丁烷	甲烷	甲醇	柴油
气体密度(对空气)	1.59	1.52	2.07	0.55	—	—
理论空气比/(kg/kg)	9.0	15.7	15.5	16.9	6.5	14.6
最大燃烧速度/(cm/s)	50	43	43	37	52	—
爆炸范围/%(体积)	3.4~17	2.1~9.4	1.9~8.4	5~15	5.5~36	0.6~6.5
发火温度/℃	235	470	365	650	450	250
十六烷值	55~60	5	10	0	5	40~55
低发热值/(MJ/m^3，标态)	59.3	91.0	118	35.9	—	—
低发热值/(MJ/kg)	28.8	46.3	45.7	49.0	20.0	42.7

二、二甲醚生产技术

早期工业用二甲醚是从高压合成甲醇的副产物中精馏后分离回收，产量较低，不足以形成大规模工业化。当前二甲醚的合成方法有两种：一种是采用合成气直接合成二甲醚的生产工艺，称为一步法；另一种是合成气生产甲醇，再经由甲醇脱水生成二甲醚的方法，即两步法，也称为甲醇法。根据反应器内的物料状态，两步法生产工艺分为液相法和气相法。由于液相法过程涉及酸腐蚀和剧毒物处理，目前仅极少数企业拥有成熟的工艺。甲醇气相脱水工艺成熟，工艺相对简单，对设备材质无特殊要求，基本无三废及腐蚀问题，是目前世界上二甲醚的主要生产方法。国内外掌握气相法工艺的企业较多，如埃克森美孚、杜邦、德国DEA。国内主要有西南化工研究院、上海石化研究院等，至今甲醇气相脱水法仍是二甲醚生产的主要方法，但生产成本较高制约了其应用的拓展。目前，大多二甲醚装置采用天然气为原料，随着能源需求的快速增长，逐渐把目光转向以煤为主要原料生产甲醇和二甲醚。

1. 甲醇尾气精馏分离法

合成气生产甲醇过程存在甲醇脱水生成二甲醚的副反应，将粗甲醇中的二甲醚通过脱醚塔分离即得二甲醚。随着高选择性铜基催化剂及低压法甲醇合成工艺的广泛推广，粗甲醇中二甲醚含量大幅度降低(≯0.15%)，分离回收二甲醚工艺的应用价值极低。二甲醚工业生产技术很快发展到甲醇脱水(两步法)和合成气直接合成(一步法)两种工艺。

2. 甲醇法

(1) 甲醇液相法

甲醇液相法由硫酸法发展而来。两分子甲醇在脱水剂浓硫酸的作用下加热脱水一分子的水生成一分子的二甲醚，同时有 CO、CO_2、CH_4、C_2H_4 等副产物。该法是一种操作简单的生产方法，其反应如下：

$$CH_3OH+H_2SO_4 \xrightarrow{<1000℃} CH_3HSO_4+H_2O$$

$$CH_3HSO_4+CH_3OH \xrightarrow{<1000℃} CH_3OCH_3+H_2SO_4$$

即

$$2CH_3OH \longrightarrow CH_3OCH_3+H_2O$$

甲醇液相法工艺(图 8-23)具有反应温度低(<100℃)、转化率高(>80%)、选择性高(>99%)等优点，但由于使用浓硫酸作催化剂存在设备腐蚀严重、釜液和废水污染环境、操作条件恶劣等缺点，逐渐被甲醇气相催化脱水和合成气直接合成法取代。

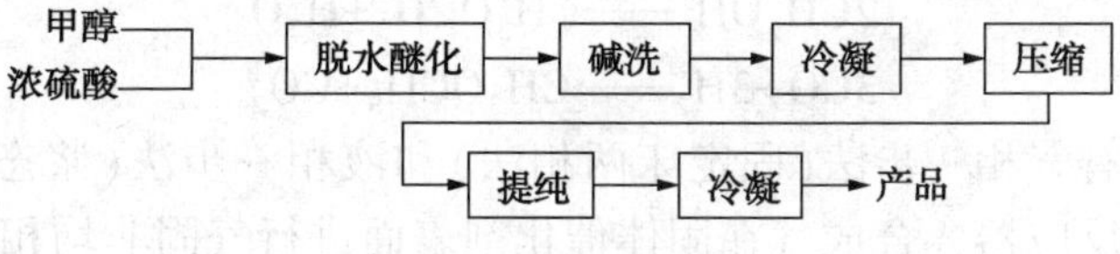

图 8-23　甲醇液相法合成二甲醚工艺流程

(2) 甲醇气相法

甲醇气相法是将甲醇蒸气通过固体酸催化剂床层，发生非均相反应脱水得二甲醚。甲醇脱水反应主反应为：

$$2CH_3OH \longrightarrow CH_3OCH_3+H_2O$$

副反应：

$$CH_3OH \longrightarrow CO+2H_2$$
$$CH_3OCH_3 \longrightarrow CH_4+H_2+CO$$
$$CO+H_2O \longrightarrow CO_2+H_2$$

该工艺脱水反应副反应少，产品甲醚纯度高达 99.9%，生产技术成熟，具有规模大、操作控制容易、无腐蚀等优势，是我国使用最多的二甲醚工业生产方法，典型的甲醇气相法流程如图 8-24 所示。工艺含甲醇合成、甲醇精馏、甲醇脱水、二甲醚精馏等工序，流程长，投资大，产品成本高。催化剂是气相甲醇脱水法的关键，提高脱水效果且避免二甲醚的深度脱水生成烯烃或析碳是评价催化剂选择性的核心。我国拥有该项技术并已工业化的有西南化工研究设计院和四川天一科技股份有限公司、中国科学院山西煤炭化学研究所、上海石油化工研究院等。国外主要生产厂家有杜邦(Du Pont)公司、阿克苏公司、德国联合莱茵褐煤燃料公司等。

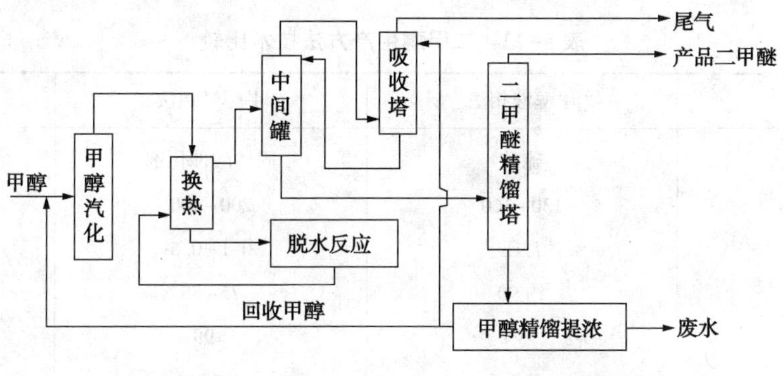

图 8-24　甲醇气相法合成二甲醚工艺流程

3. 合成气一步法

合成气一步法合成二甲醚是将适宜氢碳比的 CO、H_2混合气通过复合催化剂层，一次直接合成二甲醚的工艺过程(图 8-25)。该工艺中甲醇合成、甲醇脱水反应在一个反应器中完成，在脱出水参与下同时发生 CO 变换反应。中间甲醇的脱水有效促进甲醇合成反应的进行，克服了合成甲醇反应转化率低的弱点。反应平衡常数大，合成气单程转化率高，达 40%~75%。其反应式为：

$$CO+2H_2 \longrightarrow CH_3OH$$
$$CO+H_2O \longrightarrow CO_2+H_2$$

$$2CH_3OH \longrightarrow CH_3OCH_3 + H_2O$$

总反应：$$3CO + 3H_2 \longrightarrow CH_3OCH_3 + CO_2$$

合成气一步法又有气相一步法（固定床两相法）和液相一步法（浆态床三相法）之分。气相一步法采用固定床反应器，合成气在固体催化剂表面进行气固非均相反应生成二甲醚。液相一步法工艺采用浆态床反应器，借助惰性溶剂，复合催化剂磨细悬浮于惰性介质溶液中，合成气先溶于惰性介质溶液，借助扩散作用与悬浮于惰性溶剂中催化剂接触，发生表面吸附，在气、液、固三相发生合成、脱水反应，生成二甲醚。

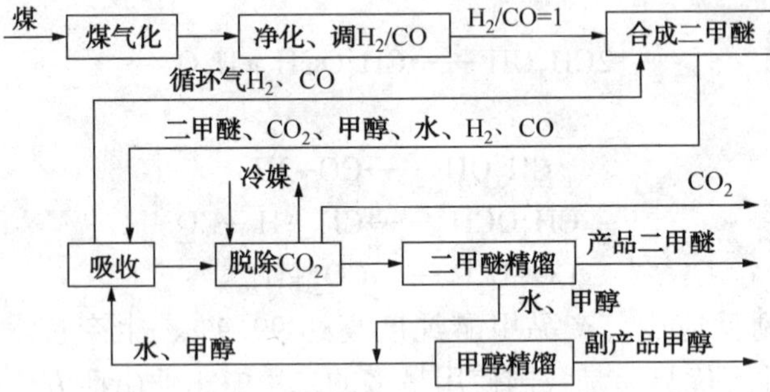

图 8-25　合成气一步法工艺流程

此方法与甲醇气相脱水制二甲醚、合成气经甲醇制二甲醚的费用之比为 1 : 2.7 : 5.7。与传统的甲醇气相脱水法相比，一步法更具先进性，其流程短，设备规模小，操作压力低，单程转化率高，可显著降低操作费用，1500t/a 工业生产示范装置已投入生产。三种不同方法生产二甲醚技术条件比较见表 8-22。

表 8-22　二甲醚生产方法技术比较

方　　法	甲醇液相法	甲醇气相法	合成气一步法
催化剂	硫酸	固体酸催化剂	多功能催化剂
反应温度/℃	130~160	200~400	250~300
反应压力/MPa	常压	0.1~0.5	3.5~6.0
转化率/%	约 90	75~85	90
二甲醚选择性/%	>99	>99	>65
二甲醚纯度/%	≤99.6	≤99.9	约 99

三、二甲醚合成反应

1. 化学平衡

甲醇气相脱水生成二甲醚反应式为：

$$2CH_3OH(g) \rightleftharpoons (CH_3)_2O(g) + H_2O(g) \quad \Delta H^{\ominus}_{298K} = -23.4kJ/mol$$

甲醇气相脱水生成二甲醚的反应为弱放热反应，反应热随温度变化不敏感，随反应温度的提高，平衡转化率降低。$CH_3OH(g)$、$(CH_3)_2O(g)$、$H_2O(g)$的热力学参数如表 8-23 所示。不同温度下的反应热、平衡常数和平衡转化率列于表 8-24。

表 8-23 反应体系中物质热力学参数

物　质	$\Delta H_{f,298K}^{\ominus}$	$\Delta G_{f,298K}^{\ominus}$	$c_p=A+BT^2+CT^2+DT^3$/[cal/(mol·K)]			
			A	B	C	D
$H_2O(g)$	-57.80	-54.64	7.701	4.395×10^{-4}	2.521×10^{-5}	-0.859×10^{-9}
$(CH_3)_2O(g)$	-43.99	-26.99	4.064	4.277×10^{-2}	-1.250×10^{-5}	-0.438×10^{-9}
$CH_3OH(g)$	-48.08	-38.84	5.052	1.694×10^{-2}	6.179×10^{-4}	-6.811×10^{-9}

表 8-24 不同温度下的反应平衡参数

温度/℃	ΔH_R/(kcal/mol)	K_p	x^*
220	-5.122	21.224	0.9021
240	-5.077	17.327	0.8928
280	-5.033	14.386	0.8835
280	-4.991	12.24	0.8744
300	-4.950	10.354	0.8655
320	-4.910	8.948	0.8568
340	-4.873	7.815	0.8483
360	-4.838	6.890	0.8400
380	-4.803	6.128	0.8320

合成气直接合成二甲醚的主要反应为：

$$CO+2H_2 \rightleftharpoons CH_3OH \quad \Delta H_{298K}^{\ominus}=-90.4kJ/mol \tag{8-4}$$

$$2CH_3OH \rightleftharpoons CH_3OCH_3+H_2O \quad \Delta H_{298K}^{\ominus}=-23.4kJ/mol \tag{8-5}$$

$$CO+H_2O \rightleftharpoons CO_2+H_2 \quad \Delta H_{298K}^{\ominus}=-40.9kJ/mol \tag{8-6}$$

$$2CO+4H_2 \rightleftharpoons CH_3OCH_3+H_2O \quad \Delta H_{298K}^{\ominus}=-205.2kJ/mol \tag{8-7}$$

$$3CO+3H_2 \rightleftharpoons CH_3OCH_3+CO_2 \quad \Delta H_{298K}^{\ominus}=-246.3kJ/mol \tag{8-8}$$

合成气一步法合成二甲醚的实质是将合成气合成甲醇和甲醇脱水两个过程在同一个反应器内催化剂上同时进行。该反应为强放热反应，反应网络复杂，为典型的平行-顺序反应，甲醇和二甲醚是合成反应中的两个竞争产物，反应条件的变化强烈影响原料气转化率、二甲率收率。受化学平衡的限制，传统甲醇合成反应(8-4)在较高的压力下才能达到一定的转化率。合成气一步法合成二甲醚反应(8-7)的热效应远大于传统甲醇合成反应(8-4)的热效应，即反应(8-7)远比反应(8-4)容易达到更高的转化率；同时反应(8-4)生成的甲醇作为中间产物，可通过反应(8-5)被消耗，打破合成甲醇的热力学平衡，促进了原料的转化；同样由于反应热效应的差异，反应(8-8)比反应(8-7)更容易达到更高的转化率；由于反应(8-5)生成的水被反应(8-6)所消耗，反应(8-6)生成的 H_2 又为反应(8-7)、反应(8-8)的原料，这些反应间产生很强的协同作用，促进了反应的正向进行，合成气转化率、二甲醚收率均得到提高。

表 8-25 显示的在 230℃、5.2MPa 条件下 CO 加氢合成甲醇和合成气一步法合成 DME 反应的平衡转化率表明，相对合成甲醇，合成气一步法合成二甲醚确实削弱了反应过程中存在的化学平衡限制，有效提高原料气的转化率，改善了二甲醚的选择性，降低生产成本，合成气一步法合成二甲醚的最大平衡转化率(H_2+CO)为 81.4%，而合成甲醇的最大平衡转化率(H_2+CO)仅为 67.9%。合成气一步法合成二甲醚工艺的最大平衡转化率始终大于合成甲醇工艺的最大平衡转化率；两种工艺最大平衡转化率的差异与原料气组成、温度、反应压力等因素相关。

表 8-25　CO 加氢合成甲醇和 CO 加氢合成二甲醚反应的化学平衡转化率

H_2/%(摩尔)	CO/%(摩尔)	平衡转化率(H_2+CO)/%		H_2/%(摩尔)	CO/%(摩尔)	平衡转化率(H_2+CO)/%	
		甲醇合成	二甲醚合成			甲醇合成	二甲醚合成
20	75	22.8	43.1	65	30	67.9	81.4
30	65	35.1	57.7	70	25	66.3	76.8
40	55	47.0	67.9	75	20	59.4	68.5
50	45	57.8	75.5	80	15	47.5	56.1
60	35	66.1	80.6				

图 8-26 表示了在 280℃、5MPa 条件下，不同 H_2/CO 比合成气的平衡转化率。原料气对于甲醇的平衡转化率不低于 35%左右，对于二甲醚的平衡转化率视反应不同分别可达 60%及 75%以上，充分体现合成气一步法合成二甲醚的热力学优势。随原料气中氢碳比的增加，最大平衡转化率的差异缩小。

图 8-27 显示了进料气为 67%H_2+30%CO+1%CO_2时在 250℃条件下 CO+CO_2转化率与压力的关系。虽然压力升高均有利于二者的生成，但随转化压力的增加，最大平衡转化率的差异缩小。低压下，二甲醚的选择性更佳。

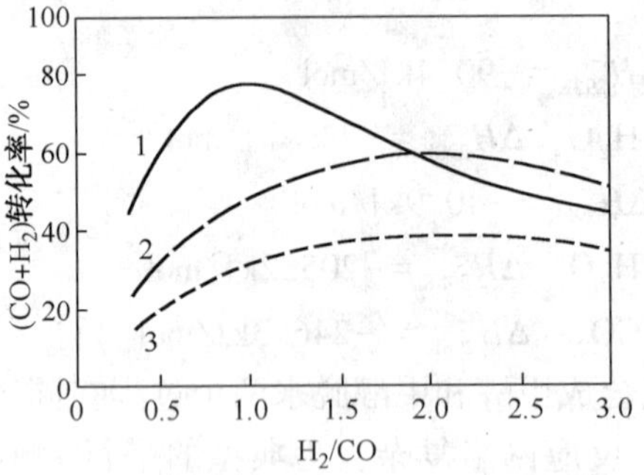

图 8-26　不同 H_2/CO 比下的平衡转化率

1—反应(8-8)；2—反应(8-7)；3—反应(8-4)

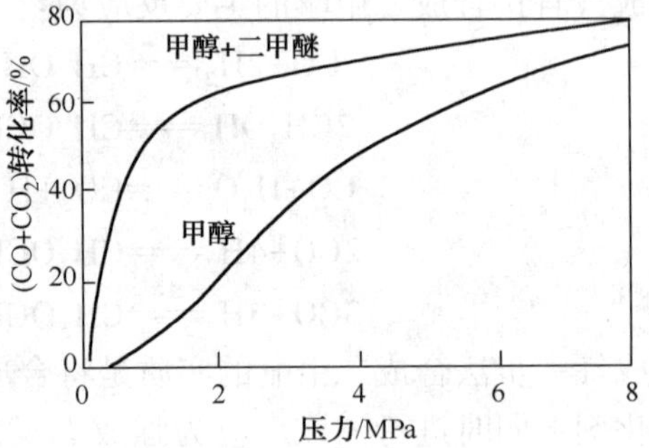

图 8-27　不同压力下的平衡转化

温度对二甲醚选择性影响显著，一步法生成二甲醚反应(8-7)和反应(8-8)热效应远大于传统甲醇合成反应(8-4)的热效应，升高温度，不利于合成气直接转化为二甲醚，最大平衡转化率的差异缩小，二甲醚选择性减少。温度的升高促进醚类发生深度脱水，烃类选择性增加，二甲醚选择性进一步降低。

2. 反应动力学

合成气直接制二甲醚反应由甲醇合成、甲醇脱水、水煤气变换、合成二甲醚等反应集总，反应耦合强。反应机理、控制步骤、动力学参数等随催化剂、反应条件的不同变化显著。

3. 催化剂

(1) 甲醇液相脱水合成二甲醚催化剂

甲醇液相脱水法，通常采用无机液体酸(浓硫酸、硫酸氢甲酯-磷酸氢甲酯等)作催化剂，设备腐蚀严重、中间产品毒性大，对环境污染严重。作为一种环境友好的催化新材料，离子液体因其酸性位密度高和酸强度分布均匀、酸度易调变，用于均相催化过程具有活性高、选择性高等优点，在有机催化合成领域已经显示出良好的前景。基于三丁基磷和1，4-丁烷磺内酯，采用两步法合成的一种含有磺酸基团的强酸性离子液催化剂用于催化甲醇液相脱水反应表明，催化剂可有效催化甲醇脱水合成二甲醚，二甲醚选择性接近100%，随催化剂重复使用次数的增加，甲醇转化率稍有降低。

(2) 甲醇气相脱水合成二甲醚催化剂

甲醇气相脱水法使用的催化剂多为固体酸催化剂。气相法生产工艺简单、气固扩散容易、催化剂易分离，易连续生产，活性、选择性稳定的催化剂是工艺技术的核心。最常用的催化剂是氧化铝、二氧化硅/氧化铝、沸石、阳离子交换树脂等，也可用锌、铜、锰、铝等金属盐酸盐，铜、铝、铬等金属硫酸盐，钛、钡等金属氧化物，矾钍化合物，硅胶和磷酸铝等。催化剂的基本特征是呈酸性，对主反应选择性高，副反应少，并避免二甲醚深度脱水生成烯烃或析碳。

反应在压力为1.0MPa条件下，β型沸石、Y型沸石、ZSM-5型沸石对甲醇脱水生成二甲醚反应的催化活性均优于γ-Al_2O_3，其活性大小顺序为ZSM-5型沸石>β型沸石>Y型沸石>γ-Al_2O_3，见表8-26。

表8-26　沸石类型对试验结果的影响

催化剂	甲醇转化率/%							二甲醚选择性/%
	170℃	190℃	210℃	230℃	240℃	250℃	270℃	
ZSM-5	42.3	87.8	87.2	86.3	—	85.1	83.5	100
β	12.9	50.3	86.4	86.6	86.1	—	—	100
HY	2.9	10.7	27.7	61.7	72.8	74.7	75.1	100
γ-Al_2O_3	0.6	3.1	10.6	23.6	—	47.1	69.6	100

沸石表面的强酸中心是活性中心，其微孔结构对甲醇脱水生成二甲醚影响不大。沸石的酸性可通过改变SiO_2/Al_2O_3比、焙烧温度来调变。Na^+易造成酸性中心的中毒，显著影响沸石催化剂的催化活性。

对于β型沸石，适宜的硅铝摩尔比为100；对于ZSM-5型沸石，合适的硅铝摩尔比为80，见表8-27。

表8-27　沸石硅铝比(摩尔)对反应结果的影响

沸石类型	SiO_2/Al_2O_3	甲醇转化率/%						二甲醚选择性/%
		170℃	190℃	210℃	230℃	240℃	250℃	
β	26	3.5	12.5	44.7	83.2	86.0	85.9	100
β	90	13.0	41.4	85.3	85.8	85.4	85.3	100
β	100	15.8	54.3	86.5	85.7	—	—	100
β	290	1.2	2.6	6.7	14.2	—	50.3	100
ZSM-5	30	8.3	38.2	85.7	87.2	86.6	85.6	100
ZSM-5	80	48.5	86.5	87.5	85.6	—	85.5	100
ZSM-5	250	0.0	0.0	0..0	0.0	0.0	0.0	0.0

注：甲醇进料速度3mL/h，氢气流速60mL/min，压力1.0MPa。

国外催化剂开发方面，1981 年美国 Mobil 公司开发出新型的 HZSM-5 分子筛催化剂用于甲醇气相脱水制备二甲醚的工艺。该工艺的反应条件温和，在常压和 200℃下，甲醇转化率为 80%，二甲醚的选择性大于 98%。1991 年日本三井东洋化学公司也开发出了一种具有特殊表面积和孔体积的 $\gamma-Al_2O_3$ 用于甲醇脱水制二甲醚，其使用寿命长达半年，转化率为 74.2%，选择性约 99%。1995 年意大利的 ESSO 公司用负载金属的硅酸铝作催化剂生产二甲醚，其甲醇的转化率为 70%，二甲醚的选择性大于 90%。国内催化剂技术方面，西南化工研究院开发出了 CM-3-1 改性分子筛催化剂，在 250~380℃范围内，选择性接近 100%，用于工业生产情况良好。上海石油化工研究院采用自行开发的 D-4 型氧化铝催化剂进行工业应用，甲醇转化率≥60%，二甲醚选择性≥99%，催化剂使用寿命大于 6 个月，产品规格达到气雾剂级的高纯度二甲醚。

（3）合成气一步法合成二甲醚催化剂

合成气直接制二甲醚在反应器内同时完成甲醇合成、甲醇脱水、水煤气变换等 3 个反应过程，产物为甲醇与二甲醚的混合物。因水煤气变换反应在甲醇合成催化组分作用下即能很好完成，不需另外催化组分，故催化剂必须具备甲醇合成、甲醇脱水两种功能，依催化剂的制备方法和作用机理，可分复合催化剂和双功能催化剂两种类型。

① 复合催化剂　该类催化剂由甲醇合成催化剂与甲醇脱水催化剂简单机械混合。早期使用的催化剂一般为复合催化剂，甲醇合成催化剂为铜基催化剂，脱水剂为具有酸性的分子筛和 $\gamma-Al_2O_3$ 等。其制备过程包括破碎、沉淀、洗涤、过滤、干燥、造粒、成型等。不同催化剂比例对合成气转化率、二甲醚生成速率有显著影响。在考察范围内，CO 转化率和二甲醚生成速率随催化剂比例的增大达到最大值后逐渐降低。当合成/脱水催化剂比例为 4~5 时，CO 转化率为 58%，二甲醚选择性为 75%。在脱水催化剂中加入适量磷酸铝作为甲醇脱水助剂，与甲醇合成催化剂有效结合起来可以延长催化剂的寿命。复合催化剂的缺点是制备工序多、设备多、催化剂的性能易随制备条件的变化而变化，生产成本高，使用受限。

② 双功能催化剂　双功能催化剂是采用共沉淀、浸渍等物理化学手段制备的同时具有甲醇合成、甲醇脱水活性功能的双功能催化剂。甲醇合成活性组分主要为铜基催化剂，如 Cu-Zn-A1、Cu-Zn-Cr 和 Cu-Zn-Mn 等复合氧化物；甲醇脱水活性组分主要为活性氧化铝（$\gamma-A1_2O_3$）或分子筛（如 HZSM-5、HY、SAPOs、MCM-22 和 FER）等固体酸催化剂。

合成气直接制二甲醚反应中脱水步骤在弱酸中心上进行，即弱酸中心数目越多，酸强度越强，催化剂的活性及产物的选择性越高。双功能催化剂中的甲醇合成、甲醇脱水活性中心接触紧密，相互协同，催化剂的合成、脱水活性改善。即酸性脱水组分的存在，使甲醇合成活性组分趋于活泼，易于还原；甲醇合成活性组分的存在，使酸性脱水组分的弱酸中心酸强度增加，从而增强催化剂的脱水能力。

在 4.0MPa、空速 $1500h^{-1}$、$H_2/CO=2$（摩尔）的条件下，HZSM-5、HSY、HX、HY、HA、HZM760、SiO_2、$SiO_2-Al_2O_3$、$\gamma-Al_2O_3$ 等脱水剂对双能催化剂性能的影响结果如表 8-28 所示。

表 8-28 脱水剂对催化剂性能的影响

催 化 剂	反应温度/℃	CO 转化率/%	DME 选择率/%
$CuO-ZnO-Al_2O_3$	250	41.1	95.9
$CuO-ZnO-Al_2O_3-HZSM-5_3$	270	89.4	98.9
$CuO-ZnO-Al_2O_3-HSY$	290	88.8	99.2
$CuO-ZnO-Al_2O_3-HX$	300	86.6	96.4
$CuO-ZnO-Al_2O_3-HY$	280	85.3	98.4
$CuO-ZnO-Al_2O_3-\gamma-Al_2O_3$	290	82.2	96.4
$CuO-ZnO-Al_2O_3-SiO_2-Al_2O_3$	300	68.3	97.1
$CuO-ZnO-Al_2O_3-HZM760$	310	64.7	97.2
$CuO-ZnO-Al_2O_3-HA$	290	49.2	87.7
$CuO-ZnO-Al_2O_3-ZrO_2$	290	11.9	55.1
$CuO-ZnO-Al_2O_3-SiO_2$	300	6.9	77.4

可见 $CuO-ZnO-Al_2O_3-HZSM-5$ 和 $CuO-ZnO-Al_2O_3-HSY$ 催化剂具有最好催化性能，CO 转化率达 89%，二甲醚选择性接近 99%。

合成气在双功能催化剂上反应行为同时受甲醇合成活性组分和甲醇脱水活性组分的催化活性的影响，两种活性组分的相对强弱对直接转化过程的转化率、选择性影响明显。甲醇脱水活性组分的脱水性能足够强时，双功能催化剂的反应活性主要由甲醇合成活性组分的催化活性决定，而甲醇脱水活性组分的催化活性仅影响二甲醚的选择性。相反，若甲醇脱水活性组分的催化活性不足以及时将所生成的甲醇转化掉，则甲醇脱水生成二甲醚的反应将成为整个反应中的决定步骤。此时，甲醇脱水活性组分的催化活性将同时对 CO 的转化率和二甲醚的选择性产生重要影响。合成气直接合成二甲醚复合催化剂中两种活性组分的比例对催化性能影响较大，CO 加氢合成活性组分过多，复合催化剂的脱水能力不够，CO 转化率不高，产物甲醇含量增加；脱水组分过多，生成的二甲醚容易深度脱水反应转化为烃，选择性降低。脱水组分中，提高 HZSM-5 分子筛的硅铝比有助于降低分子筛的酸量和酸强度，从而降低二氧化碳副产物的生成量并提高二甲醚的选择性。

四、二甲醚合成工艺

以天然气为原料合成二甲醚工艺流程一般包括天然气转化、合成气压缩、二甲醚合成、反应产物吸收、精馏分离等步骤。

1. 甲醇液相法

甲醇液相法在液相、常压或微正压、130~160℃条件下进行，工艺流程图如图 8-28 所示。原料甲醇预热后进入反应器，在无机酸的催化作用下进行脱水反应。产物二甲醚、水、甲醇蒸发冷凝分离，未冷凝的气相经压缩液化即为产品二甲醚。冷凝液经精馏分离，水从塔釜排出，甲醇返回做原料。此工艺反应温度低，选择性及单程转化率均大于 90%，可间歇和连续生产，投资相对较少，操作简单。

甲醇液相脱水制二甲醚工艺最早采用浓硫酸做催化剂，反应在液相中进行，反应同时生成 CO、CO_2、H_2、CH_2、C_2H_4等副产物。由于浓硫酸对甲醇的碳化作用严重，催化剂使用周期短，同时脱除反应会产生大量残酸和废水，对环境污染严重；中间体硫酸氢甲酯毒性较大，危害人体健康，限制了该工艺的发展，该工艺生产规模普遍相对较小。近年来，甲醇液

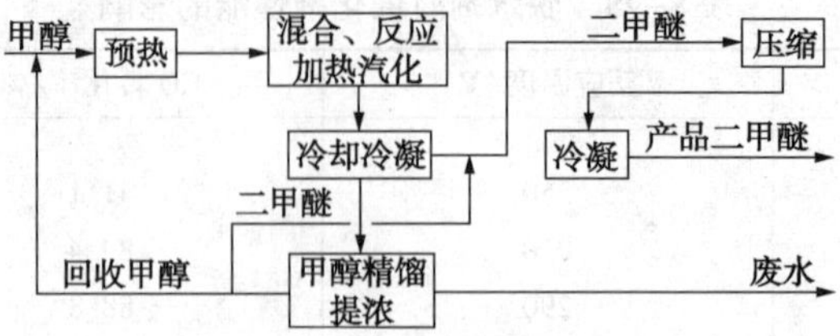

图 8-28　甲醇液相法工艺流程图

相法在提高反应压力以减少压缩能耗、精馏来提纯二甲醚以提高产品质量、强化反应器的搅拌混合以减小反应器的容积等方面积极改进，实现了连续、封闭、清洁生产且无三废排放，收率高(总收率达 99.5%)，生产成本低，与汽油、柴油、液化石油气相比具有较强的优势和竞争力。

2. 甲醇气相法

1965 年，美国 Mobil 公司最早报道了气相甲醇脱水法制二甲醚的方法。目前，甲醇气相脱水法已成为国内外使用最多的二甲醚生产工艺。该工艺的反应压力为 0.5～1.5MPa，温度为 230～400℃。甲醇汽化后与反应产物换热后，进入反应器进行气相催化脱水反应，产物经换热、冷却冷凝。反应器有绝热式固定床、换热式固定床、多段冷激式固定床和等温管式固定床等。冷凝后物料在粗甲醚中间罐进行气液分离。气相为副反应产生的不凝气和二甲醚、甲醇饱和蒸气，送入洗涤塔用甲醇或甲醇-水溶液吸收回收其中二甲醚。吸收液返回粗甲醚中间罐，吸收尾气送出装置。粗甲醚中间罐的粗二甲醚用精馏塔进行精馏分离，从精馏塔顶出来的二甲醚蒸气冷凝后一部分回流入塔，一部分作为产品送产品储罐。从二甲醚精馏塔釜得到的甲醇-水溶液送入甲醇提浓塔精馏提浓甲醇，提浓后的甲醇返回作为反应原料。从甲醇提浓塔塔釜排出含醇废水。这种连续化生产的工艺方法具有规模大、操作控制容易、无腐蚀、无污染物和废弃物排放的特点。甲醇转化率高，二甲醚的选择性好，产品中二甲醚的含量可达到 99.9%，甲醇气相法工艺流程如图 8-24 所示。

美国 Mobil 公司 1981 年开发的利用 HZSM-5 气相甲醇脱水制备二甲醚的工艺，反应条件温和，在常压、200℃左右条件下即可获得 80%甲醇转化率，DME 的选择性高达 98%。世界上用甲醇制取二甲醚的工艺和企业有美国杜邦公司 15kt/a 和德国联合莱茵褐煤燃料公司 60kt/a 的两套装置，德国汉堡 DMA 公司和荷兰阿克苏公司，各为 10kt/a。澳大利亚也具有 5kt/a 的生产能力，而日本和中国台湾的生产能力均在 10kt/a 以上。国内的气相甲醇脱水制二甲醚技术略晚于国外，装置处理量均为千吨级。不同工艺技术工艺流程上区别不大，主要差异表现在反应器型式和催化剂性能，如图 8-29 所示。

甲醇脱水生产二甲醚是放热反应，需及时移去反应热，否则将导致反应区域温度急骤升高，加剧副反应发生。该工艺采用列管式固定床反应器，管内装填粒状固体催化剂，空速为 0.8～1.0h^{-1}，管间充满强制循环流动的载热油以移走反应热。该工艺选择初期反应温度为 280℃左右，转化率即可达 60%～70%，通过逐步提高反应温度，可维持稳定的转化率水平。末期反应温度提高到 330℃左右，甲醇转化率仍能保持 60%～70%，二甲醚选择性可达 99%以上。维持较低反应温度，有利于延长催化剂寿命。考虑后续二甲醚的精馏分离等因素，该工艺选择反应压力为 0.8MPa，为后续加压精馏二甲醚提供了足够的压力。

西南化工研究设计院等通过对甲醇气相催化脱水法工艺的研究，进行大力改进和创新使

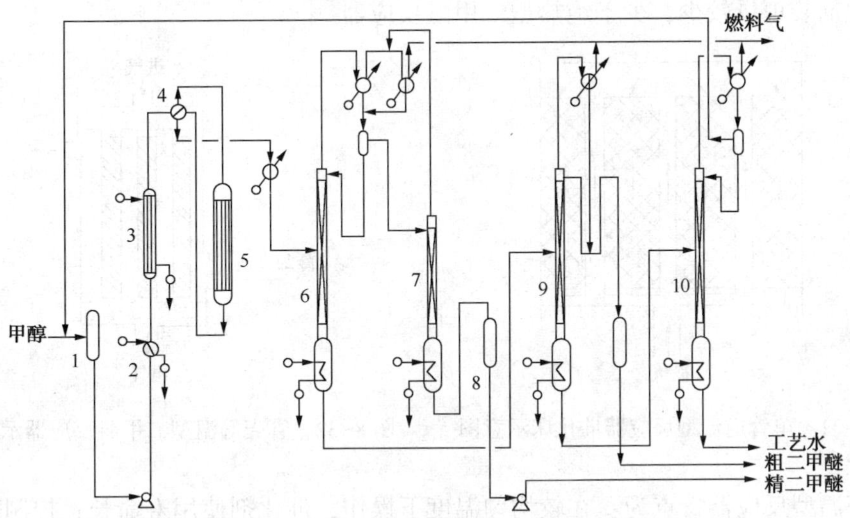

图 8-29　甲醇气相催化脱水合成二甲醚工艺流程图

1—原料缓冲罐；2—预热器；3—汽化器；4—进出料换热器；5—反应器；6—二甲醚精馏塔；
7—脱烃塔；8—成品中间罐；9—二甲醚回收塔；10—甲醇回收塔

我国甲醇气相催化脱水法有了较大进步，处于国际先进水平。与传统甲醇气相催化脱水法相比(图 8-30)，该生产工艺有以下特点：与甲醇装置联产时，以粗甲醇为原料，可大幅度降低生产成本；反应器采用多段冷激式固定床，催化剂装填容量大，投资低，反应温度适当，副反应少，易于大型化；采用独特的二甲醚精馏塔提馏段结构和分离工艺，不设置用于回收未反应甲醇的甲醇提浓塔；以二甲醚精馏塔塔釜排出的甲醇—水溶液做反应尾气洗涤塔的吸收剂，减少了外排尾气中的甲醇含量；同时降低了二甲醚精馏塔进料的甲醇浓度，二甲醚分离难度降低，回流比减少，蒸汽消耗降低；采用自行研究开发的专用催化剂，规模生产，活性好、热稳定性好、脱水反应选择性在99%以上。

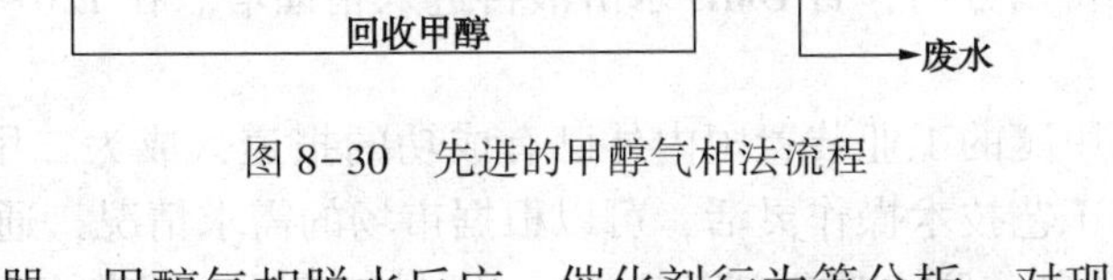

图 8-30　先进的甲醇气相法流程

通过对现有反应器、甲醇气相脱水反应、催化剂行为等分析，对现有绝热式固定床反应器进行了改进，提出自热型与等温型两类新型二甲醚反应器，如图 8-31、图 8-32 所示。

单管逆流自热型反应器特点为：在反应器过程中用反应热预热原料甲醇；在催化床中设置冷管，冷管内的气体和床层气体逆向流动换热，使床层温度稳定，温升较小，避免了催化剂高温下操作，延长使用寿命；冷管进口温度要求较低，不像绝热反应器的进口温度必须在催化剂活性温度以上；反应器结构较简单，只需要在床层中加入一些冷管；催化剂生产强度提高，催化剂装填量较少，少于绝热型二甲醚反应器。

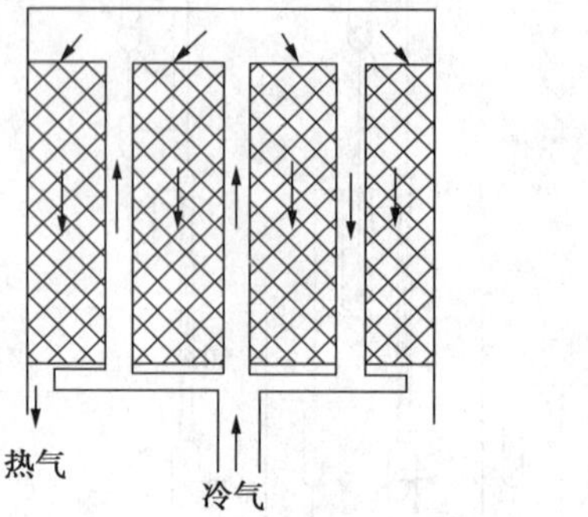

图 8-31　单管逆流型反应器催化床示意图

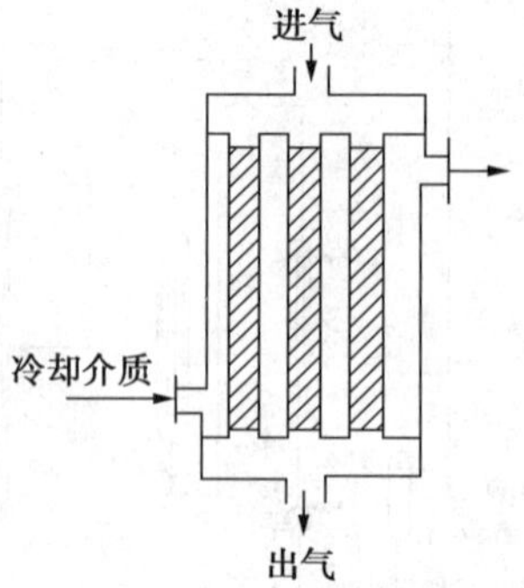

图 8-32　管壳等温型二甲醚反应器示意图

管壳等温型反应器特点为：在较均匀温度下操作，催化剂使用寿命长；控制载热体温度来调节反应器操作温度；催化剂无过热危险；操作可靠，适应性强。

上述两种反应器与目前工业上使用的绝热固定床反应器的主要操作参数列于表 8-29。在同样产量(3000t/a)基础上，单管逆流自热型比管壳等温型反应器所用催化剂量较小，且热点温度较低，显示出其优越性。

表 8-29　三类反应器的比较

反应器类型	年产量/(t/a)	催化剂量/kg	反应器长度/m	热点温度/℃
绝热型反应器	3000	510	2.571	370
单管逆流自热型反应器	3206	350	2	347
管壳等温型反应器	3127	350	2	334

3. 合成气一步法

合成气一步法制二甲醚根据催化剂的分散形式的不同分为气相法、液相法。针对不同的二甲醚工艺过程，其工艺操作条件不同。

(1) 气相法

合成气一步法气相制取 DME 的工艺流程如图 8-33 所示，CO 转化率大于 85%，选择性大于 99%。

含硫量小于 10^{-8} 的合成气经压缩机加压后，经油水分离器进入催化反应器，在 230~300℃、2~4MPa 条件下进行催化反应，生成 DME。反应产物进入吸收塔，DME 被水吸收，部分不溶于水的组分得以分离，含 DME 水溶液再进入精馏塔。在 120~140℃、0.5~0.6MPa 条件下进行精馏分离。

气相一步法制二甲醚的工业装置国内外已有成功的报道，成为二甲醚生产的最新发展。合成气一步法气相法工艺技术操作灵活，可以根据市场的需求情况，通过调节催化剂的组成(主要是合成甲醇催化剂与脱水催化剂的比例)、原料气组成、操作条件等改变产物中的醚/醇比率，在生产醇醚燃料和二甲醚中得以使用。但气相法需要富氢合成气($H_2/CO \not< 2$)，单程转化率较低。

(2) 液相法

液相法合成气制二甲醚是将双功能催化剂悬浮于惰性液体介质中，合成气首先溶解于惰性液体介质中，再扩散到甲醇合成催化剂表面进行反应生成甲醇，最后在甲醇脱水催化剂表

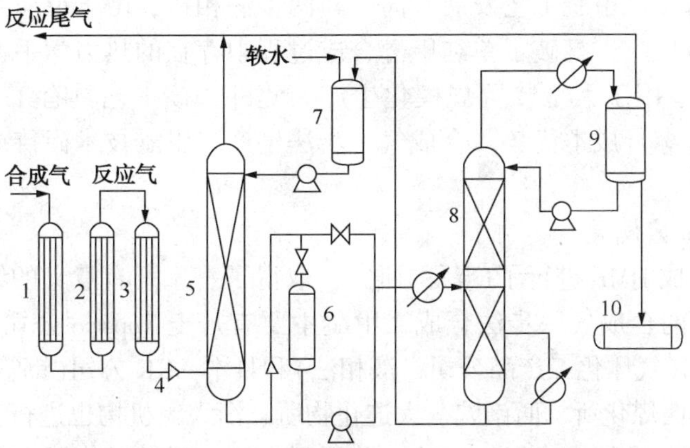

图 8-33　合成气一步法合成 DME 流程简图

1—换热器；2—反应器；3—换热器；4—定压器；5—吸收塔；6，7—中间储槽；8—精馏塔；9—回流罐；10—产品储槽

面反应生成二甲醚。

由于液相的热容大，因而液相法容易实现恒温操作，不易造成合成甲醇催化剂的热失活，而且催化剂颗粒表面始终被溶剂表面所包围，结炭现象大为缓解。由于 H_2 在溶剂中的溶解度大于 CO 的溶解度，因为液相法可用贫氢合成气。另外，液相法还具有收率高、选择性好的特点。

液相法所用催化剂与气相法相同，呈粉状。惰性溶剂一般选热容大且沸点较高、较稳定的有机溶剂，主要为烷烃类溶剂，如矿物油、液体石蜡等。

在 260～300℃、3.0～5.0MPa、4000～7000mL/(g·h)条件范围内，浆态床催化 CO 加 H_2 合成二甲醚过程中双功能催化剂在 260～280℃以下，CO 和 H_2 的转化率、二甲醚的生成速率及其选择性均随反应温度的升高而提高，280℃时达最大值。4000～6000mL/(g·h)范围内，提高进料空速可提高二甲醚和甲醇当量生成速率，但 CO 单程转化率降低，继续提高进料空速，二甲醚生成速率反而降低，而甲醇生成速率几乎不受空速的影响。随着反应压力的增加，CO 转化率、二甲醚生成速率以及甲醇生成速率均增加。

4. 合成气一步法特点

合成气一步法生产二甲醚技术进展很快，但存在如下问题。

① 产品单一，合成气一步法只能生产二甲醚，甲醇产量为二甲醚产量的 1%～10%，不能调节甲醇和二甲醚两种产品的比例。

② 原料利用率低，在反应产物中二甲醚与 CO_2 的比例为 1(摩尔)，二氧化碳利用价值很低。以目标产品二甲醚计，合成气一步法的原料利用率低，生产成本相应较高。

③ 大型化难度大，合成甲醇、CO 变换、甲醇脱水均为强放热反应，反应热效应极大，绝热温升达 500～1050℃。迅速有效转移热量成为关键，水蒸气、高温条件会导致催化活性中心水热失活，热点等出现易导致飞温等安全生产事故，必须使用换热式反应器。无论是固定床还是浆态床，由于反应器效率低，受扩散、传热限制，大型化均有一定问题。

④ 催化剂使用寿命短，迄今为止未找到同时对合成甲醇、甲醇脱水两反应均有较好催化作用且稳定性好的催化剂。现使用的复合型催化剂两种活性中心相互干扰，甲醇催化活性中心易被氧化而失活，催化剂使用寿命短。

⑤ 分离能耗高。

一步法工艺技术是二甲醚工艺发展方向。与两步法相比，由于反应系统内同时依次进行甲醇合成、甲醇脱水反应，打破了单纯甲醇合成过程中存在的热力学平衡限制，可显著提高CO的单程转化率，适用于大型装置规模化生产。此外，该工艺具有工艺流程短、能耗低、投资小等特点，具有综合成本优势。合成气一步法生产二甲醚技术尚待成熟，工业化应用在积极进行中。

5. 一步法合成工艺发展

国内外对液相合成DME进行了广泛的研究，取得了一系列有意义的结果，目前尚未工业运行装置。国外开发的合成气一步法合成二甲醚主要有丹麦Topsφe公司(托普索公司，气相法)、美国APCI公司(气体化工产品公司，液相法)和日本NKK公司(钢管株式会社，液相法)等工艺技术。国内山西煤化所、西南院、大连化物所、浙大等机构也进行了中试试验。

丹麦托普索公司开发的合成气一步法工艺属联合型，甲醇反应器和二甲醚反应器串联在同一合成回路中。该工艺是专门针对天然气原料开发的一项新技术，造气部分选用自热式转化器(ATR)，在240~290℃、4.2MPa条件下反应。1995年托普索公司在丹麦哥本哈根建了一套50kg/d的中试装置对工艺性能进行测试。托普索二甲醚工艺流程如图8-34所示。

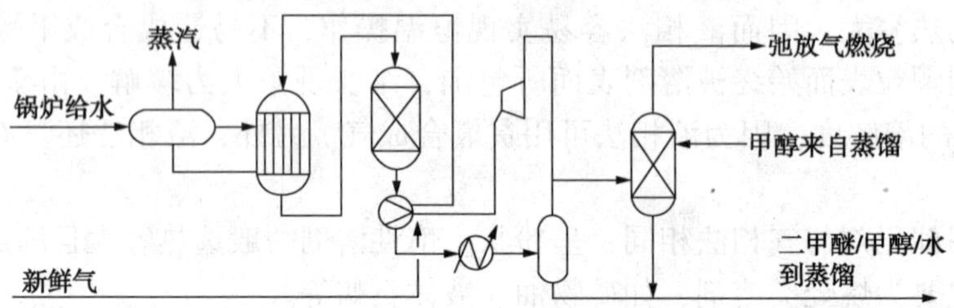

图8-34　Topsφe二甲醚工艺流程

美国APCI公司开发的浆态床整体一步法工艺(图8-35)浆态鼓泡塔反应器代替了传统气相固定床反应器，催化剂颗粒呈细粉状，用惰性矿物油与其形成浆液。5000t/a的中试工厂显示出良好的工业前景。

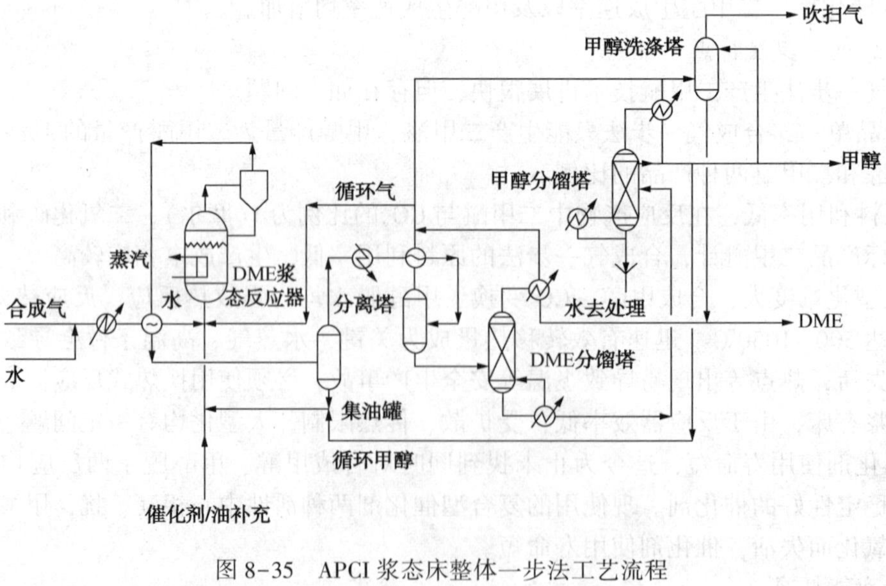

图8-35　APCI浆态床整体一步法工艺流程

日本 NKK 公司开发的联合工艺采用单台反应器，在 $H_2/CO=1$、250~320℃、3.0~5.0MPa 条件下反应。目前，日本新泻建成 1 万吨/a 合成气一步法生产二甲醚的半工业化装置；$(100\sim200)\times10^4$t/a 的大型装置也在计划之中，工艺流程见图 8-36。该工艺可采用天然气、煤或液化石油气为原料。

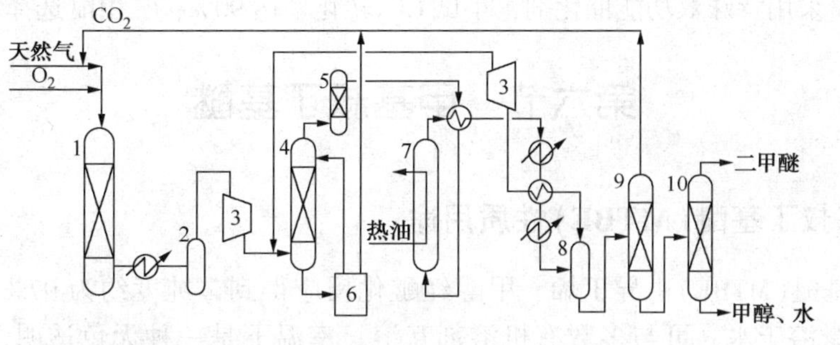

图 8-36 日本 NKK 公司液相法合成二甲醚工艺流程

1—合成气转化器；2—合成气冷却罐；3—压缩机；4—吸收塔；5—活性炭吸附塔；6—吸收剂再生塔；7—二甲醚合成反应器；8—二甲醚分离罐；9—脱二氧化碳塔；10—二甲醚精馏塔

表 8-30 列出国外三家公司合成气一步法生产二甲醚的试验结果。

表 8-30 国外合成气一步法生产二甲醚的试验结果

项目	NKK 公司(现 JEE)	空气产品化学公司	托普索公司
原料	天然气/煤	煤	天然气
H_2/CO 比	1.0	0.7	2.0
反应器	浆液床	浆液床	固定床
合成条件			
温度/℃	250~280	250~280	210~290
压力/MPa	3~7	5~10	7~8
反应式	$3CO+3H_2 = CH_3OCH_3+CO_2$	$2CO+4H_2 = CH_3OCH_3+H_2O$	$2CO+4H_2 = CH_3OCH_3+H_2O$
单程转化率/%	50	33	18
DME/(DME+甲醇)/%	90	30~80	60~70
开发经过	1989 年 1kg/d 小试 1995 年 50kg/d 小试 1997 年 5t/d 中试 100t/a 验证装置 2004 年投运	1986 年小试 1991 年 4t/d 中试 1999 年 15t/d 中试	1993 年 50kg/d 小试

合成气一步法合成中合成甲醇、甲醇脱水在同一个反应器中完成，伴随发生 CO 变换反应，突破了甲醇合成过程中热力学平衡的限制，反应优势明显，反应平衡常数大，具有较高的 CO 单程转化率(40.0%~75.0%)和二甲醚产率；与气相法相比，液相法便于转移反应热，易于实现恒温操作，可实现反应与传热过程耦合，达到最佳的反应温度并防止催化剂失活。它可直接利用 CO 含量高的煤基合成气，还可在线装卸催化剂，成本优势明显。采用淤浆床反应器的液相法温度分布均匀，热平衡较易控制，操作简单且稳定性好，成为大部分合成气一步法合成二甲醚反应器的优选。

近年来，随着人们对环境保护和 CO_2 利用的重视，CO_2 加氢制含氧化合物的研究引起各国的关注。相比CO_2加氢制甲醇因受到热力学限制而转化率低，CO_2加氢一步合成二甲醚打破CO_2加氢制甲醇热力学的限制，提高了CO_2转化率。目前，世界上许多国家都在进行CO_2加氢制二甲醚催化剂及工艺研究，但大多处于探索阶段。国外方面，日本关西电力公司和三菱重工公司把CO_2合成甲醇、甲醇脱水生成二甲醚反应设计在一个固定床里，在250~300℃、4~10MPa条件下，采用特殊双功能催化剂，小试CO_2转化率达90%，二甲醚选择性为45%。

第六节　甲基叔丁基醚

一、甲基叔丁基醚(MTBE)性质用途

甲基叔丁基醚(MTBE)由异丁烯、甲醇经醚化反应得到，纯度约为97%~99.5%，含氧量为18.2%，微溶于水，可与多数有机溶剂互溶。室温下是一种无色透明、低黏度、可挥发性液体，具有特殊气味，与强氧化剂共存时可燃烧。分子中C—O—C醚键和饱和烷基相连，没有活泼氢原子，分子间难以形成氢键，醚键位于叔丁基和甲基之间，具有显著的位阻效应，化学性质稳定。MTBE具有较高的辛烷值和调合辛烷值，与汽油的混溶性好，作为汽油调和组分可与汽油任何比互溶，不发生相分离。MTBE含氧量高的特点，可作为汽油良好的添加剂，减少汽车尾气排放中的有害物质，为满足汽油氧含量要求，MTBE在汽油中的调合量为1%~15%。MTBE作为添加剂还具有高的热值，表8-31显示了MTBE部分与燃烧相关的物理性质，表8-32为MTBE与其他醇性质的差异。

表8-31　MTBE物理性质

性　质	指标	性　质	指标
液体密度(20℃)/(g/cm³)	0.740	雷德蒸汽压/mmHg	396
折射率(20℃)	1.3689	*RON*	117
闪点/℃	-10	*MON*	101
沸点(101.3kPa)/℃	55.2	水在MTBE中溶解度(20℃)/%(质量)	0.8
蒸发潜热(55℃)/(kJ/kg)	336.8	MTBE在水中溶解度(20℃)/%(质量)	4.0
低热值/(kJ/kg)	3.73×10^4	在空气中的爆炸极限/%(体积)	1.65~8.4

表8-32　MTBE与甲醇、叔丁醇性质

添加剂名称	MTBE	甲醇	叔丁醇
相对密度d_4^{20}	0.7405	0.7928	0.7887
常压沸点/℃	55.2	64.7	82.8
冰点/℃	-108.6	-97.8	25.5
辛烷值			
RON	117	123	106
MON	101	91	89
热值/(kJ/mol)	35124	19456	32660
在水中溶解度(20℃)/(g/100$g_{溶液}$)	4.8	∞	∞
与烃类物质形成共沸物	无	有	有

MTBE产品具有不同用途，我国MTBE主要应用于汽油添加剂(占90%)、裂解制异丁烯

原料以及溶剂(占 10%)。不同使用目的对 MTBE 纯度的要求不同，作为高辛烷值汽油调和组分，纯度要求比较低，一般≥95%即可；用于溶剂、裂解生产高纯度异丁烯，纯度要求>99%。作为汽油调合组分，随着油品质量升级需求日益紧迫，MTBE 的消费量稳步增加，2010 年我国 MTBE 总需求量达到 314×10^4t 以上。作为化工原料，MTBE 裂解是高纯度异丁烯的重要来源，叔丁胺、聚异丁烯胺、以高纯异丁烯为原料的叔丁基酚类系列抗氧剂市场的增加扩大了高纯度异丁烯的需求，促进 MTBE 消费增加。

二、MTBE 合成化学反应

1. 反应热力学

以异丁烯、甲醇为原料合成 MTBE 的反应是一个可逆放热反应。采用大孔强酸性阳离子交换树脂为催化剂，在 40~80℃、维持反应物料在液相范围内的压力(0.9~1.0MPa)条件下进行，除生成 MTBE 外，还生成二异丁烯、叔丁醇(TBA)、二甲醚(DME)和水等副产物，生成 MTBE 的选择性很高(>98%)。

$$C_2H_6—C═CH_2+CH_3OH \longrightarrow C_3H_9—C—OCH_3$$

$$2C_2H_6—C═CH_2 \longrightarrow C_3H_9—C—CH_2—C(CH_3)═CH_2$$

$$C_2H_6—C═CH_2+H_2O \longrightarrow (CH_3)_3COH$$

$$2CH_3OH \longrightarrow (CH_3)_2O+H_2O$$

298K 下异丁烯和甲醇合成 MTBE 反应过程的热力学数据见表 8-33。由燃烧热 ΔH_c 和标准生成热 ΔH_f 计算得到的反应热为-36.5kJ/mol。

表 8-33　异丁烯、甲醇及 MTBE 相关热力学数据

物质	ΔH_c/(kJ/mol)		ΔH_f/(kJ/mol)		$S^{\ominus}$/(kJ/mol)	
	气态	液态	气态	液态	气态	液态
甲醇	-765.01	-727.00	-200.80	-238.82	239.81	127.32
异丁烯	-2701.28	2680.68	-17.84	-38.43	293.79	217.84
MTBE	-3401.61	3371.21	-283.36	-313.76	358.06	265.49

异丁烯与甲醇醚化反应为可逆反应，不同温度下反应平衡常数(表 8-34)。随温度升高，平衡常数下降。通过该醚化复杂反应体系热力学模型，计算表明，合成 MTBE 在热力学上较其他副反应并不占优势，只有在低温下才能获得较高的 MTBE 收率；进料异丁烯/甲醇比对于合成 MTBE 反应存在一最佳比值为 1.0 左右；原料中含有一定的水对于 MTBE 的合成有利；压力提高可增加 MTBE 收率，并抑制甲醇的脱水反应。

表 8-34　MTBE 合成反应平衡常数 K_c 与温度关系

项　目	数　据						
温度/℃	25	40	50	60	70	80	90
K_c	739	326	200	126	83	55	38

2. 反应动力学

异丁烯与甲醇合成 MTBE 的醚化反应过程是一个加成过程。在不对称的不饱和烃中形成双键的电子移向含氢较多的原子，甲醇的负电部分 CH_3O^- 易与异丁烯上含氢原子最少的碳原子结合，从而生成甲基叔丁基醚，而不是甲基异丁基醚。烯烃质子化过程的实质是酸碱反应，催化剂酸性、烯烃碱性越强对反应越有利。

醇烯比较大时，反应通过亲电加成的两步机理完成，反应速率与异丁烯浓度为一级关系，而与甲醇浓度无关。首先，异丁烯在酸性催化剂作用下进行质子化反应生成正碳离子；作为中间产物，正碳离子再与亲核试剂——甲醇，反应生成 MTBE。反应过程中，过量的甲醇同时起到溶剂和亲核试剂的作用。由于烯烃浓度变化对总反应速率影响大，烯烃质子化反应视为动力学控制步骤。

强酸性的催化剂将促进强碱性烯烃的质子化。在丁烯的异构体中，由叔碳原子构成双键的异丁烯碱性最强，且带有端基双键，缺少类似丁烯的空间位阻，从而有利于形成稳定的正碳离子，有利于合成 MTBE 的高选择性。

（1）

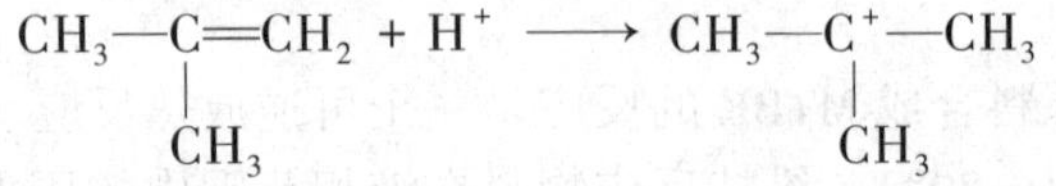

（2）

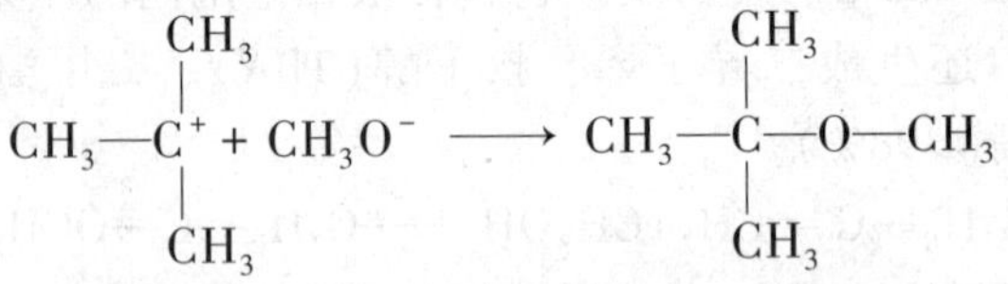

醇烯比小时，正反应速率与甲醇为负一级关系。甲醇过量时的异丁烯质子化过程不是 SO_3H 基团的质子直接参与。随着甲醇浓度降低，催化剂上 SO_3H 基团的质子的作用逐渐增强，SO_3H 基团比溶剂化质子酸性更强，醇烯比小反而会促进反应的进行。

甲醇浓度级数的改变是在一定醇烯比下发生，既与甲醇浓度本身无关，也与甲醇/SO_3H 比无关。同样催化剂浓度下，MTBE 合成反应速率对同样的甲醇浓度可能为一级、零级或负一级，合成速率的决定因素是醇烯比例和反应温度。

3. 催化剂

异丁烯与甲醇合成 MTBE 采用的催化剂主要由无机酸、酸性阳离子交换树脂、酸性分子筛和杂多酸催化剂等四类。

无机酸催化反应为均相催化，活性中心的分散度极高。然而，由于无机酸对设备的腐蚀很大，且形成的含酸废液难处理、产品分离难。随着化工过程绿色化的推行，新型催化剂已基本取代了无机酸催化剂。

大孔强酸性阳离子交换树脂催化剂是目前工业生产普遍使用的催化剂，其为磺化苯乙烯和二乙烯苯的共聚物。尽管离子交换树脂催化剂具有较高的活性，但也存在诸多缺点，如热稳定性较差，当温度高于 90℃时，磺酸基团易脱落，造成催化剂失活，腐蚀设备并污染产品；反应选择性一般；装填困难且易破碎。此外，酸性离子交换树脂催化剂必须在含水状态下存放，含水量一般在(50±2)%。原料中的碱性物质和金属阳离子为反应催化剂的毒物，应限制毒物总量不超过 2×10^{-6}。随操作的延续，催化剂逐渐失活。

三功能酸性阳离子交换树脂与普通的酸性阳离子交换树脂相比，由于负载了一定的金属活性组分，热稳定性改善；增加了支链烯烃的醚化功能和催化混合醚的生成；具有二烯烃的选择性加氢作用，减少产品中胶质含量，产品色度减少，催化剂寿命延长；具有异构化功能，使非活性烯烃转化为活性烯烃，提高醚产率等优势，见表 8-35。

分子筛催化剂以其热稳定性高、反应选择性高、不易受物系酸性影响和寿命长和易活化再生而备受关注。表 8-35、表 8-36 说明不同种类分子筛孔径不同及分布会引起催化活性和 MTBE 选择性的差异。尽管以上优势使分子筛催化剂具备替代树脂催化剂的可能性，但目前分子筛催化剂的活性还未达到树脂催化剂的水平。因此，有关提高分子筛催化剂合成 MTEB

催化剂的研究一直十分活跃(表 8-36)。

表 8-35　单功能催化剂与三功能催化剂性能

催化剂	二烯烃含量/%(质量)		实际胶质/(mg/100mL)		颜色		催化剂寿命/年
	进料	产品	进料	产品	进料	产品	
单功能	5	>1.1	1.0	100	无色	黄色	0.5~1
三功能	1.5	<0.01	1.0	<5	无色	无色	1

表 8-36　分子筛在 MTBE 气相反应中的性能($WHSV=3.4h^{-1}$)

项　目	催　化　剂											
	丝光沸石		β 型		REHY 型		REAY 型		ZSM-5 型		ZSM-11 型	
$n(MeOH)/n(i-C_4H_8)$	1.07	1.14	1.46	1.53	1.20	1.18	1.06	1.04	1.04	1.05	0.98	10.98
反应温度/℃	82	93	82	93	82	93	82	93	82	93	82	93
MTBE 收率/%	8.4	7.1	13.9	9.1	11.3	10.6	25.3	23.4	30.5	25.3	25.1	21.0

表 8-37　分子筛在 MTBE 液相反应中的性能

项　目	催　化　剂					
	ZSM-5 型		ZSM-11 型		A-15	
$n(MeOH)/n(i-C_4H_8)$	1.05	1.10	1.05	1.10	1.05	1.10
空速/h^{-1}	1.71	1.68	1.49	1.47	1.01	1.10
温度/℃	108	108	86	90	70	62
$i-C_4H_8$转化率/%	89.8	90.1	88.7	90.2	93.4	94.5
MTBE 收率/%	100	100	100	100	95.7	98.1

杂多酸催化剂的酸性远大于质子酸的酸性，对甲醇与异丁烯合成 MTBE 反应具有优异的催化活性(表 8-38)，对设备基本无腐蚀作用，另外，将杂多酸固载到活性炭、硅胶和大孔阳离子交换树脂上还可以获得更大的活性比表面，从而进一步提高催化性能(表 8-39)。

表 8-38　杂多酸合成 MTBE 的活性①

催　化　剂	活性		催　化　剂	活性	
	10^7mol/(s·g)	10^4mol/(s·mol_{H^+})		10^7mol/(s·g)	10^4mol/(s·mol_{H^+})
沸石 HZSM-5①	0.76	0.55	$H_3PMo_{12}O_{14}$	2.3	1.5
阳离子交换树脂 KU-2	4.6	1.0	$H_8CeMo_{12}O_{42}$	2.3	0.6
H_2SO_4	9.0	0.45	$H_6P_2W_{18}O_{62}$	5.5	4.4
$H_3PW_{12}O_{40}$②	2.0	2.0	$H_6P_2Mo_{18}O_{62}$	3.1	1.6
$H_4SiW_{12}O_{40}$	3.3	1.5			

注：反应条件：42℃，12mL 甲醇，1g 催化剂；

① 每克催化剂含质子数 1.4mg；

② 每克催化剂含质子数 5.0mg。

表 8-39 大孔阳离子交换树脂固载杂多酸的催化活性

催 化 剂	异丁烯转化率/%	MTBE 选择性/%
$H_4SiW_{12}O_{40}$/Amberlyst-15	40	99.7
$H_3PW_{12}O_{40}$/Amberlyst-15	38.0	99.8
Amberlyst-15	11.0	100
$H_4SiW_{12}O_{40}$/C	2.1	100

三、MTBE 合成工艺条件

MTBE 生产过程中，影响醚化反应的主要因素有：醇烯比、异丁烯浓度、反应温度、反应压力和空速。

1. 醇烯比

反应体系中甲醇与异丁烯物质的量比，即醇烯比，影响转化率和生成 MTBE 选择性。醇/烯比过小，易发生异丁烯聚合反应，放出大量热量，反应器超温甚至飞温，烧坏催化剂；醇/烯比过大时，异丁烯转化率增加，但多余的甲醇增加了共沸塔分离难度，且增加了甲醇回收塔负荷。为保证异丁烯的高转化率、MTBE 的高选择性，通常采用甲醇稍过量的原则，但不宜太大，醇烯比大于 2 时，对 MTBE 收率影响已很小。通常，工业上采用的醇烯比为 1.05~1.2。

2. 异丁烯浓度

醚化过程中，不同异丁烯浓度的 C_4 馏分的反应速度不同。异丁烯浓度高，则反应速度快，但对异丁烯转化率影响却不大；当异丁烯浓度低于 10%(质量)时，转化率会急据下降。

3. 反应温度

在一定的醇烯比下，反应温度不仅影响反应速度，而且影响转化率、选择性和催化剂寿命。反应温度太低，对醚化反应的化学平衡有利，但反应速度慢；反应温度过高，平衡转化率降低，副反应激烈，反应选择性降低，催化剂使用寿命缩短。适宜温度范围为 40~80℃，较佳反应温度范围为 60~70℃。温度超过 80℃，副反应增加，催化剂寿命缩短；温度超过 120℃，催化剂失活。

4. 反应压力

反应压力只需将反应物维持在液相状态反应即可，再增加压力对反应速度、转化率和选择性影响不大。工业生产装置考虑系统阻力降及分离系统所需操作压力，一般在 1.0~2.0MPa 范围内选择。

5. 空速

不论原料中异丁烯含量变化如何，空速在 3~5h^{-1}范围内，催化剂活性均相当好，异丁烯均可达到平衡转化率；在异丁烯浓度为 30%~50%(质量)时，将空速提高至 15h^{-1}，转化率降低不明显，工业上空速范围为 3~15h^{-1}。

四、MTBE 生产工艺

随着环保和能源的发展，MTBE 的需求量不断增加，促进了 MTBE 生产技术的迅速发展。MTBE 的生产技术大体上经过了四代：第一代为 20 世纪 70 年代的管式反应器，利用壳程冷却水移热；第二代为 70 年代后期的筒式反应器，采用外循环除热；第三代为 80 年代的催化精馏工艺，该工艺将催化反应和产品分馏结合到统一装置；第四代为 90 年代的丁烷异构脱氢与甲醇醚化的联合工艺。表 8-40、表 8-41 分别给出了 MTBE 主要生产工艺特点和 MTBE 的消耗定额。

表 8-40　国外 MTBE 主要生产工艺特点

公司	原料	工艺特点
CDTech Inc.	炼厂 C_4 液流、蒸气裂解、甲醇	用专利沸点反应器和催化蒸馏技术
ARCO Chem. Co	混合 C_4 液流、甲醇	可靠的有弹性的优化工艺，已工业化 20 多年
Edeleanu	C_4 抽余液，甲醇	异丁烯与甲醇催化加成反应
Huels AG	含异丁烯液流，甲醇	液相催化加氢，选择性高，能量有效利用
Phillips Petroleum Co	异丁烯，甲醇	离子交换树脂反应器，中等反应条件，MTBE 产率 99%
Stone&Web/ARCO Chem. Co	丁二烯装置抽提液，甲醇	使用原料广泛，投资和操作费用低
CR&L Neochem	FCC 异丁烯，甲醇	固定床，离子交换树脂催化，连续反应，能耗低
UOP	FCC C_4，蒸汽裂解或脱氢，甲醇	Ethermax 工艺，催化反应蒸馏，转化率 99%
Davy Inter	异丁烯，甲醇	丁烷异构化脱氢，固定床离子交换树脂醚化
IFP	FCC 或蒸汽裂解异丁烷，甲醇	液相反应，离子交换树脂催化
Mafki	异丁烯(10%~50%)，甲醇	液相反应，硫酸催化
Snamprogetti	FCC 或蒸汽裂解异丁烷，甲醇	液相反应，离子交换树脂催化
住友化学	异丁烷，甲醇	收率高，适于丁烷馏分分离
Sun Oil	FCC C_4，甲醇	固定床，液相，循环甲醇水抽提

表 8-41　不同 MTBE 合成方法消耗定额(以每吨 MTBE 计)

指标	SNAM	IFP	催化蒸馏	联合工艺
甲醇/kg	316	379		361
C_4/t	4.434			0.747
C_4/m^3		7.667		
C_4 中异丁烯含量/%	15	15~17		
催化剂/美元	0.5		0.55	5.032
水/m^3	60	61	87	12.24
电/(kW·h)	18	11	14	36.72
蒸汽/t	1	1.2~1.5	1.6	3.14
异丁烯转化率/%	97~98	99	93	90.5
MTBE 纯度/%	>99	95~99	>93	

国外 MTBE 生产具有代表性的工艺主要包括意大利斯纳姆·普罗盖蒂/阿尼克(Snam Progetti/Anic)工艺、法国石油研究院 IFP 工艺、美国催化蒸馏及联合工艺等。

1. 意大利斯纳姆·普罗盖蒂/阿尼克(Snam Progetti/Anic)工艺

如图 8-37 所示，该工艺以聚苯乙烯、二乙烯苯离子交换树脂为催化剂。为有效除去反应热和控制床层温度，反应器采用如图 8-38 所示的列管式固定器，原料自上而下通过装填催化剂的管程。反应热通过冷却水移走。Snam 公司 10×10^4t/aMTBE 装置列管式固定床反应器的列管长度为 6m，内径为 20mm，列管总数为 2000 根。反应温度控制在 50~60°C，甲醇稍微过量，产品中 MTBE 纯度大于 98%(质量)。

为解决甲醇过量引起 MTBE 净化问题，可采用斯/阿二段工艺，即采用两个串联的列管式反应器。相比第一反应器中甲醇过量，第二反应器中异丁烯过量，以保证反应物甲醇转化完全。

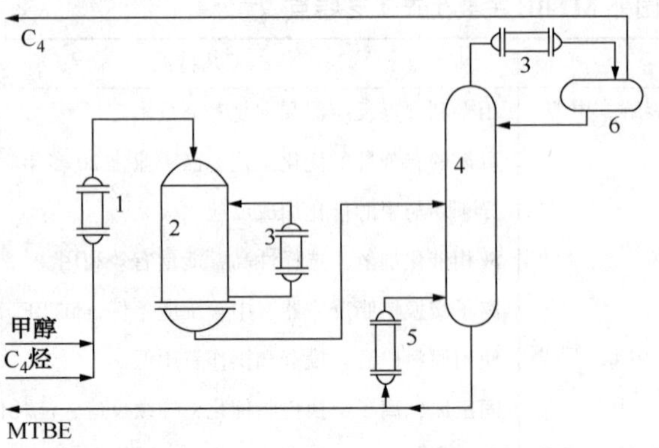

图 8-37 斯/阿工艺流程简图

1—预热器；2—反应器；3—冷却器；4—分离器；5—热交换器；6—气液分离器

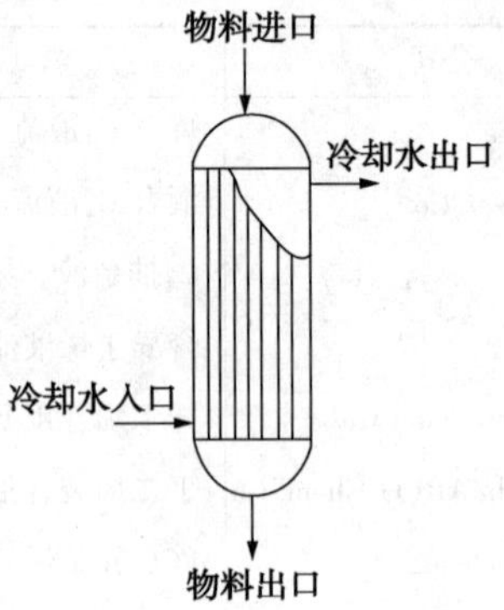

图 8-38 列管式反应器

列管式固定床反应器的转化率高于90%，其热点在催化剂管程的1/3位置。随着上层催化剂不断失活，热点逐渐下降。当热点下移至1/3时，转化率达不到要求，此时考虑更换催化剂。

2. 法国石油研究院 IFP 工艺

该工艺的主反应器采用上流筒式外循环膨胀床。阳离子交换树脂催化剂均保持运动状态，从而保证反应的生成热可以及时、均匀、平稳释放，有效消除固定床反应器中的热点，有效保护热稳定性差的离子交换树脂催化剂；散热均匀使局部过热促进生成副产物被控制在最低程度；上流式的进料方式有效避免了催化剂结块，降低了床层压降。与列管式固定床反应器相比，膨胀床反应器结构简单、压降低、散热均匀、催化剂寿命长且装填方便，操作容易、灵活。根据对异丁烯转化率的要求，可选用一段或二段工艺。与一段工艺相比，二段工艺中增加二段反应器和第二脱 C_4 馏分塔，可适应不同异丁烯含量的 C_4 馏分进料，异丁烷转化率可达 99.9%。

IFP 一段法工艺流程如图 8-39 所示。

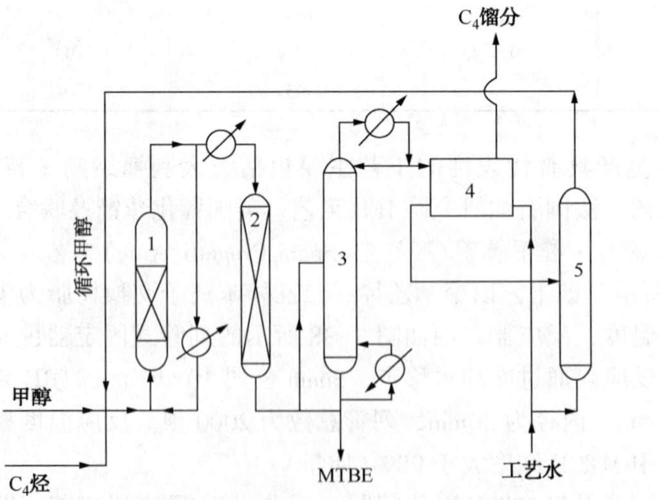

图 8-39 IFP 一段法工艺流程

1—主反应器；2—补充反应器；3—脱 C_4 塔；4—水洗塔；5—甲醇-水分离器

3. 美国催化蒸馏工艺

针对炼厂含低浓度异丁烯的 C_4 馏分，美国化学研究特许公司和新化学公司联合开发的催化蒸馏生产 MTBE 工艺。该工艺把反应器和蒸馏塔组合在一起，实现反应和蒸馏在同一设备内进行，所用原料为催化裂化 C_4 馏分。水洗塔主要除去 C_4 馏分中的铵盐等杂质，保护床主要除去 Na^+、K^+、Ca^{2+} 和 Mg^{2+} 等杂质。催化反应与精馏同在一个区域发生，生成的 MTBT 吸收反应热迅速离开反应区，降低了反应区温度、MTBE 的浓度，使化学平衡向生成 MTBE 方向进行，异丁烯的转化率可达 99%以上，MTBE 浓度也可达 98%以上。

反应、分离过程的耦合，具有明显的节能效果，水、电、蒸汽消耗降低 30%~40%。只需一个反应器，省去了一个反应器和一个中间脱 C_4 馏分塔，设备投资较省。

按照原料组成不同，分醇烯比大于 1 的 MTBE 流程和醇烯比小于 1 的 MTBE-Plus 流程。

(1)催化精馏 MTBE 流程

本流程为一种甲醇过量的高转化率流程(图 8-40)。在甲醇过量的情况下生产 MTBE 包括反应-精馏、C_4 净化两个工序。反应-精馏阶段，异丁烯与甲醇反应生成的 MTBE 与未反应的 C_4 烃类和过量的甲醇分离；C_4 净化阶段，甲醇与未反应的 C_4 烃类分离，水洗回收并返回反应段。得到的无甲醇 C_4 混合物用于烷基化或分出 1-丁烯。该工艺流程原料中的异丁烯 100%转化，其中 99%转化成 MTBE，MTBE 的纯度为 98%~99%，甲醇含量低于 1%，其他杂质为叔丁醇和 C_4 共聚物，未反应的 C_4 混合物进一步加工可得到高纯度的 1-丁烯，最后剩下的 C_4 馏分甲醇含量较低。

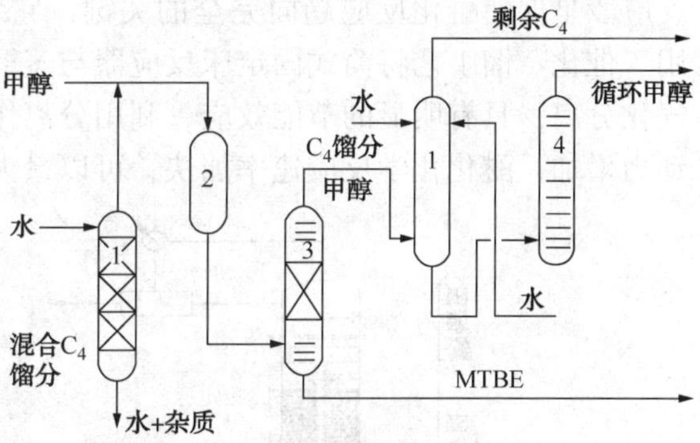

图 8-40　催化精馏 MTBE 流程

1—水洗塔；2—保护床；3—催化精馏塔；4—甲醇回收塔

(2)催化精馏 MTBE-plus 流程

本流程是一种甲醇低于化学计量的流程(图 8-41)。醚化反应在醇烯比低于化学计量条件下进行，甲醇消耗彻底，流程中未设甲醇水洗和回收部分。该流程特进料中甲醇 100%转化，C_4 馏分中异丁烯变为 MTBE 的转化率通常为 90%~95%，产品中的 MTBE 含量约 85%(纯度 98%)，剩下的主要为 C_8 共聚物。

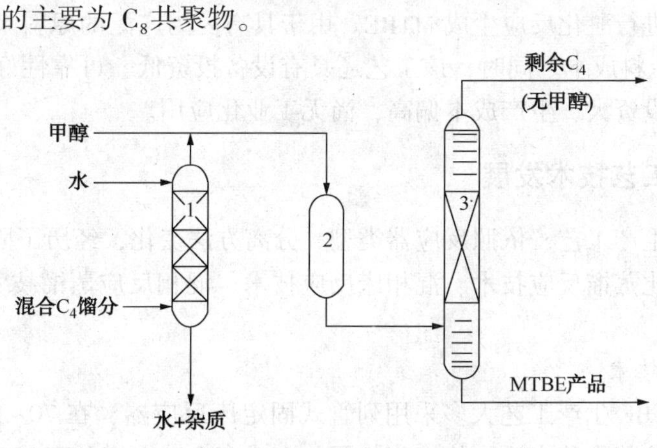

图 8-41　MTBE-plus 流程

1—水洗塔；2—保护床；3—催化精馏塔

表 8-42 中给出催化精馏 MTBE 和 MTBE-plus 两种流程的消耗和产率对比。

表 8-42　MTBE 和 MTBE-plus 流程的消耗与产率

消耗与产率	工艺		消耗与产率	工艺	
	MTBE	MTBE-plus		MTBE	MTBE-plus
消耗异丁醇/m^3	1.0	1.0	生产 MTBE/m^3	1.25	1.01
消耗甲醇/m^3	0.43	0.35	生产共聚物/m^3	—	0.32
消耗正丁烯/m^3	—	0.19	抗爆指数$(R+M)/2$	110	107

催化精馏塔是催化蒸馏生产 MTBE 的核心设备，催化精馏塔分为精馏段、反应段、提馏段 3 部分，如图 8-42 所示，精馏段和提馏段用塔盘/填料均可，其作用与普通精馏塔无异。反应段是促使醚化反应趋向完全的关键，它装有催化剂，既发挥催化作用，又具有分离作用。催化蒸馏工艺将筒式固定床反应器与蒸馏结合在一起，利用反应放出的热量用于产物的气化分离，具有明显的节能效应，利用分离作用连续蒸出产物降低反应区产物浓度，传质推动力增加，醚化化学反应速率加快，可以最大限度的减少逆反应和副反应的生成。

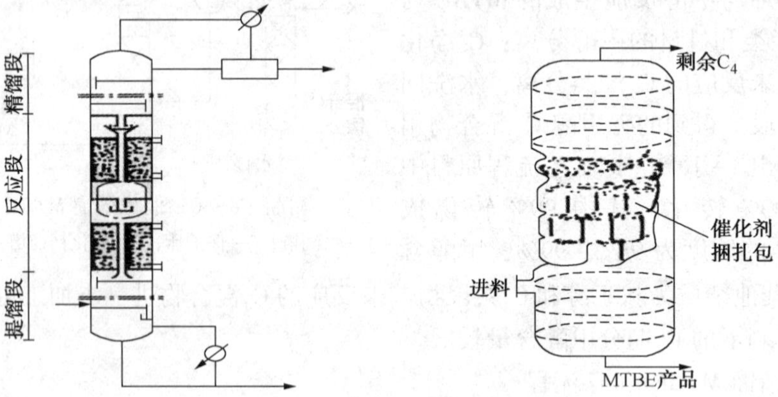

图 8-42　催化精馏塔结构示意

4. 美国 UOP 公司的联合工艺

该工艺是以油田气和炼厂气中的丁烷为原料，通过异构化得异丁烷、异丁烷经脱氢生成异丁烯、再与甲醇进行醚化反应生成 MTBE。由于具有更为广泛的原料来源，联合工艺生产 MTBE 可大幅降低原料成本。同时，该工艺还具有设备投资低、可靠性好和单程转化率高的特点。但流程长、投资大、生产成本偏高，尚无工业化应用。

五、MTBE 工艺技术发展

制备 MTBE 的生产工艺，依照反应器类型、分离方法变化，经历了固定床反应技术、膨胀床反应技术、催化蒸馏反应技术、混相床反应技术、混相反应蒸馏技术和膨胀床-催化蒸馏反应技术等。

1. 固定床反应技术

早期开发的 MTBE 生产工艺大多采用列管式固定床反应器，在 70~100℃左右条件下反应，反应器外多用冷却水移走反应热，产物用一个或多个分馏塔分离 MTBE 和甲醇以及剩余的 C_4 馏分，难以消除反应区中的热点，在近期新建厂中已较少采用。

2. 膨胀床反应技术

膨胀床反应技术与固定床反应技术，进料是自下而上进入反应器，其中催化剂处于蠕动状态，有利于传质及传热。C_4烯烃和甲醇提余物通过一个装有专用树脂作为吸附剂的吸收塔，其中一个塔进行吸附，另一个塔进行脱附，通过在线分析物料自动控制流体切换，降低了能耗和成本。

3. 催化蒸馏反应技术

催化蒸馏反应技术将醚化反应、共沸蒸馏有机耦合，使醚化反应和产物分离在同一塔中不同区域同时进行，反应放出的热量直接用来产物分馏，既减少了外部冷却设备又有效控制了反应温度，防止反应区热点超温，降低能耗，节省投资。但中部催化剂的装填较困难，要严格按要求捆扎成包，主要用玻璃丝布外加不绣钢丝网把催化剂包起来置于反应器中，依靠包与包之间的空隙，使气液两相能够对流通过催化床，减少因催化剂颗粒小造成阻力大的问题。由于催化剂置于包中，反应物料必须扩散进入布包中才能与催化剂接触进行反应，反应后产物还要扩散出来，故对反应不利。新的催化蒸馏工艺采用一种新型的散装筒式催化蒸馏塔，催化剂直接装入催化床层中，不用包装，相邻两床层间至少设一个分馏塔盘，床层中留有气体通道，整个反应段类似若干重叠放置的小固定床反应器和若干个分设在床层间的分馏段。反应与分馏交替进行，破坏平衡组成，使反应不受平衡转化率的限制。异丁烯的转化率达到99.5%以上。齐鲁石化公司催化蒸馏合成MTBE的工艺流程如图8-43所示。

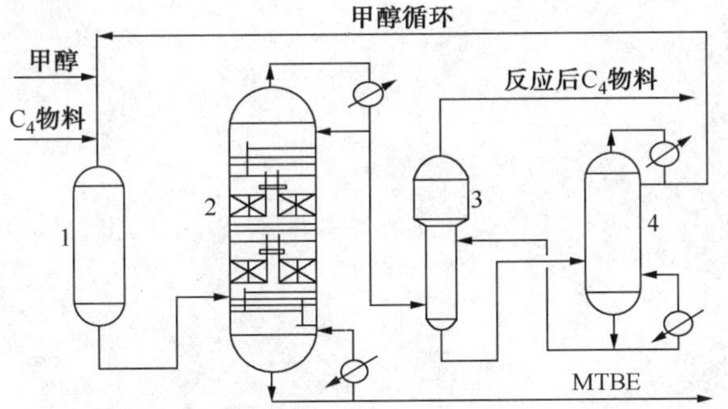

图8-43　齐鲁石化催化精馏MTBE工艺流程

4. 混相床反应技术

混相床反应技术将混相固定床反应技术与分馏技术有机结合，克服了固定床反应技术中需要取热冷却设备、流程长以及催化蒸馏塔较为复杂的缺点。相比催化精馏工艺，该工艺较为简单，该技术中反应不在液相条件下进行，控制反应压力可使反应在沸点温度下进行，反应热可使部分物料气化而被吸收，因而反应物料恒定并形成汽液混相状态，使反应在气-液两相相同时进行。该技术可根据不同浓度要求的93%～96%(质量)MTBE，甚至还可生产浓度高达99.5%(质量)的MTBE，是一项很有前景的新工艺。

5. 混相反应蒸馏技术

在混相反应工艺的基础上，齐鲁石化公司研究院开发了混相反应蒸馏技术。该技术的特点是将混相反应与分离相结合，融合了混相反应技术和催化蒸馏技术的优点。根据生产目的不同，该技术分为炼油型和化工型。炼油技术工艺的反应塔的中部是混相反应器，上部和下部分别为精馏段和提馏段。催化剂容易装填、投资省、能耗和费用低，异丁烯转化率90%～98%。化工型技术是将炼油型工艺技术上的精馏段改为催化蒸馏反应段，即甲醇和异丁烯先在混相反应段中进行预反应，然后在催化蒸馏段进行深度转化。相比炼油型，化工型的异丁烯转化率可达 99.5%。图 8-44 为混相床-催化精馏组合工艺流程图。

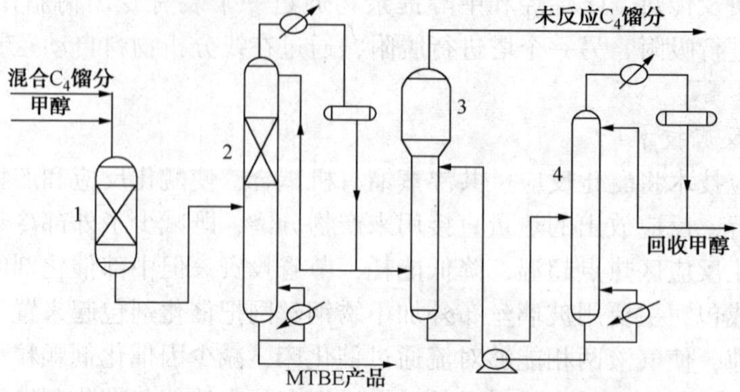

图 8-44 混相床-催化精馏组合工艺流程

1—液相反应器；2—催化精馏塔；3—甲醇提抽塔；4—甲醇回收塔

第九章　烯烃及芳烃

第一节　概述

乙烯、丙烯、丁二烯、苯、甲苯、二甲苯、甲醇及其聚合衍生物通常称为基本有机化工原料。

乙烯是用途最广泛的基本有机化工原料，主要用于聚乙烯、环氧乙烷、氯乙烯、苯乙烯的生产，约占乙烯总消费量的85%。乙烯传统生产方法是烃类水蒸气裂解，原料烃按相态分为气态原料(炼厂气与天然气凝析液)与液态原料(轻汽油、煤油与柴油)。气态原料裂解温度高，乙烯收率高(最多可达85%)，稀释比小，循环物料少，能耗物耗低，裂解炉管不易结焦，操作方便，但受轻质原料资源匮乏所限。液态原料来源广泛，裂解温度低，收率较低(乙烯收率为25%~30%)，能耗物耗高，副产物较多，副产物不便综合利用。美国裂解原料以天然气为主，西欧、日本则以轻汽油为主，我国乙烯裂解原料多以轻柴油为主，气体原料极少，乙烯装置的能耗物耗高，市场竞争力弱。

近20年来，中国乙烯工业飞速发展，2007年乙烯生产能力达到了998×10^4t/a、产量达到1047.7×10^4t/a，首次突破千万吨大关。到2010年底中国的乙烯生产能力达到了1494.9×10^4t/a、产量为1418.8×10^4t，成为仅次于美国(2755.5×10^4t/a)的世界第二大乙烯生产国。2012年中国乙烯产量为1514×10^4t，当量乙烯消费量为3190×10^4t，对外依存度为52.5%。预计2015年、2020年的乙烯当量消费将分别达到4003×10^4t和4936×10^4t，乙烯及乙烯制品的当量消费进口仍将维持在44%左右。

丙烯也是一种非常重要的基础有机化工原料，主要用于生产聚丙烯、丙烯腈和丁辛醇。世界大约57%的丙烯来自于乙烯生产副产品、35%来自炼油厂副产品。2005年中国丙烯产量为803×10^4t、2010年达到了1329×10^4t，2005~2010年均增长率为10.6%，尽管丙烯产能迅速增长，但仍不能满足日益增长的需求。2010年中国丙烯的当量需求为2150×10^4t，对外依存度为38%左右。近年来，市场对丙烯的需求增速高于乙烯，2013~2015年年均增速为5%~7%，预计2015年中国丙烯表观消费量为2100×10^4t、当量消费接近2600×10^4t。预计2020年中国的丙烯产能将达到2600×10^4t，但丙烯当量需求将高达3300×10^4t。

芳烃作为基本有机原料，应用最多的是苯、乙苯、对二甲苯，此外还有甲苯和邻二甲苯。芳烃的来源有：炼油厂重整装置、乙烯生产厂的裂解汽油、煤炼焦时副产。由于煤焦化得芳烃含硫，化工再利用的价值不高，目前煤基芳烃已不占重要地位。不同来源获得芳烃组成不同，获得的芳烃数量也不相同。裂解汽油中苯和甲苯多，二甲苯少；重整汽油是苯少，甲苯和二甲苯多。市场急需的苯、对二甲苯供应不足，而甲苯、邻间位二甲苯供大于求，这种资源与需求的矛盾促进了芳烃生产技术的发展。

乙苯是具有芳香味的可燃液体，炼油厂的重整装置和烃类裂解制乙烯装置都有乙苯生成，但产量低，分离提纯困难。通常都采用乙烯与苯反应合成乙苯，乙苯绝大部分用于制苯乙烯。苯乙烯是重要的聚合物单体，主要用于生产聚苯乙烯塑料、丁苯橡胶，还可制造泡沫塑料，可与多种单体共同聚合，生产多种工程塑料以及热塑性弹性体，产品用途极为广泛。

从20世纪末开始，基本有机原料工业进入了一个新的发展时期。一方面，经济发展促进了基本有机原料消费的增长，为基本有机原料工业带来巨大发展机遇。另一方面，石油资源的日益短缺，环保法规的不断严格又给基础有机原料工业带来严峻的挑战。传统的石油基烯烃、芳烃的生产受原料特别是轻质原油供应的限制，难以维系国民经济对烯烃、芳烃的有效供应。作为世界上资源储量最大的煤炭，在碳一化工技术发展的推动下，煤炭在化工生产、能源化工生产中所扮演的地位日益重要，以煤气化为龙头、甲醇深度化工利用为特点，生产烯烃、芳烃等基本有机化工原料的新型煤化工已成为能源化工的主要技术支撑，在我国得到大力发展，有效缓解了石油供应矛盾。

第二节　甲醇制低碳烯烃

乙烯、丙烯等低碳烯烃是重要的基本化工原料。2011年，全球乙烯生产能力达到1.41×10^8t，中国乙烯产能为1520×10^4t/a，产量达到1527.5×10^4t。随着我国国民经济的发展，特别是现代化学工业的发展对低碳烯烃的需求日渐攀升，供需矛盾也日益突出。迄今为止，通过石脑油、轻柴油(均来自石油)的裂解和重油的催化裂化，仍然是制取乙烯、丙烯等低碳烯烃的重要途径，但作为乙烯生产原料的石脑油、轻柴油等原料资源，面临着越来越严重的短缺。另外，近年来我国原油进口量已占加工总量的一半左右，石油的安全有效供给成为制约经济发展的桎梏，同时，乙烯、丙烯为原料的聚烯烃产品也维持相当高的进口比例。因此，发展非石油资源制取低碳烯烃技术日益引起人们的重视。

低碳烯烃的生产，从非石油基原料来源与生产工艺路线上看，主要以煤、天然气或其他含碳有机物为原料的四种技术路线，如图9-1所示。

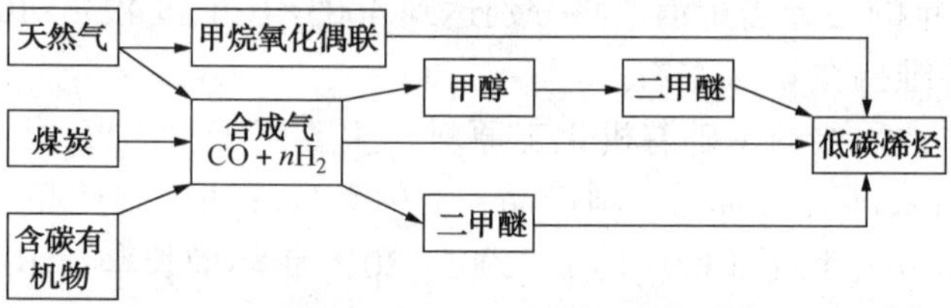

图9-1　非石油基生产低碳烯烃的技术路线

上述技术路线中，以天然气或煤为原料，经过合成气→甲醇(或二甲醚)→低碳烯烃的技术路线逐渐成熟，并且已经实现工业化。甲醇制低碳烯烃(Methanol-To-Olefins，简称MTO)和甲醇制丙烯(MTP)是两个重要的碳一化工新工艺，并有望促使甲醇成为烯烃的重要来源。该技术以煤或天然气合成的甲醇为原料，生产低碳烯烃，是发展非石油资源生产乙烯、丙烯等产品的核心技术，不仅缓解了对石油的需求和依赖，保障国家能源安全，也为我国实施石油替代战略提供了一条切实可行的技术途径。

美孚公司最先开始甲醇转化为乙烯和其他低碳烯烃的研发，取得突破性进展的是UOP/Hydro开发的以结晶磷硅铝酸盐SAPO-34催化剂为基础的MTO工艺。2009年内蒙古神华煤化工有限公司首次将中国科学院大连化学物理研究所的DMTO技术应用于百万吨工业化装置，2010年神华宁煤采用德国Lurgi MTP技术的0.5Mt/a MTP项目成功试车，2012年UOP/Hydro在尼日利亚首次年产1.3Mt的乙烯和丙烯MTO工艺投产，甲醇制烯烃工艺技术的工业化运行为煤基烯烃提供了广泛的发展空间。

一、甲醇制低碳烯烃热力学

甲醇制低碳烯烃的反应十分复杂，甲醇在催化剂上既可以生成乙烯、丙烯、丁烯等低碳烯烃，同时也存在烯烃产物之间的平衡反应和生成其他产物的副反应。表 9-1 列出了部分可能发生的化学反应及其热力学数据。

表 9-1　甲醇转化为烃类反应体系中可能发生的化学反应

序号	反应	n 值	$\Delta G/(\mathrm{kJ/mol})$	$\Delta H/(\mathrm{kJ/mol})$
1	$n\mathrm{CH_3OH}\longrightarrow(\mathrm{CH_2})_n+\mathrm{H_2O}$	2	-115.1	-23.1
		3	-186.9	-92.9
		4	-241.8	-150.0
2	$2\mathrm{CH_3OH}\longrightarrow(\mathrm{CH_3})\mathrm{O}+\mathrm{H_2O}$		-9.1	-19.9
3	$\mathrm{CH_3OH}\longrightarrow\mathrm{CO}+2\mathrm{H_2}$		-69.9	-102.5
4	$\mathrm{CO}+\mathrm{H_2O}\longrightarrow\mathrm{CO_2}+\mathrm{H_2}$		-12.8	-37.9
5	$n\mathrm{CH_3OH}+\mathrm{H_2}\longrightarrow\mathrm{C}_n\mathrm{H}_{2n+2}+n\mathrm{H_2O}$	1	-117.8	-118.2
		2	-166.9	-168.4
		3	-219.0	-221.8
		4	-276.9	-280.5
6	$(\mathrm{CH_2})_n\rightarrow n\mathrm{C}+n\mathrm{H_2}$	2	-95.0	-42.5
		3	-128.1	-5.48
		4	-178.5	-18.9
7	$2\mathrm{CO}\longrightarrow\mathrm{CO_2}+\mathrm{C}$		-47.9	-173.1
8	$(\mathrm{CH_3})_2\mathrm{O}\longrightarrow\mathrm{C_2H_4}+\mathrm{H_2O}$		-105.9	-3.2
9	$2(\mathrm{CH_3})_2\mathrm{O}\longrightarrow\mathrm{C_4H_8}+2\mathrm{H_2O}$		-297.1	-110.3
10	$2(\mathrm{CH_3})_2\mathrm{O}\longrightarrow\mathrm{C_3H_6}+\mathrm{CH_3OH}+\mathrm{H_2O}$		-168.6	-51.0
11	$(\mathrm{CH_3})_2\mathrm{O}\longrightarrow\mathrm{CH_4}+\mathrm{CO_2}+\mathrm{H_2}$		-178.6	4.1
12	$\mathrm{CH_3OH}\longrightarrow\mathrm{CH_2O}+\mathrm{H_2}$		5.2	89.1
13	$(\mathrm{CH_2})_n+(\mathrm{CH_2})_n\rightarrow\mathrm{C}_n\mathrm{H}_{2n+2}+\mathrm{C}_n\mathrm{H}_{2n-2}$	2	42.0	39.7
		3	50.6	51.6
		4	45.3	41.3

根据以上可能的化学反应及其热力学数据可知，大部分反应是热力学上可行的反应。其中反应 6、反应 7 及活性较高的烯烃聚合反应，会造成产物的氢碳比降低，易造成催化剂积炭；反应 3、反应 5 及 11 与反应 8、反应 9、反应 10 的竞争降低了低碳烯烃的选择性。即使抑制了大部分副反应，由于反应产物中的低碳烯烃含量较高，反应放热效应仍比较显著，故总反应的热效应为放热，反应器选择与设计中必须慎重考虑反应放热对反应器、催化剂、产品分布、产品质量的影响。

二、甲醇制低碳烯烃动力学

MTO 的反应机理比较复杂，随催化剂的变化而变化。到目前为止，根据不同的反应机理，出现了很多关于 MTO 反应的动力学报道。

研究反应动力学，需要从反应机理出发，列出 MTO 反应中可能出现的所有基元反应，对其中的动力学参数使用实验和量子理论等进行估算，从而得出 MTO 反应的动力学方程组。

Doelle 等人最初研究了甲醇和二甲醚在 ZSM-5 催化剂上的反应动力学，并在 15~200℃范围内，得到甲醇转化速率式，如式(9-1)所示。

$$r = k_1 \frac{p_{CH_3OH}}{1 + K_2 p_{H_2O}} \tag{9-1}$$

式中 $k_1 = 6 \times 10^5 \exp\left(\frac{-8 \times 10^4}{RT}\right)$

Park T Y 等人根据 Carbeniumion 机理，建立一个包括 H 转移、甲基化和β-消去等基元反应在内的动力学模型，其中包含了 726 个基元反应和 225 种反应中间体。根据过渡态理论 Evans-Polanyi 关联式对动力学模型参数进行简化，并结合催化剂 H-ZSM-5 的 MTO 实验结果，估算出了 33 个模型参数值，并对绝热固定床、等温固定床和流化床反应器进行了模拟计算。

有研究者在 ZSM-5 催化剂上对甲醇制烯烃反应进一步研究，提出了三集总动力学模型：甲醇与二甲醚作为含氧化合物，为第一集总，低碳烯烃为第二集总，芳烃和石蜡构成第三集总，其中所有含氧化合物生成低碳烯烃的反应都被认为一级反应，该模型与实验结果吻合良好。反应式可简化为式(9-2)：

$$\text{含氧化合物} \xrightarrow{k_1} \text{烯烃} \xrightarrow{k_2} \text{芳烃+石蜡} \tag{9-2}$$

由于 MTO 反应的复杂性，采用集总动力学方法可以得到简单和便于工业应用的动力学模型。Shell 公司的 Bos A N 等使用 SAPO-34 作为催化剂，采用 Hydrocarbon Pool 机理，在研究 MTO 反应动力学后提出了包括积炭在内的八组分集总动力学，其模型如图 9-2 所示。

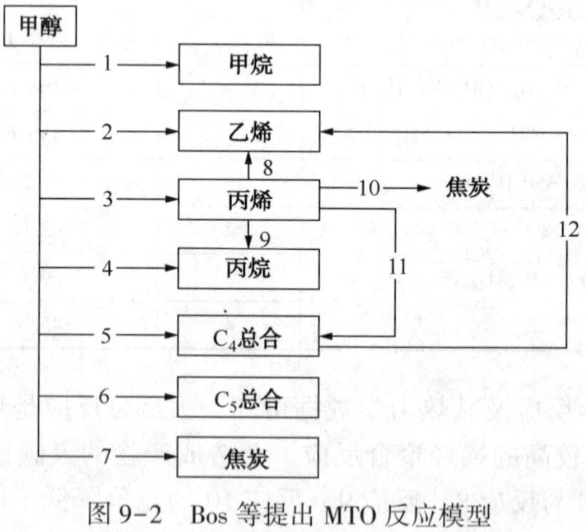

图 9-2　Bos 等提出 MTO 反应模型

该模型强调了积炭对 SAPO-34 分子筛的影响，并建立了 12 个反应动力学方程，包括 8 个一级反应和 4 个二级反应，其中烯烃和积炭生成被认为是一级反应，该动力学模型与实验数据拟合较好。其动力学方程如式(9-3)~式(9-9)所示。

$$r_i = k_i p y_{CH_3OH} \quad i = 1 \sim 7 \tag{9-3}$$

$$r_8 = k_8 p y_{C_3^=} p y_{CH_3OH} \tag{9-4}$$

$$r_9 = k_9 p y_{C_3^=} \tag{9-5}$$

$$r_{10} = k_{10} p y_{C_3^=} \tag{9-6}$$

$$r_{11} = k_{11} p y_{C_3^=} \tag{9-7}$$

$$r_{12} = k_{12} p y_{C_4^=} p y_{CH_3OH} \tag{9-8}$$

$$k_i = k_i^0 e^{-a_i c} \quad i = 1 \sim 12 \tag{9-9}$$

式中，r 代表反应速率；k 代表速率常数，下标代表图 9-2 所示的各反应步骤；p 为反应压力；y 为反应物的摩尔分数；c 为结焦质量分数；a 为模型常数。$C_3^=$、$C_4^=$ 分别代表丙烯与丁烯。由式(9-9)可知，各步反应的动力学常数与结焦含量的幂指数相关，反应速率对结焦非常敏感。

Gayubo A G 等人从 Bos 的集总模型出发，去除速率较慢的烷烃生成反应，考虑到反应体系中水对催化剂积炭速率的影响，建立了在 SAPO-34 催化剂上简化的 MTO 反应模型，如图 9-3 所示。反应体系包括氧反应物、乙烯、丙烯、丁烯和其他烃类 5 个集总，对应的动力学方程如式(9-10)~式(9-14)所示。

$$r_{C_2^=} = k_1 x_A \tag{9-10}$$

$$r_{C_3^=} = k_2 x_A \tag{9-11}$$

$$r_{C_4^=} = k_3 x_A \tag{9-12}$$

$$r_{(C_5+芳烃)} = k_4 x_A \tag{9-13}$$

$$x_A = \frac{X_A}{1 + K_w x_w} \tag{9-14}$$

式中，r 代表反应产物生成速率；k 代表速率常数，下标代表图 9-3 所示的各反应步骤；x_A 为(甲醇+二甲醚)的湿基质量分数，x_w 为反应体系中水(来源于反应生成水和用于稀释甲醇的水)的湿基质量分数，K_w 为常数。研究者认为，水起到有效减缓结焦的作用，对反应速率的影响不能忽略。

研究者使用 SAPO-34 分子筛进行 MTO 反应动力学研究，认为产物中少量但稳定的副产物 CH_4 应在反应体系中加以考虑。所有烯烃被认为由二甲醚直接生成，但由于二甲醚在反应过程中的浓度不易直接测定，因此，也将甲醇与二甲醚作为一个集总加以分析，建立的集总动力学模型如图 9-4 所示。

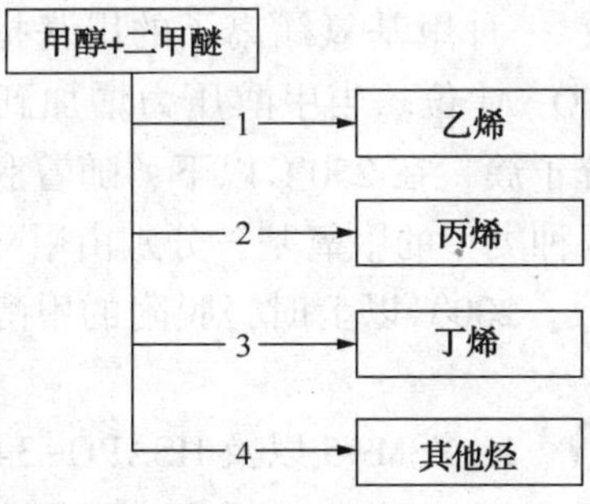

图 9-3 Gayubo 的 MTO 反应模型

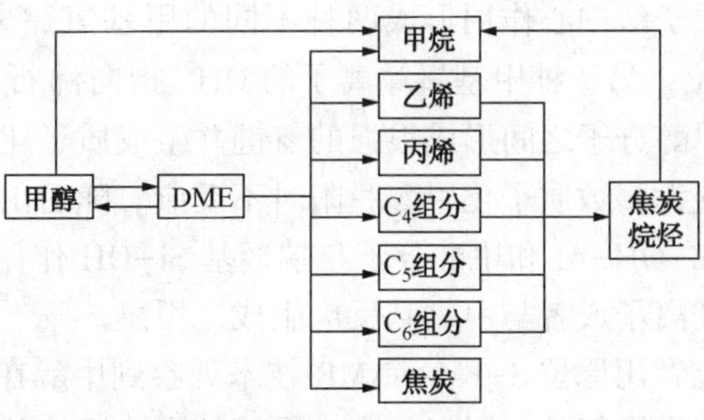

图 9-4 Chen 等提出的 MTO 动力学模型

其中，所有低碳烯烃的生成都为一级反应，烷烃生成被认为是二级反应，符合 Hydrocarbon Pool 平行反应机理。

三、甲醇制低碳烯烃反应机理

对于甲醇制烯烃反应机理的研究，最早可追溯到20世纪80年代的甲醇制汽油(MTG)的研究。国外学者在研究了甲醇在ZSM-5催化剂上的反应结果后，提出了简化的甲醇制烯烃反应模式，如式(9-15)所示：

$$CH_3OH \longrightarrow CH_3OCH_3 \longrightarrow C_nH_{2n} \tag{9-15}$$

该模型后来被许多学者所证实，在此基础上提出了MTO的反应机理，认为反应过程分为三步：在分子筛表面形成甲氧基；生成第一个C—C键；C_3与C_4的生成。具体过程如下：

1. 形成表面甲氧基

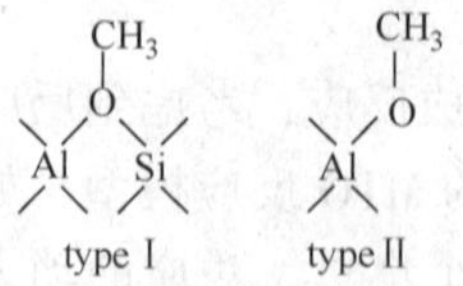

图9-5 SAPO-34分子筛上的两种甲氧基

形成稳定的表面甲氧基是分子筛催化反应中的重要中间体。在400℃高温下，表面甲氧基活性很高，容易参加MTO反应，在反应过程中，甲醇脱掉一分子水生成二甲醚，甲醇/二甲醚达到化学平衡，甲醇/二甲醚分子与SPAO-34分子筛上的酸性中心作用，可能生成两类甲氧基，如图9-5所示。

第一种甲氧基由甲醇/二甲醚分子和B酸位作用生成，这种甲氧基在MTO反应过程中生成第一个C—C键时起关键作用；第二种是甲醇/二甲醚分子与端羟基作用生成，在MTO反应过程中可能不起作用，甲氧基的形成过程如图9-6所示。

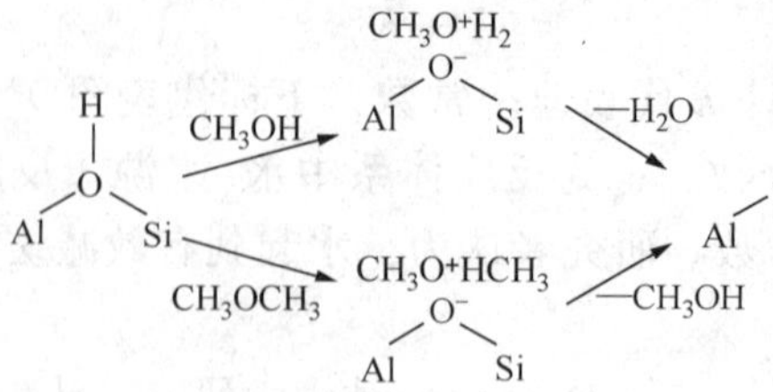

图9-6 SAPO-34分子筛上表面甲氧基的形成过程

Mirth和Lercher用IR、质谱以及热重方法研究了H-ZSM-5分子筛上吸附的甲醇结构以及诱导期所发生的表面化学反应。在甲醇平衡压力低于10^{-1}Pa时，甲醇可有选择地与沸石表面的质子酸中心作用形成两种不同的甲基氧鎓离子，一种甲基氧鎓离子的甲基指向沸石SiO-Al位，另一种甲基氧鎓离子的OH^{2+}指向沸石的SiO-Al位。当甲醇压力增加到10^2Pa，每3个甲醇分子之间形成很强的氢键并生成质子化的分子簇。在250℃以下，随着脱附温度升高，绝大多数质子化甲醇脱附时不反应。随后出现两种类型的甲氧基，分别由甲醇分子与桥羟基Si-OH-Al和甲醇分子与端羟基Si-OH作用生成。200℃以上时，脱附的甲醇分子与甲基氧鎓离子或者与甲氧基反应生成二甲醚。

研究者用原位S-FMASNMR技术观察到甲醇在H-Y、H-ZSM-5以及HSAPO-34分子筛上生成表面甲氧基，甲氧基和二甲醚的生成温度均接近于393~433K。反应过程先生成甲氧基，再与另外的甲醇分子反应生成二甲醚，证明甲氧基具有生成二甲醚的反应活性，同时二甲醚的同位素分布也证实生成二甲醚的机理符合间接反应机理，但是仍不能排除直接反应机理对二甲醚生成的贡献。根据non-local密度函数周期理论计算结果表明这两种机理在能量上都合理。相反，Blaszkowski和Van Santen却认为间接机理中甲醇与甲氧基所形成的过渡态能垒较高，不利于反应进行。

2. 生成第一个 C—C 键

甲氧基生成后，不同的学者对第一个 C—C 键的生成，提出了众多可能的机理：如 Oxium Ylide 机理、Carbene 机理、Carboncationic 机理、自由基机理、Carbon Pool 机理与 Rake 机理等。以 Oxium Ylide 机理为例，甲氧基中一个 C—H 质子化生成 $C—H^+$，与甲醇分子中的羟基(—OH)形成氢键，然后生成乙基氧鎓离子，再形成第一个 C—C 键，过程如图 9-7 所示。

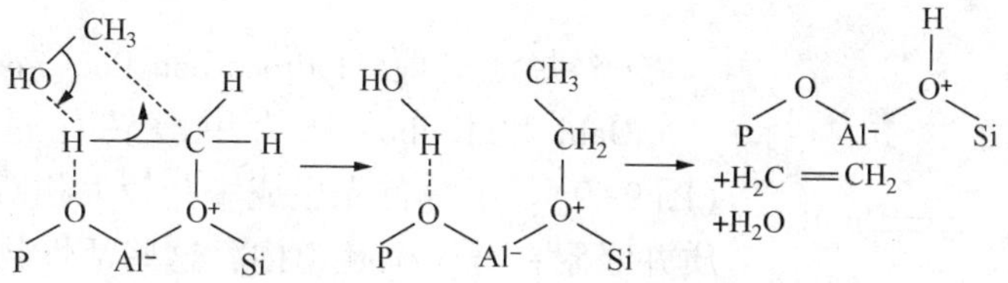

图 9-7　第一个 C—C 键的形成过程

(1)卡宾机理(Carbene)

甲醇分子经过 α-消去反应脱水生成卡宾，卡宾通过多聚反应生成烯烃，或者卡宾通过 sp^3 插入甲醇或二甲醚继续反应(图 9-8，图中 a 为甲醇 α 消去生成卡宾；b 为甲醇脱水生成正碳离子；c 为卡宾与正碳离子作用生成烯烃)。迄今为止，关于过渡态卡宾的试验证据都是间接的。

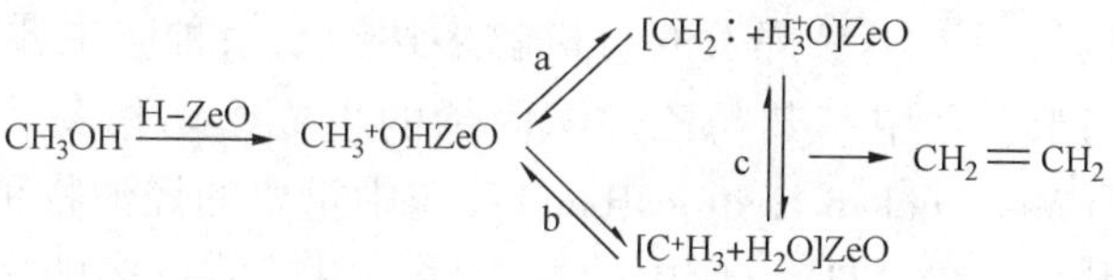

图 9-8　卡宾机理示意图

卡宾机理的能垒太高，导致反应速度很慢，而实际的反应速度远高于卡宾机理得出的反应速率，表明卡宾机理有其不合理性。

(2)自由基机理

研究者用 ESR 光谱技术识别出二甲醚在 H-ZSM-5 上转化时出现自由基信号，认识到二甲醚可能是甲基自由基的来源。据此假设最初的自由基是二甲醚与沸石上的顺磁中心作用产生的，自由基通过耦合反应直接生成 C—C 键。

自由基机理的主要弊端之一是需要强碱中心夺取 C—H 键上的质子，这对于沸石表面上的碱性中心几乎不可能实现。另有文献提出加入自由基的吸收剂 NO，如果自由基机理成立，速度应该显著降低，但实验表明加入 NO 后，反应速度并未明显变化，说明自由基机理有其不合理性。

(3)碳正离子机理

研究者认为 MTO 过程服从碳正离子机理，甲醇首先在分子筛酸中心脱水形成甲基碳正离子 CH_3^+，甲基碳正离子插入二甲醚的 C—H 键形成具有 5 价的碳正离子过渡态——三甲氧基阳离子$[CH_4CH_2OCH_3]^+$，三甲氧基阳离子不稳定，失去 CH_3OH 而形成 C—C 键并生成乙烯。烯烃生成后甲基正离子与烯烃进一步反应。例如，乙烯与甲基碳正离子反应生成 1-丙基碳正离子，再通过质子转移至表面而得到丙烯。

(4)叶立德机理

叶立德机理认为：二甲醚与固体酸表面的质子酸作用形成二甲基氧鎓离子，二甲基氧鎓离子与另外的二甲醚反应生成三甲基氧鎓离子，三甲基氧鎓离子与碱性中心作用脱除质子形成与表面相连的二甲基氧鎓离子，经过分子内 Stevens 重排形成甲乙醚，或者经过分子间甲基化反应形成乙基二甲基氧鎓离子，再经历β-断裂产生乙烯。

叶立德机理对碱性的要求非常高，但是过高的碱性会导致表面甲氧基无法生成，而如果能够生成足量的表面甲氧基，需要一定的酸性，这样的酸性条件下，会导致叶立德机理的反应能垒非常高。

(5)烃池机理(Hydrocarbon Pool mechanism)

Dahl 和 Kolboe 认为甲醇转化过程服从烃池机理(图 9-9)。甲醇首先生成一些较大相对分子质量的烃类物质并吸附在分子筛孔道内，这些活性物质既可与甲醇反应引入甲基基团，又可进行脱烷基化反应，生成乙烯和丙烯等低碳烯烃。烃池机理避免了复杂的中间产物，被较多地应用于反应动力学和失活动力学研究中。

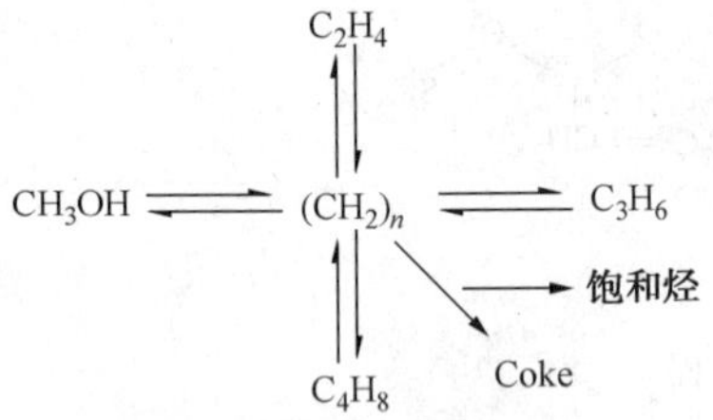

图 9-9 Hydrocarbon Pool 机理示意图

MTO 反应生成的产物均来自于“Hydrocarbon Pool”物质，也就是活性中间物，这是 Hydrcoarbon Pool 机理的核心。最初的研究并未明确指出 Hydrcoarbon Pool 物质的具体属性，只是认为它可能通过甲醇转化或者乙烯和丁烯的低聚反应产生。

Arstad 和 Kolboe 研究了 MTO 反应过程 SAPO-34 分子筛孔道内的有机物组成情况。气体产物主要是 C_4～C_6异构烷烃，不易挥发的有机物多达 200 余种，主要是含有 1～6 个甲基的多甲基苯，其中五甲基苯、六甲基苯与乙烯、丙烯的生成密切相关。^{13}C 同位素示踪证明芳烃及其前驱体是 MTH（Methanol to Hydrocarbon）反应中重要的烃池物种。

研究者证实了多甲基苯在 MTH 反应中的重要性。甲基数目多的多甲基苯可分解产生乙烯或丙烯，甲基数目少的多甲基苯基本上不分解。SAPO-34 中的“烃池”应该是多甲基苯，这是一种活性中间体，环上甲基数越多，则活性越高，越容易断裂生成小分子烃类。

研究者用原位 NMR 技术研究了 HSAPO-34 分子筛上 MTO 机理，证明在稳态条件下 MTO 反应过程主要受烃池机理控制。烃池物种包括 C_6～C_{12}烯烃和芳烃，如多甲基己烯、烷基辛二烯、多甲基苯等，甲醇进入分子筛孔道，与烃池物种作用形成烃。MTO 转化过程中，烃池相对比较稳定，尽管烃池物种中芳环和烷基的碳同位素发生变化，但是 H/C 值基本稳定。MTO 反应中，多甲基苯以何种方式或何种过渡态形式转化生成烯烃是烃池机理的根本问题。

有研究者提出反应途径如图 9-10 所示，多甲基苯与甲醇甲基化反应生成含有携甲基的碳正离子，脱质子后形成环外双键，可以与甲醇发生 1 次或多次甲基化反应。生成的烷基链断裂后产生烯烃，多甲基苯得以再生，完成 1 次催化循环。这种由多分子参与的反应类型称作侧链甲基化机理(Side-chain methylation mechanism)。

试验显示，多甲基苯离子物种通过单分子机理产生烯烃，多甲基苯经历复杂的环收缩/扩张实现链增长，然后断裂生成烯烃。

研究双功能催化剂上从六甲基苯形成烷烃时，将多甲基苯离子物种通过单分子路径生成烯烃的机理，称为消去机理(Paring mechanism)，如图 9-11 所示。

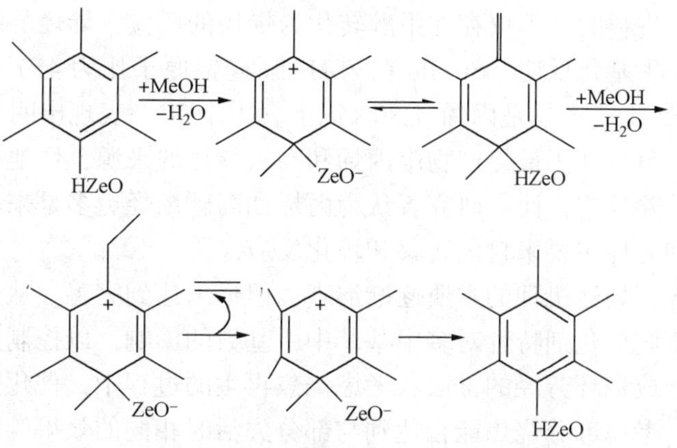

图 9-10　侧链甲基化反应机理示意图

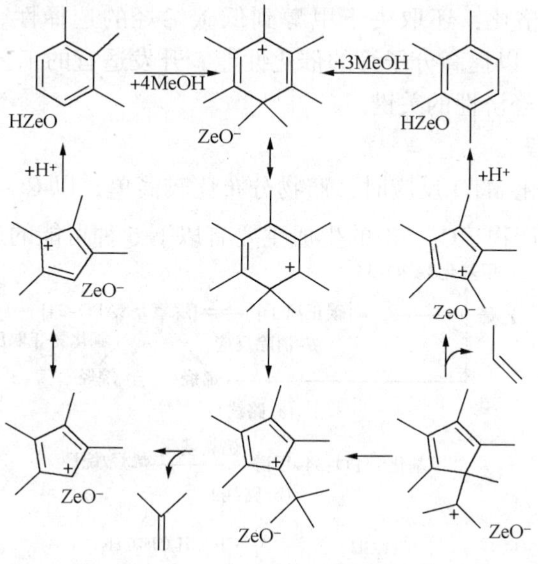

图 9-11　消去反应机理示意图

^{13}C-甲醇脉冲反应产物中碳同位素分布表明，乙烯生成符合侧链烷基化机理，其后伴随消去反应。与此同时，其他竞争反应如环的甲基化、脱甲基反应以及甲基氧鎓离子交换反应等也会生成乙烯的同位素单体。丙烯的生成也符合侧链烷基化机理。提高反应温度导致多甲基苯的平均取代甲基数降低，增加了经消去反应生成乙烯的概率，提高反应温度对提高乙烯选择性有利。当反应体系含水时，水与多甲基苯吸附形成超分子结构，当达到稳态时多甲基苯的甲基数的平衡值升高，原料中水的存在对改善乙烯选择性有利。

3. 烷烃、芳烃、高碳烯烃的生成

甲醇制烯烃过程采用酸性沸石类催化剂，类似于催化裂化(FCC)过程，反应产物烯烃与沸石的吸附力远大于醇与沸石的吸附力，伴随着一定量的烯烃二次反应。对于 MTO 反应来说，烯烃的二次反应主要为烯烃的低聚和裂解、甲醇对烯烃的甲基化反应。

在沸石的质子酸中心上发生的烯烃低聚、裂解反应按照碳正离子机理进行，碳正离子中间体由催化剂酸中心质子和烯烃不饱和双键结合而成。实际上并不存在简单的碳正离子，其结构应该是与沸石表面氧相连的烷氧基(或硅烷基醚)。与表面氧相连的烷氧基与简单碳正离子具有相同的反应规律，可以适用碳正离子的各反应规则。

烯烃和甲醇混合进料时，不仅存在甲醇转化为烯烃的反应，烯烃的裂解反应，还可能存在甲醇和烯烃之间的甲基化反应。Stvelle 在 ZSM-5(硅铝原子比为 45)上研究了低分压的乙烯和^{13}C 甲醇的反应，主要产物是丙烯且 80%以上含 1 个^{13}C，表现出明显的甲基化作用。

二次反应最大的争论在于最终产物中丙烯和高碳烯烃的来源，烃池机理认为丙烯主要来自于甲基取代苯的消除反应，而有研究者认为丙烯和高碳烯烃更多是来自于甲基化和裂解反应，产物中的烷烃和芳烃主要来自氢转移和环化反应。

随着研究的深入，烃池机理的本质逐渐清晰，但远未达到完善。从生产烯烃角度看，依据烃池机理需考虑不同催化剂特性对多甲基苯中甲基数的影响，以控制产品的选择性；考虑能抑制多甲基苯聚合成稠环芳烃的方法；考虑烧焦再生的过程中，催化剂活性的和惰性苯环类物质的变化过程；考虑部分烧焦能否达到与部分失活时相同的效果等问题。

MTO 技术的研究和产业化开发取得了重大进展，但是甲醇制烯烃工艺技术的经济性不仅取决于油和甲醇的价格比，还取决于甲醇到低碳烯烃的选择性。因此，从 MTO 关键技术—分子筛催化剂入手，以提高分子筛的催化性能，开发适宜的工艺路线，提高低碳烯烃选择性，是提高 MTO 技术经济性的关键。

4. C_3、C_4的生成过程

SAPO-34 分子筛催化 MTO 反应时，产物分布比较简单，以 C_2~C_4特别是乙烯与丙烯为主，几乎没有 C_5以上的产物。C_3、C_4的生成主要有以下 5 种可能的途径，如图 9-12 所示。

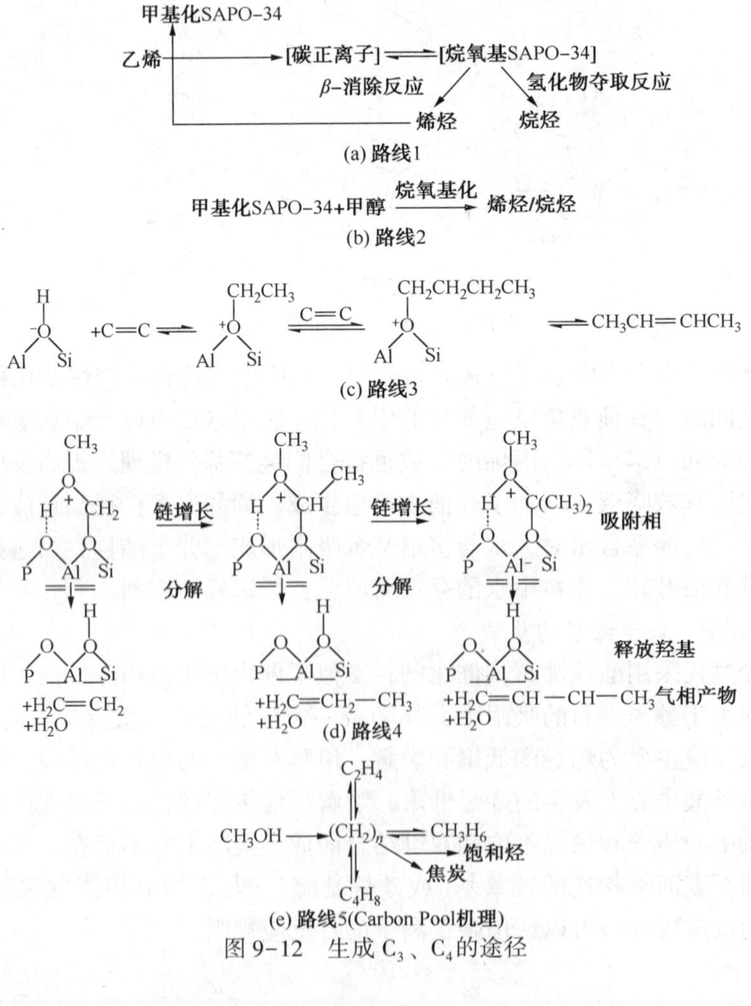

图 9-12 生成 C_3、C_4的途径

上述五种生成 C_3、C_4的机理途径目前还不统一，其中 Carbon Pool 机理避免了复杂的中间产物，多应用于反应动力学和失活动力学研究中。

5. 影响因素

甲醇转化制烃的反应历程表明，低碳烯烃是中间产物，为了获得大量乙烯、丙烯等产品，除了选择适宜的催化剂外，还必须选择适宜的操作条件，以控制反应深度，达到最大的乙烯、丙烯选择性。

(1)反应温度

研究表明，使用 SAPO-34 分子筛和固定床反应器，通过改变 MTO 反应温度，可显著改变甲醇的转化率、低碳烯烃的选择性和积炭速率。较高的反应温度有利于提高乙烯、丙烯产率。在 $T \leqslant 523K$ 的低温下，主要发生甲醇脱水至 DME 的反应，而在 $T \geqslant 723K$ 的高温下，氢转移反应比较显著。随温度的升高下，烯烃生成反应增加的幅度弱于积炭速度增加的幅度，催化剂表面积炭量增加，催化剂失活加快，反应温度高于 723K 时，催化剂的积炭速率加速，同时产物中的烷烃含量显著提高，最佳的 MTO 反应温度在 673K 左右。

(2)反应压力

改变反应压力可以改变反应途径中烯烃生成和芳构化反应速率，提高压力有利于 C_5以上脂肪烃和芳烃生成。甲醇在 Mn/13X 沸石催化剂上反应，当压力从 0.1MPa 升高到 2.5MPa 时，乙烯含量从 46.9%下降到 33.3%，C_4由 7.4%上升到 24%。但在过低压力下，烯烃的收率反而降低，适合的反应压力为 0.17MPa。

(3)空速

空速对产品分布的影响远不如温度。较高的空速会导致甲醇转化率下降，催化剂表面的积炭速率增加，加剧催化剂失活。较低的空速有利于低碳烯烃的生成也有利于烯烃的二次反应，使副产物增多。对于 MTO 反应，最佳空速为 $2.6 \sim 3.6h^{-1}$(*WHSV*)。

(4)稀释剂

添加惰性物质作稀释剂可以降低甲醇与烯烃的分压，抑制烯烃聚合，添加氢、氮、氦与水蒸气等惰性物质，可以提高乙烯的选择性，常用的稀释剂是水蒸气。水分子物质与积炭前驱体在催化剂表面发生竞争吸附，减少了积炭的可能。水分子的吸附将催化剂表面的 L 酸位转化为 B 酸位，有效缓解了催化剂的积炭，寿命延长。

四、甲醇制低碳烯烃催化剂

催化剂长期在高温、水蒸气环境下运行，容易产生水热失活，失活的催化剂需要不断频繁再生烧炭，因此，催化剂的水热稳定性和选择性以及相应的工艺流程设计，是影响催化剂寿命与活性的决定因素。目前，催化剂研究重点主要集中在催化剂活性组分的筛选和制备工艺上。近年来，国内外对催化剂进行了很多研究，20 世纪 80 年代多使用 ZSM-5 及其改性产品，90 年代以后，多倾向于硅磷酸铝分子筛(SAPO)，其中最具有代表性的是具有强选择性的八元环通道的小孔分子筛 SAPO-34。

早期主要使用 ZSM-5 等中孔分子筛作为催化剂。美国 Mobil 公司 1976 年首先报道了以 ZSM-5 沸石分子筛为基础的甲醇制烯烃的研究，ZSM-5 分子筛是一种中孔沸石，具有十元环的交联孔道，其孔道规格为(0.53~0.56nm)×(0.51~0.55nm)。由于这种分子筛较大的孔结构和较强的表面酸性，作为 MTO 催化剂，得到的主要产物为丙烯及 C_4^+ 烃类，芳烃含量较高。

美国得克萨斯 AM 大学开发了多功能催化剂：该机构进行了 40 多种催化剂活性试验，发现含钨催化剂对合成低碳烃类有效，烯烃收率达 34%。

德国赫斯特公司开发了含有 Mn、Mg 离子的 13X 分子筛催化剂，采用自己公司合成的高硅铝比 Pentasils 沸石（高硅铝比）和 Eriontite-offretite 型小孔径沸石，其烯烃选择性>80%，主要生成乙烯与丙烯。德国巴斯夫公司 1980 年建成的甲醇制乙烯和丙烯的中试装置，每日处理甲醇 30t，在 300~500℃、0.1~0.5MPa 条件下，C_2~C_4烯烃产率为 50%~60%。中试装置使用含 Fe、Cr 及高硅铝比的 ZSM-5 沸石和砷沸石。

人们还采用了毛沸石、T 沸石、菱沸石和 ZK-5 等小孔径分子筛作为 MTO 催化剂。小孔沸石只吸附直链烃类，而不吸附带支链的脂肪烃和芳烃，即使在其孔道内生成这些物质，也难以从孔内扩散出去，具有较高的选择性。小孔沸石在低转化率下主要生成 C_2~C_4低碳烯烃，在高转化率下得到大量正构烷烃。后来的研究多集中在对 ZSM-5 分子筛的改性，如使用杂金属原子对 ZSM-5 催化剂进行改性，增加空间结构限制，提高了 MTO 反应中乙烯的选择性。如 HZSM-5、Sb_2O_3-ZSM-5、P-ZSM-5 和 ZSM-34 沸石催化剂，甲醇裂解的产物主要是低碳烯烃，最初用 ZSM-5 作催化剂，乙烯收率仅 5%，而用质量分数为 0.5%Pd 和 10%MgO 改性后，当甲醇转化率为 45%时，乙烯、丙烯收率分别提高到 20.25%和 11.25%。

1984 年美国联合碳公司（UCC）开发了硅磷酸铝分子筛 SAPO 系列，其中 SAPO-34 显示出优越的性能，使用流化床反应器，在 350~450℃、常压、WHSV $1h^{-1}$条件下反应，甲醇转化率可达 100%，C_2~C_4低碳烯烃的选择性高达 90%，乙烯与丙烯摩尔比可在 0.5~2 之间调整，反应过程不生成芳烃。随反应温度升高，乙烯选择性增加，由于积炭催化剂逐渐失活，用空气再生后催化剂活性恢复。UOP 公司开发的 SAPO-34 为活性组分的 MTO-100 催化剂，其乙烯选择性优于 ZSM-5。而含金属 Ni 的 SAPO-34 分子筛可将乙烯选择性提高到 90%。

1994 年，UOP 公司和 Hydro 公司开发了一种以四乙基氢氧化铵为模板剂制备 SAPO-34 催化剂的方法，该催化剂具有良好的水热稳定性，对甲醇的转化率达到 100%，对乙烯和丙烯的选择性达 85%以上。

由于四乙基氢氧化铵价格偏高，此后催化剂研究多趋向模板剂改进方面，如中国科学院大连化物所在 20 世纪 90 年代以廉价的二乙胺和三乙胺作为模板剂，制得 SAPO-34 分子筛催化剂，在 MTO 反应中表现出良好的催化性能。上海石化研究院从复合模板剂出发，研发出了以三乙胺和氢氟酸作为模板剂的新型 SAPO-34 催化剂，有效解决了合成分子筛晶粒较大，硅含量过高导致反应结焦过快的问题。

将各种金属引入 SAPO-34 分子筛骨架上，得到 MAPSO 或 ELPSO 分子筛，实现了提高催化剂水热稳定性、低碳烯烃选择性的催化剂改性目的。金属离子的引入会引起分子筛酸性及孔径的改变，酸性中心强度的调变则形成中等强度的酸中心，有利于烯烃的生成，孔径变小可限制大分子的扩散，有利于提高小分子低碳烯烃的选择性。Exxon 公司的专利表明 SAPO-34 分子结构中引入碱土金属元素后，进一步改善了催化剂的性能，如表 9-2 所示，引入 Sr 后，乙烯和丙烯总收率高达 89.5%，乙烯与丙烯摩尔比高达 2.3。

表 9-2 引入不同碱土金属时的催化性能

项目	SAPO-34	Sr-SAPO-34	Ca-SAPO-34	Ba-SAPO-34
乙烯收率/%(质量)	49.2	67.1	52.3	50.3
丙烯收率/%(质量)	34.0	22.4	34.7	35.3
总收率/%(质量)	83.2	89.5	87.0	85.6
乙烯/丙烯(摩尔)	1.3	2.3	1.5	1.4

五、甲醇制烯烃工艺

1. MTO 工艺

MTO 工艺由甲醇转化为二甲醚、再反应转化为低碳烯烃组成。

(1) UOP-Hydro 流化床 MTO 工艺

在甲醇制烯烃(MTO)装置中，主要发生如下转化反应：

$$2CH_3OH \longrightarrow C_2H_4 + 2H_2O \qquad \Delta H = 11.72\text{kJ/mol}，427℃$$

$$3CH_3OH \longrightarrow C_3H_6 + 3H_2O \qquad \Delta H = 30.98\text{kJ/mol}，427℃$$

生产出的富含低碳烯烃的混合气体，进入烯烃分离单元，分离出主要产品乙烯、丙烯和副产混合物 C_4、C_5^+ 等。

目前，国外具有代表性的甲醇制烯烃工艺，主要有美国环球油品公司(UOP)和挪威海德鲁公司(Norsk Hydro)1995 年合作开发的 MTO (Methanol-To-Olefin)技术。MTO 基本工艺流程是液态粗甲醇加热变成气相，进入流化床反应器进行转化反应。在催化剂的作用下，生成目标产物，反应热则通过生产蒸汽移出。反应器设置催化剂溢出侧线，溢出的催化剂通过气力输送进入再生器，经空气再生后的催化剂返回转化反应器，循环往复保持了催化剂床层、活性的稳定。转化反应器的流出物经热量回收装置冷却、冷凝，大部分冷凝水从产物中分离出来。产物加压，送入碱洗系统，干燥脱水后产物进入分离段。分离段由脱乙烷塔、乙炔加氢、脱甲烷塔、乙烯分离器、脱丙烷塔、丙烯分离器和脱丁烷塔等七部分组成。根据沸点不同将产物逐一分离，同时反应过程中通过使用不同催化剂控制产物中乙烯和丙烯的比例，以达到高产乙烯或丙烯的目的，基本工艺流程如图 9-13 所示。

MTO 工艺采用流化床反应器。部分待生催化剂通过空气烧焦连续再生，保持催化剂活性稳定，保障产品分布、组成的稳定。流化床反应器具有可调节操作条件，较好回收反应热等优点。较低的压力有利于甲醇转化为轻烯烃，特别是乙烯。温度是一个重要的控制参数，高温有利于提高乙烯收率。但如果温度过高，由于生焦过量，反面会降低轻烯烃的总收率。第一代 MTO 工艺中，甲醇或二甲醚转化为乙烯和丙烯的选择性约为 75%~80%，乙烯/丙烯产出比在 0.5~1.5 之间。可以用最少的甲醇得到最高轻烯烃收率，但乙烯/丙烯比可根据市场需求和乙烯与丙烯的价格进行调节。

为 SAPO-34 为主要成分的 MTO-100 催化剂，在 0.1~0.5MPa、350~450℃下反应，反应产物组成如表 9-3 所示。乙烯、丙烯摩尔分数之和占气体总组成的 72%，远高于传统石脑油裂解产品气的 41%，其他组分浓度明显降低，尤其是氢、甲烷等难压缩、难冷凝轻含量急剧下降，大幅减少压缩、冷凝物耗，分离系统负荷降低，流程简化，且乙烯/丙烯组成可按需要调节。

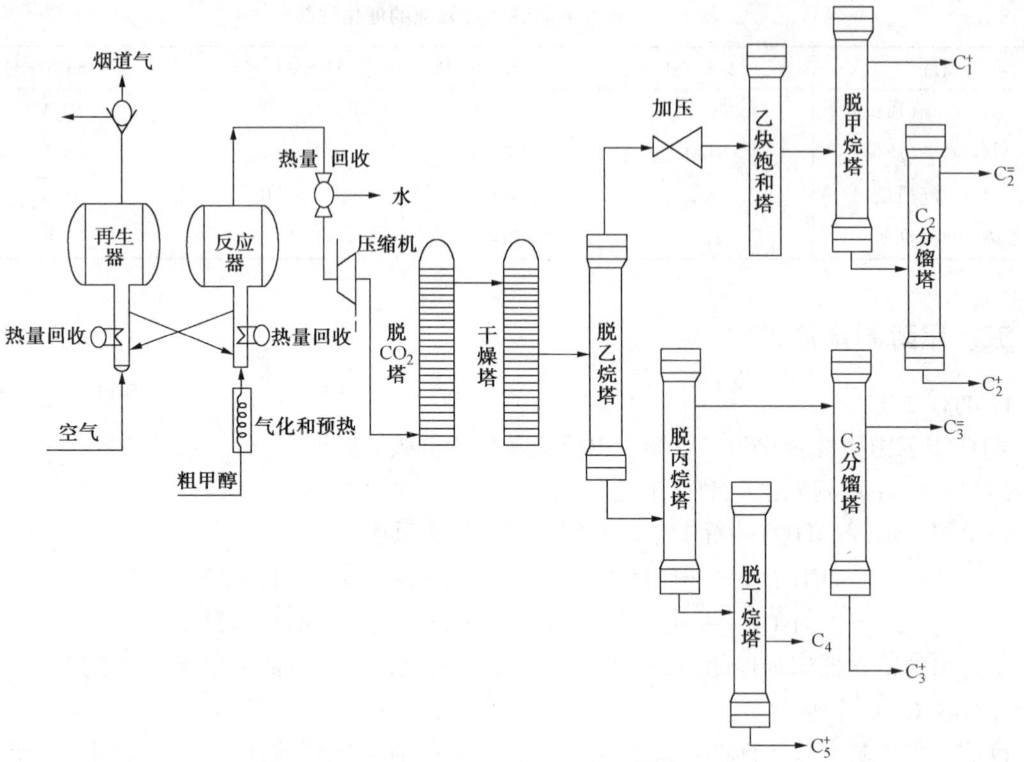

图 9-13　MTO 基本工艺流程

表 9-3　MTO 和石脑油裂解烯烃的气体组成　　　　%(摩尔)

组分	H_2	N_2	CO	CO_2	CH_4	C_2H_6	C_2H_4	C_2H_2	C_3H_8	C_3H_6	C_3H_4	nC_4^0	$nC_4^=$	其他
MTO	1.72	0.72	0.85	0.38	8.09	1.64	51.1	0.00	2.06	20.91	0.00	0.68	3.81	8.56
石脑油裂解	14.13	0.00	0.18	0.05	23.68	6.41	31.69	0.45	0.23	9.44	0.46	0.09	1.20	10.3

UOP 设计的示范装置物料平衡与产品产率如表 9-4 所示，根据中试装置数据，按照多产乙烯方案，100t 甲醇可得到 $C_2 \sim C_4$烯烃 39.82t，乙烯/丙烯质量比为 1.45，调节反应条件，使乙烯/丙烯质量比最低降到 0.75。

表 9-4　UOP 公司中试装置物料平衡和产品产率

产物	乙烯	丙烯	丁烯	C_5^+	H_2，$C_1 \sim C_5$烷烃	CO_2，焦	H_2O	出料合计
产物量/(kt/a)	52.7	36.4	10.45	2.60	3.90	3.95	140	250
对进料产率/%	21.08	14.56	4.18	1.04	1.56	1.58	56.0	100
碳基产率/%	48.0	33.0	9.6	2.4	3.6	3.4	0	100

针对反应器物料富含烯烃，仅含少量甲烷饱和物、氢气，选择前脱乙烷较合适，由于省去了前脱甲烷塔，相应地省去了大量制冷设备和制冷功耗。

将二甲醚作为甲醇制烯烃的中间步骤。由于粗甲醇原料含有大量水，反应过程也会生成水，水或水蒸气会影响金属磷酸铝催化剂的稳定与寿命。若以二甲醚作为中间产物，可以大大改进催化剂的稳定性和寿命。UOP 采用催化蒸馏技术由甲醇合成二甲醚，其催化剂为酸式磺化离子交换树脂(如磺化苯乙烯-二乙基苯)，推荐使用 Rohm&Hass 公司生产的 Amberlyst15 与 Amberlyst35 催化剂。以二甲醚作中间体的另一优点是二甲醚分子结构中甲基与氧之比是甲醇的两倍，生产相同量的低碳烯烃，反应出口物料仅为甲醇的一半，从而减小设备尺寸，节省投资费用。

甲醇转化反应通常以水为稀释剂，改进后工艺以反应产物分离后的甲烷或低碳烯烃物料作稀释剂，减少水对催化剂性能的消极影响，减少投资、操作费用。

为适应市场需要，通过歧化手段使丙烯歧化为乙烯和丁烯，同样，乙烯和丁烯也能歧化为丙烯。歧化反应催化剂催化剂包括钨、钼、镍、铼以及它们的混合物。若采用多相催化，可选择的载体有 γ-Al_2O_3等，歧化反应温度在 100~450℃，压力从常压~20.4MPa。

Miller 等公开了一种采用两段急冷工艺流程，出反应器的热物料经过一个热交换器与反应器进料换热后进入第一急冷塔，用来自第二急冷塔底部的水接触降温；一些杂质、夹带的催化剂颗粒和水在此分离，分离后的物料再进入第二急冷塔，两段急冷工艺能效更高。

有研究者公开了一种改进流程，将甲醇合成系统与 MTO 系统进行耦合，共用一个甲醇/水分离塔，由于系统中未反应的甲醇在分离工序以甲醇-水溶液的形式存在，将此物料引入甲醇合成系统的甲醇/水分离塔，可以节省设备投资，降低运行费用。

在 MTO 工艺中，通过对副产物进行处理，提高低碳烯烃的选择性，提高装置的经济性。副产物一般包括 C_4^+ 烃类与其他一些含氧物质，如低碳醇、醛等。Kuechiler 将副产物返回反应器，与催化剂进一步反应转化为乙烯与丙烯。副产物直接返回反应器可能对催化剂不利，结焦速率更快，利用含 Ni、Cu、Mo、W 等活性组分的加氢催化剂对副产物进行加氢处理，将所含烯烃转化成为烷烃，醛、酮等氧化物转化为烃类物质或醇类，再返回反应器，可有效减少返回物料对催化剂的影响。

(2) DMTO 工艺

中科院大连化物所，中国石油大学、中国石油化工科学研究院等开展了类似 MTO 的研究工作，其中中科院大连化物所开发的煤制低碳烯烃工艺路线(DMTO)，具有独创性。与传统的 MTO 相比，DMTO 工艺的 CO 转化率>90%，建设投资和操作费用节省 50%~80%。当采用 DO123 催化剂时，产品以乙烯为主，当采用 DO300 催化剂时，产品以丙烯为主。2005 年陕西新兴化工科技发展公司、中国石化洛阳石化工程公司和中科院大连化学物理研究所建成了当时世界首套 16.7kt/a 的 DMTO 工业化试验装置，该装置于 2006 年 2 月一次投料成功，平稳运行了 1150h，试验期间甲醇转化率近 100%，低碳烯烃(乙烯、丙烯、丁烯)选择性达 90%以上。大连化学物理研究所与 UOP 公司的 MTO 中试评价结果如表 9-5 所示。

表 9-5　大连化学物理研究所与 UOP 公司的中试装置评价结果比较

项　目		大连化学物理研究所	UOP 公司
原料		二甲醚	甲醇
中试规模/(t/d)		0.08~0.15	0.75
分子筛类型		SAPO-34	SAPO-34
反应器类型		流化床	流化床
烯烃选择性/%	乙烯	50	34~46
	乙烯+丙烯	>80	76~79
	乙烯+丙烯+丁烯	约 90	85~90
原料消耗/单位质量烯烃		2.567	2.659
催化剂再生次数/次		约 1500	>450
催化剂牌号		DO123	MTO-100

神华煤制油化工有限公司采用中国科学院大连化学物理研究所的技术，在包头建成0.6Mt/a煤制烯烃(乙烯、丙烯各0.3Mt/a)的示范工程，并于2010年一次投料试车成功，截止2013年底，该装置商业化运行满3年，累计加工原料煤865×10^4t，生产甲醇中间产品530×10^4t，生产聚合级乙烯和丙烯中间产品164.5×10^4t，生产聚乙烯和聚丙烯产品159×10^4t。DMTO技术工艺流程如图9-14所示。

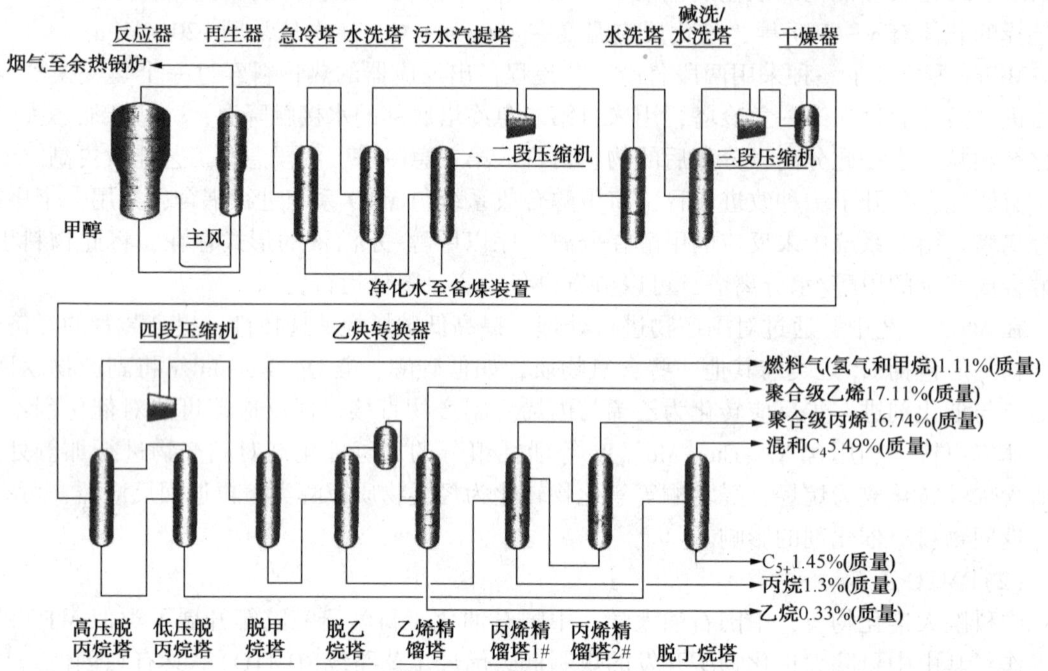

图9-14 DMTO基本工艺流程

DMTO工艺主要由原料气化、反应再生、产品急冷及预分离、污水汽提，主风机组、蒸汽发生等部分组成。原料气化部分将液体甲醇原料加热到进料温度，以气相形式进入反应器。反应-再生部分是DMTO技术的核心，采用循环流化床，反应器和再生器内需设置催化剂回收系统、原料及主风分配设施、取热设施、催化剂汽提设施，满足操作条件要求的催化剂输送系统。产品及预分离部分将产生的反应混合气体冷却、冷凝，通过急冷进一步洗涤反应气中的催化剂细粉，经水洗分离出反应物中的大部分杂质。污水汽提部分将产品急冷及预分离部分分离出的水(含有少量甲醇、二甲醚等物质)经汽提提浓回用，使排放水达到排放要求。主风机组部分为再生器烧焦提供必要的空气。蒸汽发生部分将装置内的余热发生蒸汽。相对于MTO传统工艺而言，DMTO工艺的反应速率快，0.04s后甲醇即可100%转化，可以有效避免烯烃的二次反应，提高低碳烯烃的选择性，低碳烯烃的选择性更高，能够得到大量乙烯和丙烯，反应压力较低。

2. MTP 工艺

丙烯是仅次于乙烯的重要有机化工原料。目前，丙烯需求以5.6%的年增长速率递增，超过乙烯的增长率。世界上由甲醇制丙烯(MTP)的技术主要有以下两种，一种是甲醇首先转化成二甲醚，然后将二甲醚直接转化为乙烯、丙烯和丁烯混合物，并从中分离丙烯的工艺(MTO)。另外一种是鲁奇公司(Lurgi)开发的甲醇制丙烯工艺(MTP)，该工艺主要包括甲醇生产、MTP反应、催化剂再生、气体冷却和分离、压缩和精制等工艺部分。

随着超大型甲醇技术的开发不断成熟，以甲醇为原料生产丙烯的工艺前景较好。在美国UOP公司与挪威Hydro公司联合开发甲醇制低碳烯烃的同时，德国Lurgi公司于1990年起开展了甲醇制丙烯工艺技术的开发，采用固定床工艺，催化剂为德国南方化学公司(SüdChemie)提供的专用催化剂。2001年该公司在挪威Tjeldbergodden的Satoil公司建设了MTP工艺的中试装置，为大型工业化设计取得了大量数据。美国UOP/LLC公司和挪威Nor-skHydro/ASA公司合作也开发了一种MTP技术，2003年UOP/LLC公司与新加坡的欧洲化学公司合作，由UOP公司为其位于尼日利亚Ibeju Lekki地区的MTP装置提供基础设计，MTP装置将2.5Mt/a的甲醇分别转化为0.4Mt/a的乙烯和丙烯，此装置采用流化床反应器，反应温度为350~500℃，催化剂为硅铝磷酸盐催化剂，可将大约80%的碳转化为乙烯和丙烯，调节操作温度可实现乙烯/丙烯的改变。

MTP工艺的反应器为固定床，使用南方化学公司提供的主要成分为ZSM-5的专用催化剂。工艺流程与甲醇制汽油(MTG)装置基本相同。

Lurgi公司MTP反应装置主要由3个固定床反应器组成，其中2个在线生产，1个在线再生，以保证生产的连续性和催化剂活性的稳定性。每个反应器内分布6段催化剂床层，各床层设置若干冷激喷嘴，如图9-15所示。反应器为带盐浴冷却系统的管式反应器，反应管典型长度为1~5m，内径为20~50mm。通过激冷喷嘴导入冷甲醇-水-二甲醚物流来控制床层温度，达到稳定反应条件、获得最大丙烯收率的目的。

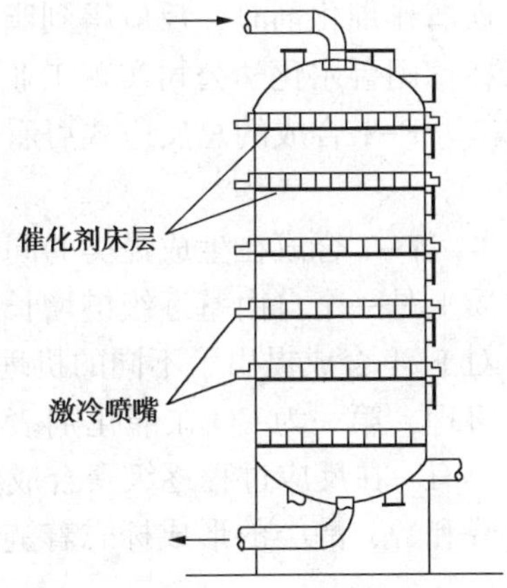

图9-15 Lurgi公司MTP反应器

MTP反应压力接近常压，反应温度为450~470℃。甲醇经预热气化后进入预热反应器，先脱水生成二甲醚，该反应转化率几乎达到热力学平衡程度。甲醇-水-二甲醚物流进入分凝器，气相加热到反应温度后进入MTP反应器，液相作为控温介质经流量控制仪通过冷激喷嘴进入MTP反应器。甲醇-二甲醚的转化率约99%，丙烯是主要产物。反应产物冷却后进入分离工段。气相产物脱除水、CO_2和二甲醚后进一步精馏得到聚合级丙烯。副产物烯烃(乙烯、丁烯)返回系统再生产，作歧化制备丙烯的原料。为避免惰性组分在回路中富集，轻组分燃料气排出系统。LPG、高辛烷值(*RON*98.7/*MON*85.5)汽油是该反应的主要副产物。部分合成水返回系统用于生产工艺用蒸汽，流程如图9-16所示。

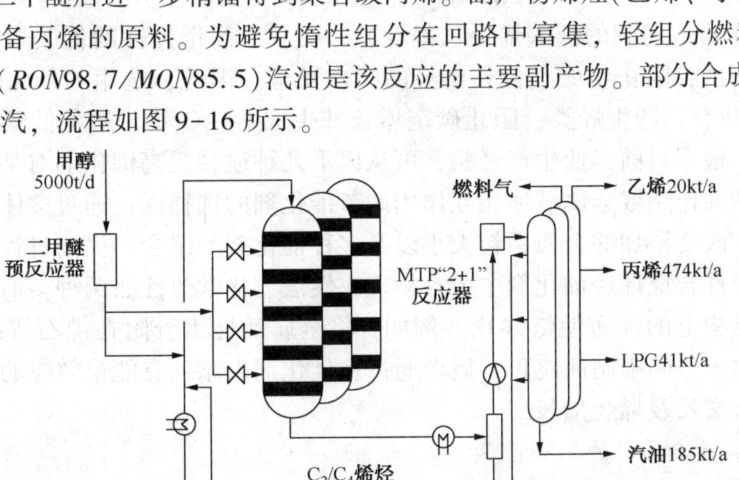

图9-16 Lurgi公司MTP工艺流程

第三节 合成气制低碳烯烃

费-托(Fischer-Tropsch，F-T)合成技术是一种以合成气($CO+H_2$)为原料生产清洁碳氢化合物燃料或者化学品的非均相催化过程。通过合成气直接有选择地生产诸如乙烯、丙烯等产品，减少对石油基燃料、化学品的依赖，开辟由非石油路线制备低碳烯烃的新工艺是降低碳排放、减少大气污染、推行可持续发展的重要途径。

一、合成气直接法制低碳烯烃

1. 合成气制低碳烯烃机理

合成气直接制低碳烯烃，是指 CO 和 H_2在催化剂作用下，通过 F-T 合成，制得碳原子数≤4 的烯烃。1923 年 Fischer 和 Tropsch 在 410℃、11.5MPa 条件下，合成气在以添加碱的铁屑作催化剂时，反应得到脂肪烃与含氧化合物。1936 年 Fischer 进一步完善了该方法，并在德国鲁尔化学公司实现工业化，用来生产以石蜡烃为主的液体燃料。

F-T 合成的总反应式可看作一种聚合反应，如下式所示：

$$nCO+2nH_2 \longrightarrow (CH_2)_n+nH_2O$$

F-T 合成在生成烃类的同时生成含氧化合物，直到生成分子量很大的烃类。该反应在本质上是一个自由基逐级链增长的过程，即$-CH_2-$基团在催化剂表面的聚合过程。很多学者针对 F-T 合成提出了不同的机理，其中被广泛认同的是国外学者 Dry 等于 1996 年提出的反应机理，第一为 CO 在催化剂表面的解离，可能同时伴有 H_2的化学吸附，如图 9-17 所示。$-CH_2-$在反应过程逐级聚合成为低碳和高碳烃类，CO 在反应过程中插入增长的碳链中形成醛和醇，醇类的形成标志着链终止。烃形成反应的化学计量关系如下：

$$CO+2H_2 \longrightarrow —CH_2—+H_2O$$

$$CO+H_2O \longrightarrow H_2+CO_2$$

用铁催化剂时，CO 变换反应增加，成为副反应，总反应式为：

$$2CO+H_2 \longrightarrow —CH_2—+CO_2$$

传统的 F-T 合成得到的低碳烯烃选择性差，要获得高选择性的低碳烯烃，需使碳链集中于 $C_2\sim C_4$范围内，阻止生成其他长链烃的二次反应。因此，选用的催化剂及反应条件要有利于C—O链断裂，产生烃类，阻止碳链增长并生成 $C_2\sim C_4$烃，避免低碳烯烃与吸附氢缔合产生饱和烃。根据目前工业生产经验，可从以下几种途径提高催化剂对某些特定产物的选择性：通过助剂的作用或金属载体相互作用调节催化剂的选择性；通过载体的结构限制链增长的择型效应；改变添加的金属颗粒大小以及多种催化剂的组合，提高过程的选择性。

开发高选择性合成烯烃催化剂主要有物理改性法、化学改性法两种。前者是利用催化剂的某些物理或结构上的性质使链终止，例如，将金属活性组分附在沸石等载体适宜的孔道内，使链增长由于空间限制而终止；后者通过在催化剂内添加有能量效应的助剂等起到短链烃脱附以抑制链增长及烯烃加氢。

2. 合成气制低碳烯烃的影响因素

通过合成气直接合成烯烃工艺较甲醇制烯烃更经济，巴斯夫公司的合成气多相催化制烯烃催化剂已在德国路德维希港进行小试，有望实现合成气到烯烃的工业化生产。

合成气直接制取低碳烯烃选择性的主要影响因素如下：

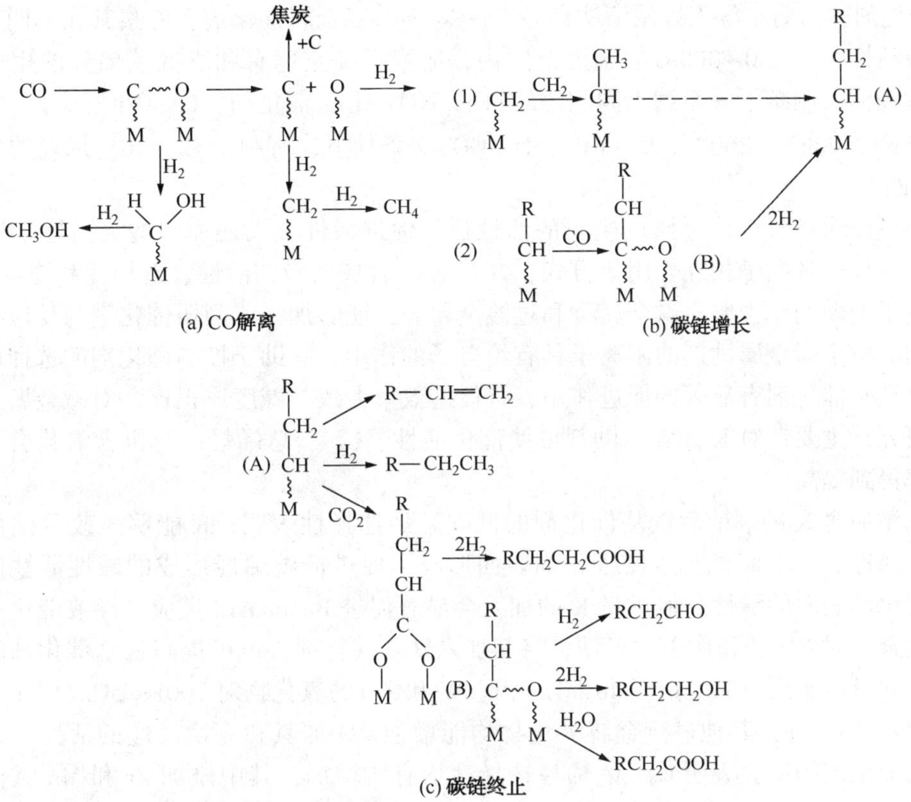

图 9-17　Dry 等提出的 F-T 合成反应机理

(1)产物分布

传统的 F-T 合成产物的碳数分布遵从 SF 分布规律，对提高低碳烯烃选择性有很大限制。所以从 F-T 合成产物分布的角度来讲，抑制烷烃生成尤其是降低甲烷的选择性，从而打破 ASF 产物分布的限制，是获得较高低碳烯烃选择性的途径之一。

(2)热力学限制

F-T 合成过程可生成烷烃、烯烃和甲烷，还伴随有机含氧化合物的形成、水煤气变换以及 Boudouard 反应的析碳，引起催化剂积炭。低温条件下，反应温度的升高不利于烃的生成，容易生成甲烷等烷烃，易发生积炭，且不利于烯烃的生成。

3. 合成气直接制低碳烯烃催化剂

(1)活性组分

典型的 F-T 合成催化剂有铁、钴、钌等金属催化剂，对铁基催化剂和钴基催化剂的研究较多。钴基催化剂主要用于长直链烃类的合成，例如石蜡和柴油；铁基催化剂价格低廉，温度及 H_2/CO 变化范围宽、变换反应活性好、时空收率和烯烃产量较高，铁基催化剂得到广泛的研究和应用。

F-T 合成反应过程中形成众多不同结构的碳化铁、铁氧化物，Thomas Riedel 等人研究了发生在 Fe-Al-Cu/K_2O 催化剂上的 F-T 合成反应，发现催化剂活性与 Fe_5C_2形态有关，金属铁活性较低，氧化铁促进了变换反应。研究者认为无 SiO_2载体的 Fe-K-Cu 催化剂，θ-Fe_3C 是主要活性相。

双活性组分催化剂较单一活性组分的催化剂的使用范围更广，研究双、多活性金属催化剂是目前提高 F-T 合成低碳烯烃含量的方向之一。常见的双金属催化剂有 Fe-Co、Co-Ni 和

Ni-Fe 催化剂。马向东等人以浸渍法制备 Fe-Co/SiO_2双金属催化剂，考察其在不同工艺条件下的反应活性，在 230~300℃ 的温度范围内，适当提高空速有利于低碳烯烃的生成。Feyzi M 等运用浸渍法制备了一系列不同配比的(Fe，Ni)/Al_2O_3催化剂，Fe、Ni 配比为 6%(质量)时，在空速 2600h^{-1}、260℃、0.3MPa、H_2/CO=2 条件下，有利于 $C_2^=$~$C_4^=$烯烃的生成。

(2)助剂

助剂可以通过与活性金属产生新的活性位、促进活性金属还原、增加活性金属的分散度、电子迁移或者电子相互作用等方式，改善 F-T 合成反应的活性、选择性和稳定性。

①电子型助剂　主要有碱金属类和过渡金属类，能够加强或削弱催化剂与反应物之间的相互作用。由于碱金属助剂的阳离子具有给电子的作用，有助于控制催化剂的选择性和甲烷含量，对铁基催化剂有显著的促进作用，且促进效率大致与碱度成正比。对碱金属元素作为助剂的研究，主要针对 K 元素，助剂可使催化活性、C_5^+、总烯烃、有机含氧化合物及 CO_2 选择性都得到提高。

对比添加含 K 助剂前后铁基催化剂的低碳烯烃选择性表明，K 能明显改善催化剂的低碳烯烃选择性。由于 K 的加入使催化剂表面形成了促进低碳烯烃形成的碱性活性位，有利于降低催化剂表面的酸性。但过量 K 的加入会显著促进 Boudouard 反应，导致催化剂快速失活。过渡金属对 CO 亲和作用大于铁，将其加入铁基催化剂，也可提高铁基催化剂的烯烃选择性。不同过渡金属(Cr、Mn、Mo、Ta、V、W 和 Zr)的氧化物对 100Fe/5Cu/17Si 催化剂的影响说明除 WO_x 外，其他过渡金属氧化物均能增强 CO 加氢和变换反应的活性，添加上述过渡金属催化剂的试验表明 C_2~C_4烯烃选择性均有所增加，其中添加 Zr 和 Mn 氧化物的催化剂低碳选择性较高，表现为丙烯缓慢增加，乙烯增幅较显著。徐龙伢等研究表明 MnO 通过提高 Fe 催化剂的还原性、提高铁活性组分的分散度、降低烯烃的二次加氢能力，催化剂活性和选择性得到相应改善。

②其他助剂　铁基催化剂中的金属氧化物较难还原，尤其是添加了碱性助剂与载体的催化剂，改善催化剂还原行为最有效的方法是添加还原助剂。少量铜助剂的加入可降低催化剂达到稳定态所需时间，使催化剂易于还原，同时提高催化剂 F-T 合成变换反应的活性。研究表明，在 Fe-Mn-K/SiO_2催化剂中适当加入铜可以使渗碳速率和催化剂表面的碱性增加，烯烷比提高。

稀土金属助剂作为电子助剂具有独特的电子构型及可变价性，具有一定的碱性和氧化还原性。研究者研究了 La 助剂和 Ce 助剂对氧化锆负载氧化铁催化剂的作用，结果表明加入 La 不利于低碳烯烃生成；但是 Ce 助剂通过提高铁的分散度，改善了催化剂活性，降低了甲烷选择性，提高了低碳烯烃的选择性。稀土金属作为铁剂催化剂助剂的研究是提高低碳烯烃选择性的一个重要拓展。

(3) 载体

载体种类和性质的差异将对铁基催化剂的活性、寿命和选择性产生很大的影响。

①氧化物载体　氧化物作为铁基催化剂的载体或结构助剂使用，在催化剂中起着隔离、阻止活性组分烧结，增加催化剂强度和提高空隙率的作用。研究发现共沉淀 SiO_2和沉淀后 SiO_2的比例会显著影响 Fe/Cu/K/SiO_2催化剂的物理化学性能，轻烃选择性的增加只与催化剂中沉淀 SiO_2比例有关。Al_2O_3载体的比表面积比 SiO_2载体小，具有表面酸中心和碱中心。研究表明，将 Al_2O_3引入铁基催化剂，能显著影响表面碱度、还原性和渗碳行为，通过 Fe 和 Al_2O_3较强的相互作用，改善了轻烃、重烃的选择性。

徐龙伢等考察了铁浸渍到不同金属氧化物载体后，催化剂的烯烃选择性变化(表 9-6)，碱土金属氧化物载体能提高 Fe-MnO 的碱性，有利于催化剂活性、低碳烯烃选择性的提高、并抑制甲烷的生成。

表 9-6 碱土金属氧化物载体对 Fe-MnO 催化剂 CO 加氢反应的影响

载体	反应条件	CO 转化率/%	$C_1\sim C_4$烃中烯烃的选择性/%(质量)		
			$C_2^=$	$C_3^=$	$C_4^=$
无载体	327℃ 2.0MPa $1000h^{-1}$	70.4	9.1	12.4	3.0
MgO		83.4	21.3	23.1	17.7
CaO		79.6	20.2	23.7	18.4
SrO		80.1	21.0	23.1	18.8
BaO		82.1	21.4	23.5	18.9

② 活性炭(AC)载体　活性炭借助较大的比表面积可增加活性组分的分散度和担载量。研究者研究不同载体对 Fe-Co 双金属催化剂在 F-T 合成中活性和选择性的影响，对于含活性组分 9%(质量)Fe、9%(质量)Co 的催化剂，不同载体条件下 CO 加氢的活性顺序为 SiO_2>椰壳活性炭>Al_2O_3>煤基活性炭。张敬畅等研究了以 AC 为载体的铁基催化剂，其 Fe-Mn-K/AC 催化剂在 $600h^{-1}$、1.5MPa、320℃最佳条件下，CO 转化率 97.4%，$C_2^=\sim C_4^=$ 选择性 68%。依靠低廉的成本优势，活性炭为载体的 F-T 合成催化剂具有良好的开发应用前景。

③ 分子筛　ZSM-5、ZSM-12、Silicalite-1、Silicalite-2 等分子筛催化剂均在合成气直接制取低碳烯烃中得到研究。Suk-Hwan Kang 研究了以 Fe-Cu-K 为活性组分，分别以 ZSM-5、Mordenite、Beta-zeolite 为载体，以及与 ZSM-5 物理混合的催化剂，结果表明 FeCuK/ZSM-5 的 CO 转化率较高，且由于 ZSM-5 具有的弱酸性和铁氧化物的高还原性，抑制了烯烃进一步转化，表现出较高的烯烃选择性(表 9-7)。

表 9-7 基于 FeCuK 的不同分子筛催化剂的 CO 加氢特性

催化剂	反应条件	CO 转化率/%	烃类选择性/%	低碳烯烃分布/%(摩尔)		
				$C_2^=$	$C_3^=$	$C_4^=$
FeCuK/ZSM-5	$H_2/CO=2$ 300℃ 1.0MPa 2000mL/g · h	81.1	64.4	4.2	13.4	12.7
FeCuK/丝光沸石		72.9	62.3	1.9	8.2	13.8
FeCuK/β-分子筛		63.9	74.8	12.7	8.7	11.7
K/FeCuAl+ZSM-5		88.1	54.9	0.7	0.8	9.5

④新型炭材料　以铁为基体加入 Cu、K 助剂等作用于碳纳米管(CNTs)。K 助剂的加入显著增加 C_2H_4在总 C_2烃类的比率，K 加入到 CNT 为载体的 Fe-Ru 双金属催化剂会显著增加 C_5^+ 的形成和烯烷比。Guczi 等人研究发现通过浸渍法得到的 Fe/CNTs 催化剂，其 F-T 合成中 $C_2^=\sim C_6^=$烯烃含量占到了 $C_2\sim C_6$总烃的 85%以上，表现出低 CH_4选择性和高 $C_2^=\sim C_6^=$选择性。CNTs 为载体的铁基催化剂具有提高 $C_2^=\sim C_6^=$选择性的能力，为提高 F-T 合成中低碳烯烃含量的研究提供了新途径。

(4)制备方法

①沉淀铁和熔铁催化剂

烧结催化剂具有低比表面积、低活性和小孔容或者没有孔容；高温下熔融磁性 Fe_3O_4再添加各种助催化剂得到的熔铁催化剂的比表面、孔容及活性则更低，故熔融催化剂适合高温下操作。浙江工业大学刘化章等人发明了一种熔铁催化剂，并且添加有氧化铝、氧化钾、氧化钙、氧化镧、氧化铈等助剂，在240~400℃、0.3~4.0MPa条件下，CO单程转化率可达95%，低碳烯烃选择性达到28%~31.5%。沉淀铁催化剂具有高比表面积、大孔容和高活性。山西煤化所孙予罕等人发明了一种Fe-Mn-K沉淀铁催化剂，在280~350℃、1.5~2.5MPa、500~2000h^{-1}条件下，CO转化率达到92%~95%，低碳烯烃收率达到78~93g·Nm^{-3}。对于沉淀铁催化剂，pH值以及沉淀剂的类型对F-T合成沉淀铁基催化剂的孔结构、晶形大小、相组成和催化性能有影响。用氨水溶液作沉淀剂，会导致大晶粒FeOH生成，对烯烃的选择性可能会产生负面影响。

②浸渍铁催化剂

浸渍法使用外形与尺寸合乎要求的载体，负载组分利用率高，尤其适用于低负载量的催化剂制备。万书宝等人考察了K、Fe在SiO_2上的浸渍顺序对低碳烯烃选择性的影响，由于SiO_2载体具有表面酸性，K先于Fe浸渍到载体上更有利于降低催化剂表面酸强度，从而有助于提高低碳烯烃的选择性。

③超细粒子铁催化剂

超细粒子的粒径小，比表面积大，表面能大，具有很高的化学活性，具有特殊的结构和物化性能。张敬畅等在1.5MPa、适宜温度下对超细铁粒子进行的F-T合成反应，Fe_3C超微粒子催化剂比同类铁基催化剂的活性和选择性更好，但催化剂成本昂贵，工业化应用困难。

合成气制烯烃技术随着世界石油资源的日益缺乏正受到越来越多国家的重视，设计和研制铁基催化剂体系以达到调控产物选择性的目的是F-T合成领域研究的重点之一。催化剂在制备过程中基体、载体、助剂等因素都将对催化剂的性能产生明显影响。催化剂基体的活性组分铁决定了产品分布，助剂有利于调控对目标产物的选择性，载体通过增强金属粒子的扩散和热量、质量传递来影响催化剂对产物的选择性，深入研究F-T合成中铁的各种活性相的生成及其作用机理对低碳烯烃含量的影响；进一步探索CNTs、离子液体、分子筛膜、碳分子筛等新型催化剂在F-T合成中制低碳烯烃的应用；将F-T合成催化剂与石油催化裂化的分子筛催化剂相结合，加速合成气制低碳烯烃技术应用。此外，继续探讨F-T合成中助剂、载体与催化剂的相互作用机理，从而改善铁基催化剂的活性，提高低碳烯烃选择性，尽早将F-T合成直接制烯烃技术转化为生产力。

二、合成气间接法制烯烃

合成气间接法制烯烃，指合成气经甲醇制烯烃(如MTO、MTP)或合成气经二甲醚制烯烃(SDTO)。在MTO工艺中，甲醇转化为低碳烯烃之前，首先要经过甲醇脱水转化为二甲醚。而合成气制甲醇受可逆化学反应的限制，其CO单程转化率低于合成气一步法制二甲醚。如果能从合成气直接制二甲醚，再从二甲醚出发合成低碳烯烃，是一条极具吸引力的工艺路线。

1. 合成气间接法制烯烃工艺

合成气经由二甲醚制取烯烃(简称SDTO法)，是非石油路线生产烯烃的新工艺。SDTO工艺利用金属-酸性双功能催化剂，使合成气一步直接转化为二甲醚，热力学上十分有利，可获得较高的CO单程转化率。与MTO工艺相比，因省去了合成气制甲醇、甲醇制二甲醚等步骤，经济上更合理。研究结果表明，该工艺每立方米合成气所产低碳烯烃量高于100g，显示了该新技术的优势。

SDTO 工艺由两段反应构成：第一段反应是合成气（H_2+CO）在金属-沸石双功能催化剂上高选择性地转化为二甲醚；第二段反应是二甲醚催化剂上高选择性地转化为乙烯、丙烯等低碳烯烃，再以水为溶剂分离、提浓二甲醚。中科院大连化物所采用两个反应器串联操作，分别进行两段反应。在第二阶段反应，催化剂由于积炭等原因，容易失活，故采用流化床反应器，实现连续反应-再生操作，同时移走大量反应热，保证床层恒温。

两段串接反应工艺过程如图 9-18 所示。合成气在装填有金属-酸性双功能催化剂的固定床列管式反应器上转化为二甲醚或含有少量甲醇，反应尾气进入吸收塔，产品二甲醚（及少量 CO_2）被水吸收，未反应的原料气循环使用。二甲醚在流化床反应器中生成低碳烯烃，经分离分出纯的乙烯、丙烯和丁烯等目的产物。

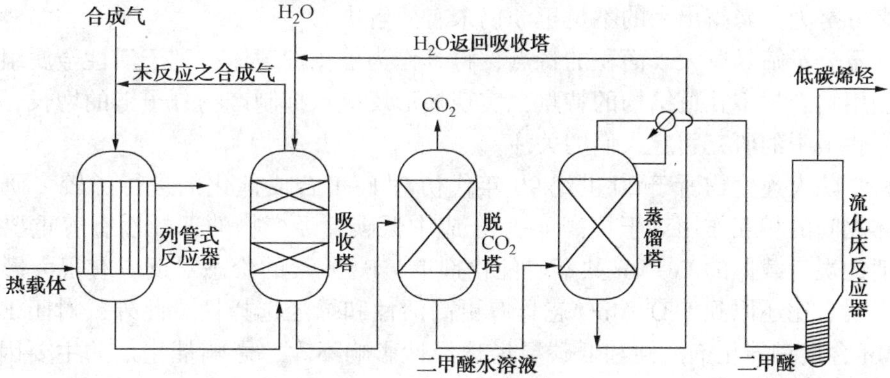

图 9-18　SDTO 工艺流程

当第一段反应控制较高的合成气转化率时，反应尾气亦可不经任何分离直接进入第二段反应器，转化为低碳烯烃。表 9-8 所列为两段反应直接串联时的反应结果。由于该实验进料中含有第二段采用固定床反应器，并且进料中含有大量 CO_2，故其选择性比以纯甲醇为原料时略差，但该低碳烯烃的总收率仍高于 100g/m^3 合成气。

表 9-8　两段反应串联反应结果

项目		第一段反应器	第二段反应器①	
催化剂		Cu-Zn-Al+M+HMd	改性 SAPO-34	
反应温度/℃		265	450	
VHSV/h^{-1}		1000	2000	
反应压力/MPa		4.0	常压	
CO 转化率/%		90.35		
DME+MeOH 选择性/%		99.26		
DME+MeOH 转化率/%			100	100②
低碳烯烃选择性/%	$C_2^=$		40.19	56.68
	$C_3^=$		34.14	26.84
	$C_4^=$		8.03	4.82
	$C_2^=$ ~ $C_4^=$		82.36	88.34
$C_2^=$ ~ $C_4^=$ 产率③			103	110

注：① H/CO 摩尔比=2；

② 加水，*WHSV*（H_2O）= 1.67h^{-1}；

③ g/（m^3合成气），计算结果。

2. 合成气间接法制低碳烯烃的催化剂

对 F-T 反应有活性的过渡金属镍、钴及铁等，只有铁有相对较强的 CO 吸附能力及较弱的 H_2 吸附能力，铁是制低碳烯烃的理想活性金属组分。锰也有与铁相似的性能，单独使用锰组分为催化剂，CO 转化率甚低，而作为铁的助剂，两者合理组合，却有利于低碳烯烃选择性的提高。德国 Lurgi 公司于 20 世纪 70 年代率先进行合成气直接制低碳烯烃的开发研究，开发成功了铁系四元烧结金属催化剂，共有 3 个型号。每个型号都含有 Fe、ZnO 和 K_2O，其质量比为 100/10/(4~8)，添加的第四组分分别为 V、Mn 和 Ti。其中，引入 Mn 金属的催化剂在 340℃、1.0MPa 和 $500h^{-1}$ 的反应条件下，获得了 CO 转化率 86%、$C_2^=$ ~ $C_4^=$ 低碳烯烃高达 70.9%的良好结果，多组分沉淀型催化剂的研究成为一个研究方向。共沉淀型金属催化剂经过多方努力，暴露出来的不足至今仍未有效解决。

鉴于沸石分子筛具有大表面积的特点，将其作为催化剂载体有利于活性金属组分分散度的提高；利用具有规整孔道结构的特点，实现择形反应，抑制产物分子链的增长，负载型催化剂在碳一化工中的研究引起人们的关注。

中国科学院大连化物所于 20 世纪 90 年代初对 F-T 合成催化剂进行了较多研究，金属粒子与载体之间的相互作用对于提高 F-T 合成中低碳烯烃产物的选择性有着重要作用。其中，在以活性炭为载体的 Fe-Mn 共金属催化剂上，Fe 元素的价态对反应有很大影响，其中铁还原到金属态比还原到 FeO-MnO 态具有更高活性和烯烃选择性。此外，对于 Fe-Mn/AC 催化剂，Mn 含量对催化剂活性和低碳烯烃选择性影响不大，影响催化剂的主要因素是 Fe-Mn 在活性炭载体表面的结构形态。只有当 Fe-Mn 处于高分散状态时，作为助剂的 Mn 才能改善催化剂对气态烯烃、高碳烃的选择性，否则 Mn 对低碳烯烃的选择性不利。

北京化工大学张敬畅等利用激光热解法制得以活性炭为载体，主要成分为 Fe 的超微粒子粉体，再经处理直接制取以 Fe_3C 为主体的 UFP 催化剂。该催化剂在还原温度为 320℃、反应压力为 1.5MPa、H/CO=2、空速为 $600h^{-1}$、反应温度为 320℃的 F-T 反应条件下，反应 48h 的测试结果表明：当反应进行到 20h 左右，催化剂的活性、丙烯选择性均趋于稳定。在无原料气循环条件下，CO 的平均转化率可达 96.10%，产物中丙烯可达 67.32%，其余为少量甲烷和乙烷。

徐龙伢等开发出具有高催化活性和低碳烯烃选择性的 K-Fe-MnO/SiO_2 新型催化剂，其 CO 转化率 70%~80%，烯烃选择性大于 70%，低碳烯烃时空产率为 0.11~0.13g/h，寿命超过 1000h。天津大学碳一国家重点实验室开发出两种品质优良并具有工业应用价值的催化剂，Ni-Cu/TSO 催化剂 CO 转化率为 85%，C_2 选择性为 77%；Ni-Cu/MSO 催化剂 CO 转化率为 75%，C_2 选择性为 86%。Shell 公司以 SiO_2 为载体，Fe、K、Cu、Zn 的配比为 25∶5∶10∶20，烃类选择性达到 82%~87%，但低碳烯烃的选择性却远低于鲁奇公司，主要生成 C_5 以上的烃类，适合生产燃料油。郭国清等采用均相多相化催化剂制备技术，以 $Fe_3(CO)_{12}$ 为母体制备的高分散高负载量金属簇催化剂，对 CO/H_2 反应有较高的低碳烯烃选择性，而这种低碳烯烃的高选择性与 $Fe_3(CO)_{12}$/Y 催化剂中 Fe 元素金属粒子特性有关。

张敬畅等使用草酸铁、柠檬酸铁和硝酸铁作为铁源、乙酸铜和乙酸钾作为铜源与钾源、椰壳炭和果壳炭作为催化剂载体，制备了 4 种 Fe-Cu-K/AC 催化剂。铁在活性炭中的高度分散使催化剂具有很高的催化活性，在 1.5MPa、320℃、空速 $600h^{-1}$ 的条件下，通入合成气 4h 后催化活性达到稳定，CO 转化率可达 96%~98%。不同铁盐制备的催化剂烯烃选择性有较大的差别，其中以草酸铁与椰壳炭为载体制备的催化剂对 $C_2^=$ ~ $C_4^=$ 的选择性最高，达

48.22%，C_3H_6可达29%。此外，改用K_2CO_3作为钾源助剂之后，在转化率保持不变的情况下，$C_2^=$~$C_4^=$选择性达到68%以上。

已研制出廉价方法制成新一代小孔磷硅铝(SAPO-34)分子筛催化剂用于二甲醚转化为低碳烯烃反应，并且在工业规模条件下放大生产微球形催化剂(DO123)，在常压、530~550℃、二甲醚(或甲醇)空速大于$6h^{-1}$(无需添加稀释剂)条件下，二甲醚(或甲醇)转化率为100%，生成$C_2^=$~$C_4^=$低碳烯烃90%左右(其中乙烯50%~60%)。该催化剂在直径为100mm的流化床中间放大试验装置(二甲醚处理能力20t左右)上，在530~550℃、与物料接触时间约1s条件下，二甲醚转化率大于98%，$C_2^=$~$C_4^=$低碳烯烃选择性为90%左右，即每千克二甲醚可以制低碳烯烃532g。利用水为溶剂吸收-解吸分离工艺，可将合成气转化反应尾气中的二甲醚分离和提浓(浓度98%左右)。由该分离工艺将上述两段反应耦合，每立方米合成气可生产101~106g的$C_2^=$~$C_4^=$低碳烯烃。

第四节　甲烷制烯烃

天然气中95%以上是甲烷，甲烷转化成高级烃特别是烯烃的技术，是科研工作者长期以来追求的目标。因此，自1982年Union Carbide化学公司Keller和Bhasin首先公开发表该领域的研究成果以来，天然气制烯烃技术立刻引起了人们的广泛关注。

一、甲烷氧化偶联制烯烃简介

在以天然气(主要成分为甲烷)为原料，制取乙烯为主的低碳烯烃的技术路线中，甲烷氧化偶联制烯烃(Oxidative Coupling of Methane，OCM)仅需一步，最为简捷，得到了各方面的重视。在过去30年间，催化剂筛选，反应机理，工艺技术以及反应器设计等方面始终是甲烷氧化偶联制乙烯的研究重点。

甲烷氧化偶联反应，是指甲烷在催化剂、氧物种的作用下，形成甲基自由基$CH_3\cdot$，然后甲基自由基偶合形成乙烷、乙烷脱氢生成乙烯。甲烷氧化偶联制乙烯是天然气综合利用研究的一个重要发展方向，将在未来石油资源短缺时，提供新的乙烯原料来源，对天然气转化利用具有重大的意义。

原料甲烷分子十分稳定，目的产物乙烯则相当活泼。甲烷在强碱性活性中心上氧化生成甲基自由基之后才继续发生偶联反应，没有足够的温度就难以生成甲基自由基，而较高的反应温度又易使乙烯产生二次反应。

甲烷氧化偶联反应是一个高温强放热过程，总反应式为：

$$CH_4 \xrightarrow{\text{催化剂，}>600n} C_2H_6,\ C_2H_4,\ CO_x(x=1,\ 2)H_2O,\ H_2$$

甲烷氧化偶联反应又是一个自由能降低的反应，因此在较低温度，甲烷就可以发生氧化偶联反应以较大的转化率转化为乙烷、乙烯。但由于乙烷和乙烯等产物比甲烷更活泼，转化过程中更容易深度氧化为CO和CO_2，必须选择合适的催化剂，在保证获得较高甲烷转化率基础上，减少甲烷的深度氧化，提高乙烯和乙烷的选择性是甲烷氧化偶联的关键。

目前，大量研究工作致力于高活性、高选择性甲烷氧化偶联催化剂的开发研制及有关反应机理的研究，并在理论和实际应用方面取得了一定进展，在催化剂体系、反应器与工艺等方面也取得了接近工业化的水平。但是，深度氧化产物CO_x不可避免地会生成C_2(乙烷、乙烯)，抑制了烯烃选择性的提高。目前，甲烷转化率一般为 20%~40%，C_2选择性为 50%~80%，甲烷氧化偶联反应的转化率与选择性之和一般不超过 100%，C_2收率很难超过 25%的限制。

二、甲烷氧化偶联热力学

甲烷直接脱氢偶联生成乙烯的反应式如下：

$$2CH_4 \longrightarrow C_2H_4+2H_2 \qquad \Delta G^{\ominus}=170kJ/mol$$

由热力学分析可知，甲烷脱氢偶联反应非常困难，其平衡转化率如图 9-19 所示：

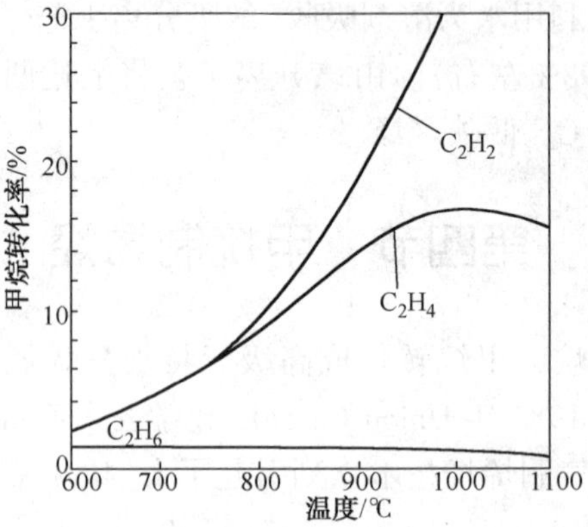

图 9-19　甲烷脱氢偶联的平衡转化率

由图 9-19 可知，为得到合适的转化率，生成乙烯的反应温度需要高达 1000℃。在无氧条件下，由甲烷直接脱氢偶联制乙烯较困难。而在临氧条件下，氧化偶联反应的 Gibbs 自由能为负数，可自发进行，其反应式如下：

$$2CH_4 \longrightarrow C_2H_4+2H_2 \qquad \Delta G^{\ominus}=170kJ/mol$$

$$2H_2+O_2 \longrightarrow 2H_2O \qquad \Delta G^{\ominus}=-474kJ/mol$$

$$2CH_4+O_2 \longrightarrow C_2H_4+2H_2O \qquad \Delta G^{\ominus}=-304kJ/mol$$

在较低温度下，甲烷就可以发生氧化偶联反应，生成乙烷与乙烯。但是由于生成的产物比甲烷更活泼，在临氧条件下，甲烷更易生成 CO 与 CO_2，降低了目的产物的选择性，因此必须选择适宜的催化剂，以保证甲烷具有较高的转化率，同时尽量避免深度氧化，以提高乙烯、乙烷的选择性。

三、甲烷氧化偶联反应机理

目前认为，甲烷氧化偶联反应按表面催化-气相自由基反应机理进行。在反应过程中，催化剂表面的活性氧物种夺去 CH_4的一个 H 原子，生成 CH_3·自由基物种；CH_3·在气相中偶联生成 C_2H_6，再进一步脱氢生成 C_2H_4；与此同时，部分 CH_3·和 C_2烃被进一步氧化生成 CO 与 CO_2。甲烷氧化偶联反应是一个复杂的多相催化反应过程，所研究的催化剂体系不同，对甲烷氧化偶联催化剂机理的认识不同。在反应条件下甲烷如何活化、何种氧物种是活性氧物种，催化剂的表面酸性、晶体结构及晶相组成如何影响反应选择性等问题一直是研究的热点问题。

1. 甲烷的临氧活化

甲烷分子在催化剂作用下活化、解离是甲烷氧化偶联反应的关键步骤。Ousuka 等提出基于 Langmuir-Hinshelwood 机理的催化反应动力学模型。甲烷与氧气在催化剂不同吸附位置相互作用，脱去 CH_4 的一个 H 原子，生成 $CH_3\cdot$，$CH_3\cdot$ 二聚生成乙烷。由于甲烷氧化偶联反应一般在较高温度(800℃)下进行，而在如此高温下甲烷在催化剂表面吸附很少，因此，该机理并不适合甲烷氧化偶联反应。Lunsford 和 Lwamateu 等研究了 Na/MgO 体系后提出了 Rideal-Redox 机理，认为甲烷的解离活化分为均裂活化与异裂活化。均裂活化认为气相中的甲烷与吸附态的氧作用生成 $CH_3\cdot$ 和吸附态的 OH，$CH_3\cdot$ 在气相二聚形成乙烷或深度氧化为 CO_x，其中部分 $CH_3\cdot$ 在催化剂表面被氧化。

研究者利用 CH_4/CD_4 同位素平衡法研究 Li-$CaTiO_3$ 催化剂上甲烷的活化方式，表明 $CH_3\cdot$ 是气相甲烷直接与催化剂的活性氧物种 O^- 发生反应产生的。Daniel 等考察纯 MgO 催化剂时，发现其内部的阳离子空缺与分子氧产生了 O^-，此活性物种与甲烷作用产生 $CH_3\cdot$。

异裂活化认为甲烷与催化剂表面金属-氧对发生作用，C—H 发生异裂，在表面产生 CH_3^-，并进一步与亲离子体作用失去一个电子，生成 $CH_3\cdot$，反应的实质是酸碱反应。

$$CH_4+M^++O^{2-}\longrightarrow CH_3^-M^++OH^-$$

$$CH_3^-+O_2\longrightarrow CH_3\cdot+O_2^-$$

多数甲烷氧化偶联催化剂为强碱性氧化物的事实支持了催化剂表面甲烷发生异裂活化的观点。如 Choudhary 等在单一稀土氧化物上发现 CH_4 失去一个 H 产生 $CH_3\cdot$ 的活性与氧化物的碱性有良好的对应，并认为活性中心是催化剂表面配位不均的酸碱对，其强度足以使 C—H 键发生异裂。Sokolovski 等则在 PbO/MgO 催化剂上得到了相似的结论，Buyevskaya 等利用瞬时反应考察了 MgO 和 Sm_2O_3 催化剂，发现 $CH_3\cdot$ 是通过 C—H 键异裂产生。

2. 活性氧物种

大量实验结果表明，甲烷活化是 OCM 反应的关键，而甲烷活化又涉及表面活性氧物种，催化剂体系的差异，表面活性氧物种不同。一般认为各种氧物种在催化剂表面存在如下的关系：

$$O_2(g)\rightleftharpoons O_{2ad}\rightleftharpoons O_2^-\rightleftharpoons O_2^{2-}\rightleftharpoons 2O^-\rightleftharpoons O^{2-}(\text{晶格氧})$$

甲烷氧化偶联反应的活性氧物种既可以是金属氧化物催化剂中的表面晶格氧，也可以是体系中价态稳定的 O_2^-、O_2^{2-}、O^- 氧物种，不同催化体系活性氧物种不同。由于甲烷氧化偶联反应温度较高、条件苛刻、难以给出直接的数据，使表面活性氧物种的研究始终是一个难题，是目前一直存在争论的原因。

对于非变价的金属氧化物体系(如碱土金属氧化物和稀土金属氧化物)，通过化学吸附生成的氧物种(O_2^-、O_2^{2-}、O^- 等)是活性氧物种，晶格氧则促进甲烷的完全氧化。Spinicci 等对 CaO 催化剂的表面氧物种进行表征，结果表明催化剂表面的强吸附氧物种有利于 C_2 烃的生成。对于可还原的金属氧化物体系，晶格氧则可能是活性氧物种。楼辉等对 $La_{2-x}Sr_xTiO_3$ 催化剂研究发现 OCM 反应通过晶格氧实现。蒋致诚等对 Mn_2O_3-Na_2WO_4/SiO_2 催化剂的 O_2-TPD 研究发现，催化剂几乎不存在表面物理吸附和化学吸附氧，晶格氧是催化剂的活性氧物种，证明 Mn 的加入可提高晶格氧的活性，Na_2SO_4 的加入不但可以提高晶格氧稳定性，而且可能与载体作用产生新的晶格氧活性中心。

Ohtsuka 等曾利用 CO_2-TPD 方法考察了 CaO-CeO_2 和 CaO-Cr_2O_3 催化剂，活性氧物种是 Ce 或 Cr 与 Ca 共同作用产生，氧物种对于 C_2 烃选择性的提高至关重要。

余林等发现 K-SrO-La_2O_3/ZnO 催化体系有很好的催化活性。在 1073K 下，C_2 烃产率为 18.2%，且 C_2 烃选择性为 68.3%。利用 CO_2-TPD 和 XPS 等技术研究了该催化剂表面活性氧物种，认为 O_2^{2-} 是活性氧物种，提出了表面碳酸盐分解生成活性氧物种的可能性。

李哲等利用XRD和XPS等技术分别对催化体系表面氧物种进行研究表明，Ba/La_2O_3催化剂表面存在O_2^{2-}，但O_2^{2-}不可能是活化甲烷的独立氧物种，而是与晶格氧共同存在才有利于形成促使甲烷氧化偶联的表面复合活性位。Ba/La_2O_3催化剂的高甲烷转化率和C_2烃选择性均由于表面上可能存在较多复合活性位所致。

魏光等采用自编的傅里叶变换红外(FT-IR)动态谱批处理程序，在20~650℃范围内，对一系列包括碱土金属、稀土金属和过渡金属的近20种固体氧化物如BeO、MgO、CaO、La_2O_3、Ce_2O_3、Sm_2O_3、TiO_2、ZrO_2、V_2O_5、Nb_2O_5、Cr_2O_3、WO_3、MnO_2、Fe_2O_3、NiO、CuO、ZnO和SnO_2上的氧吸附物种进行了原位动态三维谱学研究。从所测到的超氧(O_2^-)和过氧(O_2^{2-})物种随温度变化情况看，在达到OCM反应温度650℃高温下，碱土金属氧化物与稀土金属氧化物在超氧物种吸收峰的特征区，即在1040~1160cm^{-1}存在较强的红外吸收峰。例如，MgO和CaO在1160cm^{-1}附近有一个较强的宽峰，La_2O_3在1080cm^{-1}处有一强峰，Sm_2O_3在1144cm^{-1}、1089cm^{-1}、1049cm^{-1}处3个吸附峰的强度都较强。而对于大多数过渡金属氧化物，在此温度下并未观测到超氧红外吸收峰(即使有也较弱)，却观测到过氧物种的红外吸收峰。单组分氧化物催化剂对OCM反应的催化活性评价表明，碱土金属氧化物与稀土金属氧化物有较高的OCM活性，而纯净的过渡金属氧化物几乎没有OCM活性，OCM条件下具有红外活性的超氧(O_2^-)很可能应是参与甲烷氧化脱氢的主要活性物种，碱土金属和稀土金属氧化物对OCM催化活性高低与其表面的氧物种浓度的高低一致。

翁维正等采用原位红外和原位显微Raman光谱、吡啶吸附漫反射UV谱、CO_2-TPD等方法对含氟稀土金属氧化物催化剂上OCM反应活性氧物种进行考察，结果显示在O_2预处理或实验条件下的SrF_2/La_2O_3、SrF_2/Nb_2O_3、LaOF、BaF_2/LaOF和BaF_2/CeO_2等催化剂上原位观测到O_2^-物种，O_2^-的消失速率和气相C_2H_4的生成速率有很好的相关性。

周泰锦等考察了Ba和Br促进的La_2O_3催化剂，发现LaOBr和$BaCO_3$/LaOBr催化剂能产生一个高的C_2H_4/C_2H_6比，提出了O_2^{2-}为活性物种，它能同时从CH_4中获取两个氢原子从而形成卡宾中间体，然后偶合成C_2H_4。Br^-和Ba^{2+}的作用促进了催化剂表面上O_2^{2-}的生成以及在OCM反应温度下的稳定。

季福生等通过研究认为，Na-W-Mn/SiO_2催化剂活化CH_4的活性物种是W和Mn导致、高温下易于流动的表面晶格氧O^{2-}，Na对O^{2-}的活性有重要的促进作用。Holger Borchert等人通过在La_2O_3上添加阳离子(Sr^{2+}、Zn^{2+}、Ti^{4+}、Nb^{5+})来改变晶格中氧负离子空位浓度。结果表明，氧负离子空位浓度的增加有利于吸附气相中的O_2，并迅速转化为亲核晶格氧O^{2-}，减少了弱吸附的亲电性氧物种O_2^-、O_2^{2-}数量，提高了C_2烃的选择性。同样，G Gayko等考察了SrO/Nb_2O_3催化剂对C_2烃选择性的影响，发现SrO/Nb_2O_3比Nb_2/O_3更容易使表面转化为晶格氧O^{2-}，提高了SrO/Nb_2O_3催化剂上C_2烃的选择性。但这并不一定意味着表面晶格氧使CH_4活化，因为O^-和O^{2-}之间有平衡转化，亲电性的O^-和亲核性的O^{2-}都对活化有贡献。

此外，研究者还从理论上对活性氧物种进行探讨。孟辉等对CH_4在Mg/Li_2O表面上不同氧物种O_2^-、O_2^{2-}、O^-、和O^{2-}催化剂的脱氢活性进行了理论研究。认为O_2^-、O_2^{2-}、O^-、和O^{2-}均为活性氧物种，氧物种的催化脱氢活性为$O_2^{2-} \approx O^- > O_2^- > O^{2-}$，认为$O_2^-$由于对$CH_4$具有较低的氧化能力而有利于OCM反应和高$C_2$烃选择性，而$O_2^{2-}$因与$CH_4$作用时活性太高，易发生深度氧化反应，因而不适于OCM反应。

3. 催化剂的表面酸性的影响

甲烷发生氧化偶联反应时，催化剂的表面酸碱性是影响反应性能的重要因素，性能较好的催化剂一般都具备较强碱性。甲烷氧化偶联反应一般在 727℃左右进行，在这样的温度下，酸性催化剂能催化深度氧化和 C_2烃的分解，降低反应的选择性，通常只有在碱性或弱酸性催化剂上才会有较高的选择性。

Choudhary 等人用 CO_2-TPD 和 NH_3-TPD 方法研究了稀土金属氧化物酸碱强度分布，发现催化剂的活性和选择性与催化剂的表面酸碱性密切相关，强酸性不利于 C_2烃的生成。

李哲等利用 CO_2-TPD 技术考察了 B/La_2O_3催化剂的表面碱性，催化剂表面存在单一强碱位或中碱位时，催化性能较差。只有表面的中碱位与强碱位以适当量共同存在，才能获得较好的活性和 C_2烃选择性。

谢卫国等用 TPD 方法研究了稀土金属氧化物催化剂表面酸碱性并与催化活性关联。实验结果表明，添加了一定活性的混合稀土金属氧化物催化剂的表面碱性不宜太强，否则易导致 CH_4及 C_2烃的深度氧化；同时也不宜太弱，否则活性较低，难以活化弱酸性的 CH_4，具有适当强度的表面碱性及酸碱中心量，组成适当的稀土金属氧化物催化剂最有利于甲烷氧化偶联反应的发生，酸性助剂 H_3PO_4对碱性的稀土金属氧化物催化剂的活性有促进作用。

余林等对载体 ZnO 和 La_2O_3/ZnO 催化剂的 CO_2-TPD 实验结果表明，无论高温或低温吸附 CO_2均未发现 CO_2的脱附峰。在 SrO-La_2O_3/ZnO 催化剂上，373K 吸附 CO_2时，在 973K 左右出现一个 CO_2脱附峰。当吸附温度高于 673K 时，CO_2-TPD 实验显示两个 CO_2脱附峰，温度分别为 970K 与 1020K，而且高温峰面积随着 CO_2吸附温度的提高而明显增加，总的峰面积在 773K 时存在着突变点，说明高温下吸附 CO_2，部分 CO_2与催化剂作用，生成体相的碳酸盐，而且 CO_2吸附温度愈高，体相碳酸盐生成愈多。在 CO_2-TPD 实验过程中，体相的碳酸盐分解，导致高温时出现 CO_2脱附峰，并使得 CO_2-TPD 谱脱附量存在着一突变点。SrO-La_2O_3/ZnO 催化剂上 CO_2的吸附，主要发生在催化剂的活性相 SrO 上。对于 K^+-SrO-La_2O_3/ZnO 催化剂，CO_2-TPD 实验结果与 SrO-La_2O_3/ZnO 催化剂基本相同，从低温 CO_2吸附情况来看，K^+-SrO-La_2O_3/ZnO 催化剂与 SrO-La_2O_3/ZnO 催化剂有相同的 CO_2吸附峰温，因此它们具有相同碱强度的碱性位，但 K^+-SrO-La_2O_3/ZnO 催化剂 CO_2脱附量明显高于 SrO-La_2O_3/ZnO 催化剂，因此，碱性位也明显多于 SrO-La_2O_3/ZnO，这主要是由于催化剂表面 K^+的贡献。K^+的添加，使催化剂表面强碱位的数量明显增加，因此，在 K^+-SrO-La_2O_3/ZnO 催化剂体系中，含 Sr 物种和 K^+的存在，为催化剂提供强碱性位，改善催化活性和 C_2烃选择性。

达建文等通过对 MgO、$BaCO_3$及 MgO/$BaCO_3$催化剂上的 CO_2-TPD 实验结果表明，催化剂的碱性对催化剂的活性有很大的影响。图 9-20 是 MgO、$BaCO_3$及 MgO/$BaCO_3$催化剂上的 CO_2-TPD 实验结果，碱性强度可通过 CO_2脱附温度得到，碱性强度分布可通过脱附峰面积得到。MgO 是中等强度的碱，CO_2在 MgO 上有三个脱附峰，分别为 470K、515K 和 718K。CO_2在 $BaCO_3$上的脱附只在 950K 有一个小峰，意味着 $BaCO_3$的碱性很强，只有在很高温度下才会有少量 CO_2脱附。但碱中心的量由于其比表面积很小而较少。MgO/$BaCO_3$上的 CO_2-TPD 在 900~1100K 之间有一个较大的脱附峰，说明该催化剂的碱性、碱中心的量位于 MgO 与 $BaCO_3$之间。结果说明催化剂的碱性和活性有一定关系，即 $BaCO_3$和 MgO 的共同作用可以增强催化剂的碱性强度，增加强碱中心的量，从而导致催化剂具有较高的 C_2烃选择性。

龚茂初等利用 CO_2-TPD 技术对 Li-La-Mn/TiO_2(Ⅰ)和 Li-La-Mn-W/TiO_2(Ⅱ)催化剂的

表面酸碱性进行了研究，并和催化剂的甲烷氧化偶联性能进行了关联。两种催化剂的 CO_2-TPD 曲线如图 9-21 所示。

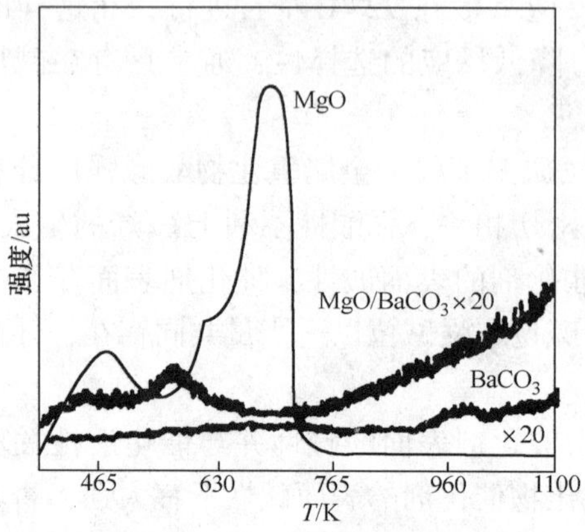

图 9-20　CO_2-TPD 谱图

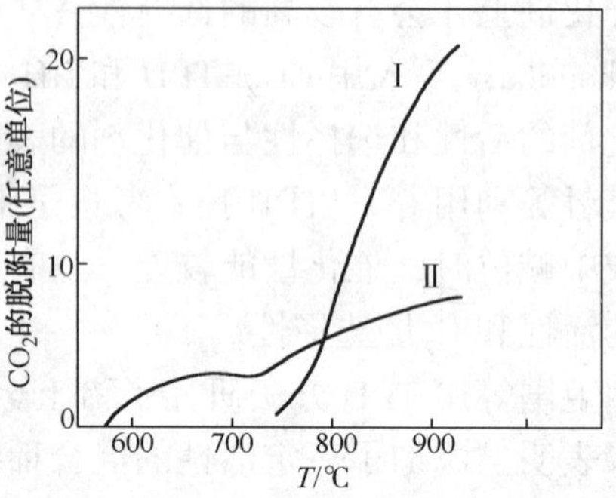

图 9-21　Ⅰ号与Ⅱ号催化剂的 CO_2-TPD 谱图

可以看出，两种催化剂都在较高温度下才有 CO_2 脱附，表明这两种催化剂的表面碱性强度都很大。同时，两种催化剂的脱附峰都为宽峰。一般认为，造成这种宽峰的原因有两种，一是由于脱附气体在催化剂表面的再吸附，二是由于催化剂表面的吸附位能不均匀。由图 9-21可知，Ⅱ号催化剂在 580℃就开始有 CO_2 脱附，而Ⅰ号催化剂则要在 745℃才开始有 CO_2 脱附。且Ⅱ号催化剂在 580~850℃之间的 CO_2 脱附峰面积为 154(任意单位)，而Ⅰ号催化剂在 850℃以下的 CO_2 脱附峰面积只有 67(任意单位)。可见在 850℃以下，Ⅱ号催化剂比Ⅰ号催化剂的 CO_2 脱附峰面积大得多，Ⅱ号催化剂在 850℃下的强碱性位比Ⅰ号催化剂多。说明催化剂的强碱性位出现的温度越低，甲烷氧化偶联反应最佳活性温度就越低；强碱性位的数量越多，甲烷的转化率和 C_2 烃收率就越大。

4. 催化剂晶体结构的影响

研究者利用 XRD 研究了 Ca_2PO_4Cl 系列催化剂的晶体结构，并对各种不同助催化剂成分进行了比较，指出引入过渡金属 Zn、Pb、Ni 等提高了 973K 下 OCM 催化性能，但过量过渡金属的引入会降低催化性能。Murata 等人研究了 Li 涂布的硫酸氧化锆催化剂，认为 Li 涂层的引入有利于硫酸氧化锆表面催化活性结构的形成。通过研究不同的 BaO/Gd_2O_3 催化剂，发现不同催化剂中四方 BaO 和立方 Gd_2O_3 等晶型强度不同，导致催化活性存在差异。研究者应用 XRD 技术发现甲烷氧化偶联催化剂 $LiSbTe_2$ 具有 NaCl 型的立方晶体结构，同时在使用过的 $LiSbTe_2$ 催化剂样品中检测到 Li_2Te、Sb_2Te_3 及 Sb_2O_3，表明催化剂在反应过程中发生分解形成了氧化物，导致催化剂失活。研究者还进行了萤石型的 Y_2O_3-Bi_2O_3 催化剂的表面特性和稳定性研究，结果表明非晶格氧消耗时，催化剂仍然保持萤石型结构和催化性能。

方学平等对 Na-W-Mn 催化剂进行了 XRD 表征，认为 Na_2WO_4、$Na_2W_2O_7$ 和 Mn_2O_3 晶相是 CH_4 高转化率生成 C_2^+ 烃的活性相，而 WO_3、γ-Mn_2O_3、$MnWO_4$ 等晶相对反应不利。林景致等通过 XRD 研究了反应 1000h 前后 Na-W-Mn 催化剂的活性实验，结果证明高度分散的 Na_2WO_4 和 Mn_2O_3 具有催化活性。刘宝生等对 Fe-P-O 催化剂进行了 XRD 实验分析，结果发现斜方 $FePO_4$ 的形成有利于晶格氧向表面迁移，以补充被消耗的表面氧物种。利用 XRD 研究加压对 $MgO/BaCO_3$ 催化剂的影响，发现加压条件下催化剂中部分 MgO 转化为 $MgCO_3$，导致催化活性的下降，而且 $MgCO_3$ 的形成与加压条件下 CO_2 的参与有关，并认为加压导致

$MgCO_3$的稳定性增强，加速了催化剂失活。

甄开吉等指出 MgO 具有面心立方体结构，在 $2\theta=35\sim60$℃之间的 XRD 谱上有 3 个主峰。不同制法得到的 MgO 催化剂的衍射峰强度不同，衍射峰强度较大的样品，晶粒度较大，比表面积小。因此，衍射强度高、晶粒度大的样品催化活性较低。催化剂的晶格畸变率也提供了类似的信息，晶格畸变率的大小可作为反映催化剂中晶格缺陷及离子空穴多少的量度。晶格畸变率往往与催化剂表面活性中心的数目有关，将晶格畸变率与甲烷转化率相关联可以发现，晶格畸变率较大，甲烷转化率高，甲烷转化率低的样品，晶格畸变率也较小。

刘玉达等指出具有缺陷 CaF_2晶体结构的催化剂比其他结构类型的催化剂具有更高的甲烷转化率和 C_2烃选择性。在 CaF_2构型的氧化物中，阳离子呈面心立方排列，如图 9-22(a)由阳离子组成 8 个四面体空隙和 4 个八面体空隙，8 个四面体空隙全部为阴离子 O^{2-}所占据，而 4 个八面体空隙是空的。如果在 CaF_2构型中本来应为 O^{2-}占据的部位出现了空缺，则形成了缺陷的 CaF_2模型，如图 9-22(b)。

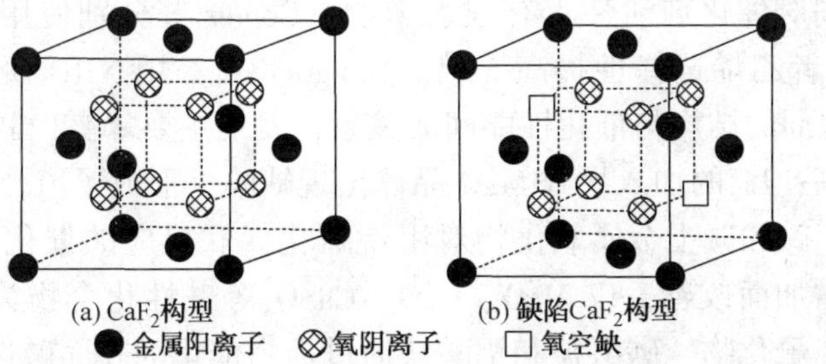

图 9-22　具有 CaF_2构型或缺陷 CaF_2构型的金属氧化物晶体结构图

在稀土氧化物催化剂中，Sm_2O_3具有缺陷 CaF_2构型，具有优越的催化性能。但这一构型的 Sm_2O_3经过添加碱金属或碱土金属组分后，在反应条件下很容易发生晶型转变，由立方构型变成单斜构型，丧失了由于具有缺陷 CaF_2构型的优良催化性能。

Bi_2O_3具有 CaF_2结构，因而也表现出较好的 OCM 催化性能，但由于 Bi_2O_3有较低的熔点温度(824℃)，含 Bi_2O_3的催化剂在反应条件下容易发生 Bi_2O_3组分流失与烧结，催化剂的稳定性较差。ThO_2具有 CaF_2结构构型，可以和一些低价态的金属氧化物，如 La_2O_3、CaO 和 SrO 等形成具有缺陷 CaF_2结构的固溶体。由于 La_2O_3对 ThO_2进行掺杂所形成的 Th-La-O 催化剂能保持其缺陷 CaF_2构型至它的熔点(>2000℃)，此类催化剂在甲烷氧化偶联反应中表现出较好的催化性能，稳定性也比较高，有较好的发展潜力。

四、甲烷氧化偶联催化剂

催化剂的开发是甲烷氧化偶联制乙烯的关键技术。甲烷氧化偶联反应是一高温强放热反应，文献报道的甲烷氧化偶联反应的催化剂繁多，大多数为金属氧化物，现已达数千种，遍布了元素周期表中的绝大多数元素。根据催化剂的活性和选择性，甲烷氧化偶联催化剂的共同特征为：具有碱性；表面形成稳定的碳酸盐；抗水合；能赋予氧离子导电；无可还原的表面阳离子；具有高温 P 型半导体特性。

甲烷氧化偶联制乙烯的催化剂大致分为四类：碱或碱土金属氧化物体系、过渡金属氧化物体系、稀土金属氧化物体系和复合氧化物体系。目前，甲烷氧化偶联反应催化剂的主要研究趋势是进一步提高活性及 C_2烃的选择性，降低催化反应温度，提高催化剂的使用寿命。

1. 碱金属或碱土金属氧化物

该类催化剂的代表是 Li/MgO 催化剂。Lunsford 等采用镁的烷氧化物与锂盐的醇溶液以水解法制备了 Li/MgO 催化剂，在 720℃、$n(CH_4)/n(O_2)=2$ 的条件下，甲烷的转化率为 30.1%，乙烯和乙烷的选择性分别为 44.3%和 6.9%。C_2烃的总收率达到 15%以上。研究者尝试采用不同的金属离子如 Li^+、Na^+、K^+、Rb^+等，以及碱金属的各种化合物包括碳酸盐、卤化物、氧化物和氢氧化物等。催化性能较好的催化剂有 Li/CaO、Na/CaO、Ca/MgO、K/BaO 等。

此类催化剂的活性中心为$[M^+O^-]$。例如，Li/MgO 催化剂的活性中心为$[Li^+O^-]$，该活性中心浓度与催化剂表面生成的甲基自由基的生成率之间有较好的对应关系。由于 Li^+能取代 MgO 晶格中的 Mg^{2+}，因此活性中心能稳定存在于 MgO 晶格中。其他同类催化剂也存在类似的活性中心，催化剂中晶格取代形成的$[M^+O^-]$中心，可能是这类催化剂具有甲烷氧化偶联反应活性的关键。

制备方法的不同对催化剂活性也有很大影响。Gomez 等分别使用凝胶法和浸渍法制备 Li/MgO 催化剂，前者乙烯选择性提高 5 倍。Hangreaves 等用 XRD 研究了不同方法制备的 MgO 及 Li/MgO 催化剂的结构与催化性能间的关系，发现主要暴露$[Li^+O^-]$晶面的 MgO 催化剂，C_2烃选择性较高；Li^+的加入导致 MgO 晶体出现缺陷，形成了$[Li^+O^-]$活性中心。

Baerns 等考察了碱和碱土金属氧化物对甲烷氧化偶联反应的催化性能，发现 C_2烃选择性随催化剂碱性的增加而改善，以 MgO、CaO、$CaSO_4$等碱性化合物为载体添加 Li、Na、K 的硫酸盐、磷酸盐、氟化物、碳酸盐和铝酸盐通过提高催化剂表面碱性使催化剂的选择性提高。其中，MgO、CaO 是较好的载体，C_2烃选择性可达 80%。不同碱金属离子对 CaO 的促进作用不同，Na^+的添加效果较好。

碱和碱土金属氧化物类催化剂在高温气相中，活性组分 Na^+、Li^+很快流失，催化剂稳定性不高。尽管用 Cl、P 等或 Nb、Zr、Sm 等对此类催化剂进行改性，C_2烃选择性和收率有所提高，但仍然存在活性组分不同程度流失的问题。李淑芳等研究了在 Li_2SO_4/MgO 催化剂中引入少量稀土金属氧化物 Sm_2O_3和 La_2O_3对甲烷氧化偶联反应的影响，并考察了催化剂的稳定性能，在 Li_2SO_4/MgO 催化剂中引入少量 Sm_2O_3可以提高催化剂活性和生成 C_2烃的选择性；加入少量 La_2O_3会降低甲烷转化率。经 500h 活性考察，Li_2SO_4/Sm_2O_3-MgO 催化剂表现出良好的稳定性。反应前后催化剂样品的电子显微镜观察表明反应后催化剂的晶粒增大很多。反应开始前 300h，在液相产品中检测到微量 SO_4^{2-} 离子，300h 后几乎没有，使用过催化剂样品的硫酸锂含量减少，催化剂晶粒增大和助催化剂 Li_2SO_4的流失可能是导致催化剂 C_2烃选择性下降的主要因素。

中国科学院兰州化学物理所对 $Mg/BaCO_3$催化剂进行了研究，催化效果较好，表 9-9 列出了 $MgO/BaCO_3$催化剂性能的评价结果。

表 9-9　$MgO/BaCO_3$催化剂性能评价

反应时间/h	1	4	8	12	16	20
甲烷转化率/%	23.6	23.7	24.1	23.8	23.6	20
C_2烃选择性/%	69.3	70.9	71.3	71.0	71.6	72.4
C_2烃收率/%	16.4	16.8	17.1	16.9	19.9	17.3

注：反应温度 780℃，空速 $1.28\times10^4h^{-1}$，催化剂装量 0.25g。

2. 稀土金属氧化物

甲烷氧化偶联反应中，稀土金属氧化物体系是最好的催化剂体系之一。它们具有较高的催化活性和选择性，具有良好的热稳定性。Lunsford 等人系统研究了镧系稀土金属氧化物的甲烷氧化偶联催化性能，转化率和选择性存在如下变化规律：Nd_2O_3> La_2O_3>Dy_2O_3> Ce_2O_2。Otsuka 等人研究了多种稀土元素的 OCM 反应，发现 Sm_2O_3有很好的活性和 C_2选择性。徐竹生等对镧系元素氧化物催化体系的研究也表明：La_2O_3和 Sm_2O_3的活性最好，最佳反应温度为 800℃。李哲等研究了 5 种不同方法制备的 La_2O_3对甲烷氧化偶联催化性能的影响，C_2烃选择性和收率的顺序为：La_2O_3(由草酸镧分解制备)>La_2O_3(由草酸磷酸镧分解制备)>La_2O_3(由柠檬酸络合法制备)>La_2O_3(商品)>La_2O_3(由氢氧化镧分解制备)。利用 XPS、XRD、CO_2-TPD 等方法对催化剂的体相结构和表面性质进行研究，制备方法的不同导致 La_2O_3晶体表面结构差异，引起催化性能有所差别。

近年来，具有较好稳定性的稀土金属和具有较强碱性的碱土金属化合物的组合对甲烷氧化偶联催化剂活性的研究得到人们的重视。Stefen Becker 等在很大范围内调变了 CaO-La_2O_3组成，研究了其甲烷氧化偶联反应活性及表面酸碱性，混合氧化物生成 C_2烃的选择性高于 La_2O_3纯氧化物。他们推测在 La_2O_3和 CaO 之间存在一种相互作用，提高了 C_2烃选择性。

Yamashita 等人采用碱土金属氧化物对 La_2O_3进行改性，除 MgO 使 C_2烃收率稍有下降外，其他碱土金属氧化物对 C_2烃收率都有提高，其中 Ba-La-O 催化剂效果最好。在 1073K，$n(CH_4)/n(O_2)=0.4$ 的条件下，甲烷转化率可达 44.7%，C_2烃选择性可达到 43.8%，可获得 19.6%的 C_2烃收率。

Choudhary 等人系统研究了碱土金属促进的 La_2O_3催化剂，其中 5%La_2O_3/CaO 的甲烷转化率为 25%时，C_2烃选择性达到 66%。同时将商业载体用于催化剂载体，认为载体的表面特性对催化性能有影响。低表面多孔硅铝载体是甲烷氧化偶联的良好载体，且用浸渍法制备 SrO 淀积在预涂 La_2O_3载体催化剂较其他方法获得的结果好，催化活性与负载型催化剂表面碱性有很强的相关性。

余振强等对 La_2O_3/$BaCO_3$ 催化剂进行了研究，在 1053K、$n(CH_4)/n(O_2)=5$、空速 $1.8\times10^4h^{-1}$的条件下，甲烷转化率达 25.5%，C_2 烃选择性达到 71.4%；表征研究表明，La_2O_3和 $BaCO_3$之间存在协同作用，La_2O_3提供活性中心，$BaCO_3$起调控作用；经 500h 寿命实验，活性基本不变。在此基础上，刘玉等研究了 ThO_2和 K_2CO_3对 La_2O_3/$BaCO_3$催化剂的添加效应，发现加入适量的 ThO_2，催化剂的活性更好。在温度 1053K、$n(CH_4)/n(O_2)/n(N_2)=4/1/9$、空速 $6\times10^4h^{-1}$的条件下，甲烷转化率达 30.4%，C_2烃选择性达到 63.2%，C_2烃收率达 19.2%。而在 La_2O_3/$BaCO_3$催化剂上添加适量的 K_2CO_3，催化剂的选择性可得到改善。在温度 1063K、$n(CH_4)/n(O_2)=4$、空速 $9600h^{-1}$的条件下，甲烷转化率达 22.9%，C_2烃选择性达到 69.1%。

La_2O_3表面上一些配位不饱和的氧阴离子(如 O^{2-})是发生完全氧化反应的活性位。Borges 等发现 K_2SO_4可在反应条件下分解放出 SO_3，与 O^{2-}结合形成稳定的硫酸根离子，部分中和了发生完全氧化的活性位，抑制了完全氧化副反应的发生，K_2SO_4-La_2O_3催化剂在一定程度上抑制了甲烷完全氧化副反应的发生。

3. 过渡金属氧化物

用于甲烷氧化偶联反应体系的过渡金属氧化物催化剂中效果最好的是含 Mn 催化剂。

5%Na_2WO_4-1.9%Mn/SiO_2催化剂由于具有较高的甲烷转化率和C_2烃选择性引起了国内外的关注。该催化剂不但具有很好的流化床操作稳定性，而且可以在加压条件下提高甲烷氧化偶联反应乙烯含量。该催化剂用于甲烷和氧气共进料循环反应系统中的甲烷氧化偶联反应，可获得大于70%的收率，产物几乎100%为乙烯，认为具有优异的工业化应用前景。

为了阐明该催化剂中Na-W-Mn各组分在甲烷氧化偶联反应中的作用，季生福等制备了一系列不同Na、W、Mn组分的Na-W-Mn/SiO_2催化剂，进行了甲烷氧化偶联反应催化性能的评价(表9-10)。

表9-10 Na-W-Mn/SiO_2系列催化剂的反应性能

催化剂	CH_4转化率/%	选择性/%			
		C_2H_4	C_2H_6	CO	CO_2
0.8%Na-2%Mn/SiO_2	2.4	9.62	47.87	0	42.51
0.8%Na-0.4%W-2%Mn/SiO_2	2.97	16.55	55.85	0	27.6
0.8%Na-0.8%W-2%Mn/SiO_2	5.12	23.23	55.82	0	20.95
0.8%Na-1.5%W-2%Mn/SiO_2	11.04	3.42	47.76	0	21.83
0.8%Na-2.2%W-2%Mn/SiO_2	27.25	37.34	25.85	14.06	22.75
0.8%Na-3.1%W-2%Mn/SiO_2	29.74	39.33	23.87	12.90	23.90
0.8%Na-4.5%W-2%Mn/SiO_2	29.15	37.85	25.50	11.70	24.95
0.8%Na-8.9%W-2%Mn/SiO_2	28.21	35.03	25.13	13.76	26.08
0.8%Na-19.8%W-2%Mn/SiO_2	1.27	15.90	48.85	0	35.15
0.8%Na-3.1%W/SiO_2	8.81	21.79	32.71	19.32	26.18
0.8%Na-3.1%W-0.5%Mn/SiO_2	26.97	37.03	26.84	12.64	23.50
0.8%Na-3.1%W-1%Mn/SiO_2	30.19	39.55	23.77	14.88	21.79
0.8%Na-3.1%W-2%Mn/SiO_2	29.74	39.33	23.87	12.90	23.90
0.8%Na-3.1%W-3%Mn/SiO_2	20.10	31.24	32.84	14.81	21.11
0.8%Na-3.1%W-6%Mn/SiO_2	14.74	32.26	42.06	0	25.68
0.8%Na-3.1%W-12%Mn/SiO_2	13.18	29.49	41.31	0	29.20
0.8%Na-3.1%W-24%Mn/SiO_2	13.19	29.43	38.99	0	33.59
4.22%WO_4-2%Mn/SiO_2	3.07	0	17.31	61.15	21.53
0.39%Na-4.22%WO_4-2%Mn/SiO_2	28.93	32.39	23.32	12.96	31.29
0.78%Na-4.22%WO_4-2%Mn/SiO_2	29.74	39.33	23.87	12.90	23.90
1.56%Na-4.22%WO_4-2%Mn/SiO_2	32.73	38.11	20.54	18.90	22.45
2.34%Na-4.22%WO_4-2%Mn/SiO_2	24.32	36.25	29.95	19.88	13.92
4.68%Na-4.22%WO_4-2%Mn/SiO_2	12.02	27.37	33.61	30.73	8.29
7.80%Na-4.22%WO_4-2%Mn/SiO_2	12.26	28.79	33.87	28.18	9.15

注：反应条件为：800℃，CH_4/O_2=3/1(体积)，$VHSV=3.6\times10^4$mL/(g·h)。

从表9-10中可看出，不含W的催化剂上甲烷转化率较低，产物中主要是C_2H_6和CO_2。W含量很少(0.4%)的催化剂上，虽然甲烷转化率也较低，但产物中CO_2急剧减少，C_2烃明显增多，表明W有抑制CO_2形成的能力。随着W含量的增加，CH_4转化率和C_2H_4选择性明显增高。当W含量在2.2%~8.9%范围时，CH_4转化率和C_2H_4选择性都很高，C_2H_6的选择性较低，并且有一定量的CO生成，CO_2的量相对变化不大。但当W含量很高时(19.8%)，

CH_4的转化率非常低，且检测不到 CO。

Mn 的含量很低时(0.5%)，CH_4转化率和C_2H_4选择性较高，C_2H_6、CO、CO_2选择性较低。当 Mn 含量在 0.5%~3%范围时，CH_4的转化率和C_2H_4的选择性提高，而C_2H_6、CO、CO_2的选择性变化不大。随着 Mn 含量的增加(3%~24%)，CH_4转化率明显下降，C_2H_4的选择性逐渐降低，C_2H_6的选择性增大，CO 逐渐消失，CO_2选择性有上升趋势。

在 Na-W-Mn/SiO_2催化剂体系中，没有 Na 时CH_4的转化率很低，同时色谱上检测不到C_2H_4，大量生产的是 CO。这说明 W-Mn/SiO_2催化活性很低。当 Na 含量很低时，CH_4的转化率和C_2H_4的选择性很快升高，CO 的选择性则很快下降。当 Na 含量(1.56%)大于Na_2WO_4的化学计量比时，仍有很高的甲烷转化率和乙烯选择性。当 Na 含量(2.34%)进一步增加时，甲烷的转化率和CO_2的选择性明显下降，随后乙烯的选择性开始下降，CO 的选择性明显上升。Na 含量的变化过程中，C_2H_6的选择性没有太大的变化。

通过实验结果分析，结合 XRD、XPS、LRS 等催化剂表征技术及流化床放大实验后期 W、Na 大量流失时 CO 的选择性明显上升的现象，季生福等认为在 Na-W-Mn/SiO_2催化体系中，Na 不但与 Mn 形成了 Na-O-Mn 活性中心，而且与 W 形成了 Na-O-W 活性中心。该活性中心对活化甲烷和抑制 CO 生成都起着重要的作用。Na-O-Mn 主要存在于催化剂的表面，Na-O-W 则分布在距催化剂表面较深的部位。Mn 的表面浓度与甲烷的转化率和乙烯的选择性有较好的对应关系，W 的表面浓度与乙烷的选择性一定的关联，反应的活性相是Na_2WO_4、$Na_2W_2O_7$、Mn_2O_3。

陈宏善等利用 XRD、SEM 和 Raman 光谱等手段对 Na-W-Mn/SiO_2催化剂中形成的物相、活性组分在载体表面的分散度以及催化剂表面的金属中心结构进行研究，Na-W-Mn 组分间的相互作用对各活性组分在催化剂中的存在形式有重要影响。在无定形氧化硅表面，W 以八面体六配位WO_3形式存在。在α-方英石表面，W 以四面体四配位的WO_4形式存在。没有组分 Na 时，W 或 Mn 在催化剂表面以氧化物颗粒形式存在；Na 的加入不仅大大提高 W 或 Mn 在催化剂表面的分散度，而且使WO_4四面体的结构变得十分均一。Na 和 Mn 之间存在很强的电子相互作用，对含 Mn 催化剂的选择性具有重要影响。Na 不但有强的表面富集能力，而且可以促进 Mn 向催化剂表面的迁移。

林景治等用 XRD、FT-IR、ESR、H_2TPR 和 TPO 等方法，对Na_2WO_4-Mn_2O_3/SiO_2催化剂和其经水煮处理的一系列样品进行表征，发现该催化剂中的结晶态Na_2WO_4易于流失，单层分布的Na_2WO_4在苛刻的处理条件下也有可能流失，结晶态Na_2WO_4的流失对该催化剂甲烷氧化偶联反应的催化活性存在轻微影响，单层分布Na_2WO_4的流失造成催化剂中 Mn 从Mn^{3+}转变为Mn^{2+}，催化剂催化活性明显降低。水煮条件下无论是结晶态的还是单层分布，Na_2WO_4的流失对SiO_2的α-方英石结构未产生影响。

4. 其他催化剂

钙钛矿型复合氧化物催化剂也具有良好的甲烷氧化偶联催化性能。钙钛矿型复合氧化物的基本组成形式是ABO_3，A 为直径较大的金属离子，B 为直径较小的金属离子，O 为氧原子。钙钛矿型复合氧化物在催化上常用于完全氧化反应，在高温下结构比较稳定，化学计量组成和元素价态易于调变。Imai 等首先提出$LaAlO_3$具有甲烷氧化偶联催化活性，Kharas 等报道$BaPbO_3$在 1148K 时C_2烃选择性可达 68%，C_2烃收率最高为 18%。Wolf 等对钙钛矿型复合氧化物催化剂进行研究，$CaTiO_3$、$MgTiO_3$的C_2烃收率不高，而$La_2O_{3.2}TiO_2$具有较好的低温C_2烃选择性，并非所有具有钙钛矿结构的物质都有好的甲烷氧化偶联催化活性。对钙钛矿结构中的A位或B位进行取代掺杂有利于提高催化活性，杂质M(Li^+、Mg^{2+}、Al^{3+})部分替代$CaTiO_3$中的Ti^{4+}形成的$CaTi_{0.9}M_{0.1}O_{3-\delta}$具有稳定的类似$CaTiO_3$正交晶格结构，掺杂元素的价态变化与样品的$p$型导电性、活性氧化物种的形成及OCM的活性存在一定关系。$CaTi_{0.9}M_{0.1}O_{3-\delta}$催化剂由于$p$型导电性最好，活性最高，甲烷转化率达35.7%，$C_2$烃选择性达53.9%。柠檬酸热分解法制备的钙钛矿型催化剂$SrTi_{0.9}M_{0.1}O_{3-\delta}$($M=Mg^{2+}$、$Al^{3+}$、$Zr^{4+}$)，掺杂离子价态越低，催化剂中的氧空位越多，吸附态氧物种表面浓度增加且脱附温度升高，吸附氧物种表面浓度与C_2烃选择性之间有正比关系。因此，通过调变催化剂组成、结构和吸附态氧物种表面浓度可以提高甲烷氧化偶联反应的C_2烃选择性。以$SrTi_{1-x}Mg_xO_{3-\delta}$催化剂为例，通过调变B位$Mg^{2+}$掺杂量以调变催化剂表面氧物种状态，从而调变OCM催化性能。结果表明B位掺杂适量Mg^{2+}可明显改善$SrTi_{1-x}Mg_xO_{3-\delta}$催化剂的OCM催化性能。当$Mg^{2+}$离子掺杂量$x$增至0.1时，催化剂的甲烷转化率和生成$C_2$烃产物的选择性逐渐增加。当$x$由0.1增加至0.2时，甲烷转化率和$C_2$烃选择性均明显下降。

楼辉等研究了含15%Li_2O的$NdMO_3$(M═Cr、Mn、Fe、Co、Ni)甲烷氧化偶联反应性能，通过改变反应气中组成，探讨了表面吸附氧和晶格氧在OCM反应中的作用以及$NdMO_3$中不同金属离子(M)对OCM反应活性的影响，显示添加了15%Li_2O的$NdMO_3$催化剂对CH_4的转化率及生成CO_2的产率次序为Fe>Ni> Mn>Co>Cr；对生成C_2烃的产率，活性次序为Ni>Mn>Fe>Co>Cr。当不加Li_2O时，$NdMO_3$上观察不到甲烷氧化偶联产物，显然Li_2O的加入增加了催化剂的OCM活性，活化能力大的$NdMO_3$在加入Li_2O后OCM活性增加更为显著，活化甲烷能力差的$NdMO_3$，加入Li_2O后仍无OCM活性，Li_2O对$NdMO_3$的OCM活性的促进作用与$NdMO_3$本身活化甲烷的能力有关。

甲烷氧化偶联反应催化剂具有氧空位引起的结构非完整性。氧空位可以来自催化剂结构的氧空位，或通过对掺杂离子的价态和数量进行选择调变以控制催化剂中氧空位的数量，最终达到对催化剂的OCM催化性能的选择控制。缪建文等用X射线粉末衍射、光电子能谱、氧吸附-程序升温脱附等技术研究了柠檬酸热分解法制备的钙钛矿型催化剂$Sr_xTiO_{3-\delta}$($x=$0.9、1.0、1.1)组成、结构与催化性能，结果表明，钙钛矿型$Sr_xTiO_{3-\delta}$催化剂随着Sr与Ti摩尔比的增加，催化剂的氧空位增多，催化剂表面吸附氧含量增大，吸附氧脱附温度升高。Sr与Ti摩尔比由1增加到1.1，催化剂的氧空位明显增加，生成的C_2烃产物选择性由9.4%增加到38.9%。

此外，多组分催化剂也成为甲烷氧化偶联催化剂研究的一个重要方向。黄凯等制备了一种多组分的Na-S-W-P-Zr-Mn-SiO_2催化剂，1069K下，甲烷转化率达到21.38%，C_2烃选择性达到82.56%，活性在10h内基本维持稳定，具有良好的开发前景。部分催化剂的转化率随温度升高而出现最大值的原因是由于副反应加剧的结果，催化剂组分与催化剂性能影响的初步研究发现Mn和Zr元素的含量对甲烷的转化率影响较大。

五、甲烷氧化偶联工艺

甲烷氧化偶联反应的目的产物为乙烷和乙烯，反应极易深度氧化转化为CO_2。为减少副产物的生成，必须通过控制单程反应深度以提高目的产品的收率，反应过程存在大量循环物流。就目前催化剂活性水平，C_2烃收率最高能达到25%，很难突破甲烷转化率和C_2烃选择性之和为100%的极限。单纯改进催化剂性能已很难取得更好的结果，工艺的优化、工程的开发成为进一步提高甲烷氧化偶联选择性的研究内容，美国UCC公司和Arco公司、法国

IFP 公司及澳大利亚 CSIRO 公司都在这方面进行了研究和开发。

1. 甲烷氧化偶联工艺

(1) UCC 工艺

UCC 工艺大致分为反应、分离和制冷等三个单元。反应单元包括甲烷氧化偶联反应系统和乙烷蒸气裂解系统，后者将氧化偶联生成的乙烷或原料中的乙烷转化为乙烯。分离单元和制冷单元采用传统的类似乙烯裂解的深冷分离装置。甲烷氧化偶联反应器出口物料中含有未反应的甲烷和不是最终产物的乙烷。常规分离方案是先除去水、CO_2，再除去作为不凝气的 CO 和 H_2 及少量氮气，采用深冷分离将甲烷、乙烷、乙烯和少量重组分分离。

根据目前甲烷氧化偶联催化剂所能达到的反应性能，甲烷氧化偶联产物采用常规深冷分离方案，美国 UCC 公司提出按目前甲烷氧化偶联方案建立年产 45×10^4t 级的乙烯装置其投资回报率为 14%，远低于能吸引投资的 25% 回报率。经测算达到 25% 投资回报率的甲烷单程转化率、C_2 烃单程选择性应分别在 37%、88% 以上，改进甲烷氧化偶联的工艺、工程，优化分离单元，降低能耗、物耗，改善工艺过程经济性的任务任重道远。

(2) ARCO 工艺

20 世纪 80 年代末，ARCO 公司提出采用空气替代纯氧为原料进行氧化偶联反应，催化剂采用具有储氧能力的 $NaMnO_4/SiO_2$ 和 $NaMnO_4/MgO$，进料模式采用甲烷/空气交替进料或甲烷/空气共进料方式。当甲烷单独通入催化剂时利用催化剂的晶格氧进行氧化反应，此时催化剂被还原，然后再单独通入氧化剂，将还原态的催化剂再氧化成氧化态。甲烷与催化剂表面的晶格氧反应，总氧量受催化剂所能提供的总氧量限制，甲烷初始转化率较高，转化速度随着时间的延长而降低，减少了原料及产物的深度氧化，选择性较高。

采用甲烷/空气交替进料，甲烷转化率为 22%，烃类选择性达 76%（包括乙烷、乙烯、$C_3\sim C_5$ 烃、苯和甲苯），其中乙烯选择性为 47%。同时可以避免甲烷/空气共进料时大量空气循环，可以节省能源。ARCO 工艺最大的特点是以空气为原料，避免了建设昂贵的空分装置，降低了甲烷氧化偶联装置的投资。

(3) Oxyprolysis 工艺

法国 IFP 公司提出的 Oxyprolysis 工艺利用甲烷氧化偶联反应的强放热促使乙烷裂解，该工艺采用固定床反应器，在反应器一级出口处加入乙烷，利用甲烷氧化偶联反应产物的显热，使乙烷裂解。由于乙烷在接近甲烷氧化偶联的反应温度时已开始进行裂解反应，烃类裂解为吸热反应，乙烷不可能被预热到甲烷氧化偶联反应器出口温度，其势必以较该温度低的温度与反应器出口物料混合，混合后温度要下降 5～10℃。乙烷开始裂解后，裂解反应所吸收的热量使反应体系温度迅速下降，在乙烷与甲烷进料摩尔比为 0.04 时，乙烷转化率为 60% 时，体系温度下降 50℃ 以上，从而导致该工艺乙烷转化率不高，但其优点是反应器结构比较简单（图 9-23）

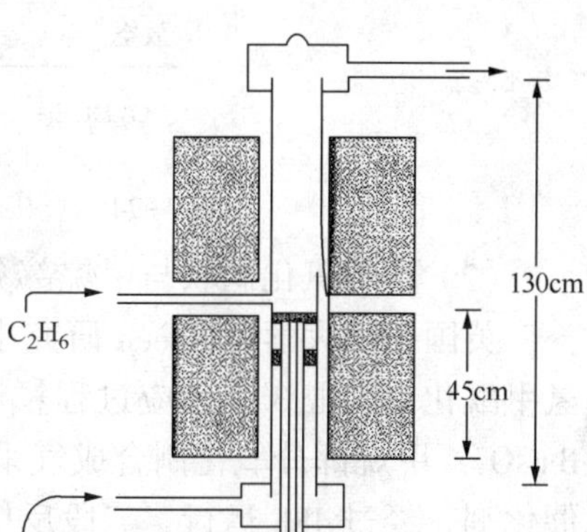

图 9-23 IFP Oxyprolysis 实验反应器示意图

(4) OXCO 工艺

澳大利亚开发的 OXCO 工艺采用流化床工艺，利用甲烷氧化偶联反应中氧气在流化床反应器入口薄层迅速耗尽的现象，借助流化床近乎恒温的反应条件，直接利用前期反应热，在床层无氧区使乙烷裂解，该方案利用甲烷氧化偶联的高温条件使乙烷充分裂解。其缺点是在甲烷和氧气的分配板上方的一定位置再加乙烷分配内件，增加了氧化偶联反应器的复杂程度，反应时间即分配板安装高度不易确定。OXCO 工艺除了利用反应热裂解乙烷方案外，还包括甲烷化方案。深冷分离工艺冷箱顶部排出的不凝气中主要含有 H_2、CO 及少量的 N_2。H_2和 CO 甲烷化是比较成熟的反应，利用这一反应可再回收 CO 中的碳资源。在相同甲烷转化率的条件下，OXCO 工艺的碳利用率比 UCC 工艺高。前者比后者多一个甲烷化反应器，而后者比前者多一个乙烷裂解反应器，两者投资大体相同。但 OXCO 工艺节省了乙烷裂解反应所需的燃料，相同反应温度下 OXCO 工艺的乙烷转化率比 Oxyprolysis 工艺高得多。反应温度很高，乙烷循环量不大时，两者的区别不大。当反应温度较低且乙烷量很大时，OXCO 工艺的优点明显。

2. 甲烷氧化偶联反应工艺的优化

甲烷氧化偶联是一个复杂的非均相催化反应，由于产生的 C_2烃产物比 CH_4容易深度氧化，因而限制了 C_2烃的单程收率和选择性的进一步提高。产物中乙烯的浓度不超过10%(体积)，大量未转化的甲烷循环使用。随着甲烷氧化偶联研究的不断深入，如何对反应工艺进行优化，最有效利用产物中的稀乙烯成为研究者们关心的一个现实问题。

(1) 甲烷氧化偶联反应分离一体化制环氧乙烷

如果采用现行的深冷分离法分离乙烯，其设备投资和操作费用十分昂贵，在技术和经济上很难与传统的石油蒸气裂解制乙烯的工艺过程相竞争。如果未分离条件下，直接将甲烷氧化偶联产物中的稀乙烯转化为价值较高且易分离的化工产品，不仅可以降低深冷分离过程的设备投资、运行费用，而且可以使乙烯增值，优化了甲烷氧化偶联反应的过程。

据文献报道，利用甲烷氧化偶联反应尾气中的稀乙烯直接环氧化制环氧乙烷在技术上是可行的。中国科学院兰州化学物理研究所所采用负载银催化剂，在消除了尾气中有害气体的影响后，研究结果表明，乙烯的转化率可达到67%，环氧乙烷的收率为48%，其工艺流程如图 9-24 所示。调整 OCM 反应气的分离、反应利用工序为反应、分离工序，利用反应将乙烯转化为露点高的组分，简化了分离过程，有利于分离，大幅降低分离能耗。

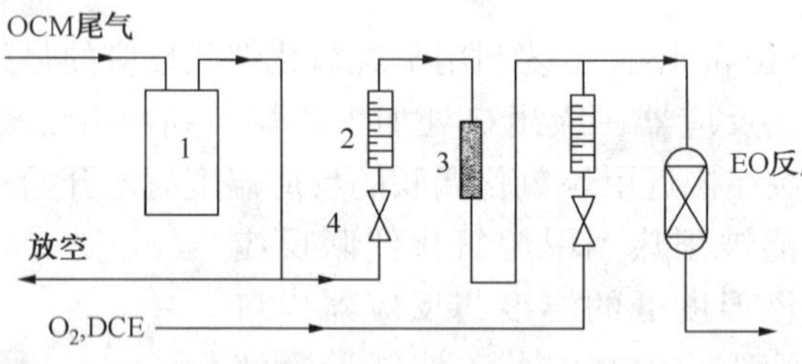

图 9-24 直接将 OCM 尾气中的乙烯转化为环氧乙烷的工艺

(2) 甲烷氧化偶联与甲烷部分氧化联合制丙醛

英国牛津大学的 Green 研究小组将甲烷氧化偶联制乙烯、甲烷部分氧化制合成气与乙烯氢甲酰化制丙醛 3 个反应过程耦合，直接将甲烷转化成丙醛。该工艺 OCM 催化剂采用 K/$BaCO_3$，甲烷部分氧化制合成气采用 Rh/Al_2O_3催化剂，乙烯氢甲酰化采用 $Rh(CO)(PPh_3)_3$催化剂，经过48h 运行，三段反应最终丙醛收率可达 13.2%。该工艺关键是通过甲烷部分氧化反应将原料气中的 O_2消耗干净，确保乙烯氢甲酰化反应在无氧条件下顺利进行。CH_4转化为丙醛的三段反应工艺流程如图 9-25 所示。

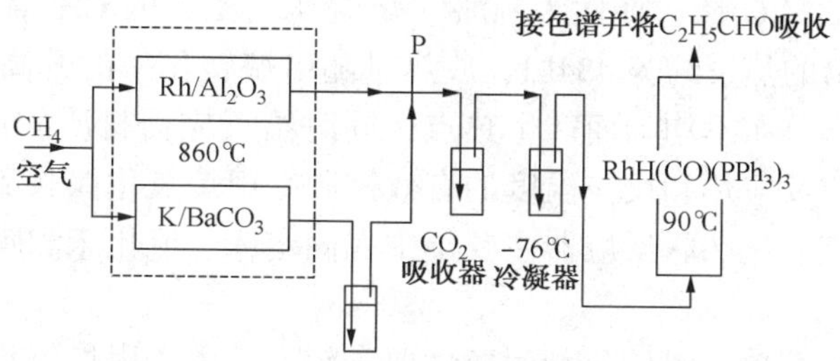

图 9-25　甲烷转化为丙醛的三段反应工艺

3. 工艺操作条件

甲烷氧化偶联制乙烯为可逆强放热反应，产品分布、产品质量严重依赖操作条件的选择。不同合成工艺、反应器、操作条件必然有所差异。针对具体情况，必须选择合理的工艺操作条件。

(1) 压力

甲烷氧化偶联反应体系中既包括分子数减少的反应也包括分子数增加的反应。当甲烷转化率达 20%时，体系的总分子数变化在 3%以下，反应前后分子数变化不大，压力对化学平衡无影响。为节约能量，要求甲烷氧化偶联的反应压力与后续的分离或串联反应的操作压力尽可能一致。反应器出口压力对后续气体压缩机组的能耗影响较大，当反应压力由常压提高到 0.5MPa 时，气体压缩系统的效率增加，能耗降低。过高提高反应压力对乙烷的热裂解反应不利，而且会增加整个系统的设备投资。因此，在甲烷氧化偶联反应中，合适的反应压力在 0.5~1MPa 之间。

(2) 温度

温度较低时，甲烷转化率低，随温度升高，甲烷转化率增加。温度过高，催化剂易烧结，助剂易流失，催化剂活性的稳定性变差，催化剂表面的催化作用被削弱，气相反应加剧。目前，受制于较低活性的催化剂，甲烷氧化偶联反应温度需在 650℃以上，考虑到催化剂的热稳定性，操作温度以 400~600℃为宜，催化剂的活性和稳定性都较好。

(3) 原料组成

随原料中甲烷/氧气的降低，甲烷转化率、C_2烃选择性明显提高、CO 与 CO_2选择性迅速降低。甲烷/氧气降低到 8 时甲烷转化率、C_2烃选择性达到最高点。在甲烷/氧气为 8、750℃、1.5~105h^{-1}、0.6MPa 条件下反应，CH_4转化率为 16%，C_2烃选择性为 82%。甲烷/氧气自 8 降低到 6，甲烷转化率仍然呈上升趋势，过量的氧气加剧了深度氧化等二次反应的发生，C_2烃选择性略有下降，CO 与 CO_2选择性迅速回升。碳氧化合物选择性的上升主要是由于 CO_2选择性升高造成的。CO 的选择性变化不明显。甲烷/氧气的不断降低，导致反应气氛中氧浓度持续增加，均相反应加剧，大量反应热无法及时转移，C_2烃深度氧化造成 CO 与 CO_2选择性骤速上升，严重时会引起反应器的飞温。

(4) 空速

空速过高，原料气(甲烷和氧)与催化剂的接触时间过短，催化剂的催化作用减弱，均相反应加剧并在反应中起控制作用，不利于 C_2烃的生成。

六、甲烷氧化偶联反应器

高温下进行 OCM 反应为强放热反应，加上 CH_4氧化所发生的副反应，整个反应释放大量的热量。初步估算，对 C_2烃选择性为 60%、烯烷比为 1.5 的 CH_4氧化偶联反应，转化单位物质的量 CH_4所放出的热量约为 434kJ，放热量随甲烷转化率的升高而增加。大量反应热会造成催化剂床层温度分布不均匀而产生热点，同时给反应器材质的选择带来困难。因此，选择合适的反应器转移反应热和反应温度的有效控制是甲烷氧化偶联反应过程工业化应用的关键。目前研究的甲烷氧化偶联反应器主要集中在固定床、流化床和膜反应器等。

1. 固定床反应器

固定床反应器结构简单，对催化剂耐磨性要求较低，由于甲烷氧化偶联制乙烯是一强放热反应，在传统固定床反应器中难以有效地控制反应温度，可能造成床层局部飞温。为控制反应器温度，在传统固定床基础上进行改进是固定床工业开发研究的主要内容，主要有列管式固定床反应器、多段绝热固定床反应器、薄层反应器。

Dautzenberg 等设计了一列管式反应器，对于 1t C_2烃/h 生产装置，需要直径 24mm、长度 2m 的管束 200 根，以熔融金属或盐以及水或水蒸气作为移热介质。受材质耐温性的限制，目前工业中应用的列管式反应器最高温度一般低于 600℃，甲烷氧化偶联反应需要特殊材质，投资较大。

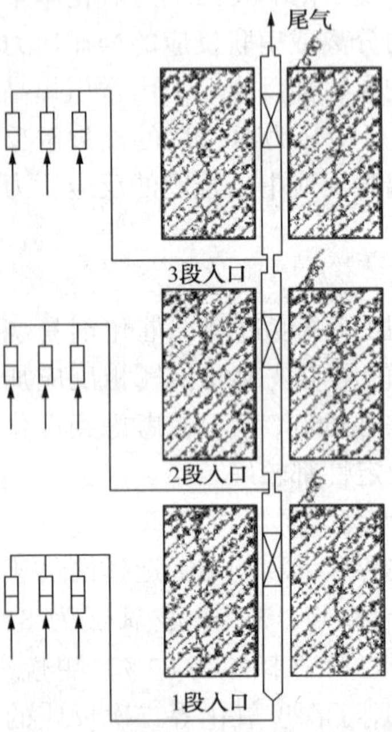

图 9-26　三段固定床反应器

多段绝热反应器可用于较高甲烷转化率，通过段间转移反应热，保证每段的温升不致太高。若两段之间的传热等空间体积较大，较长的停留时间增加了发生二次反应的可能性，C_2烃选择性降低。

中国科学院大连化学物理研究所进行的多段固定床反应器甲烷氧化偶联反应研究，反应器如图 9-26 所示。反应器中每段催化剂的装量均为 33mL，总甲烷空速为 7000h^{-1}，按 15、12 和 10 的甲烷/氧气分别向 1 段、2 段、3 段通入氧气，结果 1 段、2 段、3 段的温度、甲烷转化率、C_2烃选择性及 C_2烃收率分别为 1143K，12.8%、85.6%、11.0%（第 1 段）；1183K，18.6%、77.4%、14.4%（第 2 段）和 1143K，25.2%、64.9%、16.4%（第 3 段）。实验表明，在催化剂分段装填、按比例分段进氧的反应器中，随反应段数增加，甲烷转化率逐渐增加，C_2烃选择性逐渐减小，但 C_2烃总收率提高，床层温度平稳。

丁彦等研究了催化剂装量为 30mL 的环形固定床和直管固定床两种反应器上甲烷氧化偶联反应，两种固定床均为薄层（图 9-27）。采用的催化剂为 $MgO/BaCO_3$，原料气为甲烷和纯氧，加入水蒸气为稀释剂及时带走催化剂床层过多的反应热，降低床层温差。试验结果表明，$MgO/BaCO_3$在 500h 试验中一直保持着稳定、较高的活性，在直管固定床反应器上，C_2烃收率 16.3%，C_2烃选择性 65.0%。在环形固定床反应器上，C_2烃收率 17.3%，C_2烃选择性 67.0%。

美国 Arco 公司先后开发了薄层反应器和交替进料固定床反应系统。在此过程中，甲烷与氧气交替进料，不直接接触，避免了形成爆炸混合物，并有效地防止了产物深度氧化，流程类似于催化裂化工艺。

2. 流化床反应器

流化床反应器与固定床相比，反应热较易移去，反应温度容易控制，是最有工业应用前

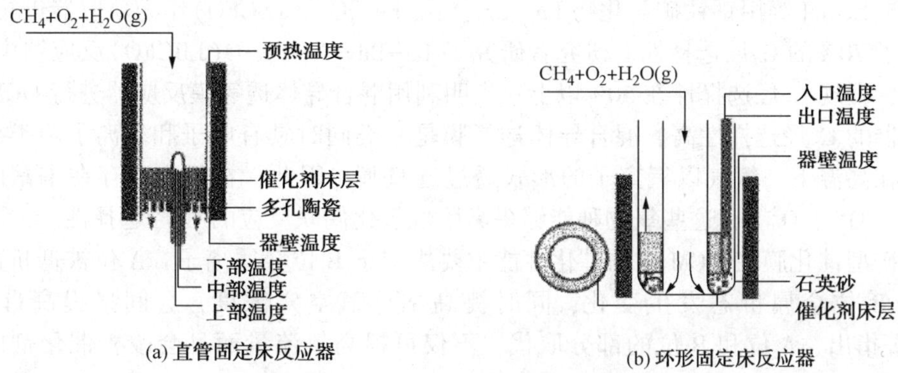

图 9-27　两种固定床反应器

景的反应器。

但流化床对催化剂的要求较高，尤其是催化剂的强度、耐磨性能以及催化剂颗粒的大小均匀程度。进行研究的流化床主要有沸腾床反应器、紊流床反应器和循环流化床反应器。

Mleczko 等系统研究内循环流化床中甲烷氧化偶联的反应性能，在 1133K 时，甲烷转化率为 31.5%，C_2烃选择性为 38.7%。反应器的性能依赖于气相反应，稳定操作条件仅处于较窄的气速范围内。

王晓来等进行了 W-Mn/SiO_2甲烷氧化偶联催化剂流化床的放大研究，在催化剂装量为 200mL 的不锈钢流化床反应器上，在甲烷空速 $7000h^{-1}$、1073K，原料氧含量为 11.8%时，C_2烃选择性和收率分别可达 82.6%和 17.86%；在 1148K，氧含量为 15.1%时，C_2烃选择性和收率分别可达 75.7%和 19.4%。在 450h 稳定性实验中，C_2烃选择性和收率一直保持在 70%和 17%以上。

Arco 公司开发的一种挡板流化床反应器设置了一些陶瓷或合金制造的多孔挡板，以提高流化质量，使原料气和固体催化剂在穿过孔上升的同时发生氧化偶联反应。

3. 膜反应器

反应、分离耦合的膜反应器被越来越多的研究者用于甲烷氧化偶联反应过程。膜催化是将催化材料制成膜反应器或将催化剂置于膜反应器中操作，即集催化反应与膜分离于一体，反应物可选择性地穿透膜并发生反应，或产物可选择性地穿过膜而离开反应区域，对某一反应物(或产物)在反应器中的区域浓度产生调节，打破反应热力学上的平衡限制，或严格地控制某一反应物参加反应时的量和状态，从而达到高的选择性。在甲烷氧化偶联反应中，由于生成的产物乙烷与乙烯比甲烷具有更大的反应活性，很易深度氧化，为了提高产物的选择性，应使反应生成的乙烷和乙烯及时离开反应体系；另外，由于反应需要氧气的参与，空气是天然的氧源，由于含有大量的氮气，在反应前将氧气从空气中分离出来也非常重要。膜催化反应满足这两方面的要求，为提高 C_2烃选择性提供了一条新途径。

Fujimoto 等对 PbO/MgO 催化剂上甲烷氧化偶联的气相反应及其膜反应进行了比较。结果表明，PbO/MgO 上甲烷氧化偶联混合气相反应对 C_2烃选择性为 67%，膜反应对 C_2烃选择性为 96%。甲烷氧化偶联混合气相反应对 C_2烃的反应活化能为 209~251kJ/mol，对 CO_x的反应活化能为 92kJ/mol，膜反应的对应活化能分别为 180kJ/mol 和 92kJ/mol，甲烷的气相氧化反应受到抑制改善了甲烷氧化偶联膜反应对 C_2烃的高选择性。

研究者在管状 $BaCe_{0.0.2}O_{3-\delta}$透氧膜反应器中进行了 OCM 反应，C_2烃选择性为 62.5%，产率为16%。Elshof等用钙钛矿氧化物$La_{0.6}Sr_{0.4}Co_{0.8}Fe_{0.2}O_{3-\delta}$(LSCFO)作为反应器进行OCM反应，得到了70%的C_2烃选择性。研究者研究了La-Ba-Co-Fe-O(LBCFO)反应器中OCM反应的性能，发现C_2烃选择性在50%以上，表明利用混合导体透氧膜反应器进行OCM反应较常规反应器的C_2烃选择性高。混合导体透氧膜是一类同时具有电子和氧离子两类导电性的陶瓷膜，在高温下，氧气以氧离子的形式透过透氧膜，因此，在膜表面存在丰富的氧物种(O^-、O_2^-、O_2^{2-}、O^{2-})，这些氧物种能够提高甲烷氧化偶联反应的C_2烃选择性。

钙钛矿型催化膜在OCM中的催化性能主要决定于B位金属离子，A位被低价离子部分取代会使B位金属价态发生变化，同时提高本体氧空穴浓度，会间接提高催化性能。Sherman等指出，A位和B位的部分取代，不仅可提高氧流量而且会改善催化剂的催化活性。$BeCeO_3$进行部分B位取代后得到$BaCe_{0.6}Sm_{0.4}O_3$和$BaCe_{0.8}Gd_{0.2}O_3$催化剂，其活性评价结果表明，前者C_2烃产率为7%，而后者则为16.5%；$LaCo_{0.2}Fe_{0.8}O_{3-\delta}$进行A位部分取代后得到的催化剂$La_{0.6}Sr_{0.4}Co_{0.2}Fe_{0.8}O_{3-\delta}$和$La_{0.2}Ba_{0.8}Co_{0.2}Fe_{0.8}O_{3-\delta}$，活性评价表明在相同条件下，前者选择性为40%，而后者则为50%。催化剂活性较好的结构其氧空穴浓度较另一种结构要大。氧空穴浓度的增大，改善了氧离子在膜内的传递，同时提高了膜表面活化甲烷分子的能力。

由于膜对无序状态的氧空穴具有较大的透过能力，无序氧空穴结构的增加会提高C_2烃选择性。随着温度的提高，氧空穴由有序向无序状态转变，选择性出现较大的提高。以$La_{0.8}Sr_{0.2}Co_{0.2}Fe_{0.8}O_{3-\delta}$为催化膜，在800~850℃温度范围内，氧空穴由有序向无序转变，选择性随温度提高而提高，C_2烃产率随温度升高而提高。

催化行为依赖于催化剂体相中氧离子传递速率与催化剂表面氧的可逆吸附。膜表面弱吸附的氧及膜反应器中气相氧则是深度氧化的中心。从体相传递到膜活性侧表面的晶格氧离子在活化甲烷的同时，还可以通过氧离子的结合形成气相氧，但后者的反应活化能大于前者，因此，控制一定反应条件，使到达膜表面的氧离子与OCM反应速率保持平衡，而且保证氧离子活化甲烷的速率大于形成气相氧的速率，可避免深度氧化，可获得较高的选择性。如提高甲烷的分压，可以提高CH_4在膜表面的吸附，从而使更多的氧离子与其反应形成甲烷自由基，并降低氧离子结合形成气相氧的速率，提高生成C_2烃的选择性。进一步的研究还发现，当活性膜的一侧暴露在100%CH_4氛围时，膜表面发生严重的侵蚀，导致选择性大幅下降。为避免膜表面被甲烷还原，维持膜表面的反应活性，反应器应保留少许氧。为获得理想的C_2烃选择性，需兼顾维持表面催化活性与控制氧离子的传递速率。

第五节　甲烷制芳烃

芳烃是重要的化工原料，最早从煤焦油中获得，随着石油工业的发展，尤其是催化重整工艺、裂解工艺的应用，芳烃可直接从重整油和裂解焦油中获得，现在石油炼制已成为其主要来源。数据表明，1988~2000年世界重要有机原料需求量排行榜，苯的需求量稳居第三，仅次于乙烯和丙烯，苯乙烯的需求量排在第五位，苯及苯乙烯需求量逐年增长。石油资源日益枯竭，优质芳烃原料的供应矛盾尖锐，天然气在能源结构中的地位稳步上升，以天然气为原料制取芳烃的技术作为石油炼制制取芳烃的技术储备有着重要的意义。

天然气是一种优质、清洁的能源，其主要成分是甲烷(CH_4)。2003年，我国化工用天然气为$1.02\times10^{10}m^3$，占天然气消费结构的34%，主要用于化肥和甲醇的生产。现有化工企业受技术限制，天然气利用效率低，对天然气价格承受能力有限，加之城市燃气用量逐年上升，化工份额不断降低，2005 年降至 22%，2010 年降至 17%。苯及其他芳香烃产品是重要的基础化工原料，最近随着原油价格的持续上扬以及芳烃下游产品需求量的增加，苯和芳烃的价格居高不下。而 CH_4 在无氧环境下的催化脱氢芳构化可以直接转化为高附加值的液态芳烃产品，同时副产氢气。不仅可以缓解石油资源的短缺，而且可以提高 CH_4 的利用效率，使其成为高附加值的化工产品，促进有机化工产业的发展。

甲烷的定向活化和转化难度很大，芳构化也是其定向转化的一种方式，其中涉及 C-H 键活化和小分子如何有效低聚成芳烃等理论问题，甲烷芳构化反应是继甲烷氧化制甲醇、甲烷氧化偶联制乙烯路线后又一直接利用甲烷制化工原料的重要途径，对于合理利用天然气资源，提高资源的利用率有着非常重要的意义。

一、甲烷无氧芳构化热力学

甲烷芳构化既可以在无氧条件下，又可以在有氧条件下进行。以甲烷芳构化生成苯为例，反应式如下：

$$6CH_4 = C_6H_6 + 9H_2 \qquad \Delta H_r > 0$$

甲烷的无氧芳构化反应为吸热反应，处于热力学劣势，如图 9-28 所示。利用芳构化过程副产氢的特点，加氧使氢气发生氧化反应，放出大量反应热，再与甲烷芳构化反应耦合，由强吸热的甲烷无氧芳构化反应转化为强放热甲烷有氧芳构化反应，整个反应为放热反应，芳构化反应的自由能大幅降低，热力学优势明显。

$$9H_2 + 4.5O_2 = 9H_2O \qquad \Delta H_r \ll 0$$

$$6CH_4 + 4.5O_2 = C_6H_6 + 9H_2O \qquad \Delta H_r < 0$$

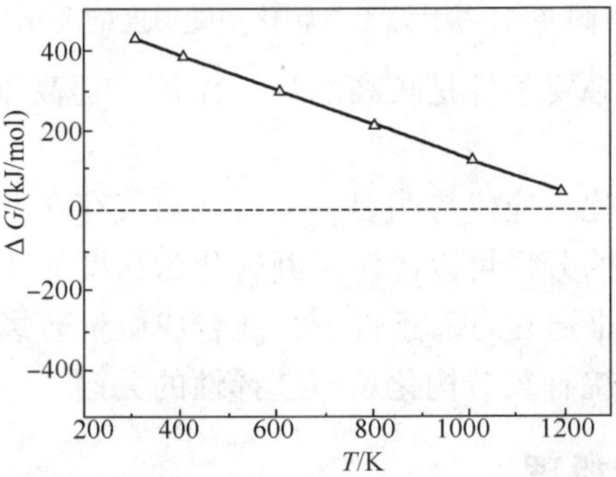

图 9-28 甲烷无氧芳构化生成苯的 Gibbs 自由能与温度的关系

CH_4 无氧芳构化的热力学特征

$$6CH_4 = C_6H_6 + 9H_2 \qquad \Delta H_r = 530\text{kJ/mol}$$

该反应为分子数目增加的强吸热反应，提高压力对于 CH_4 转化不利(图 9-29)，提高温度有利于增加 C_6H_6 的平衡收率(图 9-30)。反应需要较高的温度及较低的反应压力。温度低于 700℃时，CH_4 转化率小于 10%，工业应用价值不大，温度太高造成反应器材质选择困难。

无氧反应条件下，甲烷的平衡转化率随反应温度的提高呈增加趋势，甲烷直接裂解生成积碳和氢气的反应显然比部分脱氢生成芳烃或烯烃的反应更为容易。相同反应温度下，甲烷生成苯、甲苯或萘的热力学平衡转化率均比生成乙烯的转化率高，如图 9-31，说明无氧反应条件下甲烷生成芳烃的热力学优势大于生成乙烯的热力学优势。

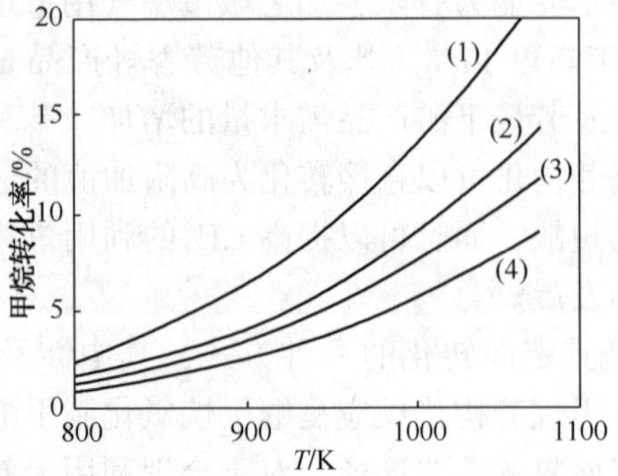

图 9-29　不同温度(T)及压力下甲烷无氧芳构化制苯的平衡转化率

压力 p/MPa：(1)0.1；(2)0.3；(3)0.5；(4)1.0

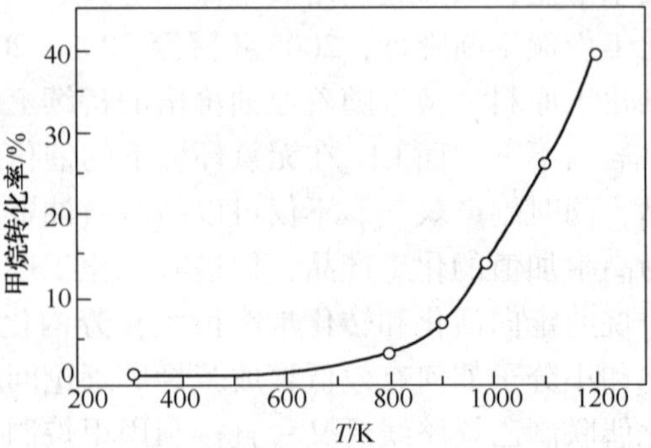

图 9-30　甲烷无氧芳构化反应的热力学转化率

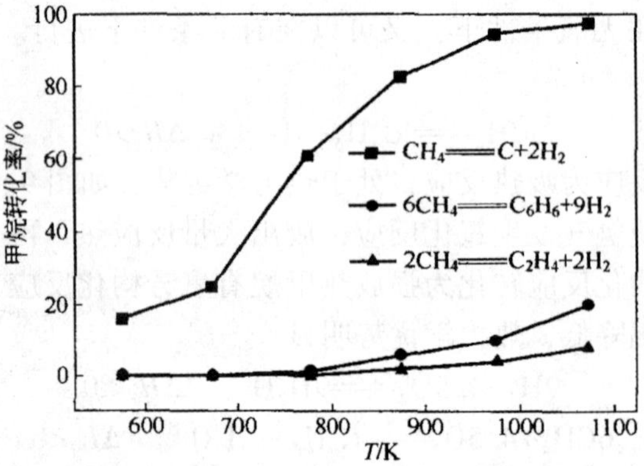

图 9-31　甲烷无氧转化率随温度的变化

甲烷进行无氧芳构化的必要条件是较高的反应温度，但高温下甲烷分解成 C 和 H_2的副反应不能忽视。

有氧条件下的甲烷芳构化反应优势明显，芳烃在氧气存在下发生深度氧化的热力学趋势更加明显，有氧条件下生产的芳烃可以源源不断转化为深度氧化产物，生成芳烃的选择性不高。Shepelev 和 Anderson 等报道在有氧条件下只能合成微量芳烃，产物以 CO_2、CO 和 H_2为主，控制反应深度是改善甲烷有氧芳构化反应选择性的关键。

二、甲烷无氧芳构化机理

甲烷氧化芳构化的机理因所用催化剂的酸、碱性不同而异。在酸性催化剂(如 HZSM-5 分子筛)和氧化剂共同作用下，甲烷活化产生 CH_3^+和 H^-，在酸性条件下，H^-物种容易和 H^+结合产生 H_2，活化后的碎片通过偶联形成乙烷或乙烯等再进行芳构化，或转化为高碳烃以及进一步深度氧化为 CO 和 CO_2。在碱性条件下，可能的反应机理是甲烷先异裂化生成 CH_3^-，随后 CH_3^-再给出一个电子形成自由基 $CH_3\cdot$。芳烃主要来源于中间体乙烯的芳构化或气相自由基的芳构化。

1983 年，Shepelv 和 Lone 首次报道了在担载 Fe_2O_3的 HZSM-5 沸石催化剂上，N_2O 参与条件下进行的甲烷氧化芳构化反应。在 673K，流速为 $1.08\times10^{-6}m^3/s$，甲烷与 N_2O 的体积比为 10 时，甲烷转化率为 44.5%，芳烃选择性 90%以上，催化剂酸性及催化剂中 Fe^{3+}浓度对反应有重要影响。同样条件下，用 O_2 取代 N_2O 作为氧化剂的甲烷氧化芳构化反应产物中只有痕量苯、乙烯、乙烷等生成，主要产物为深度氧化产物 CO、CO_2 和 H_2O。相同反应条件下，Fe_2O_3 在不同分子筛载体上的甲烷氧化芳构化反应表明以 HY 沸石、八面体沸石以及丝光沸石作为载体时，催化剂并无芳构化活性。

Anderson 等考察了用 N_2O 作氧化剂，甲烷在 HZSM-5 和其他不同载体上的氧化芳构化反应。γ-Al_2O_3、SiO_2、MgO、BaO、活性炭等载体，产物几乎全是 CO 和 CO_2。当载体是 HZSM-5 时，温度为 734K 条件下，芳烃选择性为 6.7%，芳烃收率仅为 0.18%；反应温度为 630K 时，总芳烃选择性可达 20%，但甲烷的转化率仅为 0.1%。其他的主要产物为深度氧化产物 CO、CO_2 和 H_2O。

Ichikawa 等发现在 CO、CO_2 气体存在下，CH_4 在 Mo/HZSM-5 催化剂上可以发生芳构化反应生成芳烃，随压力的增加，甲烷的转化率和芳烃生成速率有一定程度的提高。

用 Au-La_2O_3/CaO 为催化剂，H_2O_2 作为氧化剂时，产物中检测到甲烷芳构化产物苯的形成。由表 9-11 可以看出，随着 H_2O_2 的增加，甲烷转化率、苯选择性均有所提高。

表 9-11 H_2O_2 对 Au-La_2O_3/CaO 催化剂上甲烷氧化芳构化产物的影响

反应温度/℃	氧化剂	CH_4 转化率/%	选择性/%		
			C_2	C_3~C_4	C_6H_6
700	无	31.6	33.8	1.1	—
800		32.3	35.8	1.2	—
700	H_2O	32.5	44.9	1.4	5.5
800		32.9	44.6	1.7	6.6
700	H_2O_2 (2.6%)	35.8	45.2	1.8	9.9
800		35.9	45.1	2.1	12.0
700	H_2O_2 (7.6%)	35.8	48.2	1.9	10.3
800		36.0	47.7	2.4	12.9
700	H_2O_2 (21%)	35.9	48.4	2.3	16.2
800		38.1	48.2	3.4	19.2

催化剂中 Ni 金属的分散度、强吸附氧与反应活性有关。Abasov 等用吸附法制备的 0.3%(质量)Ni/γ-Al_2O_3 催化剂，在常压、空速 8000h^{-1}、870~900K 条件下，用不同组成的甲烷、氧混合物（氮稀释，使摩尔比为 $[n(CH_4+O_2)/n(N_2)=1/4]$ 进行芳构化反应。Ni0.3%，923K，$n(CH_4)/n(O_2)=36$ 时，CH_4 转化率为 7.2%，苯选择性达到 75%。改变 $n(CH_4):n(O_2)=12$ 时，CH_4 的转化率增加至 16.6%，苯选择性下降到 53.2%，当甲烷转化率增至 18%时，苯选择性进一步下降至 51.1%。采用浸渍方法制备，反应产物只有 CO 及 CO_2。

Claridge 等报道用 40mL/min 甲烷和 20mL/min 的空气混合物通过空石英管，在 873~1223K、101.325~1621.2kPa 条件下，甲烷转化率约为 12%左右，氧基本全部消耗。当压力从 101.325kPa 增至 607.95kPa，苯选择性、产率分别从 2.7%、0.3% 显著增加到 18.5%、2.7%，随后不随压力的增加而改变。当压力保持在 607.95kPa、973K，无芳烃生成。温度增至 1273K，芳烃的选择性可达 32%左右。当温度升高到 1323K，芳烃收率急剧下降，CO

及 CO_2 的选择性超过 80%。芳烃的选择性和收率两者在较低流速时较高，在较高流速时较低，表明芳烃不是初级产物，芳烃很可能主要来源于中间体乙烯、C_4 烃的芳构化。当甲烷和空气的混合物通过 1%Pt/Al_2O_3 催化剂，同样条件下，芳烃产率要比用空石英管时低，可能是由于担载的铂族金属是很好的氧化催化剂，初始形成的芳烃产物极易进一步氧化成碳氧化物。使用甲烷氧化偶联催化剂 K/$BaCO_3$ 和 NaCl/MnO_2，增加反应压力时有利于芳烃的合成。用 Sm_2O_3 和 MnO_2 金属氧化物催化剂，在研究温度范围内，芳烃的收率均低于空管时的收率。

1997 年，Lunsford 等也采用类似的串联反应，进行甲烷的芳构化研究。他们采用循环反应装置，使甲烷首先在高活性的偶联催化剂 Mn-Na_2WO_4/SiO_2 上与氧气反应，将生成的 C_2 烃冷凝，未反应的甲烷继续进行催化循环反应，生成的 C_2 烃则在另一个反应器中，在低碳烃芳构化催化剂 Ga/ZSM-5 上，795K 下进行芳构化反应，获得较好结果。

以上研究表明在氧化气氛下，甲烷合成芳烃的选择性难以控制，尚未获得有价值的芳烃选择性及芳烃收率。表 9-12 列出了在氧化气氛下由甲烷合成芳烃所达到的一些结果。

表 9-12　在氧化气氛下由甲烷合成芳烃所达到的一些结果

催化剂	反应温度/K	甲烷转化率/%	芳烃选择性/%	氧化剂	进料方式
HZSM-5	734	2.7	6.7	N_2O	连续
空石英管	1124	12.6	21.1	O_2	连续
空石英管	1237	15.4	31.8	O_2	连续
Ni/Al_2O_3	1223	19.3	2.3	O_2	连续
Pt/Al_2O_3	1173	21.7	2.6	O_2	连续
K/$BaCO_3$	1223	12.9	17.5	O_2	连续
Sm_2O_3	1173	11.6	4.0	O_2	连续
NmO_2	1223	12.5	15.7	O_2	连续
NaCl/MnO_2	1223	13.6	23.4	O_2	连续

自从 1993 年研究者首次报道了催化性能优良的 Mo/HZSM-5 催化剂以后，国内外科学家纷纷对 CH_4 在该催化剂上无氧芳构化的机理进行研究，以便更好地指导催化剂的设计与开发。研究结果表明，Mo/HZSM-5 催化剂是一种氧化钼物种和酸中心协同作用的双功能催化剂，Mo 的主要作用是活化 CH_4 分子，CH_4 与分子筛孔道中的 MoO_3 的相互作用导致 CH_4 分子中的 1 个 CH 键极化和 MoO_3 部分还原成 $MoO_{(3-x)}$，极化的 CH_4 与 Brönsted 酸(H^+)相互作用，生成 H_2 和 CH_3^+，CH_3^+ 作为中间体放出 1 个 H^+ 给分子筛，同时与部分还原的 Mo 物种生成金属钼类卡宾中间体[$MoO_{(3-x)}CH_2$]，以此构成 H^+ 催化的循环。金属钼类卡宾中间体[$MoO_{(3-x)}CH_2$]二聚生成 C_2H_4，然后 C_2H_4 进一步在分子筛的酸性位上聚合生成 C_6H_6 和其他芳烃。

1993 年，中科院大连化物所发现了甲烷在无氧条件下直接芳构化生成苯的催化反应新过程，并开发出 Mo/HZSM-5 催化剂。近年来，该所继续加强甲烷无氧芳构化的基础研究，并取得了很大进展。在 SLC-Mo /HZSM-5 催化剂体系上，730℃下反应 28h 后，甲烷转化率为 13%，芳烃产率为 8.5%；成功研制了一种新型高效的 Mo MCM-22 催化剂，在维持甲烷转化率的基础上苯选择性提高到 80%。

经过近10年的努力，中国科学院大连化学物理研究所在甲烷低温选择氧化制甲醇和甲烷高温无氧芳构化制芳烃等方面取得了突破性进展。考察了HZSM-5分子筛表面的硅酯修饰对Mo物种的分散状态、配位结构及催化剂催化性能的影响，并通过水蒸气处理调变分子筛的酸性，考察了催化剂的积炭行为同酸强度分布的关系。结果表明，分子筛表面的中性端式硅羟基或酸性桥式铝羟基与Mo物种结合对Mo物种的分散状态和配位结构有不同影响。XPS和H_2-TPD分析结果表明，浸渍Mo组分之前，对分子筛表面进行硅酯修饰以覆盖其外表面的部分铝羟基，可显著提高Mo物种的分散度，说明硅羟基对Mo物种的分散有利，而与铝羟基结合不利于Mo物种的分散，ESR分析结果表明，催化剂表面大部分Mo物种与分子筛铝物种之间无直接相互作用，这部分Mo物种以六配位为主，容易被还原为碳化钼活性相，与分子筛的铝物种之间存在强相互作用的部分Mo物种则以四配位和五配位为主，不易被还原为碳化钼活性相，对反应不利。硅酯修饰使六配位的Mo物种增多，减少了四配位Mo物种的生成，催化剂的活性有所提高，但对积炭行为影响很小。反应过程中积炭主要在分子筛的酸中心上生成，NH_3-TPD与TPO分析结果表明，在Mo/HZSM-5的酸中心上主要生成两类不同氢碳比的积炭，积炭的氢碳比与酸中心的酸强度分布直接关联，担载钼之前对分子筛进行适当水蒸气处理，主要消除容易积炭的大部分强酸中心，避免低氢碳比的部分积炭生成，催化剂的高温稳定性显著提高，积炭催化剂的再生温度降低。

三、甲烷无氧芳构化催化剂

甲烷在无氧条件下的直接催化芳构化技术的反应技术较简单、产物易分离，研究工作从未停止。最早的催化剂筛选工作主要为金属催化剂，或Al_2O_3、SiO_2、分子筛等为载体的非铝系金属氧化物负载的催化剂。在金属或其他化合物催化剂体系的尝试中，如在Ni(111)晶面，研究人员均只观察到痕量苯的生成。对于氧化物存在的催化剂体系，Mitchell等给出了较好的研究结果。他们在考察多组分催化剂$M/M'O_n/M''O$（M是贵金属，M′是VIB元素，M″是IIA元素）催化剂上的甲烷无氧芳构化反应行为，704℃、30min后检测到了少量苯的生成，并且碳沉积与M-H也可反应生成苯，提出了相应的反应机理，即$M/M'O_n/M''O$是多功能催化剂，中间产物是贵金属M上解离的乙烷和乙烯，而后中间产物与金属氧化物反应形成金属碳化物，最后经乙炔转化为苯。

1989年，Bragin等在以ZSM-5分子筛为载体催化剂上实现了甲烷无氧下的良好转化。采用脉冲微反应技术，以Pt-Cr/HZSM-5为催化剂，750℃下苯的选择性增加至78%，甲烷转化率可达18%。随后在1993年，大连化学物理研究所将铝系氧化物负载于ZSM-5分子筛上进行了甲烷无氧芳构化反应得到突破性的进展，反应可连续进行，常压、700℃下，甲烷空速为1500mL/g·h时，芳烃的产率可以达到热力学平衡产率的70%~80%。研究人员对催化剂的活性组分、助剂、载体的酸性、制备工艺、载体和活性组分之间的相互作用进行了大量的研究工作，并在理论和应用上取得了一些创新性的结果。

1. 催化剂体系的筛选

除铝物种外，分别研究了不同过渡金属离子和贵金属离子，如Pt，W，Ru，Re，P，Mg，Cu，Ga，Zn，Co，Fe，Cr，V，Ni，Pd，Mn，Y，La，B和Ag等，担载在HZSM-5分子筛上，在考察的活性组分中只有Re和W表现出了较好的性能，但是限制条件较多，工业应用受限。

近年来，在反应温度为700℃、较低的反应空速$600h^{-1}$时，Liu等发现2%Ga-2%Co/

ZSM-5 催化剂可使甲烷转化为芳烃的收率在 9.9%左右维持 100h。目前最优的活性金属组分仍为 Mo 物种。在筛选金属活性组分的同时，人们对催化剂中的另一个重要组成部分载体也做了详细的考察。Ichikawa 等在评价了一系列不同硅铝比的 ZSM-5 分子筛为载体催化剂的反应性能时指出，并非所有硅铝比的 ZSM-5 都是适合的甲烷芳构化反应催化剂的载体，当 SiO_2/Al_2O_3在 20~50 时催化剂才表现出较好的反应性能。

Soliymos 等将 ZSM-5 载体替换成了 SiO_2、MgO、Al_2O_3和 TiO_2，在担载相同的 Mo 量后考察了不同载体的甲烷无氧芳构化催化剂的反应性能，氧化物载体担载的铝基催化剂的活性远低于 HZSM-5 分子筛担载的钼基催化剂。zhang 等则改变分子筛的类型，研究了铝物种负载于其他分子筛上的催化剂对甲烷芳构化反应的性能。结果发现对甲烷活化的顺序为：Mo/ZSM-11>>Mo/ZSM-5>Mo/HZSM-8>Mo/Beta>Mo/MCM-41>Mo/SAPO-34>Mordenite~Mo/X>Mo/Y>Mo/SAPO-5>Mo/SAPO-11。

将催化性能与催化剂结构相关联知，具有二维孔道结构且孔径接近苯动力学直径的分子筛是最佳载体。舒玉瑛等则将与 ZSM-5 分子筛具有类似孔道结构的杂原子分子筛 HZRP-1 应用为芳构化反应的载体。研究表明，杂原子分子筛 HZRP-1 是甲烷芳构化反应的良好载体，其特点在于高 Mo 担载量时催化剂仍可保持良好的反应活性。除上述具有十元环孔道结构的分子筛外，具有 MWW 拓扑结构的 MCM-22 分子筛也表现出优异的甲烷无氧芳构化反应性能。对于 Mo/MCM-22 催化剂体系而言，苯选择性可高达 80%，大分子产物萘生成量降低至 5%以下，催化剂的稳定性大幅提高，主要与 MCM-22 分子筛相对高的比表面积和独特的表面超笼结构特性有关，它不仅能够使反应中的活性 Mo 物种与 Brönsted 酸中心有效配合，有利于高选择性苯的生成，使产物苯较迅速地离开表面超笼，提高催化剂稳定性。对于具有同样拓扑结构的 MCM-49、MCM-56 和 ITQ 分子筛载体而言，只有 Mo/MCM-49 的甲烷芳构化性能可以与 Mo/MCM-22 相媲美。当 Mo 担载量为 6%~8%，反应温度为 700~720℃，空速范围为 1200~1800mL/g·h，甲烷转化率为 11%~13%，苯的选择性为 85%~95%。

2. 催化剂积碳与失活研究

甲烷在 Mo/ZSM-5 催化剂上虽然可以有效地转化为芳烃，在 700℃条件下，30%~40%的甲烷被转化成焦炭，造成催化剂稳定性差、失活过快。应用各种表征手段揭示碳物种的本质、探讨催化剂上积炭的生成与分布规律对于提高催化剂的使用性能具有重要意义。

使用 HRTEM 直接观察反应后催化剂的 Mo 物种表面层有厚度大于 2nm、晶格参数为d_{002}=0.35nm 的石墨层，同时在 ZSM-5 分子筛表面有厚度大约为 3nm 的无序易碎积炭层存在。

采用 XPS 方法对不同反应阶段 Mo/ZSM-5 催化剂表征时出现位于分子筛孔道中的石墨型积炭、分子筛外表面的以碳化钼形式存在的积炭以及分子筛外表面上的贫氢 sp 杂化前石墨型积炭等三类表面积炭物种。其中贫氢 sp 杂化前石墨型积炭量随反应时间的增加而增多，这种类型的积炭将在反应过程中将逐渐覆盖分子筛和活性 Mo 物种表面，是导致催化剂的失活的主要原因。

大连化物所对于区分积炭的类型进行了系列研究工作。首先使用了 TPO、TG 等表征手段并结合对载体的离子交换及水汽处理等方法对酸中心和 Mo 物种表面的积炭分布和形态进行考察。Mo/ZSM-5 表面生成了两种形式的积炭物种，一种为可被 H_2除去的大量低聚稠环芳烃，主要位于分子筛内表面的酸中心上；另一种为不能被 H_2除去的少量贫氢石墨前驱态物种，主要位于分子筛外表面的 Mo 物种上。碳化钼物种表面的石墨前驱态主要是由甲烷在碳化相表面直接吸附并脱氢聚合产生，而低聚稠环芳烃主要由乙烯、芳烃或碳阳离子中间物种在酸中心上进一步反应生成。通过 H_2 再生后催化剂的活性得以恢复，酸中心上的低聚稠环芳烃是引起反应过程中 Mo/ZSM-5 催化剂活性降低的主要因素。

采用 ^{13}CCPMAS-NMR 手段对 Mo/ZSM-5 催化剂表面的上积炭进行分析，同样发现了两种类型积炭的存在。一种位于分子筛的酸性位上，会使酸性位减少；另一种存在于 Mo 物种上，可能对甲烷活化起促进作用。包信和等采用 TP 技术对此研究做了进一步的补充。他们除对于分子筛酸中心上的稠环芳烃类积炭使催化剂失活的观点予以认同外，还将 Mo 物种上的积炭分为两类，一种是 Mo_2C 上的碳，另一种是 Mo_2C 中的碳。通过使用 TPH 技术将酸性位上的积炭除去后，催化剂活性恢复表明酸性位上的积炭是催化剂失活主要原因。对于 Mo/ZSM-5 催化剂，积炭的生成主要与分子筛内外表面酸中心有关。

Ichikawa 等在分析了反应中的液体产物时发现，除产物有苯、甲苯和萘以外，还有少量的蒽及其他的稠环芳烃，并且这些大的稠环芳烃的动力学直径均大于 HZSM-5 分子筛的孔道直径。这势必将导致扩散阻力增加，不能顺利地通过孔道扩散出来，而成为积炭前驱物。谭平连等也发现了这样的现象。他们根据积炭 Mo/ZSM-5 样品进行烧碳时所进行的 NH_3 吸附量变化判断出，积炭是首先在催化剂的微孔中的酸中心开始。而 Guisnet 等在研究分子筛失活过程中发现气体分子在分子筛中的扩散路径越长，孔道越窄，反应中形成的大分子积炭物种越不易脱附，积炭越严重；分子筛孔口与孔道直径差别越大，积炭分子的动力受到的限制越大，积炭也就越严重。除催化剂酸性质外，分子筛孔道结构对积炭的生成也有很大的影响。

此外，陈文衡在对催化剂上的积炭进行动力学分析后，发现催化剂上的积炭量与积炭时间的指数成正比，即符合方程：$W=a\times T^{n}$，n 则与催化剂的硅铝比及反应温度有关。甲烷芳构化过程中 Mo/ZSM-5 催化剂上的积炭与反应时间、活化温度和气氛、分子筛硅铝比等因素均存在关联。

3. 钼催化剂的反应机理

从单碳分子的甲烷转化成至少含有 6 个碳原子的芳烃是一个复杂的化学反应过程，探讨 Mo 物种的存在方式或存在形态及 Mo 物种与载体之间的关系、甲烷的活化及活性位、反应的历程等问题对提高 Mo/ZSM-5 催化甲烷无氧芳构化反应转化率、选择性意义重大。

(1) Mo 物种形态与 ZSM-5 分子筛相互作用

HZSM-5 分子筛含孔径为 0.54mm×0.56nm 和 0.51mm×0.55nm 两种孔道，外表面主要是硅羟基，强酸性的硅铝羟基主要位于孔道中。氧化铝是一种具有层状结构的酸性氧化物，层间通过范德华力连接，由于范德华力较弱，层层之间易移动。氧化钼的熔点很高约为 790℃，但其塔曼温度较低约为 260℃。

采用浸渍法将钼酸铵引入 ZSM-5 时，较大的钼酸盐并不能直接与 HZSM-5 的酸性位交换。通过 FT-IR、TP、XPS 和 XPS 表征结果显示，100℃干燥后 Mo 物种是以 3~5nm 左右的七钼酸盐的形式存在。300℃焙烧后，钼酸盐开始分解成 MoO_3 晶体，并且位于 ZSM-5 的外表面。当在 500℃焙烧后，Lunsford 等采用 FT-IR 方法与 HZSM-5 表面羟基相比较时发现，此时 Mo 物种与 ZSM-5 表面的羟基发生明显相互作用，分子筛表面羟基峰均明显降低，3671cm^{-1} 处归属于非骨架 Al-OH 的弱峰几乎消失，3747cm^{-1} 处归属于末端 Si-OH 的峰强度降低(约 70%)程度比 361lcm^{-1} 处孔道内桥羟基(降低 30%)更明显。即便在 400℃的低温下焙烧 lh，端基 Si-OH 仍降低约 50%，而此时桥羟基基本未变。充分说明 Mo 物种的引入对端基 Si-OH 及分子筛孔道内的 Brönsted 酸性位均有显著影响，尤其是端基硅羟基。而 Howe 等采用FT-IR、Si 和 Al MAS NMR 进一步证明高温焙烧后一部分 Mo 物种将迁移进入分子筛孔道。随着 Mo 担载量降低、焙烧温度升高、焙烧时间延长及焙烧过程中存在少量水气，Mo 物种由分子筛外表面迁移至分子筛孔道中的趋势增强。但是如果将焙烧温度升至 700℃ 以上，MoO_3将团聚成 1~5nm 大小的颗粒，主要位于分子筛外表面，部分 Mo 物种还会抽取置换分子筛骨架中的 Al 物种，使分子筛严重脱铝形成 $A1_2(MoO_4)_3$晶相，分子筛骨架结构破坏。

研究者采用 MoMAS-NMR 技术对不同负载量的 Mo/ZSM-5 催化剂表面 Mo 物种进行直接观察，研究结果证明催化剂上有两种不同的 Mo 物种存在。一是与分子筛的酸性位强的相互作用而形成的 Mo-O-Al 物种，另一种是 MoO_3微晶，它与分子筛的相互作用较弱。Mo 物种的负载量会影响两种 Mo 物种之间的平衡关系，即低 Mo 担载量的催化剂表面以 Mo-O-Al 物种为主，高 Mo 担载量的催化剂表面氧化钼微晶体为主。根据 EPR 和 Raman 表征发现，由于与 ZSM-5 分子筛的羟基相互作用，Mo/ZSM-5 催化剂中的 MoO_3并非仅以单一形式存在，而是分为四种类型：外表面以八面体形式存在的 MoO_3oct 物种，外表面以四方锥形式存在的 MoO_3spu 物种，以及与分子筛孔道内骨架铝相连的 Al(Ⅰ)…MoO_x和 Al(Ⅱ) …MoO_x物种。这四个物种的还原能力不同，它们的还原能力依次为 MoO_3oct~MoO_3spu>Al(Ⅰ)…MoO_x>Al(Ⅱ)…MoO_x。随后的 Al MAS NMR 和 NH_3-TPD 表征方法进一步证明，锚定在分子筛酸性位上的 Mo 物种的形态与分子筛的硅铝比有关。在低硅铝比($n_{Si}/n_{Al}=15$)的分子筛上，Mo 物种以单钼形式稳定存在，而 Mo 物种在高硅铝比($n_{Si}/n_{Al}=40$)分子筛上则为二聚态形式(图 9-32)。

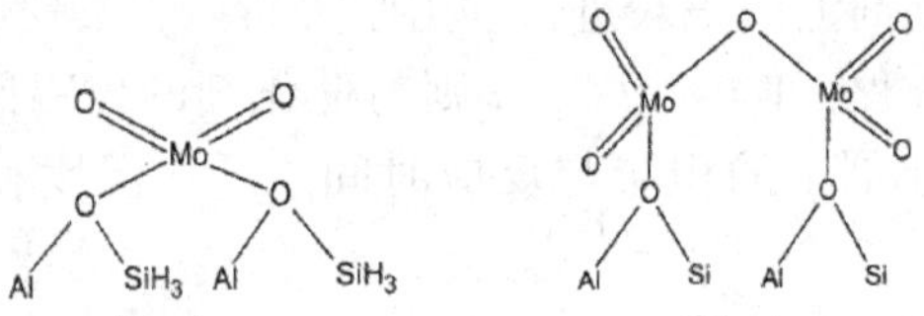

图 9-32　不同硅铝比分子筛上 Mo 物种的状态

（2）活性位及反应过程

过渡金属氧化物 MoO_3与 HZSM-5 分子筛共存时会发生复杂的交互作用，催化机理十分复杂，甲烷催化无氧芳构化的反应活性位、反应历程是众多研究者关注的焦点。

Solymosi 和 Lunsford 等认为 Mo/ZSM-5 催化剂上甲烷无氧芳构化反应需要经历一个诱导期。在诱导期内大部分的 Mo^{6+}被 CH_4还原形成 Mo_2C 物种，并伴随积碳沉积在 Mo_2C 的表面，同时会有 H_2O、CO 和 CO_2生成。Xu 和 Bao 等人使用 CH_4-TPRS 手段对诱导期进一步研究表明，诱导期内 Mo 物种的碳化作用并非一步完成，分为如下三个阶段：

a. $4MoO_3+CH_4 \longrightarrow 4MoO_2+CO_2+2H_2O$；

b. $2MoO_2+3CH_4 \longrightarrow Mo_2C+CO+5H_2+CO_2+H_2O$；

c. 甲烷在 Mo_2C 上开始活化转化。

过程中形成的 H_2、CO、C_2H_4或 C_2中间物种可促进催化剂中 MoO_x的碳化速率，而 CO_2和 H_2O 则由于会产生 Boudouard 反应或重整反应对 MoO_x中氧的移除存在抑制作用。

诱导期过后，Mo/ZSM-5 催化剂上的甲烷无氧芳构化反应是活性 Mo 物种和 ZSM-5 分子筛上 Brönsted 酸中心的协同作用结果，反应遵循双功能催化反应机理：Mo 物种在诱导期内转化成活性 Mo 物种，甲烷在活性 Mo 物种上部分裂解成中间产物，中间产物转移至分子筛的酸性位上聚合、环化最终形成芳烃。

Solymosi 等采用 XPS 表征了甲烷芳构化反应后的 MoO_3/SiO_2 催化剂，结果同样发现了 Mo_2C 物种的存在，以此认为 Mo_2C 物种可能是反应的活性物种。随后，他们在评价 K_2MoO_4/SM-5、担载和未担载 Mo_2C 物种的催化剂反应性能时发现，部分氧化的（15%～50%）Mo_2C/ZSM-5 催化剂比未氧化的 Mo_2C/ZSM-5 催化剂具有更好的催化性能。由此他们认为不仅 Mo_2C 是反应的活性位，含氧缺陷的 MoO_2 也是甲烷活化所必需的，碳氢碎片（CH_2）是反应的中间物种，这个碳氢碎片经过表面迁移转移到分子筛的酸中心上聚合、环化生成乙烯或芳烃。

XPS 表征不同反应阶段的 Mo/ZSM-5 催化剂时发现 60%～80%的 Mo^{6+} 被还原形成 Mo_2C 物种，只有 20%～30%的 Mo^{4+} 物种存在，同时形成碳沉积。由于 Mo_2C 的生成与反应存在诱导期高度吻合，故提出反应活性位是 Mo_2C 物种，M^{6+} 及部分还原 Mo 物种均非反应的活性位，反应初级产物是 C_2H_4。由于在 Mo_2C/ZSM-5 上进行甲烷芳构化反应时发现预先生成 Mo_2C 物种并不能完全消除诱导期。据此认为纯净的 Mo_2C 表面活性过高，不能形成高级烃类，C_2H_4 形成的活性位应该是部分积炭改性的 Mo_2C 物种。Jiang 等采用脉冲方法比较 C_2H_6 预处理不同次数后的催化剂的甲烷芳构化反应性能时发现，多次 C_2H_6 处理后的样品甲烷转化率和苯收率较高，CO 含量较少，同样证明了经过积炭改性后的碳化钼物种是反应的活性物种。

Ichikawa 等研究了不同硅铝比分子筛制备而成的 Mo/ZSM-5 催化剂，并结合机械混合的 Mo/SiO_2+HZSM-5 和 Mo_2C+HZSM-5 催化剂芳构化结果，认为碳氢碎片 CH_x 是在 Mo_2C（MoO_xC_y）上聚合成中间物种 C_2H_y，而后 C_2H_y 在分子筛的酸性位上形成芳烃产物，同时也会有大量积炭的生成。结合以上实验结果，给出了如下反应机理：

$$CH_4 \underset{}{\overset{a}{\rightleftharpoons}} \underset{\underset{\text{Coke}}{\downarrow}}{CH_x} \xrightarrow{b} C_2H_y \xrightarrow{c} \text{Aromatics} + \text{Coke}$$

a、b：$Mo_2C(MoO_xC_y)$；c：HZSM-5

研究者通过使用 EPR 技术表征证明催化剂外表面的 MoO_3oct 和 MoO_xsqu 经过甲烷还原形成 Mo_2C 物种，而孔道之中与 Al 物种相作用的 Mo 物种被 CH_4 部分还原为 MoO_xC_y，二者均为甲烷活化的活性物种。进而，^{95}Mo MAS NMR 给出了与分子筛发生强相互作用的交换位的 Mo-O-Al 物种是甲烷直接转化反应的活性中心的直接证据。采用原位 NMR 技术直接发现了分子筛桥羟基上的质子直接参与了成环、氢转移及芳构化反应，表明 Brönsted 酸位的存在对于反应的重要作用。但是他们对于反应的中间产物提出了不同的见解。他们采用甲烷程序升温表面反应时发现，乙烯与苯是同步生成的，而且乙烯的生成量远远小于苯的生成量。所以他们认为不能把乙烯简单的归结为中间产物。

Meriaudeau 等对于反应的中间物种及反应机理提出了不同的意见，他们在改变原料与催化剂接触时间时发现，Mo_2C 虽然是反应活性位，针对接触时间减小，乙炔产物增加的实验现象，认为反应中间产物是乙炔，而乙烯和苯均二级产物。随后，他们发现 C_2H_2 和 C_2H_4 在 Mo/SM-5 上时，苯的生成速率均高于在 HZSM-5 分子筛上的生成速率，因此他们提出 Mo_2C 是甲烷活化及芳构化反应活性中心的单功能反应机理。

4. 其他催化剂

除 Mo 以外，研究人员还系统考察了 Pt、Os、Cu、Fe、Ga、Zn、Re、V、W、Cr 等负载的 HZSM-5 催化剂，负载 Mo、Re 的催化剂催化活性最高，W、Pt、Os 等也是较好的活性组分。催化剂制备过程中，添加一些有效助剂可显著提高催化剂的活性或者选择性。例如，HZSM-5先进行离子交换，再负载Mo可制备一系列改性的Mo/HZSM-5催化剂。置换离子不同，催化剂在反应稳定期内的活性和选择性差别很大。在催化剂的稳定期内，CH_4芳构化活性高低的顺序为：$Cu^{2+}>Fe^{3+}>V^{2+}>Mn^{2+}>Zn^{2+}>Ni^{2+}>Cr^{3+}>H^+$；$C_6H_6$选择性大小的顺序为：$Fe^{3+}>V^{2+}>Mn^{2+}>Cu^{2+}>Ni^{2+}>Zn^{2+}>Cr^{3+}>H^+$。

采用分步浸渍法制备了以Co、Ru、Zn、Cu、Cr、Ni等改性的Mo/HZSM催化剂，添加适量的Ru可以降低催化剂表面的酸性，从而提高催化剂的活性；当Ru的添加量为0.5%时，CH_4的转化率和芳烃的收率分别从7.02%和5.87%增至9.83%和8.33%。稀土元素Y、La、Ce、Eu、Er、Yb等改性的Mo/HZSM-5催化剂均在不同程度上对提高了催化剂的活性，其中Eu的助剂效应尤其明显，当Eu/Mo=0.04(摩尔)时，在1023K下CH_4的转化率从13.7%增至19.3%，C_6H_6选择性基本维持稳定。添加Pt、W、Zr、Cu、Co、Ru等助剂，还可以在一定程度上提高催化剂的稳定性。

催化剂制备方法的不同会引起分子筛Mo分散度、Mo与分子筛之间的相互作用的差异，不同的制备方法对催化剂活性、稳定性存在影响作用。固相离子交换法、研磨法、微波分散法、浸渍法等对Mo/HZSM-5催化剂催化活性的影响。研究发现，微波分散法制备的催化剂由于Mo的分散度比较高而具有较高的催化活性，但是容易发生活性Mo物种的聚集而使催化剂失活。浸渍法是一种比较简单有效的改性方法，但受CH_4芳构化热力学性质的限制，不同催化剂改进作用效果有限。目前较为理想的催化剂体系为以Mo为活性组分，以ZSM-5或MCM-22分子筛为载体的催化剂，减缓高温下催化剂的积炭失活趋势是维持催化剂活性的关键。

5. 催化剂的积炭失活与再生

反应过程中引入其他气体组分，通过原位反应消炭，以控制积炭及积炭催化剂进行烧炭再生是目前主要的两类解决催化剂积炭失活的方法。

(1)利用原位反应消炭控制积炭

Ohnishi等在原料气CH_4中混入一定量的CO或CO_2，使Mo/HZSM-5催化剂的活性和稳定性均显著提高。还加入1%的Co对Mo/HZSM-5催化剂进行改性。在通入少量CO的情况下，30~100h内每1g催化剂上C_6H_6生成速率达到700~1000nmol/s，积炭选择性小于20%。CH_4首先被活化成CH_x，而CH_x一方面可以生成C_2H_4，然后聚合生成C_6H_6和其他芳烃；另一方面CH_x可以继续脱氢生成活泼积炭，最后转变为惰性碳。当在原料中添加CO或CO_2后，高温下CO在Mo/HZSM-5表面发生Boudart反应的逆变换，生成少量CO_2和活泼炭，活泼炭和CH_x脱氢生成的炭再通过加氢生成活性物种CH_x，然后进一步生成C_2H_4，最后聚合成芳烃；而CO_2则可将包括从CH_4到惰性碳在内的所有表面碳物种$CH_{(0\sim4)}$转化成CO和H_2，显著抑制了催化剂表面的积炭，尤其是高温积炭的生成。

水蒸气作为CH_4原料气的添加组分，可明显降低CH_4芳构化反应的起始温度，提高催化剂活性。适量水蒸气的加入可以在一定程度上改善Mo/HZSM-5催化剂的稳定性，过量水蒸气的引入则会抑制甲烷芳构化反应。此外，水蒸气对催化剂上的积炭量没有明显影响。在传统的水蒸气转换过程中，水蒸气与CH_4裂解生成的积炭发生消炭反应，生成合成气，H_2O的比例对于抑制Ni基(或Fe基)催化剂积炭的作用有很大的影响，水蒸气对消除芳构化催化剂上的积炭也有作用，但需要适当控制加入的比例和方法。

研究者在原料气中引入微量O_2，发现3%Mo/HZSM-5催化剂的稳定性显著提高，而且

O_2的加入量存在阈值。低于该阈值时，随着 O_2加入量的增加，催化剂的稳定性逐渐提高；高于该阈值时，CH_4深度氧化成 CO 或者 CO_2，CH_4芳构化反应选择性降低。随反应温度的升高，O_2添加量阈值显著升高。微量 O_2的加入，不仅可以消除催化剂表面的部分积炭，还可与 MoC 或 MoC_2相发生化学反应生成 MoO_xC_y 相(MoO_xC_y 是催化剂的主要活性成分)，延长催化剂的寿命。

消炭剂的加入比例不宜太高，否则会引起副反应，原位消炭只能在一定程度减缓催化剂的积碳失活，提高催化剂稳定性，难以根本避免催化剂的积炭失活。因此，研究适宜的催化剂再生方法，尽可能使催化剂活性完全恢复，对于促进 CH_4无氧芳构化的工业化具有重要的意义。

(2) 积炭催化剂的再生

传统催化剂的再生方法有水蒸气再生、CO_2再生、H_2再生和 O_2再生。前两种方法均是吸热反应，耗能较大且再生速率较慢；同时水蒸气再生易导致催化剂脱铝，CO_2来源不广，无太大工业适用性。

① 采用 H_2再生

973K 下，CH_4和 H_2交替进样进行连续的芳构化反应和催化剂再生。CH_4转化时产生的积炭被 H_2气化成 CH_4，催化剂活性得到恢复或保持。CH_4和 H_2交替进料的时间分别为 10min 时，经过 300min 反应，C_6H_6和萘的收率分别为 7.3%和 1.5%；而加入 H_2再生时，经过 300min 反应后，C_6H_6和萘的收率仅为 4.8%和 0.6%。过程实现了反应温度下催化剂的原位再生，延长了催化剂的使用寿命。

② 采用 O_2再生

a. 高温再生　相对于纯 H_2，低浓度的 O_2(用 N_2稀释的空气)廉价且方便易得，因此经常被用作积炭催化剂的再生气体。Bai 等采用 1% 的 O_2 和 N_2 的混合气，在反应温度下(993K)，对 CH_4无氧芳构化催化剂 Mo/MCM-22 进行短时间再生，催化剂的活性可以得到相当程度的恢复，但是稳定运行时间缩短，而且随着再生次数的增加，催化剂稳定性下降。在该温度下和 O_2气氛中，MoO_3与分子筛上的 Al 相互作用增强，生成无活性的 $Al_2(MoO_4)_3$，并降低催化剂结晶度的缘故。

b. 中温再生　使用含 O_2气体对催化剂进行烧炭再生时，高温(973K)一方面会导致活性组分 MoO_3的升华，另一方面会使分子筛骨架脱铝，生成无活性的 $Al_2(MoO_4)_3$，降低催化剂的结晶度。C_3H_8芳构化催化剂 Ga/ZSM-5 在 773K 进行了多次烧炭再生，再生后催化剂寿命可达 1000h 以上，CH_4芳构化催化剂的载体也是 ZSM-5，表面积炭类型相似，在此温度下再生的性能应该相似。由于 773K 是 Mo/HZSM-5 催化剂制备时的煅烧温度，此温度下进行再生，不仅不会生成 $Al_2(MoO_4)_3$而破坏分子筛骨架，而且能促进 MoO_3在分子筛表面的分散。采用 5%的 O_2和 N_2的混合气在 773K 下进行 Mo/ZSM-5 积炭催化剂的再生。初期随着再生次数的增加催化剂活性逐渐提高；超过 10 次再生后，随着再生次数的增加，催化剂的活性保持稳定；经过 17 次再生后的 100h 寿命实验，催化剂仍有良好的活性和稳定性(图 9-33)。这说明中温 O_2烧炭再生是 CH_4无氧芳构化 Mo 基催化剂的有效再生手段。

6. CH_4无氧芳构化工业反应器形式

CH_4无氧芳构化过程的反应机理、催化剂制备、催化剂的积炭和再生等方面研究取得了长足的进步，但都仅限于实验室固定床微反应规模。然而，由于 CH_4无氧芳构化反应是强吸热反应(反应热为 530kJ/mol)，而且反应温度高(一般在 973K 以上)，因此，从工业应用的角度来讲，更适于采用传热效果好的流化床或循环流化床反应器。另外，如果不能及时将C_6H_6与其他芳烃从催化剂孔道及表面扩散出去，会进一步缩合形成积炭，加剧催化剂的失活。流化床反应器采用的利于流化的细小催化剂颗粒和良好的外传质效率无疑将更有利于提高催化剂的稳定性。基于此，清华大学化工系反应工程研究室进行了CH_4无氧芳构化反应的流化床热态小试研究，结果见图9-34。

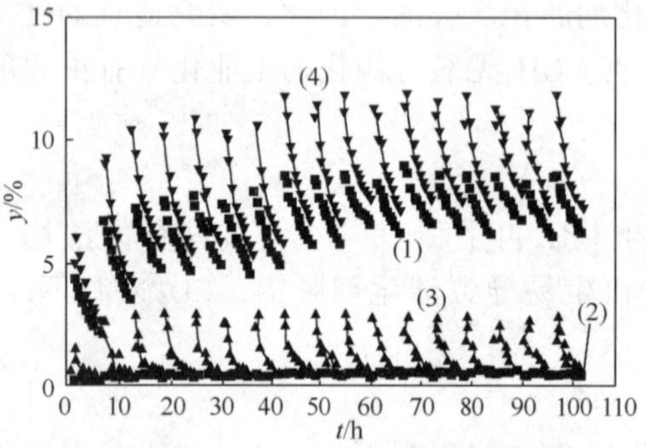

图9-33 CH_4无氧芳构化催化剂Mo/ZSM-5的中温O_2烧炭再生后的寿命实验(973K)

(1)C_6H_6；(2)C_7H_8；(3)$C_{10}H_8$；(4)芳烃

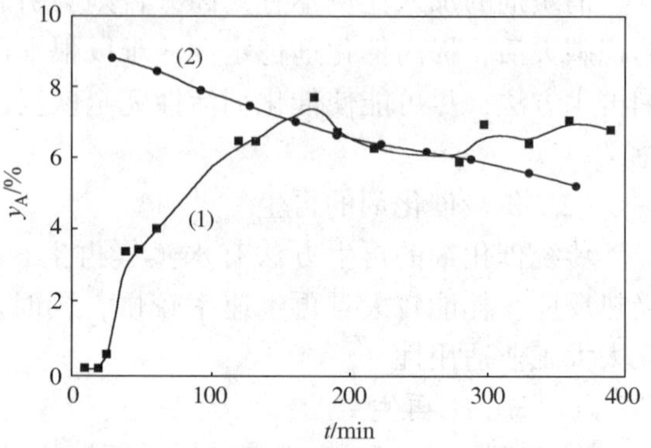

图9-34 不同反应器内Mo/ZSM-5催化剂CH_4无氧芳构化芳烃收率

(1)流化床反应器；(2)固定床反应器

由图9-34可知，虽然相对于固定床反应器来说，流化床反应器内的反应诱导期延长，而且初活性明显下降，但催化剂稳定性明显提高。因此，无论从传热还是传质来讲，流化床反应器都更适于作为CH_4无氧芳构化的工业反应器。

考虑到该过程所用催化剂需要频繁再生，未来的反应器应由1个带燃料加热的流化床/循环流化床反应器及1个再生器组成，如图9-35所示。如采用循环流化床反应器，由于催化剂的大量循环，这一强吸热反应过程可利用直接还原条件下的燃烧来供热，热催化剂进入反应器进行反应。由于CH_4的转化率不高(973K为10%左右)，可与其他过程如CH_4制氢结合，联产7%左右的C_6H_6及其他芳烃产品，一方面实现CH_4转化过程的高附加值化，另一方面使得芳构化技术省去了能耗及固定投资较大的原料气净化，以及后续的CH_4/H_2分离工艺，显著提高了该过程的经济效益。

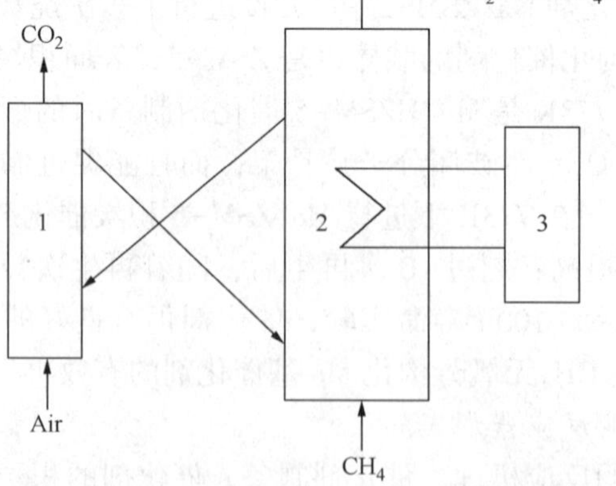

图 935 带再生装置的CH_4无氧芳构化流化床反应器

1—再生器；2—反应器；3—以甲烷或液态烃为介质的取热器

第六节　甲醇制芳烃

甲醇制芳烃(Methanol to aromatics，MTA)是指以甲醇为原料直接制备以苯、甲苯和二甲苯为主的芳烃，是甲醇制烃(Methanol to hydrocarbons，MTH)中的一部分。MAT生产链主要由甲醇原料(焦炉气、甲烷和煤等含碳物质)、MAT原料(甲醇)和产物(芳烃)三部分组成。就甲醇原料，即焦炉气、甲烷和煤等含碳物质而言，利用焦化副产焦炉气，既提高了焦化效益又大幅降低环境污染；利用煤层气、页岩气等非常规天然气资源，有效提高了甲烷的化工利用价值。

甲醇的生产技术已经很成熟，且具有大型化生产规模，新建工厂都是百万吨以上。在中国，甲醇产能百万吨以上的生产厂由2009年的2家增加到2010年的5家和2011年的8家。目前，全球甲醇生产的产能和产量都在增加，且甲醇产能远高于甲醇产量，例如，国内近3年受市场需求的影响，甲醇生产开工率均不足60%，如果开工率为100%，则供大于求的现象将会很严重，多余的甲醇需要开发新的下游产品。

由于原油资源的短缺，我国芳烃短缺已成定局，目前仅PX(对二甲苯)的市场缺口就达到500×10^4t/a以上，2010年芳烃缺口总量超过1000×10^4t。芳烃的大规模工业生产是通过芳烃联合装置实现，对石油资源有着很强的依赖性。下游产品的需求增长推动了芳烃产量的增加，例如，从2005~2010年，中国对二甲苯的表观消费量增加了近168%。这种趋势要求芳烃生产有一个稳定的原料供给，对于石油相对缺乏的中国，必须寻找石油以外的原料，MTA技术的出现无疑是提供了一条新的芳烃生产路线。近年来，中国煤化工发展方兴未艾，MTA也成为科研机构研究及公司关注的一个热点，有关MTA的研究成果及专利呈现出直线上升的趋势，开发了相应的工艺和建成了示范性工业装置。

中科院山西煤化学研究所开发的甲醇转化制芳烃工艺以甲醇为原料，以改性ZSM-5分子筛为催化剂，在0.1~5.0MPa、300~460℃，LHSV 0.1~6.0h^{-1}条件下催化转化为以芳烃为主的产物；经冷却分离将气相产物低碳烃与液相产物C_5^+烃分离；液相产物C_5^+烃经萃取分离，得到芳烃和非芳烃。该发明的芳烃总选择性高，工艺操作灵活。

该技术属于大规模甲醇下游转化技术，目标产物是以BTX(苯、甲苯、二甲苯)为主的芳烃。以MoHZSM-5(离子交换)分子筛为催化剂，以甲醇为原料，在温度380~420℃、常压、LHSV 1h^{-1}条件下，甲醇转化率大于99%，液相产物选择性大于33%，气相产物选择性小于10%。液相产物中芳烃含量大于60%。已完成实验室催化剂筛选评价和反复再生实验，催化剂单程寿命大于20天，总寿命预计大于8000h。该技术的工艺研究与化学工业第二设计院合作开发，2008年进行$(1\sim10)\times10^4$t/a甲醇工业示范试验的工程设计和建设。

清华大学开发了甲醇制芳烃(FMTA)技术。大唐国际在内蒙古多伦建100×10^4t/a精对苯二甲酸(PTA)项目，是大唐多伦煤化工的二期工程，总投资约100亿元。该项目的核心技术是清华大学的甲醇制芳烃(FMTA)技术，采用流化床反应器，规模为1×10^4t/a芳烃(二甲苯)的中试装置于2008年6月开工建设，利用多伦煤化工一期工程生产的甲醇原料生产芳烃。该中试装置总投资1亿元。据统计，大唐多伦煤化工一期工程的产品方案为通过年产甲醇168×10^4t，下游生产聚丙烯46×10^4t及副产精甲醇24×10^4t，汽油12.95×10^4t，LPG6.66×10^4t。因此副产的甲醇完全可满足甲醇制芳烃(FMTA)中试装置的原料供应。

一、甲醇制芳烃反应机理

目前几乎没有研究 MTA 反应机理的文献报道，工业试验、工程化、工业化运行速度远远超过理论研究。芳烃生成机理可以从 MTH/MTO 机理中引出，有关 MTH/MTO 的反应机理主要是 C-C 键的形成机理。各种机理可以简单地分为“直接”机理和“间接”机理两类。直接机理是通过甲醇/二甲醚与高能中间体的直接偶联反应生成产物，间接机理是烃池机理。烃池机理认为，在催化剂上生成的一些相对分子质量较大的芳烃类物质，吸附在催化剂的孔道内作为活性中心与甲醇反应，在引入甲基基团的同时进行脱烷基化反应，生成乙烯和丙烯等低碳烃物种。

在“直接”机理中，芳烃主要是由低碳烯烃通过活性中间体进行碳链的增长和环化而成。Dessau 等基于碳正离子机理提出了一个芳烃生成机理，如图 9-36 所示。在该机理中，甲基碳正离子与烯烃反应生成更高阶碳正离子，C_6^+ 脱氢环化反应生成芳烃；同样，通过甲基碳正离子与苯的反应生成甲苯和二甲苯。

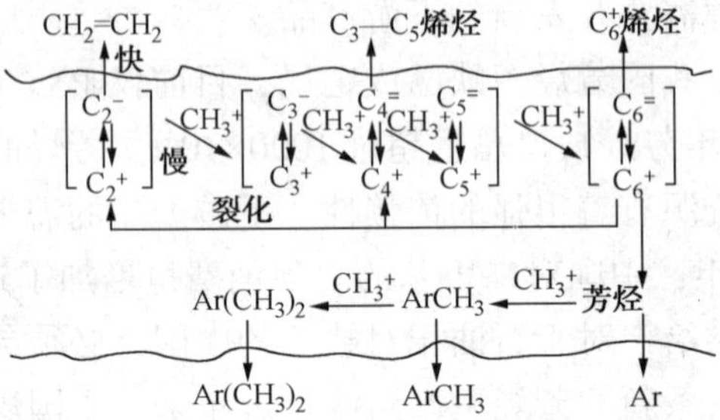

图 9-36　HZSM-5 催化甲醚转化反应机理

通过“直接”机理形成 C—C 键比较困难，密度泛函理论计算所得反应能垒也否定了直接 C—C 键生成机理。烃池机理如图 9-37 所示，$(CH_2)_n$ 为苯环形式的反应活性中心，在诱导期内是由微量的不纯物，如甲醛，酮或高级醇反应而来；反应稳定后，活性中心可能是由于乙烯、丙烯等发生低聚、缩合反应形成苯环，在此期间的活性中心数量比较多，芳烃的生成也由活性中心物质转化而来。

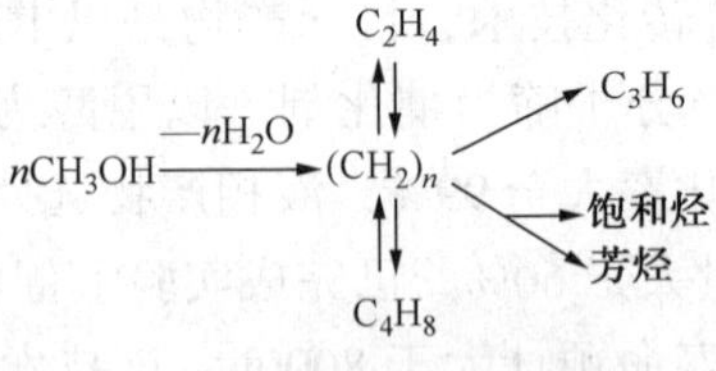

图 9-37　烃池机理示意图

二、甲醇制芳烃催化剂

开发性能优良的甲醇制芳烃催化剂需重点解决以下问题：提高甲醇转化率，控制芳烃收率及不同芳烃（如苯、甲苯、二甲苯）的选择性，延长催化剂寿命，提高催化剂水热稳定性。

1977 年 Mobil 公司的研究者报道了在 ZSM-5 分子筛催化剂上甲醇及含氧化合物转化制备芳烃等碳氢化合物的方法。ZSM-5 具有尺寸均匀的孔道，没有小尺寸孔径的超笼结构、十元氧环形成的几何结构，使得难以形成大稠环芳烃而导致快速失活。ZSM-5 分子筛中等强度的酸性、适宜的孔道结构有利于甲醇向芳烃转化。

1. ZSM-5 分子筛及其改性

ZSM-5 分子筛是 MAT 催化剂的活性组分，其孔道结构、表面酸性、晶粒尺寸和晶体化学组成等结构、物理性质在很大程度上决定催化剂的活性、选择性、寿命、水热稳定性。ZSM-5 分子筛的酸性对甲醇芳构化催化剂活性、产品选择性影响较大，决定 ZSM-5 分子筛酸性大小的关键为硅铝比。不同酸性的 ZSM-5(Si/Al 为 25、50、150)分子筛对甲醇芳构化反应选择性的影响表明随分子筛硅铝比减小，分子筛酸性增加，酸强度增大。低硅铝比、强酸性的分子筛有利于提高芳烃收率，分子筛硅铝比为 25 时，芳烃初始收率达到 64%；而分子筛硅铝比为 150 时，芳烃初始选择性仅为 41%，芳构化反应需要强酸性催化剂。通过改变 ZSM-5 分子筛硅铝比，添加金属、金属碳化物、氧化物或非金属可调变其酸性及孔道结构等物理化学性质，改变反应方向，实现芳烃选择性的调节和控制。

通过分子筛改性可以增加 MTH 反应中芳烃的选择性，表 9-13 列出了含有不同改性组分催化剂催化甲醇转化反应的芳烃选择性。改性组分以 IB、IIB 族金属元素为主，Ga 也是常用的改性组分之一。改性组分发挥的作用主要有：提供 1 个 L 酸中心或类似于 $M^{2/n+}O-Z$ 的活性中心，烯烃的生成与此 L 酸中心脱氢活性有关，环烷烃中间体也可在 L 酸中心上脱氢生成芳烃，整个芳构化过程是 L 酸中心和 B 酸中心的协同催化作用；提供了 1 个烯烃的脱氢中心，中间产物进而在 ZSM-5 的酸性位上芳构化，如 Mo_2C 和 β-Ga_2O_3。

表 9-13　改性元素对芳烃选择性的影响

分子筛	改性剂		制备方法	温度/℃	*MHSV*/h^{-1}	选择性/%(改性前/后)	增量/%
	组分	含量/%(质量)					
ZSM-5/Al_2O_3	Se_2O_3	3.3	浸渍法	462	5.7	18.4/25.4	38.0
ZSM-5	MgO	11.4	浸渍法	400	3.1	-/14.1	—
ZSM-5	Zn	2.0	离子交换	427	9.0①	40.3/67.4	67.2
	Ga	1.9				40.3/48.2	19.6
[Si, Ga]ZSM-5	Ga, Si	0.054①	水热合成	450	脉冲	0/11.0	—
ZSM-5	Cd	0.9	离子交换	450	—	30.9/51.2	65.7
	Mn	0.2				30.9/26.9	-12.9
	Cu	1.4				30.9/25.0	-19.1
	Ga	0.7				30.9/44.7	44.7
	Zn	2.0				30.9/52.3	69.3
ZSM-5	Ag	2.8	离子交换	427	9.0②	40.0/72.6	81.5
ZSM-5	β-Ga_2O_3	50.0	混合法	400	0.7	10.4/51/4	394.2
ZSM-5	ZnO	7.0	浸渍法	400	4.1②	20.0/66.9	234.5
	CuO	7.0				20.0/76.5	282.5
	CuO, ZnO	7.0, 0.5				20.0/69.4	247.0
ZSM-5	Mo_2C	5.0	浸渍法	500	1.0	20.3/62.8	209.4
ZSM-5	Zn, 硅烷	2.9, 4.3	浸渍法	450	2.0	-/63.7	—
	Fe, 硅烷	4.8, 4.6				-/65.5	—

注：① n(Ga)/n(Ga+Si)；

② 催化剂装填量(g)/单位进料速率(mol/h)。

过渡金属是主要的改性元素。Conte 等采用浸渍法考察了 Ag、Cu、Ni、Pd、Ir 和 Ru 等。系列金属改性 ZSM-5 催化剂的 MTA 活性，Ag、Cu 和 Ni 可以提高 C_6 ~ C_{11}芳烃的选择性达2倍以上，而 Pd、Ir 和 Ru 则效果不明显。反应初始，所有的金属都是以氧化物形式存在，烯烃在金属离子上配位吸附，进而生成芳烃。Ag^+、Ni^{2+}和 Cu^{2+}具有这种与烯烃配位的能力，并且 AgO、NiO 和 CuO 与分子筛分子筛的酸性相互协同作用，PdO、IrO_2和 RuO_2与 ZSM-5 晶体间不存在这种相互协同作用。Conte 等认为，丙烯是芳烃形成的中间体，具有与丙烯相互配位能力的金属氧化物，被认为有利于芳烃的生成。

由于烃类的芳构化需要强酸催化剂，MTA 反应也要经过中间烃类的芳构化过程实现，所以 MTA 也是强酸催化反应。Sedran 等用无定型酸性 $SiO_2-Al_2O_3$催化剂来研究酸性与甲醇转化的关系，认为反应活性与酸强度无关，但随着酸量的增加达到最大产率(约 80%)，酸量进一步增大时，产率开始下降。烃的生成只与强酸位的数量有关，而不是整个酸量，弱酸位只能将甲醇脱水生成二甲醚，对于烃的生成，必须有强酸位存在。钟炳等利用 TPSR 和 GC-MS 技术得出，甲醇脱水反应主要在 L 酸中心进行。150℃吡啶中毒实验中甲醇-TPD 脱附物未检测到芳烃，表明烃类的转化基本被阻止，所以认为 C—C 键的形成和芳烃的生成是在 B 酸中心上进行。甲醇脱水成低碳烃的反应也可以在弱酸位上发生，而不只限于生成二甲醚这一步，甲醇在弱酸中心转化为 C_2 ~ C_4烯烃，在中等强度酸中心转化为 C_5 ~ C_{10}脂肪烃，在中等强度和强酸中心上生成 C_6 ~ C_{10}芳烃和 C_1 ~ C_4烷烃。

芳烃的选择性与酸量有关系。Vedreine 等用 P 来改变 ZSM-5 分子筛的酸性，P 的加入提高了低碳烯烃的产率，减少了芳烃和烷烃的生成；采用 IR 和微分吸附量热技术联用的实验表明 P 并没有中和分子筛孔道内的最强酸位，只是中和了分子筛孔道口的中等强度和强酸性位，P 也未改变酸强度，芳烃产量与强酸位数量有关，即酸强度决定产物的种类，而酸量决定产物的分布。Choudhary 等考察了 H-ZSM-5 催化剂的 Si/Al 比和离子交换程度对 MTA 产物分布的影响，发现活性酸位(在 380℃时吡啶吸附时的脱附量)越多，芳烃浓度越大。H-GaMFI 分子筛催化剂的甲醇芳构化/脱水活性比随着其酸性增强而增大，只需要一定量的强酸位，大概 0.05mol/g 的强酸就能使甲醇达到 100%的转化，芳烃的生成随酸位数量缓慢增加，在强酸位数量为 0.21mmol/g 时达到最大，随后保持不变。

甲醇的转化和芳构化都是酸催化过程，甲醇转化为二甲醚可以在弱酸位(L 酸)上进行，芳构化则必须有强酸位(B 酸)存在；强酸位越多，越有利于芳烃的生成，但强酸位催化剂易于积炭。通过对 H-ZSM-5 催化剂改性，芳烃的选择性得到较大程度的提高，使得甲醇直接转化为芳烃成为可能。

(1) 金属改性

引入金属组分不仅可以调变分子筛的酸性，还可以改变分子筛的比表面积、孔径和孔体积，进而影响 ZSM-5 分子筛催化甲醇制芳烃的反应性能。常见改性方法包括通过浸渍、离子交换、化学气相沉积和骨架元素原位同晶取代等，把金属组分引入分子筛孔道中作为平衡骨架电荷的阳离子或在骨架中引入金属氧化物，获得不同金属改性的分子筛。

利用离子交换法将 Zn 和 Ag 引入到 ZSM-5 分子筛中，考察其对甲醇制芳烃反应的催化性能。将 Zn 引入 ZSM-5 分子筛孔道中，产物中芳烃含量有所提高，能达到 67.4%左右，将 Ag 引入后芳烃收率可达 80%左右。Ga、Zn、Sn、Ni、Mn、Mg、Cr、Cu 等改性 ZSM-5 分子筛催化性能，在 550℃下 Ga 改性、低硅铝比(Si/Al 为 25)的 ZSM-5 具有较好的芳构化活性，其芳烃收率可达 63.8%，ZnZSM-5 的芳烃收率为 46.7%，SnZSM-5 的芳烃收率为 42.3%，

NiZSM-5、MgZSM-5、CrZSM-5、HZSM-5 的芳烃收率为 33.9%~36.7%，MnZSM 的芳烃收率为 25.4%，CuZSM-5 的芳烃收率为 11.7%。

金属负载量对甲醇芳构化催化剂活性、产品选择性影响较大。0.5%Zn 负载量可使芳烃收率提高 5%，Zn 负载量为 1.0%~2.0%时芳构化活性较高；当 Zn 负载量超过 2%时，不仅不能提高芳烃收率，反而促使甲醇裂解成 CO 和 CO_2。Zn 和 Ga 改性 HZSM-5 沸石的活性中心性质及 C_1~C_4醇反应历程研究表明，Zn 和 Ga-ZSM-5 有 2 种芳构化活性中心，即 B 酸和 Zn、Ga 活性物种。B 酸中心催化氢转移芳构化反应，芳烃和烷烃同时生成。Zn、Ga 活性物种对应于脱氢芳构化活性中心，高温对脱氢反应有利。

采用 NH_3-TPD 和吡啶吸附热重分析法测定 HZSM-5 及 Zn、Cu、Cd、Mn、Ga 改性 HZSM-5 的总酸量、B 酸和 L 酸性质与芳烃选择性的关系表明，Zn、Cd 样品的芳烃含量较高是由于其 B 酸量显著减少，裂化和氢转移芳构化反应受到抑制，气态烷烃量大大减少。Zn、Cd 样品具有较高的脱氢芳构化活性，对活化烯烃、活化丙烷和丁烷均有积极意义。

金属改性方法除离子交换，还可以采用原位晶化的方法进行同晶取代。Choudhary 等用 Ga 同晶取代的 MF1 分子筛，在 400℃下进行甲醇脉冲进料的微反实验发现，随着 Si/Ga 摩尔比由 25 提高到 125，芳烃收率由 38%下降到 20%。通过程序升温脱附(TPD)定量表征发现，分子筛强酸含量降低是导致芳烃收率降低的主要原因。

（2）双组分改性

为进一步提高产物选择性、抑制催化剂结焦积炭，提高催化剂的稳定性，在金属改性 ZSM-5 分子筛催化剂中引入第二改性组分。第一改性组分一般为过渡金属尤其是 La、Ce 等稀土金属，Zn、Ga 等则有利于芳烃产物的生成。从调变催化剂中 Ga 的状态分布出发，选择具有给电子和吸电子能力的 K、V 作改性元素；从调变酸性角度考虑，以 B 元素改性，考察它们对丙烷、甲醇芳构化反应的催化过程。Ga-HZSM-5 以 K、V、B 等第二组分改性后，分子筛表面酸性质、脱氢活性组分 Ga 的分布状态发生变化，催化性能随之改变。K 改性后催化剂几乎不含强酸中心，Ga 主要以游离态存在，对甲醇和丙烷芳构化反应无催化活性。V、B 改性后大大降低了表面酸量，强酸中心量减少，V 改性的催化剂中 Ga 主要以相互作用的活性 Ga 组分存在。在催化剂中引入 V、B，可提高 MAT 反应产物中芳烃的选择性。

（3）非金属改性

1986 年 Mobil 公司公布了 P 改性 ZSM-5 分子筛催化剂的制备及其用于催化甲醇转化制芳烃的研究结果。将 50g ZSM-5 溶解于 80mL$(NH_4)_2HPO_4$水溶液中，在 80℃下保持 4h，在 60~80℃下干燥 16h，并在 500℃焙烧活化。反应温度 400~450℃，甲醇重量空速 1.3h^{-1}条件下，主要产物仍为 C_1~C_4的低碳烃类，总芳烃含量不高，含磷质量分数 2.7%的 ZSM-5 分子筛催化剂在高级烃(C_5~C_9)选择性、芳烃选择性等多个指标都优于未经改性的 ZSM-5,。与金属改性 ZSM-5 分子筛催化剂相比，非金属改性 ZSM-5 分子筛的芳烃选择性较低。

2. 甲醇制芳烃成型催化剂开发

研究者用约束因子(Constraint index)的概念推荐了可能适合于 MTH 反应的分子筛催化剂，通过对分子筛的各种改性，许多分子筛都被用作为 MTH 的催化剂，表 9-14 列出了甲醇转化反应所用过的部分催化剂及其芳烃选择性。

表 9-14 甲醚转化催化剂及其芳烃选择性

催化剂	进料	T/℃	$MHSV$/h^{-1}	转化率 x/%	选择性 s①/%
HZSM-5	甲醇/二甲醚	382	—	100	37.02
Al_2O_2-HZSM-5	甲醇	316	1.22	97.20	45.50
Al_2O_2或 Al_2O_2-SiO_2/微孔玻璃	甲醇	400~500	0.30	100	—
HM(丝光沸石)	甲醇/水	331	2.40	—	17.10
改性分子筛	甲醇	310~410	1.3	97.00	20.20
KZ-1	甲醇	370	1.00	—	—
ZBH(硼硅酸分子筛)	甲醇/二甲醚	500	1.70	—	58.10
杂多酸	甲醇	300	0.16	13.10~71.60②	2.80~6.20③
毛沸石-硅铝钾沸石	甲醇	400	1.0	100	—
HM/HY	甲醇	425	—	100	14.50/5.10
铝改性的 SiO_2-B_2O_3-Na_2O 玻璃	甲醇	450	0.10	98.20	43.10
A 沸石-Al_2O_3	甲醇/烃类	650	—	—	12.90
SAPO-34	甲醇/水	400	3.0	—	—
MCM-22	甲醇	400	1.0	92.72	10.07
Hβ	甲醇	400	0.80	100	35.0

注：① $s=y$(芳烃)/y(烃)×100%；
② 3h 后的反应活性；
③ C_6选择性。

择形性是分子筛催化剂的关键，产物分布强烈地依赖于分子筛的孔结构。分子筛孔口太小，苯环无法通过，芳烃就不能从分子筛笼中逃逸出来，产物中只有 C_1~C_5的烷烃和烯烃；分子筛增大，孔径大到能让动力学直径大于 0.7nm 的分子通过，那么在产物中就会存在许多诸如五甲基苯(PentaMB)和六甲基苯(HexaMB)的大分子芳烃。Kvisle 等给出的分子筛的拓扑结构较好地分析了产物的可能性，如图 9-38 所示。SAPO 分子筛的孔口比较小，只有小于已烯的线性分子能够通过，所以此分子筛用于烯烃的生产；对于孔径为 0.55nm 的 ZSM-5，它允许通过的分子的上限为四甲基苯(Durene)，所以产物中有许多芳烃产物；H-Beta分子筛的十二元环开放孔道允许诸如六甲基苯的烷基苯自由地出入，只用于研究机理。ZSM-5分子筛最终成为 MTA 最主要的催化剂。

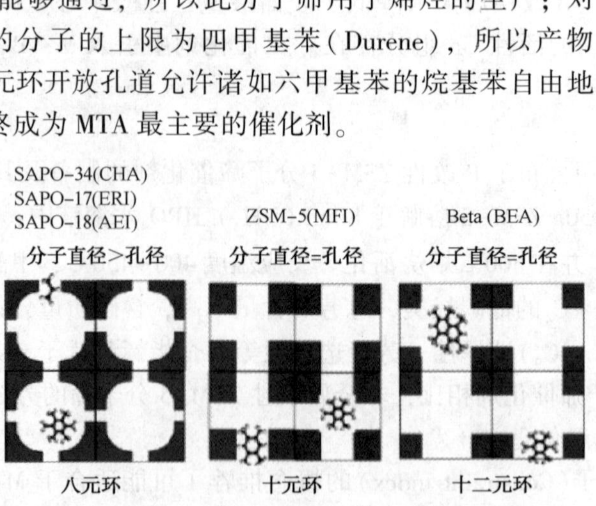

图 9-38 分子筛孔笼结构与 MTH 产物关系示意图

甲醇制催化剂中除含有一定量分子筛外，其余部分(如黏结剂和载体)可称为基质材料，通常由难熔性无机氧化物或其混合物和黏土组成。Mobil 公司制备 ZSM-5 成型催化剂中含有氧化铝黏结剂 35%左右。载体可使用黏土、高岭土、高岭石、蒙脱石、滑石和膨润土。除黏土类物质外，也可采用 SiO_2、Al_2O_3、SiO_2-MgO、SiO_2-ZrO_2、SiO_2-ThO_2、SiO_2-BeO、SiO_2-TiO_2等作为载体。

(1) 国外 MTA 催化剂

2002 年，Chevron Phillips 公司公布了一种采用 2 种分子筛催化剂的甲醇生产芳烃技术，第一种催化剂是硅铝磷分子筛，第二种是含有金属锌以及来自ⅢA 族或ⅥB 族元素的分子筛催化剂。

(2) 山西煤化所 MTA 催化剂

山西煤化所开发了两段法甲醇制芳烃工艺。甲醇在金属改性 ZSM-5 分子筛催化剂上转化为以芳烃为主的产物，产物经冷却分离，将气相产物低碳烯烃与液相产物分离。提高产物芳烃总选择性，一段反应生成的气相产物低碳烯烃进一步经过二段反应，在二段操作条件及二段催化剂作用下，经芳构化反应转化为芳烃。

催化剂配方和制备工艺如下：采用双金属浸渍法对小晶粒 ZSM-5 进行改性用作一段 MTA 催化剂。将硅铝比为 40~80、450~550℃焙烧 10h 后的小晶粒 HZSM-5 进行酸交换，干燥、焙烧后，按分子筛质量分数为 62.5%~85.0%、黏结剂质量分数为 14.0%~34.0%的比例均匀研磨。将质量分数 2%~4%稀硝酸滴加入研磨好的物料中混捏，挤压成型，100~150℃下烘干，450~550℃焙烧 3~5h。硝酸镓和硝酸镧分别配制成 0.2~3.0mol/L、0.01~0.1mol/L 的溶液，Ga 和 La 的加入量分别为 0.5%~2.0%和 0.2%~1.0%。将 $Ga(NO_3)_3$和 $La(NO_3)_2$溶液混合均匀，在 20~80℃下浸渍催化剂 1~10h。引入金属 Ga 可提高分子筛的芳构化活性；引入金属 La 可增强分子筛的稳定性，并对分子筛酸性进行调变。

气相烃类进入二段反应器，所用催化剂 Si/Al 摩尔比为 63~218，La 含量为 0.83%~2.12%，总酸量为 0.468~0.672mmol/g。在 360~480℃的高温水蒸汽中活化 1~20h。水热处理后增强了沸石的择形性与强酸中心，提高了强弱酸的协同作用。催化剂的芳烃收率最高可达 31.26%。山西煤化所完成了催化剂筛选评价和寿命实验，单程寿命大于 20 天，总寿命预计大于 8000h。

(3) 清华大学 FMTA 催化剂

清华大学开发了具有自主知识产权的 FMTA 催化剂为 Zn 或 Ag 改性的 ZSM-5 分子筛催化剂。优化了 Ag/ZSM-5 上芳构化的条件，Ag 质量分数为 3%，ZSM-5 硅铝比为 25 的催化剂上，在 475℃、甲醇分压为 76.0kPa，质量空速为 $0.79h^{-1}$的条件下，甲醇转化率>99%，产物中芳烃单程选择性达到 64.7%。

FMTA 工艺在流化床反应器中进行甲醇制芳烃反应，使用的催化剂要在反应器中不停循环，因此对分子筛催化剂的平均粒径、粒度分布、形状、强度要求较高。应用于流化床反应—再生系统的催化剂，主要利用喷雾成型方法制备。FCC 和甲醇制烯烃成型催化剂的制备方法，为 FMTA 催化剂成型提供了一定借鉴。

(4) 大连化物所 MTA 催化剂

大连化物所采用金属及硅烷化改性的 ZSM-5 分子筛催化 MTA 反应时对二甲苯选择性较高。以具有结晶骨架结构 MFI 或 MEL 结构类型的硅酸盐为活性组分，经金属改性后，再通过硅氧烷试剂对其外表面酸性、孔道进行修饰，制备成具有较高二甲苯选择性的催化剂。将

沸石分子筛原粉经 NH_4^+ 交换、焙烧制备成酸性沸石分子筛，使用 Mn、Zn、Mo 等金属可溶性盐溶液对酸性沸石分子筛进行浸渍改性，得到金属改性沸石分子筛，金属质量分数为催化剂总质量的 0.1%~8.0%。使用硅氧烷试剂(优选为硅酸乙酯)对金属改性沸石分子筛进行表面修饰，调变催化剂外表面酸性和孔结构，得到金属和硅烷化联合改性催化剂。

将改性催化剂压片、挤条或喷雾干燥成型。MTA 反应操作条件：400~500℃、0~0.1MPa、甲醇质量空速 1~10h^{-1}，反应器可以为流化床或固定床。将甲醇/二甲醚直接转化、高选择性地生成对二甲苯的方法，产物中对二甲苯选择性大于 80%。

三、反应历程及催化剂失活

1. 甲醇制芳烃反应历程

对 MTA 反应机理的认识有助于理解反应过程中各个阶段所发生的反应及其规律，对反应器设计、工艺条件优化以及催化剂的改进方向有一定的指导意义。甲醇芳构化反应是典型的酸催化反应，甲醇首先在酸催化下脱水生成二甲醚，二甲醚在酸催化作用下进一步生成低碳烯烃，低碳烯烃再齐聚、环化及芳构化、初级芳烃也可发生烷基化等二次反应。

与甲醇制烯烃反应的碳池机理类似，甲醇制芳烃反应机理遵循碳池机理。Haw 等将乙烯脉冲通入 350℃下 He 活化的 HZSM-5 床层，反应 0.5~16s 后激冷降温，室温下采用 NMR 分析产品气体。在较短反应时间内，保留在催化剂床层中的大多数有机物质为 1，3-二甲基环戊烯碳正离子，几秒后 1，3-二甲基环戊烯碳正离子迅速转化为甲苯。由于 ZSM-5 分子筛十元环孔道结构，生成的甲苯等芳香烃扩散离开孔道，因此具有较高的芳烃选择性。

2. 甲醇制芳烃催化剂失活

催化剂表面积炭、中毒、活性组分流失、骨架坍塌是导致其失活的主要因素。当反应温度较高时，有可能发生金属烧结。可通过净化原料防止中毒。活性组分流失通常发生在较高温度或水蒸汽作用下，高温水热脱铝造成催化剂的不可逆失活。提高以 ZSM-5 分子筛为基础的催化剂热稳定性和水热稳定性具有重要的意义。

Mentzel 等研究了 H-ZSM-5 和 H-Ga-ZSM-5 两类催化剂的失活。H-ZSM-5 失活主要是因为积炭，可以通过烧焦使催化剂再生；H-Ga-ZSM-5 的失活是由于反应中产生的水蒸气使 Ga 从分子筛结构上流失，导致 B 酸位消失，这种失活不可再生，因此，H-Ga-ZSM-5 难以用于工业生产。

积炭是 MTA 催化剂失活的主要原因。XPS 研究表明，积炭从 ZSM-5 内表面开始，当积炭质量分数达到 7.0%时外表面开始积炭，并且在质量分数 14.0%时催化剂开始失活，而此时内部积炭已经停止，所以外表面的积炭是催化剂失活的真正原因。Rownaghi 等认为，内表面对失活起非常重要的作用，用均一中孔分子筛研究 MTH 过程表明产物在此分子筛孔道内更易扩散，不易形成稠环芳烃，积炭速率较常规分子筛减缓。反应温度对催化剂积炭影响很大。如 375℃时 ZSM-5 催化剂主要发生内部积炭，积炭最先出现在通道交叉口的酸位上；475℃时，积炭主要发生在外表面，催化剂外表面积炭主要是甲醇热分解反应的结果。

Bauer 等通过 TG-FTIR 技术研究 MTG 中催化剂的积炭过程如图 9-39 所示，甲醇先转化为烯烃，然后通过齐聚和氢转移生成软炭(Ⅰ类炭，在 170~370℃可烧除的炭)，也可能在强酸位上齐聚生成烷基苯，继而转化为软炭；烷基苯的进一步聚合和脱氢则会形成硬炭(Ⅱ类炭，指在 370~570℃可烧除的炭)，最终导致催化剂失活。软炭经过热裂解也会转化为硬炭。

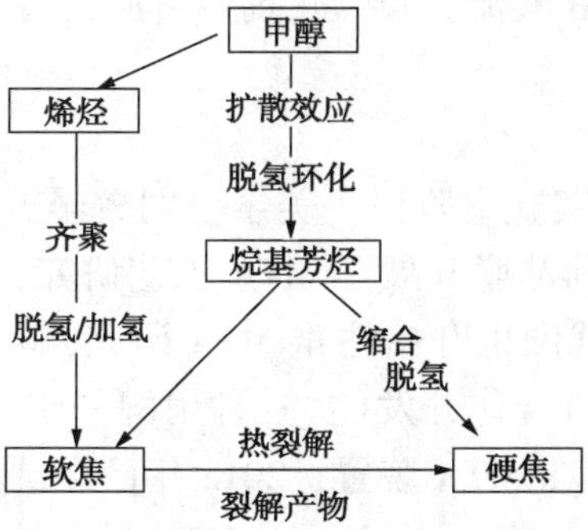

图 9-39　MTG 中 HZSM-5 催化剂的积炭过程

TPO、DR-UV-visible 和 IR 技术联用被用于研究烷基苯转化为积炭的过程，DR-UV-visible 谱中观测到六甲基或五甲基苯的碳正离子，IR 谱中观测到这些物种长大成焦炭的前驱体，最后变成类积炭物种。Bjorgen 等由此提出了积炭机理，即甲醇与四甲基苯反应生成六甲基苯，六甲基苯经过氢转移反应形成六甲基苯碳正离子，再与甲醇生成七甲基苯碳正离子，通过脱氢和环化反应生成三甲基四氢萘碳正离子，再经过脱氢和甲基化反应生成 2，3，4，6，7，8-六甲基萘，最终形成积炭。由于经稠环芳烃形成积炭，故大孔沸石在 MTH 过程中失活较快。

催化剂积炭过程需要经过一个烷基苯中间体，然后形成稠环芳烃，再转化为积炭，一般先从分子筛内表面的强酸位上开始，然后扩展外表面。

(1) 影响积炭失活速率的因素

蒋毅等考察了以 $C_5 \sim C_7$ 混合烃为原料、在 ZnHZSM-5 上进行芳构化反应时催化剂的失活过程。催化剂表面酸强度、酸性质、酸密度、分子筛晶粒大小都对积炭有显著影响。反应初始，积炭在 L 酸中心上的生成速率稍快于 B 酸中心上的生成速率，后期主要沉积在 B 酸中心上。与 Zn 改性 ZSM-5 分子筛相比，HZSM-5 的初始积炭速率较快，随着反应时间延长，积炭速率趋于接近，进而小于 ZnHZSM-5。这是由于 HZSM-5 表面强质子酸加速了积炭物种的生成。加入第二金属组分对催化剂的积炭性能有明显的调变作用。质量分数 0.1%Pt 的加入减缓了积炭生成速率，反应 30h 后 Pt-Zn-HZSM-5 上的积炭量质量分数只有 2.31%，比 Zn-HZSM-5 上的积炭量低 3.89%。这可能是由 Pt 中心上脱氢速率大于酸中心上氢转移速率，增加了催化剂表面氢浓度，抑制了积炭的生成。催化剂积炭量与酸中心数关系表明，随着积炭量的增加，酸中心数开始减少，随后逐渐趋缓。积炭可能分为 2 个阶段进行，第一阶段主要是发生在强酸中心上的炭覆盖，此时强酸量下降较快；第二阶段主要是每个酸中心上的炭容量增大，炭粒增大。ZnHZSM-5 晶粒大小对积炭速率的影响表明，随着晶粒减小积炭速率减缓。晶粒增大，扩散系数变小，产物分子扩散路径变长，发生二次反应概率增加，易于生成分子质量较大积炭物种。

(2) 水热失活

提高催化剂水热稳定性，避免反应过程中水热脱铝或活性组分流失，稳定催化剂中的 B 酸量是催化剂研究的重点。田涛等使用 3%Ag 负载的 ZSM-5(Si/Al 为 25)分子筛催化剂，在甲醇分压为 76.0kPa、475℃条件下连续反应 4h，之后将反应进料切换成空气进行烧炭再生，烧炭后再进行反应，共进行 4 次反应-再生循环。结果表明，通过烧炭再生，芳构化的催化剂只能恢复部分活性。FTIR、NH_3-TPD 实验证实了反应生成的水使催化剂在 475℃ 发生水热脱铝，硅铝桥键的断裂导致 B 酸流失及催化剂不可逆失活。

四、甲醇制芳烃工艺

MTA 的生产工艺大多处于实验室阶段。美孚公司较早开展以芳烃为目的的甲醇转化研究，之后陆续有日本、德国、前苏联开展了 MTA 工艺研究，但都没有工业化。近年来，随着 MTO/MTP 的工业化应用，我国也开始注重 MTA 研究，并且已有中试生产的报道。如赛鼎公司运用与中科院山西煤化所合作开发的“一种甲醇一步法制取烃类产品的工艺”专利技术，在内蒙古建成 1 套 10×10^4t/a MTA 装置，2012 年已经试车成功。

不同 MTA 工艺的技术特点如表 9-15 所示。MTG 过程的发现者在 1979 年开发了流化床反应器用于制汽油和芳烃的工艺。通过一系列装在反应器内的导管将过热的催化剂从反应器的上端移到下端，用于将液体原料甲醇气化，气化的甲醇与催化剂颗粒一起在反应器中往上移动，通过催化剂的循环控制这个强放热反应的温度，从而延长催化剂的寿命。美孚公司在 1985 年将 P 改性的 ZSM-5 催化剂用于固定床甲醇芳构化。在这一工艺中，C_9^+ 的芳烃所占比例减少，BTX 的选择性增加。

表 9-15 MTA 工艺小试结果比较

机构	反应器	催化剂	反应条件			转化率 x/%	芳烃产品	
			T/℃	P/MPa	$MHSV$/h^{-1}		选择性 s①/%	收率 y/%
Mobil	流化床	HZSM-5	371	0.1	1.0	95.66	36.94	—
Mobil	固定床	P/ZSM-5	400~450	—	1.3	100	34.9~36.2	—
煤化所	固定床	La/Ga/HZSM-5	320~410	0.1~3.5	0.6~6.0	100	—	31.5~33.8③
			300~410	0.1~4.0	192~1920②			
清华大学	流化床	Ag/Zn/ZSM-5	450	0.1	3000②	97.5	—	72.0④

注：① 芳烃选择性=芳烃产量/烃产量×100%；

② $WHSV$；

③ 芳烃收率(相对于甲醇质量)=产品中芳烃质量/进料中甲醇质量×100%；

④ 芳烃收率(相对于碳数)=产品中芳烃碳数/进料中甲醇碳数×100%。

在我国自主研发的 MTA 技术中，中科院山西煤化所最早开发出固定床两段法的工艺。该工艺的第一段以甲醇为原料，经过装有催化剂的固定床反应器，产物经过冷却分离步骤分为气相低碳烃和液相 C_5^+ 烃；将气相低碳烃作为原料送入第二段固定床反应器中，同样得到气、液两相产物，分离后将液相产物与第一段 C_5^+ 烃产物混合，经由萃取可得目标产物芳烃。该工艺的芳烃收率较高。

清华大学开发了流化床 MTA 工艺。通过一个催化剂再生的流化床与 MTA 流化床相连，实现催化剂失活与再生的连续循环操作，从而控制催化剂的结焦状态，提高芳烃纯度与收率。山西煤化所与清华大学的工艺都已到了中试或示范厂的程度，表明我国正积极地将 MTA 推向工业化，在煤制芳烃的领域已处于世界领先地位。

参 考 文 献

[1] 王大中．21 世纪中国能源科技发展展望[M]．北京：清华大学出版社，2007.
[2] 毛宗强．氢能——21 世纪的绿色能源[M]．北京：化学工业出版社，2005.
[3] 翟秀静，刘奎仁，韩庆．新能源技术[M]．北京：化学工业出版社，2005.
[4] 谢克昌．煤化工发展与规划[M]．北京：化学工业出版社，2005.
[5] 应卫勇，曹发海，房鼎业．碳一化工主要产品生产技术[M]．北京：化学工业出版社，2004.
[6] 成玉琪，俞珠峰．洁净煤技术是中国洁净能源新技术的重点领域[J]．洁净煤技术，2000.
[7] 许世森，张东亮，任永强．大规模煤气化技术[M]．北京：化学工业出版社，2006.
[8] 吴指南．基本有机化工工艺学[M]．(修订版)．北京：化学工业出版社，1990.
[9] 魏文德．有机化工原料大全[M]．(中卷)．北京：化学工业出版社，1999.
[10] 张旭之，王松汉，戚以政，等．乙烯衍生物工学[M]．北京：化学工业出版社，1995.
[11] 袁权．能源化学进展[M]．北京：化学工业出版社，2005.
[12] 王松汉．乙烯装置技术[M]．北京：中国石化出版社，1994.
[13] 邹仁鋆．石油化工裂解原理与技术[M]．北京：化学工业出版社，1982.
[14] 李文杰，等．煤基多联产系统技术及工艺过程分析[M]．北京：化学工业出版社，2011.
[15] 谢克昌，赵炜．煤化工概论[M]．北京：化学工业出版社，2012.
[16] 王延吉，赵新强．绿色催化过程与工艺[M]．北京：化学工业出版社，2002.
[17] 纪红兵，佘远斌．绿色氧化与还原[M]．北京：中国石化出版社，2005.
[18] 齐国祯，谢在库，钟思青，等．煤或天然气经甲醇制低碳烯烃工艺研究新进展[J]．现代化工，2005，25(2).
[19] 王华，祝星．化学链蒸汽重整制氢与合成气技术[M]．北京：科学出版社，2012.
[20] 贺黎明，沈召军．甲烷的转化和利用[M]．北京：化学工业出版社，2005.
[21] 徐文渊，蒋长安．天然气利用手册[M]．北京：中国石化出版社，2006.
[22] 胡杰，朱博超，王建明．天然气化工技术及利用[M]．北京：化学工业出版社，2006.
[23] 汪寿建．天然气综合利用技术[M]．北京：化学工业出版社，2003.
[24] 胡捷，贺德华．甲烷直接转化及制合成气研究新进展[J]．天然气化工，2003，28(2).
[25] 李振花，田树勋，王保伟，等．甲烷部分氧化制合成气反应中 Ni 基催化剂的研究[M]．石油化工，2003，32(7).
[26] 江魁，李文钊，徐恒泳．加压下甲烷空气部分氧化制合成气[J]．石油化工，2001，30(11).
[27] 王海辉，丛铀，杨维慎．在管状透氧膜反应器中进行甲烷部分氧化制合成气[N]．科学通报，2002，47(1).
[28] 陈赓良．甲烷直接转化的新进展[J]．石油与天然气化工，2002，31(1).
[29] 王华，刘忠民．甲烷直接转化研究进展[J]．化学进展，2004，16(4).
[30] 李孔斋，王华，魏永刚，等．晶格氧部分氧化甲烷制合成气[J]．化工进展，2008，20(9).
[31] 张昕，贺德华，张启俭，等．甲烷气相均相选择氧化合成甲醇[J]．石油化工，2003，32(3).
[32] 张昕，贺德华，张启俭，等．Mo/La-Co-O 催化剂上甲烷选择氧化制甲醇反应[N]．催化学报，2003，24(4).
[33] 陈立宇．杨伯伦，张秀成．甲烷直接液相转化合成甲醇的研究进展[J]．石油化工，2002，31(11).
[34] 祝星，王华，魏永刚，等．金属氧化物两步热化学循环分解水制氢[J]．化学进展，2010，22(5).
[35] 余林，袁书华，田久英，等．甲烷部分氧化制合成气载体及助剂对 Ni 系催化剂活性的影响[N]．催化学报，2001，22(4).
[36] 朱晓苏．中国煤炭直接液化优选煤种的研究[J]．煤化工，1997，(3).
[37] 魏贤勇，宗志敏，秦志宏．煤液化化学[M]．北京：科学出版社，2002.
[38] 肖建华．煤焦油化工学[M]．北京：冶金工业出版社，2009.
[39] 高建业，王瑞忠，王玉萍．焦炉煤气净化操作技术[M]．北京：冶金工业出版社，2009.
[40] 郭树才，胡浩权．煤化工工艺学[M]．北京：化学工业出版社，2012.
[41] 吴占松，马润田，赵满成．煤炭清洁有效利用技术[M]．北京：化学工业出版社，2007.

[42] 胡瑞生，李玉林，白雅琴．现代煤化工基础[M]．北京：化学工业出版社，2012.
[43] 肖瑞华，白金锋．煤化学产品工艺学[M]．北京：冶金工业出版社，2008.
[44] 李玉林，胡瑞生．煤化工基础[M]．北京：化学工业出版社，2006.
[45] 王基铭，袁晴棠．石油化工技术进展[M]．北京：中国石化出版社，2002.
[46] 袁晴棠．石油化工技术发展趋势初探[M]．当代石油化工 2002，10(1).
[47] 钱伯章．世界乙烯工业及其进展[J]．石油技术与应用，2003，21(1).
[48] 乔映宾，段启伟．石油化工技术的新进展[J]．化工进展，2003，22(2).
[49] 吴德荣，何琨．石油化工的发展趋势[J]．现代化工，2004，24(5).
[50] 曹湘洪．我国乙烯工业面临的挑战与对策[J]．化工进展，2002，21(1).
[51] 李小明，宋芙蓉．催化裂解制烯烃的技术进展[J]．石油化工，2002，31(7).
[52] 邹劲松．世界乙烯工业现状及发展趋势分析[J]．当代石油化工，2004，12(8).
[53] 侯祥麟．中国炼油技术[M]．第二版．北京：中国石化出版社，2008.
[54] 林世雄．石油炼制工程[M]．第三版．北京：石油工业出版社，1998.
[55] 陈俊武，曹汉昌．催化裂化工艺与工程[M]．北京：中国石化出版社，2008.
[56] 梁文杰．石油化学[M]．石油大学出版社，1995.
[57] 吴创之，马隆龙．生物质能现代化利用技术[M]．北京：化学工业出版社，2003.
[58] 曲先锋，彭辉，毕继诚，等．生物质在超临界水中热解行为的初步研究[N]．燃料化学学报，2003，31.
[59] 谢光辉，王晓玉，任兰天．中国作物秸秆资源评估研究现状[N]．生物工程学报，2010，26(7).
[60] 白亮，邓蜀平，董根全，等．煤间接液化技术开发现状及工业前景[J]．化工进展，2003(5).
[61] 王村彦．煤液化粗油提质加工工艺开发现状[J]．洁净煤技术，1998，4(1).
[62] 李好管．煤直接液化技术进展及前景分析[J]．煤化工，2002，(3).
[63] 叶青．神华集团煤直接液化示范工程[J]．煤炭科学技术，2003，31(4).
[64] 马治邦，郑建国．德国煤液化精制联合工艺——IGOR 工艺[J]．煤化工，1996，(3).
[65] 吴春来．煤炭直接液化技术[M]．北京：化学工业出版社，2010.
[66] 孙启文．煤炭间接液化技术[M]．北京：化学工业出版社，2012.
[67] 杨学圃．发生炉气及水煤气工学[M]．北京：石油工业出版社，1957.
[68] 许祥静，刘军．煤炭气化工艺[M]．北京：化学工业出版社，2005.
[69] 张立，张晓东．生物质热解气化原理与技术[M]．北京：化学工业出版社，2012.
[70] 郝树仁，董世达．烃类转化制氢工艺技术[M]．北京：石油工业出版社，2009.
[71] 贺永德，等．现代煤化工技术手册[M]．北京：化学工业出版社，2003.
[72] 叶振华．化工吸附分离过程[M]．北京：中国石化出版社，1992.
[73] 唐宏青．碳一化工新技术概论[M]．北京：化学工业出版社，2003.
[74] 蔡启瑞，彭少逸，等．碳一化学中的催化作用[M]．北京：化学工业出版社，1995.
[75] 荆宏健，等．鲁奇煤加压气化制氨工艺及装置的实践与研究[M]．北京：化学工业出版社，2000.
[76] 邓渊等．煤炭加压气[M]．北京：中国建筑工业出版社，1982.
[77] 刘镜运，等．合成气工艺技术与设计手册[M]．北京：化学工业出版社，2002.
[78] 邓渊，等．煤气规划设计手册[M]．北京：中国建筑工业出版社，1992.
[79] 于遵宏，王辅臣，等．煤炭气化技术[M]．北京：化学工业出版社，2011.
[80] 上官炬，常丽萍，等．气体净化分离技术[M]．北京：化学工业出版社，2012.
[81] 高晋生．煤的热解、炼焦和煤焦油加工[M]．北京：化学工业出版社，2010.
[82] 许世森，李春虎，郜时旺．煤气净化技术[M]．北京：化学工业出版社，2006.
[83] 曾湖汉．循环流化床煤气化技术新进展[J]．中氮肥，2002，3(2).
[84] 郑振安．Prenflo 煤气化工艺的开发和应用[J]．化肥设计，2005，(3).
[85] 李平辉．合成氨原料气净化[M]．北京：化学工业出版社，2010.
[86] 李平辉，田伟军．合成氨原料气生产[M]．北京：化学工业出版社，2009.
[87] 林玉波．合成氨生产工艺[M]．北京：化学工业出版社，2011.
[88] 张子峰．合成氨生产技术[M]．北京：化学工业出版社，2011.

[89] 宁平．合成氨驰放气变压吸附提浓技术[M]．北京：冶金工业出版社，2009.
[90] 赵育祥．合成氨生产工艺[M]．北京：化学工业出版社，2009.
[91] 袁一．化肥工业丛书·尿素[M]．北京：化学工业出版社，1997.
[92] 刘镜远．合成氨和尿素[M]．北京：中国石化出版社，2006.
[93] 程桂花．合成氨[M]．北京：化学工业出版社，1998.
[94] 王文善．尿素工学[M]．北京：化学工业出版社，2013.
[95] 伍国杰．合成氨生产分析[M]．桂林：广西师范大学出版社，2013.
[96] 田伟军，杨春华．合成氨生产[M]．北京：化学工业出版社，2012.
[97] 中国石油和石化工程研究会．合成氨和尿素[M]．北京：中国石化出版社，2012.
[98] 沈浚，等．化肥工学丛书·合成氨[M]．北京：化学工业出版社，2001.
[99] 向德辉，刘惠云．化肥催化剂实用手册[M]．北京：化学工业出版社，1992.
[100] 刘晓勤．化学工艺学[M]．北京：化学工业出版社，2010.
[101] 王秋平．工业生产工艺[M]．西安：陕西科学技术出版社，2008.
[102] 廖巧丽，米镇涛．化学工艺学[M]．北京：化学工业出版社，2001.
[103] 廖传华，顾国亮．工业化学过程与计算[M]．北京：化学工业出版社，2005.
[104] 邓建强．化工工艺学[M]．北京：北京大学出版社，2009.
[105] 贡长生．现代工业化学[M]．武汉：华中科技大学出版社，2008.
[106] 黄仲九，房鼎业．化学工艺学[M]．北京：高等教育出版社，2008.
[107] 颜鑫．我国合成氨工业的回顾与展望——纪念世界合成氨工业化 100 周年[J]．化肥设计，51(5).
[108] 邹琥，吴巍，葸雷，等．甲醇制芳烃研究进展[N]．石油学报(石油加工)，2013，29(3).
[109] 谢克昌，李忠．甲醇及其衍生物[M]．北京：化学工业出版社，2002.
[110] 李峰，朱铨寿．甲醇及下游产品[M]．北京：化学工业出版社，2008.
[111] 房鼎业，应卫勇，骆光亮．甲醇系列产品及应用[M]．上海：华东理工大学出版社，1993.
[112] 李正清，王晓东．我国甲醛生产、消费及预测[J]．甲醇与甲醛，2006，(3).
[113] 周伟，谢敏明，等．催化精馏在合成甲缩醛中的应用[J]．工业催化，1998，(1).
[114] 汪多仁．聚甲醛合成新工艺及应用[J]．塑料加工应用，1997，23(1).
[115] 李峰，朱铨寿．甲醛及其衍生物[M]．北京：化学工业出版社，2006.
[116] 应卫勇．煤基合成化学品[M]．北京：化学工业出版社，2010.
[117] 张子锋，张凡军．甲醇生产技术[M]．北京，化学工业出版社，2008.
[118] 赵建军．甲醇生产工艺[M]．北京，化学工业出版社，2008.
[119] 李峰，等．甲醇及其衍生物[M]．化学工业出版社，2006.
[120] 潘鹤林，田恒水，宋新杰．酯交换合成碳酸二甲酯工艺过程开发研究[J]．石油与天然气化工，2000，29(1).
[121] 郝小兰，姚晓明，徐卡秋．碳酸二甲酯生产工艺的分析比较[J]．天然气化工，2003，(28).
[122] 房鼎业，姚佩芳，朱炳辰．甲醇生产技术及进展[M]．上海：华东化工学院出版社，1990.
[123] 宋维端，肖任坚，房鼎业，等．甲醇工业[M]．北京：化学工业出版社，1991.
[124] 方云进，肖文德，陆婉珍．碳酸二甲酯作为汽油添加剂的应用[J]．现代化工，1998，(4).
[125] 姜玄珍，朱礼葆，许松岩．催化合成碳酸二甲酯新途径的探索[N]．催化学报，1989，10(1).
[126] 王太海，向木琴，管精师．甲醇、一氧化碳和氧合成碳酸二甲酯的研究[J]．天然气化工，1983，(3).
[127] 曹发海，应卫勇，房鼎业，等．气相直接法甲醇氧化羰基合成碳酸二甲酯催化剂研究[J]．化学反应工程与工艺，1997，13(4).
[128] 王延吉，赵新强，范保国，等．甲醇气相氧化羰基化合成碳酸二甲酯的研究[N]．燃料化学学报，1997，25(4).
[129] 李忠，谢克昌．煤基醇醚燃料[M]．北京：化学工业出版社，2011.
[130] 柳忠阳，潘来平，黄茂开，等．高分子催化剂在甲醇羰基化制乙酸反应中的研究现状和进展[J]．高分子通讯，1995，1.
[131] 李小宝，王恩来，田世忠，等．碳复合载体负载铑催化剂的制备及其对气相甲醇羰基化合成乙酸的

催化反应性能[N]. 催化学报，1997，18.
[132] 王云海，赵景联. 甲醇羰基化合成乙酸催化剂的研究概况[J]. 天然气化工，2001，26.
[133] 戴文涛. 甲醇低压羰基法合成醋酸的特点及发展[J]. 化工生产与技术，1999，6.
[134] 应卫勇，房鼎业. 甲醇羰基化[J]. 煤炭转化，1994，17(4).
[135] 殷元骐. 羰基合成化学[M]. 北京：化学工业出版社，1996.
[136] 杨彩虹，韩怡卓，李文彬. 甲醇羰基化制醋酸镍基双金属催化剂的研究[N]. 燃料化学学报，1999，27.
[137] Liu T C，Chiu S T. Promoting effect of tin on Ni/C catalyst for methanol carbonylation. Ind. Eng. Chem. Res. 1994，33.
[138] Iniu T，Mastuda H，Takegami Y. Synthesis of acetic acid from methanol and carbon monoxide on nickel-based catalyst supported on active carbon. J Chem Soc Chem Comm. 1981，17.
[139] 李好管，闫慧芳. 醋酸工业现状与发展[J]. 煤化工，2001，(2).
[140] Calafat A，Laine J，Lopez-Agudo A. Hydrodenitrogenation of pyridine over activated carbon supported sulfided Mo and Ni - Mo catalysts：effects of hydrogen sulfide and oxidation of the support. Catalysis Letters. 1996，40.
[141] 邹劲松. 醋酸供需现状及展望[J]. 精细石油化工，2000，(1).
[142] 胡浩，叶丽萍，应卫勇，等. 甲醇制烯烃反应机理和动力学研究进展[J]. 工业催化，2008，16(3).
[143] 马沛生，夏淑倩，杨天宇. 合成醋酐和醋酸甲酯的化学平衡计算[J]. 天然气化工，2001，26(6).
[144] 蒋大智，任宝生. 醋酸羰基合成研究新进展[J]. 煤化工，2001，(2).
[145] 高占笙. 从甲醇和合成气制醋酸乙烯[J]. 中氮肥，1994，(4).
[146] 汪海有，刘金波，傅锦坤，等. 合成气转化为乙醇的反应机理[N]. 物理化学学报，1991，7(6).
[147] 汪海有，刘金波，蔡启瑞. 合成气制乙醇催化反应机理述评[J]. 分子催化，1994，8(6).
[148] 汪海有，刘金波. 合成气制乙醇的铑基催化剂中助剂铁、锂的作用本质研究[N]. 燃料化学学报，1993，21(4).
[149] 汪海有，刘金波. 催化合成气合成乙醇的铑基催化剂中助剂锰的作用本质研究. 分子催化，1993，7(4).
[150] Hedtick S. A.，Chuang S. S. C.，Pant A.，et al. Activity and selectivity of Group VIII，alkali-promoted Mn-Ni，and Mo-based catalysts for C_2^+ oxygenate synthesis from the CO hydrogenation and $CO/H_2/C_2H_4$ reactions [J]. Cata1ysis Today，2000，55(4).
[151] Xu X. D.，Doesburg E. B. M.，Seholten J. J. F. Synthesis of higher alcohols from syngas-reecently patented catalysts and tentative ideas on the mechanism [J]. Catalysis Today，1987，2(1).
[152] Velu S，Santosh K. A review of recent literature to search for an effieient catalytic proeess for the conversion of syngas to ethanol [J]. Energy and Fuels，2008，22(2).
[153] Nunan J. G.，Bogdan C，E.，Klier K.，et a1. Methanol and C_2 oxygenate synthesis over cesium doped CuZnO and $Cu/ZnO/Al_2O_3$ catalysts：A study of selectivity and ^{13}C [J]. Journal of Cata1ysis，1988，113(2).
[154] Smith K. J.，Aderson R. B. A chain growth scheme for the higher alcohols synthesis [J]. Journal of Cata1ysis，1984，85(2).
[155] Mazanec T. J. On the mechanism of higher alcohol formation over metal oxide catalysts：I. A rationale for branching in the synthesis of higher alcohols from syngas [J]. Journal of Cata1ysis，1986，98(1).
[156] Xiao K.，Bao Z. H.，Qi X. Z.，et al. Advance in bifunctional catalysis for higher alcohol synthesis from syngas [J]. Chinese Journal of Catalysis，2013，34(1).
[157] 汪海有，刘金波，傅锦坤，等. 用同位素研究合成气制乙醇的反应机理[J]. 分子催化，1991，5(1).
[158] 汪海有，刘金波，胡奕明，等. 铑催化合成气转化为乙醇反应中甲酰基中间体的化学捕获[J]. 分子催化，1992，(5).
[159] 汪海有，刘金波，傅锦坤，等. 铑基催化剂上 CO/H_2 合成甲醇及乙醇反应中的氘逆同位素效应[J]. 分子催化，1992，6(2).
[160] Jiang T，Niu Y. Q.，Zhong B. Synthesis of higher alcohols from syngas over Zn-Cr-K Catalyst in super criti-

cal fluids. Fuel Proeessing Technology, 2001, 73(3).
[161] 刘建国，定明月，王铁军，等. Cu-Fe 基双孔载体催化剂结构和低碳醇合成反应性能[N]. 物理化学学报，2012，28(8).
[162] Li M. G, Fang K. G., Li D. B., et al. CO hydrogenation to mixed aleohols over co-precipitated Cu-Fe catalysts. Catalysis Communications, 2008, 9(9).
[163] 向明林，李德宝，肖海成，等. K 改性 β-Mo_2C 催化剂 CO 加氢合成低碳混合醇的研究[N]. 燃料化学学报，2005，34(2).
[164] 谢光金. 日本气相直接发合成乙醇研究概况[J]. 天然气化工，1988，(6).
[165] 王宁，房克功，姜东，等. 钾改性铁-钼碳化物催化剂及其 CO 加氢性能[J]. 现代化工，2009，(1).
[166] 王宁，房克功，林明桂，等. 钾改性铁-钼碳化物 CO 加氢合成低碳混合醇的研究[J]. 天然气化工，2010，2(35).
[167] 田在龙，殷元骐. 甲醇同系化制乙醇的研究Ⅱ：甲醇同系化与甲醛氢甲酰化[J]. 天然气化工，1985，(5).
[168] 郑宁来. 乙二醇的发展趋势[J]. 石油化工，1988，17(12).
[169] 杨忠春，李锦春. 一碳化学技术进展[J]. 天然气化工，1984，(2).
[170] 房鼎业，张海涛，曹发海. CO、CO_2、H_2直接合成二甲醚与甲醇的化学平衡[J]. 煤化工，1999，24(3).
[171] 黄当睦，陈彰明，陈福星，等. 草酸二乙酯催化剂加氢制乙二醇模式研究[J]. 工业催化，1996，(4).
[172] 陈贻盾，马锦波. CO 气相催化合成草酸酯及草酸乙二醇的开发[J]. 石油与天然气化工，1998，27(2).
[173] 王海京，许根慧. 乙二酸二乙酯加氢制乙二醇铜基催化剂反应性能研究[J]. 精细石油化工，1997，(4).
[174] 郭俊旺，牛玉琴，张碧江. 气-液-固三相合成二甲醚技术进展[J]. 天然气化工，1996，21(4).
[175] 崔世纯，胡立智，朱东茂，等. 甲醇气相催化脱水制二甲醚工艺[J]. 石油化工，1999，28.
[176] 王和平. 合成气一步法制二甲醚工艺及催化剂研究进展[J]. 工业催化，2003，11(5).
[177] 葛庆杰，黄友梅，李树本. 二甲醚的用途与制备[J]. 石油化工，1997，26(8).
[178] 贾美林，肖海成. 含氮合成气直接制取二甲醚的 Cu 基催化剂研究[J]. 分子催化，2002，16(1).
[179] 毛东森，宋庆英，张斌，等. 合成气在以锑改性的 ZSM-5 分子筛为酸性组分的双功能催化剂上直接制取二甲醚[N]. 石油学报(石油加工)，2007，23(1).
[180] 宗贞兰，杨锡好，郑锡胤. 含甲基叔丁基醚体系的相平衡测定[N]. 燃料化学学报，1987，15(1).
[181] 杭道耐. 甲基叔丁基醚的合成[J]. 合成化学，1997，(5).
[182] 王金安，李承烈. 高辛烷值汽油添加剂 MTBE 和 TAME 的技术进展[J]. 天然气化工，1995，(20).
[183] 李永红，闵恩泽. 合成甲基叔丁基醚的分子筛催化剂研究[N]. 催化学报，2000，(21).
[184] 张维柯. 甲基叔丁基醚合成反应动力学的研究[N]. 化工学报，1985，(3).
[185] 姚国欣. 甲基叔丁基醚的需求及催化蒸馏新工艺[J]. 现代化工，1987，(4).
[186] 刘金尧，刘殿求，刘崇辉. 由一氧化碳和氢合成低碳混合醇[J]. 天然气化工，1986，(5).
[187] 刘金尧，朱启明，李东洲，等. 在铜基催化剂上 CO 加氢合成低碳混合醇反应速率控制步骤探讨[N]. 燃料化学学报. 1996，24(3).
[188] 李德宝，齐宝杰，李文怀，等. $Ni/K_2CO_3/MoS_2$低碳醇催化剂的表面结构和电子效应[N]. 物理化学学报，2006，22(9).
[189] 齐宝杰，李德宝，马玉刚，等. Mn 改性 $Ni/K/MoS_2$合成低碳醇催化剂反应性能研究[N]. 燃料化学学报. 2003，31(9).
[190] 魏双绍，张愫情. 国外合成气制低碳混合醇的催化剂及工艺改进[J]. 天然气化工，1987，(6).
[191] 向明林，李德宝，肖海成，等. 新型 K/α-Mo-Cl-x 催化剂 CO 合成低碳混合醇的研究[N]. 燃料化学学报，2006，34(5).
[192] Costa L. C. Factors which determine product selectivity in the homogeneous hydrogenation of carbon monoxide

to oxygenates [J]. Catalysis Reviews & Engineering, 1983, 25(3).
[193] Heck R. F., Breslow D. S. The reaction of cobalt hydrotetracarbonyl with olelins [J]. Journal of the American Chemical Society, 1961, 83(19).
[194] Dingledy P. D., Calvert J. G. A study of the ethyl-oxygen reaction by flash photolysis [J], Journal of the American Chemical Society, 1963, 85(6).
[195] 王锦惠，王蕴林，刘光宏，等．羰基合成[M]．北京：化学工业出版社，1987.
[196] 高海燕，陈建刚，相宏伟．CO、SiO_2催化剂合成重质烃的反应性能[N]．催化学报，2001，22(2).
[197] Liu Z. T., Li Y. W., Zhang Z. X. Intrinsic kinetics of Fischer-Tropsch synthesis over Fe-Cu-K catalyst [J]. Journal of the Chemical Society, Faraday Transations, 1995, 91(18).
[198] Ledakowicz S., Nettelhoff H., Kokum R. Kinetics of the Fischer-Tropsch synthesis in the slurry phase on a potassium-promoted iron catalyst [J]. Industrial & Engineering Chemistry Process Design and Development, 1985, 24(4).
[199] Huff G. A., Satlerfield C. N. Intrinsic kinetics of the Fischer-Tropsch synthesis on a reduced fused magnetite [J]. Industrial & Engineering Chemistry Process Design and Development, 1984, 23(4).
[200] Zimmerman W. H., Bukur D. B. Reaction kinetics over iron catalyst used for Fischer-Tropsch synthesis [J]. The Canadian Journal of Chemical Engineering, 1990, 68(2).
[201] Vanderlaan G. P., Beenackers A. A. C. M. Intrinsic kinetics of the gas-solid Fischer-Tropsch and water gas shift reactions on a precipitated iron catalyst [J]. Applied Catalysis A: General, 2000, 193(1-2).
[202] 马文平，丁云杰，李永旺，等．F-T 合成反应动力学研究的回顾和展望[J]．天然气化工，2001，(3).
[203] 张碧江．煤基合成液体燃料[M]．太原：山西科学技术出版社，1993.
[204] Ji Y. Y., Xiang H. W., Yang J. L. Effect of reaction conditions on the product distribution during Fischer-Tropsch synthesis over an industrial Fe/Mn catalyst [J]. Applied Catalysis A: General, 2001, 214(1).
[205] Zhang Y. Q., Xiang H. W., Zhong B. ZrO_2-SiO_2 areogel supported cobalt catalyst for the synthesis of long-chain hyfrocarbon from syngas [J]. Petroleum Science and Technology, 1999, 17(9-10).
[206] Sie S. T. Process development and scale up Ⅳgase history of the development of a Fischer-Tropsch synthesis process [J]. Reviews in Chemical Engineering, 1998, 14(2).
[207] 刘红星，谢在库，张成芳，等．甲醇制烯烃(MTO)研究新进展[J]．天然气化工，2002，27(3).
[208] 齐国祯，马涛，刘红星，等．甲醇制烯烃反应动力学[N]．化工学报，2005，12(56).
[209] 高晋生，张德祥．甲醇制低碳烯烃的原理和技术进展[J]．煤化工，2006，(4).
[210] 钱柏章．鲁奇公司甲醇制丙烯工艺将加快转让[J]．化学反应工程与工艺，2006，(2).
[211] 徐龙伢，陈国权，蔡光宇，等．合成气直接合成低碳烯烃概述[J]．天然气化工，1990，15(2).
[212] 沈俭一，林励吾，章素，等．高分散 F-T 合成铁/活性炭催化剂的研究 IV：催化剂特性[N]．燃料化学学报，1991，19(4).
[213] 沈俭一，林励吾，章素，等．高分散 F-T 合成铁/活性炭催化剂的研究 V：锰的助剂作用[N]．燃料化学学报，1992，20(1).
[214] 张敬畅，卫国宾，曹维良，等．合成气转化为低碳烯烃 Fe/活性炭催化剂制备及性能表征[J]．石油与天然气化工，2004，33.
[215] 吴秀章．煤制低碳烯烃工业示范工程最新进展[J]．化工进展，2014，33(4).
[216] 谢子军，张同旺，侯拴弟．甲醇制烯烃反应机理研究进展[J]．化学工业与工程，2010，27(5).